全国高等院校土建类应用型规划教材
住房和城乡建设领域关键岗位技术人员培训教材

建筑工程施工技术

主　　编： 刘启泓　柳献忠
副 主 编： 饶　鑫　董　君
组编单位： 住房和城乡建设部干部学院
北京土木建筑学会

中国林业出版社

图书在版编目（CIP）数据

建筑工程施工技术 /《建筑工程施工技术》编委会编. — 北京 ：中国林业出版社，2018.7

住房和城乡建设领域关键岗位技术人员培训教材

ISBN 978-7-5038-9641-5

Ⅰ. ①建… Ⅱ. ①建… Ⅲ. ①建筑施工－技术培训－教材 Ⅳ. ①TU7

中国版本图书馆 CIP 数据核字（2018）第 150766 号

本书编写委员会

主　编：刘启泓　柳献忠

副主编：饶　鑫　董　君

组编单位：住房和城乡建设部干部学院、北京土木建筑学会

国家林业和草原局生态文明教材及林业高校教材建设项目

策　　划：杨长峰　纪　亮

责任编辑：陈　惠　王思源　吴　卉　樊　菲

出版：中国林业出版社

（100009 北京西城区德内大街刘海胡同 7 号）

网站：http://lycb.forestry.gov.cn/

印刷：固安县京平诚乾印刷有限公司

发行：中国林业出版社发行中心

电话：(010)83143610

版次：2018 年 7 月第 1 版

印次：2018 年 12 月第 1 次

开本：1/16

印张：26.25

字数：400 千字

定价：156.00 元

编写指导委员会

前　　言

“全国高等院校土建类应用型规划教材”是依据我国现行的规程规范，结合院校学生实际能力和就业特点，根据教学大纲及培养技术应用型人才的总目标来编写。本教材充分总结教学与实践经验，对基本理论的讲授以应用为目的，教学内容以必需、够用为度，突出实训、实例教学，紧跟时代和行业发展步伐，力求体现高职高专、应用型本科教育注重职业能力培养的特点。同时，本套书是结合最新颁布实施的《建筑工程施工质量验收统一标准》（GB50300—2013）对于建筑工程分部分项划分要求，以及国家、行业现行有效的专业技术标准规定，针对各专业应知识、应会和必须掌握的技术知识内容，按照“技术先进、经济适用、结合实际、系统全面、内容简洁、易学易懂”的原则，组织编制而成。

考虑到工程建设技术人员的分散性、流动性以及施工任务繁忙、学习时间少等实际情况，为适应新形势下工程建设领域的技术发展和教育培训的工作特点，一批长期从事建筑专业教育培训的教授、学者和有着丰富的一线施工经验的专业技术人员、专家，根据建筑施工企业最新的技术发展，结合国家及地方对于建筑施工企业和教学需要编制了这套可读性强，技术内容最新，知识系统、全面，适合不同层次、不同岗位技术人员学习，并与其工作需要相结合的教材。

本教材根据国家、行业及地方最新的标准、规范要求，结合了建筑工程技术人员和高校教学的实际，紧扣建筑施工新技术、新材料、新工艺、新产品、新标准的发展步伐，对涉及建筑施工的专业知识，进行了科学、合理的划分，由浅入深，重点突出。

本教材图文并茂，深入浅出，简繁得当，可作为应用型本科院校、高职高专院校土建类建筑工程、工程造价、建设监理、建筑设计技术等专业教材；也可做为面向建筑与市政工程施工现场关键岗位专业技术人员职业技能培训的教材。

目　录

第一章　土 方 工 程

第一节　土方工程概述

土石方工程是建筑工程施工中主要的分部工程之一，它包括土、石方的开挖、运输、填筑、平整与压实等主要施工过程以及场地清理、测量放线、施工排水、降水和土壁支护等准备与辅助工作。

一、土方工程的施工特点

1. 工程量大、劳动繁重

在场地平整和大型基坑开挖中，土方工程量往往可达几十万乃至几百万立方米以上，因此，合理选择土方机械、组织机械化施工，对于缩短工期、降低工程成本都有很重要的意义。

2. 施工条件复杂

土方工程施工多为露天作业，土又是一种天然物质，种类繁多，成分较为复杂，施工中直接受到地区、气候、水文和地质等条件的影响，在地面建筑物稠密的城市中进行土方工程施工，还会受到施工环境的影响。因此，在施工前应做好调研，制定合理的施工方案组织施工，确保施工顺利进行，保证施工质量。

二、土的工程分类

土的种类繁多，分类方法也较多，工程中有以下几种分类方法：

(1)根据土的颗粒级配或塑性指数可分为碎石类土(漂石土、块石土、卵石土、碎石土、圆砾土、角砾土)、砂土(砾砂、粗砂、中砂、细砂、粉砂)和黏性土(黏土、亚黏土、轻亚黏土)；

(2)根据土的沉积年代，黏性土可分为老黏性土、一般黏性土、新近沉积黏性土；

(3)根据土的工程特性，又可分出特殊性土，如软土、人工填土、黄土、膨胀土、红黏土、盐渍土、冻土等。不同的土，其物理、力学性质也不同，只有充分掌握各类土的特性及其对施工过程的影响，才能选择正确的施工方法。

(4)根据土石坚硬程度、施工开挖的难易将土石划分为松软土、普通土、坚土、软石、次坚石、坚石、特坚石八类，其中前4类属于一般土，后4类属于岩石。其分类和开挖方法见表1-1。

表1-1 土的工程分类与现场鉴别方法

土的分类	土的名称	可松性系数		开挖方法及工具
		K_s	K'_s	
一类土（松软土）	砂；粉土；冲积砂土层；种植土；泥炭（淤泥）	1.08～1.17	1.01～1.03	能用锹、锄头挖掘
二类土（普通土）	粉质黏土；潮湿的黄土；夹有碎石、卵石的砂；填筑土及粉土混卵（碎）石	1.14～1.28	1.02～1.05	用锹、条锄挖掘，少许用镐翻松
三类土（坚土）	中等密实黏土；重粉质黏土；粗砾石；干黄土及含碎石、卵石的黄土、粉质黏土；压实的填筑土	1.24～1.30	1.04～1.07	主要用镐，少许用锹、条锄挖掘
四类土（砂砾坚土）	坚硬密实的黏性土及含碎石、卵石的黏土；粗卵石；密实的黄土；天然级配砂石；软泥灰岩及蛋白石	1.26～1.32	1.06～1.09	整个用镐、条锄挖掘，少许用撬棍挖掘

三、土的基本性质

(一)土的组成

土一般由土颗粒(固相)、水(液相)和空气(气相)三部分组成，这三部分之间的比例关系随着周围条件的变化而变化，三者相互间比例不同，反映出土的物理状态不同，如干燥、稍湿或很湿，密实、稍密或松散。这些指标是最基本的物理性质指标，对评价土的工程性质，进行土的工程分类具有重要意义。

土的三相物质是混合分布的，为阐述方便，一般用三相图(图1-1)表示，三相图中，把土的固体颗粒、水、空气各自划分开来。

(二)土的主要工程性质

1. 土的含水量

土的含水量是指土中水的质量与土粒质量之比，一般用ω表示，以百分数计，即：

$$\omega=\frac{m_w}{m_s}\times100\% \quad (1\text{-}1)$$

式中：ω——土的含水量（%）；

m_w——土中水的质量（kg）；

m_s——土中固体颗粒的质量（kg）。

$\omega<5\%$为干土；$\omega=5\sim30\%$为潮湿土；$\omega>30\%$为湿土。

土的含水量随气候、雨雪及地下水影响而变化，对挖土的难易、边坡稳定性、回填压实程度有直接影响。一般说来，同一类土，其含水量越大，强度就越低，对于工程施工越不利。

土的含水量一般用"烘干法"测定，其试验步骤如下：

(1)取具有代表性试样，细粒土15～30g，砂类土、有机土为50g，放入称量盒内，立即盖好盒盖，称质量。称量时，可在天平一端放上与该称量盒等质量的砝码，移动天平游码，平衡后称量结果即为湿土质量。

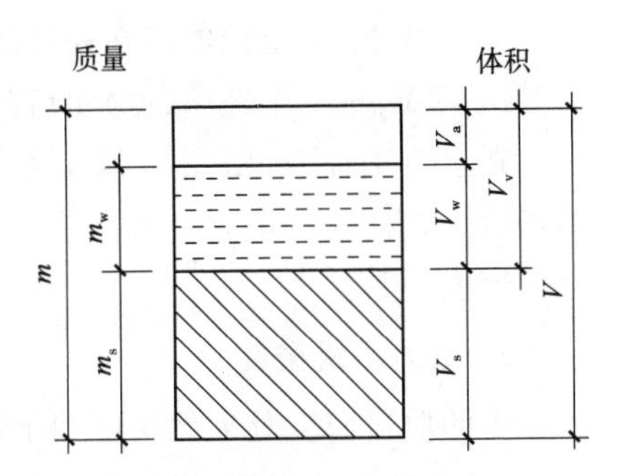

图1-1　土的三相示意

m-土的总质量（$m=m_s+m_w$）(kg)；

m_s-土中固体颗粒的质量(kg)；

m_w-土中水的质量(kg)；

V-土的总体积（$V=V_a+V_w+W_s$）(m^3)；

V_a-土中空气体积(m^3)；

V_s-土中固体颗粒体积(m^3)；

V_w-土中水所占的体积(m^3)；

V_v-土中孔隙体积（$V_v=V_a+V_w$）(m^3)。

(2)揭开盒盖，将试样和盒放入烘箱内，在温度105～110℃恒温下烘干。烘干时间对细粒土不得少于8h，对砂类土不得少于6h。对含有机质超过5%的土，应将温度控制在65～70℃的恒温下烘干。

(3)将烘干后的试样和盒取出，放入干燥器内冷却（一般只需0.5～1h即可），冷却后盖好盒盖，称质量，得到干土质量，准确至0.01g。

2. 土的可松性

土的可松性指自然状态土经开挖后体积增大，回填压实后其体积仍不能恢复原状的性质。由于土方工程量是以自然状态的体积来计算的，所以在土方调配、计算土方机械生产率及运输工具数量等的时候，必须考虑土的可松性。土的可松性程度可用可松性系数表示，即：

$$K_s=\frac{V_2}{V_1} \quad (1\text{-}2)$$

$$K_s'=\frac{V_3}{V_2} \quad (1\text{-}3)$$

式中：K_s、K_s'——土的最初、最终可松性系数；

V_1——土在天然状态下的体积(m^3)；

V_2——土挖出后在松散状态下的体积(m^3);

V_3——土经压(夯)实后的体积(m^3)。

在土方工程中,K_s 是计算土方施工机械及运土车辆等的重要参数,K_s'是计算场地平整标高及填方时所需挖土量等的重要参数。不同类型土的可松性系数可参照表 1-1。

3. 土的质量密度

土的质量密度分天然密度和干密度,它表示土体的密实程度。

(1)土的天然密度,指土在天然状态下单位体积的质量;它影响土的承载力、土压力及边坡的稳定性。土的天然密度按下式计算:

$$\rho=\frac{m}{V} \tag{1-4}$$

式中:ρ——土的天然密度,kg/m^3;

m——土的质量,kg;

V——土的体积,m^3。

土的天然密度随着土的颗粒组成、孔隙多少和水分含量而变化,一般黏土的密度约为 $1600 \sim 2200kg/m^3$。密度大的土较坚硬,挖掘困难。

(2)土的干密度,指单位体积土中固体颗粒的质量;它是用以检验填土压实质量的控制指标。土的干密度按下式计算:

$$\rho_d=\frac{m_s}{V} \tag{1-5}$$

式中:ρ_d——土的干密度(kg/m^3);

m_s——土的固体颗粒质量(kg);

V——土的体积(m^3)。

若已知土的天然密度和含水量,则干密度可按下式计算:

$$\rho_d=\frac{\rho}{1+\omega} \tag{1-6}$$

式中:ρ_d——土的干密度(kg/m^3);

ρ——土的天然密度(kg/m^3);

ω——土的含水量(%)。

ρ_d 越大,土越密实。在土方填筑时,常以土的干密度来控制土的夯实标准。

4. 土的渗透性

土的渗透性是指土体被水透过的性质,以渗透系数 K 表示,一般可通过抽水试验确定,其单位为 m/d 或 cm/s。渗透系数与土的颗粒级配、密实程度有关,是人工降低地下水位及选择各类井点的主要参数。各类土的渗透系数可参见表 1-2。

表 1-2　土的渗透系数

土的名称	渗透系数 K(m/d)	土的名称	渗透系数 K(m/d)
黏土	<0.005	中砂	5.00～20.00
粉质黏土	0.005～0.10	均质中砂	35～50
粉土	0.10～0.50	粗砂	20～50
黄土	0.25～0.50	圆砾石	50～100
粉砂	0.50～1.00	卵石	100～500
细砂	1.00～5.00		

5. **土的孔隙比和孔隙率**

孔隙比和孔隙率反映了土的密实程度。孔隙比和孔隙率越小土越密实。

孔隙比 e 是土的孔隙体积 V_v 与固体体积 V_s 的比值，用下式表示：

$$e=\frac{V_V}{V_s} \tag{1-7}$$

孔隙率 n 是土的孔隙体积 V_v 与总体积 V 的比值，用百分率表示：

$$n=\frac{V_V}{V}\times 100\% \tag{1-8}$$

第二节　土方量计算及土方调配

土方工程施工前，必须计算土方的工程量。但各工程的土体外形很复杂，且不规则。一般情况下，都将其假设或划分成为一定的几何形状，并采用具有一定精度而又和实际情况近似的方法进行计算。

一、基坑与基槽土方量计算

1. 基坑土方量计算

基坑是指底宽大于等于 3m，且长宽比小于等于 3∶1 的矩形土体。基坑土方量可按立体几何中的拟柱体（由两个平行的平面做底的一种多面体）体积公式计算（见图 1-2）。即：

$$V=\frac{H}{6}(A_1+4A_0+A_2) \tag{1-9}$$

式中：H——基坑深度（m）；

A_1、A_2——基坑上、下底的面积（m^2）；

A_0——基坑中截面的面积（m^2）。

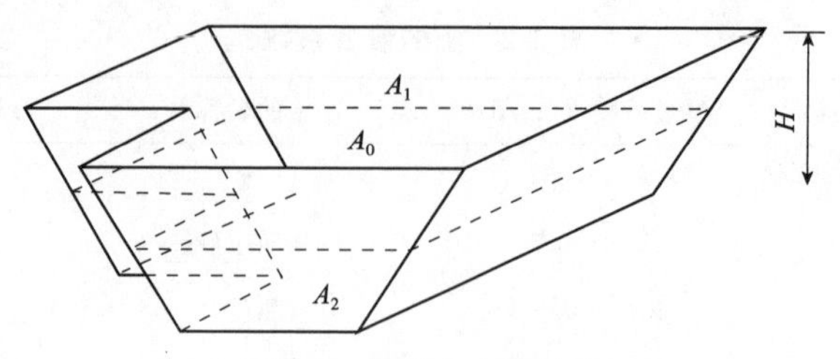

图 1-2　基坑土方量计算

2. 基槽土方量计算

底宽小于 3m，且长宽比大于 3：1 的土体称为基槽。基槽土方量可按长度分段后，再用上述方法计算（见图 1-3）。即：

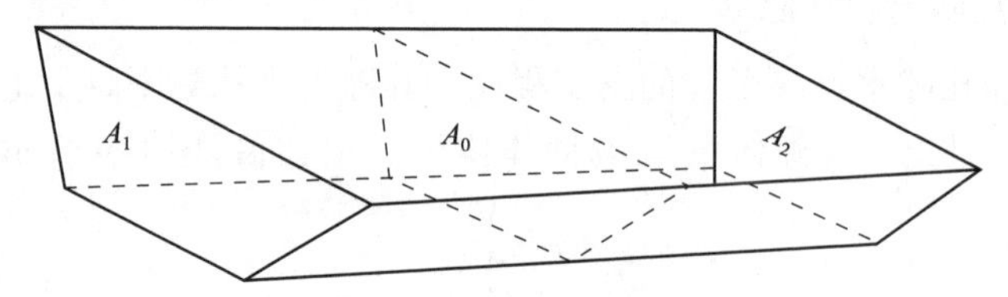

图 1-3　基槽土方量计算

$$V_i=\frac{L_i}{6}(A_1+4A_0+A_2) \tag{1-10}$$

将各段土方量相加，即得总土方量：

$$V=\sum V_i \tag{1-11}$$

式中：V_i——第 i 段基坑的土方量（m^3）；

L_i——第 i 段基坑的长度（m）；

V——基槽的土方量（m^3）。

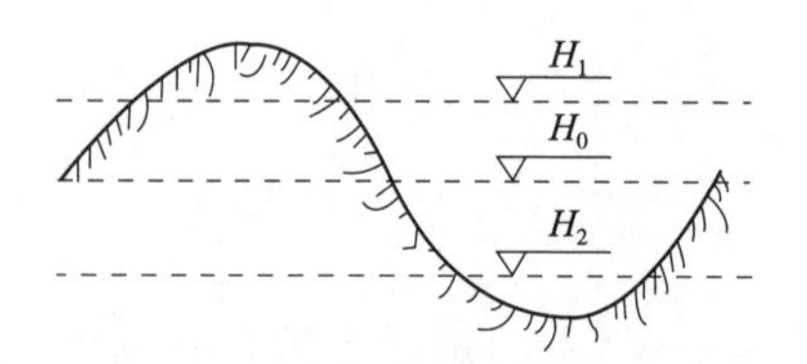

图 1-4　场地不同设计标高的比较

二、场地平整土方量计算

（一）场地设计标高确定的原则

确定场地设计标高时应考虑以下因素：

①满足建筑规划和生产工艺及运输的要求；

②尽量利用地形，减少挖填方数量；

③场地内的挖、填土方量力求平衡，使土方运输费用最少；

④有一定的排水坡度，满足排水要求。

（二）挖填平衡法确定场地设计标高

小型场地平整，若原地形比较平缓，对场地设计标高无特殊要求，可按照场地平整施工中挖填土方量相等的原则确定场地的设计标高。其具体步骤如下。

初步确定场地设计标高(H_0),如图 1-5 所示,将场地划分成边长为 a 的若干方格,将方格网角点的原地形标高标在图上。原地形标高可利用等高线由插入法求得或在实地测量得到。

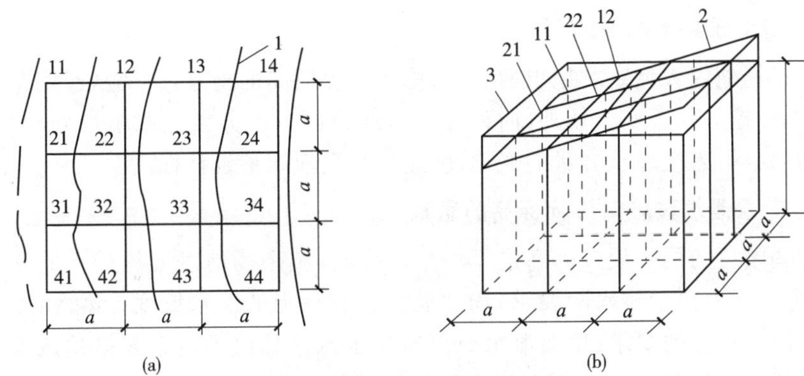

图 1-5　场地设计标高计算示意图

(a)地形地图方格网　(b)设计标高示意图

1-等高线;2-自然地面;3-设计平面

按照挖填土方量相等的原则,场地设计标高可按下式计算。

$$H_0 na^2 = \sum_{i=1}^{n}\left(a^2 \frac{H_{i1}+H_{i2}+H_{i3}+H_{i4}}{4}\right) \tag{1-12}$$

即

$$H_0 = \frac{1}{4n}\sum_{i=1}^{n}(H_{i1}+H_{i2}+H_{i3}+H_{i4}) \tag{1-13}$$

式中：　H_0——所计算场地的初定设计标高；

n——方格数；

H_{i1}、H_{i2}、H_{i3}、H_{i4}——第 i 个方格的 4 个角点的天然地面标高。

由图 1-5 可见,H_{11}系一个方格的角点标高;H_{12},H_{21}系相邻两个方格公共角点标高;H_{22}则系相邻的四个方格的公共角点标高。如果将所有方格的四个角点标高相加,则类似 H_{11}这样的角点标高加一次,类似 H_{12}的角点标高加两次,类似 H_{22}的角点标高要加四次。因此,上式可改写为：

$$H_0 = \frac{1}{4n}(\sum H_1 + 2\sum H_2 + 3\sum H_3 + 4\sum H_4) \tag{1-14}$$

式中：　H_1——1 个方格独有的角点标高；

H_2、H_3、H_4——2、3、4 个方格所共有的角点标高。

(三)场地设计标高调整

初步确定场地设计标高 H_0仅为一理论值,其得到的场地设计平面为一个水平的挖填土方量相等的场地。实际上,施工中还需要考虑以下因素,对初步场地

设计标高 H_0 进行调整。

1. **土的可松性影响**

由于土具有可松性，会造成多余的填土，需相应地提高设计标高。

2. **借土或弃土的影响**

由于场地内大型基坑挖出的土方、修筑路堤填高的土方，以及从经济角度考虑，将部分挖方就近弃于场外（简称弃土），或将部分填方就近取于场外（简称借土）等，均会引起挖填土方量的变化，因此也需重新调整设计标高。

3. **考虑泄水坡度对设计标高的影响**

按调整后的同一设计标高进行场地平整时，整个场地表面均处于同一水平面上，但实际上由于排水的要求，场地表面需有一定的泄水坡度。因此，还需根据场地泄水坡度的要求（单向泄水或双向泄水），计算出场内各方格角点实际施工所用的设计标高。

1）单向泄水时，场地设计标高的求法如图1-6所示。场地单向泄水时，以设计标高作为场地中心线标高，场地内任意一点的设计标高为

$$H_n = H_0 \pm L_i \quad (1\text{-}15)$$

式中：H_n——场地内任一点的设计标高（m）；

H_0——场地设计标高（m）；

L——该点至场地中心线的距离（m）；

i——场地泄水坡度。

2）双向泄水时，场地设计标高的求法如图1-7所示，场地双向泄水时，以 H_0 作为场地中心点的标高，场地内任意一点的设计标高为

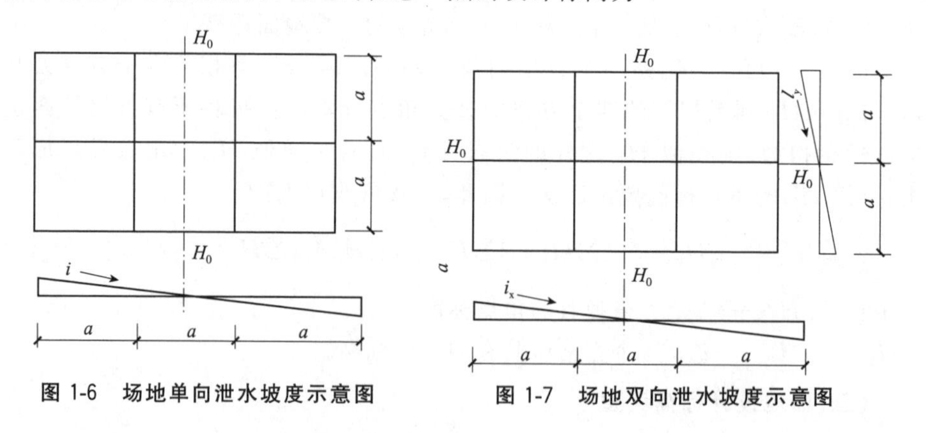

图1-6 场地单向泄水坡度示意图

图1-7 场地双向泄水坡度示意图

$$H' = H_0 \pm l_x i_x \pm l_y i_y \quad (1\text{-}16)$$

式中：H'——场地内任意一角点的设计标高；

l_x、l_y——该角点在 x－x，y－y 方向上距离场地中心点的距离(m)；

i_x、i_y——场地在 x－x，y－y 上的泄水坡度(不小于 2‰)。

(四)场地土方量计算

1. 计算各方格角点的施工高度

根据已有地形图(一般用 1/500 的地形图)划分成若干个方格网，尽量与测量的纵、横坐标网对应，方格一般采用 20m×20m～40m×40m，取决于地形变化复杂程度。将设计标高(H_n)和自然地面标高(H)分别标注在方格点的右上角和右下角，设计地面标高与自然地面标高的差值，即各角点的施工高度(填挖高度)，填在方格网的左上角，挖方为"—"，填方为"＋"。如图 1-8 所示。

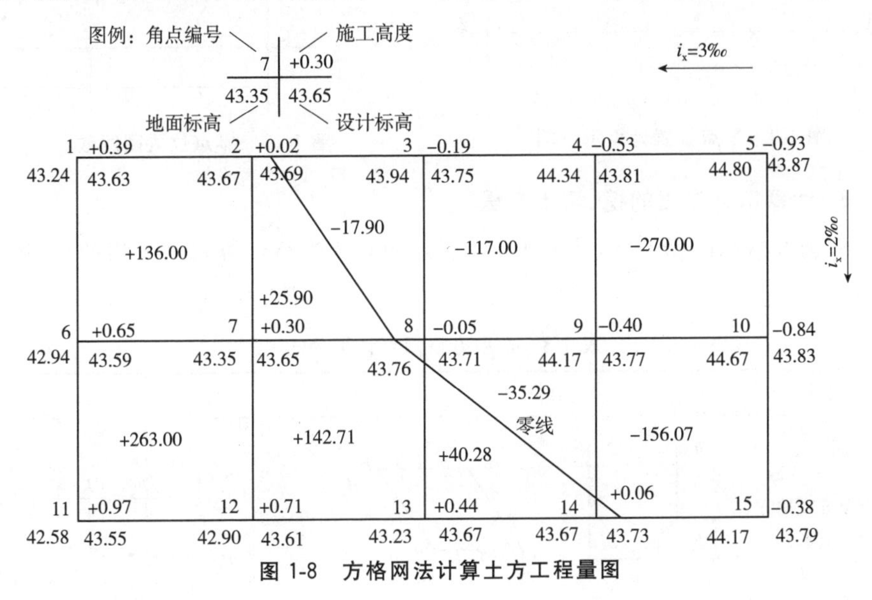

图 1-8　方格网法计算土方工程量图

2. 计算零点位置

在一个方格网内若各角点施工高度为同号，则该方格网内的土方全部为填方或挖方；若一部分为"＋"，另一部分为"—"，则该方格网内同时有填方或挖方，沿其边线必定有一处不挖不填，此点称之为"零点"(见图 1-9)。将零点标注于方格网上，连接零点就得到零线，它即是填方区与挖方区的分界线。零点的位置按比例关系计算：

$$x_1=\frac{ah_1}{h_1+h_2}x_2=\frac{ah_2}{h_1+h_2} \tag{1-17}$$

式中：x_1、x_2——角点至零点的距离(m)；

h_1、h_2——相邻两角点施工高度的绝对值(m)；

a——方格网的边长(m)。

在实际工作中,为省略计算,常用图解法直接求出零点,如图 1-10 所示。方法是用尺在各角上标出相应比例,用直线相连,与方格相交点即为零点位置,甚为方便、直观。同时可避免计算或查表出错。

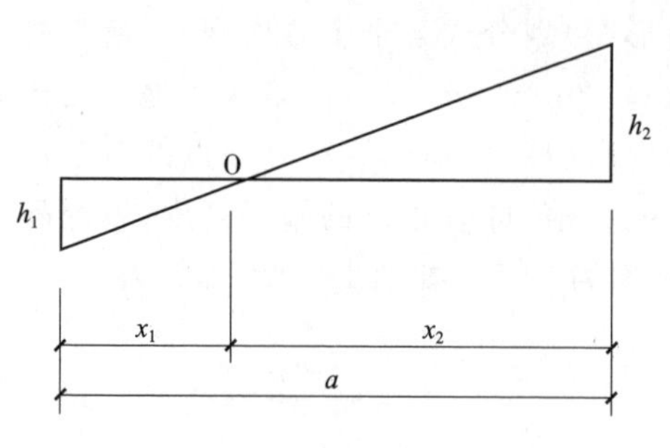

图 1-9　零点位置计算示意图

图 1-10　零点位置图解法

3. 计算每个方格的挖、填土方量

根据方格底面积形状,按表 1-3 中所列的公式进行计算每个方格的挖、填土方量。

表 1-3　常用方格网点计算公式

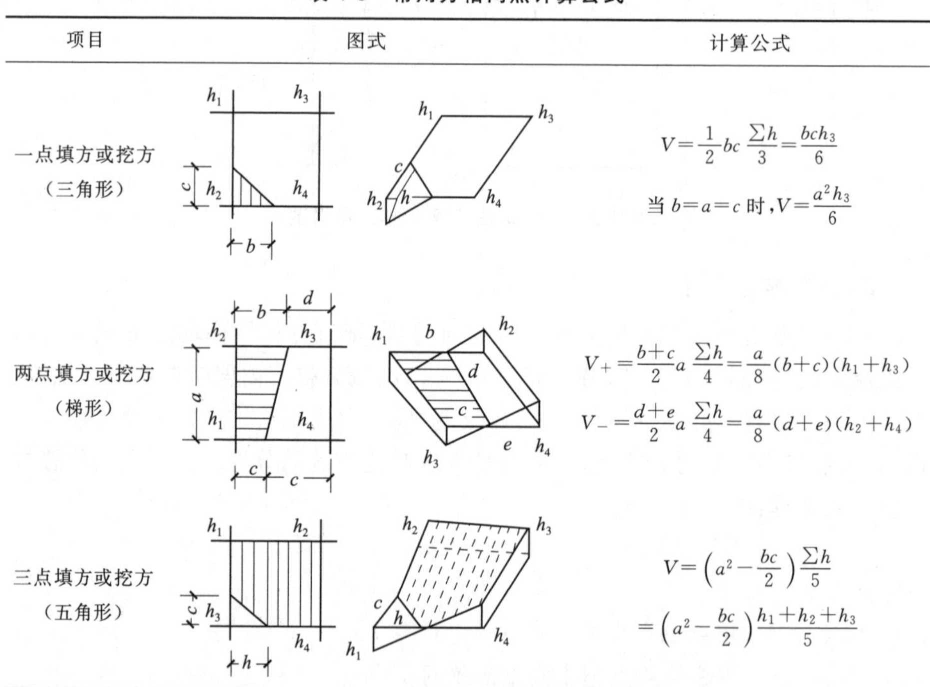

项目	图式	计算公式
一点填方或挖方(三角形)		$V=\frac{1}{2}bc\frac{\sum h}{3}=\frac{bch_3}{6}$ 当 $b=a=c$ 时,$V=\frac{a^2h_3}{6}$
两点填方或挖方(梯形)		$V_+=\frac{b+c}{2}a\frac{\sum h}{4}=\frac{a}{8}(b+c)(h_1+h_3)$ $V_-=\frac{d+e}{2}a\frac{\sum h}{4}=\frac{a}{8}(d+e)(h_2+h_4)$
三点填方或挖方(五角形)		$V=\left(a^2-\frac{bc}{2}\right)\frac{\sum h}{5}$ $=\left(a^2-\frac{bc}{2}\right)\frac{h_1+h_2+h_3}{5}$

（续）

项目	图式	计算公式
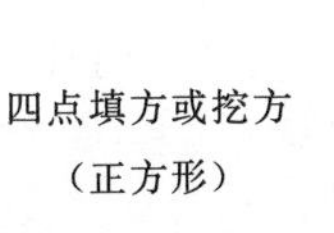 四点填方或挖方（正方形）	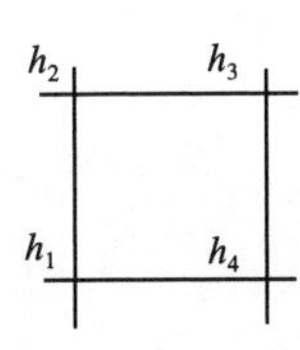 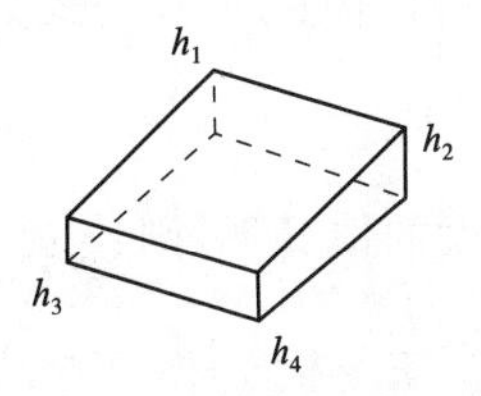	$V=\frac{a^2}{4}\sum h=\frac{a^2}{4}(h_1+h_2+h_3+h_4)$

注：1. a——方格网的边长（m）；b、c——零点到一角的边长（m）；h_1、h_2、h_3、h_4——方格网四角点的施工高度（m），用绝对值代入；Σh——填方或挖方施工高度的总和（m），用绝对值代入；V——挖方或填方体积（m^3）。

2. 本表公式是按各计算图形底面积乘以平均施工高度而得出的。

4. 边坡土方量计算

为保证挖方土壁和填方区的稳定，场地的挖方区和填方区的边沿都需要做成边坡。图 1-11 是一现场边坡的平面示意图。从图中可以看出：边坡的土方量可以划分为两种近似的几何形体进行计算，一种为三棱锥体（如①～③、⑤～⑦），另一种为三棱柱体（如④）。

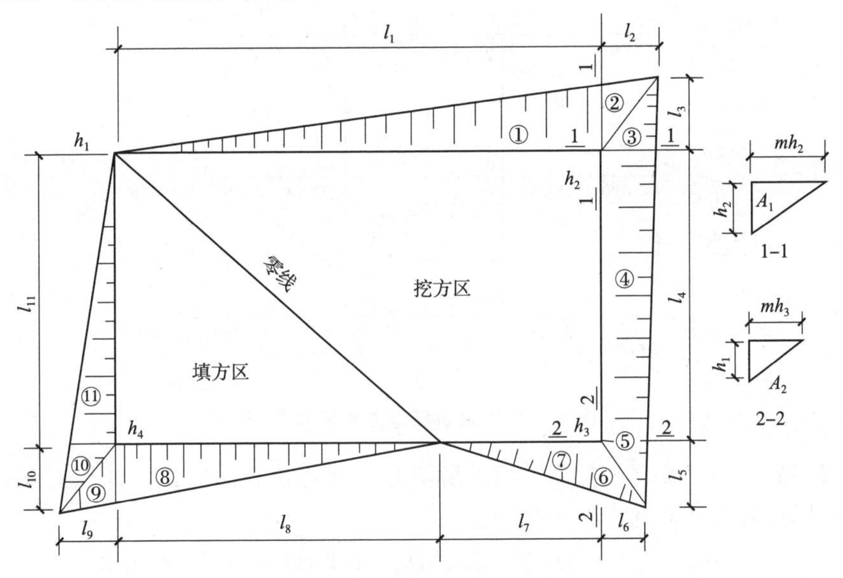

图 1-11 场地边坡平面图

三棱锥体边坡体积，如图 1-11 中①～③、⑤～⑦，计算公式如下：

$$V_1=\frac{1}{3}A_1l_1 \tag{1-18}$$

式中：l_1——三棱锥体边坡的长度(m)；

A_1——三棱锥体边坡的端面积(m^2)。

三棱柱体边坡体积，如图1-11中④，计算公式如下：

$$V_4=\frac{A_1+A_2}{2}l_4 \tag{1-19}$$

当两端横断面面积相差很大的情况下，则：

$$V_4=\frac{l_4}{6}(A_1+4A_0+A_2) \tag{1-20}$$

式中： l_4——三棱柱体边坡的长度(m)；

A_1、A_2、A_0——三棱柱体边坡两端及中部横断面面积(m^2)。

5. 计算总土方量

将挖方区(或填方区)所有方格计算的土方量和边坡土方量相加，即得该场地挖方和填方的总土方量。

【例1-1】 某建筑场地方格网如图1-12所示，方格边长为20m×20m，填方区边坡坡度系数为1.0，挖方区边坡坡度系数为0.5，试用公式法计算填方和挖方的总土方量。

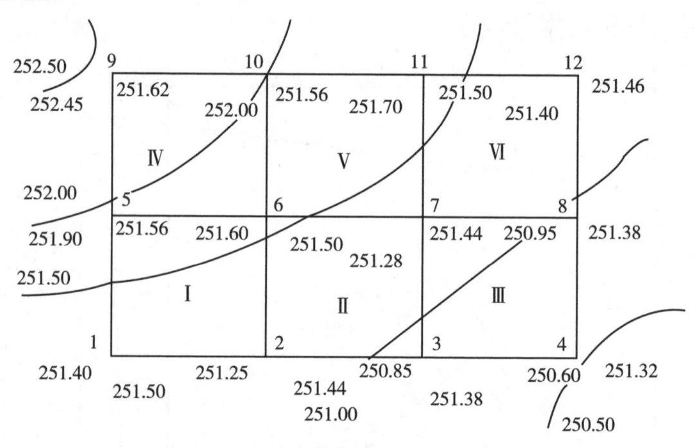

图1-12 某建筑场地方格网布置图

【解】 (1)计算施工标高。根据所给方格网各角点的地面设计标高和自然标高计算，计算结果列于图1-12中。

$$h_1=251.50-251.40=0.10, h_2=251.44-251.25=0.19$$

同理： $h_3=0.53, h_4=0.72, h_5=-0.34, h_6=-0.10, h_7=0.16, h_8=0.43,$

$h_9=-0.83, h_{10}=-0.44, h_{11}=-0.20, h_{12}=0.06$

(2)计算零点位置。从图1-13中可知，1－5、2－6、6－7、7－11、11－12五条方格边两端的施工高度符号不同，说明此方格边上有零点存在。

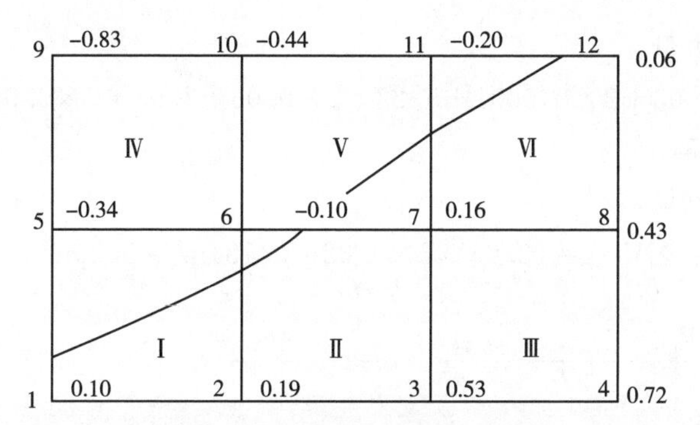

图 1-13　施工高度及零线位置

1—5 线　　$x_{1-5}=\frac{ah_1}{h_1+h_5}=\frac{0.1\times 20}{0.1+0.34}=4.55\text{m}$

同理：　$x_{2-6}=13.10\text{m}$，$x_{6-7}=7.69\text{m}$，$x_{7-11}=8.89\text{m}$，$x_{11-12}=15.38\text{m}$

将各零点标于图上，并将相邻的零点连接起来，即得零线位置，如图 1-13 所示。

(3)计算方格土方量。方格Ⅲ、Ⅳ底面为正方形，土方量为

$$V_{Ⅲ(+)}=\frac{a^2}{4}(h_1+h_2+h_3+h_4)=\frac{20^2}{4}(0.53+0.72+0.16+0.43)\text{m}^3$$

$$=184\text{m}^3,V_{Ⅳ(-)}=171\text{m}^3$$

方格Ⅰ底面为两个梯形，土方量为

$$V_{Ⅰ(+)}=\frac{a}{8}(b+c)(h_1+h_3)=\frac{20}{8}(4.55+13.1)(0.10+0.19)\text{m}^3$$

$$=12.8\text{m}^3,V_{Ⅰ(-)}=24.59\text{m}^3$$

方格Ⅱ、Ⅴ、Ⅵ底面为三边形和五边形，土方量为

$$V_{Ⅱ(+)}=65.73\text{m}^3,V_{Ⅱ(-)}=0.88\text{m}^3$$

$$V_{Ⅴ(+)}=2.92\text{m}^3,V_{Ⅴ(-)}=51.10\text{m}^3$$

$$V_{Ⅵ(+)}=40.89\text{m}^3,V_{Ⅵ(-)}=5.70\text{m}^3$$

方格网总填方量：

$\sum V_{(+)}=(184+12.80+65.73+2.92+40.89)\text{m}^3=306.34\text{m}^3$

方格网总方量：

$\sum V_{(-)}=(171+24.59+0.88+51.10+5.70)\text{m}^3=253.26\text{m}^3$

(4)边坡土方量计算。如图 1-14 所示，除④、⑦按三角棱柱体计算外，其余均按三角棱锥体计算。

$V_{①(+)}=0.003\text{m}^3$　　$V_{⑧(+)}=V_{⑨(+)}=0.01\text{m}^3$

$V_{②(+)}=V_{③(+)}=0.0001\text{m}^3$　　$V_{⑩(+)}=0.01\text{m}^3$

$V_{④(+)}=5.22\text{m}^3$　　$V_{⑪(-)}=2.03\text{m}^3$

$V_{⑤(+)}=V_{⑥(+)}=0.06\text{m}^3$　　$V_{⑫(-)}=V_{⑬(-)}=0.02\text{m}^3$

$V_{⑦(+)}=7.93\text{m}^3$　　$V_{⑭(-)}=3.18\text{m}^3$

边坡总填方量：

$$\sum V_{(+)}=(0.003+2\times0.0001+5.22+2\times0.06+7.93+2\times0.01+0.01)\mathrm{m}^3$$
$$=13.30\mathrm{m}^3$$

边坡总挖方量：

$$\sum V_{(-)}=(2.03+2\times0.02+3.18)\mathrm{m}^3=5.25\mathrm{m}^3$$

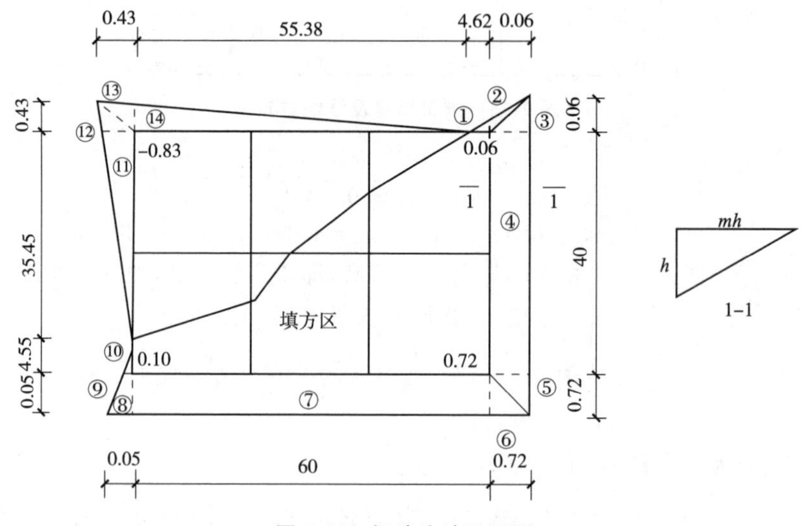

图 1-14 场地边坡平面图

三、土方调配

土方量计算完成后，即着手土方的调配工作。土方调配，就是对挖土的利用、堆弃和填土的取得三者之间的关系进行综合协调处理。其目的是在土方运输量或土方运输成本最低的前提下，确定填挖方区土方的调配方向和数量，以缩短工期和降低成本。

土方平衡调配，必须综合考虑工程和现场情况（含地下室、基槽、大管沟、道路基槽等）、进度要求和施工方法，经过全面研究，确定平衡调配原则之后，才可进行。

1. 土方调配的原则

（1）力求达到挖方与填方基本平衡和就近调配，使挖方量与运距的乘积之和尽可能为最小，即土方运输量或费用最小。

（2）土方调配应考虑近期施工与后期利用相结合、分区与全场相结合，还应尽可能与大型地下建筑物的施工相结合，以避免重复挖运和现场混乱。

(3)合理布置挖、填方分区线，选择适当的调配方向、运输线路，使土方机械和运输车辆的性能得到充分发挥。

(4)好土用在回填质量要求高的地区。

(5)取土或弃土应尽量不占农田或少占农田。

进行土方调配，必须根据现场具体情况、有关技术资料、工期要求、土方施工方法与运输方法，综合考虑上述原则，并经计算比较，选择经济合理的调配方案。

2. 土方调配图表的编制

场地土方调配，需做成相应的土方调配图，如图 1-15 所示。其编制方法如下：

(1)划分调配区。在场地平面图上先划出挖、填区的分界线(即零线)；再根据地形及地理条件，把挖方区和填方区适当地划分为若干调配区(其大小应满足土方机械的操作要求，例如，调配区应大于或等于机械的铲土长度)。

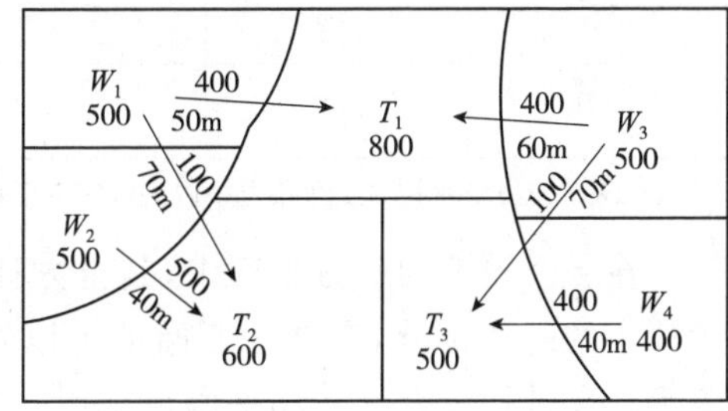

图 1-15　土方调配图

在划分调配区时应注意：

1)调配区的划分应与房屋或构筑物的位置相协调，满足工程施工顺序和分期分批施工的要求，使近期施工与后期利用相结合。

2)调配区的大小应使土方机械和运输车辆的功效得到充分发挥。

3)当土方运距较大或场区内土方不平衡时，可根据附近地形，考虑就近借土或就近弃土，每一个借土区或弃土区均可作为一个独立的调配区。

(2)计算土方量。计算各调配区土方量，并标注在图上。

(3)求出每对调配区之间的平均运距。当用铲运机或推土机平土时，平均运距即为挖方区土方重心至填方区土方重心的距离。

重心求出后，标于相应的调配区图上，用比例尺量出每对调配区的平均运输距离。当填、挖方调配区之间的距离较远，采用汽车、自行式铲运机或其他运土工具沿工地道路或规定线路运土时，其运距应按实际运距计算。

(4)进行土方调配。土方最优调配方案可采用线性规划中的“表上作业法”求得。

(5)画出土方调配图。根据表上作业法得出最优调配方案，在场地土方地形图上标出调配方向、土方数量以及平均运距(见图 1-15)。

(6)列出土方量平衡表。除土方调配图外，有时还需要列出土方量调配平衡表(见表 1-4)，即图 1-15 所示调配方案的土方量调配平衡表。

表 1-4　土方量调配平衡表

挖方区编号	挖方数量（m^3）	填方区编号，填方数量（m^3）			
		T_1	T_2	T_3	合计
		800	600	500	1900
W_1	500	400 [50]	100 [70]		
W_2	500		500 [40]		
W_3	500	400 [60]		100 [70]	
W_4	400			400 [40]	
合计	1900				

注：表中土方数量栏右上角小方格内的数字系平均运距（单位 m），有时可为土方的单方运价。

在一个较大的土方工程中，其土方计算、平衡调配等问题，应是总平面竖向设计中的组成部分，它涉及原始地区地貌测量图、总平面布置设计图、竖向设计图等。在进行土方计算和平衡调配时，应掌握上述图纸，以便精确计算，同时根据施工实际发生的情况进行调整和确认，力求准确。

第三节　土方边坡与支护

土方工程施工要求标高、断面准确，土体有足够的强度和稳定性，土方量少、工期短、费用省。因此，在施工前，首先要进行调查研究，了解土壤的种类和工程性质，土方工程的施工工期、质量要求及施工条件，施工区的地形、地质、水文、气象等资料，作为合理拟定施工方案、计算土方工程量、计算土壁边坡及支撑、进行施工排水和降水的设计、选择土方机械和运输工具并计算其需要量，以及选择施工方法和组织施工的依据。此外，在土方工程施工前，还应完成场地清理、地面水的排除和测量放线等工作。

一、土方边坡

土方边坡的坡度以挖方深度（或填方深度）h 与底宽 b 之比表示（图 1-16），即

$$土方边坡坡度=h/b=1/(b/h)=1:m \tag{1-21}$$

式中：$m=b/h$ 称为边坡系数。

土方边坡可做成直线形、折线形或踏步形三种，如图所示。

土方边坡的大小主要与土质、开挖深度、开挖方法、边坡留置时间的长短、边坡附近的各种荷载状况及排水情况有关。当地质条件良好，土质均匀且地下水

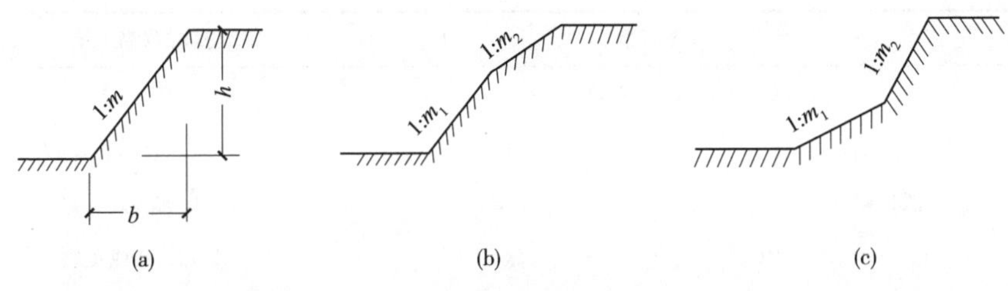

图 1-16　土方边坡

(a)直线边坡;(b)不同土层折线边坡;(c)相同土层折线边坡

位低于基坑(槽)或管沟底面标高时,挖方边坡可做成直立壁不加支撑,但深度不宜超过下列规定:

密实、中密的砂土和碎石类土(充填物为砂土)1.0m;

硬塑、可塑的粉土及粉质黏土 1.25m;

硬塑、可塑的黏土和碎石类土(充填物为黏性土)1.5m;

坚硬的黏土 2m。

当地质条件良好,土质均匀且地下水位低于基坑(槽)或管沟底面标高时,挖方深度在 5m 以内且不加支撑的边坡的最陡坡度应符合表 1-5 的规定。

表 1-5　深度在 5m 内的基坑(槽)、管沟边坡的最陡坡度

土的类别	边坡坡度(高∶宽)		
	坡顶无荷载	坡顶有静载	坡顶有动载
中密的砂土	1∶1.00	1∶1.25	1∶1.50
中密的碎石类土(充填物为砂土)	1∶0.75	1∶1.00	1∶1.25
硬塑的粉土	1∶0.67	1∶0.75	1∶1.00
中密的碎石类土(充填物为黏性土)	1∶0.50	1∶0.67	1∶0.75
硬塑的粉质黏土、黏土	1∶0.33	1∶0.50	1∶0.67
老黄土	1∶0.10	1∶0.25	1∶0.33
软土(经井点降水后)	1∶1.00		

注:1. 静载是指堆土或材料等,动载是指机械挖土或汽车运输作业等。静载或动载距挖方边沿的距离应保证边坡或直立壁的稳定,堆土或材料应距挖方边沿 0.8m 以外,高度不超过 1.5m。

2. 当有成熟施工经验时,可不受本表限制。

永久性挖方边坡坡度应按设计要求放坡。临时性挖方的边坡值应符合表 1-6中的规定。

表 1-6　临时性挖方边坡值

土的类别		边坡值(高∶宽)
砂土(不包括细砂、粉砂)		1∶1.25～1∶1.50
一般性黏土	坚硬	1∶0.75～1∶1.00
	硬塑	1∶1.00～1∶1.25
	软	1∶1.50 或更缓
碎石类土	充填坚硬、硬塑黏性土	1∶0.50～1∶1.00
	充填砂土	1∶1.00～1∶1.50

注：1. 设计有要求时，应符合设计标准。

2. 如采用降水或其他加固措施，可不受本表限制，但应计算复核。

3. 开挖深度，对软土不应超过 4m，对硬土不应超过 8m。

二、基坑支护

基坑支护是指在基坑开挖期间，利用支护结构达到既挡土又挡水，以保证基坑开挖和基础安全施工，并且对周围的建(构)筑物、道路和地下管线等产生危害。

基坑支护结构有板、桩或墙结构体系。常用的基坑支护结构有钢板桩、预制钢筋混凝土板桩、工字钢或 H 型钢挡土桩、灌注桩、深层搅拌水泥土桩、土钉墙、地下连续墙等。支护结构主要承受土和水的侧压力、附近地面动静荷载、已有建(构)筑物产生的附加侧压力。对支护结构的要求是要有较强的强度、刚度和稳定性，保证附近地面不产生较大的沉降和位移，有足够的入土深度，保证本身的稳定和避免产生坑底隆起或管涌。坑深较小时，一般采用悬臂式；坑深较深时，需在坑内支撑，或用近地表的锚杆或锚固在土中的土锚进行坑外拉结，支撑及锚杆的位置和结构尺寸需计算确定。有的基坑支护在基础完工后可拔出重复使用，有的则永久留在地基土中。

浅基坑的支护方法如表 1-7 所示。

表 1-7　浅基坑的支护方式

支撑方式	简　图	支撑方法及适用条件
斜柱支撑	柱桩 回填土 斜撑 短桩 挡板	水平挡土板钉在柱桩内侧，柱桩外侧用斜撑支顶，斜撑底端支在木桩上，在挡土板内侧回填土；适于开挖较大型、深度不大的基坑或使用机械挖土时

（续）

支撑方式	简　图	支撑方法及适用条件
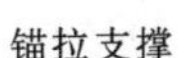 锚拉支撑	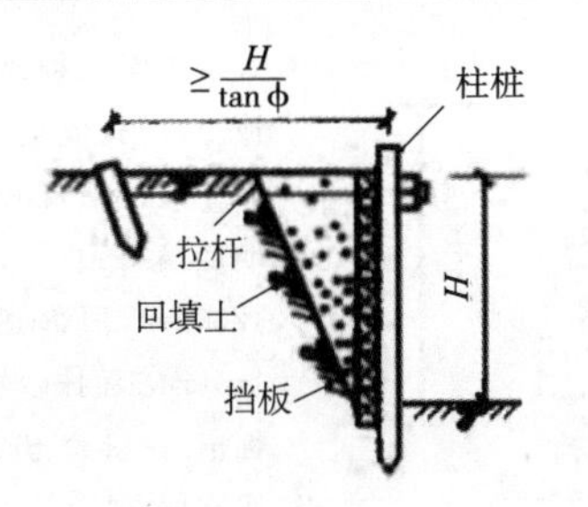	水平挡土板支在柱桩的内侧，柱桩一端打入土中，另一端用拉杆与锚桩拉紧，在挡土板内侧回填土；适于开挖较大型、深度不大的基坑或使用机械挖土，在不能安设横撑时使用
型钢桩横挡板支撑	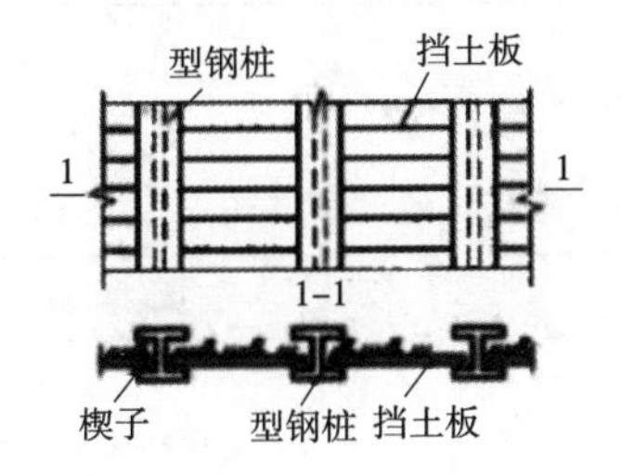	沿挡土位置预先打入钢轨、工字钢或H型钢桩，间距1～1.5m，然后边挖方，边将3～6cm厚的挡土板塞进钢桩之间挡土，并在横向挡板与型钢桩之间打上楔子，使横板与土体紧密接触；适于地下水位较低、深度不很大的一般黏性或砂土层中使用
短桩横隔板支撑	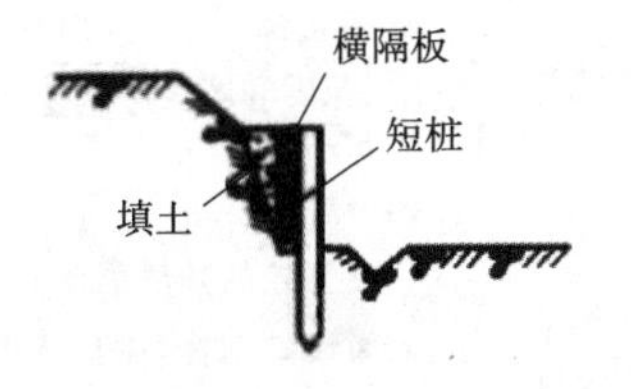	打入水短木桩，部分打入土中，部分露出地面、钉上水平挡土板，在背面填土、夯实；适于开挖宽度大的基坑，当部分地段下部放坡不够时使用
临时挡土墙支撑		沿坡脚用砖、石叠砌，或者用装水泥的编织袋、草袋装土、砂堆砌，使坡脚保持稳定；适于开挖宽度大的基坑，当部分地段下部放坡不够时使用
挡土灌注桩支护	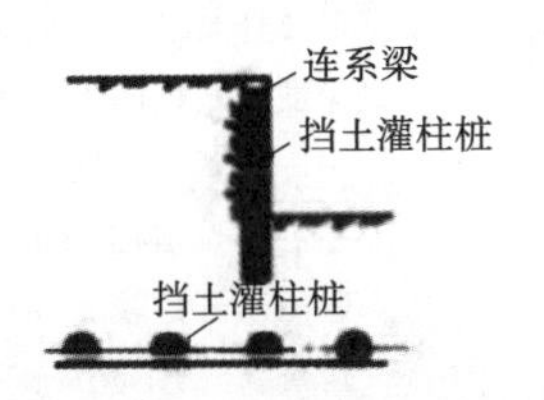	在开挖基坑的周围，用钻机或洛阳铲成孔，桩径ϕ400～500mm，现场灌筑钢筋混凝土桩，桩间距为1.0～1.5m，在桩间土方挖成外拱形使之起上拱作用；适用于开挖较大、较浅（<5m）基坑，邻近有建筑物，以及不允许背面地基有下沉、位移时采用

（续）

支撑方式	简　图	支撑方法及适用条件
叠袋式挡墙支护	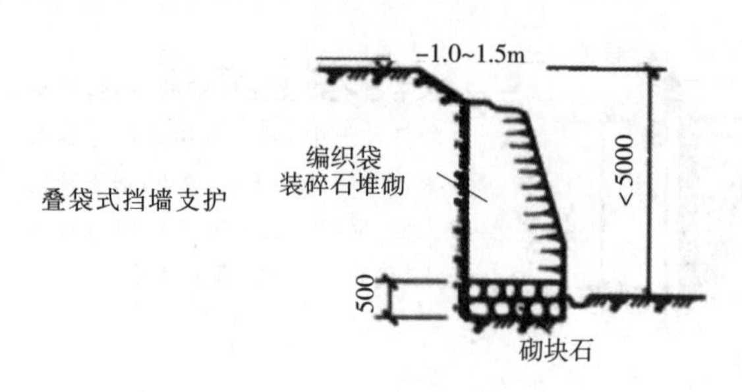	采用编织袋或草袋装碎石（砂砾石或土）堆砌成重力式挡墙作为基坑的支护，在墙下部砌500mm厚块石基础，墙底宽1500～2000mm，顶宽500～1200mm，顶部适当放坡卸土1.0～1.5m，表面抹砂浆保护；适用于一般黏性土、面积大、开挖深度在5m以内的浅基坑支护

一般深基坑的支护方法如表1-8所示。

表1-8　深基坑的支护方式

支护（撑）方式	简　图	支护（撑）方式及适用条件
钢板桩支撑	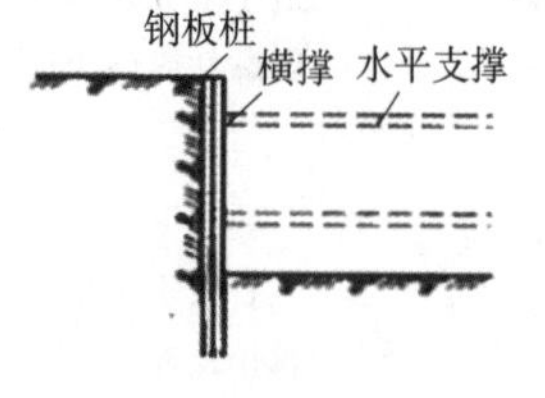	在开挖基坑的周围打钢板桩或钢筋混凝土板桩，板桩入土深度及悬壁长度应经计算确定，如基坑宽度很大，可加水平支撑；适于一般地下水、深度和宽度不很大的黏性砂土层中应用
钢板桩与钢构架结合支撑	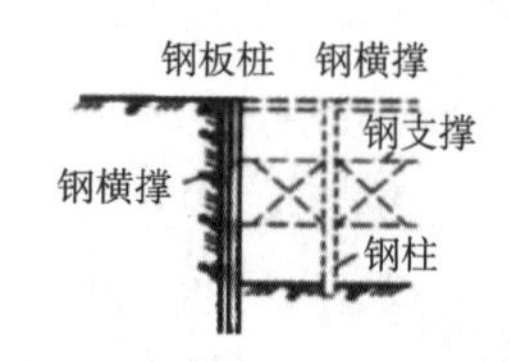	在开挖的基坑周围打钢板桩，在柱位置上打入暂设的钢柱，在基坑中挖土，每下挖3～4m，装上一层构架支撑体系，挖土在钢构架网格中进行，亦可不预先打入钢柱，随挖随接长支柱；适于在饱和软弱土层中开挖较大、较深的基坑，在钢板桩刚度不够时采用
挡土灌注桩支撑		在开挖基坑的周围，用钻机钻孔，现场灌注钢筋混凝土桩，达到强度后，在基坑中间用机械或人工挖土，下挖1m左右装上横撑，在桩背面装上拉杆与已设锚桩拉紧，然后继续挖土至要求深度。在桩间土方挖成外拱形，使之起土拱作用。如基坑深度小于6m，或邻近有建筑物时，亦可不设锚桩，采取加密桩距或加大桩径处理；适用于开挖较大、较深（>6m）的基坑，临近有建筑物时，不允许支护，背面地基有下沉、位移时采用

（续）

支护(撑)方式	简 图	支护(撑)方法及适用条件
挡土灌注桩与土层锚杆结合支撑	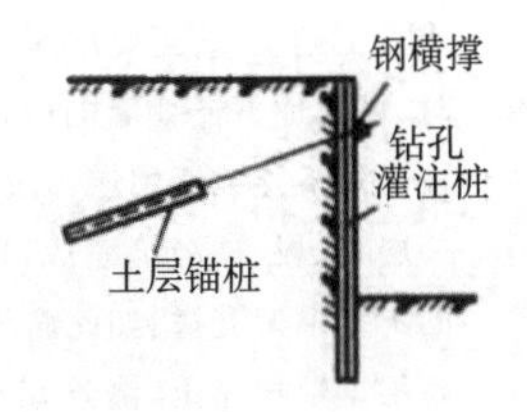	同挡土灌注桩支撑，但在桩顶不设锚桩、锚杆，而是挖至一定深度时，每隔一定距离向桩背面斜下方用锚杆钻机打孔，安放钢筋锚杆，用水泥压力灌浆，达到强度后，安上横撑，拉紧固定，在桩中间进行挖土，直至设计深度。如设2～3层锚杆，可挖一层土，装设一次锚杆。适合于大型较深基坑，施工期较长，邻近有高层建筑，不允许支护，邻近地基不允许有任何下沉位移时使用
挡土灌注桩与旋喷桩组合支护	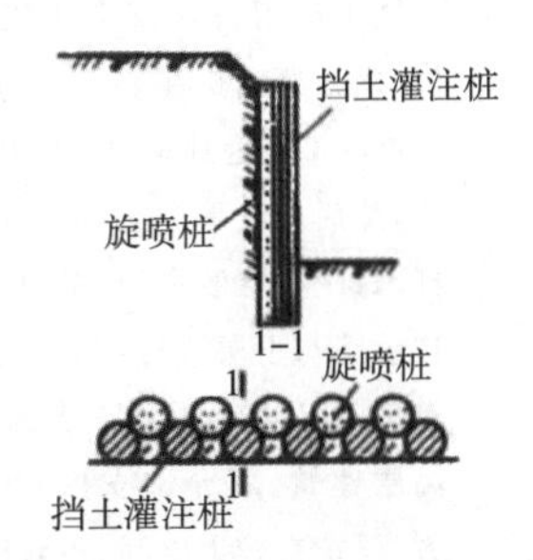	可在深基坑内侧设置直径0.6～1.0m混凝土灌注桩，间距1.2～1.5m；在紧靠混凝土灌注桩的外侧设置直径0.8～1.5m的旋喷桩，以旋喷水泥浆方式使水泥土桩与混凝土灌注桩紧密结合，组成一道防渗帷幕，即可起抵抗土压力、水压力作用，又起挡水坑渗作用。挡土灌注桩与旋喷桩采取分段间隔施工。当基坑为淤泥质土层时，有可能在基坑底部产生管涌、涌泥现象，亦可在基坑底部以下用旋喷桩封闭。在混凝土灌注桩外侧设旋喷桩，有利于支护结构的稳定，防止边坡坍塌、渗水和管涌等现象发生。适用于土质条件差、地下水位较高、要求既挡土又挡水防渗的支护工程
双层挡土灌注桩支护	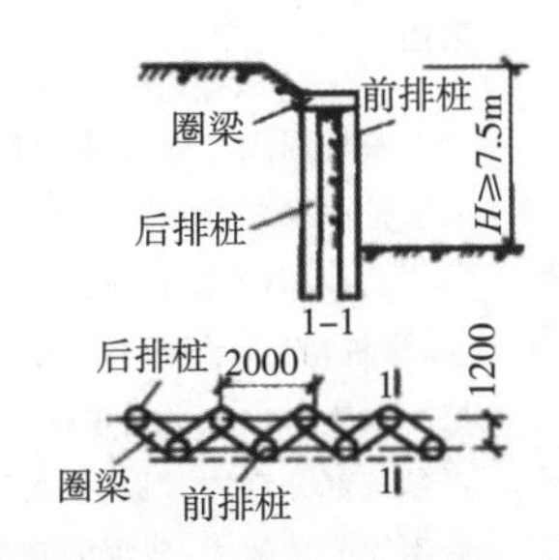	可将挡土灌注桩在平面布置上由单排桩改为双排桩，呈对称或梅花式排列，桩数保持不变，双排桩的桩径 d 一般为400～600mm，排距 L 为1.5～3d，在双排桩顶部设圈梁使其成为整体刚架结构；亦可在基坑每侧中段设双排桩，而在四角仍采用单排桩。采用双排桩支护可使支护整体刚度增大，桩的内力和水平位移减小，提高护坡效果。适于基坑较深、采用单排混凝土灌注桩挡土、强度和刚度均不能胜任时使用

（续）

支护(撑)方式	简　图	支护(撑)方法及适用条件
地下连续墙支护	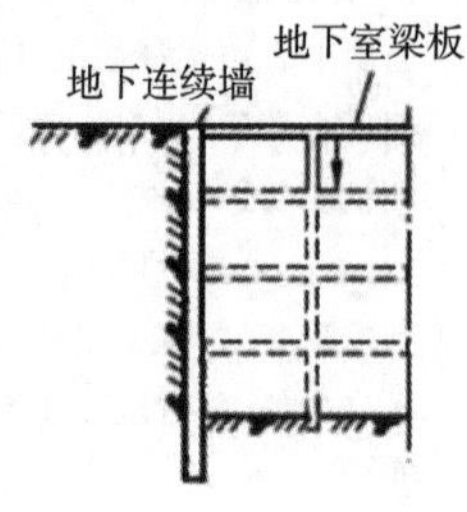	在开挖的基坑周围，先建造混凝土或钢筋混凝土地下连续墙，达到强度后，在墙中间用机械或人工挖土，直至要求深度。若跨度、深度很大时，可在地下连续墙的内部加设水平支撑及支柱。地下连续墙用逆作法施工，每挖一层，把下一层梁、板、柱浇筑完成，以此作为地下连续墙的不平框架支撑，如此循环作业，直到地下室的底层全部挖完土，浇筑完成。地下连续墙适用于开挖较大、较深（＞10m）、有地下水、周围有建筑物或公路的基坑，作为地下结构的外墙一部分；或用于高层建筑的逆作法施工，作为地下室结构的部分外墙
地下连续墙与土层锚杆结合支护	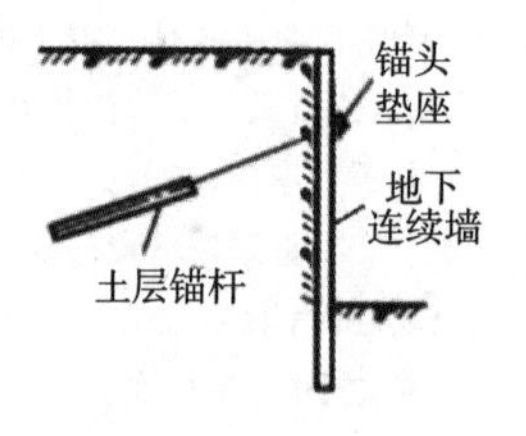	在开挖基坑的周围先建造地下连续墙支护，在墙中部用机械配合人工开挖土方至锚杆部位，用锚杆钻机在要求位置钻孔，放入锚杆，进行灌浆，待达到强度，装上锚杆横梁或锚头垫座，然后继续下挖至要求深度，如设2～3层锚杆，每挖一层装一层，采用快凝砂浆灌浆。地下连续墙与土层锚杆结合支护适用于开挖较大、较深（＞10m）、有地下水的大型基坑，若周围有高层建筑，不允许支护有变形；若采用机械挖方，要求有较大空间、不允许内部设支撑时采用
土层锚杆支护	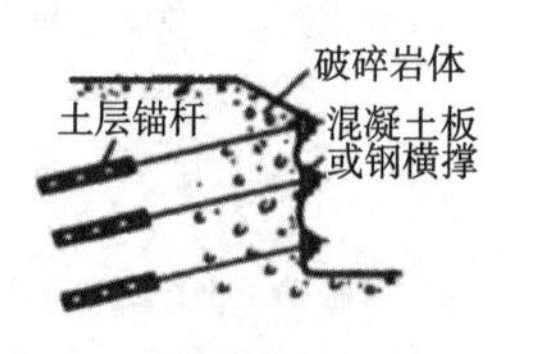	沿开挖基坑的边坡每2～4m设置一层水平土层锚杆，直到挖土至要求深度。土层锚杆支护适用于较硬土层或破碎岩石中开挖较大、较深基坑，邻近有建筑物必须保证边坡稳定时采用
板桩(灌注桩)中央横顶支撑	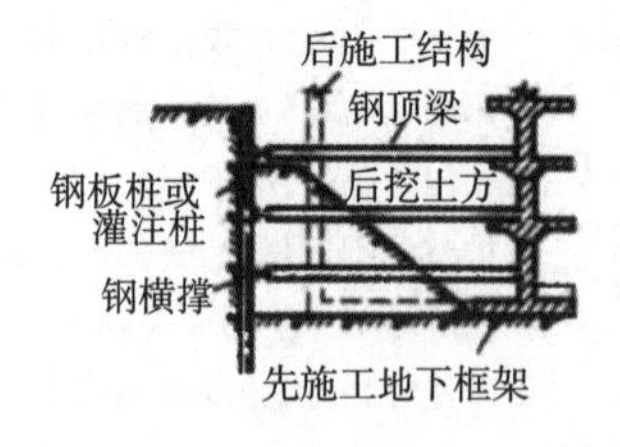	在基坑周围打板桩或设挡土灌注桩，在内侧放坡挖中间部分土方到坑底，先施工中间部分结构至地面，然后再利用此结构做支撑向板桩(灌注桩)支水平横顶撑，挖除放坡部分土方，每挖一层支一层水平横顶撑，直到设计深度，最后再建该部分结构。板桩(灌注桩)中央横顶支撑适用于开挖较大、较深的基坑，在支护桩刚度不够又不允许设置过多支撑时采用

（续）

支护（撑）方式	简　图	支护（撑）方法及适用条件
板桩（灌注桩）中央斜顶支撑	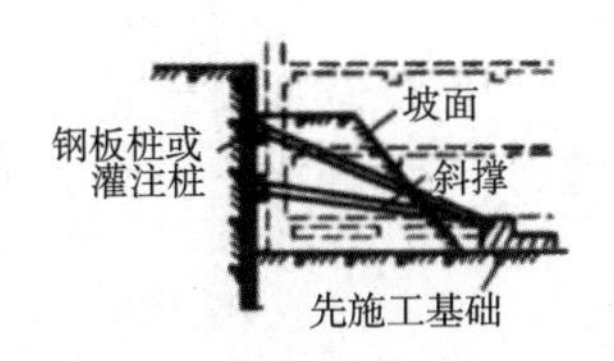	在基坑周围打板桩或设挡土灌注桩，在内侧放坡挖中间部分土方到坑底，并先施工好中间部分基础，再从基础向桩上方支斜顶撑，然后再把放坡的土方挖除，每挖一层支一层斜撑，直至坑底，最后建该总分结构。板桩（灌注桩）中央斜顶支撑适用于开挖较大、较深基坑，支护桩刚度不够，坑内不允许设置过多支撑时采用
分层板桩支撑	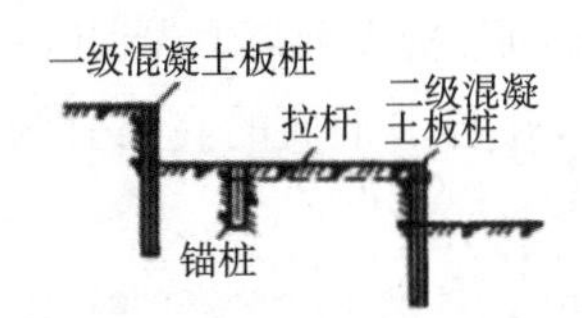	先开挖厂房群基础，周围先打支护板桩，然后在内侧挖土方至群基础底标高，再在中部主体深基础四周打二级支护板桩，挖主体深基础土方，施工主体结构至地面，最后施工外围群基础。分层板桩支撑适用于开挖较大、较深基坑，当中部主体与周围群基础标高不等，而又无重型板桩时采用

（一）土钉墙

土钉墙是一种原位土体加筋技术。将基坑边坡通过由钢筋制成的土钉进行加固，边坡表面铺设一道钢筋网再喷射一层混凝土面层和土方边坡相结合的边坡加固型支护施工方法。其构造为设置在坡体中的加筋杆件（即土钉或锚杆）与其周围土体牢固黏结形成的复合体，以及面层所构成的类似重力挡土墙的支护结构，如图1-17所示。它具有施工操作简便、设备简单、噪声小、工期短、费用低的特点，一般适用于人工填土、黏性土、非黏性砂土，要求墙面坡度不宜大于1∶0.2。

图 1-17　土钉墙构造

1-土钉；2-铺设钢筋网；3-喷射混凝土面层

1. 施工工艺流程

土钉墙施工工艺流程如下：按基坑开挖边线开挖工作面→修整边坡→埋设坡面混凝土厚度控制标志→土钉孔位放线→成孔、安设土钉、注浆→绑扎钢筋网→喷射混凝土。

2. 施工要点

（1）开挖工作面

按照设计的分层开挖深度和坡度开挖，分层开挖深度应在每道土钉孔口标高下0.5m处，一般为1～2m，开挖长度一般为10～20mm，不得超挖，开挖过程中，挖掘机不得碰撞土钉墙面板。在上层作业面的土钉及喷混凝土面层未达到设计强度的70%以前，不得进行下一层土方的开挖。

开挖后，由工人配合对坡面进行修整，然后埋设喷射混凝土厚度控制标志。

对于土层含水量较大的边坡，可在支护面层背部插入长度为400～600mm、直径不小于40mm的水平排水管包滤网，其外端伸出支护面层，间距为2m，以便将喷混凝土面层后的积水排走。

(2)土钉施工

按设计图纸，在坡面上量出土钉的间距并做好标记。

土钉的成孔方法有洛阳铲成孔和机械成孔两种。洛阳铲适用于易成孔的土层，是人工成孔的传统工具，具有操作简便、机动灵活的特点，每把铲由2～3人操作，以掏土的形式将孔内土体掏出来，孔与水平面的夹角宜为5°～20°，成孔后对孔的深度、孔径及倾角进行检查。

土钉一般采用热轧螺纹钢筋，钢筋直径为16～32mm，施工前按设计长度进行下料，外端设“L”型的弯钩，需要接长时可以采用搭接电弧焊或闪光对焊进行，但要保证两根钢筋的轴线在同一直线上。为保证钢筋在孔中的位置，在钢筋上每隔2～3m焊置一个定位支架，定位架的构造不能妨碍注浆时浆液的自由流动。安放主筋时，将注浆管与主筋捆绑在一起，注浆管离孔底0.5m左右。

土钉注浆前，用空气压缩机将孔内的残留或松动的杂土吹干净，在孔口设置止浆塞并旋紧，使其与孔壁紧密贴合。注浆材料宜采用水泥浆或水泥砂浆，水泥浆强度等级不宜低于M10，水灰比宜为0.5；水泥砂浆质量比宜为1∶1至1∶2，水灰比宜为0.30～0.45。浆液要充分搅拌均匀，随拌随用，宜在初凝前用完。注浆开始后，边注浆边向孔口方向拔管，但出浆口应始终处于孔中浆体表面之下，保证孔中气体能全部排出，在孔口部位设置止浆塞，根据需要补浆，直至注满为止，放松止浆塞，将注浆管与止浆塞拔出，用黏性土或水泥砂浆填充孔口。

在注浆现场，应做浆体试块。在试块终凝后注明注浆时间、土钉孔编号。试块经试验室试压，试验报告的结论中表明注浆材料的强度等级达到设计的70%时方可进行下一层的挖土施工。

土钉墙内配置钢筋网的直径宜为6～10mm，钢筋网绑扎按图纸进行，网格尺寸150～300mm，应保证网格横平竖直，用钢尺检查其长、宽的允许偏差±10mm(每一网格)，用钢尺量连续三挡，其网眼尺寸取最大值的允许偏差为±20mm。钢筋竖向搭接长度应大于300mm，末端设弯钩，钢筋网保护层厚度应不小于 20mm。

为保证土层与面层有效连接，用加强钢筋或承压板与土钉焊接或螺栓连接。

喷射混凝土总厚度不宜小于 80mm，强度等级不宜低于 C20。喷射顺序应自下而上，一次喷射厚度不小于 40mm，喷头与喷面垂直，距离宜为 0.6～1m。做同养试块，并注明部位的时间，强度达到 70%后方可开挖下层土方。终凝 2h 后，喷水养护 3～7d。

土钉支护最后一步的喷射混凝土面层宜插入基坑底部以下，深度不小于 0.2m，在土钉墙顶部，采用水泥砂浆或混凝土做宽度为 1～2m 的喷射混凝土护顶，为防止地表水注入基坑，应在基坑上部设排水沟。

(二)护坡桩支护

护坡桩又称“排桩”，是以某种桩型按队列式布置组成的基坑支护结构。

(1)深层搅拌水泥土挡土桩

深层搅拌水泥土挡土桩是利用水泥作固化剂，将土与水泥强制拌和，使土硬结形成具有一定强度和遇水稳定的水泥土加固桩。深层搅拌水泥土挡土桩施工流程见图 1-18 所示。

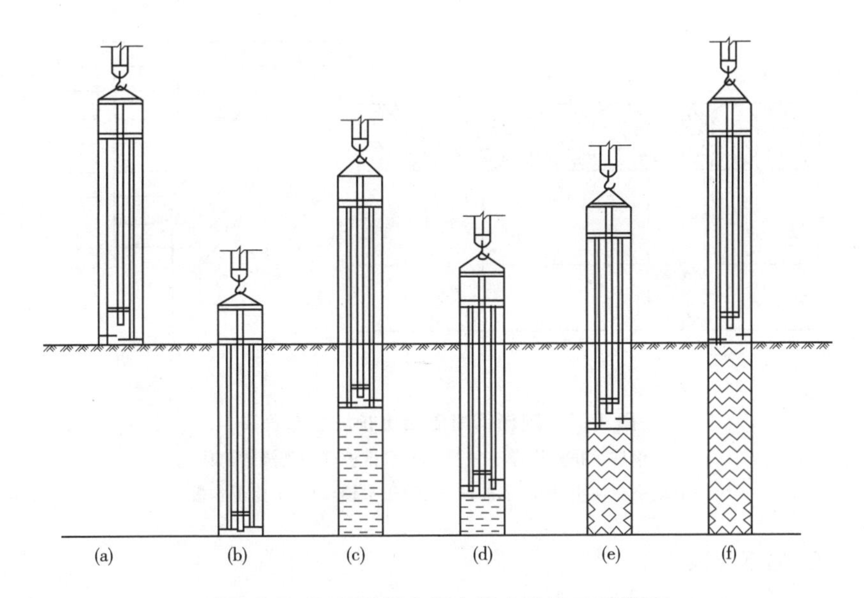

图 1-18　深层搅拌水泥土挡土桩施工流程图

(a)定位；(b)搅拌下沉；(c)提升喷浆；(d)重复向下搅拌；(e)提升向上搅拌；(f)移位

若将深层水泥土单桩相互搭接施工，即形成重力坝式挡土墙。常见的布置形式有：连续壁状挡土墙、格栅式挡土墙。(图 1-19)

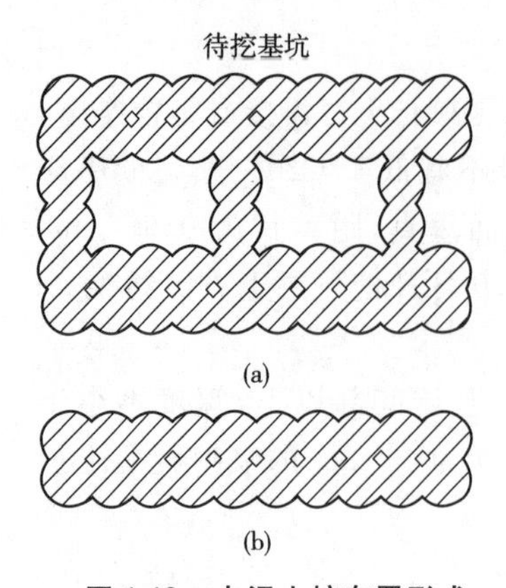

图 1-19 水泥土桩布置形式

(a)格栅式挡土墙;(b)连续壁状挡土墙

(2)钢筋混凝土护坡桩

钢筋混凝土护坡桩分为预制钢筋混凝土板桩和现浇钢筋混凝土灌注桩。

预制钢筋混凝土护坡桩施工时,沿着基坑四周的位置上,逐块连续将板桩打入土中,然后在桩的上口浇筑钢筋混凝土锁口梁,用以增加板桩的整体刚度。

现浇钢筋混凝土护坡桩,按平面布置的组合形式不同,有单桩疏排、单桩密排和双排桩,如图 1-20 所示。

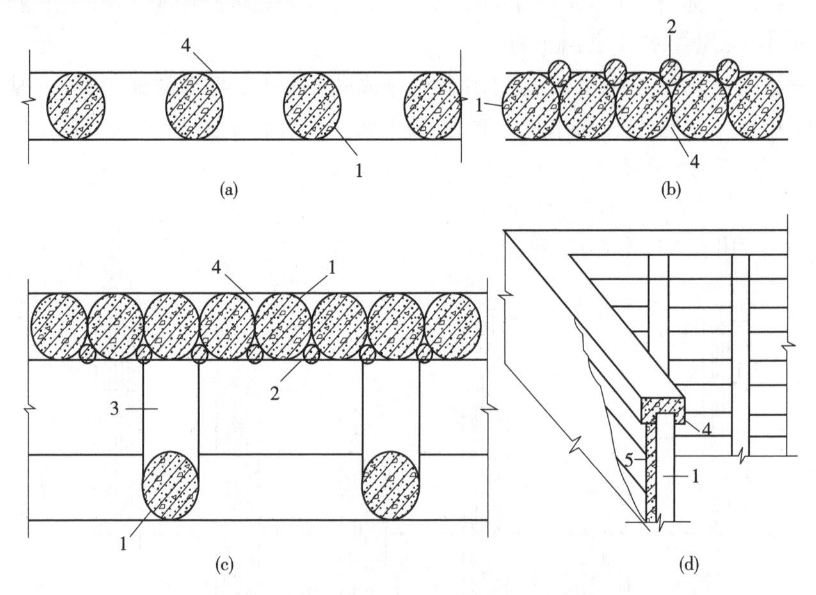

图 1-20 现浇钢筋混凝土护坡桩布置图

(a)单桩疏排;(b)单桩密排;(c)双排桩;(d)现浇锁口梁

1-现浇灌注桩;2-注浆桩;3-连系梁;4-锁口梁;5-挡土木板

(三)地下连续墙

地下连续墙是基础工程在地面上采用一种挖槽机械,沿着深开挖工程的周边轴线,在泥浆护壁条件下,开挖出一条狭长的深槽,清槽后,在槽内吊放钢筋笼,然后用导管法灌筑水下混凝土筑成一个单元槽段,如此逐段进行,在地下筑成一道连续的钢筋混凝土墙壁,作为截水、防渗、承重、挡水结构。其特点是:施工振动小,墙体刚度大,整体性好,施工速度快,可省土石方,可用于密集建筑群中建造深基坑支护及进行逆作法施工，可用于各种地质条件下，包括砂性土层、粒径 50mm 以下的砂砾层中施工等。适用于建造建筑物的地下室、地下商场、停车场、地下油库、挡土墙、高层建筑的深基础、逆作法施工围护结构，工业建筑的深池、坑；竖井等。

地下连续墙施工流程如图 1-21 所示。

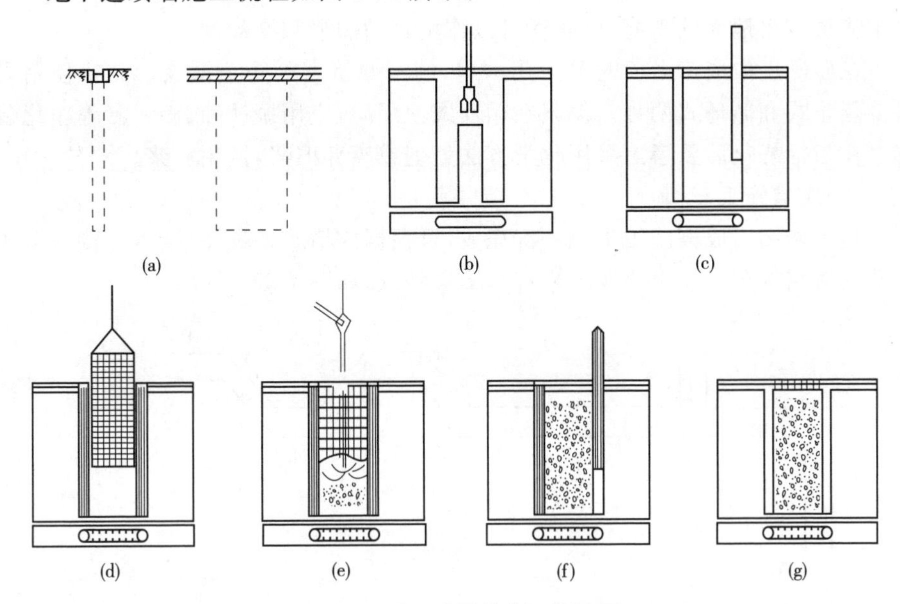

图 1-21　地下连续墙施工程序图

(a)导墙施工；(b)挖土；(c)安放锁口管；(d)安放钢筋笼；(e)浇筑混凝土；(f)拔出锁口管；(g)墙段施工完毕

(1)导墙施工

为了保证挖槽竖直并防止机械碰撞槽壁，成槽施工之前，在地下连续墙设计的纵轴线位置上开挖导沟，在沟的两侧浇筑混凝土或钢筋混凝土导墙。导墙断面形式见图 1-22 所示。

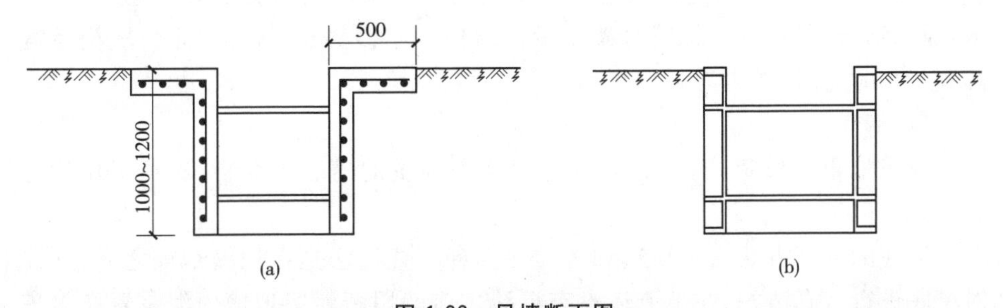

图 1-22　导墙断面图

(a)混凝土导墙；(b)钢板组合导墙

(2)泥浆护壁

通过泥浆对槽壁施加压力可以保护挖成的深槽形状不变,后灌注混凝土把泥浆置换出来。泥浆材料通常由膨润土、水、化学处理剂和一些惰性物质组成。泥浆的作用是在槽壁上形成不透水的泥皮,从而使泥浆的静水压力有效地作用在槽壁上,防止地下水的渗水和槽壁的剥落,保持壁面的稳定,还有悬浮土渣和将土渣携带出地面的功能,同时还可以作机具的润滑和冷却剂。

在砂砾层中成槽必要时可采用木屑、蛭石等挤塞剂防止漏浆。泥浆使用方法分静止式和循环式两种。泥浆在循环式使用时,应用振动筛、旋流器等净化装置。在指标恶化后要考虑采用化学方法处理或废弃旧浆,换用新浆。

(3)成槽施工

地下连续墙成槽施工不能一次完成,可根据成槽施工顺序、连续墙接头形式以及主体结构布置及设缝要求来进行槽段划分,如图 1-23 所示。

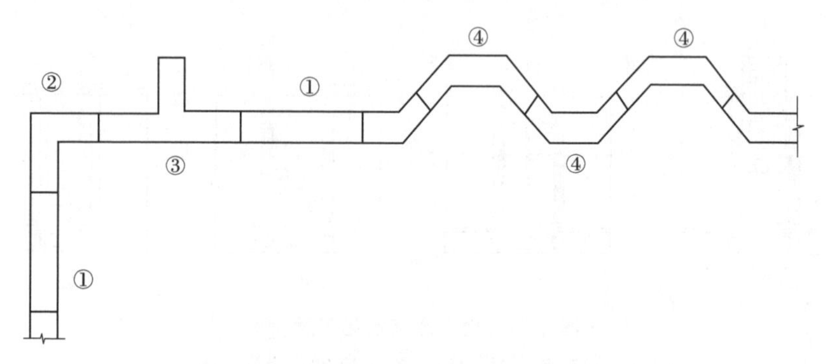

图 1-23　地下连续墙平面形状及槽段划分

1-矩形槽段;2-转角 L 形槽段;3-T 形槽段;4-U 形槽段

常用的成槽机械有:旋转切削多头钻、导板抓斗、冲击钻等。施工时应视地质条件和筑墙深度选用。一般土质较软,深度在 15 米左右时,可选用普通导板抓斗;对密实的砂层或含砾土层可选用多头钻或加重型液压导板抓斗;在含有大颗粒卵砾石或岩基中成槽,以选用冲击钻为宜。槽段的单元长度一般为 6～8 米,通常结合土质情况、钢筋骨架重量及结构尺寸、划分段落等决定。成槽后需静置 4 小时,并使槽内泥浆比重小于 1.3。

(4)清底

浇筑地下连续墙之前,必须清除以沉渣为主的槽底沉淀物,这项工作称为清底。

清底的基本方法有置换法和沉淀法两种。置换法是在挖槽结束之后,立即对槽底进行认真清扫,在土渣还没有沉淀之前就用新泥浆把槽内泥浆置换出槽外。沉淀法在土渣沉淀到槽底之后进行清底,一般是在插入钢筋笼之前或之后清底，但后者受钢筋笼妨碍，不可能完全清理干净。

(5)吊放钢筋笼

钢筋笼吊放采用双机抬吊，空中回直，一台吊机作为主机，一台吊机作辅机。起吊时必须使吊钩中心与钢筋笼形心相重合，保证起吊平衡。下放时不可强行入槽。钢筋笼起吊方法如图 1-24 所示。

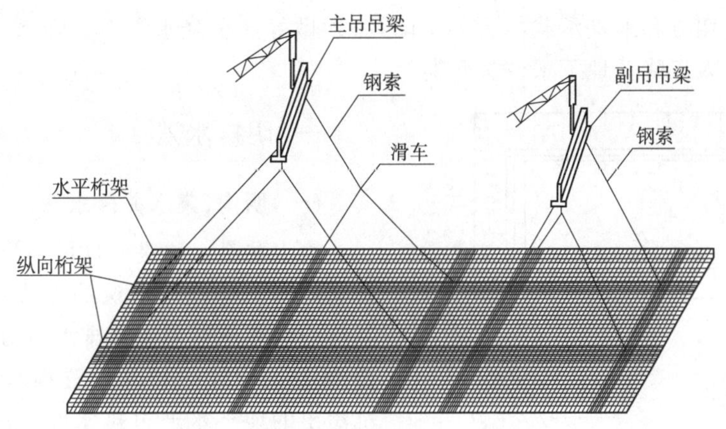

图 1-24　双机抬吊

(6)接头施工

为保持墙段之间连续施工，常用圆形钢管作为接头管(又称锁口管)来连接相邻两墙段，如图 1-25 所示。

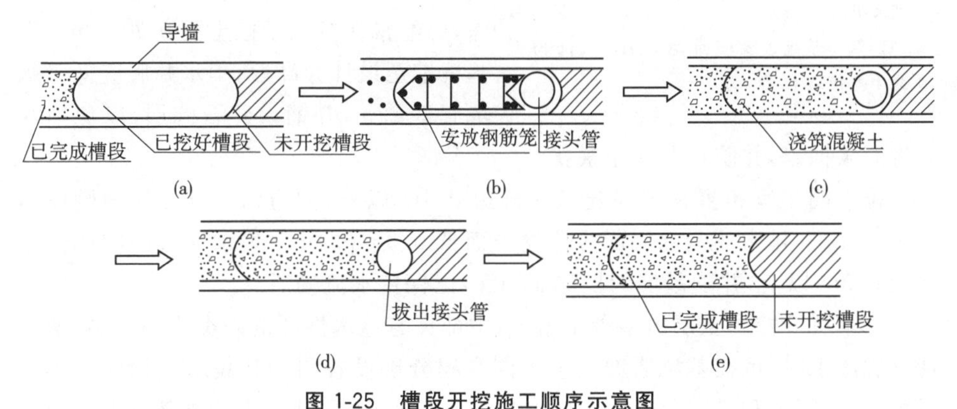

图 1-25　槽段开挖施工顺序示意图

(7)混凝土灌注

采用导管法按水下混凝土灌注法进行，但在用导管开始灌注混凝土前为防止泥浆混入混凝土，可在导管内吊放一管塞，依靠灌入的混凝土压力将管内泥浆挤出。混凝土要连续灌注并测量混凝土灌注量及上升高度。所溢出的泥浆送回泥浆沉淀池。

第四节　施工降排水

在开挖基坑、地槽、管沟或其他土方时，土的含水层常被切断，地下水将会不断地渗入坑内。雨期施工时，地面水也会流入坑内。为了保证施工的正常进行，防止边坡塌方和地基承载能力的下降，必须做好基坑降水工作。降水方法分明排水法和人工降低地下水位法两类。

一、明排水法

（一）明沟、集水井降水法

集水井降水法是一种设备简单、应用普遍的人工降低地水位的方法。多是在基坑的两侧或四周设置排水明沟，在基坑四角或每隔 30～40m 设置集水井，使基坑渗出的地下水通过排水明沟汇集于集水井内，然后用水泵将其排出基坑外（图 1-26）。

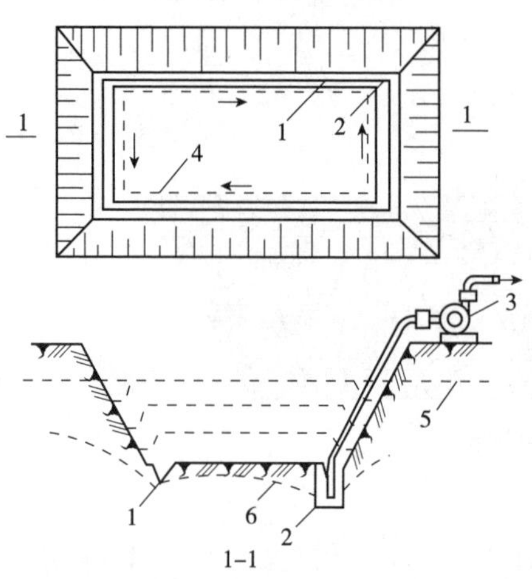

图 1-26　明沟、集水井降水法

1-排水明沟；2-集水井；3-离心式水泵；4-设备基础或建筑物基础边线；5-原地下水位线；6-降低后地下水位线

集水井的直径或宽度，一般为 0.6～0.8m。其深度随着挖土深度的加深而加深，要经常保持低于挖土面 0.7～1m。当基坑挖至设计标高后，集水井底应低于基坑底 1～2m，并铺设碎石滤层，以免抽水时将泥浆抽走，并防止井底土被扰动。

排水明沟宜布置在拟建建筑基础边 0.4m 以外，沟边缘离开边坡坡脚应不小于 0.3m。排水明沟的底面应比挖土面低 0.3～0.4m。集水井底面应比沟底面低 0.5m 以上，并随基坑的挖深而加深，以保持水流畅通。

当基坑开挖的土层由多种土组成，中部夹有透水性能的砂类土，基坑侧壁出现分层渗水时，可在基坑边坡上按不同高程分层设置明沟和集水井构成明排水系统，分层阻截和排除上部土层中的地下水，避免上层地下水冲刷基坑下部边坡造成塌方（图 1-27）。

明排水法由于设备简单和排水方便，采用较为普通，但当开挖深度大、地下水位较高而土质又不好时，用明排水法降水，挖至地下水水位以下时，有时坑底下面的土会形成流动状态，随地下水涌入基坑，这种现象称为流砂现象。发生流砂时，土完全丧失承载能力，使施工条件恶化，难以达到开挖设计深度。严重时

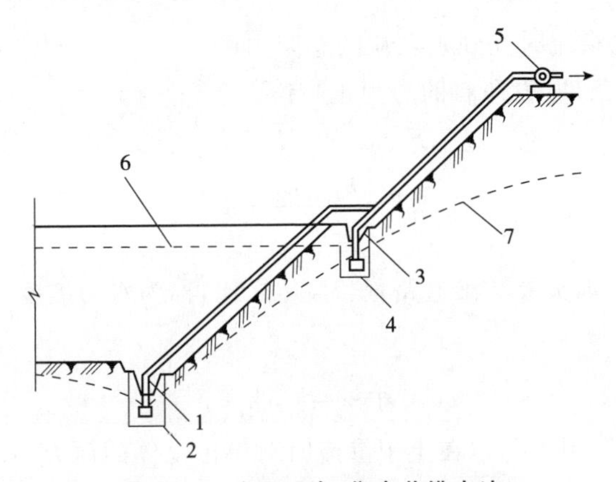

图 1-27　分层明沟、集水井排水法

1-底层排水沟；2-底层集水井；3-二层排水沟；4-二层集水井；5-水泵；
6-原地下水位线；7-降低后地下水位线

会造成边坡塌方及附近建筑物下沉、倾斜、倒塌等。总之，流砂现象对土方施工和附近建筑物有很大危害。

(二)流砂及其防治

1. 流砂产生的原因

如图 1-28 所示的试验说明。由于高水位的左端（水头为 h_1）与低水位的右端（水头为 h_2）之间存在压力差，水经过长度为 l，断面积为 F 的土体由左端向右端渗流（图 1-28a）。

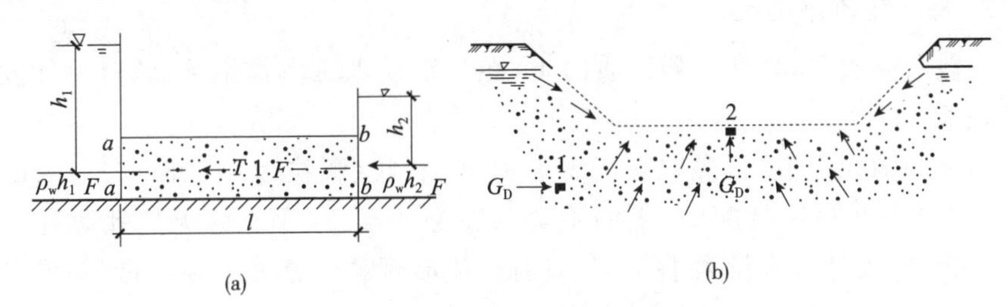

图 1-28　动水压力原理图

(a)水在土中渗流时的力学现象；(b)动水压力对地基土的影响

1、2—土粒

水在土中渗流时，作用在土体上的力有：

$\rho_w \cdot h_1 \cdot F$——作用在土体左端 $a-a$ 截面处的总水压力；其方向与水流方向一致（ρ_w——水的密度）；

$\rho_w \cdot h_2 \cdot F$——作用在土体右端 $b-b$ 截面处的总水压力；其方向与水流方向相反；

$T_w \cdot l \cdot F$——水渗流时受到土颗粒的总阻力(T——单位土体阻力)。

由静力平衡条件(设向右的力为正)有:

$$\rho_w \cdot h_1 \cdot F - \rho_w \cdot h_2 F + T \cdot l \cdot F = 0 \quad (1\text{-}22)$$

得

$$T = \frac{h_1 - h_2}{l} \cdot \rho_w \quad (\text{—表示方向向左})$$

式中:$\frac{h_1 - h_2}{l}$——水头差与渗透路程长度 l 之比,称为水力坡度,以 I 表示。

上式可写成:

$$T = -I \cdot \rho_w$$

由于单位土体阻力与水在土中渗流时对单位土体的压力 G_D 大小相等,方向相反,所以:

$$G_D = -T = I \cdot \rho_w \quad (1\text{-}23)$$

G_D 称为动水压力,其单位为 N/cm^2。由上式可知,动水压力 G_D 的大小与水力坡度成正比,即水位差越大,则 G_D 越大;而渗透路程 Z 越长,则 G_D 越小;动水压力的作用方向与水流方向相同。当水流在水位差的作用下对土颗粒产生向上压力时,动水压力不但使土粒受到了水的浮力,而且还使土粒受到向上推动的压力。如果动水压力等于或大于土的饱和密度时,即

$$G_D \geqslant \rho' \quad (1\text{-}24)$$

则土粒处于悬浮状态,土的抗剪强度等于零,土粒能随着渗流的水一起流动,这种现象就叫"流砂现象"。

2. 易产生流砂的土

实践经验表明,具备下列性质的土,在一定动水压力作用下,就有可能发生流砂现象。

①土的颗粒组成中,黏粒含量小于 10%,粉粒(颗粒为 0.005~0.05mm)含量大于 75%;②颗粒级配中,土的不均匀系数小于 5;③土的天然孔隙比大于 0.75;④土的天然含水量大于 30%。因此,流砂现象经常发生在细砂、粉砂及粉土中。经验还表明:在可能发生流砂的土质处,基坑挖深超过地下水位线 0.5m 左右,就会发生流砂现象。

3. 管涌现象

当基坑位于不透水层内,而不透水层下面为承压蓄水层,坑底不透水层的覆盖度的重量小于承压水的顶托力时,基坑底部即可能发生管涌冒砂现象。即,

$$H \cdot \rho_w > h \cdot \rho \quad (1\text{-}25)$$

式中:H——压力水头;

h——坑底不透水层厚度;

ρ_w——水的密度；

ρ——土的密度。

此时，管涌冒砂现象随即发生，施工时应引起重视。

4. 流沙的防治

防治流砂的途径一是减小或平衡动水压力；二是设法使动水压力向下；三是截断地下水流。其具体措施有：

(1)利用枯水季节施工，以便减小坑内外水位差。

(2)用钢板桩打入坑底一定深度，增加地下水从坑外流入坑内的距离，从而减少水力坡度，达到减小动水压力，防止流砂发生。

(3)采用不排水的水下挖土，使坑内外水压相平衡，使其无发生流砂的条件，一般深井挖土均采用此法。

(4)建造地下连续墙以供承重、护壁，并达到截水防止流砂的发生。

(5)采用轻型井点、喷射井点、管井井点和深井泵点等进行人工降低地下水的方法进行土方施工，使动水压力方向向下，增大土粒间的动力，从而有效地制止流砂现象发生。

(6)抛大石块，在施工过程中如遇局部的或轻微的流砂，可组织人力分段抢挖，挖至标高后，立即铺设芦席并抛大石块，增加土的压重，以平衡动水压力。

二、人工降低地下水位

人工降低地下水位，就是在基坑开挖前，预先在基坑四周埋设一定数量的滤水管(井)，利用抽水设备从中抽水，使地下水位降落在坑底以下，直至施工结束为止。这样，可使所挖的土始终保持干燥状态，改善施工条件，同时还使动水压力方向向下，从根本上防止流砂发生，并增加土中有效应力，提高土的强度或密实度。因此，人工降低地下水位不仅是一种施工措施，也是一种地基加固方法。采用人工降低地下水位，可适当改陡边坡以减少挖土数量，但在降水过程中，基坑附近的地基土壤会有一定的沉降，施工时应加以注意。

井点降水按所采用的井点类型不同可分为轻型井点、喷射井点、电渗井点、管井井点、深井井点等。不同类型的井点选择可参考表1-9。

表1-9　井点类型及适用条件

井点类型	渗透系数(m/d)	降水深度(m)	最大井距(m)	主要原理
单级轻型井点	0.1～20	3～6	1.6～2	地上真空泵或喷射嘴真空吸水
多级轻型井点		6～20		
喷射井点	0.1～20	8～20	2～3	地下喷射嘴真空吸水

（续）

井点类型	渗透系数(m/d)	降水深度(m)	最大井距(m)	主要原理
电渗井点	<0.1	5～6	极距1m	钢筋阳极加速渗流
管井井点	20～200	3～5	20～50	单井真空泵、离心泵
深管井井点	10～250	25～30	30～50	单井潜水泵排水
水平辐射井点	大面积降水			平管引水至大口排出
引渗井点	不透水层下有渗存水层			打穿不透水层，引至下一存水层

(一)轻型井点降低地下水位

轻型井点降水是沿基坑四周每隔一定间距布设井点管，井点管底部设置滤水管插入透水层，上部接软管与集水总管进行连接，周身设置与井点管间距相同的吸水管口，然后通过真空吸水泵将集水管内水抽出，从而达到降低基坑四周地下水位的效果，保证了基底的干燥无水。轻型井点有设备简单、使用灵活、装拆方便、降水效果好、可提高边坡的稳定、防止流砂现象的发生、降水费用较低等优点，因此在工程中广泛使用。

1. 轻型井点设备

轻型井点降水设备由管路系统和抽水设备组成。管路系统包括滤管、井点管、弯联管及总管等。

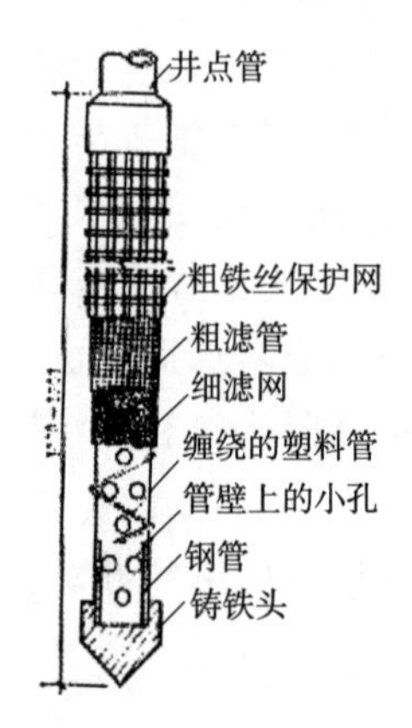

图1-29 滤管构造

滤管是井点设备的一个重要部分，其构造是否合理，对抽水效果影响较大。滤管一般为管径在38～55mm，壁厚3.0mm的无缝钢管或镀锌管，长2.0m左右，一端用厚4.0mm的钢板焊死，在此端1.4m长范围内，在管壁上钻直径13～18mm的梅花孔，孔距为25mm，滤孔面积为滤管表面积的20%～25%。外包两层滤网，内层细滤网采用每厘米30～40眼的铜丝布或尼龙丝布，外层粗滤网采用每厘米5～10眼的塑料纱布，每隔50～60mm用10号铅丝绑扎一道，滤管另一端与井点管进行联结。(图1-29)

井点管宜采用直径为38～50mm，壁厚为3.0mm的钢管，其长度为5～7m，可整根或分节组成。井点管的上端用弯联管与总管相连。弯联管宜用透明塑料管(能随时看到井点管的工作情况)或用橡胶软管。

总管宜采用直径为100～127mm的钢管，每节长度为4m，其上每隔0.8m或1.2m设计有一个与井点管连接的短接头。

抽水设备是由真空泵、离心泵和水气分离器等组成，其工作原理如图1-30所示。抽水时先开动真空泵13，使土中的水分和空气受真空吸力产生水气化（水气混合液），经管路系统向上跳流到水气分离器6中，然后开动离心泵14。在水气分离器内水和空气向两个方向流去：水经离心泵由出水管16排出；空气则集中在水气分离器上部由真空泵排出。如水多，来不及排出时，水气分离器内浮筒7浮上，由阀门9将通向真空泵的通路关住，保护真空泵不使水进入缸体。副水气分离器12的作用是滤清从空气中带来的少量水分使其落入该器下层放出，以保证水不致吸入真空泵内。压力箱15除调节出水量外，并阻止空气由水泵部分窜入水气分离器，影响真空度。过滤箱4是用以防止由水流带来的部分细砂磨损机械。此外，在水气分离器上还装有真空调节阀21，当抽水设备所负担的管路较短，管路漏气轻微时，可将调节阀门打开，让少量空气进入水气分离器内，使真空度能适应水泵的要求。当水位降低较深需要较高的真空度时，则可将调节阀关闭。为对真空泵进行冷却，设有一个冷却循环水泵17。

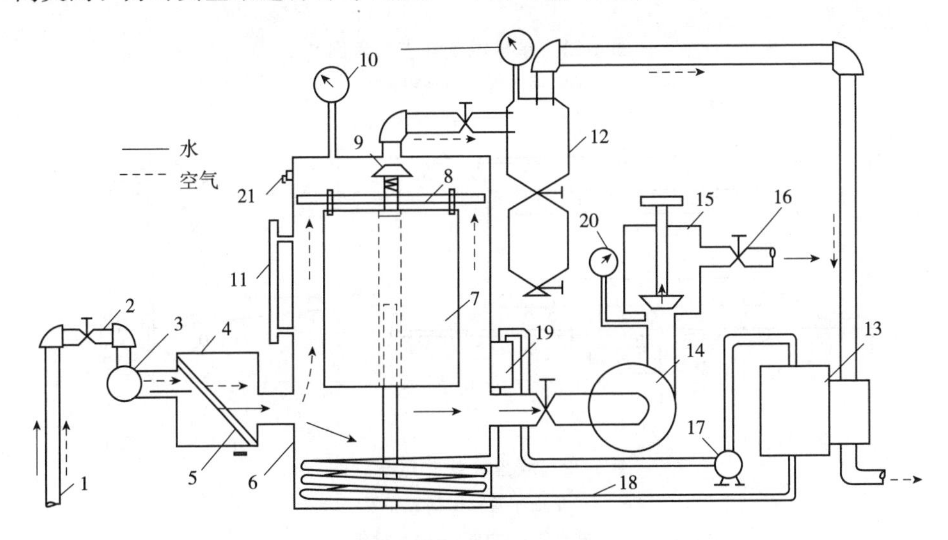

图1-30 轻型井点抽水设备工作简图

1-井点管；2-弯联管；3-总管；4-过滤箱；5-过滤网；6-水气分离器；7-浮筒；8-挡水布；9-阀门；10-真空表；11-水位计；12-副水气分离器；13-真空泵；14-离心泵；15-压力箱；16-出水管；17-冷却泵；18-冷却水管；19-冷却水箱；20-压力表；21-真空调节阀

水气分离器与总管连接的管口，应高于其底部0.3～0.5m，使水气分离器内保持一定水位，不致被水泵抽空，并使真空泵停止工作时，水气分离器内的水不致倒流回基坑。

2. 轻型井点的布置

(1)平面布置

平面布置:当基坑或沟槽宽度小于 6m,水位降低值不大于 5m 时,可用单排线状井点,布置在地下水流的上游一侧,两端延伸长一般不小于沟槽宽度(图 1-31)。如沟槽宽度大于 6m,或土质不良,宜用双排线状井点(图 1-32)。面积较大的基坑宜用环状井点(图 1-33)。有时也可布置为 U 形,以利挖土机械和运输车辆出入基坑,环状井点四角部分应适当加密,井点管距离基坑一般为 0.7～1.0m,以防漏气。井点管间距一般为 0.8～1.5m,或由计算和经验确定。

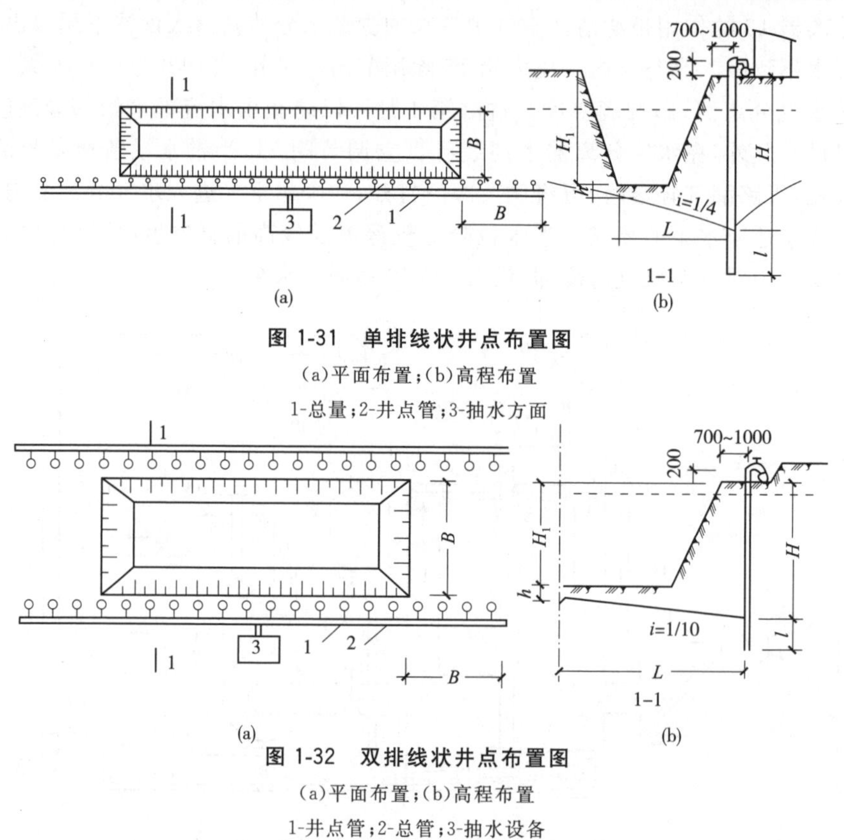

图 1-31　单排线状井点布置图

(a)平面布置;(b)高程布置

1-总量;2-井点管;3-抽水方面

图 1-32　双排线状井点布置图

(a)平面布置;(b)高程布置

1-井点管;2-总管;3-抽水设备

采用多套抽水设备时,井点系统应分段,各段长度应大致相等。分段地点宜选择在基坑转弯处,以减少总管弯头数量,提高水泵抽吸能力。水泵宜设置在各段总管中部,使泵两边水流平衡。分段处应设阀门或将总管断开,以免管内水流紊乱,影响抽水效果。

(2)高程布置

在考虑到抽水设备的水头损失以后,井点降水深度一般不超过 6m。井点管的埋设深度H(不包括滤管)按下式计算,如图 1-34 所示。

$$H=H_1+h+iL \tag{1-26}$$

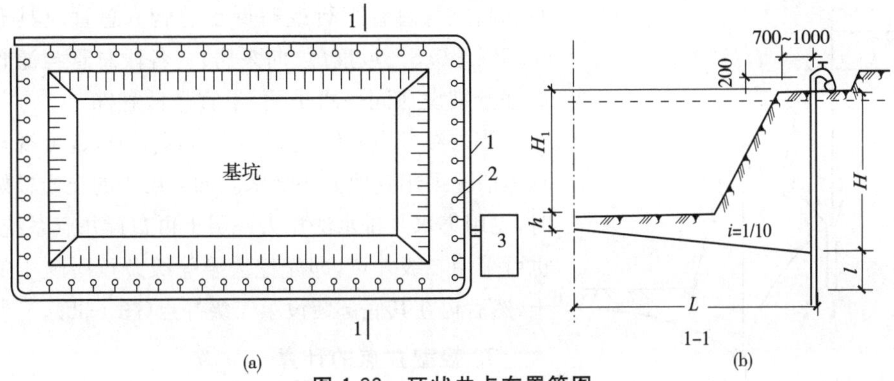

图 1-33　环状井点布置简图

(a)平面布置;(b)高程布置

1-总量;2-井点管;3-抽水方面

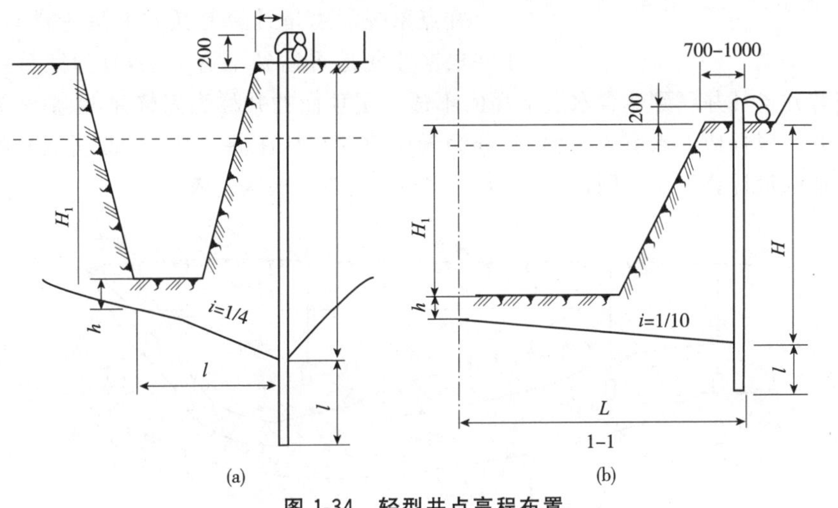

图 1-34　轻型井点高程布置

(a)单排线状井点;(b)环状井点

式中:H_1——埋设面至坑底距离;

h——降水后水位线至坑底最小距离(一般可取 0.5～1m);

i——地下水降落坡度,环状 1/10,单排线状井点为 1/4;双排线状井点为 1/7;

L——井管至基坑中心(环状)或另侧(线状)距离。

此外,确定井点埋深时,还要考虑到井点管一般要露出地面 0.2m 左右。

如果计算出的 H 值大于井点管长度,则应降低井点管的埋置面(但以不低于地下水位为准)以适应降水深度的要求。在任何情况下,滤管必须埋在透水层内。为了充分利用抽吸能力,总管的布置标高宜接近地下水位线(可事先挖槽),水泵轴

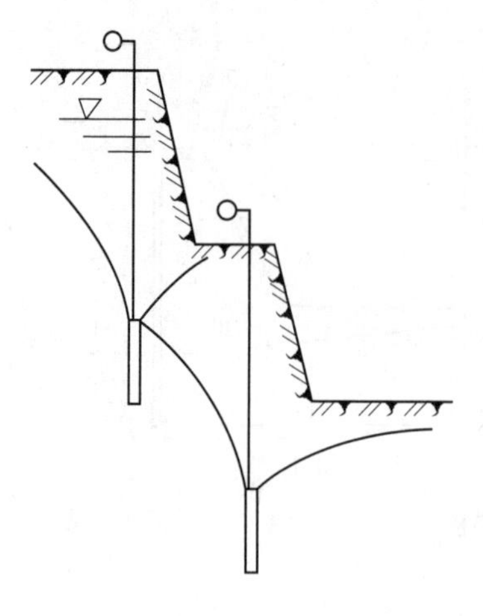

图 1-35　二级井点降水

心标高宜与总管平行或略低于总管。总管应具有0.25%～0.5%坡度(坡向泵房)。各段总管与滤管最好分别设在同一水平面,不宜高低悬殊。

当一级井点系统达不到降水深度要求,可视其具体情况采用其他方法降水。如上层土的土质较好时,先用集水井排水法挖去一层土再布置井点系统;也可采用二级井点,即先挖去第一级井点所疏干的土,然后再在其底部装设第二级井点(图 1-35)。

3. 轻型井点的计算

轻型井点的计算内容包括涌水量计算,井点管数量与井距确定,抽水设备的选用。

井点系统涌水量计算是按水井理论进行的。水井根据井底是否达到不透水层,分为完整井与不完整井。凡井底到达含水层下面的不透水层顶面的井称为完整井,否则称为不完整井。根据地下水有无压力,又分为无压力井与承压井,如图 1-36 所示。各类井的涌水量计算方法不同,其中以无压完整井的理论较为完善。

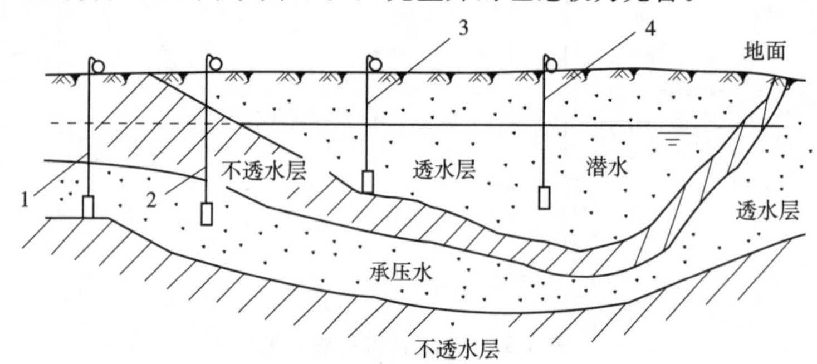

图 1-36　水井的分类

(1)无压完整井环形井点系统(见图 1-37a)总涌水量的计算式如下:

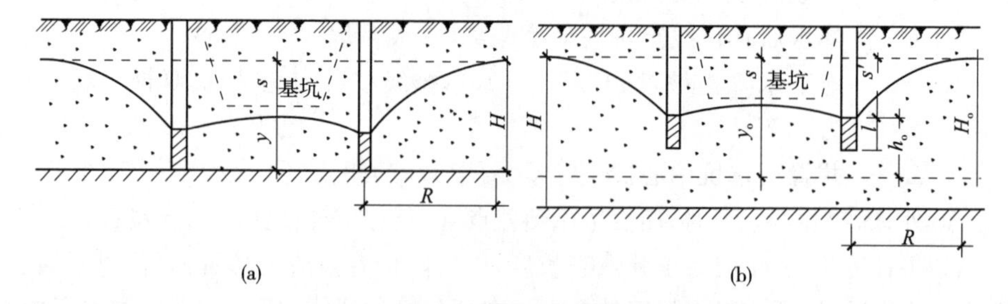

图 1-37　环状井点涌水量计算简图

(a)无压完整井;(b)无压不完整井

$$Q=1.366K\frac{(2H-s)s}{\lg R-\lg x_0} \tag{1-27}$$

式中：Q——井点系统的涌水量(m^3/d)；.

K——土的渗透系数(m/d)，可以由实验室或现场抽水试验确定

H——含水层厚度(m)；

s——水位降低值(m)；

R——抽水影响半径(m)，常用下式计算：

$$R=1.95s\sqrt{HK}\quad(m) \tag{1-28}$$

x_0——环状井点系统的假想半径(m)，对于矩形基坑，其长度与宽度之比不大于5时，可按式(1-28)计算：

$$x_0=\sqrt{\frac{F}{\pi}}\quad(m) \tag{1-29}$$

式中：F——环状井点系统所包围的面积(m^2)。

由于无压非完整井点系统(见图1-37b)的地下水不仅从井的侧面流入，也从井的底部渗入，所以，涌水量比无压完整井大。为了简化计算，可以采用式(1-27)计算，但是，式中的H应换成有效抽水影响深度H_0，H_0的取值详见表1-10，当计算所得的H_0大于实际含水量H时，仍取H值。

表1-10　有效抽水影响深度H_0值

$s'/(s'+l)$	0.2	0.3	0.5	0.8
H_0	$1.3(s'+l)$	$1.5(s'+l)$	$1.7(s'+l)$	$1.82(s'+l)$

注：s'为井点管中水位降落值，l为滤管长度。

(2)承压完整井环形井点涌水量计算式如下。

$$Q=2.73K\frac{Ms}{\lg R-\lg X_0} \tag{1-30}$$

式中：M——承压含水层厚度(m)；

K、R——与式(1-28)中意义相同。

(3)井点管数量与井距的确定

确定井点管数量需先确定单根井点管的抽水能力，单根井点管的最大出水量q，取决于滤管的构造、尺寸和土的渗透系数，按下式计算：

$$q=65\pi dlK^{1/3}\quad(m^3/d) \tag{1-31}$$

式中：d——滤管内径(m)；

l——滤管长度(m)；

K——土的渗透系数(m/d)。

井点管的最少根数～根据井点系统涌水量Q和单根井点管的最大出水量

q,按下式确定:

$$n=1.1\frac{Q}{q} \tag{1-32}$$

式中:1.1——备用系数(考虑井点管堵塞等因素)。

井点管的平均间距 D 为:

$$D=\frac{L}{n}\quad (\mathrm{m}) \tag{1-33}$$

式中:L——总管长度(m);

n——井点管根数。

井点管间距经计算确定后,布置时还需注意:

井点管间距不能过小,否则彼此干扰大,出水量会显著减少,一般可取滤管周长的 5～10 倍;在基坑周围四角和靠近地下水流方向一边的井点管应适当加密;当采用多级井点排水时,下一级井点管间距应较上一级的小;实际采用的井距,还应与集水总管上短接头的间距相适应(可按 0.8、1.2、1.6、2.0m 四种间距选用)。

4. 抽水设备的选择

真空泵按总管长度选用。水泵按涌水量选用,要求水泵的抽水能力大于井点系统的涌水量。

5. 井点管的安装使用

轻型井点的安装程序是按设计布置方案,先排放总管,再埋设井点管,然后用弯联管把井点管与总管连接,最后安装抽水设备。

井点管的埋设可以利用冲水管冲孔,或钻孔后将井点管沉入,也可以用带套管的水冲法及振动水冲法下沉埋设。

认真做好井点管的埋设和井壁与井点管之间砂滤层的填灌,是保证井点系统顺利抽水、降低地下水位的关键,为此应注意:冲孔过程中,孔洞必须保持垂直,孔径一般为 300mm,孔径上下要一致,冲孔深度要比滤管深 0.5m 左右,以保证井点管周围及滤管底部有足够的滤层。砂滤层宜选用粗砂,以免堵塞管的网眼。砂滤层灌好后,距地面下 0.5～1m 的深度内,应用黏土封口捣实,防止漏气。

井点管埋没完毕后,即可接通总管和抽水设备进行试抽水,检查有无漏水、漏气现象,出水是否正常。

轻型井点使用时,应保证连续不断抽水,若时抽时停,滤网易于堵塞;中途停抽,地下水回升,也会引起边坡塌方等事故。正常的出水规律是“先大后小,先浑后清”。

真空泵的真空度是判断井点系统运转是否良好的尺度,必须经常观测,造成真空度不够的原因较多,但通常是由于管路系统漏气的原因,应及时检查,采取措施。

井点管淤塞，一般可从听管内水流声响；手扶管壁有振动感；夏、冬季手摸管子有夏冷、冬暖感等简便方法检查。如发现淤塞井点管太多，严重影响降水效果时，应逐根用高压水进行反冲洗或拔出重埋。

井点降水工作结束后所留的井孔，必须用砂砾或者黏土填实。

井点降水时，尚应对附近的建筑物进行沉降观测，如发现沉陷过大，应及时采取防护措施。

(二)喷射井点

当基坑开挖较深，采用多级轻型井点不经济时，宜采用喷射井点。其优点是设备较简单，排水深度大，可达到 8～20m，比多层轻型井点降水设备少，基坑土方开挖量少，施工快，费用低。适合于基坑开挖较深、降水度大于 6m、土渗透系数 0.1～20.0m/d 的填土、粉土、黏性土、砂土中使用。

喷射井点设备由喷射井管、高压水泵及进水、排水管路组成(图 1-38)。喷射井管由内管和外管组成，在内管下端装有喷射扬水器与滤管相连，当高压水经内外管之间的环形空间由喷嘴喷出时，地下水即被吸入而压出地面。

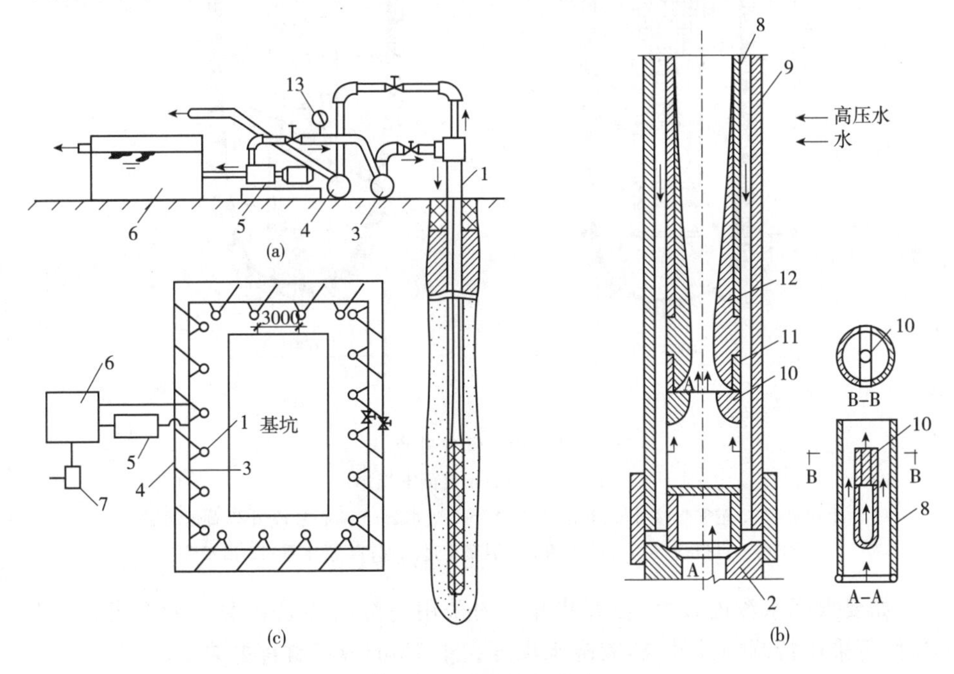

图 1-38　喷射井点降水

(a)喷射井点设备简图；(b)喷射扬水器详图；(c)喷射井点平面布置

1-喷射井管；2-滤管；3-进水总管；4-排水总管；5-高压水泵；6-集水池；7-低压水泵；8-内管；9-外管；10-喷嘴；11-混合室；12-扩散管；13-压力表

(三)管井井点

管井井点(图 1-39),就是沿基坑每隔 20～50m 距离设置一个管井,每个管井单独用一台水泵不断抽水来降低地下水位。此法适用土壤的渗透系数大(20～200m/d),地下水量大的土层中。管井设备较为简单,排水量大,降水较深,水泵设在地面,易于维护。

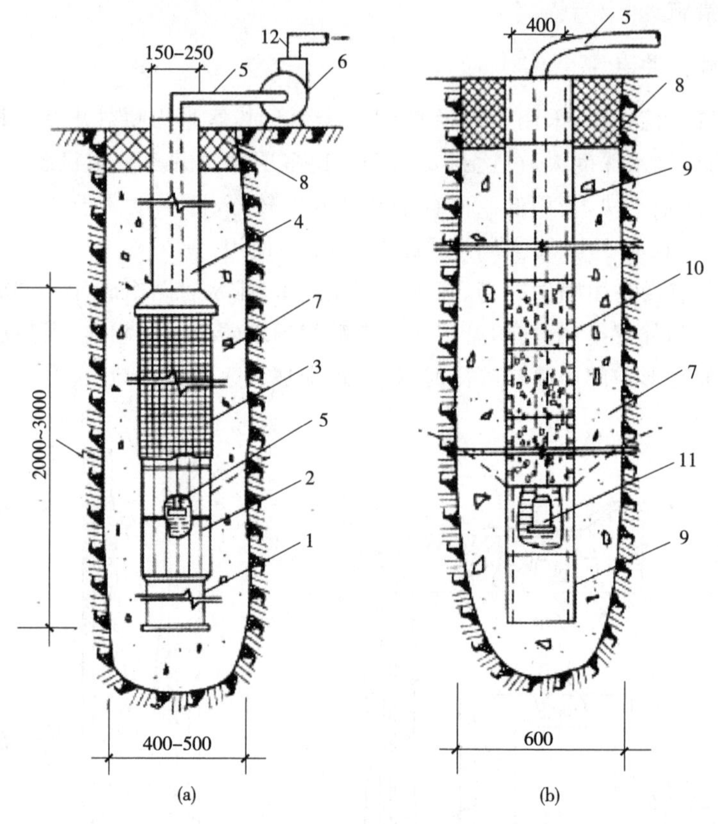

图 1-39　管井井点

(a)钢管管井;(b)混凝土管井

1-沉砂管;2-钢筋焊接骨架;3-滤网;4-管身;5-吸水管;6-离心泵;7-小砾石过滤层;8-黏土封口;9-混凝土实壁管;10-混凝土过滤管;11-潜水泵;12-出水管

如要求降水深度较大,在管井井点内采用一般离心泵或潜水泵不能满足要求时,可采用特制的深井泵,其降水深度大于 15m,故又称深井泵法。

(四)电渗井点

电渗井点适用于土壤渗透系数小于 0.1m/d,用一般井点不可能降低地下水位的含水层中,尤其宜用于淤泥排水。

电渗井点排水的原理如图 1-40 所示，以井点管作负极，以打入的钢筋或钢管作正极，当通以直流电后，土颗粒即自负极向正极移动，水则自正极向负极移动而被集中排出。土颗粒的移动称电泳现象，水的移动称电渗现象，故名电渗井点。

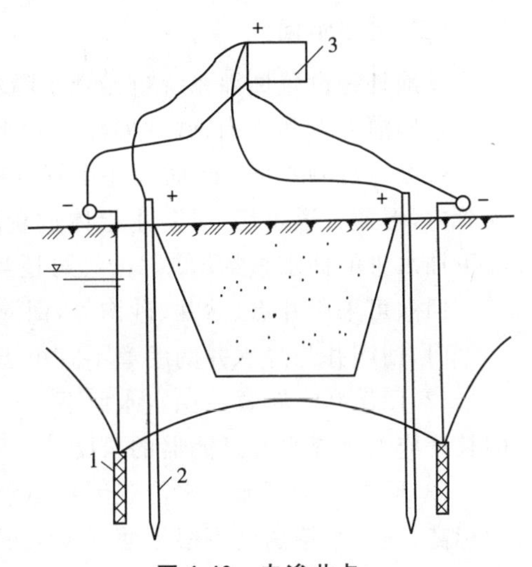

图 1-40　电渗井点

1-井点管；2-电极；3-小于 60V 的直流电源

(五)人工降水对周围环境的影响

井点管埋设完成后开始抽水时，井内水位开始下降，周围含水层的水不断流向滤管，在无承压水等环境条件下，经过一段时间之后，在井点周围形成漏斗状的弯曲水面，即降水漏斗，这个漏斗状水面逐渐趋于稳定，一般需要几天到几周的时间，降水漏斗范围内的地下水位下降以后，就必然会造成土体固结沉降。该影响范围较大，有时影响半径可达百米。

在实际工程中，由于井点管滤网及砂滤层结构不良，把土层中的黏土颗粒、粉土颗粒甚至细砂同地下水一同抽出地面的情况也是经常发生的，这种现象会使地面产生的不均匀沉降加剧，造成附近建筑物及地下管线的不同程度的损坏。

三、截水与地下水回灌

(一)截水

截水是地下水控制的方法之一，防止地下水渗透到基坑(槽)内，影响工程施工。主要措施有地下连续墙、连续排列的排柱墙、隔水帷幕、坑底水平封底隔水等。

采用隔水应因地制宜，必须查清场区及邻近场地的地层结构、水文地质特征，了解地下水渗流规律、基坑出水量、隔水帷幕及封底底板设计应经过计算分析或结合已有工程经验进行，必要时应通过现场试验，确定设计方案、施工参数，并采取保证质量的措施。

在建筑物和地下管线密集区等对地面沉降控制有严格要求的地区开挖深基坑，应尽可能采取截水帷幕，并进行坑内降水的方法，这样可疏干坑内地下水，以利开挖施工。因此，利用截水帷幕切断坑外地下水的涌入，可大大减小对周围环境的影响。

(二)地下水回灌

场地外缘设置回灌系统也是减小降水对周围环境影响的有效方法。回灌系统包括回灌井点和砂沟、砂井回灌两种形式。回灌井点是在抽水井点设置线外4～5m处,以间距3～5m插入注水管,将井点中抽取的水经过沉淀后用压力注入管内,形成一道水墙,以防止土体过量脱水,而基坑内仍可保持干燥。这种情况下抽水管的抽水量约增加10%,可适当增加抽水井点的数量。

回灌可采用井点、砂井、砂沟等,回灌施工应符合下列规定。

(1)回灌井与降水井的距离不宜小于6m。

(2)回灌井宜布置在稳定水面下1m,并且位于渗透性较好的土层中,过滤器的长度应大于降水井过滤器的长度。

(3)回灌水量可通过水位观测孔中水位变化进行控制和调节,不宜超过原水位标高,回灌水箱高度可根据灌入水量配置。

(4)回灌砂井的灌砂量应取井孔体积的95%,填料宜采用含泥量不大于3%、不均匀系数在3～5之间的纯净中粗砂。

第五节　土方工程机械化施工

在土方施工中,人工开挖只适用于小型基坑(槽)、管沟及土方量少的场所,对大量土方一般均应采用机械化施工。

土方工程的施工过程主要包括:土方开挖、运输、填筑与压实等。常用的施工机械有:推土机、铲运机、单斗挖土机、装载机、压实机械等,施工时应正确选用施工机械,加快施工进度。

一、常用土方机械的施工特点

(一)推土机

推土机是土方工程施工的主要机械之一,是在履带式拖拉机上安装推土铲刀等工作装置而成的机械。按铲刀的操纵机构不同,推土机分为索式和液压式两种。索式推土机的铲刀借本身自重切入土中,在硬土中切土深度较小。液压式推土机由于用液压操纵,能使铲刀强制切入土中,切入深度较大。同时,液压式推土机铲刀还可以调整角度,具有更大的灵活性,是目前常用的一种推土机(图1-41)。

推土机操作灵活,运转方便,所需工作面较小,行驶速度快,易于转移,能爬30°左右的缓坡,因此应用范围较广。推土机多用于场地清理和平整、开挖深度1.5m以内的基坑、填平沟坑,以及配合铲运机、挖土机工作等。此外,在推土机

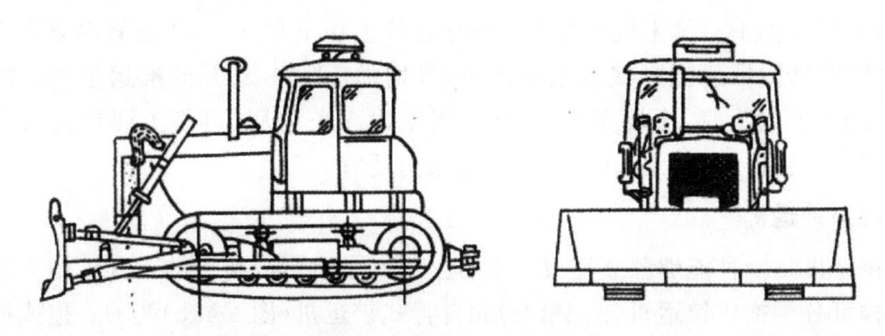

图 1-41　液压推土机外形图

后面可安装松土装置，可破松硬土和冻土；也可拖挂羊足碾进行土方压实工作。推土机可以推挖一类土至三类土，经济运距为 100m 以内，效率最高为40～60m。

推土机开挖的基本作业是铲土、运土和卸土三个工作行程和空载回驶行程。铲土时应根据土质情况，尽量采用最大切土深度在最短距离（6～10m）内完成，以便缩短低速运行时间，然后直接推运到预定地点。回填土和填沟渠时，铲刀不得超出土坡边沿。上下坡坡度不得超过 35°，横坡不得超过 10°。几台推土机同时作业，前后距离应大于 8m。施工中为提高生产效率，可采用下坡推土、槽形推土、并列推土、分批集中一次推送等方法。

（1）下坡推土。在斜坡上推土机顺下坡方向切土与推运（图 1-42a）可以提高生产率，但坡度不宜超过 15°，以免后退时爬坡困难。下坡推土也可与其他推土方法结合使用。

（2）并列推土。用 2～3 台推土机并列作业（图 1-42b），铲刀相距 15～30cm，可减少土的散失，提高生产率。一般采用两机并列推土可增加推土量 15%～30%，采用三机并列可增大推土量 30%～40%。平均运距不宜超过 50～75m，也不宜小于 20m。

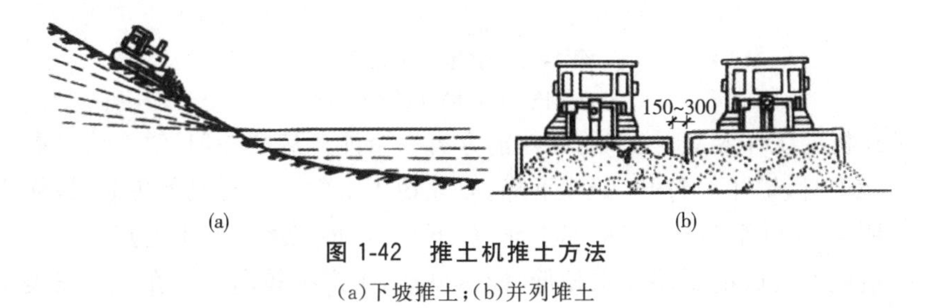

图 1-42　推土机推土方法

（a）下坡推土；（b）并列堆土

（3）多刀推土。在硬质土中，切土深度不大，可将土先堆积在一处，然后集中推送到卸土区。这样可以有效地提高推土的效率，缩短运土时间。但堆积距离不宜大于 30m，堆土高度以 2m 内为宜。

(4)槽形推土。推土机重复在一条作业线上切土和推土,使地面逐渐形成一条浅槽,在槽中推运土可减少土的散失,可增加10%～30%的推运土量。槽的深度在1m左右为宜,土埂宽约50cm。当推出多条槽后,再将土埂推入槽中运出。当推土层较厚,运距远时,采用此法较为适宜。

(二)铲运机

铲运机是一种能够独立完成铲土、运土、卸土、填筑、整平的土方机械。按行走机构可分为拖式铲运机(图1-43a)和自行式铲运机(图1-43b)两种。拖式铲运机由拖拉机牵引,自行式铲运机的行驶和作业都靠本身的动力设备。

(a)

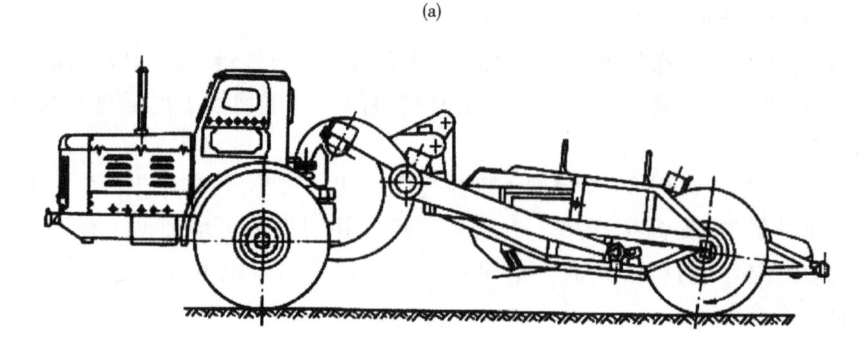

(b)

图1-43　铲运机外形图

(a)拖式铲运机;(b)自行式铲运机

铲运机的工作装置是铲斗,铲斗前方有一个能开启的斗门,铲斗前设有切土刀片。切土时,铲斗门打开,铲斗下降,刀片切入土中。铲运机前进时,被切入的土挤入铲斗;铲斗装满土后,提起土斗,放下斗门,将土运至卸土地点。

铲运机对行驶的道路要求较低,操纵灵活,生产率较高。可在一～三类土中直接挖、运土,常用于坡度在20°以内的大面积土方挖、填、平整和压实,大型基坑、沟槽的开挖,路基和堤坝的填筑,不适于砾石层、冻土地带及沼泽地区使用。坚硬土开挖时要用推土机助铲或用松土机配合。

在土方工程中,常使用的铲运机的铲斗容量为2.5～8m^3;自行式铲运机适用于运距800～3500m的大型土方工程施工，以运距在800～1500m的范围内的生产效率最高；拖式铲运机适用于运距为80～800m的土方工程施工，而运距在200～350m时，效率最高。如果采用双联铲运或挂大斗铲运时，其运距可增加到1000m。运距越长，生产率越低，因此，在规划铲运机的运行路线时，应力求符合经济运距的要求。

1. **铲运机的开行路线**

在运行铲运机时，根据填、挖方区分布情况，结合当地具体条件，合理选择运行路线，提高生产率。一般有环形路线和“8”字形路线两种。

(1)环形路线。这是一种简单而常用的开行路线。根据铲土与卸土的相对位置不同，可分为图1-44a与图1-44b所示两种情况。每一循环只完成一次铲土与卸土。当挖填交替而挖填方之间的距离又较短时，则可采用大环形路线(图1-44c)。其特点是一次循环可完成两次铲土与回填的作业，减少转弯次数，提高生产效率。

采用环形路线，为了防止机件单侧磨损，应避免仅向一侧转弯。

(2)8字形路线。这种开行路线的铲土与卸土，轮流在两个工作面上进行(图1-44d)，机械上坡是斜向开行，受地形坡度限制小。每一个循环完成两次挖土和卸土的作业，比环形路线缩短运行时间，从而提高了生产率。同时每循环两次转弯方向不同，可避免机械行驶时的单侧磨损。这种开行路线适用于取土坑较长的路基填筑，以及坡度较大的场地平整。

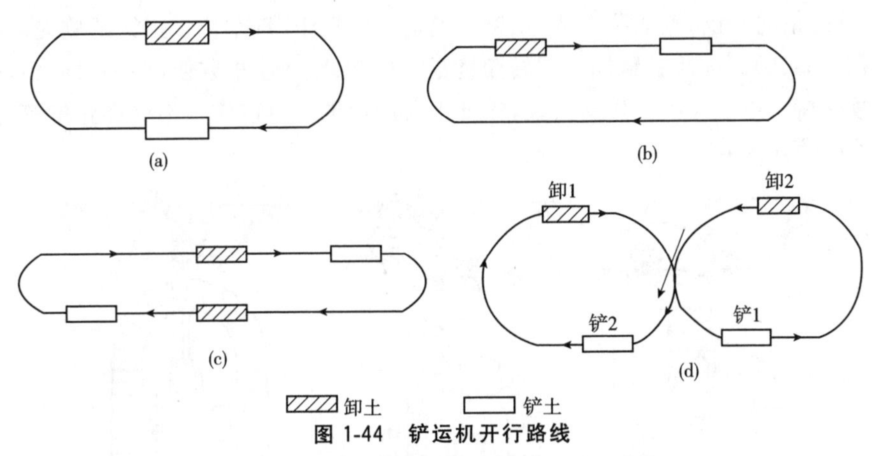

图1-44 铲运机开行路线

(a)、(b)环形路线；(c)大环形路线；(d)8字形路线

2. **铲运机的施工方法**

施工中为提高生产效率，可采用下坡铲土、推土机推土助铲等方法，缩短装土时间，使铲斗的土装得较满。常用的施工方法有：

(三)单斗挖土机

单斗挖土机是基坑(槽)土方开挖常用的一种机械。按其行走装置的不同,分为履带式和轮胎式两类。根据工作的需要,其工作装置可以更换。依其工作装置的不同,分为正铲、反铲、抓铲和拉铲四种(图1-45)。

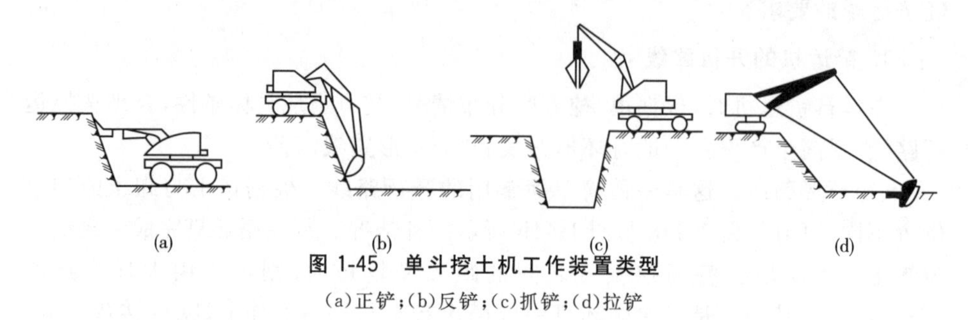

图1-45　单斗挖土机工作装置类型

(a)正铲;(b)反铲;(c)抓铲;(d)拉铲

1. 正铲挖土机

正铲挖土机的挖土特点是:前进向上,强制切土。它适用于开挖停机面以上的一~三类土,且需与运土汽车配合完成整个挖运任务,其挖掘力大,生产率高。开挖大型基坑时需设坡道,挖土机在坑内作业,因此适宜在土质较好、无地下水的地区工作;当地下水位较高时,应采取降低地下水位的措施,把基坑土疏干。

正铲挖土机的工作方法根据开挖路线与运输汽车相对位置的不同,一般有以下两种:

(1)正向开挖,侧向装土法:正铲向前进方向挖土,汽车位于正铲的侧向装车(图1-46a、b)。本法铲臂卸土回转角度最小(<90°)。装车方便,循环时间短,生产效率高。用于开挖工作面较大,深度不大的边坡、基坑(槽)、沟渠和路堑等,为最常用的开挖方法。

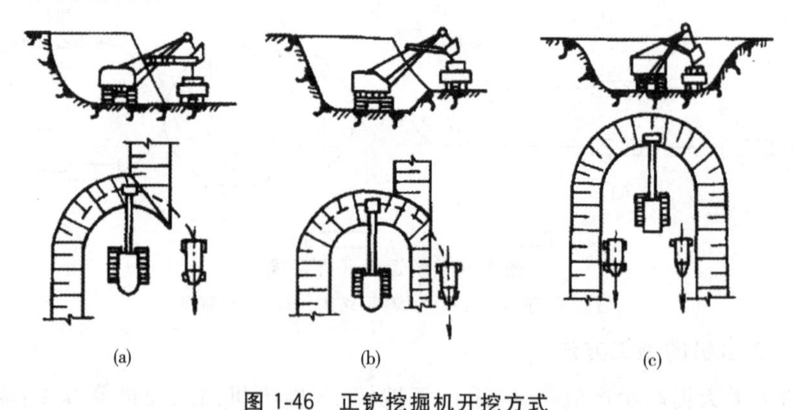

图1-46　正铲挖掘机开挖方式

(a)、(b)正向开挖,侧向装土;(c)正向开挖,后方装土

(2)正向开挖,后方装土法:正铲向前进方向挖土,汽车停在正铲的后面(图 1-46c)。本法开挖工作面较大,但铲臂卸土回转角度较大(在 180°左右),且汽车要侧向行车,增加工作循环时间,生产效率降低(回转角度 180°,效率约降低 23%,回转角度 130°,约降低 13%)。用于开挖工作面较小且较深的基坑(槽)、管沟和路堑等。

2. 反铲挖土机

反铲挖土机的挖土特点是:后退向下,强制切土。其挖掘力比正铲小,能开挖停机面以下的一～三类土(机械传动反铲只宜挖一～二类土)。不需设置进出口通道,适用于一次开挖深度在 4m 左右的基坑、基槽、管沟,亦可用于地下水位较高的土方开挖;在深基坑开挖中,依靠止水挡土结构或井点降水,反铲挖土机通过下坡道,采用台阶式接力方式挖土也是常用方法。反铲挖土机可以与自卸汽车配合,装土运走,也可弃土于坑槽附近。

反铲挖土机的作业方式可分为沟端开挖(图 1-47a)和沟侧开挖(图 1-47b)两种。

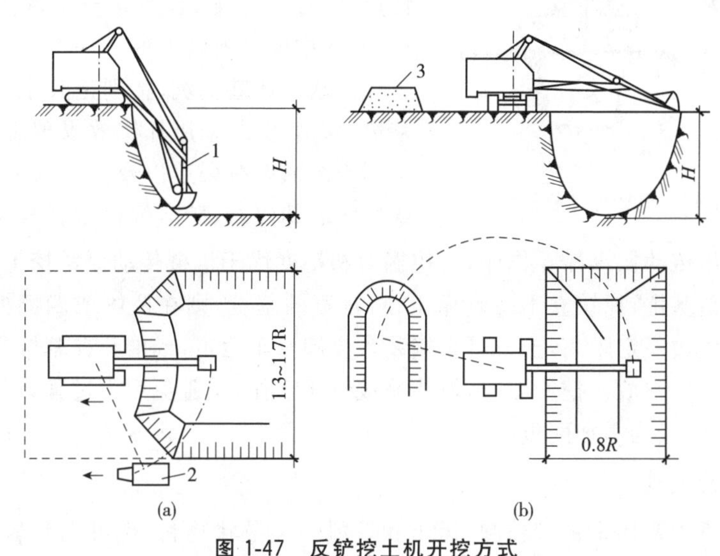

图 1-47 反铲挖土机开挖方式

(a)沟端开挖;(b)沟侧开挖

1-反铲挖土机;2-自卸汽车;3-弃土堆

(1)沟端开挖,挖土机停在基坑(槽)的端部,向后倒退挖土,汽车停在基槽两侧装土。其优点是挖土机停放平稳,装土或甩土时回转角度小,挖土效率高,挖的深度和宽度也较大。基坑较宽时,可多次开行开挖。

(2)沟侧开挖,挖土机沿基槽的一侧移动挖土,将土弃于距基槽较远处。沟侧开挖时开挖方向与挖土机移动方向相垂直,所以稳定性较差,而且挖的深度和宽度均较小,一般只在无法采用沟端开挖或挖土不需运走时采用。

3. **拉铲挖土机**

拉铲挖土机的土斗用钢丝绳悬挂在挖土机长臂上,挖土时土斗在自重作用下落到地面切入土中。其挖土特点是:后退向下,自重切土;其挖土深度和挖土半径均较大,能开挖停机面以下的一~二类土,但不如反铲动作灵活准确。适用于开挖较深较大的基坑(槽)、沟渠,挖取水中泥土以及填筑路基,修筑堤坝等。

履带式拉铲挖土机的挖斗容量有 0.35、0.5、1、1.5、$2m^3$ 等数种。其最大挖土深度由 7.6m(W_3－30)到 16.3m(W_1－200)。

拉铲挖土机的开挖方式与反铲挖土机的开挖方式相似,可沟侧开挖也可沟端开挖。

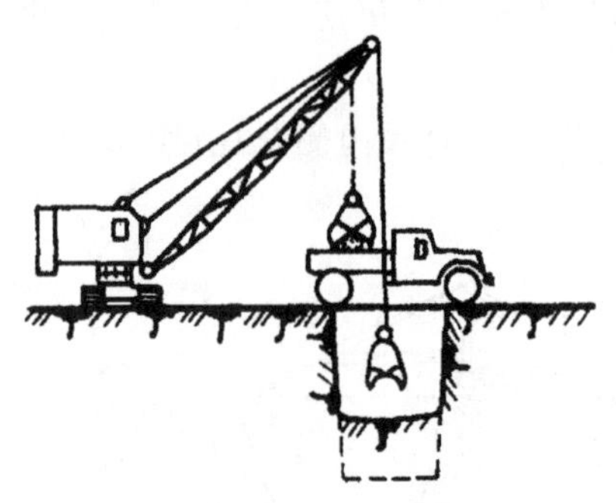

图 1-48　抓铲挖土机挖土

4. **抓铲挖土机**

机械传动抓铲挖土机(图 1-48)是在挖土机臂端用钢丝绳吊装一个抓斗。其挖土特点是:直上直下,自重切土。其挖掘力较小,能开挖停机面以下的一~二类土。适用于开挖软土地基基坑,特别是其中窄而深的基坑、深槽、深井采用抓铲效果理想;抓铲还可用于疏通旧有渠道以及挖取水中淤泥等,或用于装卸碎石、矿渣等松散材料。抓铲也可采用液压传动操纵抓斗作业,其挖掘力和精度优于机械传动抓铲挖土机。

对小型基坑,抓铲立于一侧抓土;对较宽的基坑,则在两侧或四侧抓土。抓铲应离基坑边一定距离,土方可直接装入自卸汽车运走,或堆弃在基坑旁或用推土机推到远处堆放。挖淤泥时,抓斗易被淤泥吸住,应避免用力过猛,以防翻车。抓铲施工,一般均需加配重。

(四)装载机

装载机主要用来铲、装、卸、运土和石料一类散状物料,也可以对岩石、硬土进行轻度铲掘作业。如果换不同的工作装置,还可以完成推土、起重、装卸其他物料的工作。在公路施工中主要用于路基工程的填挖,沥青和水泥混凝土料场的集料、装料等作业。

装载机按行走方式分为履带式和轮胎式两种,按工作方式分单斗装载机、链式装载机和轮斗式装载机。土方工程主要使用单斗式装载机,它具有操作灵活、轻便和快速等特点。适用于装卸土方和散料,也可用于松软土的表层剥离、地面平整和场地清理等工作。

(五)压实机械

压实机械根据压实的原理不同,可分为冲击式、碾压式和振动压实机械三大类。

1. 冲击式压实机械

冲击式压实机械主要有蛙式打夯机和内燃式打夯机两类,蛙式打夯机一般以电为动力。这两种打夯机适用于狭小的场地和沟槽作业,也可用于室内地面的夯实及大型机械无法到达的边角的夯实。

2. 碾压式压实机械

碾压式压实机械按行走方式分自行式压路机和牵引式压路机两类。自行式压路机常用的有光轮压路机、轮胎压路机;自行式压路机主要用于土方、砾石、碎石的回填压实及沥青混凝土路面的施工。牵引式压路机的行走动力一般采用推土机(或拖拉机)牵引,常用的有光面碾、羊足碾;光面碾用于土方的回填压实,羊足碾适用于黏性土的回填压实,不能用于沙土和面层土的压实。

3. 振动压实机械

振动压实机械是利用机械的高频振动,把能量传给被压土,降低土颗粒间的摩擦力,在压实能量的作用下,达到较大的密实度。

振动压实机械按行走方式分为手扶平板式振动压实机和振动压路机两类。手扶平板式振动压实机主要用于小面积的地基夯实。振动压路机按行走方式分为自行式和牵引式两种。振动压路机的生产率高,压实效果好,能压实多种性质的土,主要用在工程量大的大型土石方工程中。

二、土方挖运机械的选择及配套计算

(一)土方机械的选择

土方机械的选择,通常先根据工程特点和技术条件提出几种可行方案,然后行技术经济比较,选择效率高、费用低的机械进行施工,一般可选用土方单价最小的机械。现综合有关土方机械选择要点如下:

(1)当地形起伏不大,坡度在20°以内,挖填平整土方的面积较大,土的含水量适当,平均运距短(一般在1km以内)时,采用铲运机较为合适。如果土质坚硬或冬季冻土层厚度超过100～150mm时,必须由其他机械辅助翻松再铲运。当一般土的含水量大于25%,或坚硬的黏土含水量超过30%时,铲运机要陷车,必须使水疏干后再施工。

(2)地形起伏较大的丘陵地带,一般挖土高度在3m以上,运输距离超过1km,工程量较大且又集中时,可采用下述三种方式进行挖土和运土。①正铲挖土机配合自卸汽车进行施工，并在弃土区配备推土机平整土堆。选择铲斗容量时，应考虑到土质情况、工程量和工作面高度。当开挖普通土，集中工程量在 1.5 万 m^3 以下时，可采用 0.5m^3 的铲斗；当开挖集中工程量为 1.5 万～5 万 m^3 时，以选用 1.0m^3 的铲斗为宜，此时，普通土和硬土都能开挖。②用推土机将土推入漏斗，并用自卸汽车在漏斗下承土并运走。这种方法适用于挖土层厚度在 5～6m 以上的地段。漏斗上口尺寸为 3m 左右，由宽 3.5m 的框架支承。其位置应选择在挖土段的较低处，并预先挖平。漏斗左右及后侧土壁应予支撑。使用 73.5kW 的推土机两次可装满 8t 自卸汽车，效率较高。③用推土机预先把土推成一堆，用装载机把土装到汽车上运走，效率也很高。

(3)开挖基坑时根据下述原则选择机械

1)土的含水量较小，可结合运距长短、挖掘深浅，分别采用推土机、铲运机或正铲挖土机配合自卸汽车进行施工。当基坑深度在 1～2m，基坑不太长时可采用推土机；

深度在 2m 以内长度较大的线状基坑，宜由铲运机开挖；当基坑较大，工程量集中时，可选用正铲挖土机挖土。

2)如地下水位较高，又不采用降水措施，或土质松软，可能造成正铲挖土机和铲运机陷车时，则采用反铲，拉铲或抓铲挖土机配合自卸汽车较为合适，挖掘深度见有关机械的性能表。

(4)移挖作填以及基坑和管沟的回填，运距在 60～100m 以内可用推土机。

(二)土方挖运机械的配套计算

土方机械的配套计算，应先确定主导施工机械，其他机械应按主导机械的性能进行配套选用。当用挖土机挖土、汽车运土时，应以挖土机为主导机械。

在组织土方工程机械化综合施工时，必须使主导机械和辅助机械的台数相互配套，协调工作，具体计算方法如下。

1. 挖土机台班产量计算

挖土机台班产量可查定额手册求得，也可按下式计算。

$$P=\frac{8\times3600}{t}\cdot q\cdot\frac{K_c}{K_s}\cdot K_B \tag{1-34}$$

式中：t——挖土机每次循环作业延续时间(1 为 s，即每挖一斗的时间，对 Wi－100 正铲挖土机为 25～40s，对 W_1－100 拉铲挖土机为 45～60s)；

q——挖土机的挖斗容量(m^3)；

K_s——土的最初可松系数；

K_C——挖斗的充盈系数，可取 0.8～1.1；

K_B——工作时间的利用系数，一般为 0.6～0.8。

2. 挖土机数量确定

挖土机数量 N 按下式计算。

$$N=\frac{Q}{P}\cdot\frac{1}{TCK} \tag{1-35}$$

式中：Q——土方量(m^3)；

P——挖土机生产效率(m^3/台班)；

T——工期(工作日)；

C——每天工作班数；

K——时间利用系数，一般取 0.8～0.9。

3. 自卸汽车配合计算

自卸汽车的载重量应与挖土机的挖斗容量保持一定的关系，一般宜为每斗土重的 3～5 倍。

自卸汽车的数量 N_1 应保证挖土机连续工作，可按下式计算。

$$N_1=\frac{T_s}{t_1} \tag{1-36}$$

式中：T_s——自卸汽车每装卸一车土循环作业的延续时间(s)；

t_1——自卸汽车装满一车土的时间(s)。

$$T_s=t_1+\frac{2l}{V_c}+t_2+t_3 \tag{1-37}$$

式中：l——运土距离(m)；

V_c——重车与空车的平均速度(m/min，一般取 20～30km/h)；

t_2——卸土时间，一般为 1min；

t_3——操纵时间(包括停放待装、等车、让车等)，一般取 2～3min；$t_1=nt$(n 为运土车辆每车装土次数)。

运土车辆每次装土次数 n 按下式计算

$$n=\frac{Q_1}{q\cdot\frac{K_r}{K_s}\cdot r} \tag{1-38}$$

式中：Q_1——运土车辆的载重量(t)；

r——实土重度(t/m^3，一般取 $1.7t/m^3$)。

第六节　基坑(槽)施工

基坑(槽)施工，首先应进行房屋定位和标高引测，然后根据基础的底面尺寸、埋置深度、土质好坏、地下水位的高低及季节性变化等不同情况，考虑施工需要，确定是否需要留工作面、放坡、增加排水设施和设置支撑，从而定出挖土边线和进行撒灰线工作。

一、放线

建筑物定位：建筑物定位是在基础施工以前，根据建筑总平面图给定的坐标，将拟建建筑物的平面位置和±0.000标高在地面上确定下来。

定位一般用经纬仪、水准仪、钢尺等根据轴线控制点将外墙轴线的四个角点用木桩标设在地面上。在建筑物四角距基坑(槽)上口边线约1.5～2.0m处设龙门板，在龙门板上标出±0.000标高，并将轴线引测至龙门板上，作为施工放线的依据(图1-49)。外墙轴线测出后，就可以根据建筑平面图将内墙轴线、门窗洞口位置测出。

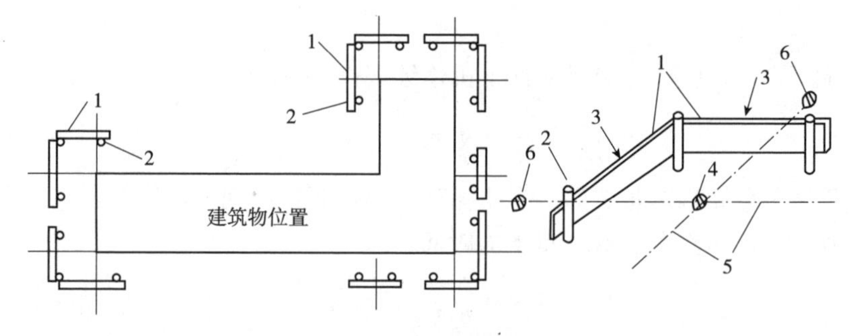

图1-49 建筑物的定位

1-龙门板；2-龙门桩；3-轴线钉；4-轴线桩；5-轴线；6-控制桩

基槽放线：根据房屋主轴线控制点，首先将外墙轴线的交点用木桩测设在地面上，并在桩顶钉上铁钉作为标志。房屋外墙轴线测定以后，再根据建筑物平面图，将内部开间所有轴线都一一测出。最后根据边坡系数计算的开挖宽度在中心轴线两侧用石灰在地面上撒出基槽开挖边线。同时在房屋四周设置龙门板，以便于基础施工时复核轴线位置。

柱基放线：在基坑开挖前，从设计图上查对基础的纵横轴线编号和基础施工详图，根据柱子的纵横轴线，用经纬仪在矩形控制网上测定基础中心线的端点，同时在每个柱基中心线上，测定基础定位桩，每个基础的中心线上设置四个定位木桩，其桩位离基础开挖线的距离为0.5～1.0m。若基础之间的距离不大，可每隔1～2个或几个基础打一定位桩，但两个定位桩的间距以不超过20m为宜，以便拉线恢复中间柱基的中线。桩顶上钉一钉子，标明中心线的位置。然后按施工图上柱基的尺寸和按边坡系数确定的挖土边线的尺寸，放出基坑上口挖土灰线，标出挖土范围。

大基坑开挖，根据房屋的控制点用经纬仪放出基坑四周的挖土边线。

二、基坑(槽)开挖

土方开挖应遵循“开槽支撑，先撑后挖，分层开挖，严禁超挖”的原则。

开挖基坑(槽)按规定的尺寸合理确定开挖顺序和分层开挖深度，连续地进行施工，尽快地完成。因土方开挖施工要求标高、断面准确，土体应有足够的强度和稳定性，所以在开挖过程中要随时注意检查。挖出的土除预留一部分用作回填外，不得在场地内任意堆放，应把多余的土运到弃土地区，以免妨碍施工。为防止坑壁滑坡，根据土质情况及坑(槽)深度，在坑顶两边一定距离(一般为1.0m)内不得堆放弃土，在此距离外堆土高度不得超过1.5m，否则，应验算边坡的稳定性。在桩基周围、墙基或围墙一侧，不得堆土过高。在坑边放置有动载的机械设备时，也应根据验算结果，离开坑边较远距离，如地质条件不好，还应采取加固措施。为了防止基底土(特别是软土)受到浸水或其他原因的扰动，基坑(槽)挖好后，应立即做垫层或浇筑基础，否则，挖土时应在基底标高以上保留150～300mm厚的土层，待基础施工时再行挖去。如用机械挖土，为防止基底土被扰动，结构被破坏，不应直接挖到坑(槽)底，应根据机械种类，在基底标高以上留出200～400mm，待基础施工前用人工铲平修整。挖土不得挖至基坑(槽)的设计标高以下，如个别处超挖，应用与基土相同的土料填补，并夯实到要求的密实度。如用原土填补不能达到要求的密实度时，应用碎石类土填补，并仔细夯实。重要部位如被超挖时，可用低强度等级的混凝土填补。

在软土地区开挖基坑(槽)时，尚应符合下列规定：

(1)施工前必须做好地面排水和降低地下水位工作，地下水位应降低至基坑底以下0.5～1.0m后，方可开挖。降水工作应持续到回填完毕；

(2)施工机械行驶道路应填筑适当厚度的碎石或砾石，必要时应铺设工具式路基箱(板)或梢排等；

(3)相邻基坑(槽)开挖时，应遵循先深后浅或同时进行的施工顺序，并应及时做好基础；

(4)在密集群桩上开挖基坑时，应在打桩完成后间隔一段时间，再对称挖土。在密集群桩附近开挖基坑(槽)时，应采取措施防止桩基位移；

(5)挖出的土不得堆放在坡顶上或建筑物(构筑物)附近。

基坑(槽)开挖有人工开挖和机械开挖，对于大型基坑应优先考虑选用机械化施工，以加快施工进度。

深基坑应采用“分层开挖，先撑后挖”的开挖方法。图1-50为某深基坑分层开挖的实例。

在基坑正式开挖之前，先将第①层地表土挖运出去，浇筑锁口圈梁，进行场

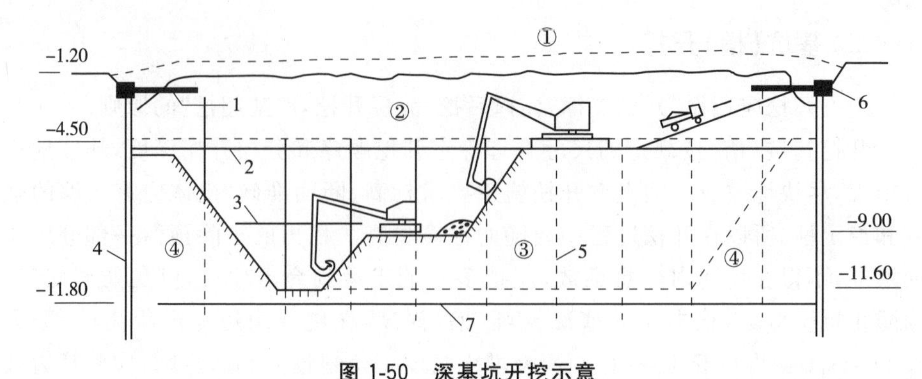

图 1-50　深基坑开挖示意

1-第一道支撑;2-第二道支撑;3-第三道支撑;4-支撑桩;5-主柱;6-锁口圈梁;7-坑底

地平整和基坑降水等准备工作，安设第一道支撑（角撑），并施加预顶轴力，然后开挖第②层土到－4.50m。再安设第二道支撑，待双向支撑全面形成并施加轴力后，挖土机和运土车下坑在第二道支撑上部（铺路基箱）开始挖第③层土，并采用台阶式“接力”方式挖土，一直挖到坑底。第三道支撑应随挖随撑，逐步形成。最后用抓斗式挖土机在坑外挖两侧土坡的第④层土。

深基坑开挖过程中，随着土的挖除，下层土因逐渐卸载而有可能回弹，尤其在基坑挖至设计标高后，如搁置时间过久，回弹更为显著。如弹性隆起在基坑开挖和基础工程初期发展很快，它将加大建筑物的后期沉降。因此，对深基坑开挖后的土体回弹，应有适当的估计，如在勘察阶段，土样的压缩试验中应补充卸荷弹性试验等。还可以采取结构措施，在基底设置桩基等，或事先对结构下部土质进行深层地基加固。施工中减少基坑弹性隆起的一个有效方法是把土体中有效应力的改变降低到最少。具体方法有加速建造主体结构，或逐步利用基础的重量来代替被挖去土体的重量。

三、验槽

基坑（槽）开挖完毕并清理好后，在垫层施工前，承包商应会同勘察设计、监理、业主、质量监督部门一起进行现场检查并验收。验收的主要内容为：

（1）核对基坑（槽）的位置、平面尺寸、坑底标高。

（2）核对基坑土质和地下水情况。

（3）孔穴、古井、防空掩体及地下埋设物的位置、形状、深度等。遇到持力层明显不均匀或软弱下卧层者，应在基坑底进行轻型动力触探，会同有关部门进行处理。

（4）验槽的重点应选择在桩基、承重墙或其他受力较大部位。常用的检验方法如下：

①表面检查验槽。根据槽壁土层分布，判断基底是否已挖至设计所要求的

土层，是否需下挖或进行处理，观察槽底土的颜色是否均匀一致，是否有软硬不同，是否有杂质、瓦砾、是否有枯井、古墓等。

②钎探检查验槽。基坑挖好后，用锤将钢钎打入槽底土层内，根据每打入一定深度的锤出次数，来判断地基土质情况，此法主要适用于砂土及一般黏性土。

③洛阳铲检查验槽。根据建筑物所在地区的具体情况或设计要求，对基坑底以下的土质、含水量、古墓、洞穴、地道、废井等用洛阳铲进行探查检查。此法主要适用于黄土及一般黏性土地区。探孔深度一般不小于3.0m，间距1.5～2.0m，检查中每3～5铲观看土层有无变化及有机物、含水量情况。

验槽后应填写验槽记录或隐蔽工程验收报告。

第七节　土方填筑与压实

一、填筑的要求

为了保证填方工程强度和稳定性方面的要求，必须正确选择填土的种类和填筑方法。

填方土料应符合设计要求。碎石类土、砂土和爆破石渣，可用做表层以下的填料。当填方土料为黏土时，填筑前应检查其含水量是否在控制范围内。含水量大的黏土不宜作为填土用。

含有大量有机质的土，吸水后容易变形，承载能力降低；含水溶性硫酸盐大于5%的土，在地下水的作用下，硫酸盐会逐渐溶解消失，形成孔洞，影响土的密实性；这两种土以及淤泥、冻土、膨胀土等均不应作为填土。

填土应分层进行，并尽量采用同类土填筑。如采用不同土填筑时，应将透水性较大的土层置于透水性较小的土层之下，不能将各种土混杂在一起使用，以免填方内形成水囊。

碎石类土或爆破石渣做填料时，其最大粒径不得超过每层铺土厚度的2/3。使用振动碾时，不得超过每层铺土厚度的3/4。铺填时，大块料不应集中，并且不得填在分段接头或填方与山坡连接处。

二、填土压实方法

填土压实方法一般有碾压、夯实和振动三种(图1-51)。

1. 碾压法

碾压法(图1-51a)是由沿着表面滚动的鼓筒或轮子的压力压实土壤。一切拖动和自动的碾压机具，如平滚碾、羊足碾和气胎碾等的工作都属于同一原理。

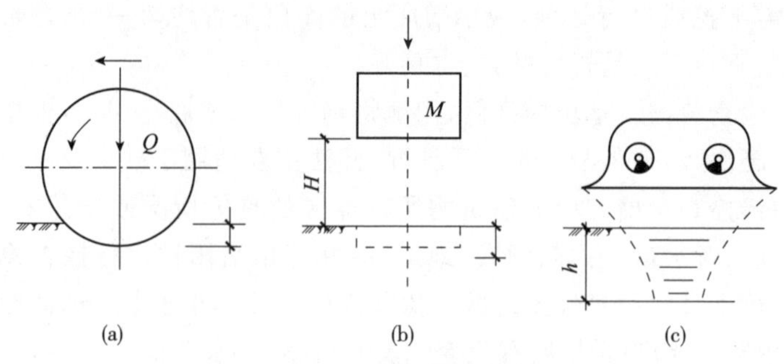

(a)　　(b)　　(c)

图 1-51　填土压实方法

(a)碾压;(b)夯实;(c)振动

碾压法主要用于大面积的填土,如场地平整、路基、堤坝等工程。碾压机械有平滚碾(压路机)、羊足碾和气胎碾。光面碾适用于碾压黏性和非黏性土壤;羊足碾只能用来压实黏性土壤;气胎碾对土壤压力较为均匀,故其填土质量较好。

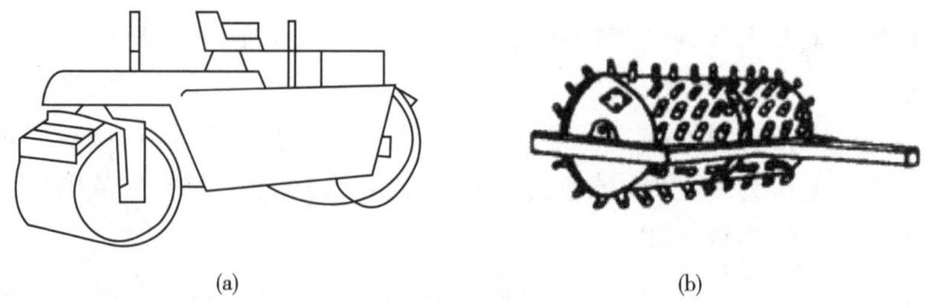

(a)　　(b)

图 1-52　碾压机械

(a)光轮压路机;(b)羊足碾

按碾轮重量,光面碾又分为轻型(重 5t 以下)、中型(重 8t 以下)和重型(重 10t)三种。轻型滚碾压实土层的厚度不大,但土层上部变得较密实,当用轻型滚碾初碾后,再用重型滚碾碾压,就会取得较好的效果。如直接用重型滚碾碾压松土,则由于强烈的起伏现象,其碾压效果较差。

利用运土机械进行碾压,也是较经济合理的压实方案,施工时使运土机械行驶路线能大体均匀地分布在填土面积上,并达到一定的重复行驶遍数,使其满足填土压实质量的要求。

用碾压法压实填土时,铺土应均匀一致,碾压遍数要一样,碾压方向应从填土区的两边逐渐压向中心,每次碾压应有 15～20cm 的重叠。碾压机械行驶速度不宜过快,一般平碾控制在 2km/h,羊足碾控制在 3km/h,否则会影响压实效果。

2. 夯实法

夯实法(图 1-51b)是利用夯锤自由下落的冲击力来夯实土壤,主要用于小面积的回填土。夯实法分人工夯实和机械夯实两种。夯实机具的类型较多,有木夯、石硪、硅式打夯机、火力夯以及利用挖土机或起重机装上夯板后的夯土机等。其中蛙式打夯机(图 1-53)轻巧灵活,构造简单,在小型土方工程中应用最广。

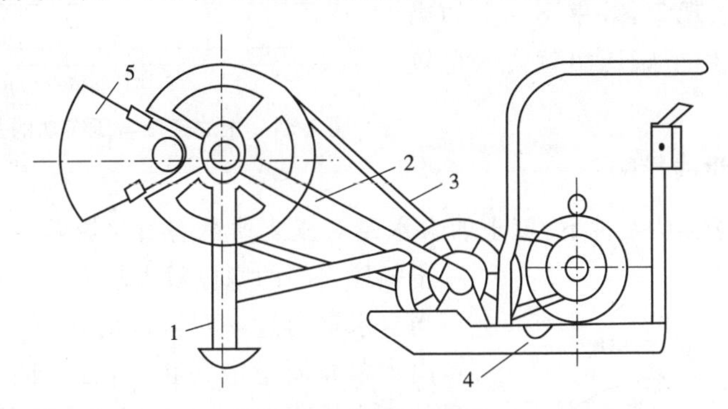

图 1-53　蛙式打夯机

1-夯头;2-夯架;3-三角胶带;4-拖盘;5-偏心块

夯实法的优点是,可以夯实较厚的土层,如重锤夯,其夯实厚度可达 1～1.5m,强力夯可对深层土壤夯实。但木夯、石硪或蛙式打夯机等机具,其夯实厚度则较小,一般均在 20cm 以内。

3. 振动法

振动法(图 1-51c)是将重锤放在土层的表面或内部,借助于振动设备使重锤振动,土壤颗粒即发生相对位移达到紧密状态。此法用于振实非黏性土壤效果较好。

近年来,又将碾压和振动法结合起来而设计和制造了振动平碾、振动凸块碾等新型压实机械。振动平碾适用于填料为爆破碎石渣、碎石类土、杂填土或轻亚黏土的大型填方;振动凸块碾则适用于亚黏土或黏土的大型填方。当压实爆破石渣或碎石类土时,可选用重 8～15t 的振动平碾,铺土厚度为 0.6～1.5m,先静压、后碾压,碾压遍数由现场试验确定,一般为 6～8 遍。

三、填土压实的影响因素

填土压实的影响因素有压实功、土的含水量及每层铺土厚度。

1. 压实功的影响

填土压实后的密度与压实机械在其上所施加的功有一定的关系。土的密度与所耗的功的关系如图 1-54 所示。当土的含水量一定,在开始压实时,土的密度急剧增加，待到接近土的最大密度时，压实功虽然增加许多，而土的密度则没有变化。实际施工中，对不同的土应根据选择的压实机械和密实度要求选择合理的压实遍数。此外，松土不宜用重型碾压机械直接滚压，否则土层有强烈起伏现象，效率不高。如果先用轻碾，再用重碾压实就会取得较好效果。

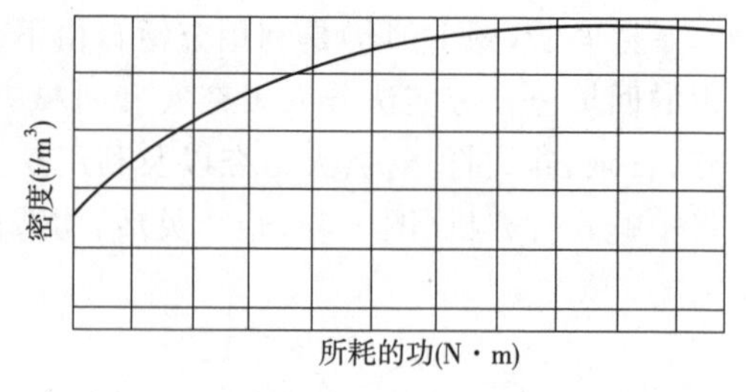

图 1-54　土的密度与压实功的关系示意图

2. 含水量的影响

在同一压实功条件下，填土的含水量对压实质量有直接影响。较为干燥的土颗粒之间的摩擦阻力较大，因而不易压实。当含水量超过一定限度时，土颗粒之间孔隙由水填充而呈饱和状态，也不能压实。当土的含水量适当时，水起了润滑作用，土颗粒之间的摩擦阻力减少，压实效果好。每种土都有其最佳含水量，土在这种含水量的条件下，使用同样的压实功进行压实，所得到的密度最大(见图 1-55)。各种土的最佳含水量和最大干密度可参考表 1-11。

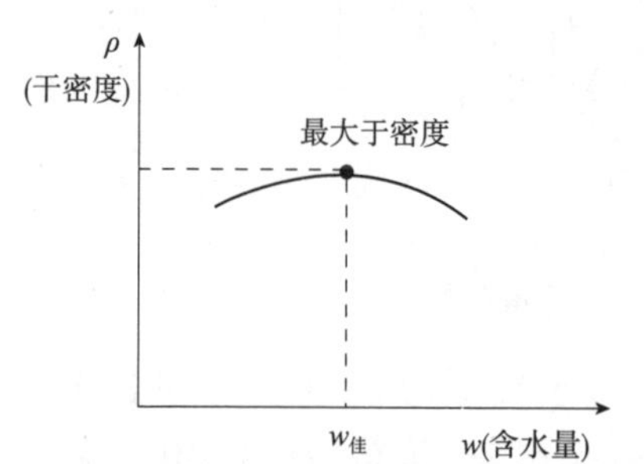

图 1-55　土的干密度与含水量关系

表 1-11　土的最佳含水量和最大干密度参考表

项次	土的种类	变动范围		项次	土的种类	变动范围	
		最佳含水量(%)(重量比)	最大干密度(g/cm³)			最佳含水量(%)(重量比)	最大干密度(g/cm³)
1	砂土	8～12	1.80～1.88	3	粉质黏土	12～15	1.85～1.95
2	黏土	19～23	1.58～1.70	4	粉土	16～22	1.61～1.80

注：1. 表中土的最大干密度应根据现场实际达到的数字为准。
2. 一般性的回填可不作此项测定。

施工实践中检验黏土含水量的方法一般是以“手握成团，落地开花”为适宜。为了保证填土在压实过程中处于最佳含水量状态，当土过湿时，应予翻松晾干，也可掺入同类干土或吸水性土料；当土过干时，则应预先洒水润湿。

3. 铺土厚度的影响

在压实功作用下，土中的应力随深度增加而逐渐减小。其影响深度与压实机械、土的性质及含水量有关。铺土厚度应小于压实机械的有效作用深度。铺得过厚，要增加压实遍数才能达到规定的密实度。铺得过薄，机械的总压实遍数也要增加。恰当的铺土厚度能使土方压实而机械的耗能最少。

对于重要填方工程，达到规定密实度所需要的压实遍数、铺土厚度等应根据土质和压实机械在施工现场的压实试验来决定。若无试验依据可参考表 1-12 的规定。

表 1-12　每层铺土厚度与压实遍数

压实机具	每层铺土厚度(mm)	每层压实遍数(遍)
平碾	250～300	6～8
振动压实机	250～350	3～4
柴油打夯机	200～250	3～4
人工打夯	<200	3～4

第二章　地基处理与基础工程

第一节　地基处理及加固

地基处理加固是按照上部结构对地基的要求，对地基进行必要的地基加固或改良，提高地基土的承载力，保证地基稳定，减少建筑物的沉降或不均匀沉降。任何建筑物都必须有可靠的地基和基础，这是因为建筑物承受的各种作用（包括各种荷载，各种外加变形成约束变形等）最终将通过基础传给地基，因此，地基加固地基处理就成为基础工程施工中的一项重要内容。

一、换土地基

当建筑物（构筑物）基础下的持力层为软弱土层或地面标高低于基底设计标高，并不能满足上部结构对地基强度和变形的要求，而软弱土层的厚度又不是很大时，常采用换填法处理。即将基础下一定范围内的土层挖去，然后换填密度大、强度高的砂、碎石、灰土、素土，以及粉煤灰、矿渣等性能稳定、无侵蚀性的材料，并分层夯（振、压）实至设计要求的密实度。换土法的处理深度通常控制在3m以内时较为经济合理。

换填法适用于处理淤泥、淤泥质土、湿陷性土、膨胀土、冻胀土、素填土、杂填土以及暗沟、暗塘、古井、古墓或拆除旧基础后的坑穴等浅层地基处理。对于承受振动荷载的地基，不应选择换填垫层法进行处理。

根据换填材料的不同，可将换土分为砂石（砂砾、碎卵石）垫层、土垫层（素土、灰土）、粉煤灰垫层、矿渣垫层等，其适用范围见表2-1。

表 2-1　换填法的适用范围

换土种类	适　用　范　围
砂石（砂锅砾、碎卵石）垫层	适用于一般饱和、非饱和的软弱土和水下黄土地基处理；不宜用于湿陷性黄土地基；也不适宜用于大面积堆载、密集基础和动力基础的软土地基处理；可有条件地用于膨胀土地基；砂垫层不宜用于有地下水且流速快、流量大的地基处理；不宜采用粉细砂作垫层

（续）

换土种类		适　用　范　围
土垫层	素土垫层	适用于中小型工程及大面积回填、湿陷性黄土地基的处理
	灰土垫层	适用于中小型工程，尤其适用于湿陷性黄土地基的处理，也可用于膨胀土地基处理
粉煤灰垫层		用于厂房、机场、港区陆域和堆场等大、中、小型工程的大面积填筑，粉煤灰垫层在地下水位以下时，其强度降低幅度在30%左右
矿渣垫层		用于中小型建筑工程，尤其适用于地坪、堆场等工程大面积的地基处理和场地平整，铁路、道路地基等；但不得用于受酸性或碱性废水影响的地基处理

（一）砂垫层和砂石垫层

1. 材料要求

（1）砂：宜采用中砂或粗砂，要求颗粒级配良好、质地坚硬；当采用粉细砂或石粉（粒径小于0.075mm的部分不超过总重的9%）时，应掺入不少于总重30%、粒径20～50mm的碎石或卵石，但要分布均匀；砂中有机质含量不超过5%，含泥量应小于5%，兼作排水垫层时，含泥量不得超过3%。

（2）砂石：宜采用天然级配的砂砾石（或卵石、碎石）混合物，最大粒径不宜大于50mm，不得含有植物残体、垃圾等杂物，含泥量不大于5%。

2. 构造要求

砂地基和砂石地基的厚度一般根据地基底面处土的自重应力与附加应力之和不大于同一标高处软弱土层的容许承载力确定。地基厚度一般不宜大于3m，也不宜小于0.5m。地基宽度除要满足应力扩散的要求外，还要根据地基侧面土的容许承载力来确定，以防止地基向两边挤出。关于宽度的计算，目前还缺乏可靠的理论方法，在实践中常常按照当地某些经验数据（考虑地基两侧土的性质）或按经验方法确定。一般情况下，地基的宽度应沿基础两边各放出200～300mm，如果侧面地基土的土质较差时，还要适当增加。砂垫层和砂石垫层如图2-1所示。

3. 施工要点

（1）基层处理

砂或砂石地基铺设前，应将基底表面浮土、淤泥、杂物清除干净，槽侧壁按设计要求留出坡度。铺设前应经验槽，并做好验槽记录。

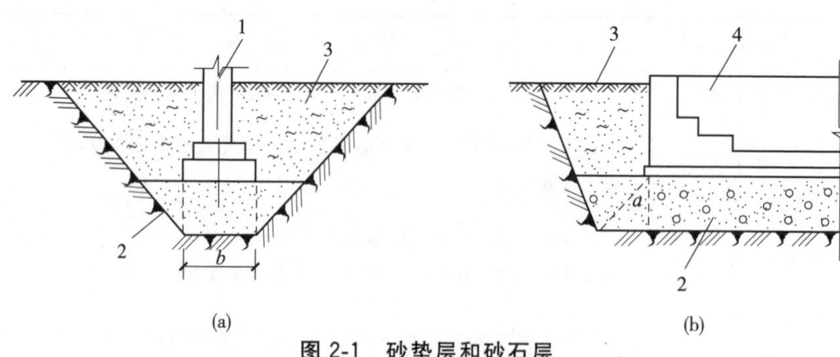

图 2-1　砂垫层和砂石层

(a)柱基础垫层;(b)设备基础垫层

1-柱基础;2-砂垫层或砂石垫层;3-回填土;4-设备基础;

a-砂垫层或砂石垫层的压力扩散角;b-基础宽度

当基底表面标高不同时,不同标高的交接处应挖成阶梯形,阶梯的宽高比宜为 2∶1,每阶的高度不宜大于 500mm,并应按先深后浅的顺序施工。

(2)抄平放线、设标桩

在基槽(坑)内按 5m×5m 网格设置标桩(钢筋或木桩),控制每层砂或砂石的铺设厚度。

(3)混合料拌合均匀

采用人工级配砂砾石,应先将砂和砾石按配合比过斗计量,拌和均匀,再分层铺设。

(4)分层铺设,分层夯(压、振)实

1)砂和砂石地基每层铺设厚度、砂石最优含水量控制及施工机具、方法的选用参见表 2-2。振(夯、压)要做到交叉重叠 1/3,防止漏振、漏压。夯实、碾压遍数、振实时间应通过试验确定。用细砂作垫层材料时,不宜用振捣法或水撼法,以免产生液化现象。

表 2-2　砂和砂石地基每层铺设厚度及施工时最优含水量

捣实方法	每层铺设厚度(mm)	施工时最优含水量(%)	施工要点	备　注
平振法	200～250	15～20	(1)用平板式振捣器往复振捣,往复次数以简易测定密实度合格为准 (2)振捣器移动时,每行应搭接 1/3	不宜用于细砂或含泥量较大的砂所铺筑的地基

（续）

捣实方法	每层铺设厚度（mm）	施工时最优含水量（%）	施工要点	备　注
插振法	振捣器插入深度	饱和	（1）用插入式振捣器插振； （2）插入间距可根据机械振幅大小决定； （3）不得插至下卧黏性土层中； （4）插入振捣完毕，所留孔洞应用砂填实	不宜用于细砂或含泥量较大的砂所铺筑的地基；湿陷性黄土、膨胀土基层不得使用此法
水撼法	250	饱和	（1）注水高度略超过铺设高度； （2）用钢叉摇撼捣实，插入点间距100mm左右； （3）有控制地注水和排水； （4）钢叉分四齿，齿的间距80mm，长300mm，木柄长90mm	湿陷性黄土、膨胀土和细砂基层不得使用此法
夯实法	150～200	8～12	（1）用木夯式机械夯； （2）木夯重40kg，落距400～500mm； （3）一夯压半夯，全面夯实	适用于砂石地基
碾压法	150～300	8～12	6～10t压路机往复碾压，碾压遍数以达到设计要求的密实度为准，一般不少于4遍	适用于大面积砂石地基，不宜用于地下水位以下的砂地基

2）砂或砂石地基铺设时，严禁扰动下卧层及侧壁的软弱土层，防止被践踏、受冻或受浸泡，降低其强度。如下卧层表面有厚度较小的淤泥或淤泥质土层，当挖除困难时，经设计同意可采取挤淤处理方法：即先在软弱土面上堆填块石、片石等，然后将其压入以置换和挤出软弱土，最后再铺筑砂或砂石地基。

3）砂或砂石地基应分层铺设，分层夯（压）实，分层做密实度试验。每层密实度试验合格（符合设计要求）后再铺筑下一层砂或砂石。

4）当地下水位较高或在饱和的软弱基层上铺设砂或砂石地基时，应加强基层内及外侧四周的排水工作，防止引起砂或砂石地基中砂的流失和基坑边坡的破坏；宜采取人工降低地下水位措施，使地下水位降低至基坑底500mm以下。

5）当采用插振法施工时，以振捣棒作用部分的1.25倍为间距（一般为400～500mm）插入振捣，依次振实，以不再冒气泡为准。应采取措施控制注水和排水。每层接头处应重复振捣，插入式振捣棒振完后所留孔洞应用砂填实；在振捣第一层时，不得将振捣棒插入下卧土层或基槽（坑）边坡内，以避免使软土混入砂或砂石地基而降低地基强度。

4. 砂和砂石地基施工质量标准

（1）砂、石等原材料质量、配合比应符合设计要求，砂、石应搅拌均匀。

（2）施工过程中必须检查分层厚度、分段施工时搭接部分的压实情况、加水量、压实遍数、压实系数。

（3）施工结束后，应检验砂石地基的承载力。

（4）砂和砂石地基的质量验收标准应符合表2-3的规定。

表2-3　砂及砂石地基质量检验标准

项	序	检查项目	允许偏差或允许值		检查方法
			单位	数值	
主控项目	1	地基承载力	设计要求		按规定方法
	2	配合比	设计要求		检查拌和时的体积比和重量比
	3	压实系数	设计要求		现场实测
一般项目	1	砂石料有机质含量	mm	≤5	焙烧法
	2	砂石料含泥量	%	≥5	水洗法
	3	石料粒径	mm	≤100	筛分法
	4	含水量（与最优含水量比较）	%	±2	烘干法
	5	分层厚度（与设计要求比较）	mm	±50	水准仪

（二）灰土垫层

1. 材料要求

（1）土料。宜采用就地挖出的黏性土料或塑性指数大于4的粉土，土内有机杂物的含量不宜大于5%。土料使用前应过筛，其粒径不得大于15mm。土料施工时的含水量应控制在最佳含水量（由室内击实试验确定）的±2%范围内。

（2）熟石灰。应采用生石灰块（块灰的含量不少于70%），在使用前3～4d

用清水予以熟化，充分消解成粉末，并过筛。其最大粒径不得大于5mm，并不得夹有未熟化的生石灰块及其他杂质。

(3)采用生石灰粉代替熟石灰时，在使用前按体积比预先与黏土拌合并洒水堆放8h后方可铺设。生石灰粉质量应符合现行行业标准《建筑生石灰粉》JC/T 480的规定。生石灰粉进场时应有生产厂家的产品质量证明书。

2. 构造要求

灰土地基厚度确定原则同砂地基。地基宽度一般为灰土顶面基础砌体宽度加2.5倍灰土厚度之和。

3. 施工要点

(1)基土清理

1)铺设素土、灰土前先检验基土土质，清除松散土并打两遍底夯，要求平整干净。如有积水、淤泥，应清除或晾干。

2)如局部有软弱土层或古墓(井)、洞穴、暗塘等，应按设计要求进行处理；并办理隐蔽验收手续和地基验槽记录。

(2)弹线、设标志

做好测量放线，在基坑(槽)、管沟的边坡上钉好水平木桩；在室内或散水的边墙上弹上水平线；或在地坪上钉好标准水平木桩。作为控制摊铺素土、灰土厚度的标准。

(3)灰土拌合

1)灰土的配合比应符合设计要求，一般为2∶8或3∶7(石灰∶土，体积比)

2)灰土拌合，多采用人工翻拌，通过标准斗计量，控制配合比。拌和时采取土料、石来边掺合边用铁锹翻拌，一般翻拌不少于三遍。灰土拌合料应拌和均匀，颜色一致，并保持一定的湿度，最优含水量为14％～18％。现场以手握成团，两指轻捏即碎为宜。如土料水分过大或不足时，应晾干或洒水湿润。

(4)分层摊铺与夯实

1)素土、灰土每层(一步)摊铺厚度可按照不同的施工方法按表2-4选用。每层灰土的夯打遍数，应根据设计要求的干密度由现场夯(压)试验确定。

表2-4　素土、灰土最大虚铺厚度

序号	夯实机具种类	重量(t)	虚铺厚度(mm)	备　注
1	石夯、木夯	0.04～0.08	200～250	人力送夯，落距400～500mm，一夯压半夯
2	轻型夯实机械	0.12～0.4	200～250	蛙式打夯机、柴油打夯机等
3	压路机	6～10	200～300	双轮静作用或振动压路机

2)素土、灰土分段施工时,不得在墙角、柱基及承重窗间墙下接缝。上下两层素土、灰土的接缝距离不得小于500mm。接缝处应切成直槎,并夯压密实。当素土、灰土地基标高不同时,应做成阶梯形,每阶宽不小于500mm。

3)素土、灰土应随铺填随夯压密实,铺填完的素土、灰土不得隔日夯压;夯实后的素土灰土,3d内不得受水浸泡,在地下水位以下的基坑(槽)内施工时,应采取降、排水措施。

(5)干密度、压实系数检测试验

素土、灰土应逐层用环刀取样测出其干密度,并计算压实系数应符合设计要求。试验报告中应绘制每层的取样点位置图。

施工结束后,应按设计要求和规定的方法检验素土、灰土地基的承载力。

(6)找平验收

素土、灰土最上一层完成后,应拉线或用靠尺检查标高和平整度,超高处用铁锹铲平,低洼处应及时补打素土、灰土。

4. 灰土地基施工质量标准

(1)灰土土料、石灰或水泥(当水泥替代灰土中的石灰时)等材料及配合比应符合设计要求,灰土应搅拌均匀。

(2)施工过程中应检查分层铺设的厚度、分段施工时上下两层的搭接长度、夯实时加水量、夯压遍数、压实系数。

(3)施工结束后,应检验灰土地基的承载力。

(4)灰土地基的质量验收标准应符合表2-5的规定。

表2-5 灰土地基质量检验标准

项	序	检查项目	允许偏差或允许值		检查方法
			单位	数值	
主控项目	1	地基承载力	设计要求		按规定方法
	2	配合比	设计要求		按拌和时的体积比
	3	压实系数	设计要求		现场实测
一般项目	1	石灰粒径	mm	≤5	筛分法
	2	土料有机质含量	%	≤5	试验室焙烧法
	3	土颗粒粒径	mm	≤15	筛分法
	4	含水量(与要求的最优含水量比较)	%	±2	烘干法
	5	分层厚度偏差(与设计要求比较)	mm	±50	水准仪

二、夯实地基

(一)重锤夯实地基

重锤夯实是利用起重机械将夯锤(2～3t)提升到一定高度,然后自由落下,重复夯击基土表面,使地基表面形成一层比较密实的硬壳层,从而使地基得到加固。适于地下水位0.8m以上、稍湿的黏性土、砂土、饱和度 S_r 不大于60的湿陷性黄土、杂填土以及分层填土地基的加固处理。重锤表面夯实的加固深度一般为1.2～2.0m。湿陷性黄土地基经重锤表面夯实后,透水性有显著降低,可消除湿陷性,地基土密度增大,强度可提高30%;对杂填土则可以减少其不均匀性,提高承载力。

1. 机具设备

(1)起重机械

起重机械可采用带有摩擦式卷扬机的履带式起重机、打桩机、龙门式起重机或悬臂式桅杆起重机等。起重机械的起重能力:如采用自动脱钩时,应大于夯锤质量的1.5倍;如直接用钢丝绳悬吊夯锤时,应大于夯锤质量的3倍。

(2)夯锤

夯锤形状宜为截头圆锥体,可用C20钢筋混凝土制作,其底部可填充废铁并设置钢底板以使重心降低。锤重宜为1.5～3.0t,底直径为1.0～1.5m,落距一般为2.5～4.5m,锤底面单位静压力宜为15～20kPa。吊钩宜采用半自动脱钩器,以减少吊索的磨损和机械振动。钢筋混凝土重锤如图2-2所示。

2. 施工要点

(1)地基重锤夯实前应在现场进行试夯,选定夯锤质量、底面直径和落距,以便确定最后下沉量及相应的最少夯击遍数和总下沉量。最后下沉量是指最后两击的平均下沉量,对黏性土和湿陷性黄土取10～20mm;对砂土取5～10mm,以此作为控制停夯的标准。

(2)采用重锤夯实分层填土地基时,每层的虚铺厚度以相当于锤底直径为宜,夯击遍数由试夯确定。

(3)基坑的夯实范围应大于基础底面,每边应超出基础边缘300mm以上,以便于底面边角夯打密实。夯实前基坑(槽)底面应高出设计标高,预留土层的厚度一般为试夯时的总下沉量再加50～100mm。

(4)夯实时地基土的含水量应控制在最佳含水量范围以内。如果土的表层含水量过大,可采用铺撒吸水材料(如干土、碎砖、生石灰等)、换土或其他有效措施;如果含水量过低,应待水全部渗入土中一昼夜后方可夯击。

(5)在大面积基坑或条形基槽内夯击时，应按一夯接一夯顺序进行，如图 2-2a)所示。在一次循环中同一夯位应连夯两遍，下一循环的夯位，应与前一循环错开 1/2 锤底直径，落锤应平稳，夯位应准确。在独立柱基基坑内夯击时，可采用先周边后中间，如图 2-2(b)所示，或先外后里的跳打法进行，如图 2-2(c)所示。基坑(槽)底面标高不同时，应按先深后浅的顺序逐层夯击。

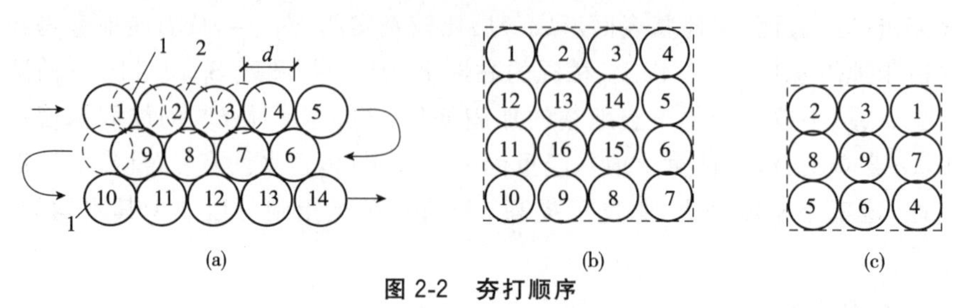

图 2-2　夯打顺序

(a)顺序夯打；(b)先周边后中间；(c)跳打法

1-夯位；2-重叠夯；d-重锤直径

(6)夯实完毕后，应将基坑(槽)表面修正至设计标高。冬期施工时，必须保证地基在不冻的状态下进行夯击，否则应将冻土层挖去或将土层融化。若基坑挖好后不能立即夯实，应采取防冻措施。

3. 质量检查

重锤夯实完后应检查施工记录，除应符合试夯最后下沉量的规定外，还应检查基坑(槽)表面的总下沉量，以不小于试夯总下沉量的 90% 为合格；也可在地基上选点夯击，检查最后下沉量。检查点数的要求为：独立基础每个不少于 1 处；基槽每 20m 不少于 1 处；整片地基每 50m^2 不少于 1 处。检查后如质量不合格，应进行补夯，直至合格为止。

(二)强夯地基

强夯法是用起重机械将大吨位夯锤起吊到高处，自由落下，对土体进行强力夯实，以提高地基强度，降低地基的压缩性，其影响深度一般在 10m 以上。强夯法是在重锤夯实法的基础上发展起来的，但在作用机理上，两者又有本质区别。强夯法是用很大的冲击能，使土中出现冲击波和很大的应力，迫使土中孔隙压缩，土体局部液化，夯击点周围产生裂隙，形成良好的排水通道，土体迅速固结。

强夯法适用于碎石土、砂土、低饱和度粉土、黏性土、湿陷性黄土、杂填土以及“围海造地”地基、工业废渣、垃圾地基等的处理；也可用于防止粉土及粉砂的液化，消除或降低大孔土的湿陷性等级；对于高饱和度淤泥、软黏土、泥炭、沼泽土，如采取一定技术措施也可采用，还可用于水下夯实。但对淤泥和淤泥质土地基，强夯处理效果不佳，应慎重。另外，强夯法施工时振动大、噪声大，对邻近建筑物的安全和居民的正常生活有一定影响，所以在城市市区或居民密集的地段不宜采用。

1. 机具设备

(1)起重机械

起重机宜选用起重能力为150kN以上的履带式起重机，也可采用专用三角起重架或龙门架作起重设备。起重机械的起重能力为：当直接用钢丝绳悬吊夯锤时，应大于夯锤的3～4倍；当采用自动脱钩装置，起重能力取大于1.5倍锤重。

(2)夯锤

夯锤可用钢材制作，或用钢板为外壳，内部焊接钢筋骨架后浇筑C30混凝土制成。夯锤底面有圆形和方形两种，圆形不易旋转，定位方便，稳定性和重合性好，应用较广。锤底面积取决于表层土质，对砂土一般为3～4m^2，黏性土或淤泥质土不宜小于6m^2。夯锤中宜设置若干个上下贯通的气孔，以减少夯击时空气阻力。

(3)脱钩装置

脱钩装置应具有足够强度，且施工灵活。常用的工地自制自动脱钩器由吊环、耳板、销环、吊钩等组成，系由钢板焊接制成。

2. 施工要点

(1)强夯处理地基的施工，应符合下列规定：

强夯夯锤质量宜为10～60t，其底面形式宜采用圆形，锤底面积宜按土的性质确定，锤底静接地压力值宜为25～80kPa，单击夯击能高时，取高值，单击夯击能低时，取低值，对于细颗粒土宜取低值。锤的底面宜对称设置若干个上下贯通的排气孔，孔径宜为300～400mm。

(2)强夯法施工可按下列步骤进行：

1)清理并整平施工场地；

2)标出第一遍夯点位置，测量夯点地面高程；

3)夯机就位，起吊吊钩至设计落距高度，将吊钩牵引钢丝绳固定，锁定落距；

4)将夯锤平稳提起置于夯点位置，测量夯前锤顶高程；

5)起吊夯锤至预定高度，夯锤自动脱钩下落夯击夯点；

6)测量锤顶高程，记录夯坑下沉量；

7)重复步骤5)～6)，按设计的夯击数和控制标准，完成一个夯点的夯击；

8)夯锤移位到下一个夯点，重复步骤2)～5)，完成第一遍全部夯点的夯击；

9)用推土机将夯坑填平或推平，用方格网测量场地高程，计算本遍场地夯沉量；

10)在规定的间歇时间后,按以上步骤完成全部夯击遍数;

11)满足间歇时间后,进行满夯施工。

(3)强夯置换法施工可按下列步骤进行:

1)清理并平整施工场地;当表层土松软时,铺设一层厚度为 1.0~2.0m 的硬质粗粒料施工垫层;

2)标出第一遍夯点位置,用白灰洒出夯位轮廓线,并测量夯点地面高程;

3)夯机就位,起吊吊钩至设计落距高度,将吊钩牵引钢丝绳固定,锁定落距;

4)将夯锤平稳提起置于夯点位置,测量夯前锤顶高程;

5)起吊夯锤至预定高度,夯锤自动脱钩下落夯击夯点,并逐击记录夯坑深度。当夯坑过深发生提锤困难时停夯,向坑内填料至与坑顶齐平,记录填料数量并如此重复直至满足规定的夯击次数及控制标准,完成一个墩体的夯击。当夯点周围软土挤出,影响施工时,可随时清除,并在夯点周围铺垫碎石,继续施工;

6)按由内而外、隔行跳打原则,完成本遍全部夯点的施工;

7)用方格网测量场地高程,计算本遍场地抬升量。当抬升量超过场地设计标高时,应用推土机将超高的部分推除;

8)在规定的间隔时间后,按上述步骤完成下遍夯点的夯击。

9)强夯置换处理地基,必须通过现场试验确定其适用性和处理效果。

(4)满夯施工可按下列步骤进行:

1)平整场地;

2)测量场地高程,放出一遍满夯基准线;

3)起重机就位,将夯锤置于基准线端;

4)按照夯印搭接 1/4 锤径的原则逐点夯击,完成规定的夯击数;

5)逐排夯击,完成一遍满夯,用方格网测量场地高程;

6)场地整平;

7)测量场地高程,放出二遍满夯基准线;

8)按以上步骤完成第二遍满夯;

9)平整场地(如果满夯为一遍完成时,步骤 7)~9)略去)。

(5)满夯整平后的场地应用压路机将虚土层碾压密实,并用方格网测量场地高程。

(6)采用真空降水时,真空泵排气量不应小于 100L/s,系统真空度应达到 65~90kPa,单级降水深度应达到 6~8m。每套系统所带的井管数量由设计真空度高低而定。埋设降水井管时,井孔深度应比井管深 0.5~0.6m,井管与井壁之间应及时用中粗砂回填灌实,并用黏土封孔口,防止漏气。

(7)降水联合低能级强夯法施工可按下列步骤进行:

1)平整场地,安装设置降排水系统及封堵系统,并预埋孔隙水压力计和水位观测管,进行第一遍降水;

2)监测地下水位变化,当达到设计水位并稳定至少两天后,拆除场区内的降水设备,保留封堵系统,然后按夯点布点位置进行第一遍强夯;

3)一遍夯后即可插设降水管,安装降水设备,进行第二遍降水;

4)按照设计的强夯参数进行第二遍强夯施工;

5)重复步骤3)、4),直至达到设计的强夯遍数;

6)全部夯击结束后,进行推平和碾压。

3. 施工质量检验及监测

(1)施工质量偏差控制应符合下列规定:

1)夯点测量定位允许偏差±50mm;

2)夯锤就位允许偏差±150mm;

3)满夯后场地整平平整度允许偏差±100mm。

(2)施工过程中应有专人负责下列质量检验和监测工作:

施工过程中的检测项目应按表2-6的规定执行。强夯置换施工中可采用超重型或重型圆锥动力触探检测置换墩的着底情况。

表2-6　施工质量检验和监测项目

序号	检查项目	允许偏差或允许值	检测方法
1	夯锤落距(mm)	±300	钢尺量,钢索设标志
2	锤重	±100	称重
3	夯击遍数及顺序	按设计要求	计数法
4	夯点间距	±500	钢尺量
5	夯击范围(超出基础宽度)	按设计要求	钢尺量
6	间歇时间	按设计要求	
7	夯击击数	按设计要求	计数法
8	最后两击夯沉量平均值	按设计要求	水准仪

(3)施工与竣工后的场地均应设置良好的排水系统,防止场地被雨水浸泡,并应符合下列规定:

1)在夯区周围根据地形情况开挖截水沟或砌筑围堰,保证外围水不流入夯区内,在夯区内,规划排水沟和集水井。夯坑内有积水,可采用小水泵和软管及时将水抽排在夯区外;

2)当天打完的夯坑应及时回填,并整平压实;

3)当遇暴雨,夯坑积水,长期遭受雨水浸泡、冻融时,将会导致地基强度严重降低,丧失地基处理加固的效果。必须将水排除后,挖净坑底淤土,使其晾干或填入干土后方可继续夯击施工。

三、挤密地基

(一)砂石桩法

1. 一般规定

(1)砂石桩地基处理方法适用于挤密松散砂土、粉土、黏性土、素填土、杂填土等地基。

(2)采用砂石桩处理地基应补充设计、施工所需的有关技术资料。对黏性土地基,应有地基土的不排水抗剪强度指标;对砂土和粉土地基应有地基土的天然孔隙比、相对密实度或标准贯入击数、砂石料特性、施工机具及性能等资料。

(3)用砂石桩挤密素填土和杂填土等地基的设计及质量检验,应符合规范有关规定。

2. 施工要点

(1)沉管施工

1)饱和黏性土地基上对变形控制不严的工程及以处理砂土液化为目的的工程,可采用沉管施工工艺。

2)沉管施工导致地面松动或隆起时,砂石桩施工标高应比基础底面高0.5～1m。

3)砂石桩的施工顺序,对砂土地基宜从外围或两侧向中间进行,对黏性土地基宜从中间向外围或隔排施工,以挤密为主的砂石桩同一排应间隔进行;在已有建(构)筑物邻近施工时,应背离建(构)筑物方向进行。

4)砂石桩沉管工艺有振动沉管法(简称振动法)和锤击沉管法(简称锤击法)两种。桩尖可采用混凝土预制桩尖或活瓣桩尖。将钢管沉至设计深度后,从进料口往桩管内灌入砂石,边振动边缓慢拔出桩管(锤击沉管采用边拔管边人工敲打管壁),或在振动拔管的过程中,每拔 0.5m 高停拔,振动 20～30s,或将桩管压下然后再拔,以便将落入桩孔内的砂石压实成桩,并可使桩径扩大。

5)施工前应进行成桩挤密试验,桩数不少于 3 根,振动法应根据沉管和挤密情况,确定填砂量、提升速度、每次提升高度、挤压次数和时间、电机工作电流等,作为控制质量标准,以保证挤密均匀和桩身的连续性。

6)灌料时,砂石含水量应加以控制,对饱和土层,砂可采用饱和状态;对非饱和土或杂填土，或能形成直立的桩孔壁的土层，含水量可采用7%～9%。

7)对灌料不足的砂石桩可采用全复打灌料。当采用局部复打灌料时，其复打深度应超过软塑土层底面1m以上。复打时，管壁上的泥土应清除干净，前后两次沉管的轴线应一致。

(2)取土施工

1)该方法仅适用于微膨胀性土、黏性土、无地下水的粉土及层厚不超过1.5m的砂土地基。

2)成孔机就位，桩位偏差不大于50mm。

3)卷扬机提起取土器至一定高度，松开离合开关使取土器自由下落，然后提起取土器取出泥土。

4)重复本款第3)项的取土过程至设计标高。

5)用不低于10kN的柱锤夯底，然后灌入砂石料，每灌入0.5m厚用锤夯实。

3. 质量检验

(1)施工前应检查砂石料的含泥量及有机质含量、样桩的位置

(2)施工中检查每根砂石桩的桩位、灌砂量、标高、垂直度等。

(3)施工结束后，应检验被加固地基的强度或承载力。

(4)砂石桩地基的质量检验标准应符合表2-7的规定。

表2-7　砂石桩地基的质量检验标准

项	序	检查项目	允许偏差或允许值		检查方法
			单位	数值	
主控项目	1	灌砂量	%	≥95	实际用砂量与计算体积比
	2	地基强度	设计要求		按规定方法
	3	地基承载力	设计要求		按规定方法
一般项目	1	砂料的含泥量	%	≤3	试验室测定
	2	砂料的有机质含量	%	≤5	焙烧法
	3	桩位	mm	≤50	用钢尺量
	4	砂桩标高	mm	±150	水准仪
	5	垂直度	%	≤1.5	经纬仪检查桩管垂直度

(二)水泥粉煤灰碎石桩(CFG桩)法

水泥粉煤灰碎石桩(Cement Fly-ash Gravel pile)，简称CFG桩，是近年发展起来的处理软弱地基的一种新方法。它是在碎石桩的基础上掺入适量石屑、粉煤灰和少量水泥，加水搅拌后制成具有一定强度的桩体，由桩、桩间土和褥垫层

一起组成复合地基的地基处理方法。其骨料仍为碎石，用掺入石屑来改善颗粒级配；掺入粉煤灰来改善混合料的和易性，并利用其活性减少水泥用量；掺入少量水泥使其具一定黏结强度。它不同于碎石桩，碎石桩是由松散的碎石组成，在荷载作用下将会产生鼓胀变形，当桩间土为强度较低的软黏土时，桩体易产生鼓胀破坏，并且碎石桩仅在上部约3倍桩径长度的范围内传递荷载，超过此长度，增加桩的长度，承载力提高并不显著，故此碎石桩加固黏性土地基，承载力提高幅度不大（为20%～60%）。而CFG桩是一种低强度混凝土桩，可充分利用桩间土的承载力共同作用，并可传递荷载到深层地基中去，具有较好的技术性能和经济效果。

1. 一般规定

（1）水泥粉煤灰碎石桩法适用于处理黏性土、粉土、砂土和已自重固结的素填土等地基，对淤泥质土应按地区经验或通过现场试验确定其适用性。

（2）水泥粉煤灰碎石桩应选择承载力相对较高的土层作为桩端持力层。

（3）水泥粉煤灰碎石桩复合地基设计时应进行地基变形验算。

2. 施工要点

（1）振动沉管灌注成桩

1）桩机就位须平整、稳固，沉管与地面保持垂直，如采用混凝土桩尖，需埋入地面以下300mm。

2）混合料配制：按经试配符合设计要求的配合比进行配料，用混凝土搅拌机加水搅拌，搅拌时间不少于2min，加水量由混合料坍落度控制，一般坍落度为30～50mm。

3）在沉管过程中用料斗在管顶投料口向桩管内投料，待沉管至设计标高后须尽快投料，以保证成桩标高、密实度要求。

4）当混合料加至与钢管投料口齐平后，沉管在原地留振10s左右，即可边振边拔管，每提升1.5～2.0m，留振20s。桩管拔出地面确认成桩质量符合设计要求后，用粒状材料或黏土封顶。

5）沉管灌注成桩施工拔管速度应按匀速控制，拔管速度应控制在1.2～1.5m/min左右，如遇淤泥土或淤泥质土，拔管速度可适当放慢。

（2）长螺旋钻孔压灌成桩

1）桩机就位，调整沉管与地面垂直，垂直度偏差不大于1.5%。

2）控制钻孔或沉管入土深度，确保桩长偏差在+100mm范围内。

3）钻至设计标高后，停钻开始泵送混合料，当钻杆芯管内充满混合料后，边送料边开始提钻，提钻速率宜掌握在2～3m/min，应保持孔内混合料高出钻头0.5m，

4）管内泵压混合料成桩施工，应准确掌握提拔钻杆时间，混合料泵送量应与

拔管速度相配合，遇到饱和砂土或饱和粉土层，不得停泵待料，严禁先提钻后泵料。

5)成桩过程应连续进行，尽量避免因待料而中断成桩，因特殊原因中断成桩，应避开饱和砂土、粉土层。

6)搅拌好的混合料通过溜槽注入到泵车储料斗时，需经一定尺寸的过滤栅，避免大粒径或片状石料进入储料斗，造成堵管现象。

7)为防止堵管，应及时清理混合料输送管。应及时检查输送管的接头是否牢靠，密封圈是否破坏，钻头阀门及排气阀门是否堵塞。

8)长螺旋钻孔、管内泵压混合料成桩施工的坍落度宜为160～200mm。

(3)施工时，桩顶标高应高出设计标高，高出长度应根据桩距、布桩形式、现场地质条件和施打顺序等综合确定，一般不应小于0.5m，

(4)成桩过程中，抽样做混合料试块，每台机械每台班应做二组(3块)试块(边长150mm立方体)，标准养护，测定其立方体28d抗压强度。

(5)冬期施工时混合料入孔温度不得低于5℃，对桩头和桩间土应采取保温措施。

(6)褥垫层厚度宜为150～300mm，由设计确定。施工时虚铺厚度(h)：$h=\Delta H/\lambda$(其中λ为夯填度)，一般取0.87～0.90。虚铺完成后宜采用静力压实法至设计厚度；当基础底面下桩间土的含水量较小时，也可采用动力夯实法。对较干的砂石材料，虚铺后可适当洒水再进行碾压或夯实。

3. 质量验收

(1)水泥、粉煤灰、砂石碎石等原材料应符合设计要求。

(2)施工中应检查桩身混合料的配合比、坍落度和提拔钻杆速度(或提拔套管速度)、成孔深度、混合料灌入量等。

(3)施工结束后，应对桩顶标高、桩位、桩体质量、地基承载力以及褥垫层的质量做检查。

(4)水泥粉煤灰碎石桩复合地基的质量检验标准应符合表2-8的规定。

表2-8 水泥粉煤灰碎石桩复合地基质量检验标准

项	序	检查项目	允许偏差或允许值		检查方法
			单位	数值	
主控项目	1	原材料	设计要求		查产品合格证书或抽样送检
	2	桩径	mm	－20	用钢尺量或计算填料量
	3	桩身强度	设计要求		查28d试块强度
	4	地基承载力	设计要求		按规定的办法

（续）

项	序	检查项目	允许偏差或允许值		检查方法
			单位	数值	
一般项目	1	桩身完整性	按基桩检测技术规范		按基桩检测技术规范
	2	桩身偏差	满堂布桩≤0.40D 条基布桩≤0.25D		用钢尺量，D 为桩径
	3	桩垂直度	%	≤1.5	用经纬仪测管桩
	4	桩长	mm	+100	用钢尺量，D 为桩径
	6	桩孔垂直度	%	≤1.5	测桩管长度或垂球测孔深
	7	褥垫层夯填度	≤0.9		用钢尺量

注：1. 夯填度指夯实后的褥垫层厚度与虚体厚度的比值；

2. 桩径允许偏差负值的指个别单棵桩的个别断面。

（三）振冲地基

振冲法又称振动水冲法，是以起重机吊起振冲器，启动潜水电机带动偏心块，使振动器产生高频振动，同时启动水泵，通过喷嘴喷射高压水流，在边振边冲的共同作用下，将振动器沉到土中的预定深度，经清孔后，从地面向孔内逐段填入碎石，使其在振动作用下被挤密实，达到要求的密实度后即可提升振动器，如此反复直至地面，在地基中形成一个大直径的密实桩体与原地基构成复合地基，提高地基承载力，减少沉降，是一种快速、经济有效的加固方法。

振冲法适用于处理砂土、粉土、粉质黏土、素填土和杂填土等地基。对于地基不排水抗剪强度不小于20kPa的饱和黏性土和饱和黄土地基，应在施工前通过现场试验确定其实用性。不加填料振冲加密适用于处理粘粒含量不大于10%的中砂、粗砂地基。

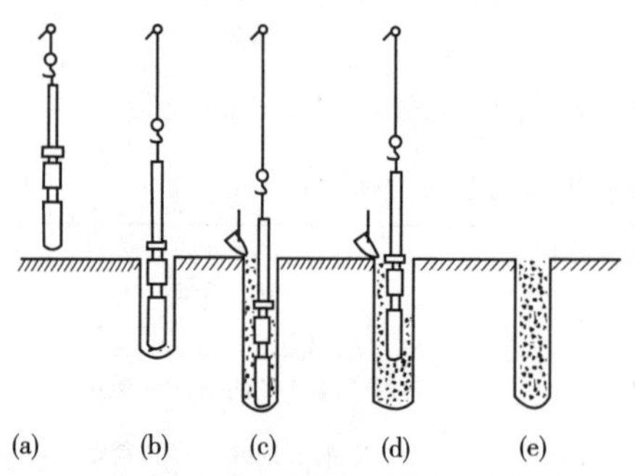

图 2-3 振冲置换法的施工工艺

(a)定位；(b)振冲下沉；c)振冲至设计标高并下料；(d)边振边下斜面上提；(e)成桩

振冲法根据加固机理和效果可分为振冲置换法和振冲密实法两类。

(1)振冲置换法

振冲置换法是利用振冲器或沉桩机，在软弱黏性土地基中成孔，再在孔内分批填入碎石或卵石等材料制成桩体，其施工方法如图2-3所示。桩体和原来的黏性土构成复合地基，从而提高地基承载力，减小压缩性。碎石桩的承载力和压缩量在很大程度上取决于周围软土

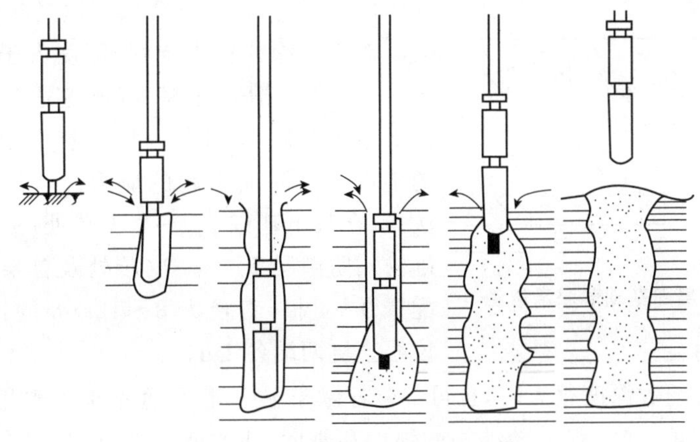

图 2-4　振冲密实法的施工工艺

对碎石桩的约束作用。如周围的土过于软弱，对碎石桩的约束作用就差。

(2)振冲密实法

振冲密实法是利用专门的振冲器械产生的重复水平振动和侧向挤压作用，使土体的结构逐步破坏，孔隙水压力迅速增大。由于结构破坏，土粒向低势能位置转移，使土体由松变密。振冲密实法适用于粘粒含量小于10%的粗砂、中砂地基。

四、地基局部处理及其他加固方法

(一)地基局部处理

1. 松土坑的处理

当松土坑的范围较小(在基槽范围内)时，可将坑中松软土挖除，使坑底及坑壁均见天然土为止，然后采用与天然土压缩性相近的材料回填。例如：当天然土为砂土时，用砂或级配砂石分层夯实回填；当天然土为较密实的黏性土时，用3∶7灰土分层夯实回填；如为中密可塑的黏性土或新近沉积黏性土时，可用1∶9或2∶8灰土分层夯实回填。每层回填厚度不大于200mm。

当松土坑的范围较大(超过基槽边沿)或因各种条件限制，槽壁挖不到天然土层时，则应将该范围内的基槽适当加宽，采用与天然土压缩性相近的材料回填。如用砂土或砂石回填时，基槽每边均应按1∶1坡度放宽；如用1∶9或2∶8灰土回填时，基槽每边均应按0.5∶1坡度放宽；用3∶7灰土回填时，如坑的长度不大于2m，基槽可不放宽，但灰土与槽松土坑在基槽内所占的长度超过5m时，将坑内软弱土挖去，如坑底土质与一般槽底土质相同，也可将此部分基础落深，做1∶2踏步与两端相接(图 2-5)，每步高不大于0.5m，长度不小于1.0m。

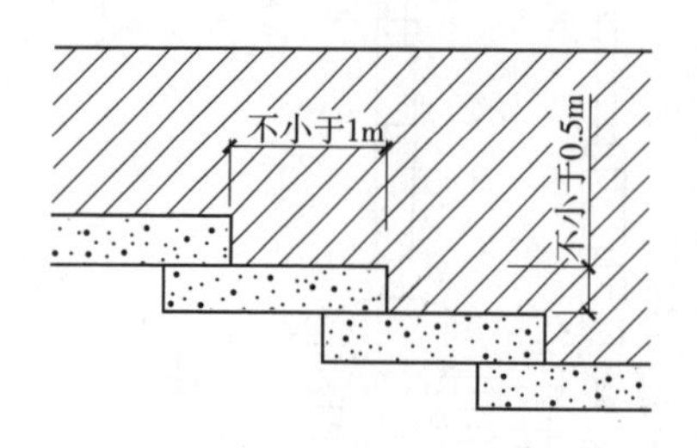

图 2-5　局部基础落深示意图

如深度较大时，用灰土分层回填至基槽底标高。

对于较深的松土坑(如深度大于槽宽或大于 1.5m 时)，槽底处理后，还应适当考虑加强上部结构的强度和刚度，以抵抗由于可能发生的不均匀沉降而引起的应力。常用的加强方法是：在灰土基础上 1～2 皮砖处(或混凝土基础内)、防潮层下 1～2 皮砖处及首层顶板处各配置 3～4 根，直径为 8～12mm 的钢筋，跨过该松土坑两端各 1m。

松土坑埋藏深度很大时，也可部分挖除松土(一般深度不小于槽宽的 2 倍)，分层夯实回填，并加强上部结构的强度和刚度；或改变基础形式，如采用梁板式跨越松土坑、桩基础穿透松土坑等方法。

当地下水位较高时，可将坑中软弱的松土挖去后，用砂土、碎石或混凝土分层回填。

2. 砖井或土井的处理

当井内有水并且在基础附近时，可将水位降低到可能程度，用中、粗砂及块石、卵石等夯填至地下水位以上 500mm。如有砖砌井圈时，应将砖井圈拆除至坑(槽)底以下 1m 或更多些，然后用素土或灰土分层夯实回填至基底(或地坪底)。

当枯井在室外，距基础边沿 5m 以内时，先用素土分层夯实回填至室外地坪下 1.5m 处，将井壁四周砖圈拆除或松软部分挖去，然后用素土或灰土分层夯实回填。

当枯井在基础下(条形基础 3 倍宽度或柱基 2 倍宽度范围内)，先用素土分层夯实回填至基础底面下 2m 处，将井壁四周松软部分挖去，有砖井圈时，将砖井圈拆除至槽底以下 1～1.5m，然后用素土或灰土分层夯实回填至基底。当井内有水时按上述方法处理。

当井在基础转角处，若基础压在井上部分不多时，除用以上方法回填处理外，还应对基础加强处理，如在上部设钢筋混凝土板跨越或采用从基础中挑梁的办法解决；若基础压在井上部分较多时，用挑梁的办法较困难或不经济时，可将基础沿墙长方向向外延长出去，使延长部分落在天然土上，并使落在天然土上的基础总面积不小于井圈范围内原有基础的面积，同时在墙内适当配筋或用钢筋混凝土梁加强。

当井已淤填，但不密实时，可用大块石将下面软土挤密，再用上述方法回填处理。若井内不能夯填密实时，可在井内设灰土挤密桩或在砖井圈上加钢筋混凝土盖封口，上部再回填处理。

3. 局部软硬土的处理

当基础下局部遇基岩、旧墙基、老灰土、大块石、大树根或构筑物等，均应尽可能挖除，采用与其他部分压缩性相近的材料分层夯实回填，以防建筑物由于局部落于较硬物上造成不均匀沉降而使建筑物开裂；或将坚硬物凿去 300～500mm 深，再回填土砂混合物夯实。

当基础一部分落于基岩或硬土层上，一部分落于软弱土层上时，应将基础以下基岩或硬土层挖去 300～500mm 深，填以中、粗砂或土砂混合物做垫层，使之能调整岩土交界处地基的相对变形，避免应力集中出现裂缝；或采取加强基础和上部结构的刚度来克服地基的不均匀变形。

4. 其他情况的处理

(1)橡皮土

当黏性土含水量很大趋于饱和时，碾压(夯拍)后会使地基土变成踩上去有一种颤动感觉的“橡皮土”。所以，当发现地基土(黏土、亚黏土等)含水量趋于饱和时，要避免直接碾压(夯拍)，可采用晾槽或掺石灰粉的办法降低土的含水量，有地表水时应排水，地下水位较高时应将地下水降低至基底 0.5m 以下，然后再根据具体情况选择施工方法。如果地基土已出现橡皮土，则应全部挖除，填以 3∶7灰土、砂土或级配砂石，或插片石夯实；也可将橡皮土翻松、晾晒、风干至最优含水量范围再夯实。

(2)管道

当管道位于基底以下时，最好拆迁或将基础局部落低，并采取防护措施，避免管道被基础压坏。当管道穿过基础墙，而基础又不允许切断时，必须在基础墙上管道周围，特别是上部留出足够尺寸的空隙(大于房屋预估的沉降量)，使建筑物产生沉降后不致引起管道的变形或损坏，如图 2-6 所示。

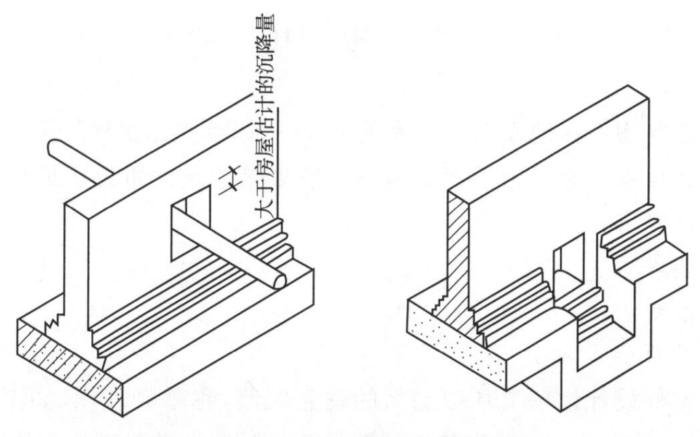

图 2-6　管道穿过基础墙处理示意图

另外，管道应该采取防漏的措施，以免漏水浸湿地基造成不均匀沉降。特别当地基为填土、湿陷性黄土或膨胀土时，尤其应引起重视。

(二)其他地基加固方法简介

1. 预压地基

预压地基是在建筑物施工前，在地基表面分级堆土或其他荷重，使地基土压密、沉降、固结，从而提高地基强度和减少建筑物建成后的沉降量。待达到预定标准后再卸载，建造建筑物。本法具有使用材料及机具的方法简单直接，施工操作方便，但堆载预压需要一定的时间，对深厚的饱和软土，排水固结所需的时间很长，同时需要大量堆载材料等特点。预压地基适用于各类软弱地基，包括天然沉积土层或人工冲填土层，较广泛用于冷藏库、油罐、机场跑道、集装箱码头、桥台等沉降要求较低的地基。实践证明，利用堆载预压法能取得一定的效果，但能否满足工程要求的实际效果，则取决于地基土层的固结特性、土层的厚度、预压荷载的大小和预压时间的长短等因素。因此，预压地基在使用上受到一定的限制。

2. 注浆地基

注浆地基是指利用化学溶液或胶结剂，通过压力灌注或搅拌混合等措施，而将土粒胶结起来的地基处理方法。本法具有设备工艺简单、加固效果好、可提高地基强度、消除土的湿陷性、降低压缩性等特点。注浆地基适用于局部加固新建或已建的建筑物(构筑物)基础、稳定边坡以及防渗帷幕等，也适用于湿陷性黄土地基，对于黏性土、素填土、地下水位以下的黄土地基，经试验有效时也可应用，但长期受酸性污水侵蚀的地基不宜采用。化学加固能否获得预期的效果，主要决定于能否根据具体的土质条件，选择适当的化学浆液(溶液和胶结剂)和采用有效的施工工艺。

第二节 浅 基 础

基础是建筑物埋在地面以下的承重构件，用以承受建筑物的全部荷载，并将这些荷载及其自重一起传给下面的地基。基础是建筑的重要组成部分，因此基础应满足以下要求：

①强度要求

②耐久性要求

③经济性要求

建筑物室外设计地坪至基础底面的垂直距离，称基础埋深，如图 2-7 所示。其中埋置深度在 5m 以内，或者基础埋深小于基础宽度的基础称为浅基础。

浅基础根据使用材料性能不同可分为无筋扩展基础(刚性基础)和扩展基础(柔性基础)。

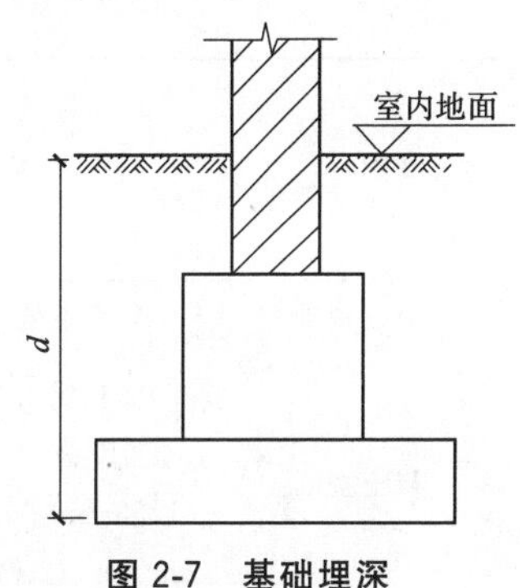

图 2-7　基础埋深

一、无筋扩展基础

无筋扩展基础是指用砖、石、混凝土、灰土、三合土等材料组成的,且不需配置钢筋的墙下条形基础或柱下独立基础。这种基础的特点是抗压性能好,整体性、抗拉、抗弯、抗剪性能差。它适用于地基坚实、均匀、上部荷载较小,六层和六层以下(三合土基础不宜超过四层)的一般民用建筑和墙承重的轻型厂房。

无筋扩展基础的截面形式有矩形、阶梯形、锥形等,墙下及柱下基础截面形式如图 2-8 所示。

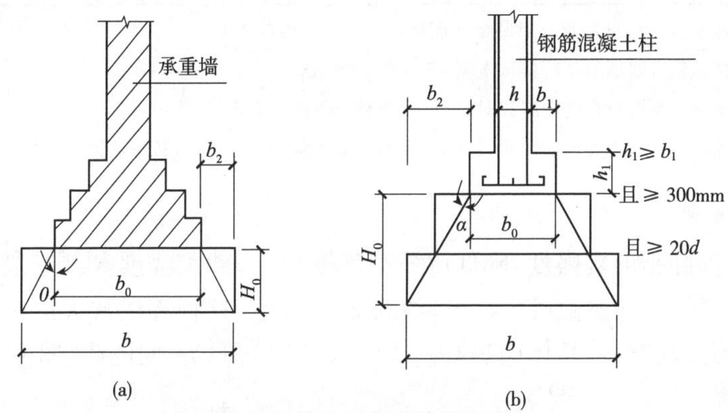

图 2-8 无筋扩展基础构造示意图

(a)墙下基础;(b)柱下基础

d—柱中纵向钢筋直径

为保证无筋扩展基础内的拉应力及剪应力不超过基础的允许抗拉、抗剪强度,一般基础的刚性角及台阶宽高比应满足设计及施工规范要求,可参考表 2-9。

表 2-9　无筋扩展基础台阶宽高比的允许值

基础材料	质量要求	台阶宽高比的允许值		
		Pk≤100	100k≤200	100k≤200 200k≤300
混凝土基础	C15 混凝土	1∶1.00	1∶1.00	1∶1.25
毛石混凝土基础	C15 混凝土	1∶1.00	1∶1.25	1∶1.50
砖基础	砖不低于 MU10、砂浆不低于 M5	1∶1.50	1∶1.50	1∶1.50

（续）

基础材料	质量要求	台阶宽高比的允许值		
		Pk≤100	100k≤200	100k≤200 200k≤300
毛石基础	砂浆不低于 M5	1∶1.25	1∶1.50	—
灰土基础	体积比为3∶7或2∶8的灰土，其最小干密度：粉土为1.55t/m³；粉质粘土为1.50t/m³；粘土为1.45t/m³。	1∶1.25	1∶1.50	—
三合土基础	体积比为1∶2∶4～1∶3∶6（石灰∶砂∶骨料），每层约虚铺220mm，夯至150mm。	1∶1.50	1∶1.20	—

注：1. P_k为荷载效应标准组合时基础底面处的平均压力值（kPa）；

2. 阶梯形毛石基础的每阶伸出宽度，不宜大于200mm；

3. 当基础由不同材料叠合组成时，应对接触部分作抗压验算；

4. 基础底面处的平均压力值超过300kPa的混凝土基础，尚应进行抗剪验算。

1. 砖基础

用于基础的砖，其强度等级应在MU7.5以上，砂浆强度等级一般应不低于M5。基础墙的下部要做成阶梯形，如图2-9所示。这种逐级放大的台阶形式习惯上称之为大放脚，其具体砌法有两皮一收（图a）和二一间隔收（图b）两种。

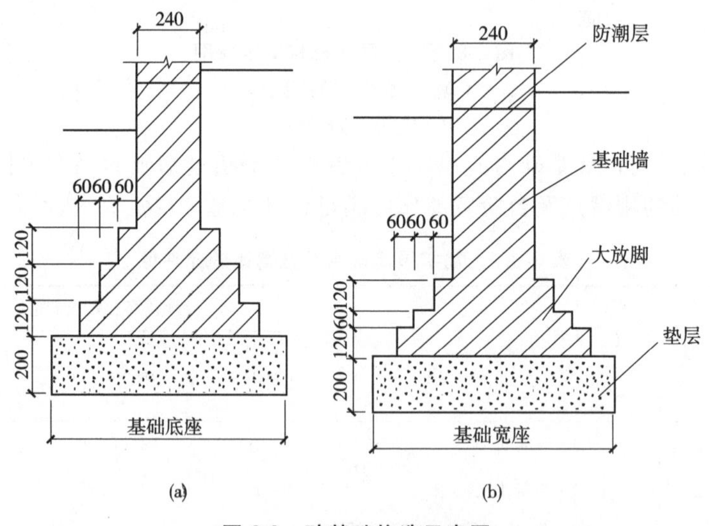

图2-9 砖基础构造示意图

（a）两皮一收；（b）二一间隔收

基础施工前，应先行验槽并将地基表面的浮土及垃圾清除干净。在主要轴线部位设置引桩控制轴线位置，并以此放出墙身轴线和基础边线。在基础转角、交接及高低踏步处应预先立好皮数杆。基础底标高不同时，应从低处砌起，并由高处向低处搭接。砖砌大放脚通常采用一顺一丁砌筑方式，最下一皮砖以丁砌为主。水平灰缝和竖向灰缝的厚度应控制在 10mm 左右，砂浆饱满度不得小于 80%，错缝搭接，在丁字及十字接头处要隔皮砌通。

2. 混凝土基础

混凝土基础也称为素混凝土基础，它具有整体性好、强度高、耐水等优点。按截面形式可分为矩形截面（图 2-10a）和锥形截面（图 2-10b）。

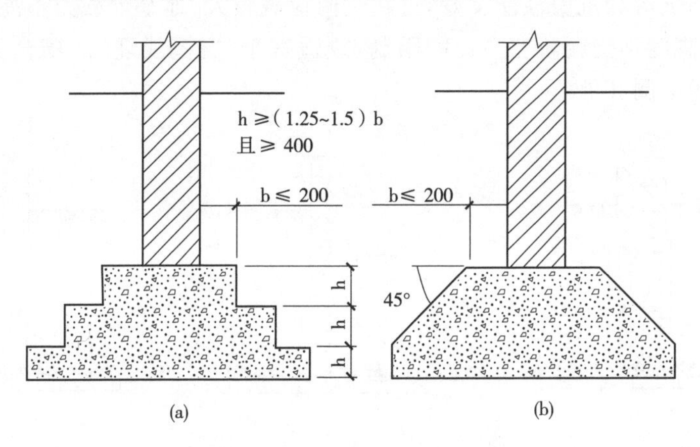

图 2-10　混凝土基础构造示意图

（a）矩形截面；（b）锥形截面

3. 毛石基础

毛石基础采用不小于 M5 砂浆砌筑，其断面多为阶梯型（图 2-11）。基础墙的顶部要比墙或柱身每侧各宽 100mm 以上，基础墙的厚度和每个台阶的高度不应该小于 400mm，每个台阶挑出宽度不应大于 200mm。

毛石基础砌筑时，第一皮石块应坐浆，并大面向下。砌体应分皮卧砌，上下错缝，内外搭接，按规定设置拉结石，不得采用先砌外边后填心的砌筑方法。阶梯处，上阶的石块应至少压下阶石块的 1/2。石块间较大的空隙应填塞砂浆后用碎石嵌实，不得采用先放碎石后灌浆或干填碎石的方法。

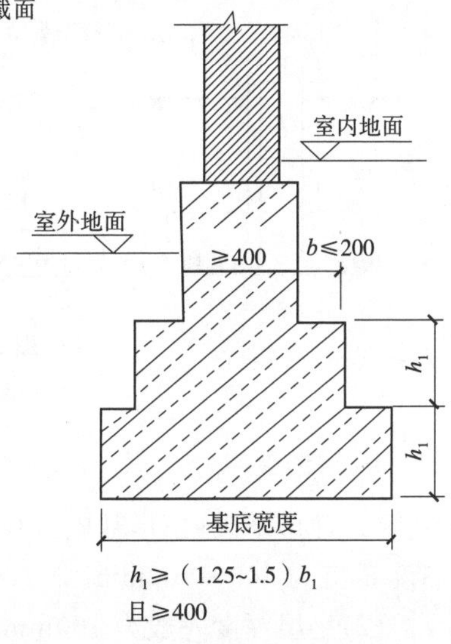

图 2-11　毛石基础构造示意图

二、浅埋式钢筋混凝土基础

(一)条形基础

条形基础是指基础长度远远大于宽度的一种基础形式。按上部结构分为墙下条形基础(图 2-12)和柱下条形基础(图 2-13)。基础的长度大于或等于 10 倍基础的宽度。条形基础的特点是,布置在一条轴线上且与两条以上轴线相交,有时也和独立基础相连,但截面尺寸与配筋不尽相同。另外横向配筋为主要受力钢筋,纵向配筋为次要受力钢筋或者是分布钢筋。主要受力钢筋布置在下面。条形基础的抗弯和抗剪性能良好,可在竖向荷载较大、地基承载力不高的情况下采用,因为高度不受台阶宽高比的限制,故适宜于“宽基浅埋”的场合下使用,其横断面一般呈倒 T 形。

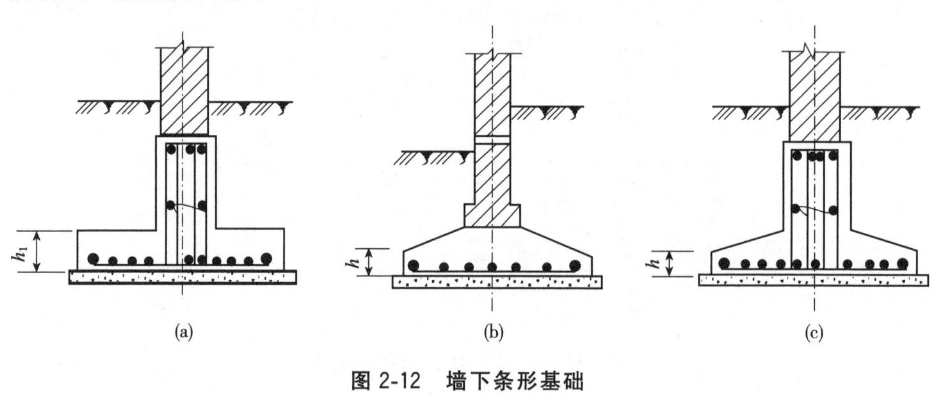

图 2-12　墙下条形基础

(a)梁板结合式;(b)板式;(c)梁板结合式

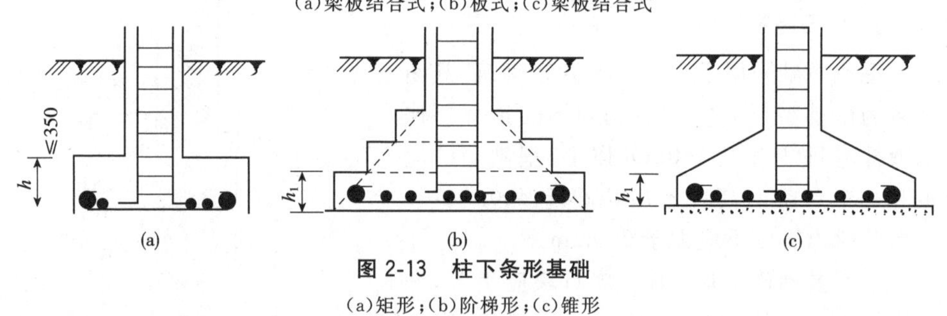

图 2-13　柱下条形基础

(a)矩形;(b)阶梯形;(c)锥形

1. 构造要求

(1)锥形基础(条形基础)边缘高度 A 不宜小于 200mm;阶梯形基础的每阶高度 h_1 宜为 300～500mm。

(2)垫层厚度一般为 100mm,混凝土强度等级为 C10,基础混凝土强度等级不宜低于 C15。

(3)底板受力钢筋的最小直径不宜小于 8mm，间距不宜大于 200mm。当有垫层时钢筋保护层的厚度不宜小于 35mm，无垫层时不宜小于 70mm。

(4)插筋的数目与直径应与柱内纵向受力钢筋相同。插筋的锚固及柱的纵向受力钢筋的搭接长度，按国家现行《混凝土结构设计规范》的规定执行。

2. 施工要点

(1)基坑(槽)应进行验槽，局部软弱土层应挖去，用灰土或砂砾分层回填夯实至基底相平。基坑(槽)内浮土、积水、淤泥、垃圾、杂物应清除干净。验槽后地基混凝土应立即浇筑，以免地基土被扰动。

(2)垫层达到一定强度后，在其上弹线、支模。铺放钢筋网片时底部用与混凝土保护层同厚度的水泥砂浆垫塞，以保证位置正确。

(3)在浇筑混凝土前，应清除模板上的垃圾、泥土和钢筋上的油污等杂物，模板应浇水加以湿润。

(4)基础混凝土宜分层连续浇筑完成。阶梯形基础的每一台阶高度内应分层浇捣，每浇筑完一台阶应稍停 0.5～1.0h，待其初步获得沉实后，再浇筑上层，以防止下台阶混凝土溢出，在上台阶根部出现烂脖子，台阶表面应基本抹平。

(5)锥形基础的斜面部分模板应随混凝土浇捣分段支设并顶压紧，以防模板上浮变形，边角处的混凝土应注意捣实。严禁斜面部分不支模，用铁锹拍实。

(6)基础上有插筋时，要加以固定，保证插筋位置的正确，防止浇捣混凝土发生移位。混凝土浇筑完毕，外露表面应覆盖浇水养护。

(二)杯形基础

当采用装配式钢筋混凝土柱时，在基础中应预留安放柱子的孔洞，孔洞的尺寸应比柱子断面尺寸大一些。柱子放入孔洞后，柱子插入杯口部分的表面应凿毛，柱子与杯口之间的空隙应用细石混凝土(比基础混凝土强度高一级)充填密实，这种基础称为杯形基础(见图 2-14)。

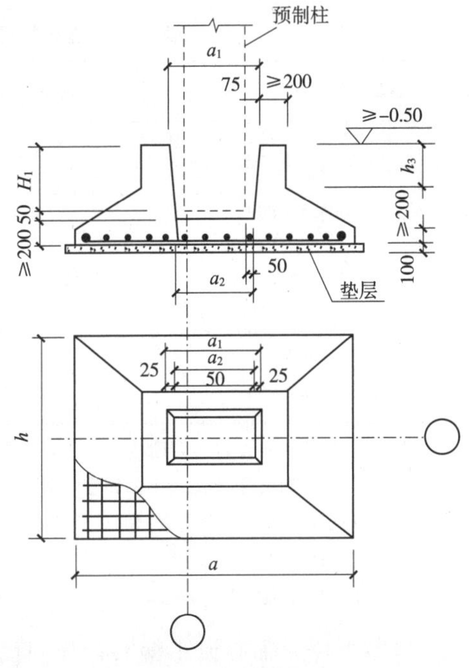

图 2-14　杯形基础

杯形基础根据基础本身的高低和

形状分为两种：一种叫普通杯口基础；另一种叫高杯口基础，一般高杯口基础用于基础埋深较大的情况。

1. 构造要求

（1）柱的插入深度 h_1 可按表 2-10 选用，并应满足锚固长度的要求（一般为 20 倍纵向受力钢筋直径）和吊装时柱的稳定性（不小于吊装时柱长的 0.05 倍）的要求。

表 2-10　柱的插入深度 h_1(mm)

矩形或工字形柱				单肢管柱	双肢柱
$h>500$	$500\leqslant h\leqslant 800$	$800\leqslant h\leqslant 1000$	$h>1000$		
$(1\sim1.2)h$	H	$0.9h\geqslant 800$	$0.8h\geqslant 1000$	$1.5d\geqslant 500$	$\left(\frac{1}{3}\sim\frac{2}{3}\right)h_s$ 或 $(1.5\sim1.8)h_b$

注：1. H 为柱截面长边尺寸；d 为管柱的外直径；h_a 为双肢柱整个截面长边尺寸；h_b 为双肢柱整个截面短边尺寸。

2. 柱轴心受压或小偏心受压时，h_1 可以适当减少；偏心距 $e_0>2/i$（或 $e_0>2d$）时，h_1 应适当加大。

（2）基础的杯底厚度和杯壁厚度，可按表 2-11 采用。

表 2-11　基础的杯底厚度和杯壁厚度

柱截面长边尺寸 h(mm)	杯底厚度 a_1(mm)	杯壁厚度 t(mm)
$h<500$	$\geqslant 150$	$150\sim200$
$500\leqslant h<800$	$\geqslant 200$	$\geqslant 200$
$800\leqslant h<1000$	$\geqslant 200$	$\geqslant 300$
$1000\leqslant h<1500$	$\geqslant 250$	$\geqslant 350$
$1500\leqslant h<2000$	$\geqslant 300$	$\geqslant 400$

注：1. 双肢柱的 a_1 值，可适当加大。

2. 当有基础梁时，基础梁下的杯壁厚度应满足其支承宽度的要求。

3. 柱子插入杯口部分的表面应尽量凿毛。柱子与杯口之间的空隙，应用细石混凝土（比基础混凝土强度等级高一级）密实充填，其强度达到基础设计强度等级的 70%以上（或采取其他相应措施）时，方能进行上部吊装。

（3）当柱为轴心或小偏心受压，且 $t/h_2>0.65$ 时，或大偏心受压且 $t/h_2>0.75$ 时，杯壁可不配筋；当柱为轴心或小偏心受压且 $0.5<t/h_2<0.65$ 时，杯壁

可按表 2-12 和图 2-15 构造配筋；当柱为轴心或小偏心受压且 $t/h_2<0.5$ 时，或大偏心受压且 $t/h_2<0.75$ 时，按计算配筋。

表 2-12　杯壁构造配筋

柱截面长边尺寸(mm)	<1000	$1000\leqslant h<1500$	$1500\leqslant h\leqslant 2000$
钢筋直径(mm)	8～10	10～12	12～16

注：表中钢筋置于杯口顶部，每边两根。

(4)预制钢筋混凝土柱(包括双肢柱)和高杯口基础的连接与一般杯口基础构造相同。

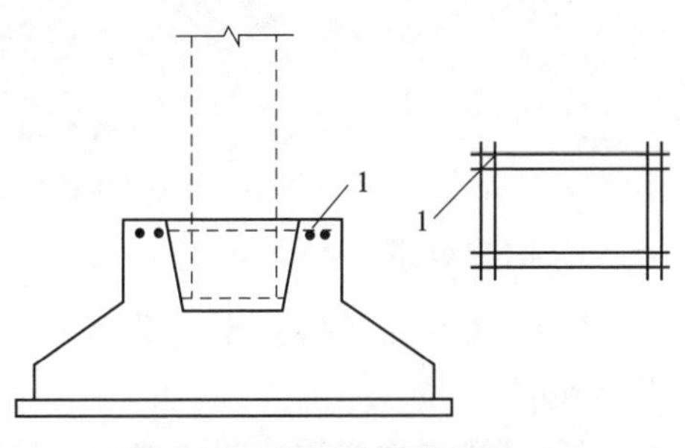

图 2-15　杯壁内配筋示意
1-钢筋焊网或钢筋箍

2. 施工要点

杯形基础除参照板式基础的施工要点外，还应注意以下几点：

(1)混凝土应按台阶分层浇筑，对高杯口基础的高台阶部分按整段分层浇筑。

(2)杯口模板可做成二半式的定型模板，中间各加一块楔形板，拆模时，先取出楔形板，然后分别将两半杯口模板取出。为便于周转宜做成工具式的，支模时杯口模板要固定牢固并压浆。

(3)浇筑杯口混凝土时，应注意四侧要对称均匀进行，避免将杯口模板挤向一侧。

(4)施工时应先浇筑杯底混凝土并振实，注意在杯底一般有 50mm 厚的细石混凝土找平层，应仔细留出。待杯底混凝土沉实后，再浇筑杯口四周混凝土。基础浇捣完毕，在混凝土初凝后终凝前将杯口模板取出，并将杯口内侧表面混凝土凿毛。

(5)施工高杯口基础时，可采用后安装杯口模板的方法施工，即当混凝土浇捣接近杯口底时，再安装固定杯口模板，继续浇筑杯口四周混凝土。

(三)筏形基础

当建筑物上部荷载较大而地基承载能力又比较弱时，用简单的独立基础或条形基础已不能适应地基变形的需要，这时常将墙或柱下基础连成一片，使整个建筑物的荷载承受在一块整板上，这种满堂式的板式基础称筏形基础。筏形基础由于其底面积大，故可减小基底压强，同时也可提高地基土的承载力，并能更有效地增强基础的整体性，调整不均匀沉降。

筏形基础是由整板式钢筋混凝土板或由钢筋混凝土底板、梁整体两种类型组成，适用于有地下室或地基承载能力较低而上部荷载较大的基础。筏形基础在外形和构造上如倒置的钢筋混凝土楼盖，分为梁板式和平板式两类，如图2-16所示。

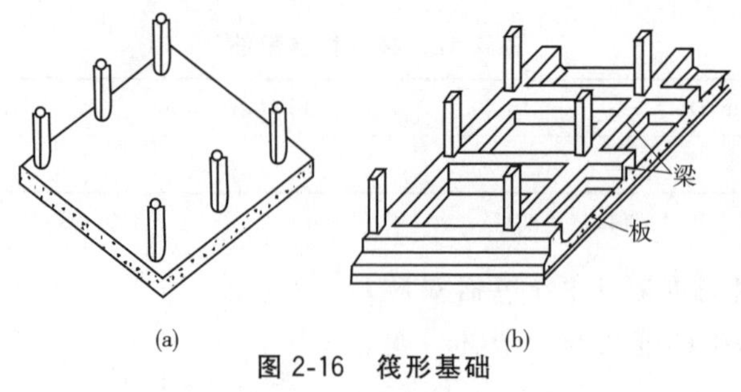

图2-16　筏形基础

(a)平板式筏板基础；(b)梁板式筏板基础

1. 构造要求

(1)混凝土强度等级不宜低于C20，钢筋无特殊要求，钢筋保护层厚度不少于35mm。

(2)基础平面布置应尽量对称，以减小基础荷载的偏心距。底板厚度不宜少于200mm，梁的截面积和板厚按计算确定，梁顶高于底板顶面不小于300mm，梁宽不小于250mm。

(3)底板下一般宜设厚度为100mm的C10混凝土垫层，每边伸出基础底板不小于100mm。

2. 施工要点

(1)施工前，如地下水位较高，可采用人工降低地下水位至基坑底不少于500mm，以保证在无水情况下进行基坑开挖和基础施工。

(2)施工时，可采用先在垫层上绑扎底板、梁的钢筋和柱子锚固插筋，浇筑底板混凝土，待达到25%的设计强度后，再在底板上支设梁模板，继续浇筑完梁部分的混凝土；也可采用底板和梁模板一次同时支好，混凝土一次连续浇筑完成，梁的侧模板采用支架支承并固定牢固。

(3)混凝土浇筑时一般不留施工缝，必须留设时，应按施工缝要求处理，并应设置止水带。

(4)基础浇筑完毕，表面应覆盖和洒水养护，并防止地基被水浸泡。

(四)箱形基础

箱形基础(图2-17)是由钢筋混凝土的底板、顶板和若干纵横墙组成的，形成中空箱体的整体结构，共同来承受上部结构的荷载。箱形基础整体空间刚度大，对抵抗地基的不均匀沉降有利，一般适用于高层建筑或在软弱地基上造的上部荷载较大的建筑物。当基础的中空部分尺寸较大时，可用作地下室。

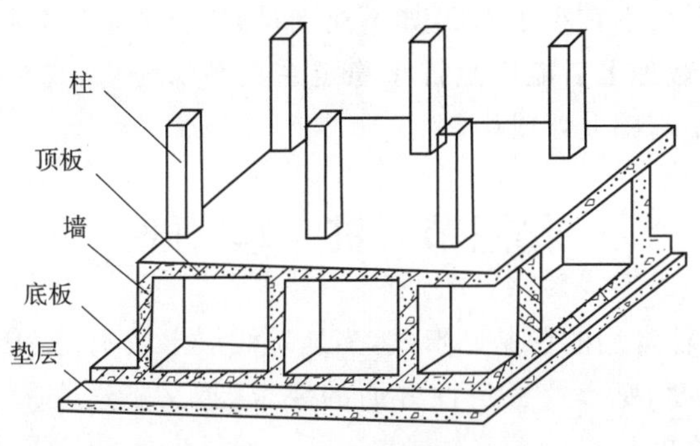

图 2-17　箱型基础

1. 构造要求

(1)箱形基础在平面布置上尽可能对称,以减少荷载的偏心距,防止基础过度倾斜。

(2)混凝土强度等级不应低于 C20,基础高度一般取建筑物高度的 1/12～1/8,不宜小于箱形基础长度的 1/18～1/16,并且不小于 3m。

(3)底、顶板的厚度应满足柱或墙冲切验算要求,并根据实际受力情况通过计算确定。底板厚度一般取隔墙间距的 1/10～1/8,为 300～1000mm,顶板厚度为 200～400mm,内墙厚度不宜小于 200mm,外墙厚度不小于 250mm。

(4)为保证箱形基础的整体刚度,平均每平方米基础面积上墙体长度应不小于 400mm,或墙体水平截面积不小于基础面积的 1/10,其中纵墙配置量不小于墙体总配置量的 3/5。

2. 施工要点

(1)基坑开挖,如果地下水较高,应采取措施降低地下水位至基坑底以下 500mm 处,并尽量减少对基坑底土的扰动。当采用机械开挖基坑时,在基坑底面以上 200～400mm 厚的土层,应采用人工挖除并清理,基坑验槽后,应立即进行基础施工。

(2)施工时,基础底板、内外墙和顶板的支模、钢筋绑扎和混凝土浇筑,可采取分块进行的方法,其施工缝的留设位置和处理应符合钢筋混凝土工程施工及验收规范有关要求,外墙接缝应设止水带。

(3)基础的底板、内外墙和顶板宜连续浇筑完毕。为防止出现温度收缩裂缝,一般应设置贯通后浇带,带宽不宜小于 800mm,在后浇带处钢筋应贯通,顶板浇筑后,相隔 2～4 周,用比设计强度提高一级的细石混凝土将后浇带填灌密实,并加强养护。

(4)基础施工完毕,应立即进行回填土。停止降水时,应验算基础的抗浮稳定性，抗浮稳定系数不宜小于1.2，如不能满足时，应采取有效措施，如继续抽水直至上部结构荷载加上后能满足抗浮稳定系数要求为止，或在基础内采取灌水或加重物等，防止基础上浮或倾斜。

第三节　桩　基　础

桩基础是一种常用的深基础形式，当地基浅层土质不良，采用浅基础无法满足结构物地基强度、变形及稳定性方面的要求，且又不适宜采取地基处理措施时，往往需要考虑桩基础。

一、桩基础的作用及分类

1. 桩基础的作用

桩基由置于土中的桩身和承接上部结构的承台两部分组成，桩基示意图如图2-18所示。桩基的主要作用是将上部结构的荷载通过桩身与桩端传递到深处承载力较大的土层上，或使软弱土层挤压，以提高土壤的承载力和密实度，从而保证建筑物的稳定性并减少地基沉降。

绝大多数桩基的桩数不止一根，而将各根桩在上端（桩顶）通过承台连成一体。根据承台与地面的相对位置不同，一般有低承台桩基与高承台桩基之分。前者的承台底面位于地面以下，而后者则高出地面以上。一般说来，采用高承台桩基主要是为了减少水下施工作业和节省基础材料，常用于桥梁和港口工程中。而低承台桩基承受荷载的条件比高承台桩基好，特别是在水平荷载作用下，承台周围的土体可以发挥一定的作用。

在一般房屋和构筑物中，大多都使用低承台桩基。

2. 桩基础的分类

（1）按承载性质分

1）摩擦型桩

摩擦型桩又可分为摩擦桩和端承摩擦桩。摩擦桩是指在极限承载力状态下，桩顶荷载由桩侧阻力承受的桩；端承摩擦桩是指在极限承载力状态下，桩顶荷载由桩侧及桩尖共同承受的桩。

2）端承型桩

端承型桩又可分为端承桩和摩擦端承桩。端承桩是指在极限承载力状态，桩顶荷载由桩端阻力承受的桩；摩擦端承桩是指在极限承载力状态下，桩顶荷载主要由桩端阻力承受的桩。

（2）按桩的使用功能分

竖向抗压桩、竖向抗拔桩、水平受荷载桩、复合受荷载桩。

(3)按桩身材料分

混凝土桩、钢桩、组合材料桩。

(4)按成桩方法分

非挤土桩(如干作业法桩、泥浆护壁法桩、挤土灌注桩、套筒护壁法桩)、部分挤土桩(如部分预钻孔打入式预制桩等)、挤土桩(如挤土灌注桩、挤土预制桩等)。

(5)按桩制作工艺分预制桩和现场灌注桩,现在使用较多的是现场灌注桩。

二、预制钢筋混凝土桩

钢筋混凝土预制桩是在预制构件厂或施工现场预制,用沉桩设备在设计位置上将其沉入土中。特点是坚固耐久,不受地下水或潮湿环境影响,能承受较大荷载,施工机械化程度高,进度快,能适应不同土层施工。

钢筋混凝土实心桩断面一般呈方形。桩身截面一般沿桩长不变。实心方桩截面尺寸一般为200×200mm～600×600mm。截面边长不宜小于200mm。预应力混凝土预制桩的截面边长不宜小于300mm。限于桩架高度,现场预制桩的长度一般在27m以内。限于运输条件,工厂预制桩桩长一般不超过12m,否则应分节预制,然后在打桩过程中予以接长。接头不宜超过2个。

混凝土管桩为中空,一般在预制厂用离心法成型,常用桩径(即外径)为Φ300mm、Φ400mm、Φ500mm。

(一)桩的制作、起吊、运输和堆放

1. 桩的制作

管桩及长度在10m以内的方桩在预制厂制作,较长的方桩在打桩现场制作。

现场预制钢筋混凝土桩工艺流程:现场制作场地压实、整平→场地地坪浇筑→支模→扎钢筋→浇混凝土→养护至30%强度拆模→支间隔端头模板、刷隔离剂、绑钢筋→浇间隔桩混凝土→制作第二层桩→养护至70%强度起吊→达100%强度后运输、堆放。

钢筋混凝土实心桩所用混凝土的强度等级不宜低于C30($30N/mm^2$)。预应力混凝土桩的混凝土的强度等级不宜低于C40,主筋根据桩断面大小及吊装验算确定,一般为4～8根,直径12～25mm,不宜小于Φ14,箍筋直径为6～8mm,间距不大于200mm,打入桩桩顶2～3d长度范围内箍筋应加密,并设置钢筋网片。桩尖处可将主筋合拢焊在桩尖辅助钢筋上,在密实砂和碎石类土中,可在桩尖处包以钢板桩靴,加强桩尖(图2-18)。

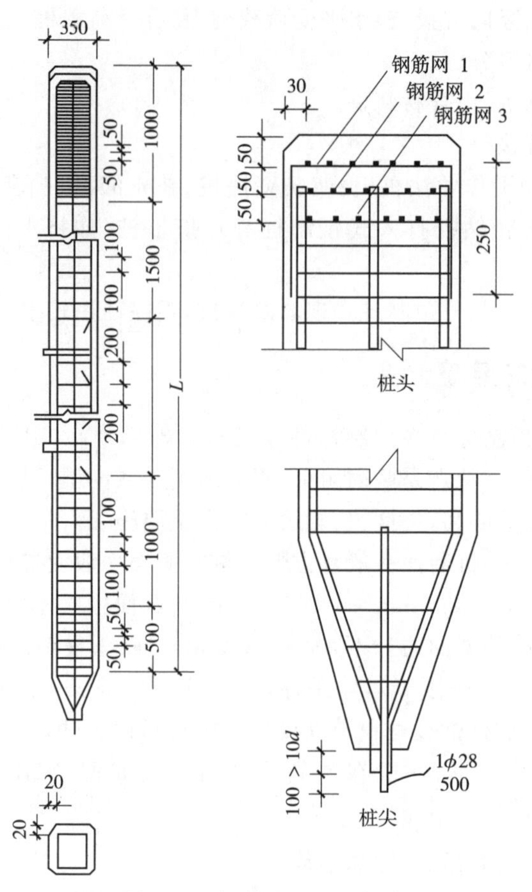

图 2-18　钢筋混凝土预制桩

浇筑混凝土时，应注意浇筑且由桩顶向桩尖连续进行，严禁中断。

桩中的钢筋应严格保证位置的正确，桩尖应对准纵轴线，钢筋骨架主筋连接宜采用对焊或电弧焊，主筋接头配置在同一截面内的数量不得超过 50%，相邻两根主筋接头截面的距离应不大于 35d（主筋直径），且不小于 500mm。桩顶 1m 范围内不应有接头。

2. 桩的起吊、运输和堆放

打桩前，桩从制作处运到现场，并应根据打桩顺序随打随运。桩的运输方式，在运距不大时，可用起重机吊运；当运距较大时，可采用轻便轨道小平台车运输。严禁在场地上直接推拉桩体。

钢筋混凝土预制桩应在混凝土达到设计强度的 70%方可起吊；达到设计强度的 100%才能运输和打桩。

桩在起吊和搬运时，吊点应符合设计规定。吊点位置的选择随桩长而异，节长小于等于 20m 时宜采用两点捆绑法，大于 20m 时采用四吊点法，按图 2-19 所示的位置捆绑。钢丝绳与桩之间应加衬垫，以免损坏棱角。起吊时应平稳提升，吊点同时离地。经过搬运的桩，还应进行质量检验。

桩在施工现场的堆放场地必须平整、坚实。堆放时应设垫木，垫木的位置与吊点位置相同，各层垫木应上、下对齐，堆放层数不宜超过 4 层打桩前的准备工作。清除障碍，包括高空、地上、地下的障碍物；整平场地，在建筑物基线以外 4～6m范围内的整个区域，或桩机进出场地及移动路线上打桩试验，了解桩的沉入时间、最终沉入度、持力层的强度、桩的承载力等抄平放线，在打桩现场设置水准点（至少 2 个），用作抄平场地标高和检查桩的入土深度，按设计图纸要求定出桩基础轴线和每个桩位检查桩的质量，不合格的桩不能运至打桩现场。检查打桩机设备及起重工具；铺设水电管网，进行设备架立组装和试打桩；准备好桩基工程沉桩记录和隐蔽工程验收记录表格，并安排好记录和监理人员等。

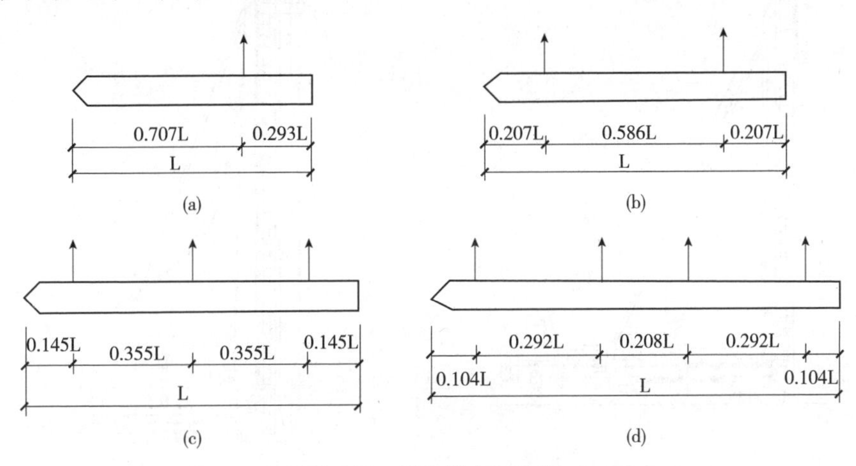

图 2-19　吊点的合理位置

(a)1 个吊点；(b)2 个吊点；(c)3 个吊点；(d)4 个吊点

(二)锤击沉桩施工

锤击沉桩是利用桩锤下落时的瞬时冲击机械能，克服土体对桩的阻力，使其静力平衡状态遭到破坏，导致桩体下沉，达到新的静压平衡状态，如此反复地锤击桩头，桩身也就不断地下沉。锤击沉桩是预制桩最常用的沉桩方法。该法施工速度快，机械化程度高，适应范围广，现场文明程度高，但施工时有挤土、噪音和振动等公害，对城市中心和夜间施工有所限制。

1. 打桩设备

打桩设备主要有桩锤、桩架和动力装置三部分。

桩锤是对桩施加冲击，将桩打入土中的主要机具。桩锤主要有落锤、蒸汽锤、柴油锤和液压锤,目前应用最多的是柴油锤。桩锤应根据地质条件、桩的类型、桩的长度、桩身结构强度、桩群密集程度以及施工条件等因素来确定,其中尤以地质条件影响最大。当桩锤重大于桩重的 1.5~2 倍时,沉桩效果较好。

桩架的作用是使吊装就位、悬吊桩锤和支撑桩身,并在打桩过程中引导桩锤和桩的方向。桩架的选择应考虑桩锤的类型、桩的长度和施工条件等因素。常用的桩架形式有滚筒式桩架、多功能桩架(图 2-20)、履带式桩架(图 2-21)三种。

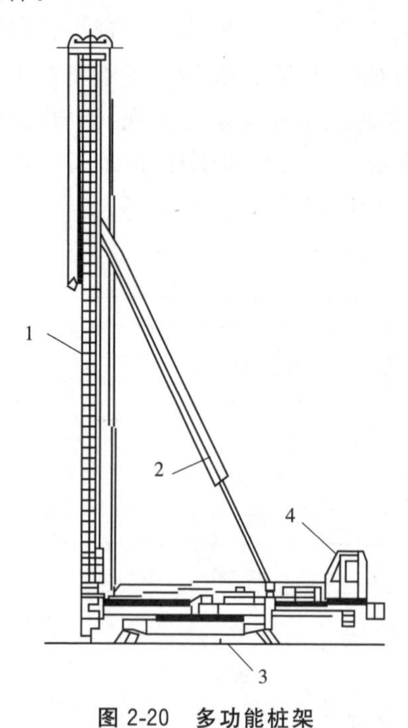

图 2-20 多功能桩架

1-导架;2-斜撑;3-底座;4-车体

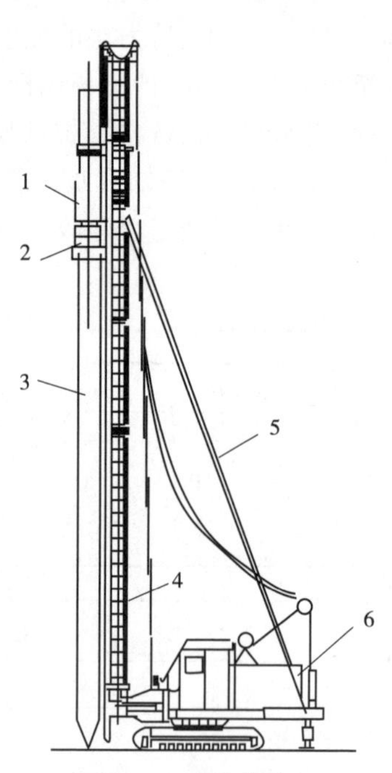

图 2-21 履带式桩架

1-桩锤;2-桩帽;3-桩;4-立柱;5-斜撑;6-车体

动力装置的配置取决于所选的桩锤。当选用蒸汽锤时,则需配备蒸汽锅炉和卷扬机。

2. 打桩顺序

打桩顺序合理与否,会直接影响打桩速度、打桩质量及周围环境。当桩距小于 4 倍桩的边长或桩径时,打桩顺序尤为重要。打桩顺序影响挤土方向。打桩向哪个方向推进,则向哪个方向挤土。根据桩群的密集程度,可选用下述打桩顺序:由一侧向单一方向进行(图 2-22a);自中间向两个方向对称进行(图 2-22b);自中间向四周进行(图 2-22c)。第一种打桩顺序,打桩推进方向宜逐排改变,以免土朝一个方向挤压而导致土壤挤压不均匀,对于同一排桩,必要时还可采用间隔跳打的方式。对于密集桩群，应采用自中间向两个方向或向四周对称施打的顺序；当一侧毗邻建筑物或有其他须保护的地下、地面构筑物、管线等时，应由毗邻建筑物处向另一方向施打。

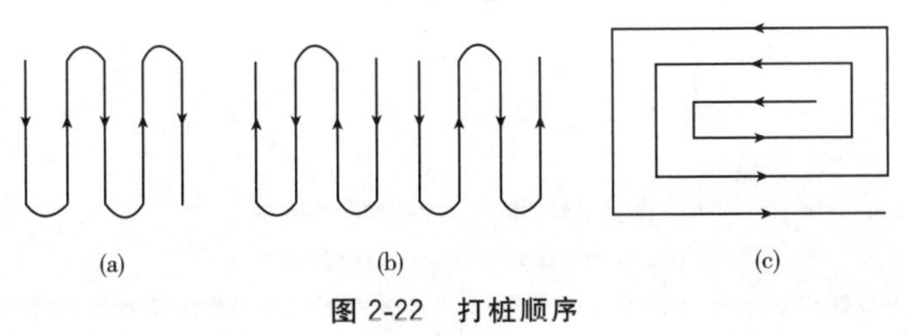

图 2-22　打桩顺序

(a)由一侧向单一方向进行；(b)由中间向两个方向进行；(c)由中间向四周进行

此外，根据桩及基础的设计标高，打桩宜先深后浅；根据桩的规格，则宜先大后小，先长后短。这样可避免后施工的桩对先施工的桩产生挤压而发生桩位偏斜。

3. 打桩方法

打桩机就位后，将桩锤和桩帽吊起，然后吊桩并送至导杆内，垂直对准桩位缓缓送下插入土中，桩插入时的垂直度偏差不得超过 0.5%。桩插入土后即可固定桩帽和桩锤，使桩、桩帽、桩锤在同一铅垂线上，确保桩能垂直下沉。在桩锤和桩帽之间应加弹性衬垫，如硬木、麻袋、草垫等；桩帽和桩顶周围四周应有 5～10mm 的间隙，以防损伤桩顶。

打桩开始时，锤的落距应较小，待桩入土至一定深度且稳定后，再按要求的落距锤击。用落锤或单动汽锤打桩时，最大落距不宜大于 1m，用柴油锤时，应使锤跳动正常。在打桩过程中，遇有贯入度剧变、桩身突然发生倾斜、移位或有严重回弹、桩顶或桩身出现严重裂缝或破碎等异常情况时，应暂停打桩，及时研究处理。如桩顶标高低于自然土面，则需用送桩管将桩送入土中时，桩与送桩管的纵轴线应在同一直线上，拔出送桩管后，桩孔应及时回填或加盖。

4. 接桩方法

混凝土预制桩的接桩方法有焊接、法兰接及硫磺胶泥锚接三种(图 2-23)，前二种可用于各类土层；硫磺胶泥锚接适用于软土层，且对一级建筑桩基、承受拔力以及抗震设防地区的桩宜慎重选用。目前焊接接桩应用最多。焊接接桩的钢钣宜用低碳钢，焊条宜用 E43。接桩时预埋铁件表面应清洁，上、下节桩之间如有间隙应用铁片填实焊牢，焊接时焊缝应连续饱满，并采取措施减少焊接变形。接桩时，上、下节桩的中心线偏差不得大于 10mm，节点弯曲矢高不得大于 1 桩长。焊接时，应先将四角点焊固定，然后对称焊接，并确保焊缝质量和设计尺寸。在焊接后应使焊缝在自然条件下冷却 10min 后方可继续沉桩。

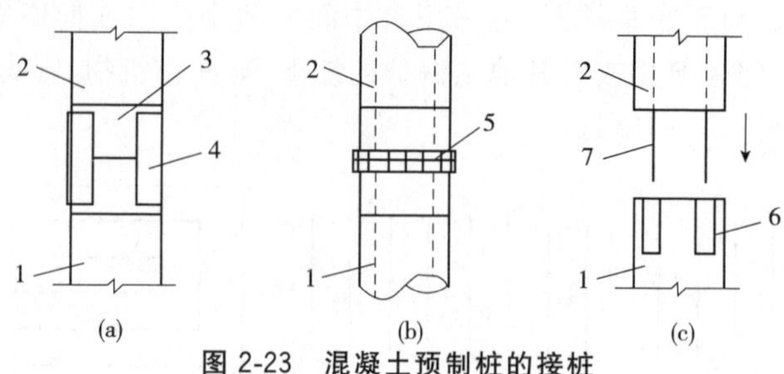

图 2-23　混凝土预制桩的接桩

(a)焊接;(b)法兰接;(c)硫磺胶泥锚接

1-下节桩;2-上节桩;3-桩帽;4-接角钢;5-连接法兰;6-预留锚筋孔;7-预埋锚接钢筋

5. 停打原则

桩端(指桩的全断面)位于一般土层时(摩擦型桩),以控制桩端设计标高为主,贯入度可作参考;桩端达到坚硬、硬塑的黏性土、中密以上粉土、砂土、碎石类土、风化岩时(端承型桩),以贯入度控制为主,桩端标高可作参考。测量最后贯入度应在下列正常条件下进行:桩顶没有破坏;锤击没有偏心;锤的落距符合规定;桩帽和弹性垫层正常;汽锤的蒸汽压力符合规定。

6. 打桩施工常见问题

在沉桩施工过程中会遇见各种各样的问题,例如桩顶破碎,桩身断裂,桩身位移、扭转、倾斜,桩锤跳跃,桩身严重回弹等。

发生这些问题的原因有钢筋混凝土预制桩制作质量、沉桩操作工艺和复杂土层等三个方面的原因。

工程及施工验收规范规定,打桩过程中如遇到上述问题,都应立即暂停打桩,施工单位应与勘察、设计单位共同研究,查明原因,提出明确的处理意见,采取相应的技术措施后,方可继续施工。

7. 打桩施工中的注意事项

(1)桩机就位后,桩架应垂直平稳,桩帽与桩顶应锁紧牢靠,连接成整体。打桩时,应密切观察桩身下沉贯入度的变化情况。

(2)在正常情况下,沉桩应连续施工,打入土的速度应均匀,应避免因间歇时间过长,土的固结作用而使桩难以下沉。

(3)打桩时振动大,对土体有挤压作用,可能影响周围建筑物、道路及地下管线的安全和正常使用,施工过程中要有专人巡视检查,及时发现和处理有关问题。

(4)严禁非施工人员进入打桩现场;对桩机的正常运行、桩架的稳定经常进行检查,严格按操作规程进行施工,确保安全。

(三)静力压桩施工

静力压桩是利用静压力将桩压入土中,施工中虽仍然存在挤土效应,但没有振动和噪音。静力压桩适用于软弱土层,当存在厚度大于 2m 的中密以上砂夹层时,不宜采用静力压桩。这种沉桩方法无振动、无噪声、对周围环境影响小,适合在城市中施工。

静力压桩机有顶压式、箍压式和前压式 3 种类型。(图 2-24)

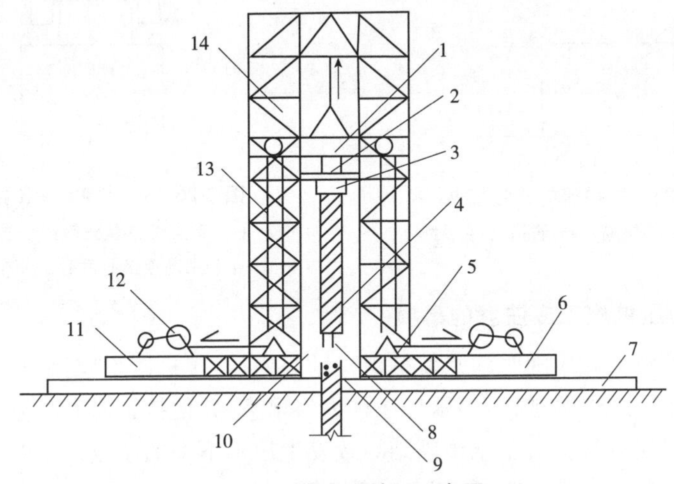

图 2-24　静力压桩机示意图

1-活动压染;2-油压表;3-桩帽;4-上段桩;5-加重物仓;6-底盘;7-轨道;8-上段接桩锚筋;9-下段桩;10-桩架;11-底盘;12-卷扬机;13-加压钢绳滑轮组;14-桩架导向笼

1. 静力压桩的施工流程

场地清理→测量定位→尖桩就位、对中、调直→压桩→接桩→再压桩→截桩

2. 压桩方法

用起重机将预制桩吊运或用汽车运至桩机附近,再利用桩机自身设置的起重机将其吊入夹持器中,夹持油缸将桩从侧面夹紧,压桩油缸作伸程动作,把桩压入土层中。伸长完后,夹持油缸回程松夹,压桩油缸回程,重复上述动作,可实现连续压桩操作,直至把桩压入预定深度土层中。

3. 接桩方法

钢筋混凝土预制长桩在起吊、运输时受力极为不利,因而一般先将长桩分段预制,后再在沉桩过程中接长。常用的接头连接方法有以下两种:

(1)浆锚接头(图 2-25)。它是用硫磺水泥或环氧树脂配制成的黏结剂,把上段桩的预留插筋黏结于下段桩的预留孔内。

(2)焊接接头(图 2-26)。在每段桩的端部预埋角钢或钢板,施工时与上下段桩身相接触，用扁钢贴焊连成整体。

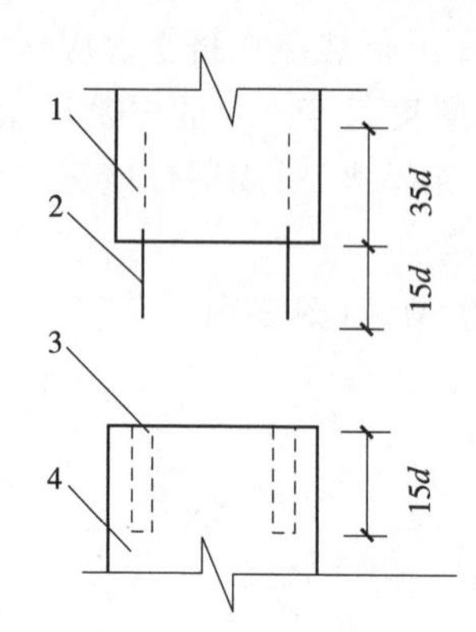

图 2-25 桩拼接的浆锚接头

1-上节桩；2-锚筋；3-锚筋孔；4-下节桩

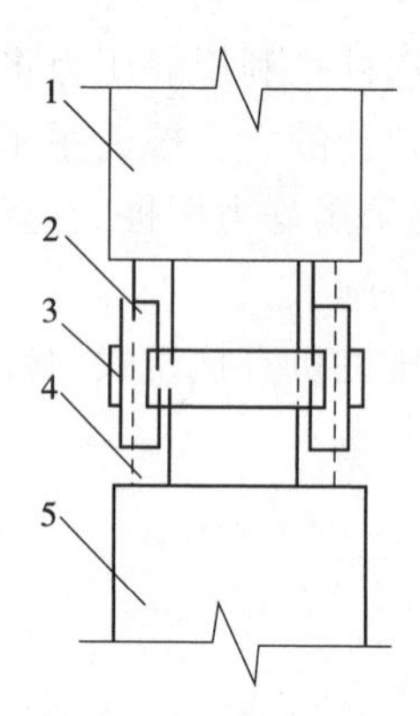

图 2-26 桩拼接的焊接接头

1-上节桩；2-连接角钢；3-拼接板；4-与主筋连接的角钢；5-下节桩

4. 静力压桩施工应注意的事项

(1)压桩施工时应随时注意使桩保持轴心受压，接桩时也应保证上下接桩的轴线一致，压桩应连续进行，停歇后压桩力将增大；并使接桩时间尽可能地缩短，否则，间歇时间过长会由于土体固结导致发生压不下去的事故。

(2)当桩接近设计标高时，不可过早停压；否则，在补压时也会发生压不下去或压入过少的现象。

(3)压桩过程中，当桩尖碰到夹砂层时，压桩阻力可能突然增大，可停车再开。忽停忽开的办法，使桩有可能缓慢下沉穿过砂层。如果工程中有少量桩确实不能压至设计标高而相差不多时，可以采取截桩的办法。

压桩的终压控制：桩长控制(摩擦型桩)，桩长控制为主、终止压力为辅(端承摩擦桩)。

(四)其他沉桩方法

1. 振动沉桩

振动法沉桩施工是在桩上刚性连接一振动锤，形成一振动体系，由锤内几对轴上的偏心块相对旋转产生振动力，使振动体系上下振动强迫与桩接触的土层相应振动，使土层强度下降，阻力减少，从而使桩在振动体系压重作用下沉入土中。

振动法沉桩施工时应注意以下几点：

(1)施工前应对机械设备进行认真检查，确保机况良好，连接牢固，沉桩机和法兰盘连接螺栓必须拧紧，不能有间隙或松动。

(2)振动时间试验决定，一般不宜超过 10～15min，在有射水配合时，振动时间可适当缩短，一般当振动下沉速度由慢变快，振动可由快变慢，如下沉速度小于5cm/min，或桩头冒水、振动甚大而桩不下沉时，即应停振。

(3)每一根桩的振动下沉，应一气呵成，不可中途停顿或较长时间的间歇。

2. 射水沉桩

射水沉桩法又称水冲沉桩法，是利用高压水冲刷桩尖下的土层，以减少桩身与土层之间的摩擦力和下沉时的阻力，使桩在自重作用或锤击下沉入土中。射水沉桩法适用在密实砂土，碎石上的土层中。用锤击法或振动法沉桩有困难时，可用射水法配合进行施工。在黏性土及重要建筑物附近不宜采用射水沉桩。

(五)桩头处理

在打完各种预制桩开挖基坑时，按设计要求的桩顶标高将桩头多余的部分截去。截桩头时不能破坏桩身，要保证桩身的主筋伸入承台，长度应符合设计要求。当桩顶标高在设计标高以下时，在桩位上挖成喇叭口，凿掉桩头混凝土，剥出主筋并焊接接长至设计要求长度，与承台钢筋绑扎在一起，用桩身同强度等级的混凝土与承台一起浇筑接长桩身。

三、混凝土灌注桩

混凝土灌注桩是直接在桩位上用机械成孔或人工挖孔，在孔内安放钢筋、灌注混凝土而成型的桩。它与预制桩相比有不受地层变化限制，不需要接桩和截桩，节约钢材、振动小、噪声小等特点。

灌注桩按成孔方法分为钻孔灌注桩、沉管灌注桩、人工挖孔灌注桩、爆扩成孔灌注桩等。

(一)钻孔灌注桩

钻孔灌注桩是指利用钻孔机械钻出桩孔，并在孔中浇筑混凝土(或先在孔中吊放钢筋笼)而成的桩。根据钻孔机械的钻头是否在土壤的含水层中施工，又分为泥浆护壁成孔和干作业成孔两种施工方法。

1. 泥浆护壁成孔灌注桩

根据工程的不同性质、地下水位情况及工程土质性质，钻孔灌注桩有冲击成孔灌注桩、回转钻成孔灌注桩、潜水钻成孔灌注桩及钻孔压浆灌注桩等。除钻孔压浆灌注桩外，其他三种均为泥浆护壁钻孔灌注桩。

(1)施工方法

施工流程图见图2-27。

1)埋设护筒

护筒采用钢板制成，高出地面0.4～0.6m，内径应比钻头直径大100～

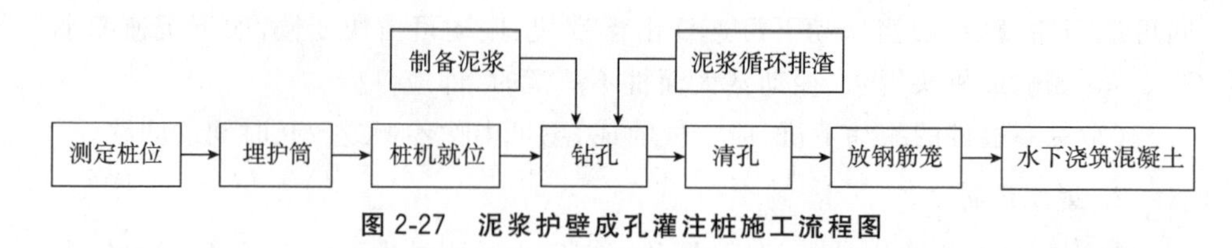

图 2-27　泥浆护壁成孔灌注桩施工流程图

200mm,上部开 12 个溢浆孔。护筒中心要求与桩中心偏差不大于 50mm,其埋深在黏土中不小于 1m,在砂土中不小于 1.5m。直径大于 1m 的护筒如果刚度不够时,可在顶端焊加强圆环,在筒身外壁焊竖向加肋筋;埋设可用加压、振动、锤击等方法。

护筒的作用有:控制桩位,导正钻具;保护孔口,隔离地表水渗漏,孔口及孔壁土坍塌;保持或提高孔内的水头高度,增加对孔壁的静水压力,以防止孔壁坍塌;护筒顶面可作为钻孔深度、钢筋笼下放深度、混凝土面位置及导管埋深的测量基准;护筒顶面可设置桩位中心的标记,以此可调整钢筋笼位置,使其中心与桩中心一致;固定钢筋笼。

2)泥浆制备

泥浆是由高塑性黏土或膨润土和水拌合的混合物,根据需要,还可掺入其他物质,如纯碱、CMC(羧甲基纤维)等,以改善泥浆的品质。在钻孔灌注桩成孔过程中,为防止孔壁坍塌,在孔中注入泥浆,将孔内不同土层的孔隙渗填密实。由于泥浆的密度大于水的密度,且具有触变性,即静止时有一定的静切力,从而能平衡地下水压力,并对孔壁有一定的侧压力。同时,泥浆中胶质颗粒的分子,在泥浆的压力下渗入孔壁表层的孔隙中,形成一层泥皮,促使孔壁胶结,从而起到防止坍孔,保护孔壁的作用。

护壁泥浆一般可在现场制备,有些黏性土在钻进过程中可形成适合护壁的浆液,则可利用其作为护壁泥浆,这种方法也称自造泥浆。

泥浆的性能指标如相对密度、黏度、含砂量、pH、稳定性等要符合相关规定的要求。

3)成孔

①回转钻成孔

回转钻机是由动力装置带动钻机的回转装置转动,并带动带有钻头的钻杆转动,由钻头切削土壤。切削形成的土渣,通过泥浆循环排出桩孔。根据泥浆循环方式的不同,分为正循环(图 2-28)和反循环(图 2-29)。根据桩型、钻孔深度、土层情况、泥浆排放条件、允许沉渣厚度等进行选择,但对孔深大于 30m 的端承型桩,宜采用反循环。

在陆地上杂填土或松软土层中钻孔时,应在桩位孔口处设护筒,以起定位、保护孔口、维持水头等作用。护筒用钢板制作，内径应比钻头直径大10cm，埋入土中深度通常不宜小于1.0～1.5m，特殊情况下埋深需要更大。在护筒顶部应开设1～2个溢浆口。在钻孔过程中，应保持护筒内泥浆液面高于地下水位。

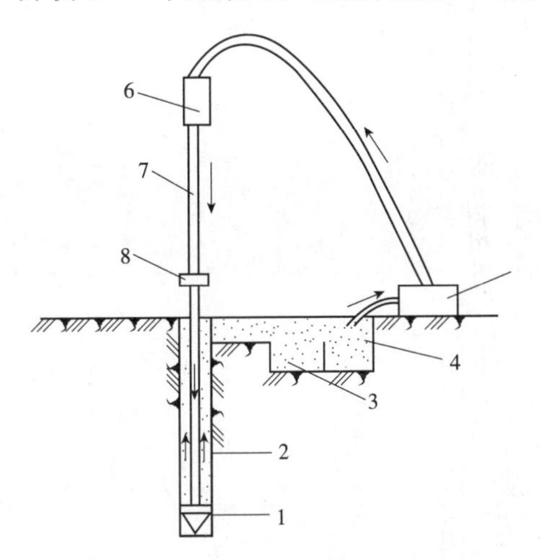

图 2-28　正循环回转钻机成孔工艺原理图

1-钻头；2-泥浆循环方向；3-沉淀池；4-泥浆池；5-泥浆泵；6-水龙头；7-钻杆；8-钻机回转装置

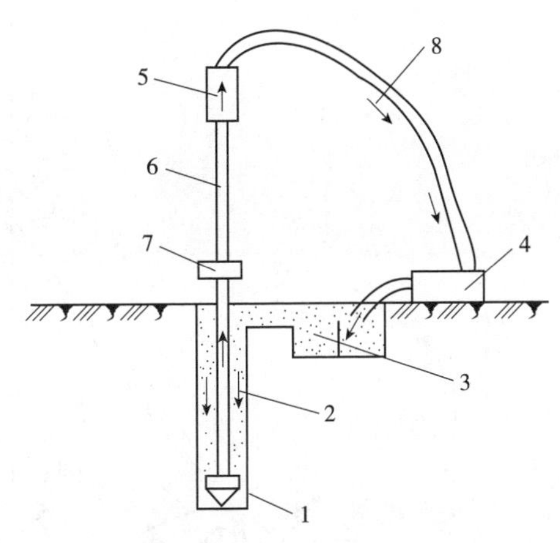

图 2-29　反循环回转钻机成孔工艺原理图

1-钻头；2-新泥浆流向；3-沉淀池；4-砂石泵；5-水龙头；6-钻杆；7-钻机同转装置；8-混合液流向

②潜水钻机成孔

潜水钻机是一种旋转式钻孔机械，其动力、变速机构和钻头连在一起，加以密封，因而可以下放至孔中地下水位以下进行切削土壤成孔（图2-30）。用正循环工艺输入泥浆，进行护壁和将钻下的土渣排出孔外。

③冲击成孔

冲击成孔灌注桩利用冲击钻机或卷扬机带动一定重量的冲击外头，在一定的高度内使钻头提升，然后突放使钻头自由降落，利用冲击动能冲挤土层或破碎岩层形成桩孔，再用掏渣筒或其他方法将钻渣岩屑排出。每次冲击之后，冲击钻头在钢丝绳转向装置带动下转动一定的角度，从而使桩孔得到规则的圆形断面。它适用于填土层、黏土层、粉土层、淤泥层、砂土层和碎石土层；也适用于砾卵石层、岩溶发育岩层和裂隙发育的地层施工。

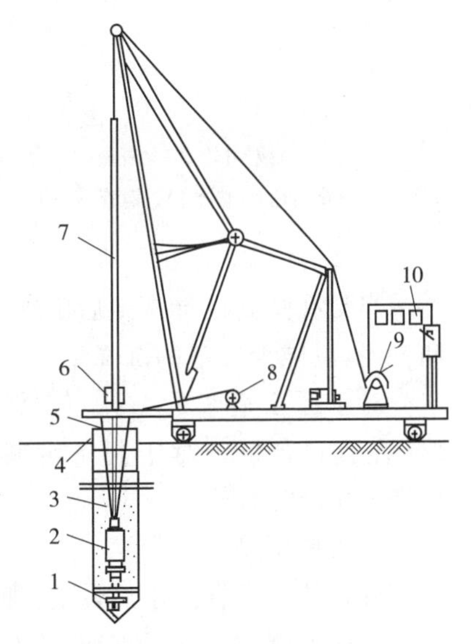

图 2-30　潜水钻机

1-钻头；2-潜水钻机；3-电缆；4-护筒；5-水管；6-滚轮支点；7-钻杆；8-电缆盘；9-卷扬机；10-控制箱

冲击钻机主要由钻机或桩架(包括卷扬机)、冲击钻头、掏渣筒、转向装置和打捞装置等组成,见图 2-31。

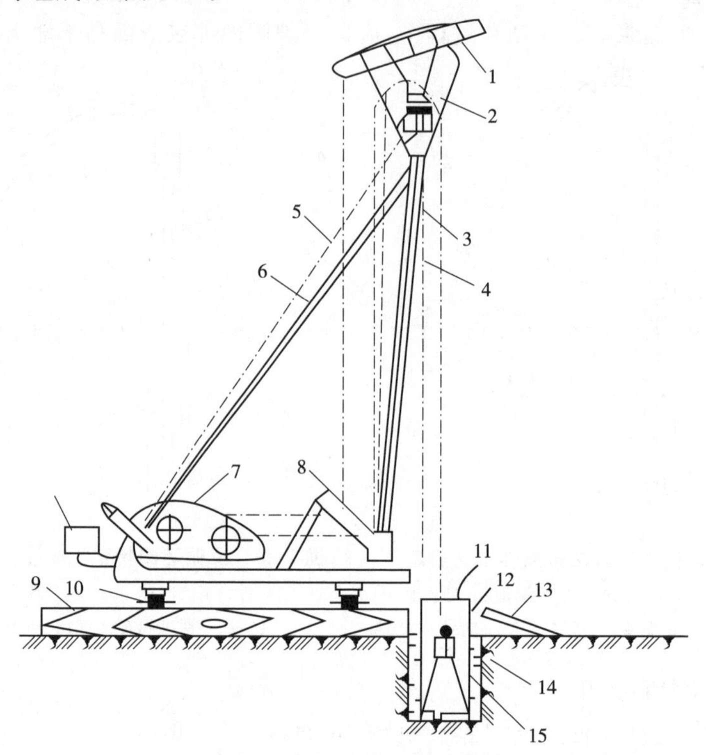

图 2-31 简易冲击钻孔机示意图

1-副滑轮;2-主滑轮;3-主杆;4-前拉索;5-后拉索;6-斜撑;7-双滚筒卷扬机;8-导向轮;9-垫木;10-钢管;11-供浆管;12-溢流口;13-泥浆渡槽;14-护筒回填土;15-钻头

4)清孔

当钻孔达到设计深度后应进行验孔和清孔。清孔的目的是清除孔底的沉渣和淤泥,以减少桩基的沉降量,从而提高承载能力。

对于原土造浆的钻孔,使转机空转,同时注入清水,当排出泥浆比重降至 1.1 左右时合格。对于制备泥浆的钻孔,采用换浆法,当排出泥浆比重降至 1.15～1.25时合格。

5)吊放钢筋笼

桩孔清孔符合要求后,应立即吊放钢筋骨架。

钢筋笼制作应分段进行,接头宜采用焊接,主筋一般不设弯钩,加劲箍筋设在主筋外侧。钢筋笼的外形尺寸,应严格控制在比孔径小 110～120mm。

6)水下浇筑混凝土

水下浇筑混凝土应根据水深确定施工方法。较浅时,可用倾倒法施工,水较深时，可用导管法浇注。一般配合比同陆上混凝土相同，但由于受水的影响，一般会比同条件下的陆上混凝土低一个强度等级，所以应提高一个强度等级，水下混凝土标号不低于 C25。

水下混凝土浇筑最常用的是导管法，如图 2-32 所示。

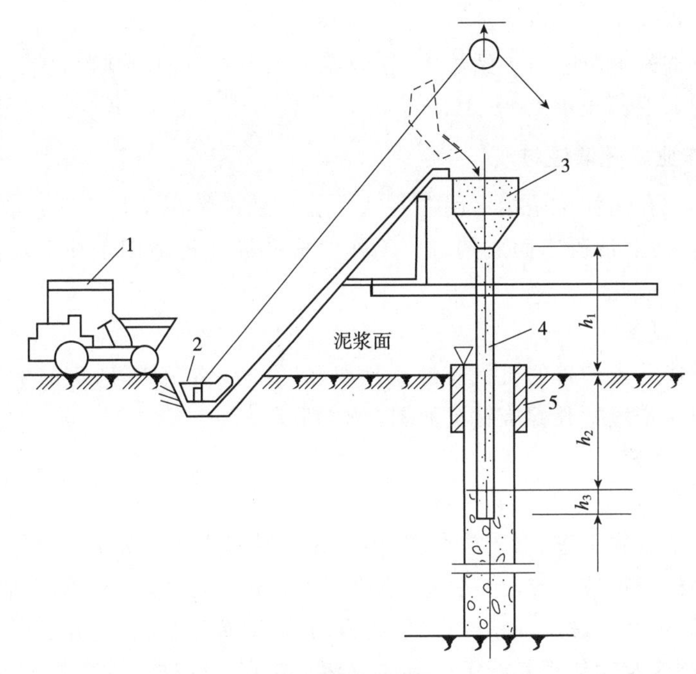

图 2-32　导管法浇筑混凝土示意图

1-翻斗车；2-斜斗；3-储料漏斗；4-导管；5-护筒

导管法浇筑水下混凝土，适用于水深不超过 15～25m 的情况。导管的直径为 25～30cm，每节长 1～2m，用橡皮衬垫的法兰盘连接，底部应装设自动开关阀门，顶部装设漏斗。导管的数量与位置，应根据浇筑范围和导管的作用半径来确定。一般作用半径不应大于 3m。

在浇筑过程中，导管只允许上下升降，不得左右移动。开始浇筑时，导管底部应接近地基约 5～10cm，而且导管内应经常充满混凝土，管下口必须恒埋于混凝土表面下约 1.0m，使只有表面一层混凝土与水接触。随着混凝土的浇筑，徐徐提升漏斗和导管。每提到一个管节高度后，即拆除一个管节，直到混凝土浇出水面为止。与水接触的表层约 10cm 厚的混凝土，因质量较差，最后应全部予以清除。

(2)质量要求

1)护筒中心要求与桩中心偏差不大于 50mm，其埋深在黏土中不小于 1m，在砂土中不小于 1.5m。

2)泥浆密度在黏土和亚黏土中应控制在1.1～1.2,在较厚夹砂层应控制在1.1～1.3,在穿过砂夹卵石层或易于穿孔的土层中,泥浆密度应控制在1.3～1.5。

3)孔底沉渣,必须设法清除,要求端承桩沉渣厚度不得大于50mm,摩擦桩沉渣厚度不得大于150mm。

4)水下浇筑混凝土应连续施工,孔内泥浆用潜水泵回收到贮浆槽里沉淀,导管应始终埋入混凝土中0.8～1.3m。

2. 干作业成孔灌注桩

干作业成孔灌注桩是指不用泥浆或套管护壁的情况下用人工或钻机成孔,放入钢筋笼,浇灌混凝土而成的桩。干作业成孔灌注桩适用于地下水位以上的各种软硬土中成孔。

(1)施工设备

干作业成孔灌注桩的机械有螺旋钻机、钻孔机、洛阳铲等,目前常用的是螺旋钻机。液压步履式长螺旋钻机如图2-33所示。

(2)施工工艺

钻机钻孔前,应做好现场准备工作。

钻孔场地必须平整、碾压或夯实,雨季施工时需要加白灰碾压以保证钻孔行车安全。钻机按桩位就位时,钻杆要垂直对准桩位中心,放下钻机使钻头触及土面。钻孔时,开动转轴旋动钻杆钻进,先慢后快,避免钻杆摇晃,并随时检查钻孔偏移,有问题应及时纠正。施工中应注意钻头在穿过软硬土层交界处时,应保持钻杆垂直,缓慢钻进。在含砖头、瓦块的杂填土或含水量较大的软塑黏性土层中钻进时,应尽量减小钻杆晃动,以免扩大孔径及增加孔底虚土。当出现钻杆跳动、机架摇晃、钻不进等异常现象,应立即停钻检查。钻进过程中应随时清理孔口积土,遇到地下水、缩孔、坍孔等异常现象,应会同有关单位研究处理。

钻孔至要求深度后,可用钻机在原处空钻清土,然后停止回转,提升钻杆卸土。如孔底虚土超过容许厚度,可用辅助掏土工具或二次投钻清底,清空完毕后应用盖板盖好孔口。

桩孔钻成并清孔后,先吊放钢筋笼,后浇筑混凝土。为防止孔壁坍塌,避免雨水冲刷,成孔经检查合格后,应及时浇筑混凝土。若土层较好,没有雨水冲刷,从成孔至混凝土浇筑的时间间隔,也不得超过24h。灌注桩的混凝土强度等级不得低于C15,坍落度一般采用80～100mm。

混凝土应连续浇筑,分层捣实,每层的高度不得大于1.50m;当混凝土浇筑到桩顶时,应适当超过桩顶标高,以保证在凿除浮浆层后,使桩顶标高和质量能符合设计要求。

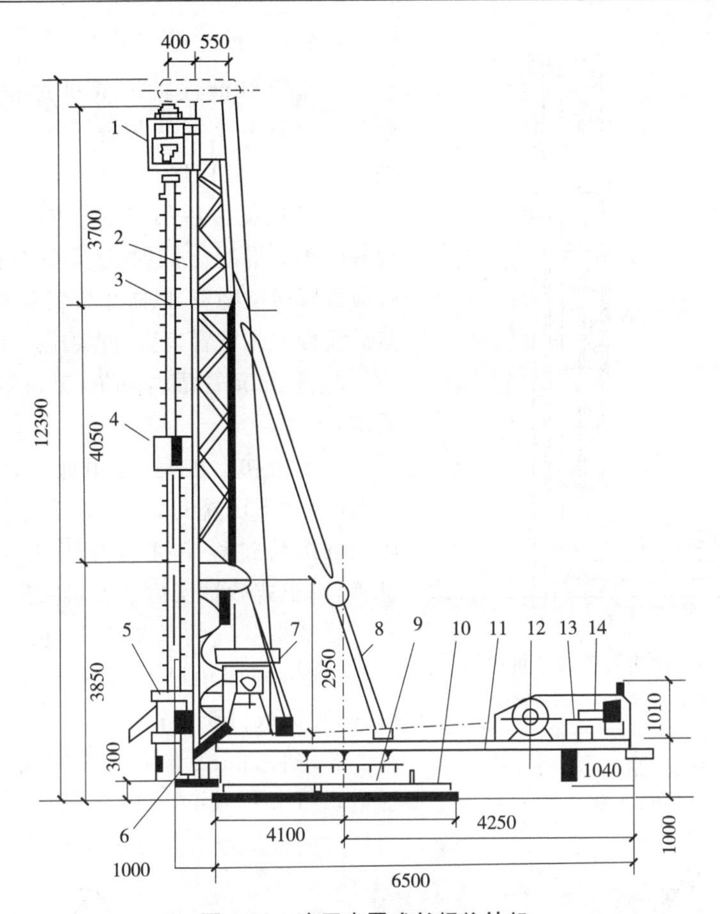

图 2-33　液压步履式长螺旋钻机

1-减速箱总成；2-臂架；3-钻杆；4-中间导向套；5-出土装置；6-前支腿；7-操纵室；8-斜撑；9-中盘；10-下盘；11-上盘；12-卷扬机；13-后支腿；14-液压系统

(二)沉管灌注桩

沉管灌注桩是指利用锤击打桩法或振动打桩法，将带有活瓣式桩尖或预制钢筋混凝土桩靴的钢套管沉入土中，然后边浇注混凝土(或先在管内放入钢筋笼)边锤击或振动边拔管而成的桩。前者称为锤击沉管灌注桩及沉管夯扩灌注桩，后者称为振动沉管灌注桩。

1. 锤击沉管灌注桩

锤击沉管灌注桩是采用落锤、蒸汽锤或柴油锤将钢套管沉入土中成孔，然后灌注混凝土或钢筋混凝土，抽出钢管而成。

(1)施工设备

锤击沉管机械设备如图 2-34 所示。

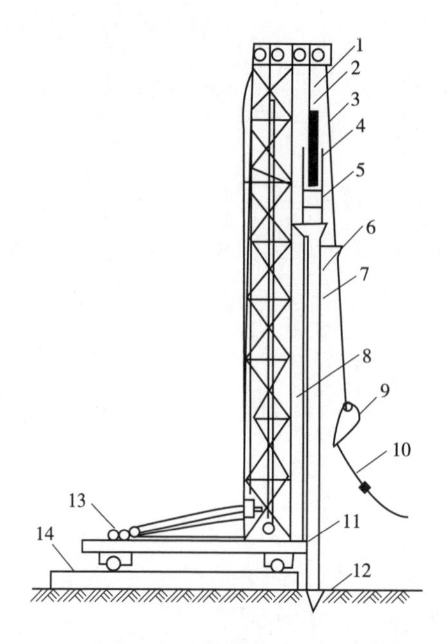

图 2-34　锤击沉管灌注桩桩机

1-钢丝绳；2-滑轮组；3-吊斗钢丝绳；4-桩锤；5-桩帽；6-混凝土漏斗；7-套管；8-桩架；9-混凝土吊斗；10-回绳；11-钢管；12-桩尖；13-卷扬机；14-枕木

(2)施工要点

锤击沉管灌注桩的成桩过程为：桩机就位→沉管→上料→拔管。锤击沉管灌注桩的施工过程如图 2-35 所示。

1)桩机就位后吊起的管桩应对准预先埋好的钢筋混凝土桩尖，且管桩与桩尖连接处应放置缓冲物资，以防止桩尖和管桩损坏。然后缓慢放入桩管，套入桩尖压入土中。

2)锤击沉管灌注桩施工应符合下列要求：

①上端扣上桩帽，先用低锤轻击，观察无偏移，才下沉施打，直至符合设计要求深度。如沉管过程中桩尖损坏，应及时拔出桩管，用土或砂填实后另安桩尖重新沉管。

②群桩基础的基桩施工，应根据土质、布桩情况，采取消减负面挤土效应的技术措施，确保成桩质量；

③桩管、混凝土预制桩尖或钢桩尖的加工质量和埋设位置应与设计相符，桩管与桩尖的接触应有良好的密封性。

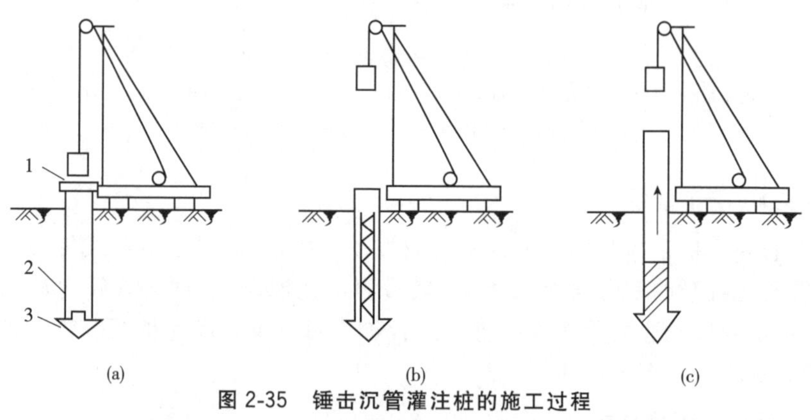

图 2-35　锤击沉管灌注桩的施工过程

(a)钢管打入土中；(b)放入钢筋骨架；(c)随浇混凝土拔出钢管

1-桩帽；2-钢管；3-桩靴

3)灌注混凝土和拔管的操作控制应符合下列要求：

①沉管至设计标高后，应立即检查和处理桩管内的进泥、进水和吞桩尖等情况，并立即灌注混凝土；

②当桩身配置局部长度钢筋笼时，第一次灌注混凝土应先灌至笼底标高，然后放置钢筋笼，再灌至桩顶标高。第一次拔管高度应以能容纳第二次灌入的混凝土量为限。在拔管过程中应采用测锤或浮标检测混凝土面的下降情况；

③拔管速度应保持均匀，对一般土层拔管速度宜为 1m/min，在软弱土层和软硬土层交界处拔管速度宜控制在 0.3～0.8m/min；

④采用倒打拔管的打击次数，单动汽锤不得少于 50 次/min，自由落锤小落距轻击不得少于 40 次/min；在管底未拔至桩顶设计标高之前，倒打和轻击不得中断。

4)混凝土的充盈系数不得小于 1.0；对于充盈系数小于 1.0 的桩，应全长复打，对可能断桩和缩颈桩，应进行局部复打。成桩后的桩身混凝土顶面应高于桩顶设计标高 500mm 以内。全长复打时，桩管入土深度宜接近原桩长，局部复打应超过断桩或缩颈区 1m 以上。

5)全长复打桩施工时应符合下列要求：

①第一次灌注混凝土应达到自然地面；

②拔管过程中应及时清除粘在管壁上和散落在地面上的混凝土；

③初打与复打的桩轴线应重合；

④复打施工必须在第一次灌注的混凝土初凝之前完成。

6)锤击沉管成桩宜按桩基施工顺序依次退打，桩中心距在 4 倍桩管外径以内或小于 2m 时均应跳打，中间空出的桩，须待邻桩混凝土达到设计强度等级的 50%以后方可施打。

(3)质量要求

1)锤击沉管灌注桩混凝土强度等级应不低于 C20；混凝土坍落度，在有筋时宜为 80～100mm，无筋时宜为 60～80mm；碎石粒径，有筋时不大于 25mm，无筋时不大于 40mm；桩尖混凝土强度等级不得低于 C30。

2)当桩的中心距为桩管外径的 5 倍以内或小于 2m 时，均应跳打，中间空出的桩须待邻桩混凝土达到设计强度的 50%以后，方可施打。

3)桩位允许偏差：群桩不大于 $0.5d$(d 为桩管外径)，对于两个桩组成的基础，在两个桩的连线方向上偏差不大于 $0.5d$，垂直此线的方向上则不大于 $1/6d$；墙基由单桩支承的，平行墙的方向偏差不大于 $0.5d$，垂直墙的方向不大于 $1/6d$。

2. 振动沉管灌注桩

振动沉管灌注桩是采用激振器或振动冲击锤将钢套管沉入土中成孔而成的灌注桩，其沉管原理与振动沉桩完全相同。

(1)施工设备

振动沉管机械设备如图 2-36 所示。

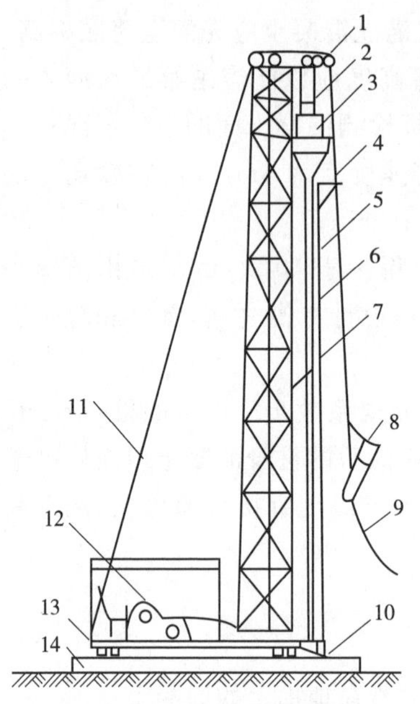

图 2-36 振动沉管灌注桩桩机

1-导向滑轮；2-滑轮组；3-激振器；4-混凝土漏斗；5-桩管；6-加压钢丝绳；7-桩架；8-混凝土吊斗；9-回绳；10-桩尖；11-缆风绳；12-卷扬机；13-钢管；14-枕木

(2)施工要点

振动沉管灌注桩的施工工艺过程为：桩机就位→沉管→上料→拔管，如图 2-37 所示。

施工时，先安装好桩机，将桩管下端活瓣合起来，对准桩位，徐徐放下桩管，压入土中，勿使偏斜，即可开动激振器沉管。当桩管下沉到设计要求的深度后，便停止振动，立即利用吊斗向管内灌满混凝土，并再次开动激振器，进行边振动边拔管，同时在拔管过程中继续向管内浇筑混凝土。如此反复进行，直至桩管全部拔出地面后即形成混凝土桩身。

振动灌注桩可采用单振法、反插法或复振法施工。

1)单振法。在沉入土中的桩管内灌满混凝土，开动激振器 5～10s，开始拔管，边振边拔。每拔 0.5～1.0m，停拔振动 5～10s，如此反复，直到桩管全部拔出。在一般土层内拔管速度宜为 1.2～1.5m/min，在较软弱土层中，不得大于 0.8～1.0m/min。单振法施工速度快，混凝土用量少，但桩的承载力低，适用于含水量较少的土层。

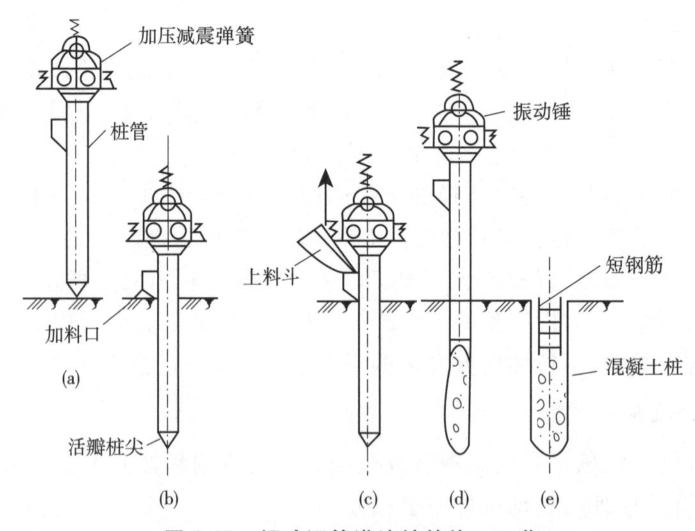

图 2-37 振动沉管灌注桩的施工工艺

(a)桩机就位；(b)振动沉管；(c)浇筑混凝土；(d)边拔管边振动边浇混凝土；(e)成桩

2)反插法。在桩管内灌满混凝土后,先振动再开始拔管。每次拔管高度0.5～1.0m,向下反插深度0.3～0.5m。如此反复进行并始终保持振动,直至桩管全部拔出地面。反插法能扩大桩的截面,从而提高了桩的承载力,但混凝土耗用量较大,一般适用于饱和软土层。

3)复振法。施工方法及要求与锤击沉管灌注桩的复打法相同。

(3)质量要求

1)振动沉管灌注桩的混凝土强度等级不宜低于C15;混凝土坍落度,在有筋时宜为80～100mm,无筋时宜为60～80mm;骨料粒径不得大于30mm。

2)在拔管过程中,桩管内应随时保持有不少于2m高度的混凝土,以便有足够的压力,防止混凝土在管内的阻塞。

3)振动沉管灌注桩的中心距不宜小于4倍桩管外径,否则应采取跳打。相邻的桩施工时,其间隔时间不得超过混凝土的初凝时间。

4)为保证桩的承载力要求,必须严格控制最后两个两分钟的沉管贯入度,其值按设计要求或根据试桩和当地长期的施工经验确定。

5)桩位允许偏差同锤击沉管灌注桩。

3. 沉管灌注桩质量控制

(1)沉管全过程必须有专职记录员做好施工记录;每根桩的施工记录均应包括每米的锤击数和最后一米的锤击数;必须准确测量最后三阵,每阵十锤的贯入度及落锤高度。

(2)沉管至设计标高后,应立即灌注混凝土,尽量减少间隔时间;灌注混凝土之前,必须检查桩管内有无桩尖或进泥、进水。

当桩身配钢筋笼时,第一次混凝土应先灌至笼底标高,然后放置钢筋笼,再灌混凝土至桩顶标高。第一次拔管高度应控制在能容纳第二次所需灌入的混凝土量为限,不宜拔得过高。

(3)拔管速度要均匀,对一般土层以1m/min为宜,在软弱土层和软硬土层交界处宜控制在0.3～0.8m/min。

(4)混凝土的充盈系数不得小于1.0;对于混凝土充盈系数小于1.0的桩,宜全长复打,对可能会发生断桩和缩颈桩的情况应采用局部复打的方法。成桩后的桩身混凝土顶面标高应不低于设计标高500mm。全长复打桩的入土深度宜接近原桩长,局部复打应超过断桩或缩颈区1m以上。

(三)人工挖孔灌注桩

人工挖孔灌注桩是用人力挖土、现场浇筑的钢筋混凝土桩(图2-38)。其单桩承载力大、受力性能好、质量可靠、沉降量小、无需大型机械设备，无振动无噪音、无环境污染，且造价较低。但挖孔桩井下作业条件差、环境恶劣、劳动强度大，安全和质量显得尤为重要。

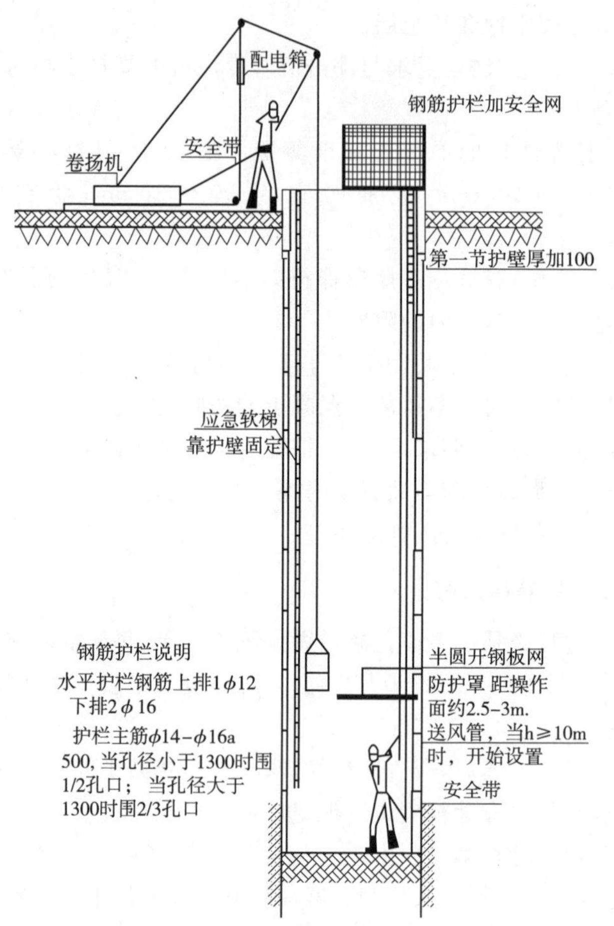

图 2-38 人工挖孔灌注桩施工示意图

1. 施工工艺

人工挖孔灌注桩的工艺流程为：场地整平→放线、定桩位→挖第一节桩孔土方→支模浇灌第一节混凝土护壁→在护壁上二次投测标高及桩位十字轴线→安装活动井盖、垂直运输架、起重电动葫芦或卷扬机、活底吊土桶、排水、通风、照明设施等→第二节桩身挖土→清理桩孔四壁，校核桩孔垂直度和直径→拆上节模板、支第二节模板，浇灌第二节混土→重复第二节挖土，支模、浇灌混凝土护壁工序，循环作业直至设计深度→检查持力层后进行扩底→清理虚土，排除积水，检查尺寸和持力层→吊放钢筋笼就位→灌筑桩身混凝土。

2. 挖孔方法

挖土由人工从上到下逐层用镐、锹进行，挖土次序为先挖中间后周边，按设计桩直径加 2 倍护壁厚度控制截面，允许误差为 3cm。扩底部分采取先挖桩身圆柱体，再按扩底尺寸从上到下削土修成扩底形。弃土装入活底吊桶，在孔上口安支架、工字轨道、电动葫芦或用 1～2t 慢速卷扬机提升，吊至地面后，用机动翻斗车或手推车运走。

3. 井壁护圈

(1)混凝土护圈。混凝土护圈挖孔桩的施工采用分段开挖、分段浇筑护圈混凝土直至设计标高，再将钢筋笼放入护圈井筒内，然后浇筑混凝土成桩，如图 2-39(a)所示。护圈为外直内斜的梯形断面，混凝土护圈的高度为 500～1000mm，护圈钢筋直径为 10～12mm，混凝土强度等级为 C15。护圈模板由 4～8 块弧形钢模板组合而成。在模板顶面可放置操作平台，操作平台可用角钢和钢板制成两块半圆形模板，使用时合成整圆模板，操作平台用于浇筑混凝土。上下节护圈用钢筋拉结。

(2)沉井护圈。沉井护圈挖孔桩是先在桩位上制作钢筋混凝土井筒，然后在井筒内挖土，井筒靠自重或附加压重克服筒壁与基土之间的摩擦阻力下沉，沉至设计标高后，再在井筒内吊放钢筋笼，浇筑混凝土而形成桩基础，如图 2-39(b)所示。

(3)钢套管护圈。钢套管护圈挖孔桩，是在桩位处先用桩锤将钢套管强行打入土层中，再在钢套管的保护下将管内土挖出，吊放钢筋笼，浇注桩基混凝土如图 2-39(c)所示。待浇筑混凝土完毕，用振动锤和人字拔杆将钢管立即强行拔出移至下一桩位使用。这种方法适用于流沙地层，地下水丰富的强透水地层或承压水地层，可避免产生流沙和管涌现象，能确保施工安全。

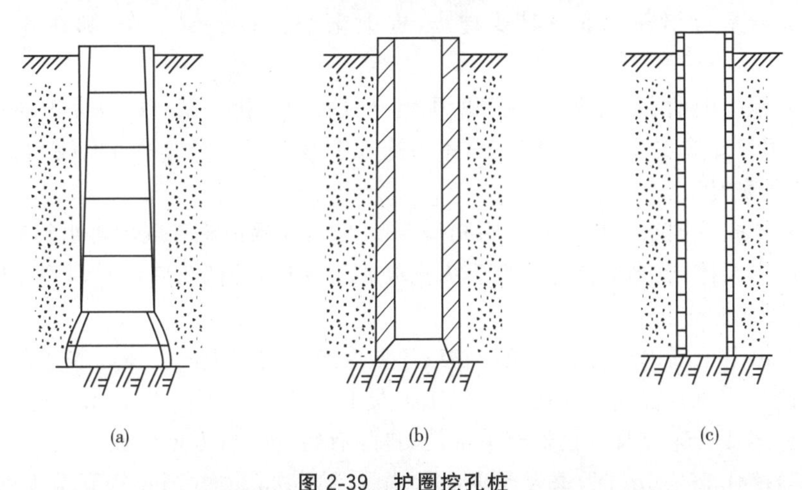

图 2-39 护圈挖孔桩

(a)混凝土护圈；(b)沉井护圈；(c)钢套管护圈

4. 质量要求

(1)必须保证桩孔的挖掘质量。桩孔挖成后应有专人下孔检验,如土质是否符合勘察报告,扩孔几何尺寸与设计是否相符,孔底虚土残渣情况要作为隐蔽验收记录归档。

(2)按规程规定桩孔中心线的平面位置偏差不大于20mm,桩的垂直度偏差不大于1%桩长,桩径不得小于设计直径。

(3)钢筋骨架要保证不变形,箍筋与主筋要点焊,钢筋笼吊入孔内后,要保证其与孔壁间有足够的保护层。

(4)混凝土坍落度宜在100mm左右,用浇灌漏斗桶直落,避免离析,必须振捣密实。

5. 安全措施

(1)现场管理人员应向施工人员仔细交代挖孔桩处的地质情况和地下水情况,提出可能出现的问题和应急处理措施。要有充分的思想准备和备有充足的应急措施所用的材料、机械。要制定安全措施,并要经常检查和落实。

(2)孔下作业不得超过2人,作业时应戴安全帽、穿雨衣、雨裤及长筒雨靴。孔下作业人员和孔上人员要有联络信号。地面孔周围不得摆放铁锤、锄头、石头和铁棒等坠落伤人的物品。每工作1h,井下人员和地面人员进行交换。

(3)井下人员应注意观察孔壁变化情况。如发现塌落或护壁裂纹现象应及时采取支撑措施。如有险情,应及时给出联络信号,以便迅速撤离。并尽快采取有效措施排除险情。

(4)地面人员应注意孔下发出的联络信号,反应灵敏快捷。经常检查支架、滑轮、绳索是否牢固。下吊时要挂牢,提上来的土石要倒干净,卸在孔口2m以外。

(5)施工中抽水、照明、通风等所配电气设备应一机一闸一漏电保护器,供电线路要用三蕊橡皮线,电线要架空,不得拖拽在地上。并经常检查电线和漏电保护器是否完好。

(6)从孔中抽水时排水口应距孔口5m以上,并保证施工现场排水畅通。

(7)当天挖孔,当天浇注护壁。人离开施工现场,要把孔口盖好,必要时要设立明显警戒标志。

(8)由于土层中可能有腐殖质物或邻域腐殖质物产生的气体逸散到孔中,因此,要预防孔内有害气体的侵害。施工人员和检查人员下孔前10min把孔盖打开,如有异常气味应及时报告有关部门,排除有害气体后方可作业。

(9)挖孔6～10m深,每天至少向孔内通风1次,超过10m每天至少通风2次,孔下作业人员如果感到呼吸不畅也要及时通风。

(四)其他形式灌注桩

1. 爆扩灌注桩

爆扩灌注桩简称爆扩桩,是用钻孔或爆扩法成孔,孔底放入炸药,再灌入适量的混凝土,然后引爆,使孔底形成扩大头,此时,孔内混凝土落入孔底空腔内,再放置钢筋骨架,浇筑桩身混凝土而制成的灌注桩(见图 2-40)。

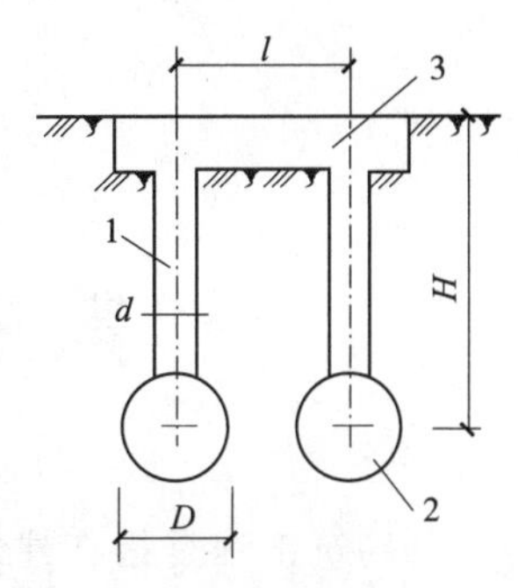

图 2-40　爆扩灌注桩示意图

1-桩身;2-桩头;3-桩台

爆扩灌注桩在黏性土层中使用效果较好,但在软土及砂土中不易成型,桩长 H 一般为 3～6m,最大不超过 10m。扩大头直径 D 为 2.5～3.5d。这种桩具有成孔简单、节省劳力和成本低等优点,但质量不便检查,施工要求较严格。

2. 夯压成型灌注桩

夯压成型灌注桩又称夯扩桩,是在普通锤击沉管灌注桩的基础上加以改进发展起来的一种新型桩,由于其扩底作用,增大了桩端支承面积,能够充分发挥桩端持力层的承载潜力,具有较好的技术经济指标,十几年来已在国内许多地区得到广泛的应用和发展。

适用于一般黏性土、淤泥、淤泥质土、黄土、硬黏性土,也可用于有地下水的情况,可在 20 层以下的高层建筑基础中应用。

3. 钻孔压浆灌注桩

钻孔压浆灌注桩是先用长臂螺旋钻孔机钻孔到预定的深度,再提起钻杆,在提杆的过程中通过设在钻头的喷嘴,向钻孔内喷注事先制备好的高压水泥浆,至浆液达到没有塌孔危险的位置为止,待起钻后钻孔内放入钢筋笼,并同时放入至少一根直至孔底的高压灌浆管,然后投放粗骨料直至孔口,最后通过高压灌浆管向孔内二次压入补浆,直至浆液达到孔口为止。桩径可达 300～1000mm,深 30m 左右,一般常用桩径为 400～600mm,桩长 10～20m,桩混凝土为无砂混凝土,强度等级为 C20。适用于一般黏性土、湿陷性黄土、淤泥质土、中细砂、砂卵石等地层,还可用于有地下水的流砂层,作支承桩、护壁桩和防水帷幕桩等。

第三章　砌 筑 工 程

砌筑工程是指在建筑工程中使用普通黏土砖、承重黏土空心砖、蒸压灰砂砖、粉煤灰砖、各种中小型砌块和石材等材料进行砌筑的工程。包括砌砖、石、砌块及轻质墙板等内容;砌砖、砌石、砌块砖砌体对砌筑材料的要求,组砌工艺,质量要求以及质量通病的防治措施。

砌筑工程是一个综合的施工过程,它包括脚手架搭设、材料运输和墙体砌筑等。

第一节　脚手架及垂直运输设施

在建筑施工中,脚手架和垂直运输设施占有特别重要的地位。选择与使用的合适与否,不但直接影响施工作业的顺利和安全进行,而且也关系到工程质量、施工进度和企业经济效益的提高。因而它是建筑施工技术措施中最重要的环节之一。

一、脚手架

(一)脚手架的作用和种类

脚手架可以作为工人的施工平台,也可按规定临时堆放施工材料,还可进行短距离水平运输。脚手架应满足适用、方便、安全和经济的基本要求,具体包括以下几个方面:其宽度应满足工人操作、材料堆放及运输的要求,一般为1.5～2m;应有足够的强度、刚度和稳定性;方便搭拆和搬运,能多次周转使用,节省施工费用。

脚手架可根据与施工对象的位置关系,支承特点、结构形式以及使用的材料等划分为多种类型:

(1)按用途分类:脚手架可分为结构用脚手架、装修用脚手架、防护用脚手架和支撑用脚手架。

(2)按组合方式分类:脚手架可分为多立杆式脚手架、框架组合式脚手架、格构件组合式脚手架和台架。

(3)按设置形式分类:脚手架可分为单排脚手架、双排脚手架、多排脚手架、满堂脚手架、满高脚手架和交圈脚手架。

(4)按支固方式分类:脚手架可分为落地式脚手架、悬挑式脚手架、悬吊式脚手架和附着式升降脚手架。

(5)按材料分类:脚手架可分为木脚手架、竹脚手架和钢管脚手架。

脚手架分类方式还有很多,工程中常用的钢管脚手架又可分为扣件式钢管脚手架、碗扣式钢管脚手架、门式钢管脚手架、附着式升降脚手架、悬挑式脚手架和外挂式脚手架。

(二)外脚手架

外脚手架是指搭设在外墙外面的脚手架。其主要结构形式有钢管扣件式、碗扣式、门型、方塔式、附着式升降脚手架和悬吊脚手架等。在建筑施工中要大力推广碗扣式脚手架和门型脚手架。

1. 扣件式钢管脚手架

扣件式钢管脚手架是属于多立杆式外脚手架中的一种。其特点是:杆配件数量少;装卸方便,利于施工操作;搭设灵活,可搭设高度大;坚固耐用,使用方便。

扣件式钢管脚手架由立杆、大横杆、小横杆、斜撑、脚手板等组成。其特点是每步架高可根据施工需要灵活布置,取材方便,钢、木、竹等均可应用。

扣件式钢管脚手架分为双排式和单排式两种形式。双排式沿外墙侧设两排立杆,小横杆两端支承在内外二排立杆上,多、高层房屋均可采用,当房屋高度超过 50m 时,需专门设计。单排式沿墙外侧仅设一排立杆,其小横杆与大横杆连接,另一端承在墙上,仅适用于荷载较小,高度较低(小于等于 25m,墙体有一定强度的多层房屋。)如图 3-1 所示。

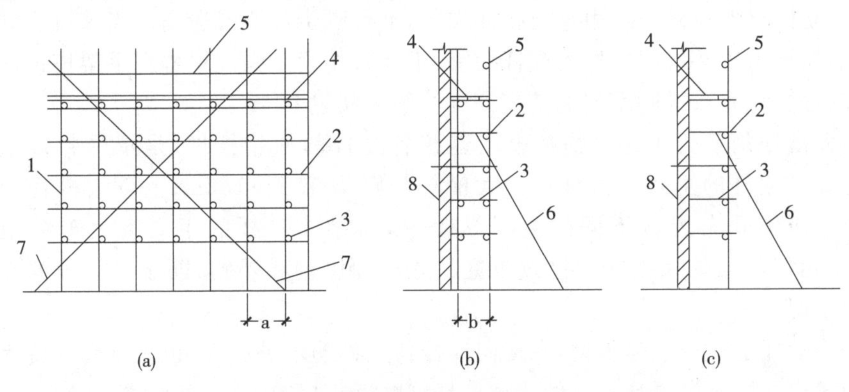

图 3-1 多立杆式脚手架

(a)立面;(b)侧面(双排);(c)侧面(单排)

1-立杆;2-大横杆;3-小横杆;4-脚手板;5-栏杆;6-抛撑;7-斜撑(剪刀撑);8-墙体

(1)扣件式钢管脚手架的构造

扣件式脚手架是由标准的钢管杆件和特制扣件组成的脚手架骨架与脚手板、防护构件、连墙件等组成的,是目前最常用的一种脚手架。其构造形式如图 3-2所示。

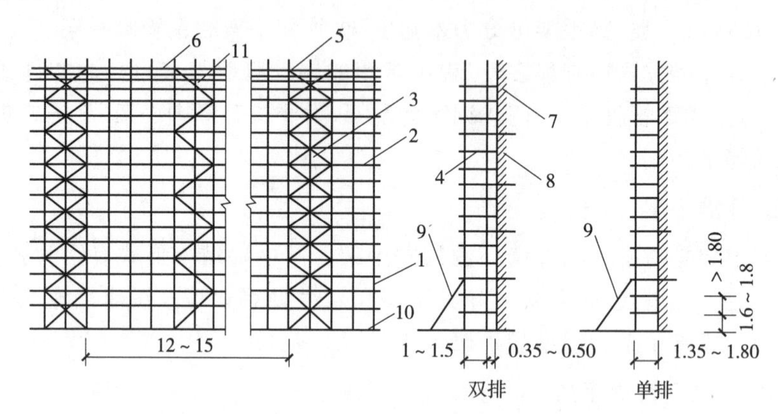

图 3-2 扣件式钢管脚手架的构造形式(单位:m)

1-立杆;2-大横杆;3-剪刀撑;4-小横杆;5-脚手板;6-栏杆;7-连墙杆;8-墙身;9-抛撑;10-扫地杆;11-斜撑

1)钢管杆件

钢管杆件包括立杆、大横杆、小横杆、剪刀撑、斜杆和抛撑(在脚手架立面之外设置的斜撑)。

立杆也称立柱、站杆,平行于建筑物立面并垂直于地面,是传递脚手架结构自重、施工荷载与风荷载的主要受力杆件。立杆横距(单排脚手架为立杆至墙面距离)为 0.9～1.5m(高层架子不大于 1.2m);纵距为 1.4～2.0m。相邻立杆的接头位置应错开布置在不同的步距内,与相近大横杆的距离不宜大于步距的1/3。立杆与大横杆必须用直角扣件扣紧,不得隔步设置或遗漏。当采用双立杆时,必须都用扣件与同一根大横杆扣紧,不得只扣紧 1 根。单排脚手架搭设高度不宜超过 20m,双排脚手架的搭设高度一般不超过 50m。

大横杆是平行于建筑物在纵向连接各立杆的通长杆件,是承受并传递施工荷载给立杆的主要受力杆件。大横杆步距为 1.5～1.8m,上下大横杆的接长位置应错开布置在不同的立杆纵距中,与相邻立杆的距离不大于纵距的1/3。相邻步架的大横杆应错开布置在立杆的里侧和外侧,以减少立杆偏心受力的情况。

小横杆是垂直于建筑物,在横向连接各立杆的水平杆件,也是承受并传递施工荷载给立杆的主要受力杆件。小横杆应贴近立杆布置(对于双立杆,则设于双立杆之间),搭于大横杆之上并用直角扣件扣紧。脚手板端头根据需要加设 1 根或 2 根小横杆,在任何情况下,均不得拆除作为基本构架结构杆件的小横杆。

剪刀撑(十字撑)和斜撑(之字撑)统称为支撑,是为保证脚手架的整体刚度和稳定性,提高脚手架的承载力而设置的。剪刀撑应连3～4根立杆,斜杆与地面夹角为45°～60°。剪刀撑布置应符合下列要求:

①高度小于25m时,两端及转角设置,中间每隔12～15m设一道,并且每片不少于三道。

②高度在25～50m时,还应在沿高度每隔10～15m设一道。

③高度大于50m时,沿全高和全长连续设置。

剪刀撑的斜杆除两端用旋转扣件与脚手架的立杆或大横杆扣紧外,在其中间应增加2～4个扣结点。

抛撑又叫支撑、压栏子,设在脚手架周围横向撑住架子,与地面约成60°夹角。

钢管杆件一般采用外径48mm、壁厚3.5mm的焊接钢管或无缝钢管,也有外径50～51mm,壁厚3～4mm的焊接钢管或其他钢管。用于立杆、大横杆、剪刀撑和斜杆的钢管最大长度为4～6.5m,最大重量不宜超过250N,以便适合人工操作。用于小横杆的钢管长度宜在1.8～2.2m,以适应脚手架宽度的需要。

2)扣件

扣件为杆件的连接件。有可锻铸铁铸造扣件和钢板压制扣件两种。

扣件的基本形式有三种,如图3-3所示:

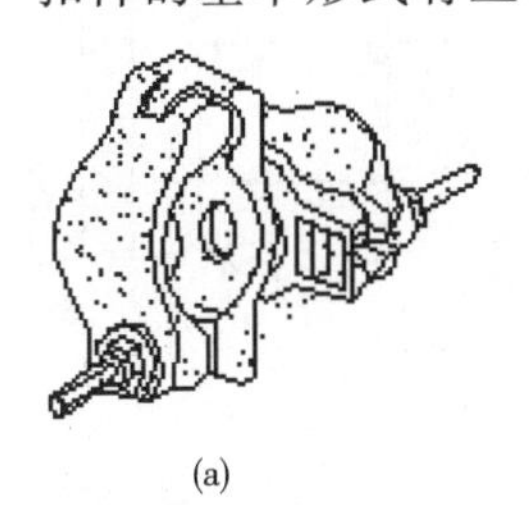

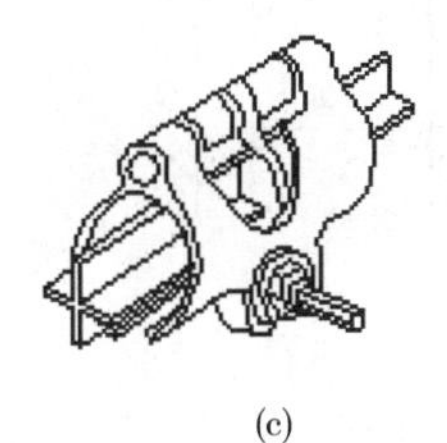

(a) (b) (c)

图3-3 扣件形式

(a)直角扣件;(b)旋转扣件;(c)对接扣件

直角扣件:用于两根钢管呈垂直交叉的连接。

旋转扣件:用于两根钢管呈任意角度交叉的连接;

对接扣件:对接扣件用于两根钢管的对接连接;

3)脚手板

脚手板一般用厚2mm的钢板压制而成,长度2～4m,宽度250mm,表面应有防滑措施。也可采用厚度不小于50mm的杉木板或松木板,长度3～6m,宽度200～250mm;或者采用竹脚手板,有竹笆板和竹片板两种形式。脚手板的材质应符合规定,且脚手板不得有超过允许的变形和缺陷。

4)连墙件

在脚手架与建筑物之间,必须按设计要求设置足够数量、分布均匀的连墙件,以防脚手架的横向失稳或倾覆,并能可靠地传递水平荷载。

连墙件将立杆与主体结构连接在一起,可用钢管、型钢或粗钢筋等,其间距应符合表 3-1 规定。

表 3-1 连墙件的布置

脚手架类型	脚手架高度(m)	垂直间距(m)	水平间距(m)
双排	≤60	≤6	≤6
	>50	≤4	≤6
单排	≤24	≤6	≤6

每个连墙件抗风荷载的最大面积应小于 $40m^2$。连墙件需从底部第一根纵向水平杆处开始设置,附墙件与结构的连接应牢固,通常采用预埋件连接。

连墙杆每 3 步 5 跨设置一根,其作用不仅防止架子外倾,同时增加立杆的纵向刚度,如图 3-4 所示。

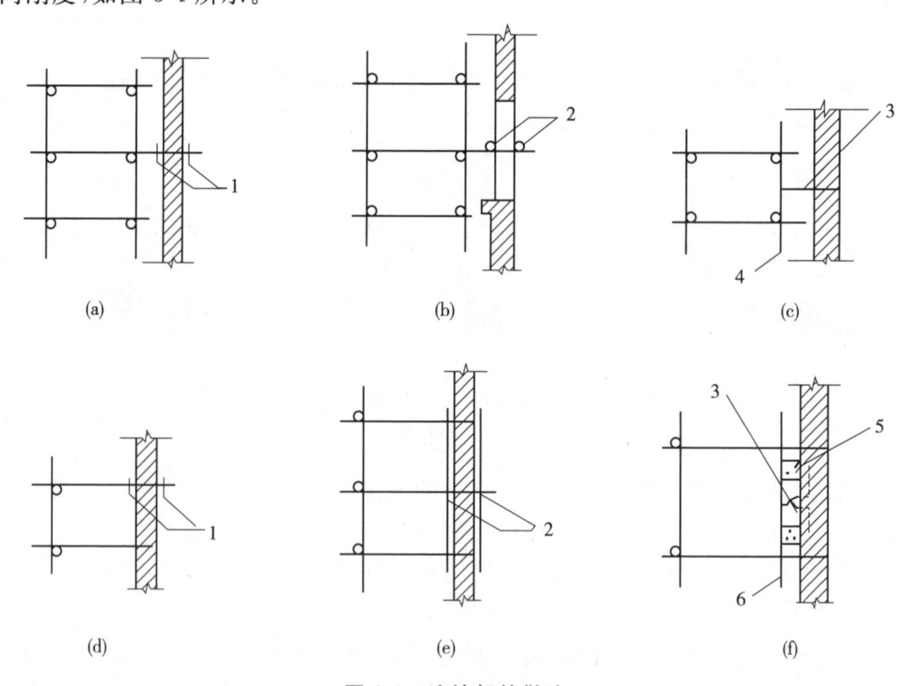

图 3-4 连墙杆的做法

(a)(b)(c)双排;(d)单排(剖面);(e)(f)单排

1-扣件;2-短钢管;3-铅丝,与墙内埋设的钢筋环拉住;4-顶墙横杆;5-木楔;6-短钢管

5)底座

扣件式钢管脚手架的底座用于承受脚手架立柱传递下来的荷载,底座一般采用厚8mm,边长150～200mm的钢板作底板,上焊150mm高的钢管。底座形式有内插式和外套式两种(图3-5),内插式的外径D_1比立杆内径小2mm,外套式的内径D_2比立杆外径大2mm。

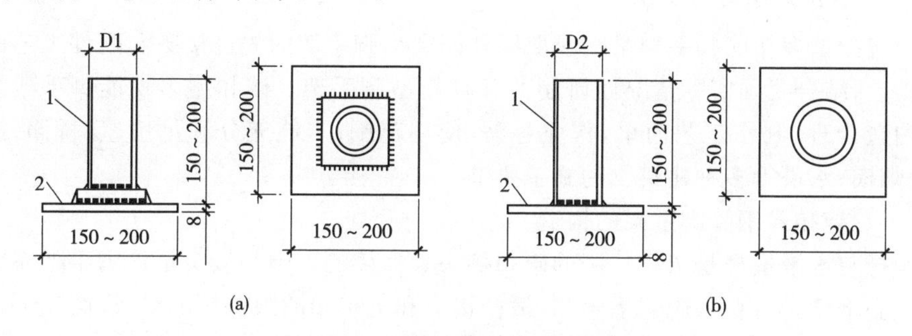

图3-5 扣件式钢管脚手架底座

(a)内插式底座;(b)外套式底座

1-承插钢管;2-钢板底座

(2)扣件式钢管脚手架的搭设与拆除

1)扣件式钢管脚手架搭设范围内的地基要夯实找平,做好排水处理,防止积水浸泡地基。

2)立杆中大横杆步距和小横杆间距可按表3-2选用,最下一层步距可放大到1.8m,便于底层施工人员的通行和运输。

表3-2 扣件式钢管脚手架构造尺寸和施工要求

用途	构造形式	里立杆离墙面的距离(m)	立杆间距(m)		操作层小横杆间距(m)	大横杆步距(m)	小横杆挑向墙面的悬(m)
			横向	纵向			
砌筑	单排		1.2～1.5	2	0.67	1.2～1.4	
	双排	0.5	1.5	2	1	1.2～1.4	0.45
装饰	单排		1.2～1.5	2.2	1.1	1.6～1.8	
	双排	0.5	1.5	2.2	1.1	1.6～1.8	0.45

3)立杆底座须在底下垫以木板或垫块。杆件搭设时应注意立杆垂直,竖立第一节立柱时,每6跨应暂设一根抛撑(垂直于大横杆,一端支承在地面上),直至固定件架设好后方可根据情况拆除。

4)剪刀撑设置在脚手架两端的双跨内和中间每隔30m净距的双跨内,仅在架子外侧与地面呈45°布置。搭设时将一根斜杆扣在小横杆的伸出部分,同时随着墙体的砌筑，设置连墙杆与墙锚拉，扣件要拧紧。

5)脚手架的拆除按由上而下逐层向下的顺序进行，严禁上下同时作业。严禁将整层或数层固定件拆除后再拆脚手架。严禁抛扔，卸下的材料应集中。严禁行人进入施工现场，要统一指挥，上下呼应，保证安全。

2. 碗扣式钢管脚手架

碗扣型多功能脚手架是在吸取国外同类型脚手架的先进接头和配件工艺的基础上，结合我国实际情况而研制的一种新型脚手架。碗扣型多功能脚手架接头构造合理，制作工艺简单，作业容易，使用范围广，能充分满足房屋、桥涵、隧道、烟囱、水塔等多种建筑物的施工要求。

(1)碗扣式钢管脚手架的构造

杆与水平横杆是依靠特制的碗扣接头来连接的。碗扣接头是该脚手架系统的核心部件，它由上碗扣、下碗扣、横杆接头和上碗扣的限位销等组成(图 3-6)。

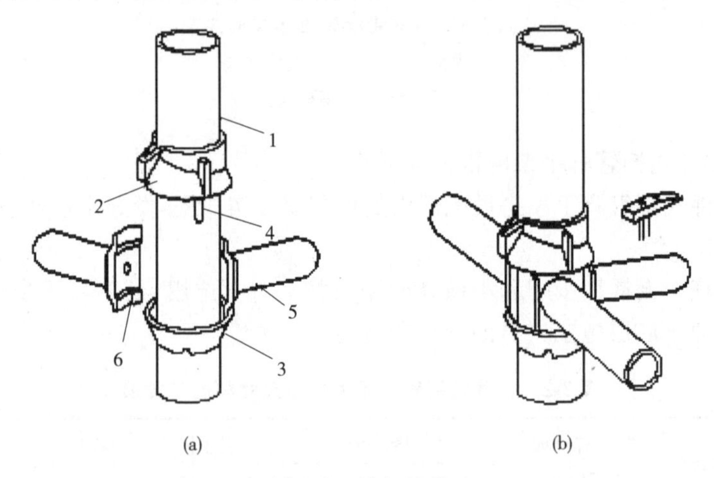

图 3-6　碗扣接头

(a)连接前；(b)连接后

1-立杆；2-上碗扣；3-下碗扣；4-限位销；5-横杆；6-横杆接头

上碗扣、下碗扣和限位销按 60cm 间距设置在钢管立杆之上，其中下碗扣和限位销则直接焊在立杆上。组装时，将上碗扣的缺口对准限位销后，把横杆接头插入下碗扣内，压紧和旋转上碗扣，利用限位销固定上碗扣。碗扣接头可同时连接 4 根横杆，可以互相垂直或偏转一定角度。

(2)碗扣式钢管脚手架的搭设与拆除

1)碗扣式钢管脚手架立柱横距为 1.2m，纵距根据脚手架荷载可为 1.2m，1.5m，1.8m，2.4m，步距为 1.8m，2.4m。搭设时立杆的接长缝应错开，第一层立杆应用长 1.8m 和 3.0m 的立杆错开布置，往上均用 3.0m 长杆，至顶层再用 1.8m 和

3.0m两种长度找平。高30m以下脚手架垂直度应在1/200以内，高30m以上脚手架垂直度应控制在1/400～1/600，总高垂直度偏差应不大于100mm。

2)斜杆应尽量布置在框架节点上，对于高度在30m以下的脚手架，设置斜杆的面积为整架立面面积的1/5～1/2；对于高度超过30m的高层脚手架，设置斜杆的面积不小于整架面积的1/2。在拐角边缘及端部必须设置斜杆，中间可均匀间隔设置。

3)剪刀撑的设置，对于高度在30m以下的脚手架，可每隔4～5跨设置一组沿全高连续搭设的剪刀撑，每道跨越5～7根立杆。对于高度超过30m的高层脚手架，应沿脚手架外侧的全高方向连续设置。

4)连墙撑的设置应尽量采用梅花方式布置。对于高度在30m以下的脚手架，可4跨3步设置一个；50m以下的脚手架，至少3跨3步设置一个；50m以上的脚手架，至少3跨2步设置一个。

5)脚手架在拆除时，应先对脚手架作一次全面检查，清除所有多余物件，并设立拆除区，严禁人员进入。在拆前先拆连墙撑，连墙撑只在拆到该层时才允许拆除。拆除顺序应自上向下逐层进行，严禁上、下两层同时拆除。

3. 门型脚手架

门型脚手架是建筑用脚手架中应用最广的脚手架之一。由于主架呈“门”字型，所以称为门型或门式脚手架，也称鹰架或龙门架。它具有拆装简单、承载性能好、使用安全可靠等特点。

(1)门型脚手架的构造

门型脚手架由门式框架、剪刀撑和水平梁架或脚手板构成基本单元，如图3-7(a)所示。将基本单元连接起来即构成整片脚手架，如图3-7(b)所示。

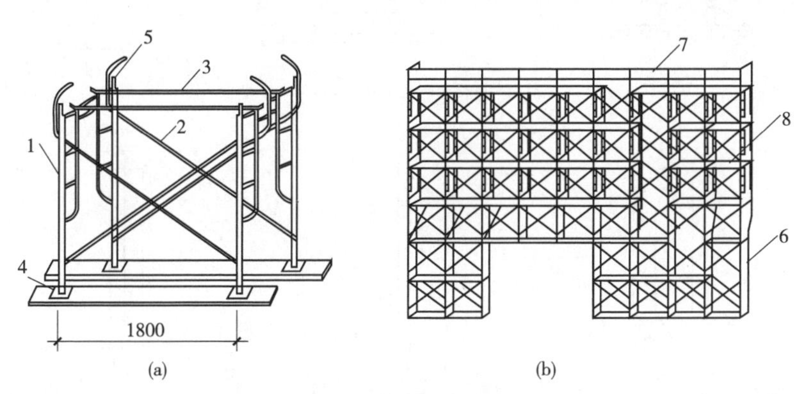

图3-7 门型脚手架

(a)基本单元；(b)门式外脚手架

1-门式框架；2-剪刀撑；3-水平梁架；4-螺旋基脚；5-连接器；6-梯子；7-栏杆；8-脚手板

门型脚手架的主要部件如图 3-8 所示。

门型脚手架的主要部件之间采用方便可靠的自锚结构连接，连接形式有制动片式和偏重片式两种。

(2)门型脚手架的搭设与拆除

1)门型脚手架一般按以下程序搭设：

铺放垫木(板)→拉线、放底座→自一端起立门架并随即装剪刀撑→装水平梁架(或脚手板)→装梯子→需要时，装设通常的纵向水平杆→装设连墙杆→照上述步骤，逐层向上安装→装加强整体刚度的长剪刀撑→装设顶部栏杆。

2)搭设门型脚手架时，基底必须先平整夯实。外墙脚手架必须通过扣墙管与墙体拉结，并用扣件把钢管和处于相交方向的门架连接起来。整片脚手架必须适量放置水平加固杆(纵向水平杆)，前三层要每层设置，三层以上则每隔三层

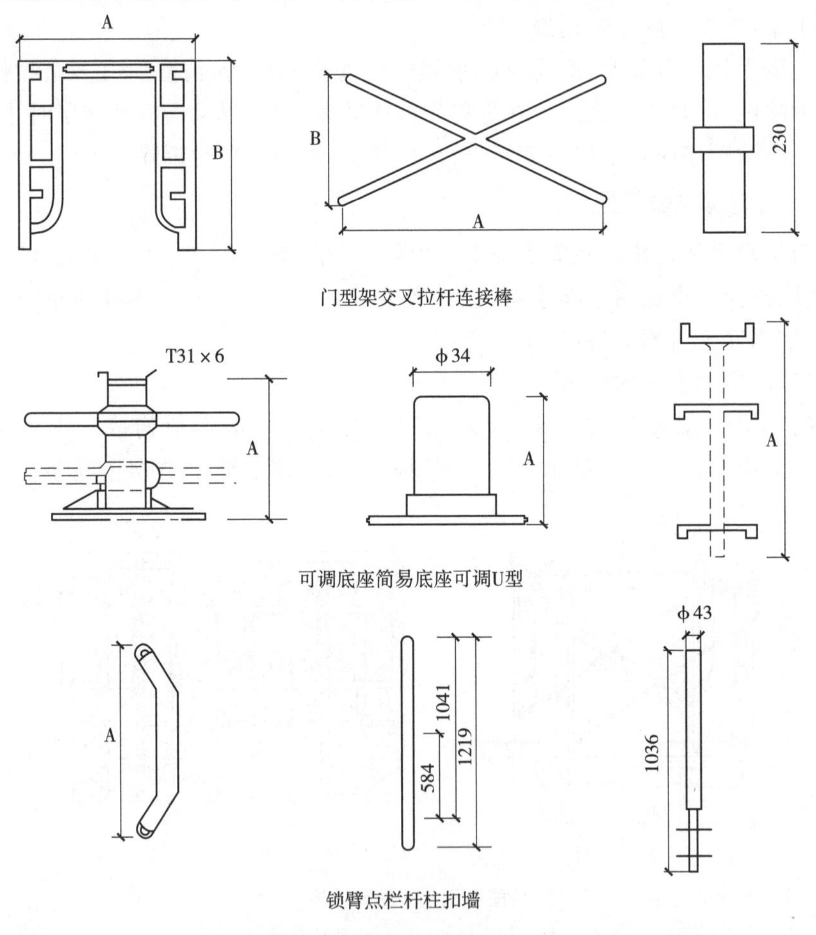

图 3-8 门式脚手架的主要部件

设一道。在架子外侧面设置长剪刀撑。使用连墙管或连墙器将脚手架与建筑物连接。高层脚手架应增加连墙点布设密度。

3)拆除架子时应自上而下进行,部件拆除顺序与安装顺序相反。

4)门式脚手架架设超过 10 层,应加设辅助支撑,一般在高 8～11 层门式框架之间,宽在 5 个门式框架之间,加设一组,使部分荷载由墙体承受(图 3-9)。

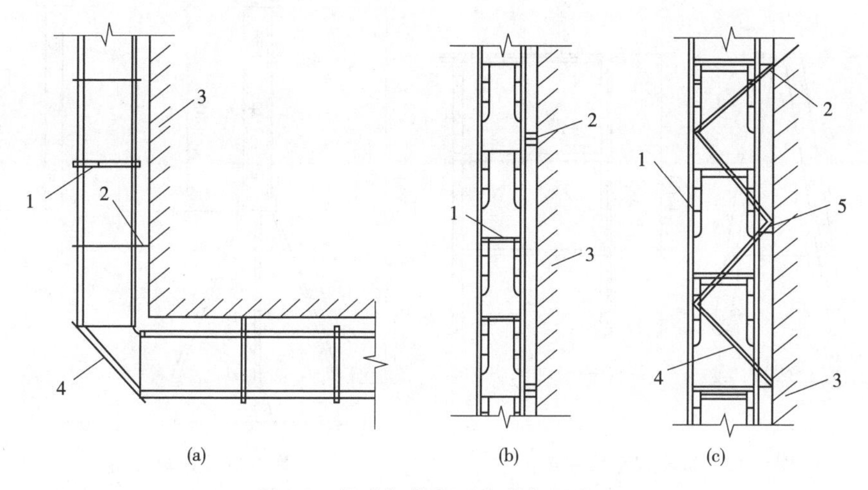

图 3-9　门式钢管脚手架的加固处理

(a)转角用钢管扣紧;(b)用附墙管与墙体锚固;(c)用钢管与墙撑紧

1-门式脚手架;2-附墙管;3-墙体;4-钢管;5-混凝土板

(三)里脚手架

里脚手架搭设于建筑物内部,每砌完一层墙后,即将其转移到上一层楼面,进行新的一层砌体砌筑,它可用于内外墙的砌筑和室内装饰施工。

里脚手架用料少,但装、拆频繁,故要求轻便灵活,装、拆方便。其结构形式有折叠式、支柱式、门架式等多种。

1. 折叠式里脚手架

折叠式里脚手架适用于民用建筑的内墙砌筑和内粉刷。根据材料不同,分为角钢、钢管和钢筋折叠式里脚手架,角钢折叠式里脚手架的架设间距,砌墙时不超过 2m,粉刷时不超过 2.5m。可以搭设两步脚手,第一步高约根据施工层高,沿高度可以搭设两步脚手,第一步高约 1m,第二步高约 1.65m。钢管和钢筋折叠式里脚手的架设间距,砌墙时不超过 1.8m,粉刷时不超过 2.2m。

折叠式里脚手架的基本结构如图 3-10 所示。

2. 支柱式里脚手架

支柱式里脚手架由若干支柱和横杆组成。适用于砌墙和内粉刷。其搭设间距，砌墙时不超过 2m，粉刷时不超过 2.5m。支柱式里脚手架的支柱有套管式和承插式两种形式。套管式支柱（图 3-11），是将插管插入立管中，以销孔间距调节高度，在插管顶端的凹形支托内搁置方木横杆，横杆上铺设脚手架。架设高度为 1.5～2.1m。

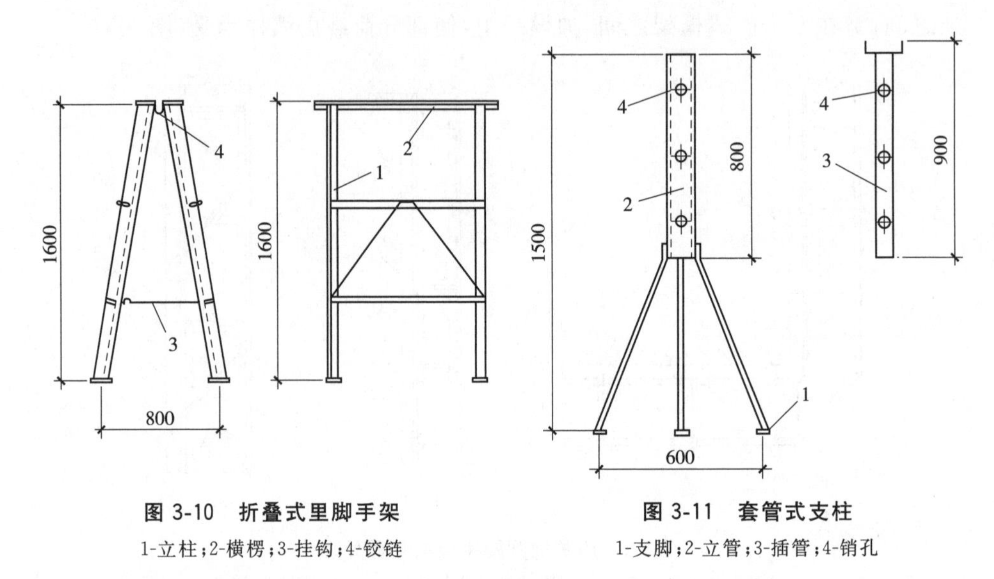

图 3-10　折叠式里脚手架

1-立柱；2-横楞；3-挂钩；4-铰链

图 3-11　套管式支柱

1-支脚；2-立管；3-插管；4-销孔

3. 门架式里脚手架

门架式里脚手架由两片 A 形支架与门架组成（图 3-12）。适用于砌墙和粉刷。支架间距，砌墙时不超过 2.2m，粉刷时不超过 2.5m，其架设高度为1.5～2.4m。

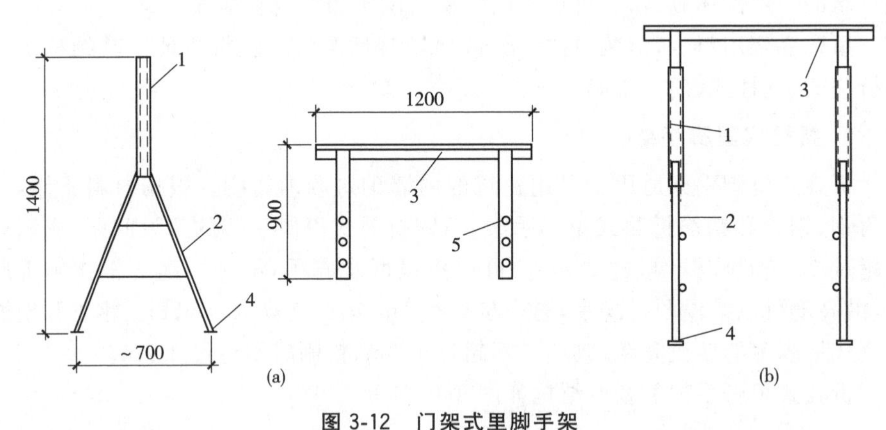

图 3-12　门架式里脚手架

(a) A 形支架与门架；(b) 安装示意

1-立管；2-支脚；3-门架；4-垫板；5-销孔

4. 满堂脚手架

满堂脚手架主要用于单层厂房、展览大厅、体育馆等层高较高、开间较大的建筑顶部的装饰施工。

(1)满堂脚手架的组成和构造参数

组成:满堂脚手架由立杆、横杆、斜杆、剪刀撑等组成。

构造参数:满堂脚手架的构造参数如表3-3所示。

表3-3　满堂脚手架的构造参数

用途	立樯纵、横间距(m)	横杆竖向步距(m)	操作层支承杆间距(m)	靠墙立杆离开墙面距离(m)
装饰架	≤2	≤1.8	≤1	≤0.5～0.6
结构架	≤1.5	≤1.4	≤0.75	根据需要定

(2)满堂脚手架搭设和质量标准

搭设满堂脚手架应先立四角的立杆,再立四周的立杆,最后立中间的立杆,必须保证纵横向立杆距离相等。立杆底部应垫垫木,架高50m以内,垫木规格为:厚100mm,宽200mm,长800mm。

架高5～15m,宜采用厚100mm的长垫木;架高超过15m,垫木规格应经设计确定。

满堂脚手架四角应设置抱角斜撑,四周外排立杆中应设剪刀撑,中间每隔四排立杆沿纵向设一道剪刀撑,斜撑和剪刀撑应由底到顶连续设置。

两侧每步设纵向水平拉杆一道,中间每两步设一道。操作层脚手板应满铺,四角的脚手板应与纵向水平杆绑牢,脚手板铺设后不应露杆头。上料口四周应设置防护栏杆并挂设安全网。

(四)非落地式脚手架

1. 悬挑式脚手架

悬挑式外脚手架,是利用建筑结构外边缘向外伸出的悬挑结构来支承外脚手架,将脚手架的荷载全部或部分传递给建筑结构。悬挑脚手架的关键是悬挑支承结构,它必须有足够的强度、刚度和稳定性,并能将脚手架的荷载传递给建筑结构。

(1)适用范围

在高层建筑施工中,遇到以下三种情况时,可采用悬挑式外脚手架。

1)±0.000以下结构工程回填土不能及时回填,而主体结构工程必须立即进行,否则影响工期。

2)高层建筑主体结构四周为裙房,脚手架不能直接支承在地面上。

3)超高层建筑施工,脚手架搭设高度超过了架子的允许搭设高度,因此,将整个脚手架按允许搭设高度分成若干段,每段脚手架支承在由建筑结构向外悬挑的结构上。

(2)悬挑支承结构

悬挑支承结构主要有以下两类。

1)用型钢做梁挑出,端头加钢丝绳(或用钢筋花篮螺栓拉杆)斜拉,组成悬挑支承结构。由于悬出端支承杆件是斜拉索(或拉杆),又简称为斜拉式,如图 3-13(a)所示。斜拉式悬挑外脚手架的承载能力由拉杆的强度控制,因此断面较小,能节省钢材,并且自重较轻。

2)用型钢焊接的三角桁架作为悬挑支承结构,悬出端的支承杆件是三角斜撑压杆,又称为下撑式,如图 3-13(c)所示。下撑式悬挑外脚手架的悬出端支承杆件是斜撑受压杆,其承载能力由压杆稳定性控制,因此断面较大,钢材用量较多。

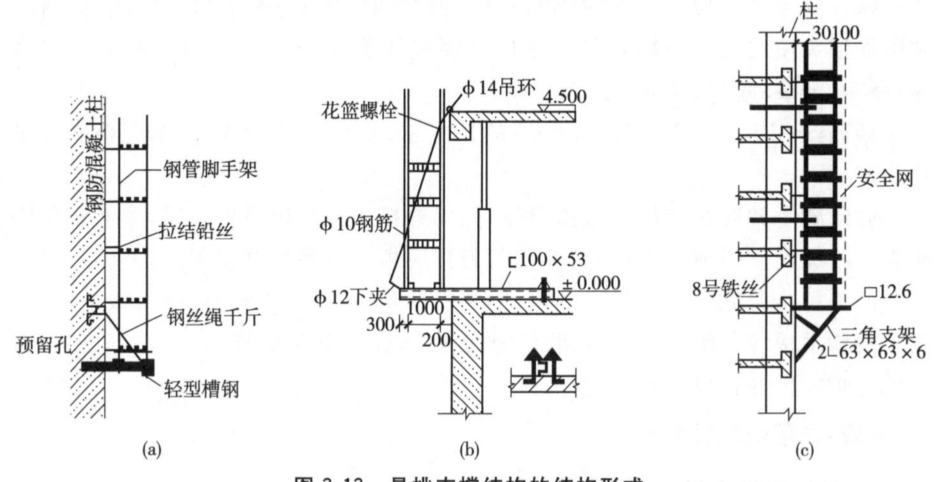

图 3-13　悬挑支撑结构的结构形式

(a)斜拉式;(b)斜拉式;(c)下撑式

2. 附着升降式脚手架

附着升降脚手架是指搭设一定高度并附着于工程结构上,依靠自身的升降设备和装置,可随工程结构逐层爬升或下降,具有防倾覆、防坠落装置的外脚手架。它将高处作业变为低处作业,将悬空作业变为架体内部作业,具有显著的低碳性、高科技含量和更经济、更安全、更便捷等特点。

附着升降式脚手架包括自升降式、互升降式、整体升降式三种类型。

(1)自升降式脚手架

自升降脚手架的升降运动是通过手动或电动倒链交替对活动架和固定架进

行升降来实现的。从升降架的构造来看，活动架和固定架之间能够进行上下相对运动。当脚手架工作时，活动架和固定架均用附墙螺栓与墙体锚固，两架之间无相对运动；当脚手架需要升降时，活动架与固定架中的一个架子仍然锚固在墙体上，使用倒链对另一个架子进行升降，两架之间便产生相对运动。通过活动架和固定架交替附墙，互相升降，脚手架即可沿着墙体上的预留孔逐层升降。

自升降式脚手架的爬升过程分为爬升活动架和爬升固定架两部，如图 3-14 所示，每个爬升过程提升 1.5～2m。

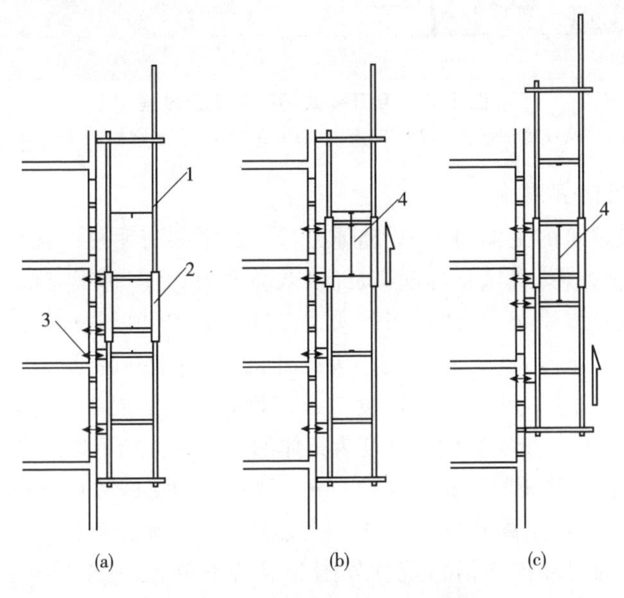

图 3-14 自升降式脚手架爬升过程

(a)爬升前的位置；(b)活动架爬升(半个层高)；(c)固定架爬升(半个层高)

1-活动架；2-固定架；3-附墙螺栓；4-倒链

下降过程与爬升操作顺序相反，顺着爬升时用过的墙体预留孔倒行，脚手架即可逐层下降，同时把留在墙面上的预留孔修补完毕，最后脚手架返回地面。

(2)互升降式脚手架

互升降式脚手架将脚手架分为甲、乙两种单元，通过倒链交替对甲、乙两单元进行升降。当脚手架需要工作时，甲单元与乙单元均用附墙螺栓与墙体锚固，两架之间无相对运动；当脚手架需要升降时，一个单元仍然锚固在墙体上，使用倒链对相邻一个架子进行升降，两架之间便产生相对运动。通过甲、乙两单元交替附墙，相互升降，脚手架即可沿着墙体上的预留孔逐层升降。互升降式脚手架的性能特点是：①结构简单，易于操作控制；②架子搭设高度低，用料省；③操作人员不在被升降的架体上，增加了操作人员的安全性；④脚手架结构刚度较大，附墙的跨度大。它适用于框架剪力墙结构的高层建筑、水坝、筒体等施工。

互升降式脚手架爬升过程如图 3-15 所示。

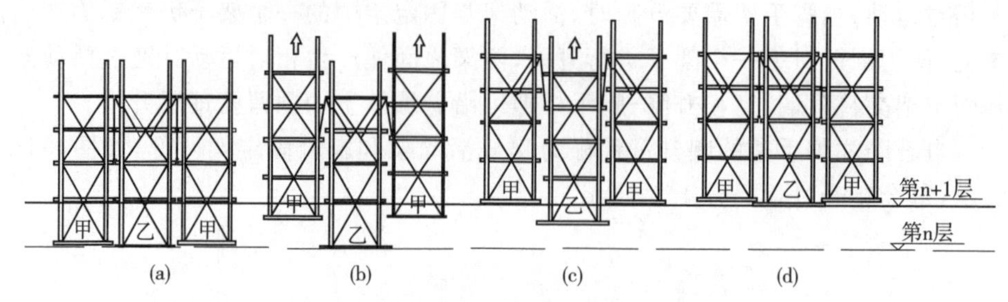

图 3-15 互升降式脚手架爬升过程

(a)第 n 层作业；(b)提升甲单元；(c)提升乙单元；(d)第 $n+1$ 层作业

(3)整体升降式脚手架

在超高层建筑的主体施工中，整体升降式脚手架有明显的优越性，它结构整体好、升降快捷方便、机械化程度高、经济效益显著，是一种很有推广使用价值的超高建(构)筑外脚手架，被建设部列入重点推广的 10 项新技术之一。

整体升降式外脚手架以电动倒链为提升机，使整个外脚手架沿建筑物外墙或柱整体向上爬升(图 3-16)。搭设高度依建筑物施工层的层高而定，一般取建筑物标准层 4 个层高加 1 步安全栏的高度为架体的总高度。脚手架为双排，宽以 0.8～1m 为宜，里排杆离建筑物净距 0.4～0.6m。脚手架的横杆和立杆间距都不宜超过 1.8m，可将 1 个标准层高分为 2 步架，以此步距为基数确定架体横、立杆的间距。

架体设计时可将架子沿建筑物外围分成若干单元，每个单元的宽度参考建筑物的开间而定，一般在 5～9m 之间。

3. 外挂式脚手架

外挂式脚手架适用于与全现浇剪力墙结构或外墙钢大模支模配合的脚手架，也适用于作为砌筑和装饰用的挂架。采用预先加工好的基本构件，如三角形支撑架，使用钢管和扣件将基本构件连接成整体钢架，通过基本构件上的悬挂件悬挂在预先埋设在墙体中的钢椎体锚固件上，或者在墙体上预先留孔，将穿墙挂钩固定在墙上，在挂钩上悬挂架体，形成支撑系统。常用的悬挂架有 3m、4.5m 和 6m 三种型号，具体构造如图 3-17 所示。外挂架需用塔吊协助翻转使用。

4. 吊篮

采用悬吊方式设置的脚手架称为“吊脚手架”，其形式有吊架和吊篮，主要用于装修和维修工程施工。由于移动式工作台的兴起，吊架已较少应用，而吊篮则已成为高层建筑外装修作业脚手架的常用形式，其技术也已发展得较为完善，如图 3-18 所示。

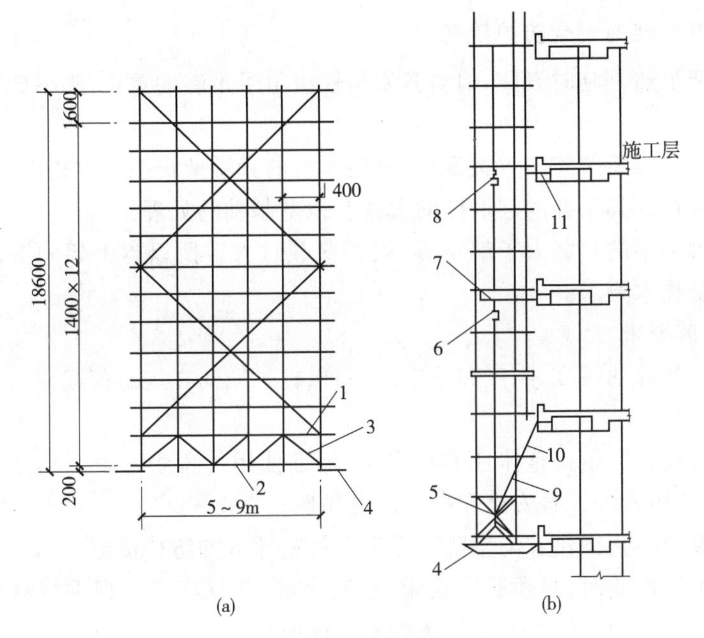

图 3-16 整体升降式脚手架

(a)立面图;(b)侧面图

1-上弦杆;2-下弦杆;3-承力桁架;4-承力架;5-斜撑;6-电动倒链;7-挑梁;8-倒链;9-花篮螺栓;10-拉杆;11-螺栓

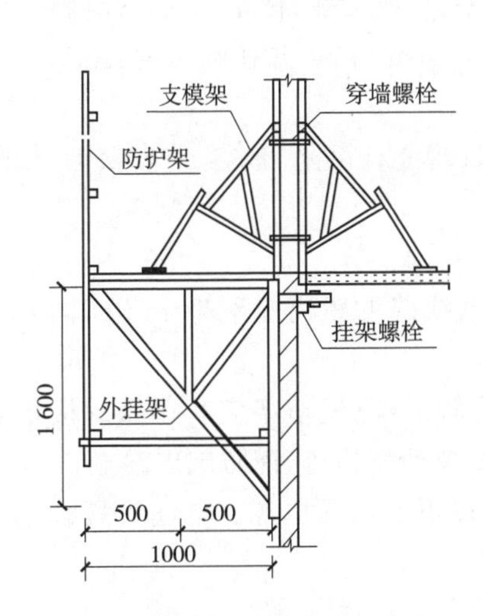

图 3-17 三角形外挂架示意图(单位:mm)

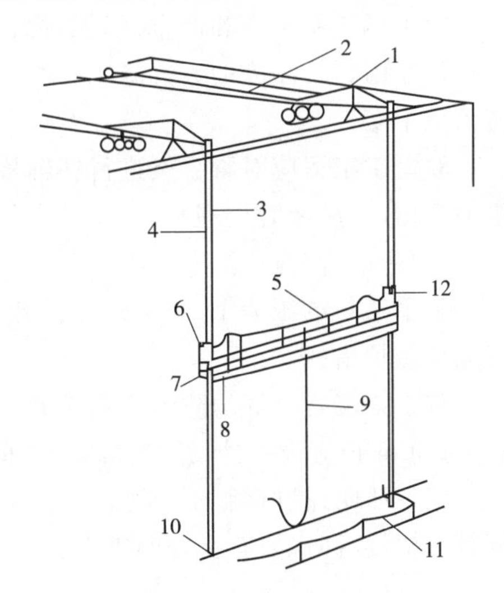

图 3-18 吊篮的设置全貌

1-悬挂机构;2-悬挂机构安全绳;3-工作钢丝绳
4-安全钢丝绳;5-安全带及安全绳;6-提升机;
7-悬吊平台;8-电器控制柜;9-供电电缆;
10-绳坠铁;11-围栏;12-安全锁

(五)脚手架的安全防护措施

脚手架虽然是临时设施,但对其安全性应给予足够的重视,脚手架不安全因素一般有:

①不重视脚手架施工方案设计,对超常规的脚手架仍按经验搭设;

②不重视外脚手架的连墙件的设置及地基基础的处理;

③对脚手架的承载力了解不够,施工荷载过大。所以脚手架的搭设应该严格遵守安全技术要求。

(1)一般要求

1)具有足够的强度、刚度和稳定性,确保施工期间在规定荷载作用下不发生破坏。

2)具有良好的结构整体性和稳定性,保证使用过程中不发生晃动、倾斜、变形,以保障使用者的人身安全和操作的可靠性。

3)应设置防止操作者高空坠落和零散材料掉落的防护措施

4)架子工作业时,必须戴安全帽、系安全带、穿软底鞋。脚手材料应堆放平稳,工具应放入工具袋内,上下传递物件不得抛掷。

5)使用脚手架时必须沿外墙设置安全网,以防材料下落伤人和高空操作人员坠落。

6)不得使用腐朽和严重开裂的竹、木脚手板,或虫蛀、枯脆、劈裂的材料。

7)在雨、雪、冰冻的天气施工,架子上要有防滑措施,并在施工前将积雪、冰渣清除干净。

8)复工工程应对脚手架进行仔细检查,发现立杆沉陷、悬空、节点松动、架子歪斜等情况,应及时处理。

(2)防电、避雷

脚手架与电压为1～20kV以下架空输电线路的距离应不小于2m,同时应有隔离防护措施。

脚手架应有良好的防电避雷装置。钢管脚手架、钢塔架应有可靠的接地装置,每50m长应设一处,经过钢脚手架的电线要严格检查,谨防破皮漏电。

施工照明通过钢脚手架时,应使用12V以下的低压电源。电动机具必须与钢脚手架接触时,要有良好的绝缘。

二、垂直运输设施

垂直运输设施为在建筑施工中担负垂直运(输)送材料设备和人员上下的机械设备和设施,它是施工技术措施中不可缺的重要环节。在砌筑施工过程中,各种材料(砖、砂浆)、工具(脚手架、脚手板)及各层楼板安装时,垂直运输量较大,都需要用垂直运输机具来完成。目前,砌筑工程中常用的垂直运输设施有塔式起重机、井字架、龙门架、独杆提升机、建筑施工电梯等。

(一)塔式起重机

塔式起重机简称塔机,亦称塔吊,是动臂装在高耸塔身上部的旋转起重机。作业空间大,主要用于房屋建筑施工中物料的垂直和水平输送及建筑构件的安装。由金属结构、工作机构和电气系统三部分组成。金属结构包括塔身、动臂和底座等。工作机构有起升、变幅、回转和行走四部分。电气系统包括电动机、控制器、配电柜、连接线路、信号及照明装置等。

塔式起重机不仅是重要的吊装设备,而且也是重要的垂直运输设备,尤其在吊运长、大、重的物料时有明显的优势,故在可能条件下宜优先选用。

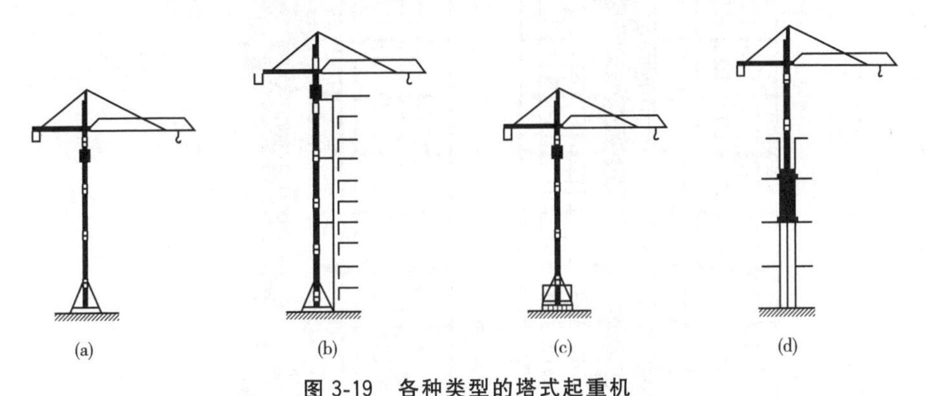

图 3-19 各种类型的塔式起重机

(a)固定式;(b)附着式;(c)轨道(行走)式;(d)爬升式

(二)施工电梯

目前,在高层建筑施工中常采用人货两用的建筑施工电梯,它的吊笼装在井架外侧,沿齿条式轨道升降,附着在外墙或其他建筑物结构上,可载重货物1.0~1.2t,亦可容纳12~15人。其高度随着建筑物主体结构施工而接高,可达100m,如图3-20所示。它特别适用于高层建筑,也可用于高大建筑、多层厂房和一般楼房施工中的垂直运输。

(三)井架

井式垂直运输架,通称井架或井字架(图3-21),是施工中最常用的、也是最为简便的垂直运输设施。它的稳定性好、运输量大,除用型钢或钢管加工的定型井架之外,还可采用许多种脚手架材料搭设起来,而且可以搭设较高的高度(达50m以上)。井架多为单孔井架,但也可构成两孔或多孔井架。井架通常带一个吊盘和起重臂,起重臂起重能力为5~10kN,吊盘起重能力为10~15kN。当搭设高度达到40m,需设缆风绳来保持井架的稳定。

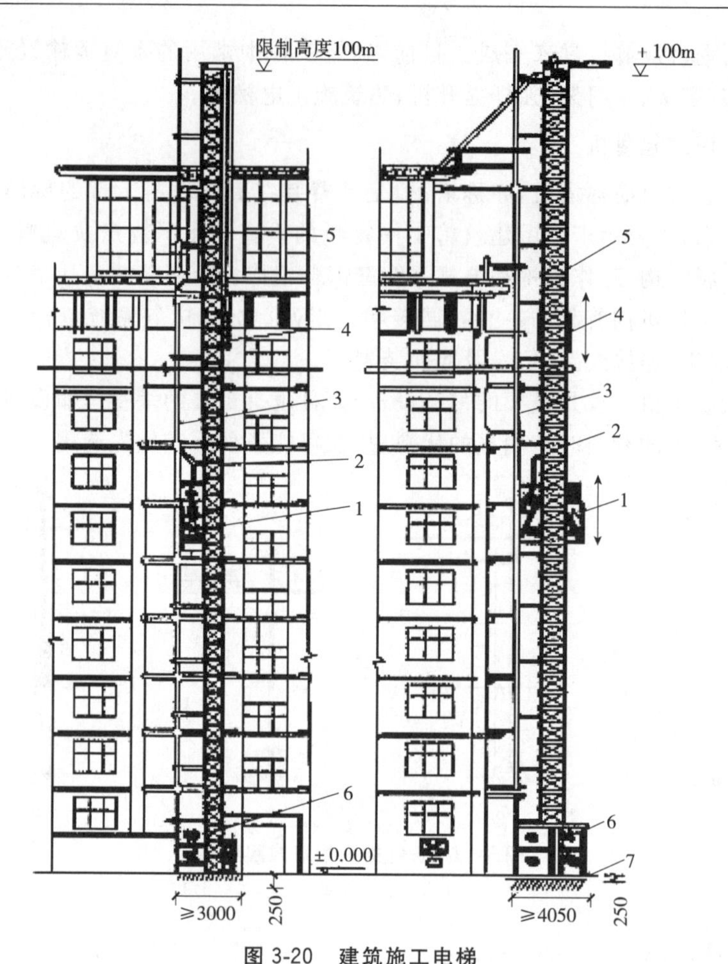

图 3-20 建筑施工电梯

1-吊笼；2-小吊杆；3-架设安装杆；4-平衡安装杆；5-导航架；6-底笼；7-混凝土基础

(四)龙门架

龙门架是由二根立杆及天轮梁(横梁)构成的门式架。在龙门架上装设滑轮(天轮及地轮)、导轨、吊盘(上料平台)、安全装置以及起重索、缆风绳等即构成一个完整的垂直运输体系，普通龙门架的基本构造形式如图 3-22 所示。龙门架构造简单、制作容易、用材少、拆装方便，但刚度和稳定性较差，一般适用于小型工程。

(五)垂直运输设施的设置要求

垂直运输设施的设置一般应根据现场施工条件满足以下一些基本要求。

1. 覆盖面和供应面

塔吊的覆盖面是指以塔吊的起重幅度为半径的圆形吊运覆盖面积。垂直

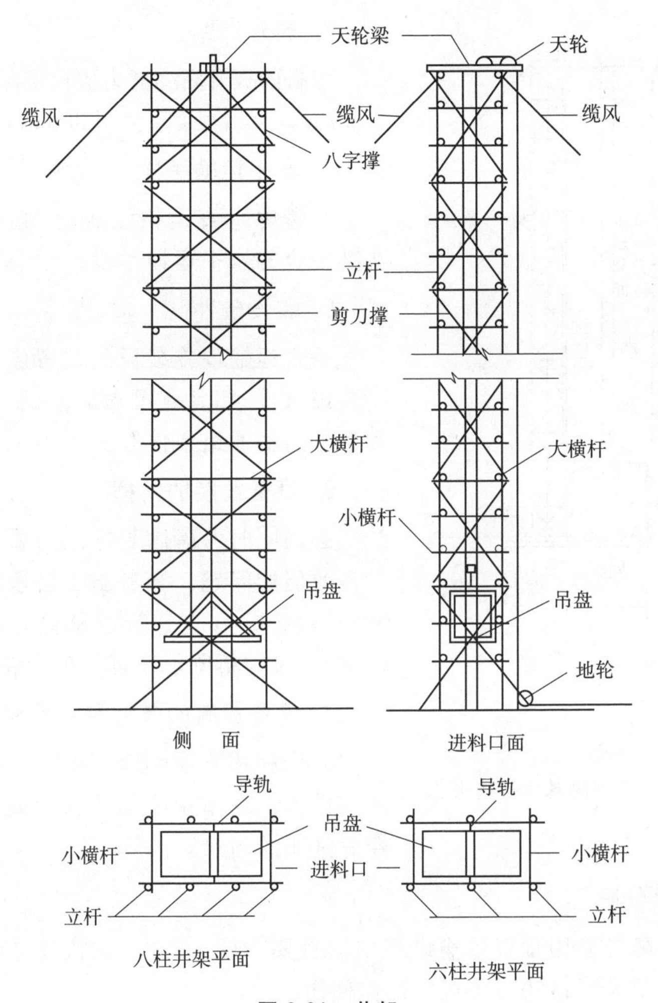

图 3-21　井架

运输设施的供应面是指借助于水平运输手段(手推车等)所能达到的供应范围。建筑工程全部的作业面应处于垂直运输设施的覆盖面和供应面的范围之内。

2. **供应能力**

塔吊的供应能力等于吊次乘以吊量(每次吊运材料的体积、重量或件数,其他垂直运输设施的供应能力等于运次乘以运量,运次应取垂直运输设施和与其配合的水平运输机具中的低值。另外,还需乘以 0.5～0.75 的折减系数,以考虑由于难以避免的因素对供应能力的影响(如机械设备故障等)。垂直运输设备的供应能力应能满足高峰工作 1d 量的需要。

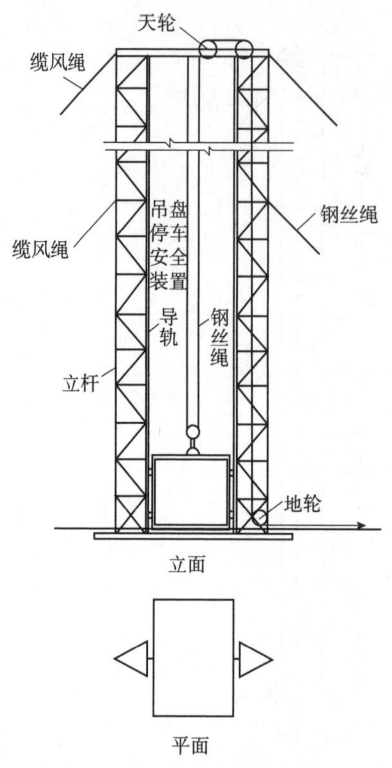

图 3-22　龙门架的基本构造形式

3. **提升高度**

设备的提升高度能力应比实际需要的升运高度高，其高出程度不少于 3m，以确保安全。

4. **水平运输手段**

在考虑垂直运输设施时，必须同时考虑与其配合的水平运输手段。

5. **装设条件**

垂直运输设施装设的位置应具有相适应的装设条件，如具有可靠的基础、与结构拉结和水平运输通道条件等。

6. **设备效能的发挥**

必须同时考虑满足施工需要和充分发挥设备效能的问题。当各施工阶段的垂直运输量相差悬殊时，应分阶段设置和调整垂直运输设备，及时拆除已不需要的设备。

7. **设备拥有的条件和今后利用问题**

充分利用现有设备，必要时添置或加工新的设备。在添置或加工新的设备时应考虑今后利用的前景。

8. **安全保障**

安全保障是使用垂直运输设施中的首要问题，必须引起高度重视。所有垂直运输设备都要严格按有关规定操作使用。

(六)垂直运输设施的安全保障措施

安全保障是使用垂直运输设施中的首要问题，必须按以下方面严格做好：

(1)首次试制加工的垂直运输设备，需经过严格的荷载和安全装置性能试验，确保达到设计要求(包括安全要求)后才能投入使用。

(2)设备应装设在可靠的基础和轨道上。基础应具有足够的承载力和稳定性，并设有良好的排水措施。

(3)设备在使用以前必须进行全面的检查和维修保养，确保设备完好。未经检修保养的设备不能使用。

(4)严格遵照设备的安装程序和规定进行设备的安装(搭设)和接高工作。初次使用的设备，工程条件不能完全符合安装要求的，以及在较为复杂和困难的条件下，应制定详细的安装措施，并按措施的规定进行安装。

(5)确保架设过程中的安全，注意事项为：①高空作业人员必须佩戴安全带；②按规定及时设置临时支撑、缆绳或附墙拉结装置；③在统一指挥下作业；④在安装区域内停止进行有碍确保架设安全的其他作业。

(6)设备安装完毕后，应全面检查安装(搭设)的质量是否符合要求，并及时解决存在的问题。随后进行空载和负载试运行，判断试运行情况是否正常，吊索、吊具、吊盘、安全保险以及刹车装置等是否可靠。都无问题时才能交付使用。

(7)进出料口之间的安全设施：垂直运输设施的出料口与建筑结构的进料口之间，根据其距离的大小设置铺板或栈桥通道，通道两侧设护栏。建筑物入料口设栏杆门，小车通过之后应及时关上。

(8)设备应由专门的人员操纵和管理。严禁违章作业和超载使用。设备出现故障或运转不正常时应立即停止使用，并及时予以解决。

(9)位于机外的卷扬机应设置安全作业棚。操作人员的视线不得受到遮挡。当作业层较高，观测和对话困难时，应采取可靠的解决方法，如增加卷扬定位装置、对讲设备或多级联络办法等。

(10)作业区域内的高压线一般应予拆除或改线，不能拆除时，应与其保持安全作业距离。

(11)使用完毕，按规定程序和要求进行拆除工作。

第二节 砌 筑 材 料

一、砌块材料

砌块材料主要包括砖、石材及砌块等。

(一)砖

1. 砌筑用砖的种类

砌筑用砖有烧结普通砖、蒸压灰砂砖、烧结多孔砖、烧结空心砖、粉煤灰砖及非烧结普通黏土砖等。

(1)烧结普通砖

烧结普通砖是以黏土、页岩、煤矸石等为主要原料，经胚料制备，入窑焙烧而成的实心砖。

(2)蒸压灰砂砖

蒸压灰砂砖是以石灰和砂为主要原料，经胚料制备、压制成型，高压蒸汽养护而成的实心砖。其强度等级有 MU10、MU15、MU20、MU25 四个等级。砖的规格为 240mm×115mm×53mm。

(3)烧结多孔砖

烧结多孔砖是以黏土、页岩、煤矸石等为主要原料,经胚料制备,入窑焙烧而成的,有许多小圆孔。其强度等级有 MU7.5、MU10、MU15、MU20、MU25、MU30 六个等级。砖的规格有 190mm×190mm×90mm 及 240mm×115mm×90mm。多孔砖孔洞率等于或大于 15%,常用于承重部位,砌筑时砖的孔洞呈垂直方向。

(4)烧结空心砖

烧结空心砖是以黏土、页岩、煤矸石等为主要原料,经胚料制备,入窑焙烧而成的,有少量大方孔。其强度等级有 MU2、MU3、MU5 三个等级。常有规格为 290mm×190mm×90mm 及 290mm×290mm×190mm 等。空心砖孔洞率等于或大于 35%,常用于非承重部位,砌筑时砖的孔洞呈水平方向。

(5)粉煤灰砖

粉煤灰砖是以粉煤灰、石灰为主要原料,经胚料制备、压制成型,高压或常压,蒸汽养护而成的实心砖。其强度等级有 MU7.5、MU10、MU15、MU20 四个等级。砖的规格为 240mm×115mm×53mm。

(6)非烧结普通黏土砖

非烧结普通黏土砖简称免烧砖,是以黏土为主要原料,经粉碎、搅拌、压制成型,自然养护而成的实心砖,其强度等级有 MU7.5、MU10、MU15 三个等级。砖的规格为 240mm×115mm×53mm。

2. 砌筑用砖的准备

(1)选砖:砖的品种、强度等级必须符合设计要求,并应规格一致;用于清水墙、柱表面的砖,外观要求应尺寸准确、边角整齐、色泽均匀、无裂纹、掉角、缺棱和翘曲等严重现象。

(2)砖浇水:为避免砖吸收砂浆中过多的水分而影响黏结力,砖应提前 1~2d 浇水湿润,并可除去砖面上的粉末。烧结普通砖含水率宜为 10%~15%,但浇水过多会产生砌体走样或滑动。气候干燥时,石料亦应先洒水润湿。但灰砂砖、粉煤灰砖不宜浇水过多,其含水率控制在 5%~8%为宜。

(二)砌块

砌块是砌筑用的人造块材,是一种新型墙体材料,外形多为直角六面体,也有各种异型体砌块。砌块系列中主要规格的长度、宽度、或高度有一项或一项以上分别超过 365mm、240mm 或 115mm,但砌块高度一般不大于长度或宽度的 6 倍,长度不超过高度的 3 倍。

1. 砌块的种类

砌块按尺寸和质量的大小不同分为小型砌块、中型砌块和大型砌块。砌块系列中主规格的高度大于115mm而小于380mm的称作小型砌块,高度为380～980mm称为中型砌块,高度大于980mm的称为大型砌块,使用中以中小型砌块居多。

砌块按外观形状可以分为实心砌块和空心砌块。空心砌块有单排方孔、单排圆孔和多排扁孔三种形式,其中多排扁孔对保温较有利。按砌块在组砌中的位置与作用可以分为主砌块和各种辅助砌块。

根据材料不同,常用的砌块有普通混凝土与装饰混凝土小型空心砌块、轻集料混凝土小型空心砌块、粉煤灰小型空心砌块、蒸汽加气混凝土砌块、免蒸加气混凝土砌块(又称环保轻质混凝土砌块)和石膏砌块。吸水率较大的砌块不能用于长期浸水、经常受干湿交替或冻融循环的建筑部位。

2. 砌块的规格

砌块的规格、型号与建筑的层高、开间和进深有关。由于建筑的功能要求、平面布置和立面体型各不相同,这就必须选择一组符合统一模数的标准砌块,以适应不同建筑平面变化。

由于砌块的规格、型号的多少与砌块幅面尺寸的大小有关,砌块幅面尺寸大,规格、型号就多,砌块幅面尺寸小,规格、型号就少,因此,合理地制定砌块的规格,有助于促进砌块生产的发展,加速施工进度,保证工程质量。

普通混凝土小型空心砌块主规格尺寸为390mm×190mm×190mm,辅助规格尺寸为290mm×190mm×190mm。

3. 砌块的等级

普通混凝土小型空心砌块按其强度分为MU3.5、MU5、MU7.5、MU10、MU15、MU20。

轻骨料混凝土小型空心砌块按其强度分为MU1.5、MU2.5、MU3.5、MU5、MU7.5、MU10。

(三)石材

1. 石的分类

砌筑用石分为毛石和料石两类。

毛石未经加工,厚≮150mm,体积≮0.01m³,分为刮毛石和平毛石。刮毛石是指形状不规则的石块;平毛石是指形状不规则,但有两个平面大致平行的石块。

料石经加工,外观规矩,尺寸均≥200mm,按其加工面的平整程度分为细料石、半细料石、粗料石和毛料石四种。

石料按其质量密度大小分为轻石和重石两类：质量密度不大于 18kN/m^3 者为轻石，质量密度大于 18kN/m^3 者为重石。

2. 石的等级

根据石料的抗压强度值，将石料分为 MU10、MU15、MU20、MU30、MU40、MU50、MU60、MU80、MU100 九个强度等级。

二、砌筑砂浆

将砖、石、砌块等黏结成为砌体的砂浆称为砌筑砂浆。它起着传递荷载的作用，是砌体的重要组成部分。砌筑所用砂浆的强度等级有 MU20、MU15、MU10、MU7.5、MU5 和 MU2.5 六种。

1. 砌筑砂浆的种类

砌筑砂浆有水泥砂浆、石灰砂浆和混合砂浆。水泥砂浆宜用于砌筑潮湿环境以及强度要求较高的砌体；水泥石灰砂浆宜用于砌筑干燥环境中的砌体；多层房屋的墙一般采用强度等级为 M5 的水泥石灰砂浆；砖柱、砖拱、钢筋砖过梁等一般采用强度等级为 M5～M10 的水泥砂浆；砖基础一般采用不低于 M5 的水泥砂浆；低层房屋或平房可采用石灰砂浆；简易房屋可采用石灰黏土砂浆。

2. 砌筑砂浆的原材料

(1)水泥

水泥是砂浆的主要胶凝材料，常用的水泥品种有普通水泥、矿渣水泥、火山灰水泥、粉煤灰水泥和复合水泥等，具有可根据设计要求、砌筑部位及所处的环境条件选择适宜的水泥品种。选择中低强的水泥即能满足要求。水泥砂浆采用的水泥，其强度等级不宜大于 32.5 级；水泥混合砂浆采用的水泥，其强度等级不宜大于 42.5 级。如果水泥强度等级过高，则可加些混合材料。对于一些特殊用途，如配置构件的接头、接缝或用于结构加固、修补裂缝，应采用膨胀水泥。

水泥进场使用前，应分批对其强度和安定性进行复验。检验批应以同一生产厂家、同一编号为一批。当在使用中对水泥质量有怀疑或水泥出厂超过 3 个月(快硬硅酸盐水泥超过一个月)时，应复查试验，并按其结果使用。不同品种的水泥，不得混合使用。

(2)砂

砂浆用砂的含泥量应满足下列要求：对水泥砂浆和强度等级不小于 M5 的水泥混合砂浆，不应超过 5％；对强度等级小于 M5 的水泥混合砂浆，不应超过 10％；人工砂、山砂及特细砂，应经试配能满足砌筑砂浆技术条件要求。

(3)水

砂浆拌合用水与混凝土拌合水的要求相同,应选用无有害杂质的洁净水来拌制砂浆。

(4)掺合料

为改善砂浆的和易性,节约水泥用量,常掺入一定的掺加料,如石灰膏、黏土膏、电石膏、粉煤灰、石膏等,其掺量应符合相关的规定。

(5)外加剂

砂浆中常用的外加剂有引气剂、早强剂、缓凝剂及其防冻剂等,其掺量应经检验和试配符合要求后,方可使用。

3. 砌筑砂浆制备

砂浆稠度应符合表3-4规定。

表3-4 砌筑砂浆稠度

砌体种类	砂浆的稠度(mm)
烧结普通砖砌体	70～90
轻骨料混凝土小型空心砌块砌体	60～90
烧结多孔砖、空心砖砌体	60～80
烧结普通砖平拱式过梁、空斗墙、普通混凝土小型空心砌块砌体、加气混凝土砌块砌体	50～70
石砌体	30～50

砌筑砂浆应通过试配确定配合比。当砌筑砂浆的组成材料有变更时,其配合比应重新确定。

砌筑砂浆应采用砂浆搅拌机进行拌制。砂浆搅拌机可选用活门卸料式、倾翻卸料式或立式,其出料容量常用200L。搅拌时间从投料完成算起,应符合下列规定:

(1)水泥砂浆和水泥混合砂浆,不得小于2min。

(2)水泥粉煤灰砂浆和掺用外加剂的砂浆,不得小于3min。

(3)掺用有机塑化剂的砂浆,应为3～5min。

拌制水泥砂浆,应先将砂与水泥干拌均匀,再加水拌和均匀。

拌制水泥混合砂浆,应先将砂与水泥干拌均匀,再加掺和料(石灰膏、黏土膏)和水拌和均匀。

掺用外加剂时,应先将外加剂按规定浓度溶于水中,在拌合水投入时投入外加剂溶液,外加剂不得直接投入拌制的砂浆中。

砂浆拌成后和使用时，均应盛入贮灰器中。如灰浆出现泌水现象，应在砌筑前再次拌和。

4. 砂浆强度检验

砌筑砂浆试块强度验收时，其强度合格标准必须符合下列规定：

(1)同一验收批砂浆试块抗压强度平均值必须大于或等于设计强度等级所对应的立方体抗压强度；

(2)同一验收批砂浆试块抗压强度的最小一组平均值必须大于或等于设计强度等级所对应的立方体抗压强度的 0.75 倍。

(3)砂浆强度应以标准养护龄期为 28d 的试块抗压试验结果为准。

(4)抽检数量：每一检验批且不超过 $250m^3$ 砌体中的各种类型及强度等级的砌筑砂浆，每台搅拌机应至少抽查一次。

检验方法：在砂浆搅拌机出料口随机取样制作砂浆试块(同盘砂浆只应制作一组试块)，最后检查试块强度试验报告单。

5. 砂浆的运输

砂浆应随拌随用。水泥砂浆和水泥混合砂浆必须分别在拌成后 3h 和 4h 内使用完毕；当施工期间最高气温超过 30℃时，必须分别在拌成后 2h 和 3h 内使用完毕。对掺用缓凝剂的砂浆，其使用时间可根据具体情况延长。所以对砂浆运输机械的选择，必须能保证运输时间上满足上述条件。

常用的垂直运输机械有塔式起重机、井架、龙门架和施工电梯等。

常用的水平运输机械除塔式起重机外，还有双轮手推车、机动翻斗车等。

第三节 砖、石砌体

一、砖砌体施工

(一)组砌形式

砖墙砌筑时应上下错缝，内外搭接，以保证砌体的整体性，同时组砌要有规律，少砍砖，以提高砌筑效率，节约材料。

砖墙根据其厚度不同，可采用全顺、两平一侧、全丁、一顺一丁、梅花丁或三顺一丁的砌筑形式，如图 3-23 所示。

全顺：各皮砖均顺砌，上下皮垂直灰缝相互错开半砖长(120mm)，适合砌半砖厚(115mm)墙。

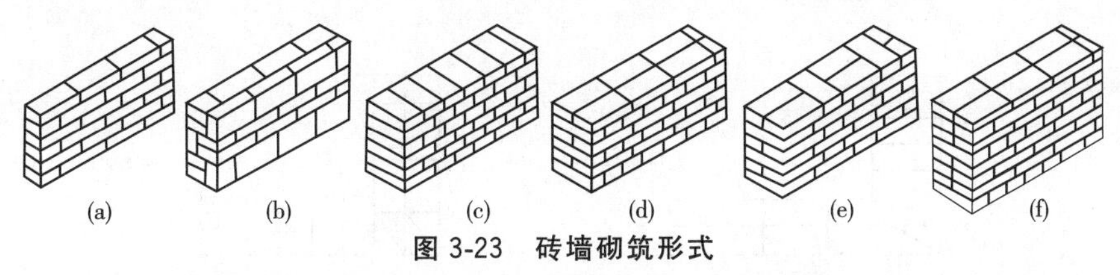

图 3-23　砖墙砌筑形式

(a)全顺；(b)两平一侧；(c)全丁；(d)一顺一丁；(e)梅花丁；(f)三顺一丁

两平一侧：两皮顺砖与一皮侧砖相间，上下皮垂直灰缝相互错开 1/4 砖长(60mm)以上，适合砌 3/4 砖厚(178mm)墙。

全丁：各皮砖均丁砌，上下皮垂直灰缝相互错开 1/4 砖长，适合砌一砖厚(240mm)墙。

一顺一丁：一皮顺砖与一皮丁砖相间，上下皮垂直灰缝相互错开 1/4 砖长，适合砌一砖及一砖以上厚墙。

梅花丁：同皮中顺砖与丁砖相间，丁砖的上下均为顺砖，并位于顺砖中间，上下皮垂直灰缝相互错开 1/4 砖长，适合砌一砖厚墙。

三顺一丁：三皮顺砖与一皮丁砖相间，顺砖与顺砖上下皮垂直灰缝相互错开 1/2 砖长；顺砖与丁砖上下皮垂直灰缝相互错开 1/4 砖长。适合砌一砖及一砖以上厚墙。

一砖厚承重墙的每层墙的最上一皮砖、砖墙的阶台水平面上及挑出层，应整砖丁砌。

砖墙的转角处、交接处，为错缝需要加砌配砖。

当采用一顺一丁组砌时，七分头的顺面方向依次砌顺砖，丁面方向依次砌丁砖，如图 3-24(a)所示。

砖墙的丁字接头处，应分皮相互砌通，内角相交处的竖缝应错开 1/4 砖长，并在横墙端头处加砌七分头砖，如图 3-24(b)所示。

砖墙的十字接头处，应分皮相互砌通，立角处的竖缝相互错开 1/4 砖长，如图 3-24(c)所示。

砖墙的水平灰缝厚度和垂直灰缝宽度宜为 10mm，但不应小于 8mm，也不应大于 12mm。

砖墙的水平灰缝砂浆饱满度不得小于 80%；垂直灰缝宜采用挤浆或加浆方法，不得出现透明缝、瞎缝和假缝。

在墙上留置临时施工洞口，其侧边离交接处墙面不应小于 500mm，洞口净宽度不应超过 1m。临时施工洞口应做好补砌。

不得在下列墙体或部位设置脚手眼：

(1)半砖厚墙；

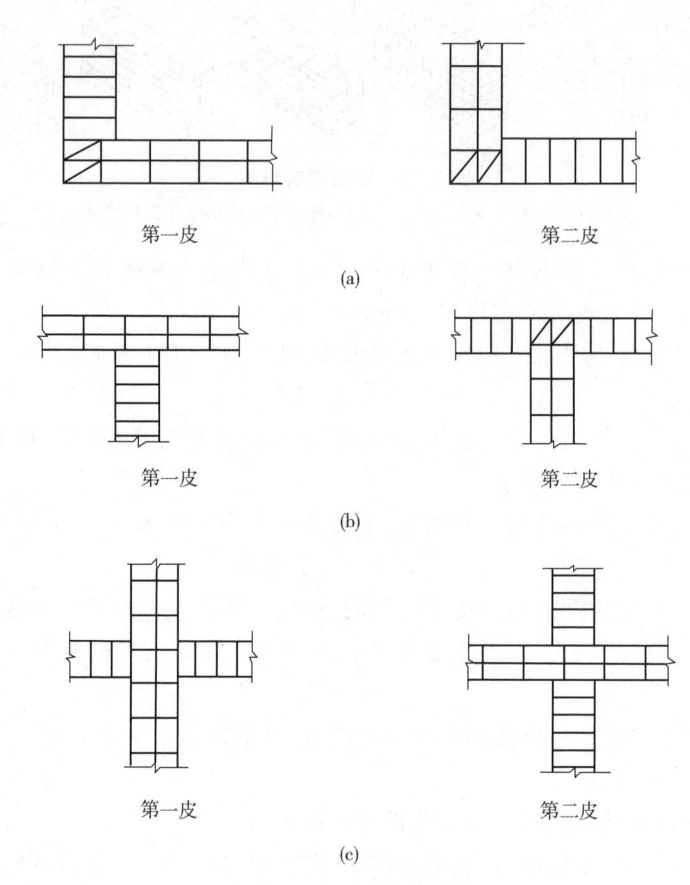

图 3-24 砖墙交接处组砌

(a)一砖墙转角(一顺一丁);(b)一砖墙丁字交接处(一顺一丁);(c)一砖墙十字交接处(一顺一丁)

(2)过梁上与过梁成60°角的三角形范围及过梁净跨度1/2的高度范围内；

(3)宽度小于1m的窗间墙；

(4)墙体门窗洞口两侧200mm和转角处450mm范围内；

(5)梁或梁垫下及其左右500mm范围内；

(6)设计不允许设置脚手眼的部位。

施工脚手眼补砌时,灰缝应填满砂浆,不得用干砖填塞。

设计要求的洞口、管道、沟槽应于砌筑时正确留出或预埋,未经设计同意,不得打凿墙体和墙体上开凿水平沟槽。宽度超过300mm的洞口上部,应设置过梁。

砖墙每日砌筑高度不得超过1.8m。

砖墙工作段的分段位置,宜设在变形缝、构造柱或门窗洞口处;相邻工作段的砌筑高度不得超过一个楼层高度,也不宜大于4m。

(二)砌筑工艺

砖砌体施工通常包括抄平、放线、摆砖、立皮数杆、挂线、砌砖、勾缝和清理等工序。

1. 抄平

砌墙前应在基础防潮层或楼面上定出各层标高，并用 M7.5 水泥砂浆或 C10 细石混凝土找平，使各段砖墙底部标高符合设计要求。

2. 放线

确定各段墙体砌筑的位置。根据轴线桩或龙门板上给定的轴线及图纸上标注的墙体尺寸，在基础顶面上用墨线弹出墙的轴线和宽度线，并定出门洞口位置线。二层以上墙的轴线可以用经纬仪或锤球引上。

3. 摆砖

摆砖是指在放线的基面上按选定的组砌方式用干砖试摆。摆砖的目的是核对所放的墨线在门窗洞口、附墙垛等处是否符合砖的模数，以尽可能减少砍砖，并使砌体灰缝均匀、整齐，同时可提高砌筑的效率。

4. 立皮数杆

皮数杆是指在其上画有每皮砖和砖缝厚度以及门窗洞口、过梁、楼板、梁底、预埋件等标高位置的一种木制标杆，如图 3-25所示。其作用是砌筑时控制砌体竖向尺寸的准确度，同时保证砌体的垂直度。

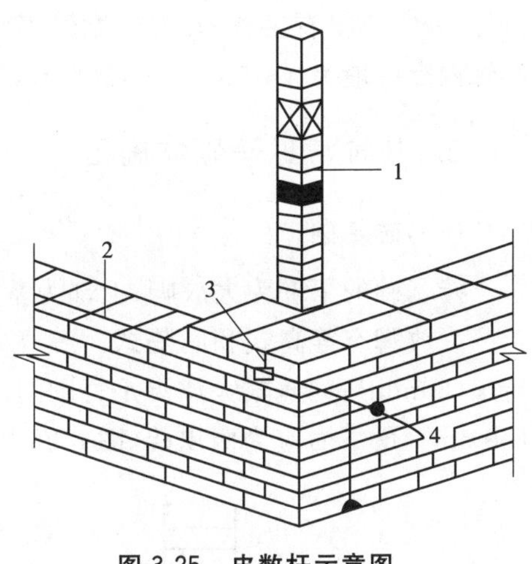

图 3-25　皮数杆示意图

1-皮数杆；2-准线；3-竹片；4-圆铁钉

皮数杆一般立于房屋的四大角、内外墙交接处、楼梯间以及洞口多之处。砌体较长时，可每隔 10～15m 增设一根。皮数杆固定时，应用水准仪抄平，并用钢尺量出楼层高度，定出本楼层楼面标高，使皮数杆上所画室内地面标高与设计要求标高一致。

5. 挂线

为保证砌体垂直平整，砌筑时必须挂通线，一般二四墙可单面挂线，三七墙及三七墙以上的墙则应双面线。

6. 砌砖

砌砖的操作方法很多，常用的是“三一”砌砖法、挤浆法和满口灰法等。

(1)“三一”砌砖法:即一块砖、一铲灰、一揉压并随手将挤出的砂浆刮去的砌筑方法。这种砌法的优点是:灰缝容易饱满,黏结性好,墙面整洁。故实心砖砌体宜采用“三一”砌砖法。

(2)挤浆法:即用灰勺、大铲或铺灰器在墙顶上铺一段砂浆,然后双手拿砖或单手拿砖,用砖挤入砂浆中一定厚度后把砖放平,达到下齐边、上齐线、横平竖直的要求。这种砌法的优点是:可以连续挤砌几块砖,减少繁琐的动作;平推平挤可使灰缝饱满、效率高。操作时铺浆长度不得超过750mm;气温超过30℃时,铺浆长度不得超过500mm。

(3)满口灰法:是将砂浆满口刮满在砖面和砖棱上,随即砌筑的方法。其优点是:砌筑质量好。但效率较低,仅适用于砌筑砖墙的特殊部位,如保温墙、烟筒等。

砌砖时,通常先在墙角以皮数杆进行盘角。盘角又称立头角,是指在砌墙时先砌墙角,每次盘角不得超过5皮砖,然后从墙角处拉准线,再按准线砌中间的墙。砌筑过程中应三皮一吊、五皮一靠,以保证墙面横平竖直。

7. 勾缝、清理

清水墙砌完后,要进行墙面修正及勾缝。墙面勾缝应横平竖直,深浅一致,搭接平整,不得有丢缝、开裂和黏结不牢等现象。砖墙勾缝宜采用凹缝或平缝,凹缝深度一般为4～5mm。勾缝完毕后,应进行落地灰的清理。

二、几种常见砖砌体施工

(一)砖基础

砖基础的下部为大放脚、上部为基础墙。

大放脚有等高式和间隔式。等高式大放脚是每砌两皮砖,两边各收进1/4砖长(60mm);间隔式大放脚是每砌两皮砖及一皮砖,轮流两边各收进1/4砖长(60mm),最下面应为两皮砖(图3-26)。

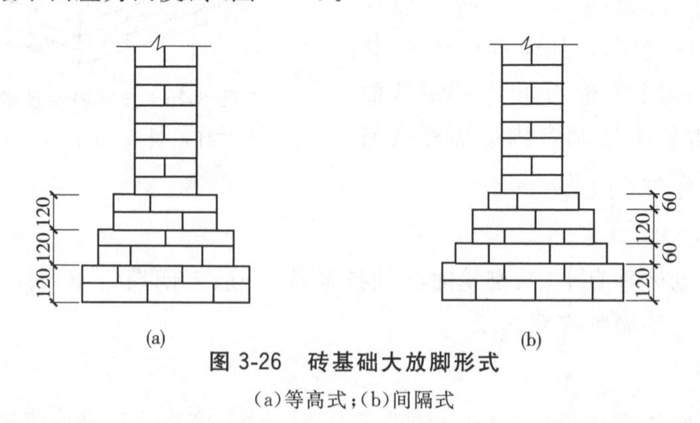

图3-26 砖基础大放脚形式

(a)等高式;(b)间隔式

等高式大放脚是两皮一收，两边各收进 1/4 砖长；不等高大放脚是两皮一收和一皮一收相间隔，两边各收进 1/4 砖长。

大放脚一般采用一顺一丁砌法，上下皮垂直灰缝相互错开 60mm。

砖基础的转角处、交接处，为错缝需要应加砌配砖(3/4 砖、半砖或 1/4 砖)。在这些交接处，纵横墙要隔皮砌通；大放脚的最下一皮及每层的最上一皮应以丁砌为主。

底宽为 2 砖半等高式砖基础大防脚转角处分皮砌法如图 3-27 所示。

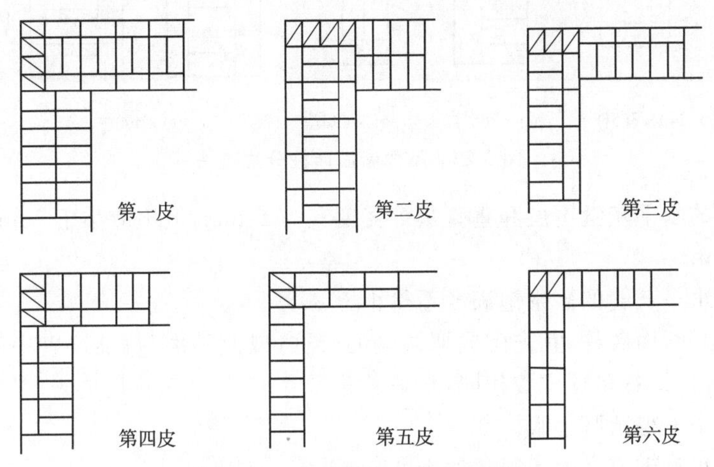

图 3-27 大放脚转角处分皮砌法

砖基础的水平灰缝厚度和垂直灰缝宽度宜为 10mm。水平灰缝的砂浆饱满度不得小于 80%。

砖基础底标高不同时，应从低处砌起，并应由高处向低处搭砌，当设计无要求时，搭砌长度不应小于砖基础大放脚的高度(图 3-28)。

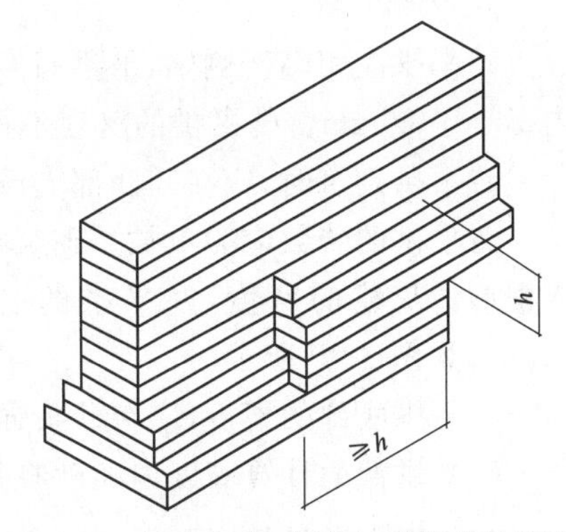

图 3-28 基底标高不同时，砖基础的搭砌

砖基础的转角处和交接处应同时砌筑，当不能同时砌筑时，应留置斜槎。

基础墙的防潮层，当设计无具体要求，宜用 1∶2 水泥砂浆加适量防水剂铺设，其厚度宜为 20mm。防潮层位置宜在室内地面标高以下一皮砖处。

(二)砖柱

砖柱应选用整砖砌筑。

砖柱断面宜为方形或矩形。最小断面尺寸为 240mm×365mm。

砖柱砌筑应保证砖柱外表面上下皮垂直灰缝相互错开 1/4 砖长，砖柱内部少通缝，为错缝需要应加砌配砖，不得采用包心砌法。

图 3-29 所示是几种断面的砖柱分皮砌法。

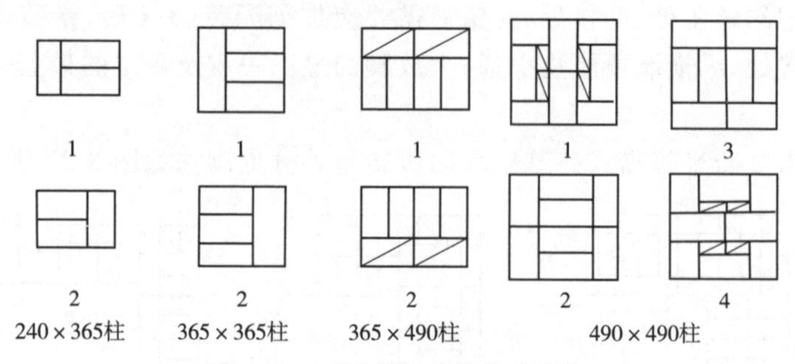

图 3-29 不同断面砖柱分皮砌法

砖柱的水平灰缝厚度和垂直灰缝宽度宜为 10mm，但不应小于 8mm，也不应大于 12mm。

砖柱水平灰缝的砂浆饱满度不得小于 80%。

成排同断面砖柱，宜先砌成那两端的砖柱，以此为准，拉准线砌中间部分砖柱，这样可保证各砖柱皮数相同，水平灰缝厚度相同。

砖柱中不得留脚手眼。

砖柱每日砌筑高度不得超过 1.8m。

(三)砖平拱

砖平拱应用整砖侧砌，平拱高度不小于砖长(240mm)。拱脚下面应伸入墙内不小于 20mm。砖平拱的跨度不得超过 1.2m。

砖平拱砌筑时，应在其底部支设模板，模板中央应有 1%的起拱。

砖平拱的砖数应为单数。砌筑时应从平拱两端同时向中间进行。灰缝应砌成楔形。灰缝的宽度，在平拱的底面不应小于 5mm，在平拱顶面不应大于 15mm，如图 3-30 所示。

砖平拱底部的模板，应在砂浆强度不低于设计强度 50%时，方可拆除。

砖平拱截面计算高度内的砂浆强度等级不宜低于 M5。

(四)钢筋砖过梁

钢筋砖过梁的底面为砂浆层，砂浆层厚度不宜小于 30mm。砂浆层中应配置钢筋，钢筋直径不应小于 5mm，其间距不宜大于 120mm，钢筋两端伸入墙体内的长度不宜小于 250mm，并有向上的直角弯钩如图 3-31 所示。

钢筋砖过梁砌筑前，应先支设模板，模板中央应略有起拱。砌筑时，宜先铺 15mm 厚的砂浆层，把钢筋放在砂浆层上，使其弯钩向上，然后再铺 15mm 砂浆

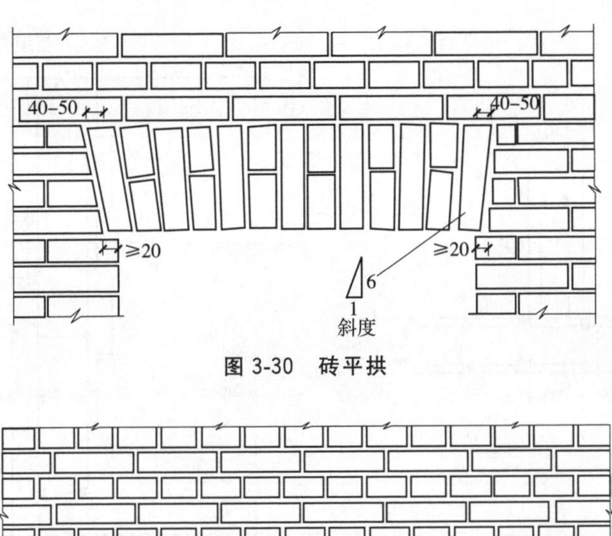

图 3-30　砖平拱

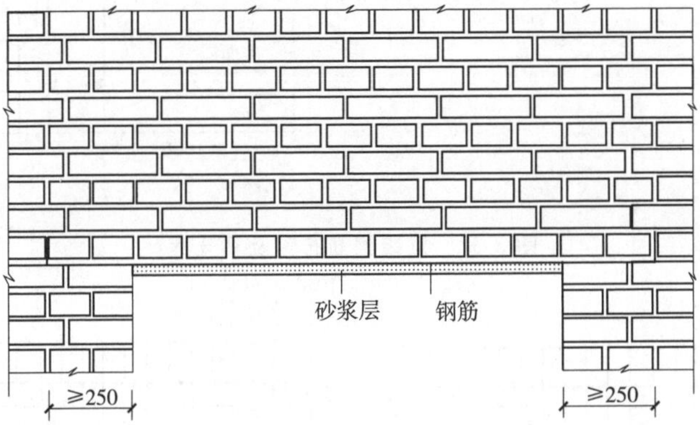

图 3-31　钢筋砖过梁

层，使钢筋位于 30mm 厚的砂浆层中间。之后，按墙体砌筑形式与墙体同时砌砖。

钢筋砖过梁截面计算高度内(7 皮砖高)的砂浆强度不宜低于 M5，钢筋砖过梁的跨度不应超过 1.5m。钢筋砖过梁底部的模板，应在砂浆强度不低于设计强度 50%时，方可拆除。

(五)构造柱

设有钢筋混凝土构造柱的墙体，应先绑扎构造柱钢筋，然后砌砖墙，最后支模浇注混凝土。砖墙应砌成马牙槎(五退五进，先退后进)，墙与柱应沿高度方向每 500mm 设 2 ϕ 6 水平拉结筋，每边伸入墙内不应少于 1m 如图 3-32 所示。

(六)砖垛

砖垛应与所附砖墙同时砌起，垛最小断面尺寸为 120mm×240mm，应隔皮与砖墙搭砌，搭砌长度应不小于 1/4 砖长，外表面上下皮垂直灰缝应相互错开 1/2 砖长，砖垛内部应尽量少通缝，为错缝需要加砌配砖。图 3-33 所示的是一砖半厚墙附 120mm×490mm 砖垛和附 240mm×365mm 砖垛的分皮砌法。

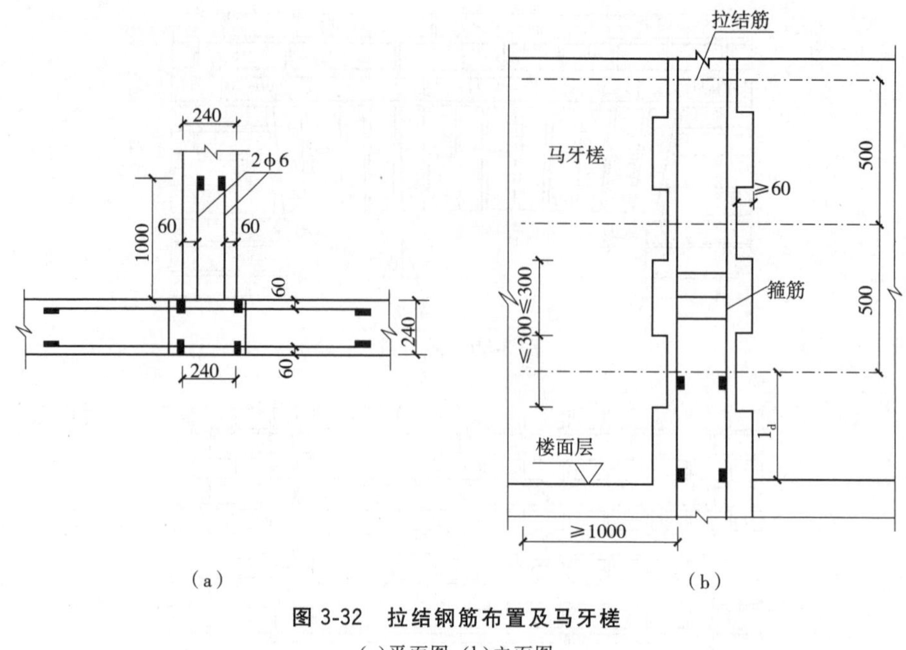

(a) (b)

图 3-32 拉结钢筋布置及马牙槎

(a)平面图；(b)立面图

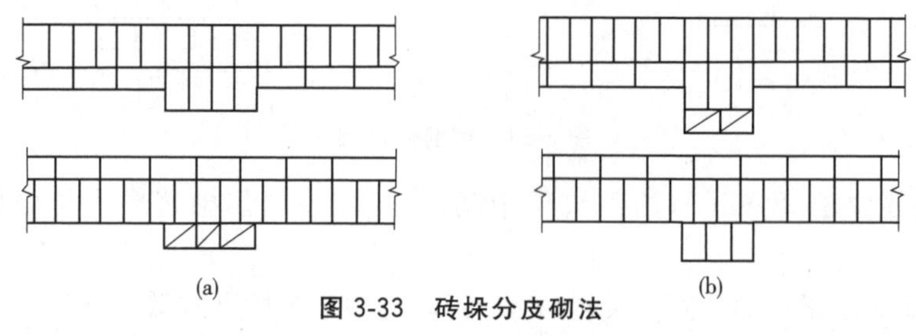
(a) (b)

图 3-33 砖垛分皮砌法

(a)120mm×490mm 垛；(b)240mm×365mm 垛

三、石砌体

(一)石基础

1. 毛石基础

毛石基础按其剖面形式有阶梯形、梯形和矩形三种，如图 3-34 所示。

一般情况，阶梯形剖面是每砌 300～500mm 高后收退一个台阶，收退几次后，达到基础顶面宽度为止，基础上部宽一般应比墙厚大 200mm 以上。毛石的形状不规整，不易砌平，为保证毛石基础的整体刚度和传力均匀，每一台阶应不少于 2～3 皮毛石，每阶伸出宽度宜大于 200mm；梯形剖面是上窄下宽，由下往上逐步收小尺寸；矩形剖面为满槽装毛石，上下一样宽。毛石基础的标高一般砌到室内地坪以下 50mm，基础顶面宽度不应小于 400mm。

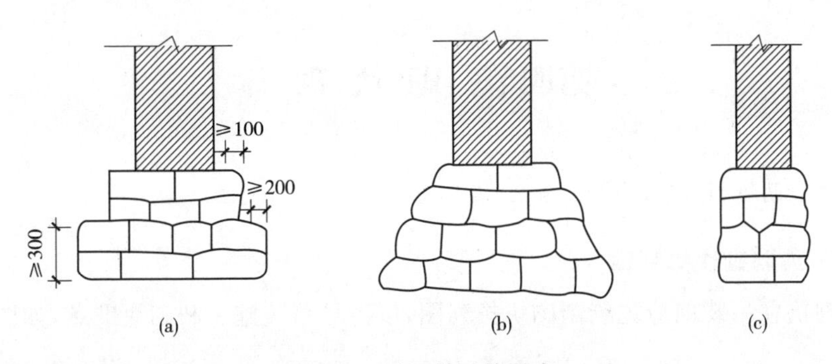

图 3-34　毛石基础的形式

(a)阶梯形;(b)梯形;(c)矩形

2. 料石基础

砌筑料石基础的第一皮石块应用丁砌层坐浆砌筑,以上各层料石可按一顺一丁进行砌筑。阶梯形料石基础,上级阶梯的料石至少压砌下级阶梯料石的 1/3。

(二)石挡土墙

石挡土墙可采用毛石或料石砌筑。

毛石挡土墙应符合下列规定:每砌 3～4 皮为一个分层高度,每个分层高度应找平一次;外露面的灰缝厚度不得大于 40mm,两个分层高度间分层处的错缝不得小于 80mm。如图 3-35 所示。

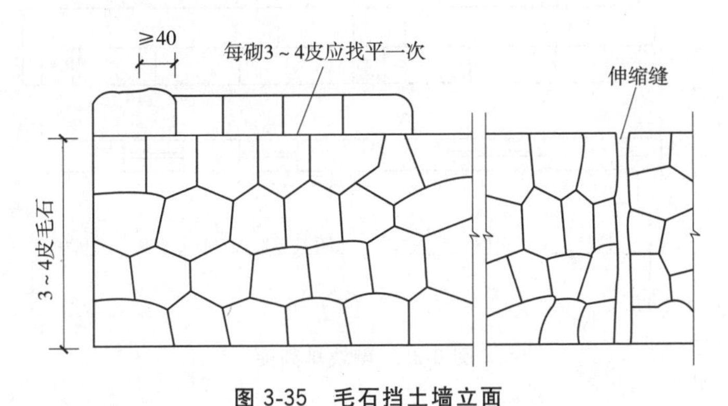

图 3-35　毛石挡土墙立面

料石挡土墙宜采用丁顺组砌的砌筑形式。当中间部分用毛石填砌时,丁砌料石伸入毛石部分的长度不应小于 200mm。

挡土墙的泄水孔当设计无规定时,施工应符合下列规定:泄水孔应均匀设置,在每米高度上间隔 2m 左右设置一个泄水孔;泄水孔与土体间铺设长宽各为 300mm、厚 200mm 的卵石或碎石作疏水层。

第四节 砌块砌体

一、砌块砌筑前的准备工作

1. 编制砌块排列图

砌块在吊装前应先绘制砌块排列图，以指导吊装施工和砌块准备，如图 3-36 所示。

(1)砌块排列图绘制方法

在立面图上用 1∶50 或 1∶30 的比例绘制出纵横墙面，然后将过梁、平板、大梁、楼梯、混凝土垫块等在图上标出，再将管道等孔洞标出；

在纵横墙上画水平灰缝线，按砌块错缝搭接的构造要求和竖缝的大小，尽量以主砌块为主、其他各种型号砌块为辅进行排列。需要镶砖时，尽量对称分散布置。

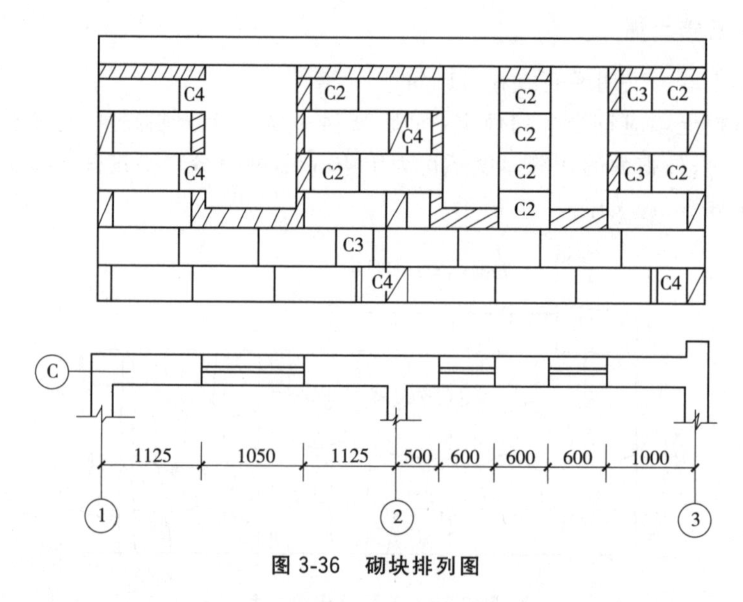

图 3-36 砌块排列图

(2)若设计无具体规定，砌块应按下列原则排列

1)尽量多用主规格的砌块或整块砌块，减少非主规格砌块的规格与数量。

2)砌筑应符合错缝搭接的原则，搭接长度不得小于砌块高的 1/3，并且不应小于 150mm。

当搭接长度不足时，应在水平灰缝内设置 2ϕ4 的钢筋网片予以加强，网片两端离该垂直缝的距离不得小于 300mm。

3)外墙转角处及纵横交接处应用砌块相互搭接,如不能相互搭接,则每两皮应设置一道拉结钢筋网片。

4)水平灰缝一般为10～20mm,有配筋的水平灰缝为20～25mm。竖缝宽度为15～20mm,当竖缝宽度大于40mm时应用与砌块同强度的细石混凝土填实;当竖缝宽度大于100mm时应用黏土砖镶砌。

5)当楼层高度不是砌块(包括水平灰缝)的整数倍时,用黏土砖镶砌。

6)对于空心砌块,上下皮砌块的壁、肋、孔均应垂直对齐,以提高砌体的承载能力。

2. 砌块的安装方案

常用的砌块安装方案有如下两种:

(1)用台灵架安装砌块,用附设起重拔杆的井架进行砌块、楼板的垂直运输。台灵架安装砌块时的吊装路线有后退法、合拢法及循环法。

(2)用台灵架安装砌块,用塔式起重机进行砌块和预制构件的水平和垂直运输及楼板安装。如图3-37所示

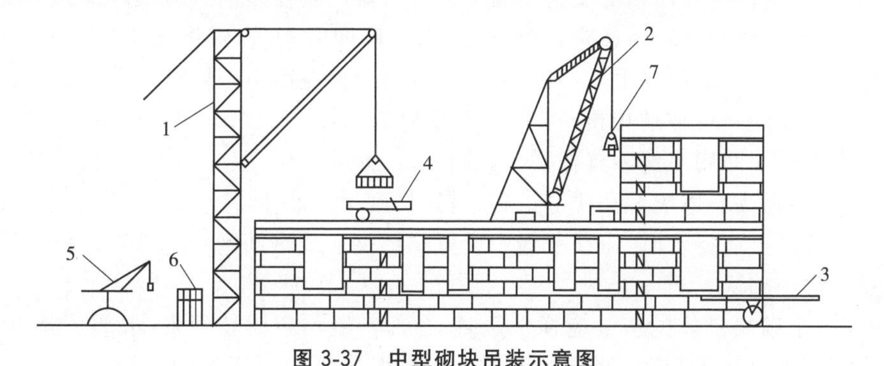

图3-37 中型砌块吊装示意图

1-井架;2-台灵架;3-杠杆车;4-砌块车;5-少先吊;6-砌块;7-砌块夹

二、中型砌块施工工艺

中型砌块施工工艺流程为:铺灰(长≯3～5m)→砌块就位→校正→灌缝→镶砖。

(1)铺灰。砌块墙体所采用的砂浆,应具有较好的和易性;砂浆稠度宜为50～80mm;铺灰应均匀平整,长度一般不超过5m,炎热天气及严寒季节应适当缩短。

(2)砌块吊装就位。吊装砌块一般用摩擦式夹具,夹砌块时应避免偏心。砌块就位时,应使夹具中心尽可能与墙身中心线在同一垂直线上,对准位置徐徐下落于砂浆层上,待砌块安放稳定后,方可松开夹具。

(3)校正砌块。吊装就位后,用锤球或托线板检查砌块的垂直度,用拉准线的方法检查砌块的水平度。

(4)灌缝。竖缝可用夹板在墙体内外夹住,然后灌砂浆,用竹片插或用铁棒捣,使其密实。

(5)镶砖。镶砖工作要紧密配合安装,在砌块校正后进行,不要在安装好一层墙身后才镶砖。

三、混凝土小型砌块砌体施工

混凝土小型砌块砌体施工要点如下:

(1)施工时所用的混凝土小型空心砌块的产品龄期不应小于28d。

(2)砌筑小砌块时,应清除表面污物和芯柱及小砌块孔洞底部的毛边,剔除外观质量不合格的小砌块。

(3)在天气炎热的情况下,可提前洒水湿润小砌块;对轻骨料混凝土小砌块,可提前浇水湿润。小砌块表面有浮水时,不得施工。

(4)小砌块应底面朝上反砌于墙上。承重墙严禁使用断裂的小砌块。

(5)小砌块应从转角或定位处开始,内外墙同时砌筑,纵横墙交错搭接。外墙转角处应使小砌块隔皮露端面;T字交接处应使横墙小砌块隔皮露端面,纵墙在交接处改砌两块辅助规格小砌块(尺寸为290mm×190mm×190mm,一端开口),所有露端面用水泥砂浆抹平。如图3-38所示。

(6)小砌块墙体应对孔错缝搭砌,搭接长度不应小于90mm。墙体的个别部位不能满足上述要求时,应在灰缝中设置拉结钢筋或钢筋网片,但竖向通缝不能超过两皮小砌块。

(7)小砌块砌体的灰缝应横平竖直,全部灰缝均应铺填砂浆;水平灰缝的砂浆饱满度不得低于90%;竖向灰缝的砂浆饱满度不得低于80%;砌筑中不得出现瞎缝、透明缝。水平灰缝厚度和竖向灰缝宽度应控制在8~12mm。当缺少辅助规格小砌块时,砌体通缝不应超过两皮砌块。

(8)小砌块砌体临时间断处应砌成斜槎,斜槎长度不应小于斜槎高度2/3(一般按一步脚手架高度控制);如留斜槎有困难,除外墙转角处及抗震设防地区,砌体临时间断处不应留直槎外,从砌体面伸出200mm砌成阴阳槎,并沿砌体高每三皮砌块(600mm),设拉结筋或钢筋网片,接槎部位宜延至门窗洞口。如图3-39所示。

四、框架填充墙施工

(一)概述

在框架结构的建筑中,墙体一般只起围护与分隔的作用,常用体轻、保温性

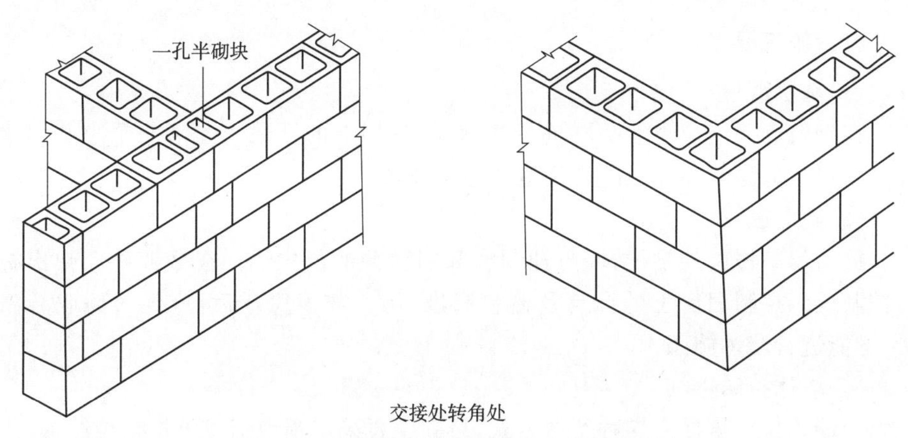

图 3-38 小砌块墙转角处及 T 字交接处砌法

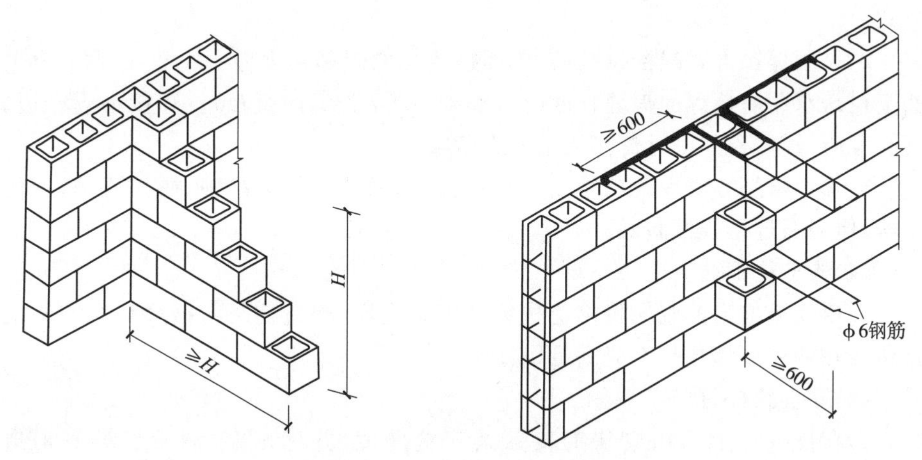

图 3-39 小砌块砌体斜槎和直槎

能好的烧结空心砖或小型空心砌块砌筑，其施工方法与施工工艺与一般砌体施工有所不同，简述如下：

(1)砌体和块体材料的品种、规格、强度等级必须符合图纸设计要求，规格尺寸应一致，质量等级必须符合标准要求，并应有出厂合格证明、试验报告单；蒸压加气混凝土砌块和轻集料混凝土小型砌块砌筑时的产品龄期应超过 28d。蒸压加气混凝土砌块和轻集料混凝土小型砌块应符合《建筑材料放射性核素限量》(GB 6566—2010)的规定。

(2)填充墙砌体应在主体结构及相关分部已施工完毕，并经有关部门验收合格后进行。砌筑前，应认真熟悉图纸以及相关构造及材料要求，核实门窗洞口位置和尺寸，计算出窗台及过梁圈梁顶部标高。并根据设计图纸及工程实际情况，编制出专项施工方案和施工技术交底。

(二)施工要点

(1)基层清理

在砌筑砌体前应对墙基层进行清理,将基层上的浮浆灰尘清扫干净并浇水湿润。块材的湿润程度应符合规范及施工要求。

(2)施工放线

放出每一楼层的轴线,墙身控制线和门窗洞的位置线。在框架柱上弹出标高控制线以控制门窗上的标高及窗台高度,施工放线完成后,应经过验收合格后,方能进行墙体施工。

(3)墙体拉结钢筋

1)墙体拉结钢筋有多种留置方式,目前主要采用预埋钢板再焊接拉结筋、用膨胀螺栓固定先焊在铁板上的预留拉结筋以及采用植筋方式埋设拉结筋等方式。

2)采用焊接方式连接拉结筋,单面搭接焊的焊缝长度应不小于 $10d$(d 为钢筋直径),双面搭接焊的焊缝长度应不小于 $5d$(d 为钢筋直径)。焊接不应有边、气孔等质量缺陷,并进行焊接质量检查验收。

3)采用植筋方式埋设拉结筋,埋设的拉结筋位置较为准确,操作简单,不伤结构,但应通过抗拔试验。

(4)构造柱钢筋

在填充墙施工前应先将构造柱钢筋绑扎完毕,构造柱竖向钢筋与原结构上预留插孔的搭接绑扎长度应满足设施要求。

(5)立皮数杆、排砖

1)在皮数杆上标出砌块的皮数及灰缝厚度,并标出窗、洞及墙梁等构造标高。

2)根据要砌筑的墙体长度、高度试排砖,摆出门、窗及孔洞的位置。

3)外墙壁第一皮砖撂底时,横墙应排丁砖,梁及梁垫的下面一皮砖、窗台等水平面上一皮应用丁砖砌筑。

(6)填充墙砌筑

1)拌制砂浆

①砂浆配合比应用重量比,计量精度为:水泥±2%,砂及掺和料±5%,砂应计入其含水量对配料的影响。

②宜用机械搅拌,投料顺序为砂→水泥→掺和料→水,搅拌时间不少于 2min。

③砂浆应随拌随用,水泥或水泥混合砂浆一般在拌和后 3～4h 内用完,气温在 30℃以上时,应在 2～3h 内用完。

2)砖或砌块应提前1～2d浇水湿润;湿润程度以达到水浸润砖体深度15mm为宜,含水率为10%～15%。不宜在砌筑时临时浇水,严禁干砖上墙,严禁在砌筑后向墙体洒水。蒸压加气混凝土砌块因含水率大于35%,只能在砌筑时洒水湿润。

3)砌筑墙体

①砌筑蒸压加气混凝土砌块和轻集料混凝土小型空心砌块填充墙时,墙底部应砌200mm高烧结普通砖、多孔砖或普通混凝土空心砌块或浇筑200mm高混凝土坎台,混凝土强度等级宜为C20。

②填充墙砌筑必须内外搭接、上下错缝、灰缝平直、砂浆饱满。操作过程中要经常进行自检,如有偏差,应随时纠正,严禁事后采用撞砖纠正。

③填充墙砌筑时,除构造柱的部位外,墙体的转角处和交接处应同时砌筑,严禁无可靠措施的内外墙分砌施工。

④填充墙砌体的灰缝厚度和宽度应正确。空心砖、轻集料混凝土小型空心砌块的砌体灰缝应为8～12mm,蒸压加气混凝土砌块砌体的水平灰缝厚度、竖向灰缝宽度分别为15mm和20mm。

⑤墙体一般不留槎,如必须留置临时间断处,应砌成斜槎,斜槎长度不应小于高度的2/3;施工时不能留成斜槎时,除转角处外,可于墙中引出直凸槎(抗震设防地区不得留直槎)。直槎墙体每间隔高度不大于500mm,应在灰缝中加设拉结钢筋,拉结筋数量按120mm墙厚放一根φ6的钢筋,埋入长度从墙的留槎处算起,两边均不应小于500mm,末端应有90°弯钩;拉结筋不得穿过烟道和通气管。

⑥砌体接槎时,必须将接槎处的表面清理干净,浇水湿润,并应填实砂浆,保持灰缝平直。

⑦木砖预埋:木砖经防腐处理,木纹应与钉子垂直,埋设数量按洞口高度确定;洞口高度不大于2m,每边放2块,高度在2～3m时,每边放3～4块。预埋木砖的部位一般在洞口上下四皮砖处开始,中间均匀分布或按设计预埋。

⑧设计墙体上有预埋、预留的构造,应随砌随留、随复核,确保位置正确构造合理。不得在已砌筑好的墙体中打洞;墙体砌筑中,不得搁置脚手架。

⑨凡穿过砌块的水管,应严格防止渗水、漏水。在墙体内敷设暗管时,只能垂直埋设,不得水平开槽,敷设应在墙体砂浆达到强度后进行。混凝土空心砌块预埋管应提前专门作有预埋槽的砌块,不得墙上开槽。

⑩加气混凝土砌块切锯时应用专用工具,不得用斧子或瓦刀任意砍劈,洞口两侧应选用规则整齐的砌块砌筑。

(三)构造柱、圈梁

(1)有抗震要求的砌体填充墙按设计要求应设置构造柱、圈梁,构造柱的宽度由设计确定，厚度一般与墙壁等厚，圈梁宽度与墙等宽，高度不应小于120mm。圈梁、构造柱的插筋宜优先预埋在结构混凝土构件中或后植筋，预留长度符合设计要求。构造柱施工时按要求应留设马牙槎，马牙槎宜先退后进，进退尺寸不小于60mm，高度不宜超过300mm。当设计无要求时，构造柱应设置在填充墙的转角处、T形交接处或端部；当墙长大于5m时，应间隔设置。圈梁宜设在填充墙高度中部。

(2)支设构造柱、圈梁模板时，宜采用对拉栓式夹具，为了防止模板与砖墙接缝处漏浆，宜用双面胶条黏结。构造柱模板根部应留垃圾清扫孔。

(3)在浇灌构造柱、圈梁混凝土前，必须向柱或梁内砌体和模板浇水湿润，并将模板内的落地灰清除干净，先注入适量水泥砂浆，再浇灌混凝土。振捣时，振捣器应避免触碰墙体，严禁通过墙体传振。

第四章　混凝土结构工程

混凝土结构是指以混凝土为主要材料建造的工程结构，包括素混凝土结构、钢筋混凝土结构、预应力混凝土结构等。混凝土结构工程在现代建筑工程的施工中占有重要的地位。本项目主要介绍钢筋混凝土结构的施工。

在混凝土中配以适量的钢筋，就成为钢筋混凝土。钢筋和混凝土这两种物理性能和力学性能很不相同的材料之所以能有效地结合在一起，主要是靠两者之间存在黏结力、摩擦力及混凝土收缩时对钢筋的握裹力，且它们的温度线膨胀系数接近，受荷载后能够协调变形。此外，钢筋至混凝土边缘之间的混凝土，作为钢筋的保护层，使钢筋不受锈蚀并提高构件的防火性能。钢筋混凝土结构合理地利用了钢筋和混凝土这两者的性能特点，可形成强度较高、刚度较大的结构，其耐久性和防火性能好，结构造型灵活，以及整体性、延展性好，适用于抗震结构等特点，因而在建筑结构及其他土木工程中得到广泛应用。

现浇钢筋混凝土结构施工时，要由模板工、钢筋工、混凝土工等多个工种相互配合进行，因此，混凝土结构工程由钢筋工程、模板工程和混凝土工程组成。

第一节　模 板 工 程

模板工程指新浇混凝土成型的模板以及支承模板的一整套构造体系，其中，接触混凝土并控制预定尺寸，形状、位置的构造部分称为模板，支持和固定模板的杆件、桁架、联结件、金属附件、工作便桥等构成支承体系。

一、模板构造

模板系统包括模板、支架和紧固件三个部分。模板又称模型板，是新浇混凝土成型用的模型。支承模板及承受作用在模板上的荷载的结构（如支柱、桁架等）均称为支架。模板及其支架应根据工程结构形式、荷载大小、地基土类别、施工设备和材料供应等条件进行设计。

模板及其支架应满足以下要求：

(1)有足够的承载力、刚度和稳定性，能可靠地承受浇筑混凝土的重力、侧压力以及施工荷载；

(2)保证工程结构和构件各部位形状尺寸和相互位置的正确；

(3)构造简单，装拆方便，便于钢筋的绑扎与安装、混凝土的浇筑与养护等工艺要求；

(4)接缝严密，不得漏浆。

按模板形状分类有平面模板和曲面模板。平面模板又称侧面模板，主要用于结构物垂直面。曲面模板用于廊道、隧洞、溢流面和某些形状特殊的部位，如进水口扭曲面、蜗壳、尾水管等。

按模板材料分有钢模板、木模板、胶合板、混凝土预制模板、塑料模板、橡胶模板等。

按模板受力条件分有承重模板和侧面模板。承重模板主要承受混凝土重量和施工中的垂直荷载；侧面模板主要承受新浇混凝土的侧压力。侧面模板按其支撑受力方式，又分为简支模板、悬臂模板和半悬臂模板。

按模板使用特点分有固定式、拆移式、移动式和滑动式。固定式用于形状特殊的部位，不能重复使用。后三种模板都能重复使用，或连续使用在形状一致的部位，但其使用方式有所不同：拆移式模板需要拆散移动；移动式模板的车架装有行走轮，可沿专用轨道使模板整体移动；滑动式模板是以千斤顶或卷扬机为动力，可在混凝土连续浇筑的过程中，使模板面紧贴混凝土面滑动。

(一)木模板

木模板及其支架系统一般在加工厂或现场木工棚制成元件，然后再在现场拼装。图4-1所示为基本元件之一拼板的构造。拼板由板条和拼条(木挡)组成，板条厚25～50mm，宽度不宜超过200mm，以保证在干缩时，缝隙均匀，浇水后缝隙要严密且板条不翘曲，但梁底板的板条宽度不受限制，以免漏浆。拼条截面尺寸为25mm×35mm～50mm×50mm，拼条间距根据施工荷载大小及板条的厚度而定，一般取400～500mm。

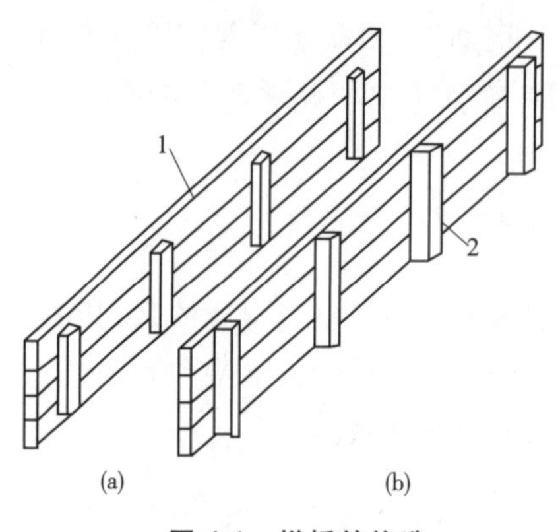

图4-1 拼板的构造

(a)一般拼板；(b)梁侧板的拼板

1-拼板；2-拼条

1. 基础模板

基础模板高度不大而体积较大，一般利用地基或基槽(坑)进行支撑，基本构造如图4-2所示。安装时，要保证上下模板不发生相对位移，如为杯形基础，则还要在其中放入杯口模板。

2. 柱模板

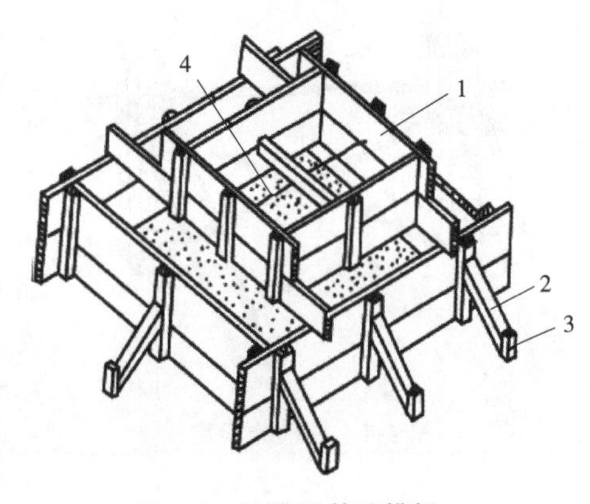

图 4-2 阶梯形基础模板

1-拼板;2-斜撑;3-木桩;4-铁丝

柱模板的特点是断面尺寸不大但比较高。如图 4-3 所示,柱模板由内拼板夹在两块外拼板之内组成,亦可用短横板代替外拼板钉在内拼板上。

柱模板底部开有清理孔。沿高度每隔 2m 开有浇筑孔。柱底部一般有一个钉在底部混凝土上的木框来固定柱模板的位置。为承受混凝土的侧压力,柱模板外要设柱箍,柱箍可为木制、钢制或钢木制。柱箍间距与混凝土侧压力大小、拼板厚度有关,由于侧压力是下大上小,因而柱模板下部柱箍较密。柱模板顶部根据需要开有与梁模板连接的缺口。在安装柱模板前,应先绑扎好钢筋,测出标高并标在钢筋上,同时在已浇筑的基础顶面固定好柱模板底部的小木框,在内外拼板上弹出中心线,根据柱边线及木框位置竖立内外拼板,并用斜撑临时固定,然后由顶部用锤球校正,使其垂直,检查无误后用斜撑钉牢固定。在同一条轴线上的柱,应先校正两端的柱模,再从柱模上口中心线拉一条铁丝来校正中间的柱模。柱模之间,还要用水平撑及剪刀撑相互拉结,如图 4-4 所示。

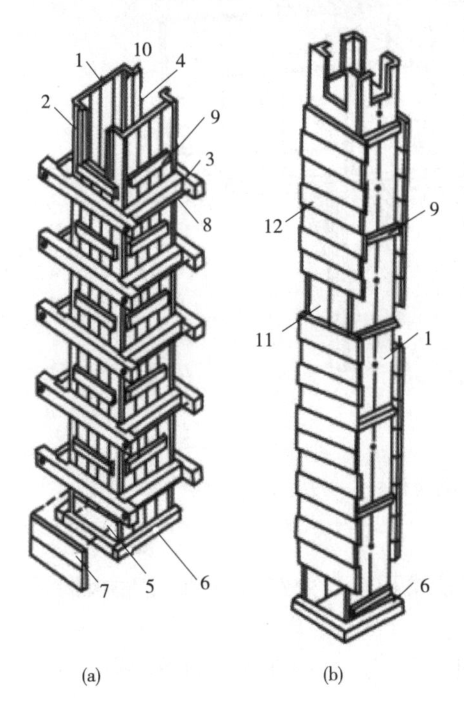

图 4-3 柱模板

(a)拼板柱模板;(b)短横板柱模板

1-内拼板;2-外拼板;3-柱箍;4-梁缺口;5-清理孔;6-木框;7-盖板;8-拉紧螺栓;9-拼条;10-三角木条;11-浇筑孔;12-短横板

3. 梁模板

梁模板跨度大而宽度不大,梁底一般是架空的(图 4-5)。梁模板主要由底模、侧模、夹木及支架系统组成,底模用长条模板加拼条拼成,或用整块板条。梁底模板承受垂直荷载,一般较厚,下面有支架(琵琶撑)支撑。支架的立柱最好做成可以伸缩的,以便调整高度,底部应支承在坚实的地面,楼面或垫以木板。在多层框架结构施工中,应使上层支架

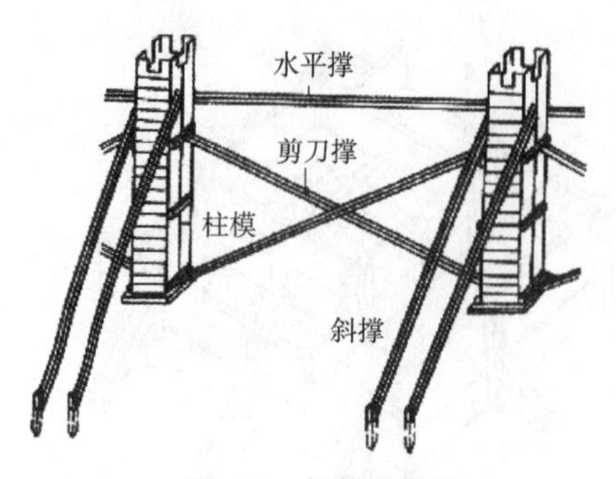

图 4-4　柱模的固定

的立柱对准下层支架的立柱。支架间应用水平和斜向拉杆拉牢，以增强整体稳定性，当层间高度大于 5m 时，宜选桁架作模板的支架，以减少支架的数量。梁侧模板主要承受混凝土的侧压力，底部用钉在支架顶部的夹条夹住，顶部可由支承楼板的搁栅或支撑顶住。高大的梁，可在侧板中上位置用铁丝或螺栓相互撑拉，梁跨度等于或大于 4m 时，底模应起拱，如设计无要求时，起拱高度宜为全跨长度的(1～3)/1000。

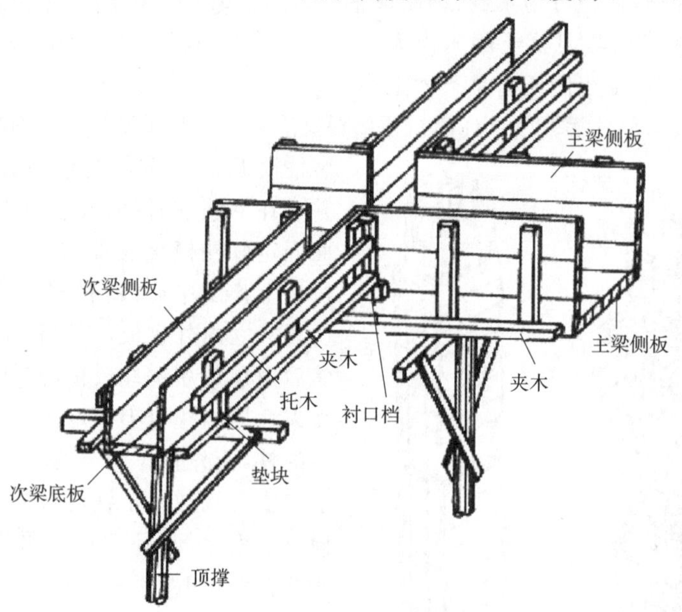

图 4-5　梁模板

梁模板安装有以下几个步骤：

(1)沿梁模板下方地面上铺垫板，在柱模板缺口处钉衬口档，把底板搁置在衬口档上；

(2)立起靠近柱或墙的顶撑，再将梁长度等分，立中间部分顶撑，顶撑底下打入木楔，并检查调整标高；

(3)把侧模板放上，两头钉于衬口档上，在侧板底外侧铺钉夹木，再钉上斜撑和水平拉条。

若梁的跨度等于或大于 4m，应使梁底模板中部略起拱，防止由于混凝土的重力使跨中下垂。如设计无规定时，起拱高度宜为全跨长度的 1/1000～3/1000。

4. 楼板模板

楼板面积大而厚度比较薄,侧向压力小。

楼板模板及其支架系统,主要承受钢筋、混凝土的自重及其施工荷载,保证模板不变形,如图 4-6 所示。

楼板模板的底模板用木板条或用定型模板或用胶合板拼成,铺设在楞木上。楞木搁置在梁模板外侧的托木上,若楞木面不平,可以加木楔调平。当楞木的跨度较大时,中间应加设立柱,立柱上钉通长的杠木。底模板应垂直于楞木方向铺钉,并适当调整楞木间距来适应定型模板的规格。

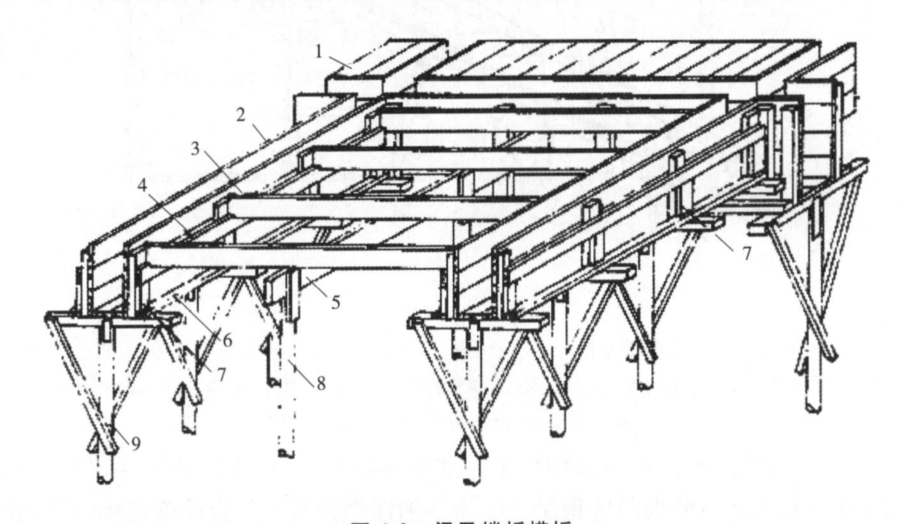

图 4-6　梁及楼板模板

1-楼板模板;2-梁侧模板;3-楞木;4-托木;5-杠木;6-夹木;7-短撑;8-杠木撑;9-琵琶撑

5. 楼梯模板

楼梯模板的构造与楼板相似,不同点是楼梯模板要倾斜支设,且要能形成踏步。踏步模板分为底板及梯步两部分。平台、平台梁的模板同前,如图 4-7 所示。

安装时,在楼梯间墙上按设计标高画出楼梯段、楼梯踏步及平台板、平台梁的位置。①先立平台梁、平台板的模板,接着在梯基侧模板上钉托木,楼梯模板的斜楞钉在基础梁和平台梁侧模板外的托木上。在斜楞上面铺钉楼梯底模板,下面设杠木和斜向顶撑,斜向顶撑间距 1.0～1.2m,用拉杆拉结。②沿楼梯边立外帮板,用外帮板上的横档木、斜撑和固定夹木将外帮板钉在杠木上,在靠墙的一面把反三角板立起,反三角板的两端可钉在平台梁和梯基侧板上,随后在反三角板与外帮板之间逐块钉上踏步侧板,踏步侧板一头钉在外帮板的木档上,另一

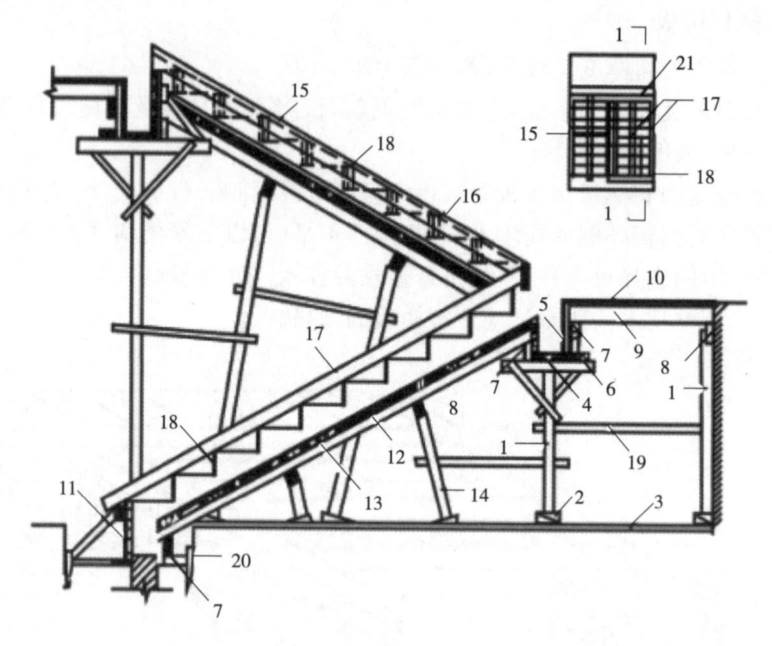

图 4-7 楼梯模板

1-支柱(顶撑);2-木楔;3-垫板;4-平台梁底板;5-侧板;6-夹木;7-托木;8-杠木;9-楞木;10-平台底板;11-梯基侧板;12-斜楞木;13-楼梯底板;14-斜向顶撑;15-外帮板;16-横档木;17-反三角板;18-踏步侧板;19-拉杆;20-木桩

头钉在反三角板上的三角木块侧面上。如果梯段较宽,应在梯段中间再加反三角板,以免发生踏步侧板凸肚现象。③为了确保楼梯模板符合厚度要求,在踏步侧板下面可以垫若干小木块,在浇筑混凝土时随时取出。现浇结构模板的安装和预埋件、预留孔洞的允许偏差应符合规范中的有关规定。特种楼梯的模板,如旋转梯、悬挑梯等,要进行专门的设计。

(二)组合钢模板

组合钢模板是一种工具式定型模板,由钢模板和配件组成,配件包括连接件和支承件。其中,钢模板包括平面钢模板和拐角钢模板;连接件有 U 形卡、L 形插销、钩头螺栓、对拉螺栓、紧固螺栓、扣件等;支撑件有圆钢管、薄壁矩形钢管、内卷边槽钢、单管伸缩支撑等。

钢模板通过各种连接件和支承件可组合成多种尺寸、结构和几何形状的模板,以适应各种类型建筑物的梁、柱、板、墙、基础和设备等施工的需要,也可用其拼装成大模板、滑模、隧道模和台模等。施工时可在现场直接组装,亦可预拼装成大块模板或构件模板用起重机吊运安装。

组合钢模板组装灵活,通用性强,拆装方便;每套钢模可重复使用 50～100

次;加工精度高,浇筑混凝土的质量好,成型后的混凝土尺寸准确,棱角整齐,表面光滑,可以节省装修用工。

1. 钢模板

钢模板包括平面模板、阴角模板、阳角模板和连接角模,如图 4-8 所示。其中,钢模板包括平面钢模板和拐角钢模板。

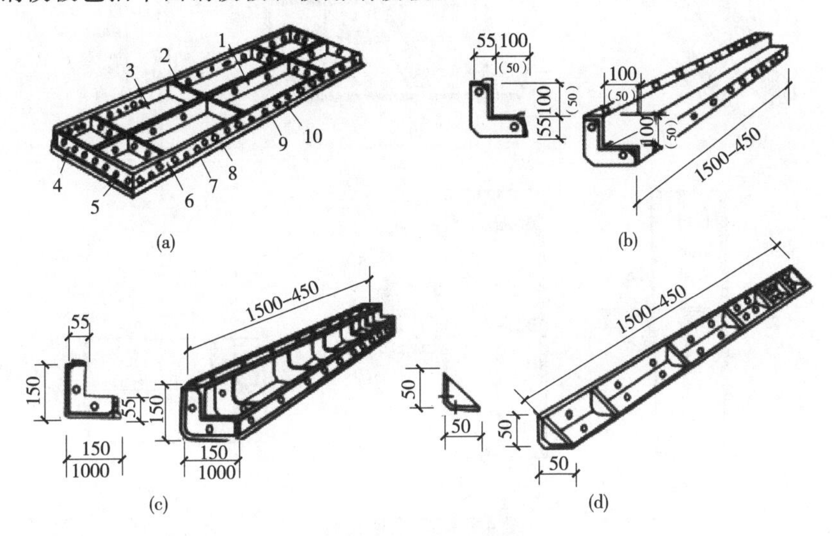

图 4-8 钢模板类型

(a)平面模板;(b)阳角模板;(c)阴角模板;(d)连接角模

1-中纵肋;2-中横肋;3-面板;4-横肋;5-插销孔;6-纵肋;7-凸棱;8-凸毂;9-U 形卡孔;10-钉子孔

(1)平面模板

平面模板用于基础、墙体、梁、板、柱等各种结构的平面部位,它由面板和肋组成,肋上设有 U 形卡孔和插销孔,利用 U 形卡和 L 形插销等拼装成大块板。

(2)阳角模板

阳角模板主要用于混凝土构件阳角。

(3)阴角模板

阴角模板用于混凝土构件阴角,如内墙角、水池内角及梁板交接处阴角等。

(4)连接角模

角模用于平模板作垂直连接构成阳角。

钢模板采用模数制设计,宽度模数以 50mm 进级(共有 100mm、150mm、200mm、250mm、300mm、350mm、400mm、450mm、500mm、550mm、600mm 十一种规格),长度为 150mm 进级(共有 450mm、600mm、750mm、900mm、1200mm、1500mm、1800mm 七种规格),可以适应横竖拼装成以 50mm 进级的任何尺寸的模板。

2. 连接件

组合钢模板的连接件包括U形卡、L形插销、钩头螺栓、对拉螺栓、紧固螺栓和扣件等，如图4-9所示。

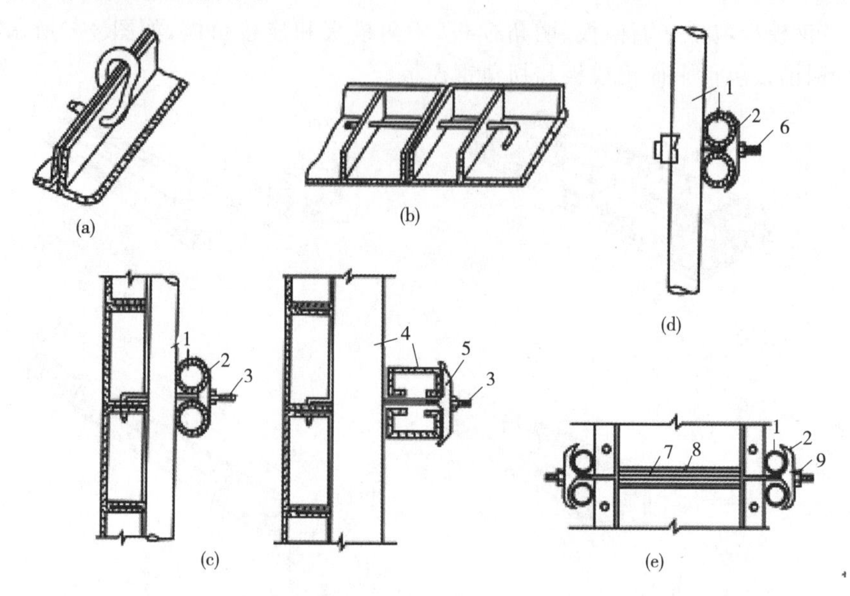

图4-9 钢模板连接件

(a)U形卡连接；(b)L形插销连接；(c)钩头螺栓连接；(d)紧固螺栓连接；(e)对拉螺栓连接
1-圆钢管钢楞；2-“3”形扣件；3-钩头螺栓；4-内卷边槽钢钢楞；5-蝶形扣件；6-紧固螺栓；
7-对拉螺栓；8-塑料套管；9-螺母

(1)U形卡：模板的主要连接件，用于相邻模板的拼装。U形卡安装间距一般不大于300mm，即每隔一孔卡插一个，安装方向一顺一倒相互交错。

(2)L形插销：用于插入两块模板纵向连接处的插销孔内，以增强模板纵向接头处的刚度。

(3)钩头螺栓：连接模板与支撑系统的连接件。安装间一般不大于600mm，长度应与采用的钢楞尺寸相适应。

(4)紧固螺栓：用于内、外钢楞之间的连接件。

(5)对拉螺栓：又称穿墙螺栓，用于连接墙壁两侧模板，保持墙壁厚度，承受混凝土侧压力及水平荷载，使模板不致变形。

(6)扣件：扣件用于钢楞之间或钢楞与模板之间的扣紧，按钢楞的不同形状，分别采用蝶形扣件和“3”形扣件。

3. 支撑件

定型组合钢模板的支撑件包括钢楞、柱箍、梁卡具、圈梁卡、钢管架、斜撑、组合支柱、钢管脚手支架、平面可调桁架和曲面可变桁架等。

(1)钢楞

钢楞即模板的横档和竖档，分内钢楞与外钢楞。内钢楞配置方向一般应与钢模板垂直，直接承受钢模板传来的荷载，其间距一般为700～900mm。钢楞一般用圆钢管、矩形钢管、槽钢或内卷边槽钢，而以钢管用得较多。

(2)柱箍

柱模板四角设角钢柱箍。角钢柱箍由两根互相焊成直角的角钢组成，用弯角螺栓及螺母拉紧。如图4-10所示。

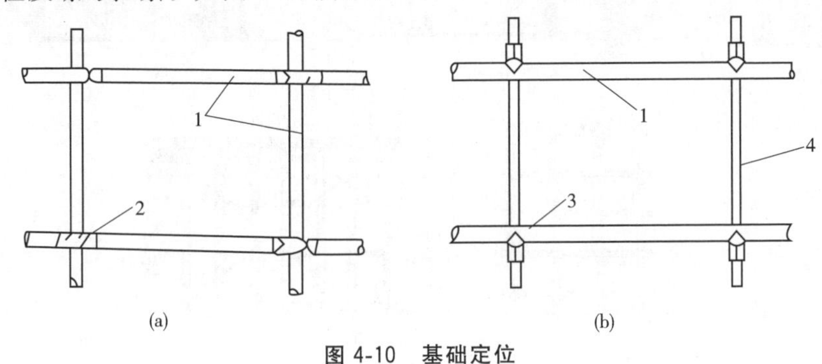

图4-10　基础定位

1-坡度板；2-中心线；3-中心垂线；4-管道基础；5-高程

(3)钢支架

常用钢管支架如图4-11(a)所示。它由内外两节钢管制成，其高低调节距模数为100mm；支架底部除垫板外，均用木楔调整标高，以利于拆卸。

另一种钢管支架本身装有调节螺杆，能调节一个孔距的高度，使用方便，但成本略高，如图4-11(b)所示。

当荷载较大、单根支架承载力不足时，可用组合钢支架或钢管井架，如图4-11(c)所示。还可用扣件式钢管脚手架、门型脚手架作支架，如图4-11(d)所示。

(4)斜撑

斜撑由组合钢模板拼成的整片墙模或柱模，在吊装就位后，应由斜撑调整和固定其垂直位置，如图4-12所示。

(5)钢桁架

钢桁架分为整榀式[图4-13(a)]和组合式[图4-13(b)]，其两端可支承在钢筋托具、墙、梁侧模板的横档以及柱顶梁底横档上，以支承梁或板的模板。

(6)梁卡具

又称梁托架，用于固定矩形梁、圈梁等模板的侧模板，可节约斜撑等材料，也可用于侧模板上口的卡固定位，如图4-14所示。

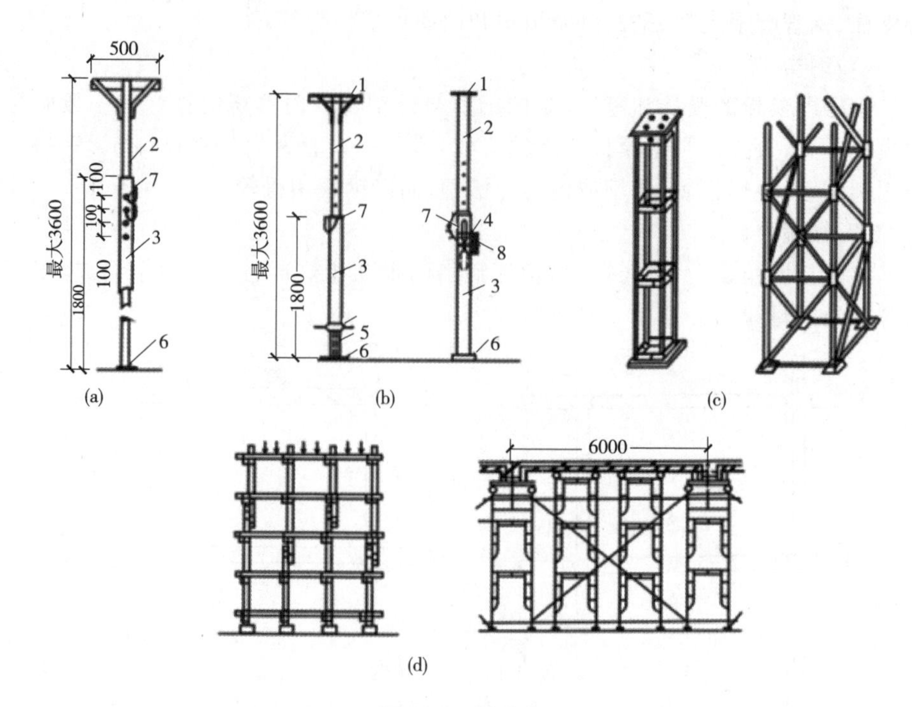

图 4-11　钢支架

(a)钢管支架;(b)调节螺杆钢管支架;(c)组合钢支架和钢管井架;(d)扣件式钢管和门型脚手架支架

1-顶板;2-插管;3-套管;4-转盘;5-螺杆;6-底板;7-插销;8-转动手柄

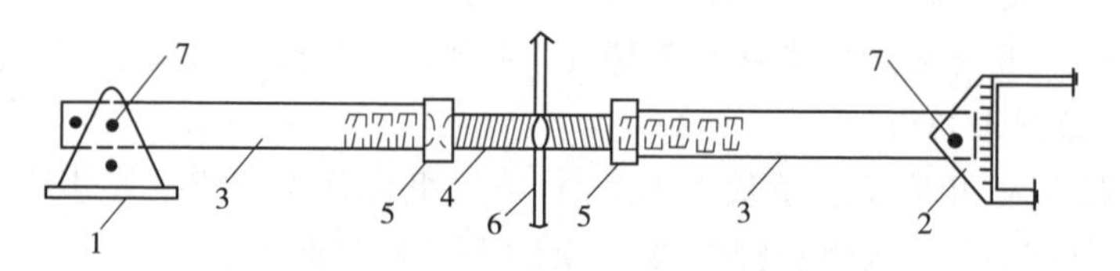

图 4-12　斜撑

1-底座;2-顶撑;3-钢管斜撑;4-花篮螺丝;5-螺母;6-旋杆;7-销钉

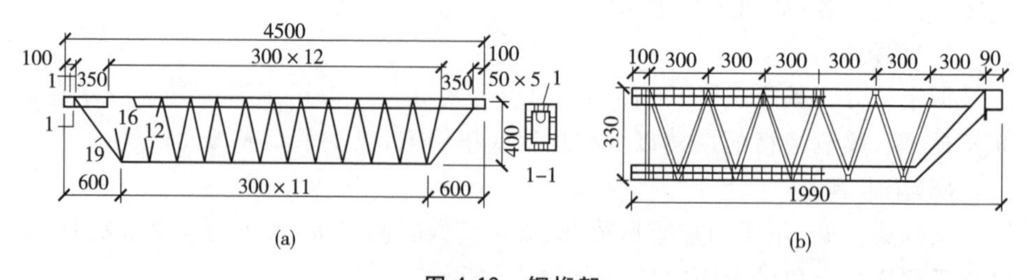

图 4-13　钢桁架

(a)整榀式;(b)组合式

4. 钢模配板

采用组合钢模时，同一构件的模板展开可用不同规格的钢模进行组合排列，可形成不同的配板方案。配板方案对支模效率、工程质量和经济效益都有一定影响。合理的配板方案应满足：钢模块数少，木模嵌补量少，并能使支承件布置简单，受力合理。配板设计和支撑系统的设计应遵循以下几个原则：

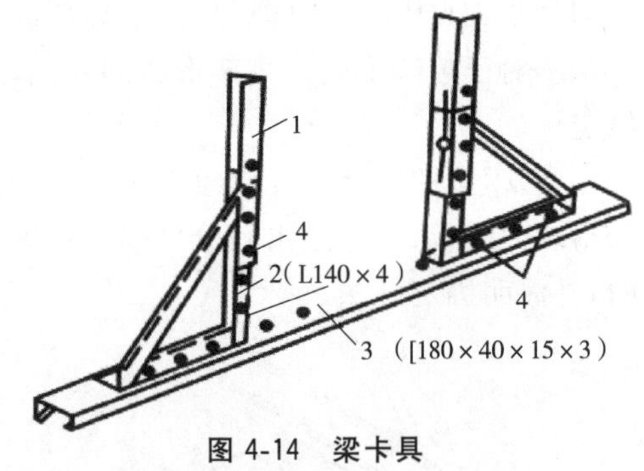

图 4-14　梁卡具

1-调节杆；2-三脚架；3-底座；4-螺栓

(1)要保证构件的形状尺寸及相互位置的正确。

(2)要使模板具有足够的强度、刚度和稳定性，能够承受新浇混凝土的重量和侧压力，以及各种施工荷载。

(3)力求构造简单，装拆方便，不妨碍钢筋绑扎，保证混凝土浇筑时不漏浆。柱、梁、墙、板各种模板面的交接部分，应采用连接简便、结构牢固的专用模板。

(4)配制的模板，应优先选用通用、大块模板，使其种类和块数最小，木模镶拼量最少。设置对拉螺栓的模板，为了减少钢模板的钻孔损耗，可在螺栓部位改用 55mm×100mm 刨光方木代替，或应使钻孔的模板能多次周转使用。

(5)相邻钢模板的边肋，都应用 U 形卡插卡牢固，U 形卡的间距不应大于 300mm，端头接缝上的卡孔，也应插上 U 形卡或 L 形插销。

(6)模板长向拼接宜采用错开布置，以增加模板的整体刚度。

(7)模板的支撑系统应根据模板的荷载和部件的刚度进行布置。具体如下：

①内钢楞应与钢模板的长度方向相垂直，直接承受钢模板传递的荷载；外钢楞应与内钢楞互相垂直，承受内钢楞传来的荷载，用以加强钢模板结构的整体刚度，其规格不得小于内钢楞。

②内钢楞悬挑部分的端部挠度应与跨中挠度大致相同，悬挑长度不宜大于 400mm，支柱应着力在外钢楞上。

③一般柱、梁模板，宜采用柱箍和梁卡具作支撑件。断面较大的柱、梁，宜用对拉螺栓和钢楞及拉杆。

④模板端缝齐平布置时，一般每块钢模板应有两处钢楞支撑。错开布置时，其间距可不受端缝位置的限制。

⑤在同一个工程中，可多次使用预组装模板，宜采用模板与支撑系统连成整体的模架。

⑥支撑系统应经过设计计算，保证具有足够的强度和稳定性。当支柱或其

节间的长细比大于 110 时,应按临界荷载进行核算,安全系数可取 3～3.5。

⑦对于连续形式或排架形式的支柱,应适当配置水平撑与剪刀撑,以保证其稳定性。

(8)模板的配板设计应绘制配板图,标出钢模板的位置、规格、型号和数量。预组装大模板,应标绘出其分界线。预埋件和预留孔洞的位置,应在配板图上标明,并注明固定方法。

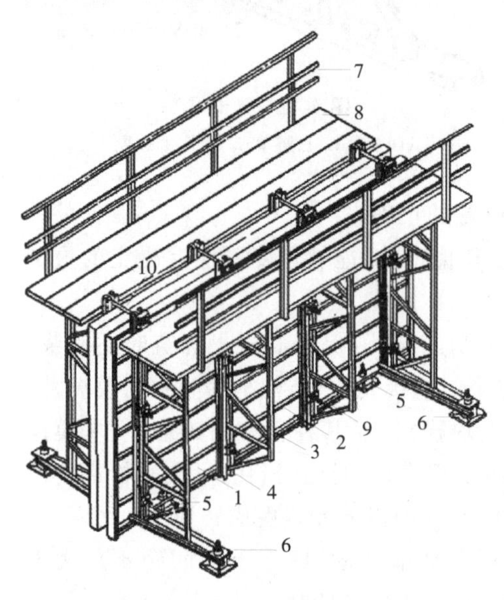

图 4-15 大模板构造示意图

1-面板;2-水平加劲肋;3-支撑桁架;4-竖楞;5-调整水平度的螺旋千斤顶;6-调整垂直度的螺旋千斤顶;7-栏杆;8-脚手板;9-穿墙螺栓;10-固定卡具

(三)大模板

大模板是一种大尺寸的工具式定型模板(图 4-15),一般是一块墙面用一、二块大模板。因其重量大,需起重机配合装拆进行施工。

一块大模板由面板、加劲肋、竖楞、支撑桁架、稳定机构及附件组成。面板要求平整、刚度好。平整度按中级抹灰质量要求确定。目前,我国面板多用钢板和多层板制成。用钢板做面板的优点是刚度大和强度高,表面平滑,所浇筑的混凝土墙面外观好,不需再抹灰,可以直接粉面,模板可重复使用 200 次以上。缺点是耗钢量大、自重大、易生锈、不保温、损坏后不易修复。钢面板厚度根据加劲肋的布置确定,一般为 4～6mm。用 12～18mm 厚多层板做的面板,用树脂处理后可重复使用 50 次,重量轻,制作安装更换容易、规格灵活,对于非标准尺寸的大模板工程更为适用。

加劲肋的作用是固定面板,阻止其变形并把混凝土传来的侧压力传递到竖楞上。加劲肋可用 6 号或 8 号槽钢,间距一般为 300～500mm。

竖楞是与加劲肋相连接的竖直部件。它的作用是加强模板刚度,保证模板的几何形状,并作为穿墙螺栓的固定支点,承受由模板传来的水平力和垂直力。竖楞多采用 6 号或 8 号槽钢制成,间距一般约为 1～1.2m。

支撑机构主要承受风荷载和偶然的水平力,防止模板倾覆。用螺栓或竖楞连接在一起,以加强模板的刚度。每块大模板采用 2～4 榀桁架作为支撑机构,兼做搭设操作平台的支座,承受施工活荷载,也可用大型型钢代替桁架结构。

大模板的附件有操作平台、穿墙螺栓和其他附属连接件。

大模板亦可用组合钢模板拼成，用后拆卸仍可用于其他构件。

(四)胶合板模板

模板用的胶合板通常由5、7、9、11层等奇数层单板经热压固化而胶合成形。相邻层的纹理方向相互垂直，通常最外层表板的纹理方向和胶合板板面的长向平行，因此，整张胶合板的长向为强方向，短向为弱方向，使用时必须注意。模板用木胶合板的幅面尺寸，一般宽度为1200mm左右，长度为2400mm左右，厚约12～18mm。

胶合板用作楼板模板时，常规的支模方法为：用ϕ48mm×3.5mm脚手钢管搭设排架，排架上铺放间距为400mm左右的50mm×100mm或者60mm×80mm木方(俗称68方木)，作为面板下的楞木。木胶合板常用厚度为12mm、18mm，木方的间距随胶合板厚度作调整。这种支模方法简单易行，现已在施工现场大面积采用。

胶合板用作墙模板时，常规的支模方法为：胶合板面板外侧的内楞用50mm×100mm或者60mm×80mm木方，外楞用Φ48mm×3.5mm脚手钢管，内外模用“3”形卡及穿墙螺栓拉结。

(五)其他模板

1. 滑动模板

滑动模板(简称滑模)施工，是现浇混凝土工程的一项施工工艺。滑模施工时模板一次组装完成，上面设置有施工人员的操作平台。并从下而上采用液压或其他提升装置沿现浇混凝土表面边浇筑混凝土边进行同步滑动提升和连续作业。与常规施工方法相比，这种施工工艺具有施工速度快、整体结构性能好、机械化程度高、可节省支模和搭设脚手架所需的工料、能较方便地将模板进行拆模和灵活组装并可重复使用。滑模和其他施工工艺相结合(如预制装配、砌筑或其他支模方法等)，可为简化施工工艺创造条件，更好地取得综合的经济效益。

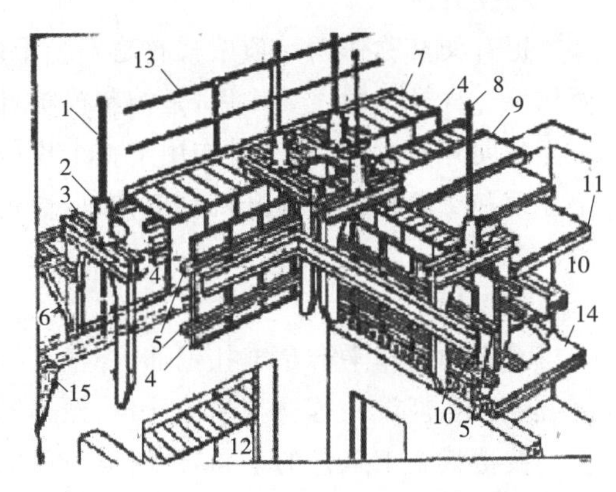

图4-16　滑模施工模板系统构造

1-支承杆；2-液压千斤顶；3-提升架；4-模板；5-围圈；6-外挑三脚架；7-外挑操作平台；8-固定操作平台；9-活动操作平台；10-内围梁；11-外围梁；12-吊脚手架；13-栏杆；14-顶控空心楼板；15-混凝土墙体

滑动模板装置主要包括模板系统及提升机具两部分，如图4-16所示。

(1)模板系统

1)模板

模板又称作围板,依赖围圈带动其沿混凝土的表面向上滑动。模板的主要作用是承受混凝土的侧压力、冲击力和滑升时的摩阻力,并使混凝土按设计要求的截面形状成型。

模板按其所在部位及作用不同,可分为内模板、外模板、堵头模板以及阶梯形变截面处的衬模板等。为了防止混凝土在浇灌时向外溅出,也可将外模板的上端比内模板高100～200mm。

模板的高度为1m左右,其宽度一般为200～1000mm。当施工对象的墙体尺寸变化不大时,亦可根据施工条件,将模板的宽度再适当加大,以节约安装及拆卸用工。模板可采用2～5mm厚钢板及∠30～∠50角钢制作,也可采用定型组合钢模板。

2)围圈

围圈又称作围檩。其主要作用,是使模板保持组装的平面形状并将模板与提升架连接成一个整体。围圈在工作时,承担由模板传递来的混凝土侧压力、冲击力及风荷载等水平荷载,滑升时的摩阻力及作用于操作平台上的静荷重和活荷重等竖向荷载,并将其传递到提升架、千斤顶和支承杆上。

在每侧模板的背后,通常设置由8～10号工字钢或槽钢制作的上下两道围圈。为了增强其刚度,也可在上下围圈之间增设腹杆,制成桁架式围圈桁架。

3)提升架

提升架又称作千斤顶架。它是安装千斤顶,并与围圈、模板连接成整体的主要构件。提升架的主要作用,是控制模板、围圈由于混凝土的侧压力和冲击力而产生的向外变形;同时承受作用于整个模板上的竖向荷载,并将上述荷载传递给千斤顶和支承杆。当提升机具工作时,通过它带动围圈、模板及操作平台等一起向上滑动。

4)操作平台

滑模的操作平台是绑扎钢筋、浇灌混凝土、提升模板等的操作场所;也是钢筋、混凝土、埋设件等材料和千斤顶、振捣器等小型备用机具的暂时存放地。

按楼板施工工艺的不同要求,操作平台板可采用固定式或活动式。对于逐层空滑楼板并进施工工艺,操作平台板宜采用活动式,以便平台板揭开后,对现浇楼板进行支模、绑扎钢筋和浇灌混凝土或进行预制楼板的安装。

操作平台分为主操作平台和上辅助平台两种,一般只设置主操作平台。当主操作平台被墙体的钢筋所分割,使混凝土水平运输受阻,或为了避免各工种间的相互干扰,有时也可设置上辅助平台。上辅助平台承重桁架(或大梁)

的支柱，大都支承于提升架的顶部。设置上辅助平台时，应特别注意其稳定性。

主操作平台一般分为内操作平台和外操作平台两部分。内操作平台通常由承重桁架（或梁）与楞木、铺板组成，承重桁架（或梁）的两端可支承于提升架的立柱上，亦可通过托架支承于上下围圈上。外操作平台通常由三角挑架及楞木、铺板等组成，一般宽度为 0.8m 左右。为了操作安全起见，在操作平台的外侧需设置防护栏杆。外操作平台的三角挑架可支承于提升架的立柱上或支承于上下围圈上。三角挑架宜采用钢材制作。外操作平台的楞木与铺板的构造和内操作平台相同。

操作平台的承重桁架（或梁）的楞木等主要承重构件，需按其跨度大小和实际荷载情况通过计算确定。

5)吊脚手架

吊脚手架又称下辅助平台或吊架，主要用于检查混凝土的质量和表面修饰以及模板的检修和拆卸等工作。吊脚手架主要由吊杆、横梁、脚手板和防护栏杆等构件组成。吊杆可采用直径为 16～18mm 的圆钢或 50×4 的扁钢制作。吊杆的上端通过螺栓悬吊于挑三脚架或提升架的主柱上。

(2)提升机具

滑模的提升机具主要由千斤顶、控制台和油路系统等组成。

1)千斤顶

用于滑模施工的千斤顶按传动的方式不同可分为手动螺旋千斤顶、液压千斤顶等。

液压千斤顶的工作原理如下：供油时排油弹簧被压缩，这时上卡头紧紧抱住支承杆，下卡头随外壳带动模板系统向上滑升一个行程；排油时，下卡头紧紧抱住支承杆，上卡头被排油弹簧向上推进一个行程。

2)液压控制台

液压控制台是液压滑模的心脏，是液压传动系统的控制中心。为了使千斤顶有条不紊地工作，必须配备一套基本的液压传动系统，才能带动模板上升。液压控制台主要由电动机、油泵、换向阀、溢流阀、液压分配器和油箱等组成。

液压控制台的工作过程为：电动机带动油泵运转，将油箱中的油液通过溢流阀控制压力后，经换向阀输送到液压分配器，然后，经油管将油液输入进千斤顶，使千斤顶沿支承杆爬升。当活塞走满行程之后，换向阀变换油液的流向，千斤顶中的油液从输油管、液压分配器，经换向阀返回油箱。每一个工作循环，可使千斤顶带动模板系统爬升一个行程。

液压控制台按操作形式的不同，可分为手动、电动和自动控制等形式。

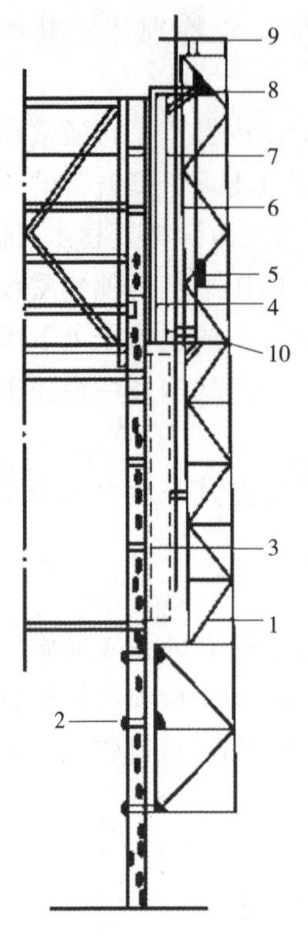

图 4-17 爬升模板

1-爬架；2-螺栓；3-预留爬架孔；4-爬模；5-爬架；6-爬模千斤顶；7-爬杆；8-模板挑横梁；9-爬架挑横梁；10-脱模千斤顶

3)油路系统

油路系统是连接控制台到千斤顶使油液进行工作的通路，主要由油管、管接头、液压分配器、截止阀等元、器件组成。

油管可采用高压胶管或无缝钢管制作。在一个工程的施工过程中，一般不经常拆改的油路，大都采用钢管；需要常拆改的油路，宜采用高压胶管。

2. 爬升模板

爬升模板(简称爬模)由爬升模板、爬架(也有的爬模没有爬架)和爬升设备三部分组成(图 4-17)，在施工剪力墙体系、筒体体系和桥墩筌等高耸结构中是一种有效的工具。

爬升模板采用整片式大平模，模板由面板及肋组成，而不需要支撑系统；提升设备采用电动螺杆提升机、液压千斤顶或导链。爬升模板是将大模板工艺和滑升模板工艺相结合，既保持大模板施工墙面平整的优点，又保持了滑模利用自身设备使模板向上提升的优点，墙体模板能自行爬升而不依赖塔式起重机。在自爬的模板上悬挂脚手架可省去施工过程中的外脚手架。

3. 台模

台模又称飞模，是现浇钢筋混凝土楼板的一种大型工具式模板，如图 4-18 所示。一般是一个房间一个台模。台模可以整体脱模和转运，借助吊车从浇完的楼板下飞出转移至上层重复使用，适用于高层建筑大开间、大进深的现浇混凝土楼盖施工，也适用于冷库、仓库等建筑的无柱帽的现浇无梁楼盖施工。台模按其支架结构类型分为：立柱式台模、桁架式台模、悬架式台模等。

台模整体性好，混凝土表面容易平整、施工进度快。台模由台面、支架(支柱)、支腿、调节装置、行走轮等组成。台面是直接接触混凝土的部件，表面应平整光滑，具有较高的强度和刚度。目前常用的面板有钢板、胶合板、铝合金板、工程塑料板及木板等。

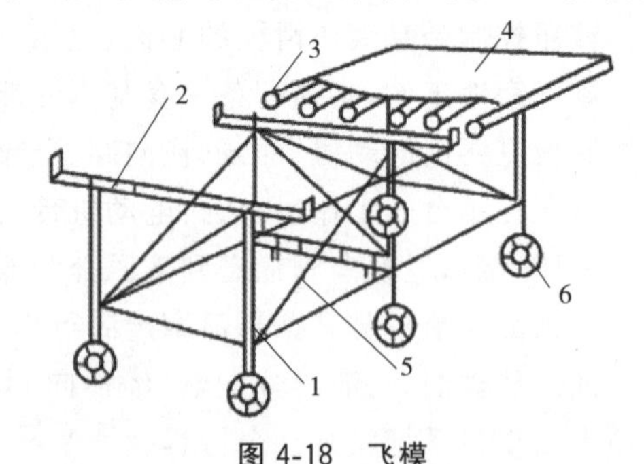

图 4-18 飞模

1-支腿；2-可伸缩的横梁；3-檩条；4-面板；5-斜撑；6-滚轮

4. 隧道模板

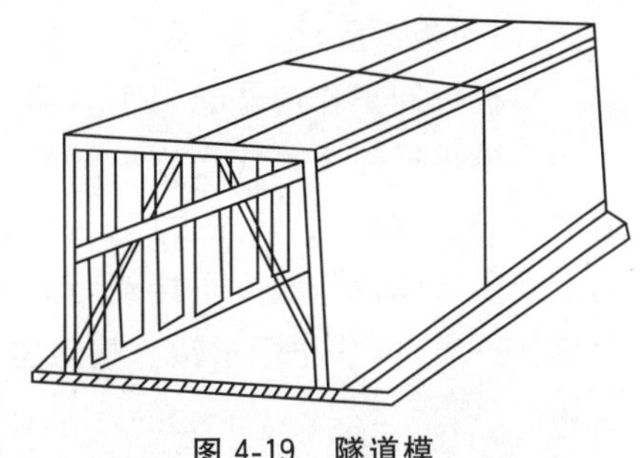

图 4-19　隧道模

隧道模是将楼板和墙体一次支模的一种工具式模板，相当于将台模和大模板组合起来，如图 4-19 所示。隧道模有断面呈“Ⅱ”字形的整体式隧道模和断面呈“T”形的双拼式隧道模两种。整体式隧道模自重大、移动困难，目前已很少应用；双拼式隧道模应用较广泛，特别在内浇外挂和内浇外砌的多高层建筑中应用较多。

双拼式隧道模由两个平隧道模和一道独立的插入模板组成。在两个半隧道模之间加一道独立的模板，用其宽度的变化，使隧道模适应于不同的开间；在不拆除中间模板的情况下，半隧道模可提早拆除，增加周转次数。半隧道模的竖向墙模板和水平楼板模板间用斜撑连接。在半隧道模下部设行走装置，在模板长方向，沿墙模板设两个行走轮，在附近设置两个千斤顶，模板就位后，这两个千斤顶将模板顶起，使行走轮离开楼板，施工荷载全部由千斤顶承担。脱模时，松动两个千斤顶，半隧道模在自重作用下下降脱模，行走轮落到楼板上。半隧道模脱模后，用专用吊架吊出，吊升至上一楼层。将吊架从半隧道模的一端插入墙模板与斜撑之间，吊钩慢慢起钩，将半隧道模托起，托挂在吊架上，吊到上一楼层。

二、模板拆除

(1)模板拆除期限

不承重的侧模板在混凝土强度能保证混凝土表面和棱角不因拆模而受损害时方可拆模。一般此时混凝土的强度应达到 2.5MPa 以上；承重模板应在混凝土达到表 4-1 所要求的强度以后方能拆除。

表 4-1　承重模板拆除时的混凝土强度要求

构件类型	构件跨度(m)	达到设计混凝土立方体抗压强度标准值的百分率(%)
板	≤2	≥50
	>2,≤8	≥75
	>8	≥100
梁、拱、壳	≤8	≥75
	>8	≥100
悬臂构件	—	≥100

(2)模板拆除注意事项

模板拆卸工作应注意以下事项：

1)模板拆除工作应遵守一定的方法与步骤。拆模时要按照模板各结合点构造情况，逐块松卸。首先去掉扒钉、螺栓等连接铁件，然后用橇杠将模板松动或用木楔插入模板与混凝土接触面的缝隙中，以锤击木楔，使模板与混凝土面逐渐分离。拆模时，禁止用重锤直接敲击模板，以免使建筑物受到强烈震动或将模板毁坏。

2)拆卸拱形模板时，应先将支柱下的木楔缓慢放松，使拱架徐徐下降，避免新拱因模板突然大幅度下沉而担负全部自重，并应从跨中点向两端同时对称拆卸。拆卸跨度较大的拱模时，则需从拱顶中部分段分期向两端对称拆卸。

3)高空拆卸模板时，不得将模板自高处摔下，而应用绳索吊卸，以防砸坏模板或发生事故。

4)当模板拆卸完毕后，应将附着在板面上的混凝土砂浆洗凿干净，损坏部分需加修整，板上的圆钉应及时拔除(部分可以回收使用)以免刺脚伤人。卸下的螺栓应与螺母、垫圈等拧在一起，并加黄油防锈。扒钉、铁丝等物均应收捡归仓，不得丢失。所有模板应按规格分放，妥加保管，以备下次立模周转使用。

5)对于大体积混凝土，为了防止拆模后混凝土表面温度骤然下降而产生表面裂缝，应考虑外界温度的变化而确定拆模时间，并应避免早、晚或夜间拆模。

第二节　钢 筋 工 程

钢筋混凝土结构及预应力混凝土结构常用的钢材有热轧钢筋、钢绞线、消除应力钢丝和热处理钢筋四类。

钢筋混凝土结构常用热轧钢筋，热轧钢筋按其化学成分和强度分为HPB300级、HRB335级、HRB400级、RRB400级。HPB300级钢筋的表面为光面，其余级别钢筋表面一般为带肋钢筋(月牙肋或等高肋)。为便于运输，ϕ6～ϕ9的钢筋常卷成圆盘，大于ϕ12的钢筋则轧成6～12m长的直条。

预应力混凝土结构常用的钢绞线一般由多根高强圆钢丝捻成，有1×3和1×7两种，其直径在8.6～15.2mm。消除应力钢丝有刻痕钢丝、光面螺旋肋钢丝两类，其直径在4～9mm。

钢筋进场应有产品合格证、出厂检验报告，每捆(盘)钢筋均应有标牌，进场钢筋应按进场的批次和产品的抽样检验方案抽取试样作机械性能试验，合格后方可使用。钢筋在加工过程中出现脆断、焊接性能不良或力学性能显著不正常等现象时，还应进行化学成分检验或其他专项检验，同时还应进行外观检查，要求钢筋应平直、无损伤，表面不得有裂纹、油污、颗粒状或片状老锈。

钢筋在运输和储存时，必须保留标牌，并按批分别堆放整齐，避免锈蚀和污染。钢筋一般在钢筋车间加工，然后运至现场绑扎或安装。其加工过程一般有冷拉、冷拔、调直、剪切、除锈、弯曲、绑扎、焊接等

一、钢筋的验收及存放

钢筋混凝土结构和预应力混凝土结构的钢筋应按下列规定选用：

普通钢筋即用于钢筋混凝土结构中的钢筋及预应力混凝土结构中的非预应力钢筋，宜采用 HRB400 和 HRB335，也可采用 HPB300 和 RRB400 钢筋；预应力钢筋宜采用预应力钢绞线、钢丝，也可采用热处理钢筋。

钢筋混凝土工程中所用的钢筋均应进行现场检查验收，合格后方能入库存放、待用。

（一）钢筋的验收

(1)钢筋进场时，应具有出厂证明书或试验报告单，每捆（盘）钢筋应有标牌，同时应按现行国家标准《钢筋混凝土用热轧带肋钢筋》(GB 1499—2007)等的规定抽取试件做力学性能检验，其质量必须符合有关标准的规定。

(2)验收内容：查对标牌，检查外观，并按有关标准的规定抽取试样进行力学性能试验。

(3)钢筋的外观检查包括：钢筋应平直、无损伤，表面不得有裂纹、油污、颗粒状或片状锈蚀。钢筋表面凸块不允许超过螺纹的高度；钢筋的外形尺寸应符合有关规定。

(4)力学性能试验时，从每批中任意抽出两根钢筋，每根钢筋上取两个试样分别进行拉力试验（测定其屈服点、抗拉强度、伸长率）和冷弯试验。

(5)钢筋在使用时，如发现脆断、焊接性能不良或机械性能显著不正常等，则应进行钢筋化学成分检验。

（二）钢筋的存放

(1)钢筋运至现场后，必须严格按批分等级、牌号、直径、长度等挂牌存放，并注明数量，不得混淆。

(2)钢筋应尽量堆入仓库或料棚内。条件不具备时，应选择地势较高，土质坚硬的场地存放。

(3)钢筋应堆放整齐，避免锈蚀和污染，堆放钢筋的下面要加垫木，离地至少20cm 高；在堆场周围应挖有排水沟，以利排水。

二、钢筋冷加工

(一)冷拉

钢筋冷拉是在常温下对钢筋进行强力拉伸,以超过钢筋的屈服强度的拉应力,使钢筋产生塑性变形,达到调直钢筋、提高强度的目的。冷拉时,钢筋被拉直,表面锈渣自动剥落,因此冷拉不但可提高强度,而且还可以同时完成调直、除锈工作。

1. 冷拉控制

钢筋的冷拉可采用控制应力和控制冷拉率两种方法。

采用控制应力方法冷拉钢筋时,其冷拉控制应力及最大冷拉率,应符合表 4-2的规定。

冷拉时以表 4-2 规定的控制应力对钢筋进行冷拉。同时,冷拉后检查钢筋的冷拉率,如不超过表 4-2 规定的冷拉率,认为合格;如超过表 4-2 规定的冷拉率,则应对钢筋进行机械性能试验。

表 4-2 冷拉控制应力及最大冷拉率

钢筋级别		冷拉控制应力(N/mm²)	最大冷拉率(%)
HRB335 级	$d \leqslant 25$	450	5.5
	$d = 28 \sim 40$	430	
HRB400 级 $d = 8 \sim 40$		500	5.0

钢筋冷拉采用控制冷拉率方法时,冷拉率必须由试验确定。对同炉批钢筋,测定的试件不应少于 4 个,每个试件都应按表 4-3 规定的冷拉应力值在万能试验机上测定相应的冷拉率,取其平均值作为该炉批钢筋的实际冷拉率。如钢筋强度偏高,平均冷拉率低于 1%时,仍应按 1%进行冷拉。

表 4-3 测定冷拉率时钢筋的冷拉应力

钢筋级别		冷拉控制应力(N/mm²)
HPB300 级 $d \leqslant 12$		320
HRB335 级	$d \leqslant 25$	480
	$d = 28 \sim 40$	460
HRB400 级 $d = 8 \sim 40$		530

钢筋冷拉采用控制应力法能够保证冷拉钢筋的质量,用作预应力筋的冷拉钢筋宜用控制应力法。控制冷拉率法的优点是设备简单,但当材质不均匀,冷拉率波动大时,不易保证冷拉应力,为此可采用逐根取样法。不能分清炉批的热轧

钢筋,不应采用控制冷拉率法。

表 4-3 中测定冷拉率用的冷拉应力根据结构设计统一规定的标准取值。

多根连接的钢筋,用控制应力的方法进行冷拉时,其控制应力和每根的冷拉率均符合表 4-2 的规定;当用控制冷拉率的方法进行冷拉时,冷拉率可按总长计,但冷拉后每根钢筋的冷拉率不得超过表 4-2 的规定。预应力钢筋如由几段对焊而成,应在焊接后再进行冷拉,以免因焊接而降低冷拉所获得的强度。钢筋的冷拉速度不宜过快。

2. 冷拉设备

钢筋冷拉设备由拉力设备、承力结构、测量设备和钢筋夹具等部分组成,如图 4-20 所示。

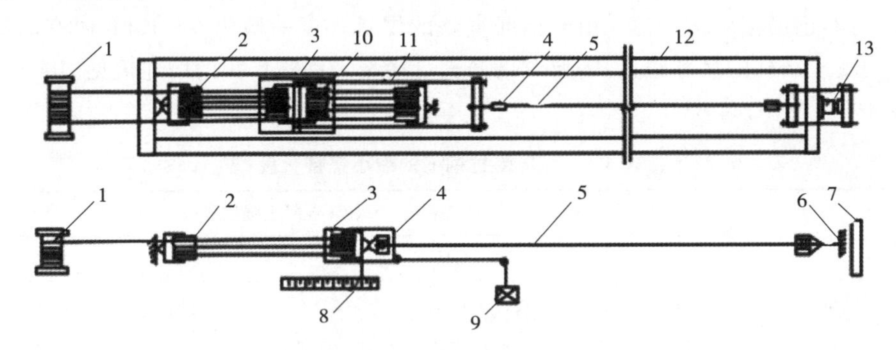

图 4-20 冷拉设备

1-卷扬机;2-滑轮组;3-冷拉小车;4-夹具;5-被冷拉的钢筋;6-地锚;7-防护壁;8-标尺;9-回程荷重架;10-回程滑轮组;11-传力架;12-冷拉槽;13-液压千斤顶

3. 冷拉方法

钢筋冷拉可采用控制应力和控制冷拉率两种方法。采用控制应力方法冷拉钢筋时,其冷拉控制应力及最大冷拉率,应符合规范规定;钢筋冷拉采用控制冷拉率方法时,冷拉率必须由试验确定。钢筋冷拉采用控制应力法能够保证冷拉钢筋的质量,用作预应力筋的冷拉钢筋宜用控制应力法。控制冷拉率法的优点是设备简单。但当材质不均匀,冷拉率波动大时,不易保证冷拉应力,为此可采用逐根取样法。不能分清炉批的热轧钢筋,不应采用控制冷拉率法。

(二)冷拔

钢筋冷拔是使 ϕ6～ϕ8 的 HPB300 级钢筋通过钨合金拔丝模孔(图 4-21)进行强力拉拔,使钢筋产生塑性变形,其轴向被拉伸,径向被压缩,内部晶格变形,因而抗拉强度提高

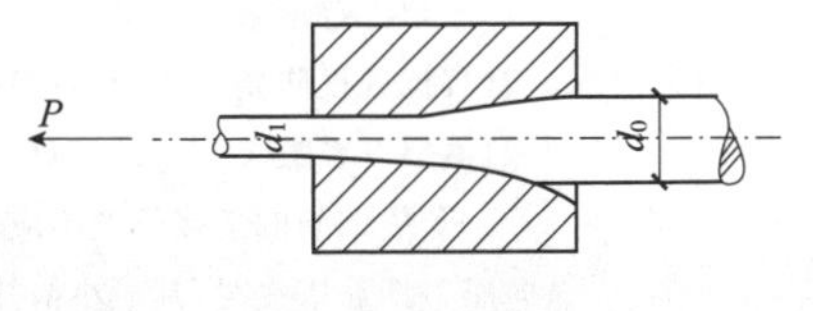

图 4-21 钢筋冷拔

(提高 50%～90%),塑性降低,并呈硬钢特性。

三、钢筋配料及代换

(一)钢筋下料长度计算

(1)钢筋长度。施工图(钢筋图)中所指的钢筋长度是钢筋外缘至外缘之间的长度,即外包尺寸。

(2)混凝土保护层厚度。混凝土保护层厚度是指受力钢筋外缘至混凝土表面的距离,其作用是保护钢筋在混凝土中不被锈蚀。混凝土的保护层厚度,一般用水泥砂浆垫块或塑料卡垫在钢筋与模板之间来控制。塑料卡的形状有塑料垫块和塑料环圈两种。塑料垫块用于水平构件,塑料环圈用于垂直构件。

(3)钢筋接头增加值。由于钢筋直条的供货长度一般为 6～10m,而有的钢筋混凝土结构的尺寸很大,需要对钢筋进行接长。钢筋接头的增加值见表 4-4～表 4-6。

表 4-4 纵向受拉钢筋的最小搭接长度

钢筋类型		混凝土强度等级			
		C15	C20～C25	C30～C35	≥C40
光圆钢筋	HPB300 级	45*d*	35*d*	30*d*	25*d*
带肋钢筋	HRB335 级	55*d*	45*d*	35*d*	30*d*
	HRB400 级、RRB400 级	—	55*d*	40*d*	35*d*

注:1. 两根直径不同钢筋的搭接长度,以较细钢筋直径计算。*d* 为钢筋直径,后同。

2. 本表适用于纵向受拉钢筋的绑扎搭接接头面积百分率不大于 25%。当纵向受拉钢筋搭接接头面积百分率大于 25%,但不大于 50%时,其最小搭接长度应按表中的数值乘以系数 1.2 取用;当接头面积百分率大于 50%时,应按表中的数值乘以系数 1.35 取用。

3. 当符合下列条件时,纵向受拉钢筋的最小搭接长度应根据上述要求确定后,按下列规定进行修正。

(1)当带肋钢筋的直径大于 25mm 时,其最小搭接长度应按相应数值乘以系数 1.1 取用。

(2)对环氧树脂涂层的带肋钢筋;其最小搭接长度应按相应数值乘以 1.25 取用。

(3)当在混凝土凝固过程中受力钢筋易受扰动时(如滑模施工),其最小搭接长度应按相应数值乘以系数 1.1 取用。

(4)对末端采用机械锚固措施的带肋钢筋,其最小搭接长度可按相应数值乘以系数 0.7 取用。

(5)当带肋钢筋的混凝土保护层厚度大于搭接钢筋直径的 3 倍且配有箍筋时,其最小搭接长度可按相应数值乘以系数 0.8 取用。

(6)对有抗震设防要求的结构构件,其受力钢筋的最小搭接长度对一、二级抗震等级应按相应数值乘以系数 1.05 采用;对三级抗震等级应按相应数值乘以系数 1.05 采用。在任何情况下,受拉钢筋的搭接长度不应小于 300mm。

4. 纵向压力钢筋搭接时,其最小搭接长度应根据上述规定确定相应数值后,乘以系数的 0.7 取用,在任何情况下,受压钢筋的搭接长度不应小于 200mm。

表 4-5 钢筋对焊长度损失值(mm)

钢筋直径	<16	16～25	>25
损失值	20	25	30

表 4-6 钢筋搭接焊最小搭接长度

焊接类型	HPB300 光圆钢筋	HRB335、HRB400 月牙肋钢筋
双面焊	$4d$	$5d$
单面焊	$8d$	$10d$

(4)弯曲量度差值

钢筋下料长度计算是钢筋配料的关键。设计图中注明的钢筋尺寸是钢筋的外轮廓尺寸(从钢筋外皮到外皮量得的尺寸)，称为钢筋的外包尺寸，在钢筋加工时，也按外包尺寸进行验收。钢筋弯曲后的特点是：在钢筋弯曲处，内皮缩短，外皮延伸，而中心线尺寸不变，故钢筋的下料长度即中心线尺寸。钢筋成型后量度尺寸都是沿直线量外皮尺寸；同时弯曲处又成圆弧，因此弯曲钢筋的尺寸大于下料尺寸，两者之间的差值称为"弯曲调整值"，即在下料时，下料长度应用量度尺寸减去弯曲调整值。钢筋弯曲常用形式及调整值计算简图如图 4-22 所示。

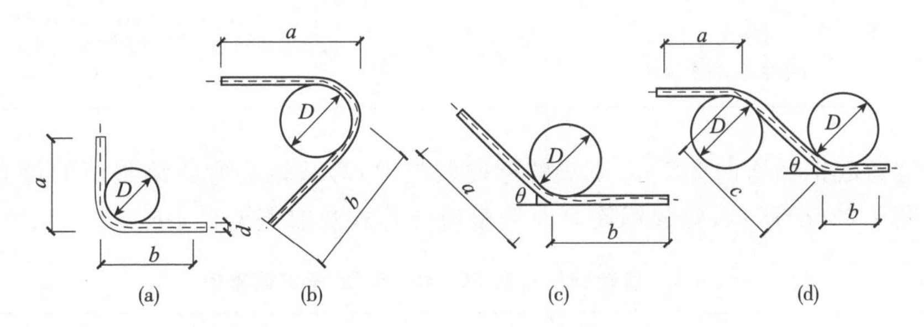

图 4-22 钢筋弯曲常见形式及调整值计算简图

(a)钢筋弯曲 90°；(b)钢筋弯曲 135°；(c)钢筋一次弯曲 30°、45°、60°；(d)钢筋弯起 30°、45°、60°

a、b、c-量度尺寸；l_x-钢筋下料长度

1)钢筋弯曲直径的有关规定。

①受力钢筋的弯钩和弯弧规定：

HPB 300 级钢筋末端应做 180°弯钩，弯弧内直径 $D \geqslant 2.5d$(d 为钢筋直径)，弯钩的弯后平直部分长度不小于 $3d$(d 为钢筋直径)；当设计要求钢筋末端作 135°弯折时，HRB 335 级、HRB 400 级钢筋的弯弧内直径 $D \geqslant 4d$(d 为钢筋直径)，弯钩的弯后的平直部分长度应符合设计要求；钢筋作不大于 90°的弯折时，弯折处的弯弧内直径 $D \geqslant 5d$(d 为钢筋直径)。

②箍筋的弯钩和弯弧规定：除焊接封闭环式箍筋外，箍筋末端应作弯钩，弯钩形式应符合设计要求；当设计无要求时，应符合下面规定：箍筋弯钩的弯弧内直径除应满足上述中的规定外，还应不小于受力钢筋直径；箍筋弯钩的弯折角度，对一般结构，不应小于90°；对有抗震要求的结构，应为135°；箍筋弯后平直部分的长度，对一般结构，不宜小于箍筋直径的5倍：对有抗震要求的结构，不应小于箍筋直径的10倍。

2)钢筋弯折各种角度时的弯曲调整值计算。

①钢筋弯折各种角度时的弯曲调整值：弯起钢筋弯曲调整值的计算简图见图4-22(a)、(b)、(c)；钢筋弯折各种角度时的弯曲调整值计算式及取值见表4-7。

表4-7　钢筋弯折各种角度时的弯曲调整值

弯折角度	钢筋级别	弯曲调整值 δ		弯弧直径
		计算式	取值	
30°	HPB300 HRB335 HRB400	$\delta=0.006D+0.274d$	$0.3d$	$D=5d$
45°		$\delta=0.022D+0.436d$	$0.55d$	
60°		$\delta=0.054D+0.631d$	$0.9d$	
90°		$\delta=0.215D+1.215d$	$2.29d$	
135°	HPB300	$\delta=0.822D-0.178d$	$0.38d$	$D=2.5d$
	HRB335、HRB400		$0.11d$	$D=4d$

②弯起钢筋弯曲30°、45°、60°的弯曲调整值：弯起钢筋弯曲调整值的计算简图如图4-22(d)所示；弯起钢筋弯曲调整值计算式及取值见表4-8。

表4-8　弯起钢筋弯曲30°、45°、60°的弯曲调整值

弯折角度	钢筋级别	弯曲调整值 δ		弯弧直径
		计算式	取值	
30°	HPB300 HRB335 HRB400	$\delta=0.012D+0.28d$	$0.34d$	$\delta=5d$
45°		$\delta=0.043D+0.457d$	$0.67d$	
60°		$\delta=0.108D+0.685d$	$1.23d$	

③钢筋180°弯钩长度增加值。

根据规范规定，HPB 300级钢筋两端做180°弯钩，其弯曲直径 $D=2.5d$，平直部分长度为 $3d$，如图4-23所示。度量方法为以外包尺寸度量，其每个弯钩长度增加值为6.25d。

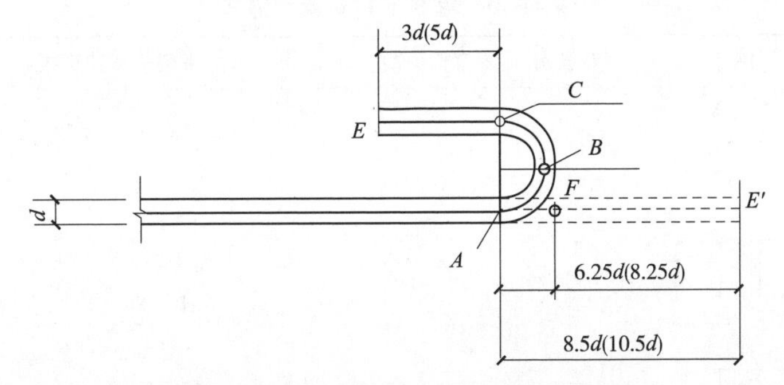

图 4-23 180°弯钩长度增加值计算简图

箍筋作 180°弯钩时，其平直部分长度为 $5d$，则其每个弯钩增加长度为 $8.25d$。

(5)钢筋下料长度的计算

直筋下料长度＝构件长度＋搭接长度－保护层厚度＋弯钩增加长度

弯起筋下料长度＝直段长度＋斜段长度＋搭接长度－弯折减少长度＋弯钩增加长度

箍筋下料长度＝直段长度＋弯钩增加长度－弯折减少长度＝箍筋周长＋箍筋调整值

(6)箍筋弯钩增加长度计算

由于箍筋弯钩形式较多，下料长度计算比其他类型钢筋较为复杂，常用的箍筋形式如图 4-24 所示，箍筋的弯钩形式有三种，即半圆弯(180°)、直弯钩(90°)、斜弯钩(135°)；图 4-24(a)、图 4-24(b)是一般形式箍筋，图 4-24(c)是有抗震要求和受扭构件的箍筋。不同箍筋形式弯钩长度增加值计算见表 4-9；不同形式箍筋下料长度计算式见表 4-10。

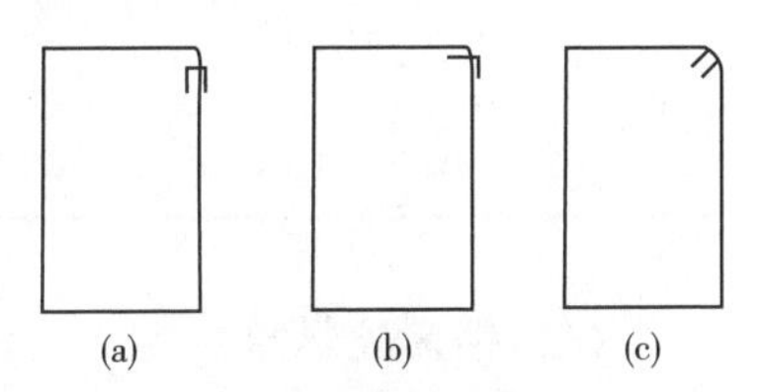

图 4-24 常用的箍筋形式

(a)90°/180°箍筋；(b)90°/90°箍筋；(c)135°/135°箍筋

表 4-9 箍筋弯钩增加长度计算

弯钩形式	箍筋弯钩增加长度计算公式(I_x)	平直段长度 I_p	箍筋弯钩增加长度取值(I_s)	
			HPB300	HRB335
半圆弯钩(180°)	$I_g=1.071D+0.57D+I_p$	$5d$	$8.25d$	—
直弯钩(90°)	$I_z=0.285D+0.215D+I_p$	$5d$	$6.2d$	$6.2d$
斜弯钩(135°)	$I_z=0.678D+0.178D+I_p$	$10d$	$12d$	—

注：表中 90°弯钩：HPB 300、HRB 335 级钢筋均取 $D=5d$；135°、180°弯钩 HPB 300 级钢筋取 $D=2.5d$。

表 4-10 箍筋下料长度计算式

序号	简图	钢筋级别	弯钩类型	下料长度计算式 l_x
1			180°/180°	$l_x=a+2b+(6-2\times2.29+2\times8.25)d$ 或：$l_x=a+2b+17.9d$
2		HPB300 级	90°/180°	$l_x=2a+2b+(8-3\times2.29+2\times8.25+6.2)d$ 或：$l_x=2a+2b+15.6d$
3			90°/90°	$l_x=2a+2b+(8-3\times2.29+2\times6.25)d$ 或：$l_x=2a+2b+13.5d$
4		HPB300 级	135°/135°	$l_x=2a+2b+(8-3\times2.29+2\times12)d$ 或：$l_x=2a+2b+25.1d$
5		HRB335 级		$l_x=(a+2b)+(4-2\times2.29)d$ 或：$l_x=a+2b+0.6d$
6			90°/90°	$l_x=(2a+2b)+(8-3\times2.29+2\times6.2)d$ 或：$l_x=2a+2b+13.5d$

(二)钢筋配料单填写

(1)钢筋配料单的作用及形式

钢筋配料单是根据施工设计图纸标定钢筋的品种、规格及外形尺寸、数量进行编号，并计算下料长度，用表格形式表达的技术文件。

①钢筋配料单的作用：钢筋配料单是确定钢筋下料加工的依据，是提出材料计划，签发施工任务单和限额领料单的依据，它是钢筋施工的重要工序，合理的配料单，能节约材料、简化施工操作。

②钢筋配料单的形式：钢筋配料单一般用表格的形式反映，其内容由构件名称，钢筋编号，钢筋简图、尺寸、钢号、数量、下料长度及重量等内容组成，见表 4-11。

表 4-11 钢筋配料单

构件名称	钢筋编号	简图	直径(mm)	钢筋级别	下料长度(mm)	单位根数	合计根数	质重(kg)
L_1 梁共 5 根	①	6190	10	ϕ	6315	2	10	39.0
	②	250 6190	25	Φ	6575	2	10	253.1

（续）

构件名称	钢筋编号	简　图	直径（mm）	钢筋级别	下料长度（mm）	单位根数	合计根数	质重（kg）
L_1 梁共 5 根	③	250 265 4560 777	25	Φ	6962	2	10	266.1
	④	200 550	6	ϕ	1600	32	160	58.6

(2)钢筋配料单的编制方法及步骤

①熟悉构件配筋图，弄清每一编号钢筋的直径、规格、种类、形状和数量，以及在构件中的位置和相互关系。

②绘制钢筋简图。

③计算每种规格的钢筋下料长度。

④填写钢筋配料单。

⑤填写钢筋料牌。

(3)钢筋的标牌与标识

钢筋除填写配料单外，还需将每一编号的钢筋制作相应的标牌与标识，即料牌，作为钢筋加工的依据，并在安装中作为区别、核实工程项目钢筋的标志。钢筋料牌的形式如图 4-25 所示。

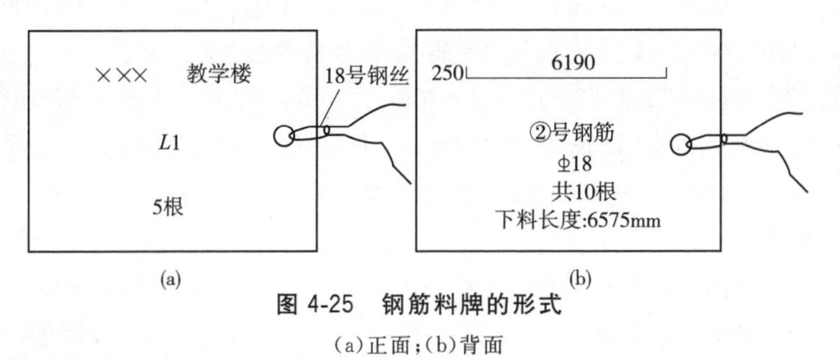

图 4-25　钢筋料牌的形式

(a)正面；(b)背面

钢筋下料计算实例

【例 4-1】 某教学楼第一层楼共有 5 根 L1 梁，梁的钢筋如图 4-26 所示，梁混凝土保护层厚度取 25mm，箍筋为 135°斜弯钩，试编制该梁的钢筋配料单(HRB335 级钢筋末端为 90°弯钩，弯起直段长度 250mm)。

解：

1)熟悉构件配筋图，绘出各钢筋简图见表 4-11；

2)计算各钢筋下料长度。

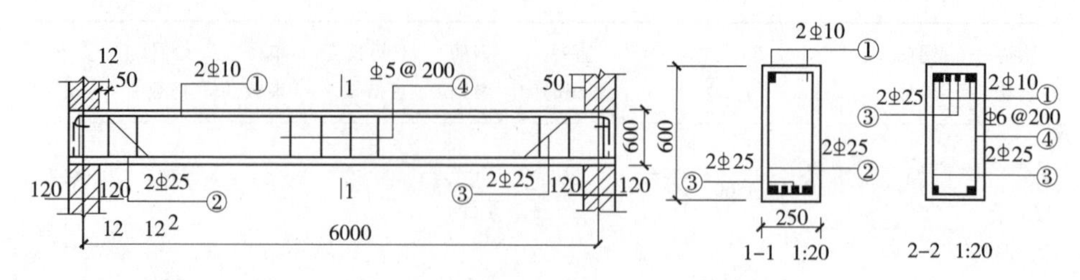

图 4-26 L_1梁(共 5 根)

①号钢筋为 HPB 300 级钢筋，两端需做 180°弯钩，每个弯钩长度增加值为 6.25d，端头保护层厚 25mm，则钢筋外包尺寸为：6240－2×25＝6190mm，钢筋下料长度＝构件长－两端保护层厚度＋弯钩增加长度

①号钢筋下料长度＝6190＋2×6.25×10＝6190＋125＝6315(mm)。

②号钢筋为 HRB 335 级钢筋(钢筋下料长度计算式同前)，钢筋弯折调整值查表 4-7，弯折 90°时取 2.29d；下料长度为：6240－2×25＋2×250－2×2.29d＝6190＋500－115＝6575(mm)。

③号钢筋为弯起钢筋，钢筋下料长度计算式为：

弯起钢筋下料长度＝直段长度＋斜段长度－弯曲调整值＋弯钩增加长度分段计算其长度：

端部平直段长＝240＋50－25＝265(mm)；

斜段长＝(梁高－2 倍保护层厚度)×1.41＝(600－2×25)×1.4l＝550×1.41＝777(mm)，(1.41 是钢筋弯 45°斜长增加系数)；

中间直线段长＝6240－2×65－2×265－2×550＝6240－1680＝4560(mm)。

HRB335 级钢筋锚固长度为 250mm，末端无弯钩，钢筋的弯曲调整值查表 4-8，弯起 45°时取 0.67d；钢筋的弯折调整值查表 4-7，弯折 90°时取 2.29d；钢筋下料长度为：

2×(250＋265＋777)＋4560－4×0.67d－2×2.29d＝7144－182＝6962(mm)。

④号钢筋为箍筋(按表 4-9，计算式为：l_z＝2a＋2b＋25.1d)，钢筋下料长度计算式为：

箍筋下料长度＝直段长度＋弯钩增加长度－弯曲调整值

箍筋两端做 135°斜弯钩，查表 4-9，弯钩增加值取 25.1d，箍筋内包尺寸为：

宽度＝250－2×25＝200(mm)

高度＝600－2×25＝550(mm)。

④号箍筋的下料长度＝2×(200＋550)＋25.1d＝1500＋25.1×6＝1651(mm)

箍筋数量＝(构件长－两端保护层)/箍筋间距＋1

$=(6240-2\times25)/200+1=6190/200+1$

$=30.95+1=31.95$，取 32 根。

计算结果汇总于表 4-11。

(3)填写钢筋料牌，如图 4-25 所示。图中仅填写了②号钢筋的料牌，其余同此。

(三)钢筋代换

(1)钢筋代换原则

在施工中，已确认工地不可能供应设计图要求的钢筋品种和规格时，在征得设计单位的同意并办理设计变更文件后，才允许根据库存条件进行钢筋代换。代换前，必须充分了解设计意图、构件特征和代换钢筋性能，严格遵守国家现行设计规范和施工验收规范及有关技术规定。代换后，仍能满足各类极限状态的有关计算要求以及配筋构造规定，如:受力钢筋和箍筋的最小直径、间距、锚固长度、配筋百分率以及混凝土保护层厚度等。一般情况下，代换钢筋还必须满足截面对称的要求。

梁内纵向受力钢筋与弯起钢筋应分别进行代换，以保证正截面与斜截面强度。偏心受压构件或偏心受拉构件(如框架柱、承受吊车荷载的柱、屋架上弦等)钢筋代换时，应按受力方向(受压或受拉)分别代换，不得取整个截面配筋量计算。吊车梁等承受反复荷载作用的构件，必要时，应在钢筋代换后进行疲劳验算。同一截面内配置不同种类和直径的钢筋代换时，每根钢筋拉力差不宜过大(同类型钢筋直径差一般不大于 5mm)，以免构件受力不匀。钢筋代换应避免出现大材小用，优材劣用，或不符合专料专用等现象。钢筋代换后，其用量不宜大于原设计用量的 5%，也不应低于原设计用量的 2%。

对抗裂性要求高的构件(如吊车梁，薄腹梁、屋架下弦等)，不宜用 HPB 300 级钢筋代换 HRB 335、HRB 400 级带肋钢筋，以免裂缝开展过宽。当构件受裂缝宽度控制时，代换后应进行裂缝宽度验算。如代换后裂缝宽度有一定增大(但不超过允许的最大裂缝宽度)，还应对构件作挠度验算。

进行钢筋代换的效果，除应考虑代换后仍能满足结构各项技术性能要求之外，同时还要保证用料的经济性和加工操作的方便。

(2)钢筋代换方法

1)等强度代换

当结构构件按强度控制时，可按强度相等的原则代换，称“等强度代换”。既代换前后钢筋的钢筋抗力不小于施工图纸上原设计配筋的钢筋抗力。

即

$$A_{s2}\cdot f_{y2}\geqslant A_{s1}\cdot f_{y1}\tag{4-1}$$

将圆面积公式：$A_s=\frac{\pi d^2}{4}$代入式(4-1)，有：

$$n_2 d_2^2 f_{y1} \geqslant n_1 d_1^2 f_{y1} \tag{4-2}$$

当原设计钢筋与拟代换的钢筋直径相同时($d_1=d_2$)：

$$n_2 f_{y1} \geqslant n_1 f_{y1} \tag{4-3}$$

当原设计钢筋与拟代换的钢筋级别相同时(即 $f_{y1}=f_{y2}$)：

$$n_2 d_2^2 \geqslant n_1 d_1^2 \tag{4-4}$$

式中：f_{y1}、f_{y2}——分别为原设计钢筋和拟代换用钢筋的抗拉强度设计值，N/mm^2；

A_{s1}、A_{s2}——分别为原设计钢筋和拟代换钢筋的计算截面面积(mm^2)；

n_1、n_2——分别为原设计钢筋和拟代换钢筋的根数(根)；

d_1、d_2——分别为原设计钢筋和拟代换钢筋的直径(mm)；

$A_{s1}\cdot f_{y1}$、$A_{s2}\cdot f_{y2}$——分别为原设计钢筋和拟代换钢筋的钢筋抗力(N)。

2)等面积代换

当构件换最小配筋率配筋时，可按钢筋面积相等的原则进行代换，称为“等面积代换”。

即：

$$A_{s1}=A_{s2} \tag{4-5}$$

或：

$$n_2 d_2^2 \geqslant n_1 d_1^2$$

式中：A_{s1}、n_1、d_1——分别为原设计钢筋的计算截面面积(mm^2)；根数；直径(mm)；

A_{s2}、n_2、d_2——分别为拟代换钢筋的计算截面面积(mm^2)；根数；直径(mm)。

3)当构件受裂缝宽度或抗裂性要求控制时。代换后应进行裂缝或抗裂性验算。代换后，还应满足构造方面的要求(如钢筋间距、最少直径、最少根数、锚固长度、对称性等)及设计中提出的其他要求。

四、钢筋加工

1. 钢筋除锈

钢筋由于保管不善或存放时间过久，就会受潮生锈。在生锈初期，钢筋表面呈黄褐色，称水锈或色锈，这种水锈除在焊点附近必须清除外，一般可不处理；但是当钢筋锈蚀进一步发展，钢筋表面已形成一层锈皮，受锤击或碰撞可见其剥落，这种铁锈不能很好地与混凝土黏结，影响钢筋和混凝土的握裹力，并且在混凝土中继续发展，需要清除。

钢筋除锈一般可以通过以下两个途径：

(1)大量钢筋除锈可通过钢筋冷拉或钢筋调直机调直过程中完成；

(2)少量的钢筋局部除锈可采用电动除锈机或人工用钢丝刷、砂盘以及喷砂和酸洗等方法进行。

2. 钢筋调直

钢筋在使用前必须经过调直,否则会影响钢筋受力,甚至会使混凝土提前产生裂缝,如未调直直接下料,会影响钢筋的下料长度,并影响后续工序的质量。钢筋调直宜采用机械方法,也可以采用冷拉,常用的方法是使用卷扬机拉直和用调直机调直。

3. 钢筋切断

钢筋切断有人工剪断、机械切断、氧气切割等三种方法。直径大于 40mm 的钢筋一般用氧气切割。

钢筋切断机是用来把钢筋原材料或已调直的钢筋切断,其主要类型有机械式、液压式和手持式钢筋切断机。机械式钢筋切断机有偏心轴立式、凸轮式和曲柄连杆式等形式。

4. 钢筋弯曲

钢筋弯曲成型,将已切断、配好的钢筋,弯曲成所规定的形状尺寸,是钢筋加工的一道主要工序。钢筋弯曲成型要求加工的钢筋形状正确,平面上没有翘曲不平的现象,便于绑扎安装。

(1)钢筋弯钩和弯折的有关规定

1)受力钢筋

①HPB300 级钢筋末端应作 180°弯钩,其弯弧内直径不应小于钢筋直径的 2.5 倍,弯钩的弯后平直部分长度不应小于钢筋直径的 3 倍。

②当设计要求钢筋末端需作 135°弯钩时,HRB335 级、HRB400 级钢筋的弯弧内直径 D 不应小于钢筋直径的 4 倍,弯钩的弯后平直部分长度应符合设计要求。

③钢筋作不大于 90°的弯折时,弯折处的弯弧内直径不应小于钢筋直径的 5 倍。

2)箍筋。除焊接封闭环式箍筋外,箍筋的末端应作弯钩。弯钩形式应符合设计要求;当设计无具体要求时,应符合下列规定:

①箍筋弯钩的弯弧内直径除应满足上述要求外,尚应不小于受力钢筋的直径。

②箍筋弯钩的弯折角度:对一般结构,不应小于 90°;对有抗震等要求的结构应为 135°。

③箍筋弯后的平直部分长度:对一般结构,不宜小于箍筋直径的 5 倍;对有抗震等要求的结构,不应小于箍筋直径的 10 倍。

(2)钢筋弯曲方法

钢筋弯曲有人工弯曲和机械弯曲。

钢筋弯曲的顺序是画线、试弯、弯曲成型。画线主要根据不同的弯曲角在钢筋上标出弯折的部位，以外包尺寸为依据，扣除弯曲量度差值。

1）画线。钢筋弯曲前，对形状复杂的钢筋（如弯起钢筋），根据钢筋料牌上标明的尺寸，用石笔将各弯曲点位置画出。画线时应注意：①根据不同的弯曲角度扣除弯曲调整值，其扣法是从相邻两段长度中各扣一半；②钢筋端部带半圆弯钩时，该段长度画线时增加 0.5d(d 为钢筋直径)；③画线工作宜从钢筋中线开始向两边进行，两边不对称的钢筋也可从钢筋一端开始画线，如画到另一端有出入时，则应重新调整。

2）钢筋弯曲成型。钢筋在弯曲机上成型时（见图 4-27），心轴直径应是钢筋直径的 2.5～5.0 倍，成型轴宜加偏心轴套，以便适应不同直径的钢筋弯曲需要。弯曲细钢筋时，为了使弯弧一侧的钢筋保持平直，挡铁轴宜做成可变挡架或固定挡架（加铁板调整）。

钢筋弯曲点线和心轴的关系如图 4-28 所示。由于成型轴和心轴在同时转动，就会带动钢筋向前滑移。因此，钢筋弯 90°时，弯曲点线约与心轴内边缘齐；弯 180°时，弯曲点线距心轴内边缘为 1.0～1.5d（钢筋硬时取大值）。

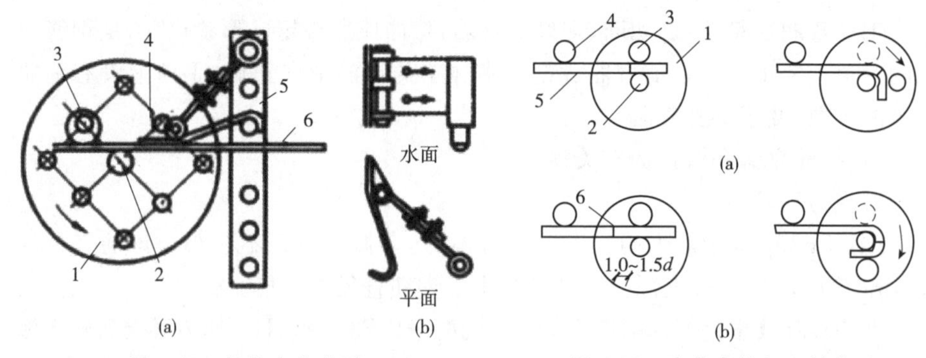

图 4-27　钢筋弯曲成型

（a）工作简图；（b）可变挡架构造

1-工作盘；2-心轴；3-成型轴；

4-可变挡架；5-插座；6-钢筋

图 4-28　弯曲点线与心轴关系

（a）弯 90°；（b）弯 180°

1-工作盘；2-心轴；3-成型轴；

4-固定挡铁；5-钢筋；6-弯曲点线

五、钢筋连接

（一）钢筋焊接

采用焊接代替绑扎，可改善结构受力性能，提高工效，节约钢材，降低成本。结构的某些部位，如轴心受拉和小偏心受拉构件中的钢筋接头应焊接。普通混凝土中直径大于 22mm 的钢筋和轻骨料混凝土中直径大于 20mm 的 HRB335 级钢筋及直径大于 25mm 的 HRB335、HRB400 级钢筋，均宜采用焊接接头。

钢筋常用的焊接方法有闪光对焊、电弧焊、电渣压力焊、点焊和气压焊等。钢筋焊接方法及适用范围见表 4-12。

表 4-12　钢筋焊接方法及适用范围

焊接方法		接头形式	适用范围	
			钢级级别	钢筋直径(mm)
电阻点焊			HPB300	6～16
			HRB335　HRBF400	6～16
			HRB400　HRBF400	6～16
			HRB500　HRBF500	6～16
			CRB550	4～12
			CDW550	3～8
闪光对焊			HPB300	8～22
			HRB335　HRBF335	8～40
			HRB400　HRBF400	8～40
			HRB500　HRBF500	8～40
			RRB400W	8～32
箍筋闪光对焊			HPB300	6～18
			HRB335　HRBF335	6～18
			HRB400　HRBF400	6～18
			HRB500　HRBF500	6～18
			RRB400W	8～18
电弧焊	帮条焊 双面焊	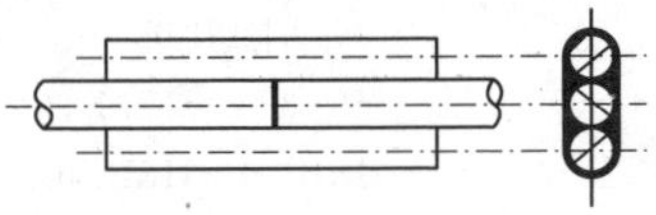	HPB300	10～22
			HRB335　HRBF335	10～40
			HRB400　HRBF400	10～40
			HRB500　HRBF500	10～32
			RRB400W	10～25
	帮条焊 单面焊		HPB300	10～22
			HRB335　HRBF335	10～40
			HRB400　HRBF400	10～40
			HRB500　HRBF500	10～32
			RRB400W	10～25

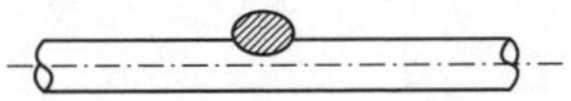

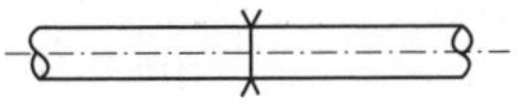

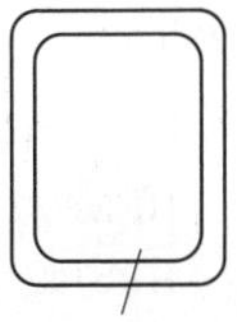

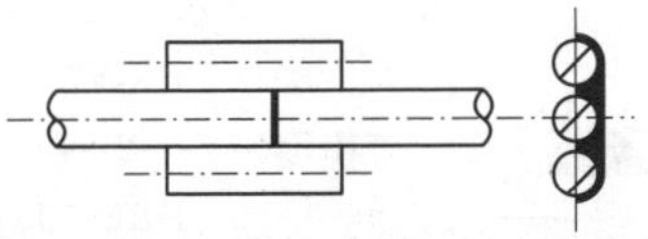

（续）

焊接方法			接头形式	适用范围	
				钢级级别	钢筋直径(mm)
电弧焊	搭接焊	双面焊		HPB300 HRB335 HRBF335 HRB400 HRBF400 HRB500 HRBF500 RRB400W	10～22 10～40 10～40 10～32 10～25
		单面焊		HPB300 HRB335 HRBF335 HRB400 HRBF400 HRB500 HRBF500 RRB400W	10～22 10～40 10～40 10～32 10～25
	熔槽帮条焊			HPB300 HRB335 HRBF335 HRB400 HRBF400 HRB500 HRBF500 RRB400W	20～22 20～40 20～40 20～32 20～25
	坡口焊	平焊		HPB300 HRB335 HRBF335 HRB400 HRBF400 HRB500 HRBF500 RRB400W	18～22 18～40 18～40 18～32 18～25
		立焊		HPB300 HRB335 HRBF335 HRB400 HRBF400 HRB500 HRBF500 RRB400W	18～22 18～40 18～40 18～32 18～25
	钢筋与钢板搭接焊			HPB300 HRB335 HRBF335 HRB400 HRBF400 HRB500 HRBF500 RRB400W	8～22 8～40 8～40 8～32 8～25

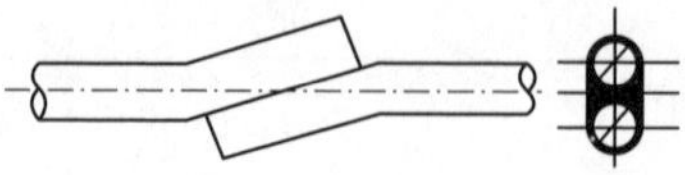

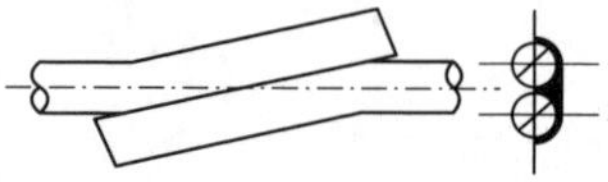

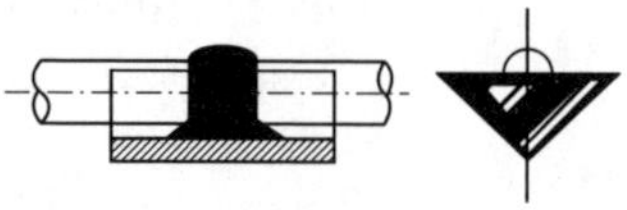

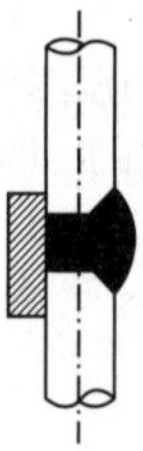

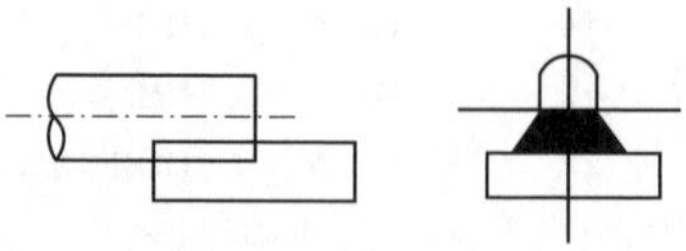

（续）

焊接方法			接头形式	适用范围	
				钢级级别	钢筋直径(mm)
电弧焊	窄间隙焊		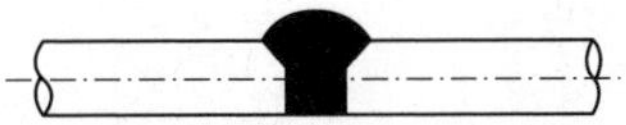	HPB300 HRB335　HRBF335 HRB400　HRBF400 HRB500　HRBF500 RRB400W	16～22 16～40 16～40 16～32 16～25
	预埋件钢筋	角焊	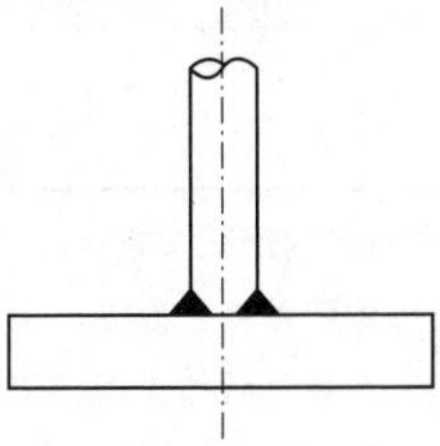	HPB300 HRB335　HRBF335 HRB400　HRBF400 HRB500　HRBF500 RRB400W	6～22 6～40 6～40 6～32 6～25
		穿孔塞焊	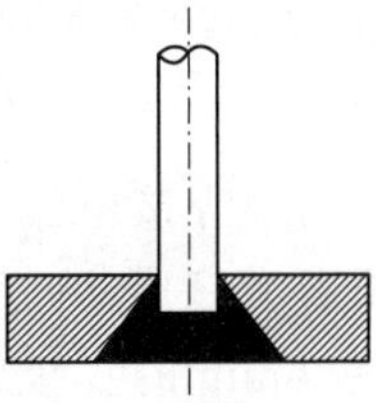	HPB300 HRB335　HRBF335 HRB400　HRBF400 HRB500　HRBF500 RRB400W	20～22 20～32 20～32 20～28 20～28
		埋弧压力焊 埋弧螺柱焊	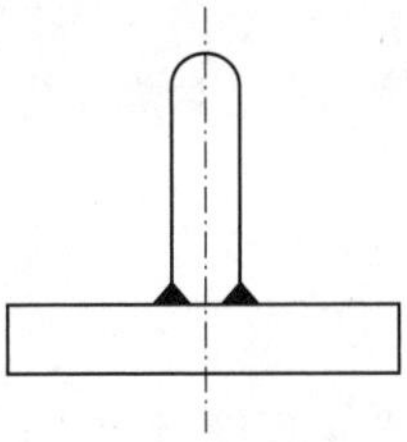	HPB300 HRB335　HRBF335 HRB400　HRBF400	6～22 6～32 6～28
电渣压力焊			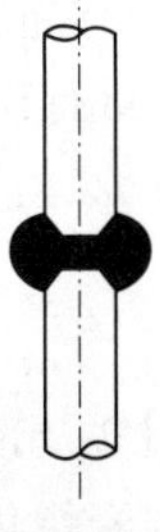	HPB300 HRB335 HRB400 HRB500	12～22 12～32 12～32 12～32

（续）

焊接方法		接头形式	适用范围	
			钢级级别	钢筋直径(mm)
气压焊	固态		HPB300 HRB335 HRB400 HRB500	12～22 12～40 12～40 12～32
	熔态			

注：1. 电阻点焊时，适用范围的钢筋直径指两根不同直径钢筋交叉叠接中较小钢筋的直径；

2. 电弧焊含焊条电弧焊和二氧化碳气体保护电弧焊两种工艺方法；

3. 在生产中，对于有较高要求的抗震结构用钢筋，在牌号后加工焊接工艺可按同级别热轧钢筋施焊；焊条应采用低氢型碱性焊条；

4. 生产中，如果有 HPB235 钢筋需要进行焊接时，可按 HPB300 钢筋的焊接材料和焊接工艺参数

(1)闪光对焊

闪光对焊是将两钢筋安放成对接形式，利用焊接电流通过两钢筋接触点产生塑性区及均匀的液体金属层，迅速施加顶锻力完成的一种压焊方法。适用于 ϕ10～40mm 的热轧Ⅰ、Ⅱ、Ⅲ级钢筋，ϕ10～25mm 的Ⅳ级钢筋。它具有生产效益高、操作方便、节约能源、节约钢材、接头受力性能好、焊接质量高等很多优点，故钢筋的对接连接宜优先采用闪光对焊。

根据钢筋级别、直径和所用焊机的功率，闪光对焊工艺可分为连续闪光焊、预热闪光焊、闪光一预热一闪光焊三种。

闪光对焊的原理如图 4-21 所示。

1)连续闪光焊

①连续闪光焊的工艺过程包括连续闪光和顶锻过程。施焊时，闭合电源使两钢筋端面轻微接触，此时端面接触点很快熔化并产生金属蒸气飞溅，形成闪光现象；接着徐徐移动钢筋，形成连续闪光过程，同时接头被加热；待接头烧平、闪去杂质和氧化膜、白热熔化时，立即施加轴向压力迅速进行顶锻，使两根钢筋焊牢。

②连续闪光焊宜用于焊接直径 25mm 以内的 HPB300、HRB335 和 HRB400 钢筋。

2)预热闪光焊

①预热闪光焊的工艺过程包括预热、连续闪光及顶锻过程，即在连续闪光焊前增加了一次预热过程，使钢筋预热后再连续闪光烧化进行加压顶锻。

②预热闪光焊适宜焊接直径大于 25mm 且端部较平坦的钢筋。

3)闪光一预热一闪光焊

即在预热闪光焊前面增加了一次闪光过程，使不平整的钢筋端面烧化平整，预热均匀，最后进行加压顶锻。它适宜焊接直径大于 25mm，且端部不平整的钢筋。

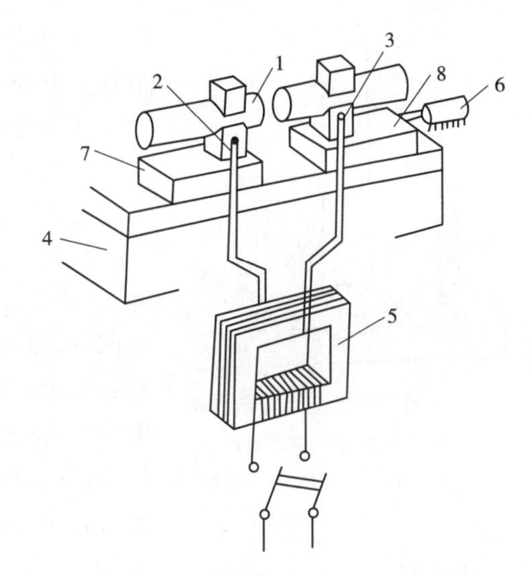

图 4-29　钢筋闪光对焊原理

1-焊接的钢筋；2-固定电极；3-可动电极；4-机座；5-变压器；6-平动顶压机构；7-固定支座；8-滑动支座

采用连续闪光焊时，应合理选择调伸长度、烧化留量、顶锻留量以及变压器级数等；采用闪光一预热一闪光焊时，除上述参数外，还应包括一次烧化留量、二次烧化留量、预热留量和预热时间等参数。焊接不同直径的钢筋时，其截面比不宜超过 1.5。焊接参数按大直径的钢筋选择。负温下焊接时，由于冷却快，易产生冷脆现象，内应力也大。为此，负温下焊接应减小温度梯度和冷却速度。

钢筋闪光对焊后，除对接头进行外观检查(无裂纹和烧伤、接头弯折不大于 4°，接头轴线偏移不大于 1/10 的钢筋直径，也不大于 2mm)外，还应按《钢筋焊接及验收规程》的规定进行抗拉强度和冷弯试验。

(2)电弧焊

电弧焊是以焊条作为一极，钢筋为另一极，利用焊接电流通过产生的电弧热进行焊接的一种熔焊方法。特点是轻便、灵活，可用于平、立、横、仰全位置焊接，适应性强、应用范围广。适用于构件厂内，也适用于施工现场。可用于钢筋与钢筋，以及钢筋与钢板、型钢的焊接。电弧焊又分手弧焊、埋弧压力焊。

手弧焊是利用手工操纵焊条进行焊接的一种电弧焊。手弧焊用的焊机有交流弧焊机(焊接变压器)、直流弧焊机(焊接发电机)等。手弧焊用的焊机是一台额定电流 500A 以下的弧焊电源：交流变压器或直流发电机；辅助设备有焊钳、焊接电缆、面罩、敲渣锤、钢丝刷和焊条保温筒等。

埋弧压力焊是将钢筋与钢板安放成 T 形形状，利用焊接电流通过时在焊剂层下产生电弧，形成熔池，加压完成的一种压焊方法。具有生产效率高、质量好等优点，适用于各种预埋件、T 形接头、钢筋与钢板的焊接(图 4-30)。预埋件钢筋压力焊适用于热轧直径 6～25mm 的 HPB300 级、HRB335 级钢筋的焊接，钢

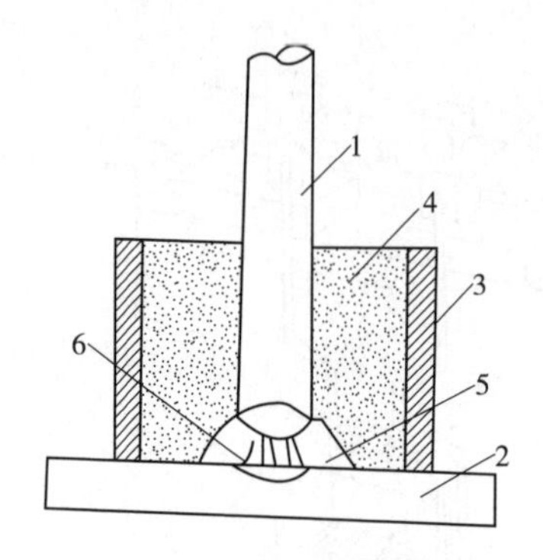

图 4-30 埋弧压力焊示意图

1-钢筋；2-钢板；3-焊剂盒；
4-431 焊剂；5-电弧柱；6-弧焰

板为普通碳素钢，厚度在 6～20mm 之间。埋弧压力焊具有焊后钢板变形小、抗拉强度高的特点。

钢筋电弧焊的接头形式有三种：搭接接头、帮条接头及坡口接头。

1)帮条接头

帮条焊是将两根待焊的钢筋对正，使两端头离开 2～5mm，然后用短帮条，帮在外侧，在与钢筋接触部分，焊接一面或两面，称为帮条焊(图 4-32b)。它分为单面焊缝和双面焊缝。若采用双面焊，接头中应力传递对称、平衡，受力性能好；若采用单面焊，则受力情况差。因此，应尽量可能采用双面焊，而只有在受施工条件限制不能进行双面焊时，才采用单面焊。

帮条焊适用于直径 10～40mm 的 HPB300、HRB400 级钢筋和 10～25mm 的余热处理 HRB400 级钢筋。

帮条焊宜采用与主筋同级别、同直径的钢筋制作，其帮条长度：HPB300 级钢筋单面焊 $L \geqslant 8d_0$，双面焊 $L \geqslant 4d_0$；HRB335、HRB400 级钢筋单面焊 $L \geqslant 10d_0$；双面焊 $L \geqslant 5d_0$。

若帮条级别与主筋相同时，帮条直径可比主筋直径小一个规格；如帮条直径与主筋相同时，帮条的级别可比主筋低一个级别。

帮条的总截面面积：被焊接的钢筋为 HPB300 级时，应不小于被焊接钢筋截面面积的 1.2 倍；被焊接的钢筋为 HRB335、HRB400 级时，应不小于被焊接钢筋截面面积的 1.5 倍。

钢筋帮条焊接头的焊缝厚度应不小于 $0.3d_0$；焊缝宽度 b 不小于 $0.7d_0$。

焊接时，引弧应在垫板或帮条上，不得烧伤主筋；焊接地线与钢筋应紧密接触；焊接过程中应及时清渣，焊缝表面应光滑，焊缝余高平缓过渡，引坑应填满。

2)搭接接头

只适用于焊接直径 10～40mm 的 HPB300、HRB335 级钢筋。焊接时，宜采用双面焊，如图 4-31(a)所示。不能进行双面焊时，也可采用单面焊。搭接长度应与帮条长度相同。

3)坡口焊

钢筋坡口焊接头可分为坡口平焊接头和坡口立焊接头两种，如图 4-31c 和 d。

适用于直径 16～40mm 的 HPB300、HRB335、HRB400 级钢筋及 RRB400 级钢筋，主要用于装配式结构节点的焊接。

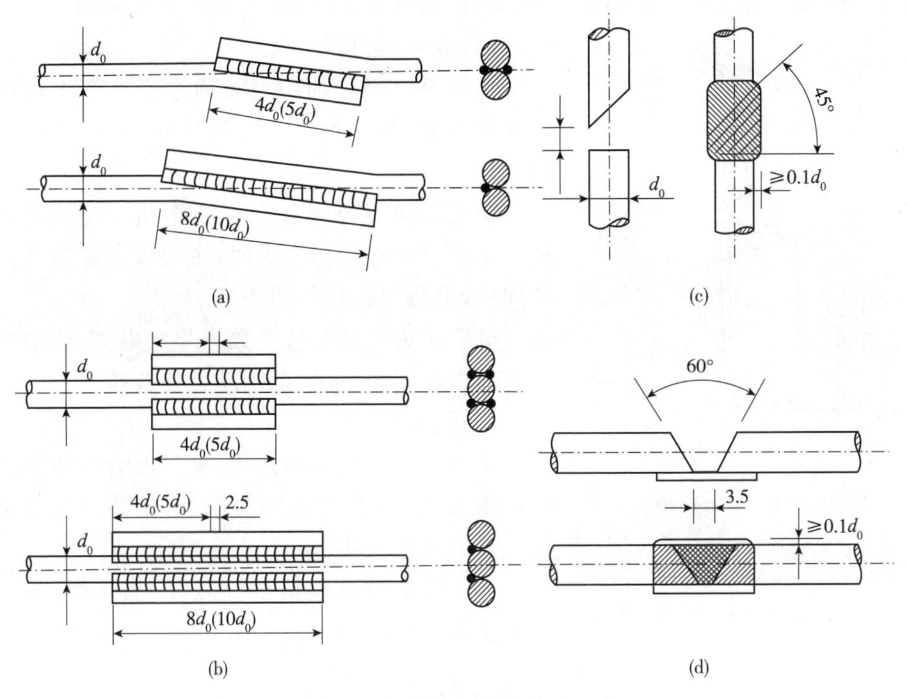

图 4-31　钢筋电弧焊的接头形式

(a)搭接焊接头;(b)帮条的焊接头;(c)立焊的坡口焊接头;(d)平焊的坡口焊接头

钢筋坡口平焊采用 V 形坡口,坡口夹角为 55°～65°,钢筋坡口立焊采用 40°～55°坡口。

(3)点焊

点焊是将两钢筋安放成交叉叠接形式,压紧于两电极之间,利用电阻热熔化母材金属,加压形成焊点的一种压焊方法。

点焊适用于 ϕ6～16mm 的热轧Ⅰ、Ⅱ级钢筋,ϕ3～5mm 的冷拔低碳钢丝和 ϕ4～12mm 冷轧带肋钢筋。钢筋混凝土结构中的钢筋焊接骨架和焊接网,宜采用电阻点焊制作。以电阻点焊代替绑扎,可以提高劳动生产率、骨架和网的刚度以及钢筋(钢丝)的设计计算强度,宜积极推广应用。

电阻点焊的焊点应进行外观检查和强度试验,热轧钢筋的焊点应进行抗剪试验。冷处理钢筋除进行抗剪试验外,还应进行抗拉试验。

点焊时,将表面清理好的钢筋叠合在一起,放在两个电极之间预压夹紧,使两根钢筋交接点紧密接触。当踏下脚踏板时,带动压紧机构使上电极压紧钢筋,同时断路器也接通电路,电流经变压器次级线圈引到电极,接触点处在极短的时间内产生大量的电阻热,使钢筋加热到熔化状态,在压力作用下两根钢筋交叉焊接在一起。当放松脚踏板时，电极松开，断路器随着杠杆下降，断开电路，点焊结束。

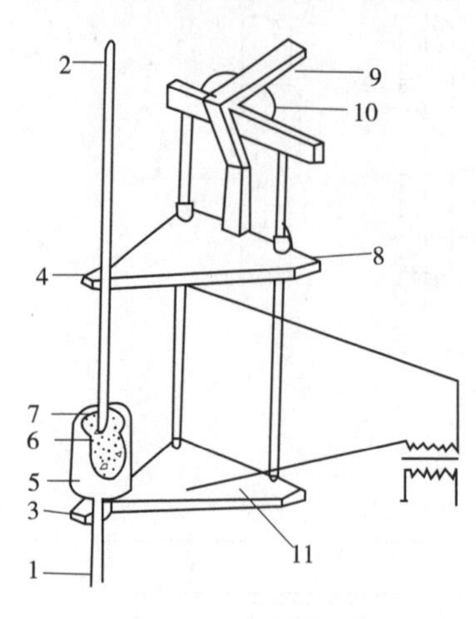

图 4-32　电渣焊构造

1、2-钢筋；3-固定电极；4-活动电极；5-药盒；6-导电剂；7-焊药；8-滑动架；9-手柄；10-支架；11-固定架

(4)电渣压力焊

电渣压力焊是利用电流通过渣池产生的电阻热将钢筋端部熔化，然后施加压力使钢筋焊合。

钢筋电渣压力焊分手工操作和自动控制两种。采用自动电渣压力焊时，主要设备是自动电渣焊机，电渣焊构造如图 4-32 所示。

电渣压力焊的焊接参数为焊接电流、渣池电压和通电时间等，可根据钢筋直径选择。

(5)气压焊

钢筋气压焊是利用乙炔、氧气混合气体燃烧的高温火焰，加热钢筋结合端部，不待钢筋熔融使其高温下加压接合。

气压焊的设备包括供气装置、加热器、加压器和压接器等，如图 4-33 所示。

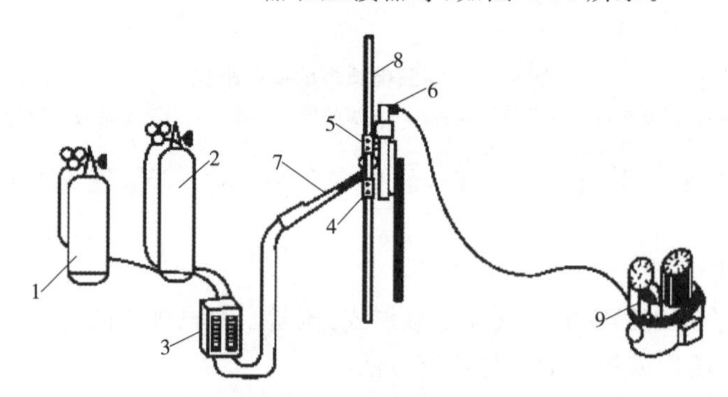

图 4-33　气压焊接设备示意图

1-乙炔；2-氧气；3-流量计；4-固定卡具；5-活动卡具；6-压节器；7-加热器与焊炬；8-被焊接的钢筋；9-电动油泵

气压焊操作工艺：

1)施焊前，钢筋端头用切割机切齐，压接面应与钢筋轴线垂直，如稍有偏斜，两钢筋间距不得大于 3mm；

2)钢筋切平后，端头周边用砂轮磨成小八字角，并将端头附近 50～100mm 范围内钢筋表面上的铁锈、油渍和水泥清除干净；

3)施焊时，先将钢筋固定于压接器上，并加以适当的压力使钢筋接触，然后将火钳火口对准钢筋接缝处，加热钢筋端部至 1100～1300℃，表面发深红色时，当即加压油泵，对钢筋施以40MPa以上的压力。

（二）钢筋机械连接

钢筋机械连接常用挤压连接和锥螺纹套管连接两种形式，是近年来大直径钢筋现场连接的主要方法。

（1）挤压连接

钢筋挤压连接是把两根待接钢筋的端头先插入一个优质钢套管，然后用挤压机在侧向加压数道，套筒塑性变形后即与带肋钢筋紧密咬合达到连接的目的（图4-34）。它适用于竖向、横向及其他方向的较大直径变形钢筋的连接。与焊接相比，它具有节省电能、不受钢筋可焊性能的影响、不受气候影响、无明火、施工简便和接头可靠度高等特点。

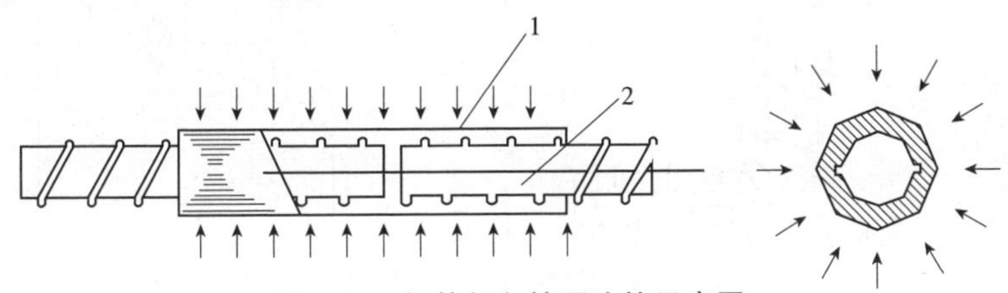

图4-34　钢筋径向挤压连接示意图

1-钢套筒；2-被连接的钢筋

钢筋挤压连接的工艺参数，主要是压接顺序、压接力和压接道数。压接顺序应从中间逐道向两端压接。压接力要能保证套筒与钢筋紧密咬合，压接力和压接道数取决于钢筋直径、套筒型号和挤压机型号。

（2）螺纹连接

螺纹套管连接分锥螺纹连接与直螺纹连接两种。用于这种连接的钢套管内壁，用专用机床加工有锥螺纹或直螺纹，钢筋的对接端头亦在套丝机上加工有与套管匹配的螺纹。连接时，经过螺纹检查无油污和损伤后，先用手旋入钢筋，然后用扭矩扳手紧固至规定的扭矩即完成连接（图4-35）。它施工速度快，不受气候影响，质量稳定，易对中，已在我国广泛应用。

1）锥螺纹连接

锥螺纹连接是用锥形纹套筒将两根钢筋端头对接在一起，利用螺纹的机械咬合力传递拉力或压力。所用的设备主要是套丝机，通常安放在现场对钢筋端头进行套丝。锥螺纹连接工艺简单、可以预加工、连接速度快、同心度好，不受钢筋含碳量和有无花纹限制。适用于工业与民用建筑及一般构筑物的混凝土结构中，钢筋直径为ϕ16～40mm的Ⅱ、Ⅲ级竖向、斜向或水平钢筋的现场连接施工。

2）直螺纹连接

直螺纹连接是近年来开发的一种新的螺纹连接方式。它先把钢筋端部镦

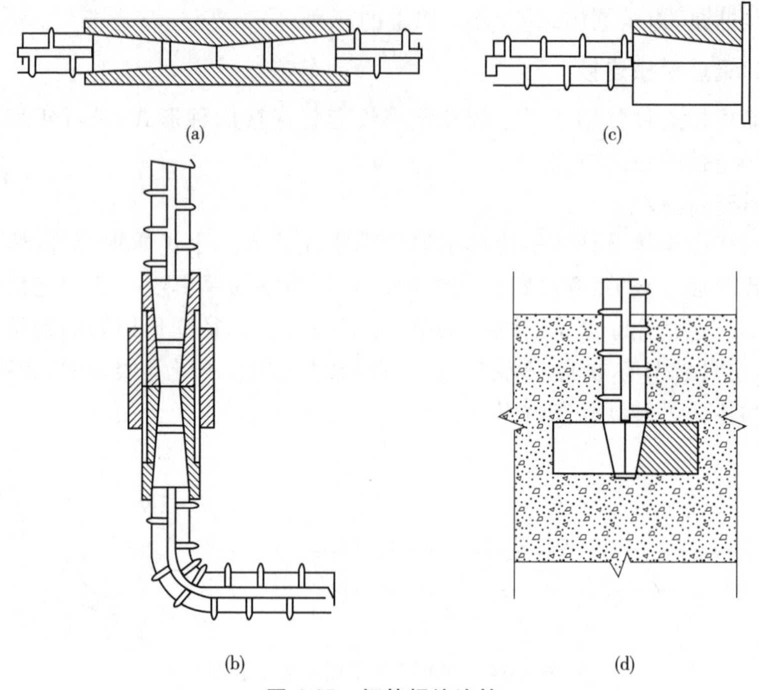

图 4-35 钢筋螺纹连接

(a)直钢筋连接;(b)直、弯钢筋连接;(c)在钢板上连接钢筋;(d)混凝土构件中插接钢筋

粗,然后再切削直螺纹,最后用套筒实行钢筋对接。

等强直螺纹接头制作工艺分下列几个步骤:钢筋端部镦粗;切削直螺纹;用连接套筒对接钢筋

直螺纹接头的优点:强度高;接头强度不受扭紧力矩影响;连接速度快;应用范围广;经济;便于管理。

(三)钢筋绑扎

绑扎目前仍为钢筋连接的主要手段之一。钢筋绑扎时,钢筋交叉点用铁丝扎牢;板和墙的钢筋网,除外围两行钢筋的相交点全部扎牢外,中间部分交叉点可相隔交错扎牢,保证受力钢筋位置不产生偏移;梁和柱的箍筋应与受力钢筋垂直设置,弯钩叠合处应沿受力钢筋方向错开设置。受拉钢筋和受压钢筋接头的搭接长度及接头位置符合施工及验收规范的规定。

钢筋绑扎一般用 18~22 号铁丝,其中 22 号铁丝只用于绑扎直径 12mm 以下的钢筋,铁丝过硬时,可经退火处理。

(1)钢筋绑扎要求

1)钢筋的交叉点应用铁丝扎牢。

2)柱、梁的箍筋,除设计有特殊要求外,应与受力钢筋垂直;箍筋弯钩叠合处，应沿受力钢筋方向错开设置。

3）柱中竖向钢筋搭接时，角部钢筋的弯钩平面与模板面的夹角，矩形柱应为45°，多边形柱应为模板内角的平分角。

4）板、次梁与主梁交叉处，板的钢筋在上，次梁的钢筋居中，主梁的钢筋在下；当有圈梁或垫梁时，主梁的钢筋应放在圈梁上。主筋两端的搁置长度应保持均匀一致。

（2）钢筋绑扎接头

同一构件中相邻纵向受力钢筋的绑扎搭接接头宜相互错开，如图 4-36 所示。

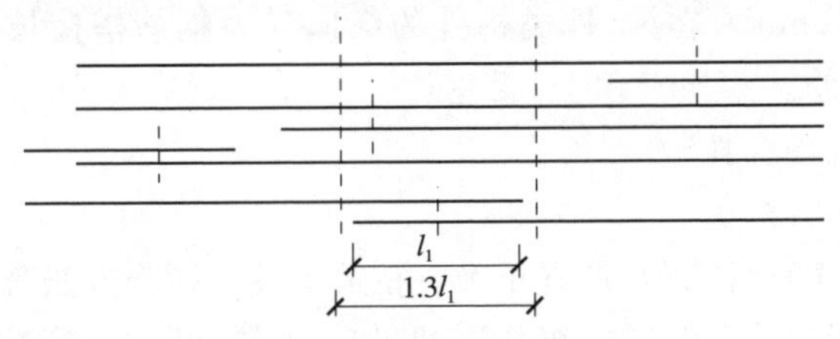

图 4-36　钢筋绑扎搭接接头

（3）钢筋绑扎搭接长度

钢筋绑扎搭接长度按下列规定确定：

1）纵向受力钢筋绑扎搭接接头面积百分率不大于 25%时，其最小搭接长度应符合表 4-13 的规定。

表 4-13　纵向受拉钢筋的最小搭接长度

钢筋类型		混凝土强度等级			
		C15	C20～C25	C30～C35	≥C40
光圆钢筋	HPB300 级	$45d$	$35d$	$30d$	$25d$
带肋钢筋	HRB335 级	$55d$	$45d$	$35d$	$30d$
	HRB400 级	—	$55d$	$40d$	$35d$

2）当纵向受拉钢筋搭接接头面积百分率大于 25%，但不大于 50%时，其最小搭接长度应按表 4-13 中的数值乘以系数 1.2 取用；当接头面积百分率大于 50%时，应按表 4-13 中的数值乘以系数 1.35 取用。

3）纵向受拉钢筋的最小搭接长度根据前述要求确定后，在下列情况时还应进行修正：带肋钢筋的直径大于 25mm 时，其最小搭接长度应按相应数值乘以系数 1.1 取用；对环氧树脂涂层的带肋钢筋，其最小搭接长度应按相应数值乘以系数 1.25 取用；当在混凝土凝固过程中受力钢筋易受扰动时（如滑模施工），其最小搭接长度应按相应数值乘以系数 1.1 取用；对末端采用机械锚固措施的带肋钢筋,其最小搭接长度可按相应数值乘以系数 0.7 取用;当带肋钢筋的混凝土保护层厚度大于搭接钢筋直径的 3 倍且配有箍筋时,其最小搭接长度可按相应数值乘以系数 0.8 取用;对有抗震设防要求的结构构件,其受力钢筋的最小搭接长度对一、二级抗震等级应按相应数值乘以系数 1.15 采用;对三级抗震等级应按相应数值乘以系数 1.05 采用。

4)纵向受压钢筋搭接时,其最小搭接长度应根据上面的规定确定相应数值后,乘以系数 0.7 取用。

5)在任何情况下,受拉钢筋的搭接长度不应小于 300mm,受压钢筋的搭接长度不应小于 200mm。在梁、柱类构件的纵向受力钢筋搭接长度范围内,应按设计要求配置箍筋。

(4)钢筋的现场绑扎

(5)钢筋绑扎方法

钢筋的绑扎应顺直均匀、位置正确。钢筋绑扎的操作方法有一面顺扣法、十字花扣法、反十字扣法、兜扣法、缠扣法、兜扣加缠法、套扣法等,不同的构件应采用不同的绑法,一面顺扣绑扎法用于平面楼板不易滑动的地方,十字花扣及兜扣法用于平板钢筋网和箍筋处,缠扣法用于墙钢筋网和柱箍,反十字花扣及兜扣加缠法用于梁骨架的箍筋和主筋的绑扎,套扣法用于梁的架立筋和箍筋的绑扎。较常用的是一面顺扣法,如图 4-37 所示。一面顺扣法绑扎时,为使绑扎后的钢筋骨架不变形,每个绑扎点进扎丝扣的方向要求交替变换 90°,如图 4-38 所示。

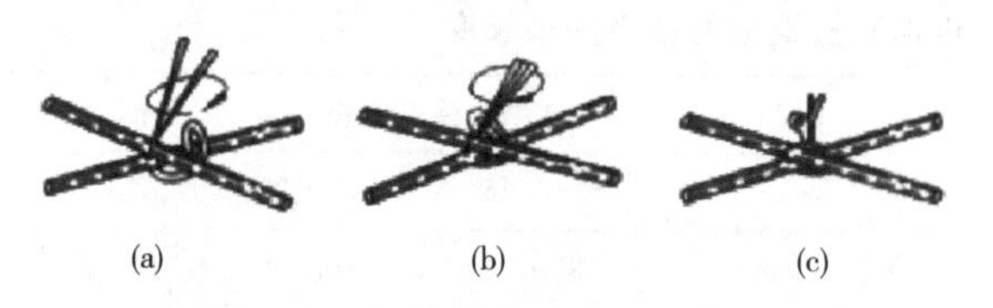

图 4-37　钢筋网一面顺扣绑扎法

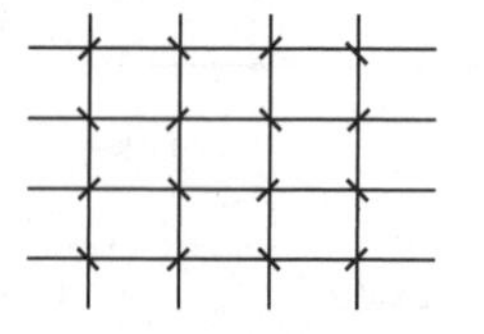
图 4-38　钢筋网绑扎法

六、钢筋工程施工质量验收

(一)钢筋加工质量验收

(1)受力钢筋的弯钩和弯折应符合下列规定:

1)HPB300 级钢筋末端应作 180°弯钩,其弯弧内直径不应小于钢筋直径的 2.5 倍,弯钩的弯后平直部分长度不应小于钢筋直径的 3 倍;

2)当设计要求钢筋末端需作 135°弯钩时,HRB335 级、HRB400 级钢筋的弯弧内直径不应小于钢筋直径的 4 倍,弯钩的弯后平直部分长度应符合设计要求;

3)钢筋作不大于 90°的弯折时,弯折处的弯弧内直径不应小于钢筋直径的 5 倍。

检查数量:按每工作班同一类型钢筋、同一加工设备抽查不应少于 3 件。

(2)除焊接封闭环式箍筋外，箍筋的末端应作弯钩，弯钩形式应符合设计要求；当设计无具体要求时应符合下列规定：

1)箍筋弯钩的弯弧内直径除应满足第1条的规定外，尚应不小于受力钢筋直径；

2)箍筋弯钩的弯折角度：对一般结构不应小于90°；对有抗震等要求的结构应为135°；

3)箍筋弯后平直部分长度：对一般结构不宜小于箍筋直径的5倍，对有抗震等要求的结构不应小于箍筋直径的10倍。

检查数量：按每工作班同一类型钢筋、同一加工设备抽查不应少于3件。

(3)钢筋调直后应进行力学性能和重量偏差的检验，其强度应符合有关标准的规定。

盘卷钢筋和直条钢筋调直后的断后伸长率、重量负偏差应符合表4-14的规定。

采用无延伸功能的机械设备调直的钢筋，可不进行本条规定的检验。

表4-14　盘卷钢筋和直条钢筋调直后的断后伸长率、重量负偏差要求

<table>
<tr><th rowspan="2">钢筋牌号</th><th rowspan="2">断后伸长率
A(%)</th><th colspan="3">重量负偏差(%)</th></tr>
<tr><th>直径6～12mm</th><th>直径14～20mm</th><th>直径22～50mm</th></tr>
<tr><td>HPB300</td><td>≥21</td><td>≤10</td><td>—</td><td>—</td></tr>
<tr><td>HRB335、HRBF335</td><td>≥16</td><td rowspan="4">≤8</td><td rowspan="4">≤6</td><td rowspan="4">≤5</td></tr>
<tr><td>HRB300、HRB400</td><td>≥15</td></tr>
<tr><td>RRBF400</td><td>≥13</td></tr>
<tr><td>HRB500、HRBF500</td><td>≥14</td></tr>
</table>

注：(1)断后伸长率A的量测标距为5倍钢筋公称直径；

(2)重量负偏差(%)按公式$(W_0-W_d)/W_0\times100$计算，其中W_0为钢筋理论重量(kg/m)，W_d为调直后钢筋的实际重量(kg/m)；

(3)对直径为28～40mm的带肋钢筋，表中断后伸长率可降低1%；对直径大于40mm的带肋钢筋，表中断后伸长率可降低2%。

检验数量：同一厂家、同一牌号、同一规格调直钢筋，重量不大于30t为一批；每批见证取3件试件。

检验方法：3个试件先进行重量偏差检验，再取其中2个试件经时效处理后进行力学性能检验。检验重量偏差时，试件切口应平滑且与长度方向垂直，且长度不应小于500mm；长度和重量的量测精度分别不应低于1mm和1g。

(4)钢筋宜采用无延伸功能的机械设备进行调直，也可采用冷拉方法调直。当采用冷拉方法调直时，HPB300光圆钢筋的冷拉率不宜大于4%；HRB335、

HRB400、HRB500、HRBF335、HRBF400、HRBF500及RRB400带肋钢筋的冷拉率不宜大于1%。

检查数量:每工作班按同一类型钢筋、同一加工设备抽查不应少于3件。

(5)钢筋加工的形状、尺寸应符合设计要求,其偏差应符合表4-15的规定。

检查数量:按每工作班同一类型钢筋、同一加工设备抽查不应少于3件。

表4-15 钢筋加工的允许偏差

项目	允许偏差(mm)	项目	允许偏差(mm)
受力钢筋长度方向全长的净尺寸	±10	箍筋内净尺寸	±5
弯起钢筋的弯折位置	±20		

(二)钢筋连接质量验收

(1)纵向受力钢筋的连接方式应符合设计要求。

(2)在施工现场应按国家现行标准《钢筋机械连接技术规程》(JGJ 107—2016)、《钢筋焊接及验收规程》(JGJ 18—2012)的规定,抽取钢筋机械连接接头、焊接接头试件作力学性能检验,其质量应符合有关规程的规定。

(3)钢筋的接头宜设置在受力较小处。同一纵向受力钢筋不宜设置两个或两个以上接头。接头末端至钢筋弯起点的距离不应小于钢筋直径的10倍。

(4)在施工现场应按国家现行标准《钢筋机械连接技术规程》(JGJ 107—2016)、《钢筋焊接及验收规程》(JGJ 18—2012)的规定,对钢筋机械连接接头、焊接接头的外观进行检查,其质量应符合有关规程的规定。

(三)钢筋绑扎安装质量验收

(1)纵向受力钢筋的连接方式应符合设计要求。

检查数量:全数检查。

检验方法:观察。

(2)钢筋安装时,受力钢筋的品种、级别、规格和数量必须符合设计要求。

检查数量:全数检查。

检验方法:观察,钢尺检查。

(3)钢筋的接头宜设置在受力较小处。同一纵向受力钢筋不宜设置两个或两个以上接头。接头末端至钢筋弯起点的距离不应小于钢筋直径的10倍。

检查数量:全数检查。

检验方法:观察,钢尺检查。

(4)当受力钢筋采用机械连接接头或焊接接头时，设置在同一构件内的接头宜相互错开。

纵向受力钢筋机械连接接头及焊接接头连接区段的长度为35倍d(d为纵向受力钢筋的较大直径)且不小于500mm，凡接头中点位于该连接区段长度内的接头，均属于同一连接区段。同一连接区段内，纵向受力钢筋机械连接及焊接的接头面积百分率为该区段内有接头的纵向受力钢筋截面面积与全部纵向受力钢筋截面面积的比值。

同一连接区段内，纵向受力钢筋的接头面积百分率应符合设计要求；当设计无具体要求时，应符合下列规定：

1)在受压区不宜大于50%；

2)接头不宜设置在有抗震设防要求的框架梁端、柱端的箍筋加密区；当无法避开时，对等强度高质量机械连接接头，不应大于50%；

3)直接承受动力荷载的结构构件中，不宜采用焊接接头；当采用机械连接接头时，不应大于50%。

检查数量：在同一检验批内，对梁、柱和独立基础，应抽查构件数量的10%，且不少于3件；对墙和板，应按有代表性的自然间抽查10%，且不少于3间；对大空间结构，墙可按相邻轴线间高度5m左右划分检查面，板可按纵横轴线划分检查面，抽查10%，且均不少于3面。

检验方法：观察，钢尺检查。

(5)同一构件中相邻纵向受力钢筋的绑扎搭接接头宜相互错开。绑扎搭接接头中钢筋的横向净距不应小于钢筋直径，且不应小于25mm。

钢筋绑扎搭接接头连接区段的长度为$1.3l_a$(l_a为搭接长度)，凡搭接接头中点位于该连接区段长度内的搭接接头均属于同一连接区段。同一连接区段内，纵向钢筋搭接接头面积百分率为该区段内有搭接接头的纵向受力钢筋截面面积与全部纵向受力钢筋截面面积的比值。

同一连接区段内，纵向受拉钢筋搭接接头面积百分率应符合设计要求；当设计无具体要求时，应符合下列规定：

1)对梁类、板类及墙类构件不宜大于25%；

2)对柱类构件不宜大于50%；

3)当工程中确有必要增大接头面积百分率时，对梁类构件不应大于50%，对其他构件可根据实际情况放宽。纵向受力钢筋绑扎搭接接头的最小搭接长度应符合表4-13的规定。

检查数量：在同一检验批内，对梁、柱和独立基础应抽查构件数量的10%，且不少于3件；对墙和板，应按有代表性的自然间抽查10%，且不少于3间；对大空间结构，墙可按相邻轴线间高度 5m 左右划分检查面，板可按纵、横轴线划分检查面，抽查 10%，且均不少于 3 面。

检验方法：观察，钢尺检查。

(6)在梁、柱类构件的纵向受力钢筋搭接长度范围内，应按设计要求配置箍筋。当设计无具体要求时，应符合下列规定：

1)箍筋直径不应小于搭接钢筋较大直径的 0.25 倍；

2)受拉搭接区段的箍筋间距不应大于搭接钢筋较小直径的 5 倍，且不应大于 100mm；

3)受压搭接区段的箍筋间距不应大于搭接钢筋较小直径的 10 倍，且不应大于 200mm；

4)当柱中纵向受力钢筋直径大于 25mm 时，应在搭接接头两个端面外 100mm 范围内各设置两个箍筋，其间距宜为 50mm。

检查数量：在同一检验批内，对梁、柱和独立基础，应抽查构件数量的 10%，且不少于 3 件；对墙和板，应按有代表性的自然间抽查 10%，且不少于 3 间；对大空间结构，墙可按相邻轴线间高度 5m 左右划分检查面，板可按纵、横轴线划分检查面，抽查 10%，且均不少于 3 面。

检验方法：钢尺检查。

(7)钢筋安装位置的偏差应符合表 4-16 的规定。

检查数量：在同一检验批内，对梁、柱和独立基础，应抽查构件数量的 10%，且不少于 3 件；对墙和板，应按有代表性的自然间抽查 10%，且不少于 3 间；对大空间结构，墙可按相邻轴线间高度 5m 左右划分检查面，板可按纵、横轴线划分检查面，抽查 10%，且均不少于 3 面。

表 4-16　钢筋安装位置的允许偏差和检验方法

项目			允许偏差(mm)	检验方法
绑扎钢筋网	长、宽		±10	钢尺检查
	网眼尺寸		±20	钢尺量连续三档，取最大值
绑扎钢筋骨架	长		±10	钢尺检查
	宽、高		±5	钢尺检查
受力钢筋	间距		±10	钢尺量两端、中间各一点，取最大值
	排距		±5	
	保护层厚度	基础	±10	钢尺检查
		柱、梁	±5	钢尺检查
		板、墙、壳	±3	钢尺检查

（续）

项目		允许偏差(mm)	检验方法
绑扎箍筋、横向钢筋间距		±20	钢尺量连续三档，取最大值
钢筋弯起点位置		20	钢尺检查
预埋件	中心线位置	5	钢尺检查
	水平高差	+3,0	钢尺和塞尺检查

注：1. 检查预埋件中心线位置时，应沿纵、横两个方向量测，并取其中的较大值。

2. 表中梁类、板类构件上部纵向受力钢筋保护层厚度的合格点率应达到90%及以上，且不得有超过表中数值1.5倍的尺寸偏差。

第三节　混凝土工程

混凝土工程包括混凝土的拌制、运输、浇筑捣实和养护等施工过程。各个施工过程既相互联系又相互影响，在混凝土施工过程中除按有关规定控制混凝土原材料质量外，任一施工过程处理不当都会影响混凝土的最终质量，因此，如何在施工过程中控制每一施工环节。是混凝土工程需要研究的课题。随着科学技术的发展，近年来混凝土外加剂发展很快，它们的应用改进了混凝土的性能和施工工艺。此外，自动化、机械化的发展、纤维混凝土和碳素混凝土的应用、新的施工机械和施工工艺的应用，也大大改变了混凝土工程的施工面貌。

一、混凝土制备

混凝土制备应采用符合质量要求的原材料，按规定的配合比配料，混合料应拌和均匀，以保证结构设计所规定的混凝土强度等级，满足设计提出的特殊要求（如抗冻、抗渗等）和施工和易性要求，并应符合节约水泥，减轻劳动强度等原则。

(一)混凝土施工配料

1. 混凝土配制强度

混凝土配制强度：混凝土配制强度应按式(4-6)计算

$$f_{cu,o} \geq f_{cu,k} + 1.645\sigma \tag{4-6}$$

式中：$f_{cu,o}$——混凝土配制强度（N/mm^2）；

$f_{cu,k}$——混凝土立方体抗压强度标准值（N/mm^2）；

σ——混凝土强度标准差（N/mm^2）。

混凝土强度标准差宜根据同类混凝土统计资料按式(4-7)计算确定：

$$\sigma=\sqrt{\frac{\sum_{n-1}^{n} f_{\mathrm{cu},i}^{2}-n f_{\mathrm{cu,m}}^{2}}{n-1}} \tag{4-7}$$

式中：$f_{\mathrm{cu},i}$——统计周期内同一品种混凝土第 i 组试件的强度值($\mathrm{N/mm^2}$)；

$f_{\mathrm{cu,m}}$——统计周期内同一品种混凝土 n 组强度的平均值($\mathrm{N/mm^2}$)；

n——统计周期内同一品种混凝土试件的总组数($n \geqslant 25$)。

当混凝土强度等级为 C20 和 C25 级，若强度标准差计算值小于 2.5MPa 时，计算配制强度用的标准差应取不小于 2.5MPa；当混凝土强度等级不小于 C30 级，若强度标准差计算值小于 3.0MPa 时，计算配制强度用的标准差应取不小于 3.0MPa。

对预拌混凝土厂和预制混凝土构件厂，其统计周期可取为一个月；对现场拌制混凝土的施工单位，其统计周期可根据实际情况确定，但不宜超过三个月。

施工单位如无近期混凝土强度统计资料时，σ 可根据混凝土设计强度等级取值：当混凝土设计强度不大于 C20 时，取 $4\mathrm{N/mm^2}$；当 C25～C40 时，取 $5\mathrm{N/mm^2}$；当混凝土设计强度不小于 C45 时，取 $6\mathrm{N/mm^2}$。

2. 混凝土施工配合比及施工配料

混凝土的配合比是在实验室根据混凝土的配制强度经过试配和调整而确定的，称为实验室配合比。实验室配合比所用砂、石都是不含水分的。而施工现场砂、石都有一定的含水率，且含水率大小随气温等条件不断变化。为保证混凝土的质量，施工中应按砂、石实际含水率对原配合比进行修正。根据现场砂、石含水率调整后的配合比称为施工配合比。

设实验室配合比为水泥：砂：石＝1：x：y，水灰比 W/C，现场砂、石含水率分别为 W_x、W_y，则施工配合比为：

水泥：砂：石＝1：$x(1+W_x)$：$y(1+W_y)$，水灰比 W/C 不变，但加水量应扣除砂、石中的含水量。

施工配料是确定每拌一次需用的各种原材料量，它根据施工配合比和搅拌机的出料容量计算。

施工配合比计算实例。

【例 4-2】 某工程混凝土实验室配合比为 1：2.3：4.27，水灰比 $W/C=0.6$，每立方米混凝土水泥用量为 300kg，现场砂石含水率分别为 3%、1%，求施工配合比。若采用 250L 搅拌机，求每拌一次材料用量。

解： 施工配合比，水泥：砂：石＝1：$x(1+W_x)$：$y(1+W_y)$＝1：2.3×(1＋0.03)：4.27×(1＋0.01)＝1：2.37：4.31

用 250L 搅拌机，每拌一次材料用量(施工配料)：

水泥：300×0.25=75(kg)

砂：75×2.37=177.8(kg)

石：75×4.31=323.3(kg)

水：75×0.6−75×2.3×0.03−75×4.27×0.01=36.6(kg)

(二)混凝土搅拌

混凝土搅拌，是将水、水泥和粗细骨料进行均匀拌和及混合的过程。同时，通过搅拌还要使材料达到强化、塑化的作用。混凝土搅拌分为两种：人工搅拌和机械搅拌。

1. 人工搅拌混凝土

搅拌时力求动作敏捷，搅拌时间从加水时算起，应大致符合下列规定：

搅拌物体积为 30L 以下时 4～5min(分钟)

搅拌物体积为 30～50L 时 5～9min

搅拌物体积为 51～75L 时 9～12min

拌好后，根据试验要求，立即做坍落度测定或试件成型。从开始加水时算起，全部操作须在 30min 内完成。

2. 机械搅拌混凝土

(1)混凝土搅拌机选择

混凝土搅拌是将各种组成材料拌制成质地均匀、颜色一致、具备一定流动性的混凝土拌和物。如混凝土搅拌得不均匀就不能获得密实的混凝土，影响混凝土的质量，所以，搅拌是混凝土施工工艺中很重要的一道工序。由于人工搅拌混凝土质量差，消耗水泥多，而且劳动强度大，所以只有在工程量很小时才用人工搅拌，一般均采用机械搅拌，混凝土搅拌机有自落式和强制式两类，如表 4-17 所示。

表 4-17　混凝土搅拌机类型

自落式			强制式			
鼓筒式	双锥式		立轴式			卧轴式（单轴双轴）
	反转出料	倾翻出料	涡浆式	行星式		
				定盘式	盘转式	

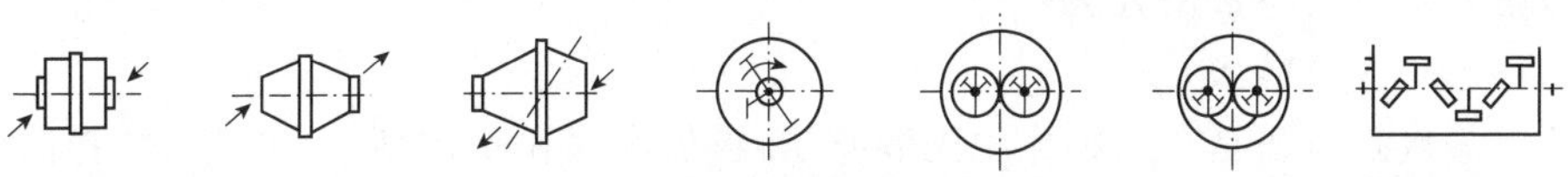

①自落式搅拌机的搅拌筒内壁焊有弧形叶片，当搅拌筒绕水平轴旋转时，叶片不断将物料提升到一定高度，利用重力的作用，自由落下。由于各物料颗粒下落的时间、速度、落点和滚动距离不同，从而使物料颗粒达到混合的目的。自落

式搅拌机宜于搅拌塑性混凝土和低流动性混凝土。

②强制式搅拌机利用运动着的叶片强迫物料颗粒朝环向、径向和竖向各个方面产生运动，使各物料均匀混合。强制式搅拌机作用比自落式强烈，宜于搅拌干硬性混凝土和轻骨料混凝土。

③现场混凝土搅拌站可以做到自动上料、自动称量、自动出料来保证工程质量，同时又能提高工效，减少污染，又是城市推广散装水泥的重要途径。与自拌混凝土相比，它省工、省时、节约原材料、减少强体力劳动和大量人员。施工现场可根据工程任务的大小、现场的具体条件、机具设备的情况，因地制宜的选用，如采用移动式混凝土搅拌站。

(2)混凝土搅拌时间

混凝土的搅拌时间是从砂、石、水泥和水等全部材料投入搅拌筒起，到开始卸料为止所经历的时间。搅拌时间与混凝土的搅拌质量密切相关，随搅拌机类型和混凝土的和易性不同而变化。在一定范围内，随搅拌时间的延长，强度有所提高，但过长时间的搅拌既不经济，而且混凝土的和易性又将降低，影响混凝土的质量，加气混凝土还会因搅拌时间过长而使含气量下降。混凝土搅拌的最短时间可按表 4-18 采用。

表 4-18　混凝土搅拌的最短时间

混凝土坍落度(cm)	搅拌机机型	最短时间(s)		
		搅拌机容量＜250L	250～500L	＞500L
≤3	自落式	90	120	150
	强制式	60	90	120
＞3	自落式	90	90	120
	强制式	60	60	90

(3)投料顺序

投料顺序应从提高搅拌质量，减少叶片、衬板的磨损，减少拌和物与搅拌筒的黏结，减少水泥飞扬，改善工作环境，提高混凝土强度及节约水泥等方面综合考虑确定。投料常用方法有：

①一次投料法

一次投料法是在上料斗中先装石子，再加水泥和砂，然后一次投入搅拌筒中进行搅拌。

自落式搅拌机要在搅拌筒内先加部分水，投料时砂压住水泥，使水泥不飞扬，而且水泥和砂先进搅拌筒形成水泥砂浆，可缩短水泥包裹石子的时间。

强制式搅拌机出料口在下部，不能先加水，应在投入原材料的同时，缓慢均匀分散地加水。

②二次投料法

二次投料法，是先向搅拌机内投入水和水泥(和砂)，待其搅拌 1min 后再投入石子和砂继续搅拌到规定时间。这种投料方法，能改善混凝土性能，提高了混凝土的强度，在保证规定的混凝土强度的前提下节约了水泥。

二次投料目前常用的方法有两种：预拌水泥砂浆法和预拌水泥净浆法。

预拌水泥砂浆法是指先将水泥、砂和水加入搅拌筒内进行充分搅拌，成为均匀的水泥砂浆后，再加入石子搅拌成均匀的混凝土。

预拌水泥净浆法是先将水泥和水充分搅拌成均匀的水泥净浆后，再加入砂和石子搅拌成混凝土。

与一次投料法相比，二次投料法可使混凝土强度提高 10%～15%，节约水泥 15%～20%。

③水泥裹砂法

此法又称为 SEC 法。采用这种方法拌制的混凝土称为 SEC 混凝土，也称作造壳混凝土。其搅拌程序是先加一定量的水，将砂表面的含水量调节到某一规定的数值后，再将石子加入与湿砂拌匀，然后将全部水泥投入，与润湿后的砂、石拌和，使水泥在砂、石表面形成一层低水灰比的水泥浆壳(此过程称为“成壳”)，最后将剩余的水和外加剂加入，搅拌成混凝土。采用 SEC 法制备的混凝土与一次投料法比较．强度可提高 20%～30%，混凝土不易产生离析现象，泌水少，工作性能好。

(4)进料容量

进料容量是将搅拌前各种材料的体积累积起来的容量，又称干料容量。进料容量 V_j 与搅拌机搅拌筒的几何容量 V_g 有一定的比例关系，一般情况下 $V_j/V_g=0.22 \sim 0.40$。如任意超载(进料容量超过 10%以上)，就会使材料在搅拌筒内无充分的空间进行掺合，影响混凝土拌合物的均匀性。反之，如装料过少，则又不能充分发挥搅拌机的效能。

对拌制好的混凝土，应经常检查其均匀性与和易性，如有异常情况，应检查其配合比和搅拌情况，及时加以纠正。

预拌(商品)混凝土能保证混凝土的质量，节约材料，减少施工临时用地，实现文明施工，是今后的发展方向，国内一些大中城市已推广应用，不少城市已有相当的规模，有的城市已规定在一定范围内必须采用商品混凝土，不得现场拌制。

二、混凝土运输

混凝土运输是整个混凝土施工中的一个重要环节，对工程质量和施工进度影响较大。由于混凝土料拌和后不能久存，而且在运输过程中对外界的影响敏感，运输方法不当或疏忽大意，都会降低混凝土质量，甚至造成废品。如供料不及时或混凝土品种错误，正在浇筑的施工部位将不能顺利进行。因此，要解决好混凝土拌和、浇筑、水平运输和垂直运输之间的协调配合问题，还必须采取适当的措施，保证运输混凝土的质量。

1. 混凝土运输要求

（1）运输中的全部时间不应超过混凝土的初凝时间。

（2）运输中应保持匀质性，不应产生分层离析现象，不应漏浆；运至浇筑地点应具有规定的坍落度，并保证混凝土在初凝前能有充分的时间进行浇筑。

（3）混凝土的运输道路要求平坦，应以最少的运转次数、最短的时间从搅拌地点运至浇筑地点。

（4）从搅拌机中卸出后到浇筑完毕的延续时间不宜超过表4-19规定。

表4-19 混凝土从搅拌机中卸出后到浇筑完毕的延续时间

混凝土强度等级	延续时间(min)	
	气温＜250℃	气温≥250℃
低于及等于C30	120	90
高于C30	90	60

注：1. 掺用外加剂或采用快硬水泥拌制混凝土时，应按试验确定；

2. 轻骨料混凝土的运输、浇筑延续时间应适当缩短。

2. 运输工具选择

混凝土运输分为地面水平运输、垂直运输和高空水平运输三种情况。

混凝土地面水平运输如采用预拌（商品）混凝土且运输距离较远时，多用混凝土搅拌运输车。混凝土如来自工地搅拌站，则多用小型翻斗车，有时还用皮带运输机和窄轨翻斗车，近距离亦可用双轮手推车。

垂直运输可采用各种井架、龙门架和塔式起重机作为垂直运输工具。对于浇筑量大、浇筑速度比较稳定的大型设备基础和高层建筑，宜采用混凝土泵，也可采用自升式塔式起重机或爬升式塔式起重机运输。混凝土高空水平运输如垂直运输采用塔式起重机，一般可将料斗中混凝土直接卸在浇筑点；如用混凝土泵则用布料机布料；如用井架等，则以双轮手推车为主。

混凝土搅拌运输车（图4-39）为长距离运输混凝土的有效工具，它有一搅拌筒斜放在汽车底盘上。在混凝土搅拌站装入混凝土后，由于搅拌筒内有两条螺旋状叶片，在运输过程中搅拌筒可进行慢速转动进行拌合，以防止混凝土离析，运至浇筑地点，搅拌筒反转即可迅速卸出混凝土。搅拌筒的容量一般为 $2\sim10m^3$。

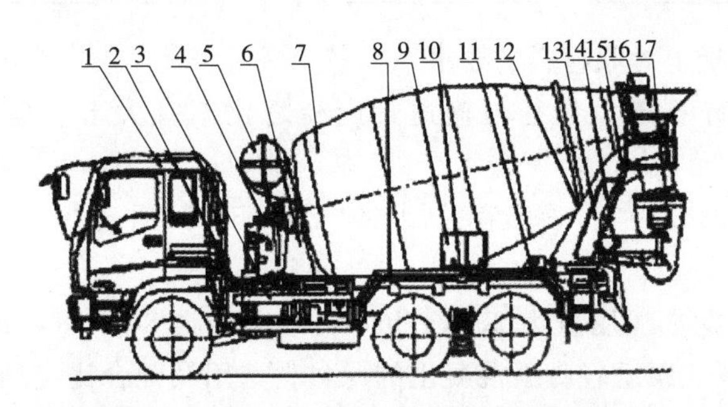

图 4-39　标准的 8m³ 混凝土搅拌运输车结构简图

1-汽车底盘；2-传动轴；3-侧防护；4-液压传动系统；5-供水系统；6-前台车架总成；7-搅拌筒；8-轮胎罩；9-加长卸料溜槽；10-电气系统；11-操纵系统；12-托轮；13-后台总成；14-后防护；15-人梯；16-进料装置；17-出料装置

3. 泵送混凝土

混凝土用混凝土泵运输，通常称为泵送混凝土。

(1)混凝土泵

常用的混凝土泵有液压柱塞泵和挤压泵两种。

液压柱塞泵如图 4-40 所示，是利用柱塞的往复运动将混凝土吸入和排出。混凝土输送管有直管、弯管、锥形管和浇筑软管等，一般由合金钢、橡胶、塑料等材料制成，常用混凝土输送管的管径为 100～150mm。

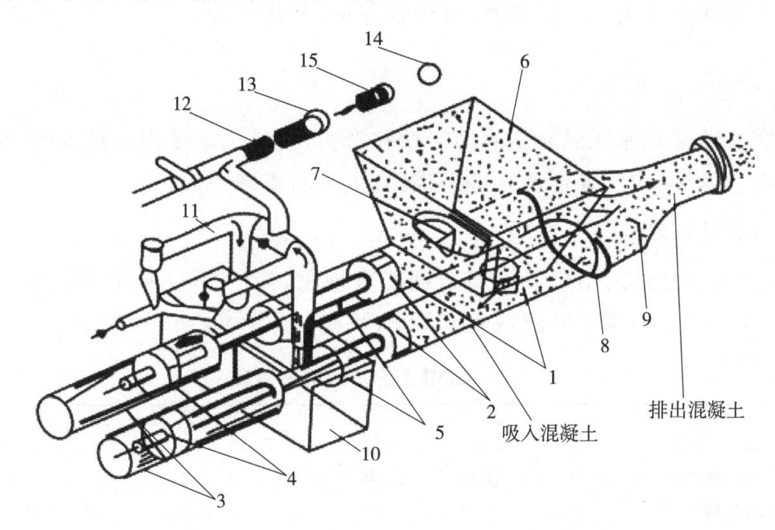

图 4-40　液压活塞式混凝土泵工作原理图

1-混凝土缸；2-混凝土活塞；3-液压缸；4-液压活塞；5-活塞杆；6-受料斗；7-吸入端水平片阀；8-排出端竖直片阀；9-Y 形输送管；10-水箱；11-水洗装置换向阀；12-水洗用高压软管；13-水洗法兰；14-海绵球；15-清洗活塞

(2)泵送混凝土对原材料的要求

1)粗骨料:碎石最大粒径与输送管内径之比不宜大于1∶3;卵石不宜大于1∶2.5。

2)砂:以天然砂为宜,砂率宜控制在40%～50%,通过0.315mm筛孔的砂不少于15%。

3)水泥:最少水泥用量为300kg/m^3,坍落度宜为80～180mm,混凝土内宜适量掺入外加剂。泵送轻骨料混凝土的原材料选用及配合比,应通过试验确定。

(3)泵送混凝土施工中应注意的问题

1)输送管的布置宜短直,尽量减少弯管数,转弯宜缓,管段接头要严密,少用锥形管;

2)混凝土的供料应保证混凝土泵能连续工作,不间断;正确选择骨料级配,严格控制配合比;

3)泵送前,为减少泵送阻力,应先用适量与混凝土内成分相同的水泥浆或水泥砂浆润滑输送管内壁;

4)泵送过程中,泵的受料斗内应充满混凝土,防止吸入空气形成阻塞;

5)防止停歇时间过长,若停歇时间超过45min,应立即用压力或其他方法冲洗管内残留的混凝土;

6)泵送结束后,要及时清洗泵体和管道;

7)用混凝土泵浇筑的建筑物,要加强养护,防止龟裂。

三、混凝土浇筑

混凝土浇筑要保证混凝土的均匀性和密实性,要保证结构的整体性、尺寸准确和钢筋、预埋件的位置正确,拆模后混凝土表面要平整、光洁。

(一)浇筑要求

(1)混凝土浇筑前不应发生离析或初凝现象,如已发生,须重新搅拌。混凝土运至现场后,其坍落度应满足表4-20的要求。

表4-20　混凝土浇筑时的坍落度

结构种类	坍落度(mm)
基础或地面的垫层、无配筋的大体积结构(挡土墙、基础等)或配筋稀疏的结构	10～30
板、梁和大型及中型截面的柱子等	30～50
配筋密列的结构(薄壁、斗仓、筒仓、细柱等)	50～70
配筋特密的结构	70～90

混凝土坍落度试验见图 4-41。

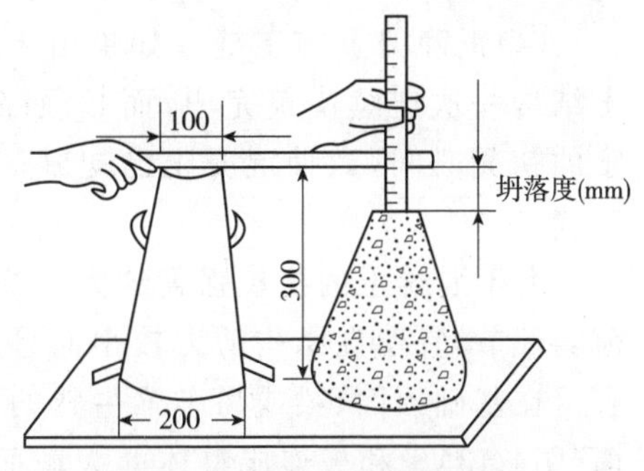

图 4-41　混凝土坍落度试验

(2)防止离析。浇筑混凝土时,混凝土拌和物由料斗、漏斗、混凝土输送管、运输车内卸出时,如自由倾落高度过大,由于粗骨料在重力作用下,克服黏着力后的下落动能大,下落速度较砂浆快,因而可能形成混凝土离析。为此,混凝土自高处倾落的自由高度不应超过 2m,在竖向结构中限制自由倾落高度不宜超过 3m,否则应沿串筒、斜槽、或振动溜管等下料(图 4-42)。

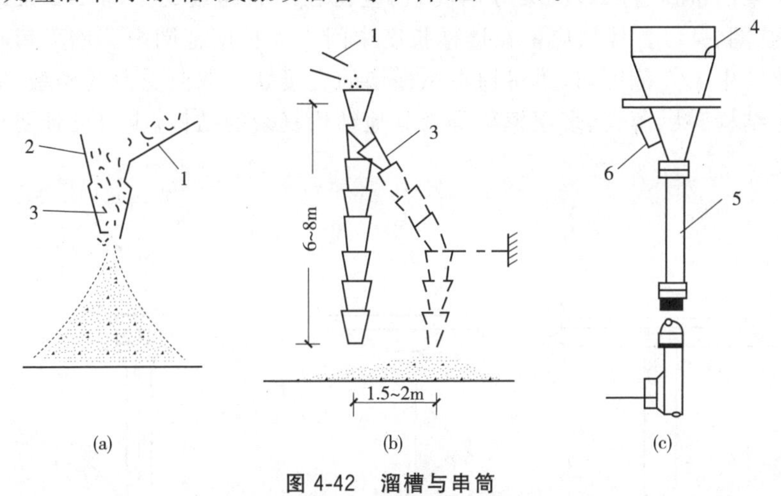

图 4-42　溜槽与串筒

(a)溜槽;(b)串筒;(c)振动串筒

1-溜槽;2-挡板;3-串筒;4-漏斗;5-节管;6-振动器

(3)混凝土的浇筑应分段、分层连续进行,随浇随捣。混凝土浇筑层厚度应符合表 4-21 的规定。

表 4-21　混凝土浇筑层厚度

项次	捣实混凝土的方法		浇筑层厚度(mm)
1	插入式振捣		振捣器作用部分长度的 1.25 倍
2	表面振动		200
3	人工捣固	在基础、无筋混凝土或配筋稀疏的结构中	250
		在梁、墙板、柱结构中	200
		在配筋密列的结构中	150
4	轻骨料混凝土	插入式振捣器	300
		表面振动(振动时须加荷)	200

(4)正确留置施工缝。如果由于技术或施工组织上的原因,不能对混凝土结构一次连续浇筑完毕,而必须停歇较长的时间,其停歇时间已超过混凝土的初凝时间,致使混凝土已初凝;当继续浇混凝土时,形成了接缝,即为施工缝。

由于混凝土的抗拉强度约为其抗压强度的 1/10,因而施工缝是结构中的薄弱环节,宜留在结构剪力较小而且施工方便的部位。例如建筑工程的柱子宜留在基础顶面、梁或吊车梁牛腿的下面、吊车梁的上面、无梁楼盖柱帽的下面(图4-43)。和板连成整体的大截面梁应留在板底面以上 20～30mm 处,当板下有梁托时,留置在梁托下部。单向板应留在平行于板短边的任何位置。有主次梁的楼盖宜顺着次梁方向浇筑,应留在次梁跨度的中间 1/3 梁跨长度范围内(图4-44)。楼梯应留在楼梯长度中间 1/3 长度范围内。墙可留在门洞口过梁跨中 1/3 范围内,也可留在纵横墙的交接处。双向受力的楼板、大体积混凝土结构、拱、薄壳、多层框架等及其他结构复杂的结构,应按设计要求留置施工缝。

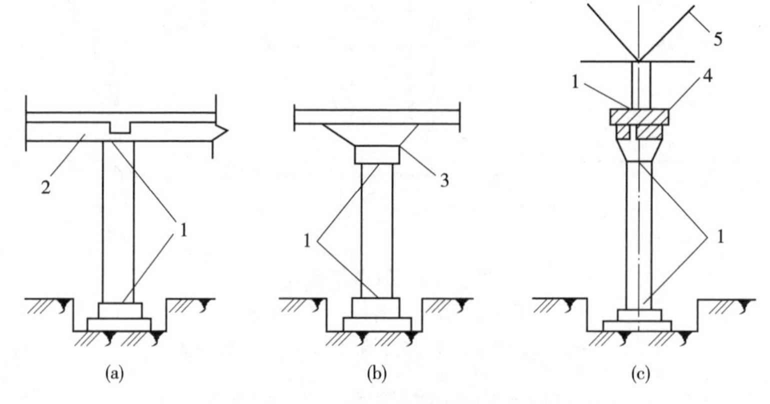

图 4-43　柱子施工缝的位置

(a)肋形楼板柱;(b)无梁楼板柱;(c)吊车梁柱

1-施工缝;2-梁;3-柱帽;4-漏斗;5-吊车梁;6-屋架

在施工缝处继续浇筑混凝土时,应除掉水泥薄层和松动石子,表面加以湿润并冲洗干净,先铺水泥浆或与混凝土砂浆成分相同的砂浆一层,待已浇筑的混凝土强度不低于 $1.2N/mm^2$ 时才允许继续浇筑。施工缝浇筑混凝土之前,应除去施工缝表面的水泥薄膜、松动石子和软弱的混凝土层,并加以充分湿润和冲洗干净,不得有积水。浇筑时,施工缝处宜先铺水泥浆(水泥 ∶ 水＝1 ∶ 0.4),或与混凝土成分相同的水泥砂浆一层,厚度为 30～50mm,以保证接缝的质量。浇筑过程中,施工缝应细致捣实,使其紧密结合。

(二)浇筑方法

1. 多层钢筋混凝土框架结构的浇筑

浇筑框架结构首先要划分施工层和施工段，施工层一般按结构层划分，而每一施工层的施工段划分，则要考虑工序数量、技术要求、结构特点等。做到木工在第一施工层安装完模板，准备转移到第二施工层的第一施工段上时，该施工段所浇筑的混凝土强度应达到允许工人在其上操作的强度(1.2MPa)。

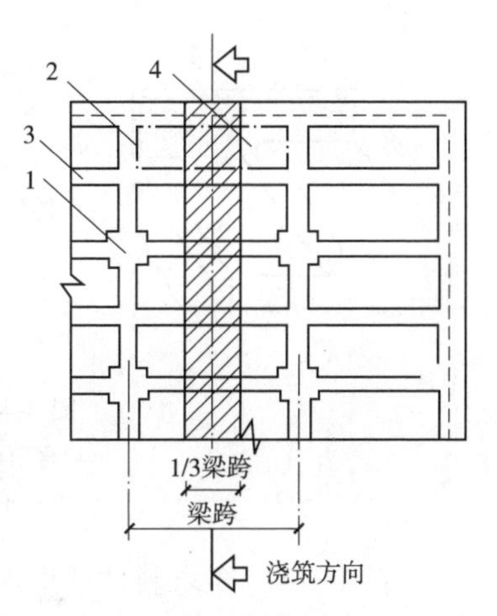

图 4-44　有梁板的施工缝位置

1-柱；2-主梁；3-次梁；4-板

混凝土的浇筑顺序：先浇捣柱子，浇筑柱时，施工段内的每排柱应由外向内对称依次浇筑，不要由一端向另一端推进。在柱子浇捣完毕后，停歇1～1.5h，使混凝土达到一定强度后，再浇捣梁和板。

梁和板一般应同时浇筑，顺次梁方向从一端开始向前推进。只有当梁高大于1m时才允许将梁单独浇筑，此时的施工缝留在楼板板面下20～30mm处。

2. 大体积钢筋混凝土结构的浇筑

大体积钢筋混凝土结构多为工业建筑中的设备基础及高层建筑中厚大的桩基承台或基础底板等，特点是混凝土浇筑面和浇筑量大，整体性要求高，不能留施工缝，以及浇筑后水泥的水化热量大且聚集在构件内部，形成较大的内外温差，易造成混凝土表面产生收缩裂缝等。

为保证混凝土浇筑工作连续进行，不留施工缝，应在下一层混凝土初凝之前，将上一层混凝土浇筑完毕。要求混凝土按不小于下述的浇筑量进行浇筑：

$$Q=\frac{FH}{T} \tag{4-8}$$

式中：Q——混凝土最小浇筑量(m^3/h)；

F——混凝土浇筑区的面积(m^2)；

H——浇筑层厚度(m)；

T——下层混凝土从开始浇筑到初凝所容许的时间间隔(h)。

(1)大体积钢筋混凝土结构的浇筑方案

一般分为全面分层、分段分层和斜面分层三种，如图4-45所示。

全面分层：即在第一层浇筑完毕后，再回头浇筑第二层，如此逐层浇筑，直至完工为止。

分段分层：混凝土从底层开始浇筑，进行2～3m后再回头浇第二层，同样依次浇筑各层。

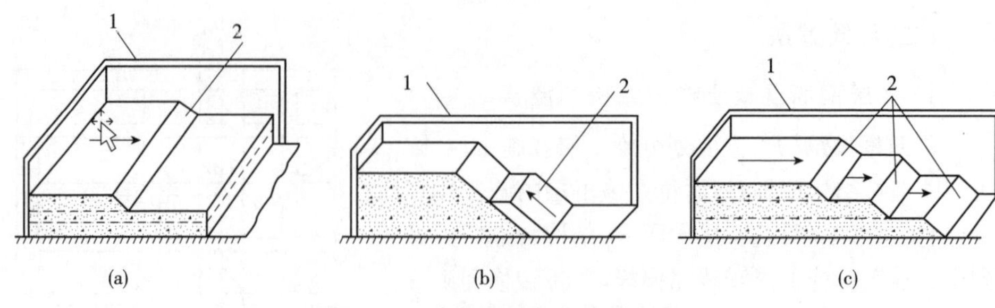

图 4-45 大体积混凝土浇筑方案

(a)全面分层;(b)分段分层;(c)斜面分层

1-模板;2-新浇筑的混凝土

斜面分层:要求斜坡坡度不大于 1/3,适用于结构长度大大超过厚度 3 倍的情况。

(2)早期温度裂缝的预防。厚大钢筋混凝土结构由于体积大,水泥水化热聚积在内部不易散发,内部温度显著升高,外表散热快,形成较大内外温差,内部产生压应力,外表产生拉应力,如内外温差过大(25℃以上),则混凝土表面将产生裂缝。当混凝土内部逐渐散热冷却,产生收缩,由于受到基底或已硬化混凝土的约束,不能自由收缩,而产生拉应力。温差越大,约束程度越高,结构长度越大,则拉应力越大。当拉应力超过混凝土的抗拉强度时即产生裂缝,裂缝从基底向上发展,甚至贯穿整个基础。要防止混凝土早期产生温度裂缝,就要降低混凝土的温度应力。控制混凝土的内外温差,使之不超过 25℃,以防止表面开裂;控制混凝土冷却过程中的总温差和降温速度,以防止基底开裂。早期温度裂缝的预防方法主要有:优先采用水化热低的水泥(如矿渣硅酸盐水泥);减少水泥用量;掺入适量的粉煤灰或在浇筑时投入适量的毛石;放慢浇筑速度和减少浇筑厚度,采用人工降温措施(拌制时,用低温水,养护时用循环水冷却);浇筑后应及时覆盖,以控制内外温差,减缓降温速度,尤应注意寒潮的不利影响;必要时,取得设计单位同意后,可分块浇筑,块和块间留 1m 宽后浇带,待各分块混凝土干缩后,再浇筑后浇带。分块长度可根据有关手册计算,当结构厚度在 1m 以内时,分块长度一般为 20～30m。

(3)泌水处理。大体积混凝土另一特点是上、下浇筑层施工间隔时间较长,各分层之间易产生泌水层,它将使混凝土强度降低,酥软、脱皮起砂等不良后果。采用自流方式和抽吸方法排除泌水,会带走一部分水泥浆,影响混凝土的质量。泌水处理措施主要有同一结构中使用两种不同坍落度的混凝土,或在混凝土拌和物中掺减水剂,都可减少泌水现象。

(三)密实成型

混凝土浇入模板以后是较疏松的,里面含有空气与气泡。而混凝土的强度、抗冻性、抗渗性以及耐久性等，都与混凝土的密实程度有关。目前主要是用人工或机械捣实混凝土使混凝土密实。人工捣实是用人力的冲击来使混凝土密实成型，只有在缺乏机械、工程量不大或机械不便工作的部位采用。机械振捣是将振捣器的振动力传给混凝土，使之发生强迫振动而密实成型，其效率高、质量好。

混凝土振捣机械按其工作方式分为内部振捣器、外部振捣器、表面振捣器和振动台等，如图 4-46 所示。其中，外部式只适用于柱、墙等结构尺寸小且钢筋密的构件；表面式只适用于薄层混凝土的捣实（如渠道衬砌、道路、薄板等）；振动台多用于实验室。这些振动机械的构造原理，主要是利用偏心轴或偏心块的高速旋转，使振动器因离心力的作用而振动。

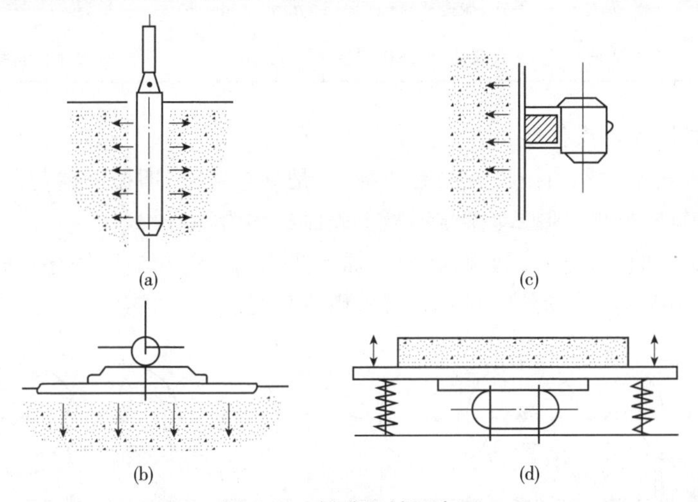

图 4-46　振动机械示意图

(a)内部振动器；(b)表面振动器；(c)外部振动器；(d)振动台

(1)内部振捣器

内部振捣器又称插入式振捣器，其构造如图 4-47 所示。适用于振捣梁、柱、墙等构件和大体积混凝土。

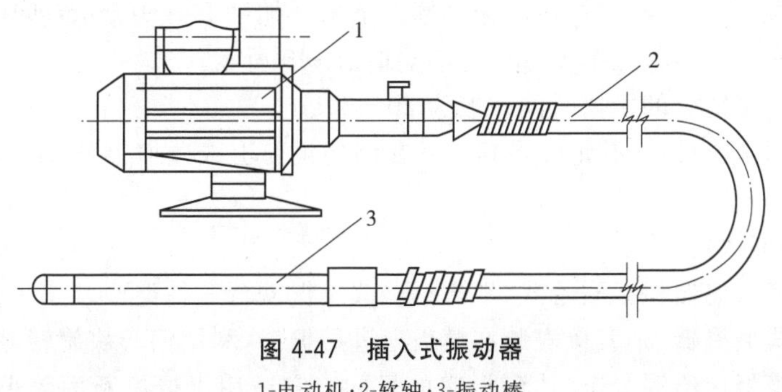

图 4-47　插入式振动器

1-电动机；2-软轴；3-振动棒

根据使用的动力不同，插入式振捣器有电动式、风动式和内燃机式三类。内燃机式仅用于无电源的场合。风动式因其能耗较大、不经济，同时风压和负载变化时会使振动频率显著改变，因而影响混凝土振捣密实质量，逐渐被淘汰。因此，一般工程均采用电动式振捣器。电动插入式振捣器又分为三种，见表 4-22。

表 4-22　电动插入式振捣器

序号	名　称	构　造	适用范围
1	串激式振捣器	串激式电机拖动，直径 18～50mm	小型构件
2	软轴振捣器	有偏心式、外滚道行星式、内滚道行星式，振捣棒直径 25～100mm	除薄板以外各种混凝土工程
3	硬轴振捣器	直联式，振捣棒直径 80～133mm	大体积混凝土

插入式振动器操作要点：

1)插入式振动器的振捣方法有两种：一是垂直振捣，即振动棒与混凝土表面垂直；二是斜向振捣，即振动棒与混凝土表面成约为 40°～45°。

2)振捣器的操作要做到快插慢拔，插点要均匀，逐点移动，顺序进行，不得遗漏，达到均匀振实。振动棒的移动，可采用行列式或交错式，如图 4-48 所示。

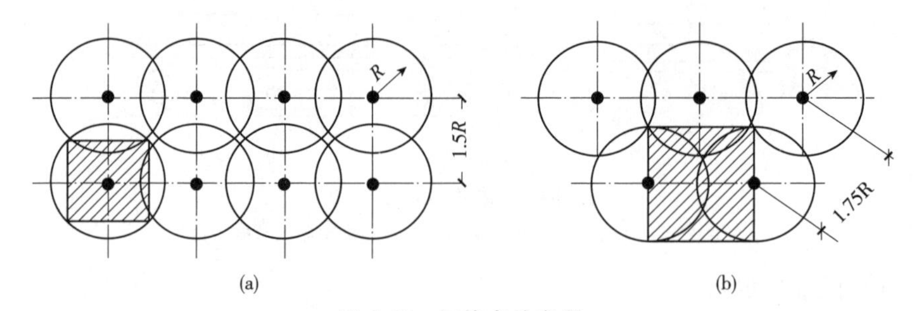

图 4-48　振捣点的布置

(a)行列式；(b)交错式 R-振动棒有效作用半径

3)混凝土分层浇筑时，应将振动棒上下来回抽动 50～100mm；同时，还应将振动棒深入下层混凝土中 50mm 左右，如图 4-49 所示。

4)每一振捣点的振捣时间一般为 20～30s。

5)使用振动器时，不允许将其支承在结构钢筋上或碰撞钢筋，不宜紧靠模板振捣。

(2)外部振捣器

外部式振捣器包括附着式、平板(梁)式及振动台三种类型。

附着式振捣器，是直接安装在模板上进行振捣，利用偏心块旋转时产生的振动力通过模板传给混凝土，达到振实的目的。它适用于振捣断面较小或钢筋较

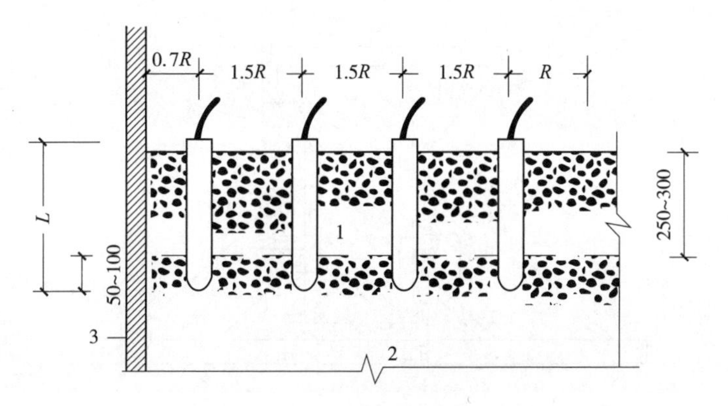

图 4-49 插入式振动器的插入深度

1-新浇筑的混凝土；2-下层已振捣但尚未初凝的混凝土；3-模板

R-有效作用半径；L-振动棒长度

密的柱子、梁、板等构件。

平板(梁)式振捣器有两种形式：一是在上述附着式振捣器底座上用螺栓紧固一块木板或钢板(梁)，通过附着式振捣器所产生的激振力传递给振板，迫使振板振动而振实混凝土，如图 4-50 所示。另一类是定型的平板(梁)式振捣器，振板为钢制槽形(梁形)振板，上有把手，便于边振捣、边拖行，更适用于大面积的振捣作业。

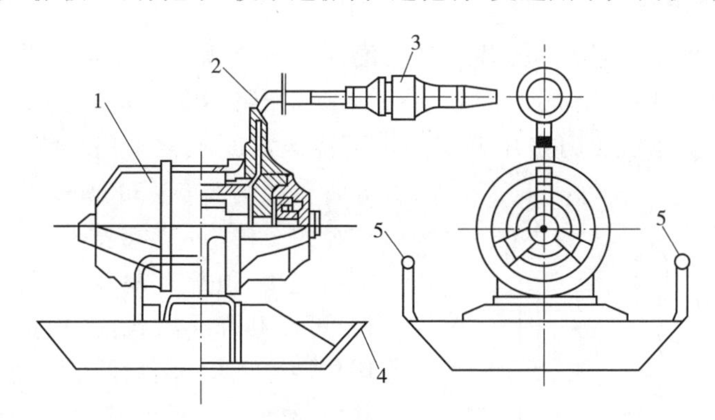

图 4-50 槽形平板式振捣器

1-振动电动机；2-电缆；3-电缆接头；4-钢制槽形振板；5-手柄

附着式振捣器安装时应保证转轴水平或垂直，如图 4-51 所示。在一个模板上安装附着式振捣器进行作业，各振捣器频率必须保持一致，相对安装的振捣器的位置应错开。振捣器所装置的构件模板，要坚固牢靠，构件的面积应与振捣器的额定振动板面积相适应。混凝土振动台是一种强力振动成型机械装置，必须安装在牢固的基础上，地脚螺栓应有足够的强度并拧紧。在振捣作业中，必须安置牢固可靠的模板锁紧夹具，以保证模板和混凝土与台面一起振动。

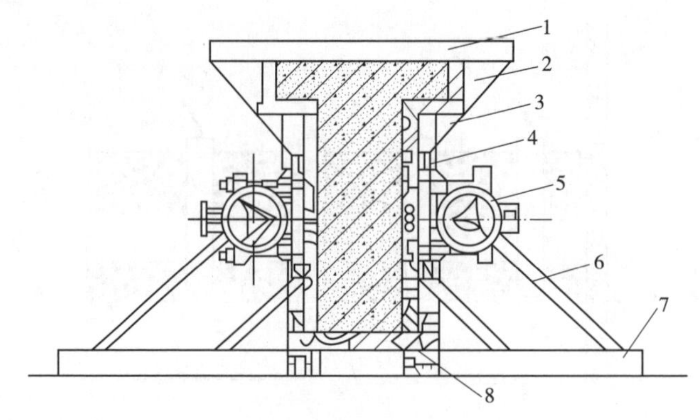

图 4-51 附着式振捣器的安装

1-模板面卡；2-模板；3-角撑；4-夹木枋；5-附着式振动器；6-斜撑；7-底横枋；8-纵向底枋

(3)振动台

混凝土振动台，又称台式振捣器。它是一种使混凝土拌和物振动成型的机械。其机架一般支撑在弹簧上，机架下装有激振器，机架上安置成型制品的钢模板，模板内装有混凝土拌和物。在激振器的作用下，机架连同模板及混合料一起振动，使混凝土拌和物密实成型。

(四)水下浇筑混凝土

深基础、地下连续墙、沉井及钻孔灌注桩等常需在水下或泥浆中浇筑混凝土。水下或泥浆中浇筑混凝土时，应保证水或泥浆不混入混凝土内，水泥浆不被水带走，混凝土能借压力挤压密实。水下浇筑混凝土常采用导管法(图 4-52)。

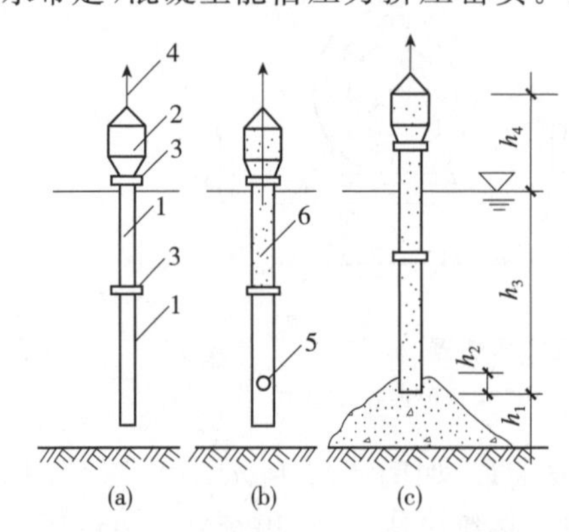

图 4-52 导管法水下浇筑混凝土

(a)组装导管；(b)导管内悬吊球口塞并浇入混凝土；(c)浇混凝土，提管

1-钢导管；2-漏斗；3-密封接头；4-吊索；5-球塞；6-钢丝或绳子

导管直径约 200～300mm，且不小于集料粒径的 8 倍，每节管长 1.5～3m，用法兰密封连接，顶部有漏斗，导管用起重机吊住，可以升降。灌筑前，用钢丝吊住球塞堵住导管下口，然后将管内灌满混凝土，并使导管下口距地基约 300mm，距离太小，容易堵管，距离太大，则开管时冲出的混凝土不能及时封埋管口端处，而导致水或泥浆渗入混凝土内。漏斗及导管内应有足够的混凝土，以保证混凝土下落后能将导管下端埋入混凝土内 0.5～0.6m。剪断钢丝后，混凝土在自重作用下冲出管口，并迅速将管口下端埋住。此后，一面不断灌筑混凝土，一面缓缓提起导管，且

始终保持导管在混凝土内有一定的埋深，埋深越大则挤压作用越大，混凝土越密实，但也越不易浇筑，一般埋深 h_2 为 0.5～0.8m。这样，最先浇筑的混凝土始终处于最外层，与水接触，且随混凝土的不断挤入不断上升，故水或泥浆不会混入混凝土内，水泥浆不会被带走，而混凝土又能在压力作用下自行挤密。为保证与水接触的表层混凝土能呈塑性状态上升，每一灌筑点应在混凝土初凝前浇至设计标高。混凝土应连续浇筑，导管内应始终注满混凝土，以防空气混入，并应防止堵管，如堵管超过半小时，则应立即换备用管进行浇筑。一般情况下，第一导管灌筑范围以 4m 为限，面积更大时，可用几根导管同时浇筑，或待一浇筑点浇筑完毕后再将导管换插到另一浇筑点进行浇筑，而不应在一浇筑点将导管作水平移动以扩大浇筑范围。浇筑完毕后，应清除与水接触的表层厚约 0.2m 的松软混凝土。水下浇筑时，混凝土的密实程度取决于混凝土所受的挤压力。为保证混凝土在导管出口处有一定的超压力 P，则应保持导管内混凝土超出水面一定高度 h_4，若导管下口至水面的距离为 h_3，则：

$$P=0.025h_4+0.015h_3 \tag{4-9}$$

故

$$h_4=40P-0.6h_3 \tag{4-10}$$

要求的超压力 P 与导管作用半径有关，当作用半径为 4m 时，P 为 0.25N/m²，当作用半径为 3.5m 时，P 为 0.15N/m²；当作用半径为 3.0m 时，P 为0.1N/m²。

（五）混凝土养护与拆模

1. 混凝土的养护

混凝土浇筑完毕后，在一个相当长的时间内，应保持其适当的温度和足够的湿度，以造成混凝土良好的硬化条件，这就是混凝土的养护工作。混凝土表面水分不断蒸发，如不设法防止水分损失，水化作用未能充分进行，混凝土的强度将受到影响，还可能产生干缩裂缝。因此，混凝土养护的目的，一是创造有利条件，使水泥充分水化，加速混凝土的硬化；二是防止混凝土成型后因暴晒、风吹、干燥等自然因素影响，出现不正常的收缩、裂缝等现象。

混凝土的养护方法分为自然养护和热养护两类，见表 4-23。养护时间取决于当地气温、水泥品种和结构物的重要性。

表 4-23　混凝土的养护

类别	名称	说明
自然养护	洒水（喷雾）养护	在混凝土面不断洒水（喷雾），保持其表面湿润
	覆盖浇水养护	在混凝土面覆盖湿麻袋、草袋、湿砂、锯末等，不断洒水保持其表面湿润

（续）

类别	名称	说明
自然养护	围水养护	四周围成土埂，将水蓄在混凝土表面
	铺膜养护	在混凝土表面铺上薄膜，阻止水分蒸发
	喷膜养护	在混凝土表面喷上薄膜，阻止水分蒸发
热养护	蒸汽养护	利用热蒸汽对混凝土进行湿热养护
	热水（热油）养护	将水或油加热，将构件搁置在其上养护
	电热养护	对模板加热或微波加热养护
	太阳能养护	利用各种罩、窑、集热箱等封闭装置对构件进行养护

2. 混凝土拆模

模板拆除日期取决于混凝土的强度、模板的用途、结构的性质及混凝土硬化时的气温。不承重的侧模，在混凝土强度能保证其表面棱角不因拆除模板而受损坏时，即可拆除。承重模板，如梁、板等底模，应待混凝土达到规定强度后，方可拆除。结构的类型跨度不同，其拆模强度不同，底模拆除时对混凝土强度要求，见表4-1。

已拆除承重模板的结构，应在混凝土达到规定的强度等级后，才允许承受全部设计荷载。拆模后应由监理（建设）单位、施工单位对混凝土的外观质量和尺寸偏差进行检查，并做好记录。如发现缺陷，应进行修补。对面积小、数量不多的蜂窝或露石的混凝土，应先用钢丝刷或压力水洗刷基层，然后用1∶2～1∶2.5的水泥砂浆抹平；对较大面积的蜂窝、露石、露筋应按其全部深度凿去薄弱的混凝土层，然后用钢丝刷或压力水冲刷，再用比原混凝土强度等级高一个级别的细集料混凝土填塞，并仔细捣实。对影响结构性能的缺陷，应与设计单位研究处理。

四、混凝土工程施工质量验收

（一）混凝土结构实体检验

（1）对涉及混凝土结构安全的重要部位，应进行结构实体检验，结构实体检验应在监理工程师（建设单位项目专业技术负责人）见证下，由施工项目技术负责人组织实施，承担结构实体检验的试验室应具有相应的资质。

（2）对结构实体进行检验，并不是在子分部工程验收前的重新检验，而是在相应分项工程验收合格、过程控制使质量得到保证的基础上，对重要项目进行的验证性检查，其目的是为了加强混凝土结构的施工质量验收，真实地反映混凝土强度及受力钢筋位置等质量指标，确保结构安全。

(3)结构实体检验的内容应包括混凝土强度、钢筋保护层厚度以及工程合同约定的项目，必要时可检验其他项目。

(4)对混凝土强度的检验，应以在混凝土浇筑地点制备，并与结构实体同条件养护的试件强度为依据。

对混凝土强度的检验也可根据合同的约定，采用非破损或局部破损的检测方法，按国家现行有关标准的规定进行。

(5)当同条件养护试件强度的检验结果符合现行国家标准《混凝土强度检验评定标准》(GB/T 50107—2010)的有关规定时，混凝土强度应判为合格。

(6)对钢筋保护层、厚度的检验，抽样数量、检验方法、允许偏差和合格条件应符合现行国家标准的规定。

(7)当未能取得同条件养护试件强度，同条件养护试件强度被判为不合格或钢筋保护层厚度不满足要求时，应委托具有相应资质等级的检测机构，按国家有关标准的规定进行检测。

(二)现浇结构的外观质量验收

1. 现浇结构的外观质量不应有严重缺陷

对已经出现的严重缺陷，应由施工单位提出技术处理方案，并经监理(建设)单位认可后进行处理，对经处理的部位，应重新检查验收。

检查数量：全数检查。

检验方法：观察，检查技术处理方案。

2. 现浇结构的外观质量不宜有一般缺陷

对已经出现的一般缺陷，应由施工单位按技术处理方案进行处理，并重新检查验收。

检查数量：全数检查。

检验方法：观察，检查技术处理方案。

(三)现浇结构尺寸偏差的质量验收

(1)现浇结构不应有影响结构性能和使用功能的尺寸偏差。混凝土设备基础不应有影响结构性能和设备安装的尺寸偏差。

对超过尺寸允许偏差且影响结构性能和安装、使用功能的部位，应由施工单位提出技术处理方案，并经监理(建设)单位认可后进行处理，对经处理的部位，应重新检查验收。

检查数量：全数检查。

检验方法：量测，检查技术处理方案。

(2)现浇结构和混凝土设备基础拆模后的尺寸偏差应符合表4-24、表4-25的规定。

表4-24 现浇结构尺寸允许偏差和检验方法

项目			允许偏差(mm)	检验方法
轴线位置	基础		15	钢尺检查
	独立基础		10	
	墙、柱、梁		8	
	剪力墙		5	
垂直度	层高	≤5m	8	经纬仪或吊线、钢尺检查
		>5m	10	经纬仪或吊线、钢尺检查
	全高(H)		$H/1000$且≤30	经纬仪、钢尺检查
标高	层高		±10	水准仪或拉线、钢尺检查
	全高		±30	
截面尺寸			+8,−5	钢尺检查
电梯井	井筒长、宽对定位中心线		+25,0	钢尺检查
	井筒全高(H)垂直度		H/1000且≤30	经纬仪、钢尺检查
表面平整度			8	2m靠尺和塞尺检查
预埋设施中心线位置	预埋件		10	钢尺检查
	预埋螺栓		5	
	预埋管		5	
预留洞中心线位置			15	钢尺检查

注:检查轴线、中心线位置时,应沿纵、横两个方向量测,并取其中的较大值。

表4-25 混凝土设备基础尺寸允许偏差和检验方法

项目		允许偏差(mm)	检验方法
坐标位置		20	钢尺检查
不同平面的标高		0,−20	水准仪或拉线、钢尺检查
平面外形尺寸		±20	钢尺检查
凸台上平面外形尺寸		0,−20	钢尺检查
凹穴尺寸		+20,0	钢尺检查
平面水平度	每米	5	水平尺、塞尺检查
	全长	10	水准仪或拉线、钢尺检查

（续）

项　目		允许偏差(mm)	检验方法
垂直度	每米	5	经纬仪或吊线、钢尺检查
	全高	10	
预埋地脚螺栓	标高(顶部)	＋20,0	水准仪或拉线、钢尺检查
	中心距	±2	钢尺检查
预埋地脚螺栓孔	中心线位置	10	钢尺检查
	深度	＋20,0	钢尺检查
	孔垂直度	10	吊线、钢尺检查
预埋活动地脚螺栓锚板	标高	＋20,0	水准仪或拉线、钢尺检查
	中心线位置	5	钢尺检查
	带槽锚板平整度	5	钢尺、塞尺检查
	带螺纹孔锚板平整度	2	钢尺、塞尺检查

注:检查坐标、中心线位置时,应沿纵、横两个方向量测,并取其中的较大值。

检查数量:按楼层、结构缝或施工段划分检验批。在同一检验批内,对梁、柱和独立基础,应抽查构件数量的10%,且不少于3件;对墙和板,应按有代表性的自然间抽查10%,且不少于3间;对大空间结构,墙可按相邻轴线间高度5m左右划分检查面,板可按纵、横轴线划分检查面,抽查10%,且均不少于3面;对电梯井应全数检查;对设备基础应全数检查。

检验方法:量测检查。

第四节　钢筋混凝土预制构件

一、预制构件的制作

装配式钢筋混凝土结构和装配整体式钢筋混凝土结构的主要构件一般采用工厂化预制生产,因此预制构件是建筑工业化的重要措施之一,国内外都正在不断改进生产工艺,采用先进技术,使其日趋完善。

施工现场就地制作构件,为节省木模板材料,可用土胎膜或砖胎膜。在场地狭小,屋架、柱子、桩等大型构件可平卧迭浇,即利用已预制好的构件作底模,沿构件两侧安装侧模板再浇制上层构件。上层构件的模板安装和混凝土浇筑,需待下层构件的混凝土强度达到5N/mm^{2}后方可进行。在构件之间应涂抹隔离剂以防混凝土黏结。

预制构件的制作过程包括模板的制作与安装，钢筋的制作与安装，混凝土的制备、运输，构件的浇筑振捣和养护，脱模与堆放等。

根据生产过程中组织构件成型和养护的不同特点，预制构件制作工艺可分为台座法、机组流水法和传送带法三种。

(1)台座法

台座是表面光滑平整的混凝土地坪、胎模或混凝土槽。构件的成型、养护、脱模等生产过程都在台座上进行。

(2)机组流水法

机组流水法是在车间内，根据生产工艺的要求将整个车间划分为几个工段，每个工段皆配备相应的工人和机具设备，构件的成型、养护、脱模等生产过程分别在有关的工段循序完成。

(3)传送带流水法

模板在一条呈封闭环形的传送带上移动，各个生产过程都是在沿传送带循序分布的各个工作区中进行。

二、制作构件的模板

现场就地制作预制构件常用的模板有胎模、分节脱模、重叠支模等。预制厂制作预制构件常用的模板有固定式胎模、拉模、折页式钢模等。

(1)胎模

胎模是指用砖或混凝土材料筑成构件外形的底模，它通常用木模作为边模。多用于生产预制梁、柱、槽形板及大型屋面板等构件，如图 4-53 所示。

(2)重叠支模

重叠支模如图 4-54(a)所示，即利用先预制好的构件作底模，沿构件两侧安装侧模板后再制作同类构件。对于矩形、梯形柱和梁以及预制桩，还可以采用间隔重叠法施工，以节省侧模板，如图 4-54(b)所示。

(3)水平拉模

拉模由钢制外框架、内框架侧模与芯管、前后端头板、振动器、卷扬机抽芯装置等部分组成。内框架侧模、芯管和前端头板组装为一个整体，可整体抽芯和脱模。

三、预制构件的成型

浇捣混凝土前应检验钢筋、预埋件的规格、数量、钢筋保护层厚度及预留孔洞是否符合设计要求，浇捣时应润湿模板，人工反铲带浆下料，构件厚度不超过 360mm 时可一次浇筑全厚度，用平板振捣器或插入式振捣器振捣；构件厚度大

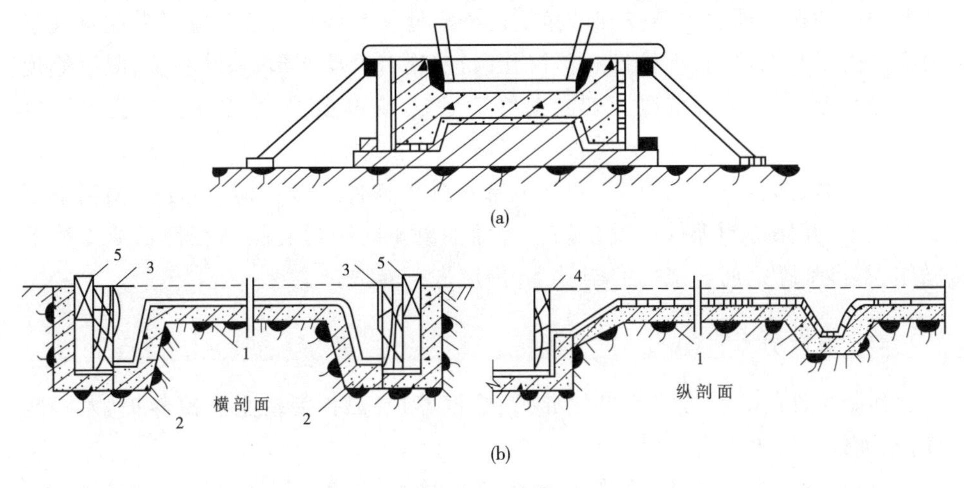

图 4-53　胎模

(a)工字形柱砖胎模；(b)大型屋面板混凝土胎模

1-胎模；2-65×5 方木；3-侧模；4-端模；5-木楔

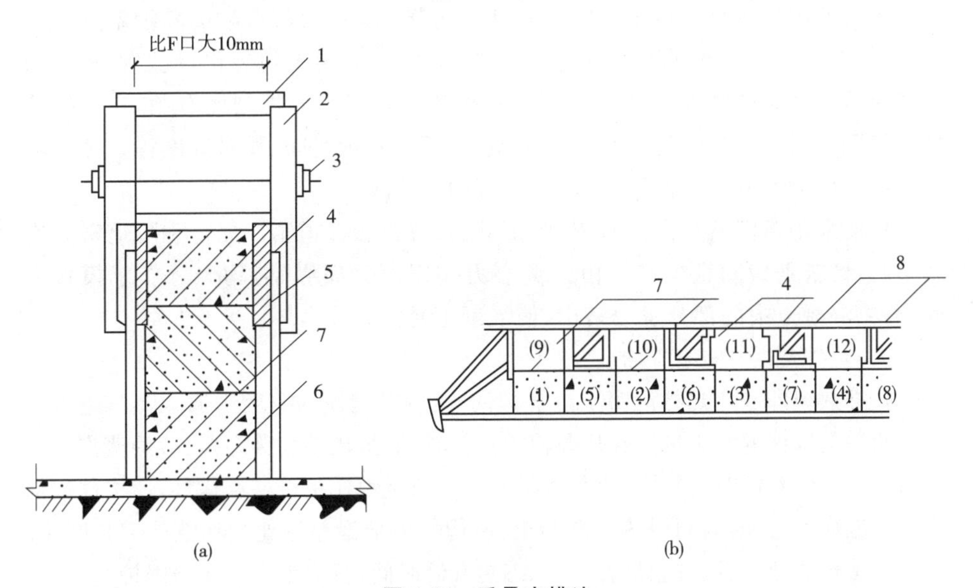

图 4-54　重叠支模法

(a)短夹木倒夹重叠支模；(b)间隔重叠支模

1-临时撑头；2-短夹木；3-M12 螺栓；4-侧模；5-支脚；6-已捣构件；7-隔离剂或隔离层；8-卡具

于 360mm 时应按每层 300～350mm 厚分层浇筑，振捣器应插入下层混凝土 5cm，以使上下层结合成整体。浇筑时应随振随抹，整平表面，原浆收光。

如构件截面较小、节点钢筋较密、预埋件较多时，容易出现蜂窝，应仔细地用套装刀片的振捣器振捣节点和端角钢筋密集处。振捣混凝土时应经常注意观察模板、支撑架、钢筋、预埋铁件和预留孔洞,发现有松动变形、钢筋移位、漏浆等现象应停止振捣,并应在混凝土初凝前修整完好,继续振捣,直至成型。浇筑顺序应从一端向另一端进行。浇到芯模部位时,注意两侧对称下料和振捣,以防芯模因单侧压力过大而产生偏移。浇到上部有预埋铁件的部位时,应注意捣实下面的混凝土,并保持预埋件位置正确。浇灌混凝土时不得直接站在模板或支撑上操作,不得乱踩钢筋。浇捣完毕后 2h 内应进行养护。

四、构件养护

预制构件的养护方法有自然养护、蒸汽养护、热拌混凝土热模养护、太阳能养护、远红外线养护等。

(1)自然养护成本低,简单易行,但养护时间长,模板周转率低,占用场地大,我国南方地区的台座法生产多用自然养护。

(2)蒸汽养护可缩短养护时间,模板周转率相应提高,占用场地大大减少。

蒸汽养护是将构件放置在有饱和蒸汽或蒸汽与空气混合物的养护室(或窑)内,在较高温度和湿度的环境中进行养护,以加速混凝土的硬化,使之在较短的时间内达到规定的强度标准值。蒸汽养护效果与蒸汽养护制度有关,它包括养护前静置时间、升温和降温速度、养护温度、恒温养护时间、相对湿度等。蒸汽养护的过程可分为静停、升温、恒温、降温等四个阶段。

目前采用蒸汽养护方法有三种,即立窑、坑窑和隧道窑。立窑和隧道窑能连续生产,坑窑则为间歇生产。由于离心力作用而远离纵轴,均匀分布于模板内壁,并将混凝土中的部分水分挤出,使混凝土密实。

(3)热拌混凝土热模养护

热拌热模即利用热拌混凝土浇筑构件,然后向钢模的空腔内通入蒸汽进行养护。此法与冷拌混凝土进行常压蒸汽养护比较,养护周期大为缩短,节约蒸汽。这是因为用此法养护时,构件不直接接触蒸汽。热量由模板传递给构件,使构件内部冷热对流加速,且因为利用热拌混凝土,使构件内部温差远比常压蒸汽养护时小,而且平衡较快,因而可省去静置工序,缩短升温时间,较快地进入高温养护。

(4)远红外线养护

红外线是用热源(电能、蒸汽、煤气等)加热红外线辐射体而产生的。红外线被吸收到物体内部,被吸收的能量就转变为热,目前常用的辐射体为铁铬铝金属网片、陶瓷板或在碳化硅板上涂远红外辐射材料等。对辐射体的要求是耐高温、不易氧化、辐射率大等。混凝土养护选择辐射体时,还要求其发射的红外线波长与水泥和其水化产物的吸收波长相一致或相近,这样可提高养护效率。

用红外线热辐射进行混凝土养护有许多优点，养护时间短、能量消耗低，有较好的经济效益。

五、预制构件模板拆除

预制构件拆模时，混凝土强度应符合设计要求。当设计无要求时，应符合下列规定：

(1)侧模应在混凝土强度能保证构件不变形、棱角完整时，方可拆除。

(2)芯模或预留孔洞的内模，应在混凝土强度能保证构件和孔洞表面不发生坍陷和裂缝时，方可拆除。

(3)当构件跨度等于或小于 4m 时，底模应在混凝土强度达到设计混凝土强度标准值的 50%时，方可拆除。

六、预制构件的成品堆放

当预制构件混凝土强度达到设计强度后方可起吊。先用撬棍将构件轻轻撬松脱离底模，然后起吊归堆。构件的移运方法和支承位置，应符合构件的受力情况，防止损伤。

构件堆放应符合下列要求：

(1)堆放场地应平整夯实，并有排水措施；

(2)构件应按吊装顺序，以刚度较大的方向堆放稳定；

(3)重叠堆放的构件，标志应向外，堆垛高度应按构件强度、地面承载力、垫木强度及堆垛的稳定性确定，各层垫木的位置，应在同一垂直线上。

七、预制构件的质量标准与验收方法

1. 制作预制构件的台座或模具在使用前应进行下列检查：

(1)外观质量；

(2)尺寸偏差。

2. 预制构件制作过程中应进行下列检查：

(1)预埋吊件的规格、数量、位置及固定情况；

(2)复合墙板夹芯保温层和连接件的规格、数量、位置及固定情况；

(3)门窗框和预埋管线的规格、数量、位置及固定情况；

(4)预制构件混凝土浇筑前应检查混凝土送料单，核对混凝土配合比，确认混凝土强度等级，检查混凝土运输时间，测定混凝土坍落度，必要时还应测定混凝土扩展度。

3. 预制构件的质量应进行下列检查：

(1)预制构件的混凝土强度；

(2)预制构件的标识；

(3)预制构件的外观质量、尺寸偏差；

(4)预制构件上的预埋件、插筋、预留孔洞的规格、位置及数量；

(5)结构性能检验应符合现行国家标准《混凝土结构工程施工质量验收规范》(GB 50204—2015)的有关规定。

4. 预制构件的起吊、运输应进行下列检查：

(1)吊具和起重设备的型号、数量、工作性能；

(2)运输线路；

(3)运输车辆的型号、数量；

(4)预制构件的支座位置、固定措施和保护措施。

5. 预制构件的堆放应进行下列检查：

(1)堆放场地；

(2)垫木或垫块的位置、数量；

(3)预制构件堆垛层数、稳定措施。

6. 预制构件安装前应进行下列检查：

(1)已施工完成结构的混凝土强度、外观质量和尺寸偏差；

(2)预制构件的混凝土强度，预制构件、连接件及配件的型号、规格和数量；

(3)安装定位标识；

(4)预制构件与后浇混凝土结合面的粗糙度，预留钢筋的规格、数量和位置；

(5)吊具及吊装设备的型号、数量、工作性能。

7. 预制构件安装连接应进行下列检查：

(1)预制构件的位置及尺寸偏差；

(2)预制构件临时支撑、垫片的规格、位置、数量；

(3)连接处现浇混凝土或砂浆的强度、外观质量；

(4)连接处钢筋连接及其他连接质量。

第五章　预应力混凝土工程

第一节　预应力混凝土概述

一、预应力混凝土的概念

为了弥补混凝土过早出现裂缝的现象，在构件使用（加载）以前，预先给混凝土一个预压力，即在混凝土的受拉区内，用人工加力的方法，将钢筋进行张拉，利用钢筋的回缩力，使混凝土受拉区预先受压力。这种储存下来的预加压力，当构件承受由外荷载产生拉力时，首先抵消受拉区混凝土中的预压力，然后随荷载增加，才使混凝土受拉，这就限制了混凝土的伸长，延缓或不使裂缝出现，这就叫做预应力混凝土。

二、预应力混凝土的特点

预应力混凝土与普通钢筋混凝土相比，具有以下特点：

(1)截面小、自重轻、刚度大、抗裂度高、耐久性好、节省材料。工程实践证明：可节约钢材 40%～50%，节省混凝土 20%～40%，减轻构件自重可达 20%～40%。

(2)可以有效地利用高强度钢筋和高强度等级的混凝土，能充分发挥钢筋和混凝土各自的特性，并能扩大预制装配化程度，节约材料，缩短工期。

(3)预应力混凝土的施工，需要专门的材料与设备、特殊的施工工艺，工艺比较复杂，操作要求较高，但用于大开间、大跨度与重荷载的结构中，其综合效益较好。

三、预应力混凝土的分类

预应力混凝土按预应力度大小可分为全预应力混凝土和部分预应力混凝土。全预应力混凝土是在全部使用荷载下受拉边缘不允许出现拉应力的预应力混凝土，适用于要求混凝土不开裂的结构。部分预应力混凝土是在全部作用荷载下受拉边缘允许出现一定的拉应力或裂缝的混凝土，其综合性能较好，费用较低，适用面广。

预应力混凝土按施工方式不同可分为预制预应力混凝土、现浇预应力混凝土和叠合预应力混凝土等。

预应力混凝土按预加应力的方法不同可分为先张法预应力混凝土和后张法预应力混凝土，按是否黏结又可分为无黏结预应力及有黏结预应力。

四、预应力混凝土结构对混凝土的要求

在预应力混凝土结构中，一般要求混凝土的强度等级不低于C30，当采用碳素钢丝、钢绞线作预应力钢筋时，混凝土的强度等级不低于C40。目前，在一些重要的预应力混凝土结构中，已开始采用C50～C60的高强混凝土，并逐步向更高强度等级的混凝土发展。在预应力混凝土构件的施工中，不能掺用对钢筋有侵蚀作用的氯盐等，否则会发生严重的质量事故。

第二节　先　张　法

先张法是在浇筑混凝土构件前，张拉预应力钢筋(丝)，将其临时锚固在台座(在固定的台座上生产时)或钢模(机组中流水生产时)上，然后浇筑混凝土构件，待混凝土达到一定(约75%标准)强度，使预应力钢筋(丝)与混凝土之间有足够黏结力时，放松预应力，预应力钢筋(丝)弹性缩回，借助混凝土与预应力钢筋(丝)之间的黏结，对混凝土产生预压应力。先张法一般用于预制构件厂生产定型的中小型构件，如楼板、屋面板、檩条及吊车梁等。

先张法生产时，可采用台座法和机组流水法。采用台座法时，预应力筋的张拉、铺固，混凝土的浇筑、养护及预应力筋放松等均在台座上进行；预应力筋放松前，其拉力由台座承受，图5-1为台座法生产示意图。采用机组流水法时，构件连同钢模通过固定的机组，按流水方式完成(张拉、锚固、混凝土浇筑和养护)每一生产过程；预应力筋放松前，其拉力由钢模承受。

一、张拉设备与夹具

1. 台座

台座由台面、横梁和承力结构等组成，是先张法生产的主要设备。预应力筋张拉、锚固，混凝土浇筑、振捣和养护及预应力筋放张等全部施工过程都在台座上完成；预应力筋放松前，台座承受全部预应力筋的拉力。因此，台座应有足够的强度、刚度和稳定性，以避免因台座变形、倾覆和滑移而引起预应力的损失。台座一般采用墩式台座和槽式台座。

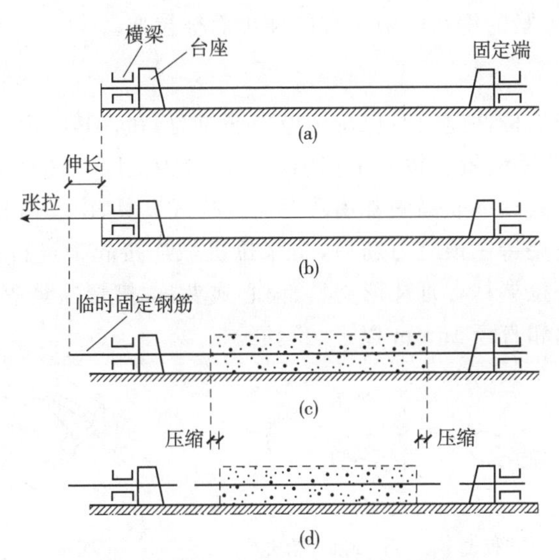

图 5-1　先张法(台座)主要工序示意图

槽式台座由端柱、传力柱、横梁和台面组成,如图 5-2 所示。槽式台座既可承受拉力,又可作蒸汽养护槽,适用于张拉吨位较高的大型构件,如屋架、吊车梁等。槽式台座需进行强度和稳定性计算。端柱和传力柱的强度按钢筋混凝土结构偏心受压构件计算。槽式台座端柱抗倾覆力矩由端柱、横梁自重力矩及部分张拉力矩组成。

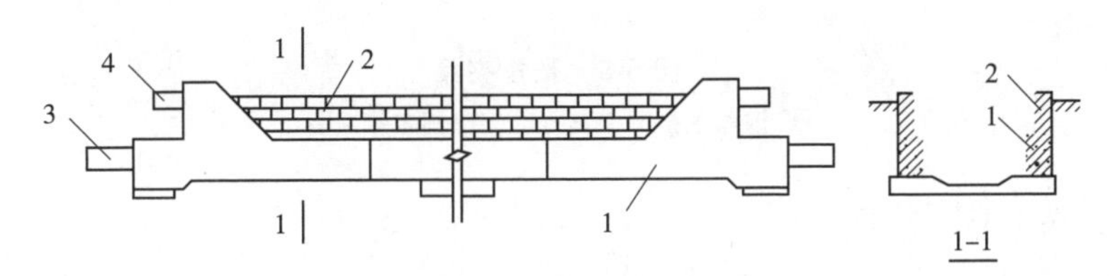

图 5-2　槽式台座

1-混凝土压杆;2-砖墙;3-下横梁;4-上横梁

2. 张拉设备

张拉机具的张拉力应不小于预应力筋张拉力的 1.5 倍;张拉机具的张拉行程不小于预应力筋伸长值的 1.1～1.3 倍。

钢丝张拉分单根张拉和成组张拉。用钢模以机组流水法或传送带法生产构件时,常采用成组钢丝张拉。在台座上生产构件一般采用单根钢丝张拉,可采用电动卷扬机、电动螺杆张拉机进行张拉。

钢筋张拉设备一般采用千斤顶,穿心式千斤顶用于直径 12～20mm 的单根钢筋、钢绞线或钢丝束的张拉。张拉时,高压油泵启动,从后油嘴进油,前油嘴回油，被偏心夹具夹紧的钢筋随液压缸的伸出而被拉伸。

3. 夹具

夹具是先张法构件施工时保持预应力筋拉力，并将其固定在张拉台座（或设备）上的临时性锚固装置。按其工作用途不同分为锚固夹具和张拉夹具。

钢筋锚固夹具。钢筋锚固常用圆套筒三片式夹具，由套筒和夹片组成。

张拉夹具是夹持住预应力筋后，与张拉机械连接起来进行预应力筋张拉的机具。常用的张拉夹具有月牙形夹具、偏心式夹具、楔形夹具等，如图 5-3 所示，适用于张拉钢丝和直径 16mm 以下的钢筋。

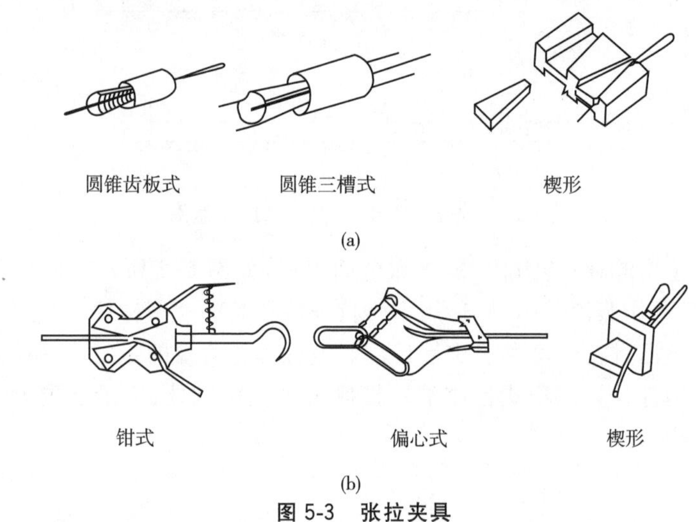

图 5-3　张拉夹具

(a)钢丝张拉端夹具；(b)钢丝固定端夹具

二、先张法施工

先张法施工工艺流程如图 5-4 所示。

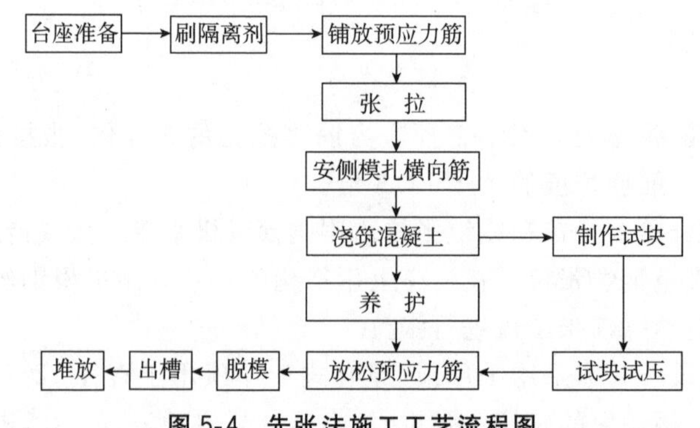

图 5-4　先张法施工工艺流程图

(一)预应力筋的铺设、张拉

1. 预应力筋的铺设

预应力筋铺设前先做好台面的隔离层，应选用非油类模板隔离剂，隔离剂不得使预应力筋受污，以免影响预应力筋与混凝土的黏结。

碳素钢丝强度高、表面光滑、与混凝土黏结力较差，因此必要时可采取表面刻痕和压波措施，以提高钢丝与混凝土的黏结力。

钢丝接长可借助钢丝拼接器，用 20～22 号钢丝密排绑扎，如图 5-5 所示。

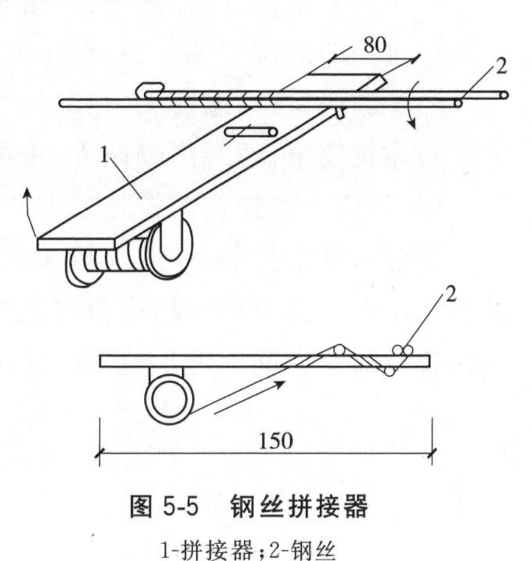

图 5-5　钢丝拼接器

1-拼接器；2-钢丝

2. 预应力筋的张拉

(1)张拉控制应力

张拉控制应力是指在张拉预应力筋时所达到的规定应力，应按设计规定采用。控制应力的数值直接影响预应力的效果。施工中为减少由于钢筋松弛变形造成的预应力损失，通常采用超张拉工艺，超张拉应力比控制应力提高 3%～5%，但其最大张拉控制应力不得超过规定。

(2)张拉程序

张拉程序可按下列之一进行：

$0 \longrightarrow 1.05\sigma con \longrightarrow \sigma con$ 或 $0 \longrightarrow 1.03\sigma con$

1)第一种张拉程序中，超张拉 5%并持荷 2min，其目的是为了在高应力状态下加速预应力松弛早期发展，以减少应力松弛引起的预应力损失。第二种张拉程序中，超张拉 3%，其目的是为了弥补预应力筋的松弛损失，这种张拉程序施工简单，一般多被采用。以上两种张拉程序是等效的，可根据构件类型、预应力筋与锚具种类、张拉方法、施工速度等选用。采用第一种张拉程序时，千斤顶回油至稍低于 σcon，再进油至 σcon，以建立准确的预应力值。

2)第二种张拉程序，超张拉 3%是为了弥补应力松弛引起的损失，根据国家建委建研院“常温下钢筋松弛性能的试验研究”一次张拉 $0 \longrightarrow \sigma con$，比超张拉持荷再回到控制应力 $0 \longrightarrow 1.05\sigma con \longrightarrow \sigma con$，(持荷 2min)应力松弛大 2%～3%，因此，一次张拉到 1.03σcon 后锚固，是同样可以达到减少松弛效果的。且这种张拉程序施工简便，一般应用较广。

(3)预应力筋张拉

预应力筋张拉要点：

1)张拉时应校核预应力筋的伸长值。实际伸长值与设计计算值的偏差不得超过±6%,否则应停拉;

2)从台座中间向两侧进行(防偏心损坏台座);

3)多根成组张拉,初应力应一致(测力计抽查);

4)拉速平稳,锚固松紧一致,设备缓慢放松;

5)拉完的筋位置偏差≯5mm,且≯构件截面短边的4%;

6)冬施张拉时,温度≮−15℃;

7)注意安全:两端严禁站人,敲击楔块不得过猛。

(4)预应力张拉值的校核

预应力筋张拉后,一般应校核预应力筋的伸长值。如实际伸长值与计算伸长值的偏差超过±6%时,应暂停张拉,查明原因并采取措施予以调整后,方可继续张拉。预应力筋的伸长值 ΔL 按式(5-1)计算:

$$\Delta L=\frac{F_{p}\cdot l}{A_{p}\cdot E_{s}} \tag{5-1}$$

式中:F_{p}——预应力筋张拉力;

l——预应力筋长度;

A_{p}——预应力筋截面面积;

E_{s}——预应力筋的弹性模量。

预应力筋的实际伸长值,宜在初应力约为 $10\%\sigma_{con}$ 时开始测量,但必须加上初应力以下的推算伸长值。

预应力筋的位置不允许有过大偏差,对设计位置的偏差不得大于5mm,也不得大于构件截面最短边长的4%。

采用钢丝作为预应力筋时,不做伸长值校核,但应在钢丝锚固后,用钢丝测力计或半导体频率记数测力计测定其钢丝应力。其偏差不得大于或小于按一个构件全部钢丝预应力总值的5%。

多根钢丝同时张拉时,必须事先调整初应力使其相互间的应力一致。断丝和滑脱钢丝的数量不得大于钢丝总数的3%,一束钢丝中只允许断丝一根。构件在浇筑混凝土前发生断丝或滑脱的预应力钢丝必须予以更换。

(二)混凝土浇筑与养护

预应力筋张拉完成后,钢筋绑扎、模板拼装和混凝土浇筑等工作应尽快跟上,混凝土应振捣密实。混凝土浇筑时,振动器不得碰撞预应力筋。混凝土未达到强度前,也不允许碰撞或踩动预应力筋。

混凝土的浇筑应一次完成,不允许留设施工缝。

混凝土的用水量和水泥用量必须严格控制,以减少混凝土由于收缩和徐变而引起的预应力损失。预应力混凝土构件浇筑时必须振捣密实(特别是在构件的端部),以保证预应力筋和混凝土之间的黏结力。预应力混凝土构件混凝土的强度等级一般不低于C30;当采用碳素钢丝、钢绞线、热处理钢筋做预应力筋时,混凝土的强度等级不宜低于C40。

构件应避开台面的温度缝,当不可能避开时,在温度缝上可先铺薄钢板或垫油毡,然后再灌混凝土,浇筑时,振捣器不应碰撞钢筋,混凝土达到一定强度前,不允许碰撞或踩动钢筋。

采用平卧叠浇法制作预应力混凝土构件时,其下层构件混凝土的强度需达到5MPa后,方可浇筑上层构件混凝土并应有隔离措施。

混凝土可采用自然养护或蒸汽养护。但应注意,在台座上用蒸汽养护时,温度升高后,预应力筋膨胀而台座的长度并无变化,因而引起预应力筋应力减小,这就是温差引起的预应力损失。为了减少这种温差应力损失,应保证混凝土在达到一定强度之前,温差不能太大(一般不超过20℃),故在台座上采用蒸汽养护时,其最高允许温度应根据设计要求的允许温差(张拉钢筋时的温度与台座温度的差)经计算确定。当混凝土强度养护至7.5MPa(配粗钢筋)或10MPa(钢丝、钢绞线配筋)以上时,则可不受设计要求的温差限制,按一般构件的蒸汽养护规定进行。这种养护方法又称为二次升温养护法。在采用机组流水法用钢模制作、蒸汽养护时,由于钢模和预应力筋同样伸缩,所以不存在因温差而引起的预应力损失,可以采用一般加热养护制度。

(三)预应力筋放张

1. 放张要求

混凝土强度达到设计强度的75%时方可以放张。放张过程中,应使预应力构件自由伸缩,避免过大的冲击与偏心,同时还应使台座承受的倾覆力矩及偏心力减小。且应保证预应力筋与混凝土之间的黏结。

2. 放张顺序

应力筋放张时,应缓慢放松锚固装置,使各根预应力筋缓慢放松;预应力筋放张顺序应符合设计要求,当设计未规定时,要求承受轴心预应力构件的所有预应力筋应同时放张;承受偏心预压力构件,应先同时放张预压力较小区域的预应力筋,再同时放张预压力较大区域的预应力筋。长线台座生产的钢弦构件,剪断钢丝宜从台座中部开始;叠层生产的预应力构件,宜按自上而下的顺序进行放松;板类构件放松时,从两边逐渐向中心进行。

3. 放张方法

对于中小型预应力混凝土构件,预应力丝的放张宜从生产线中间处开始,以减少回弹量且有利于脱模;对于构件应从外向内对称、交错逐根放张,以免构件扭转、端部开裂或钢丝断裂。放张单根预应力筋,一般采用千斤顶放张,构件预应力筋较多时,整批同时放张可采用砂箱、楔块等放松装置。

第三节 后 张 法

构件或块体制作时,在放置预应力筋的部位预先留有孔道,待混凝土达到规定强度后在孔道内穿入预应力筋,并用张拉机具夹持预应力筋将其张拉至设计规定的控制应力,然后借助锚具将预应力筋锚固在构件端部,最后进行孔道灌浆(亦有不灌浆者),这种施工方法称为后张法。其工艺流程如图 5-6 所示。

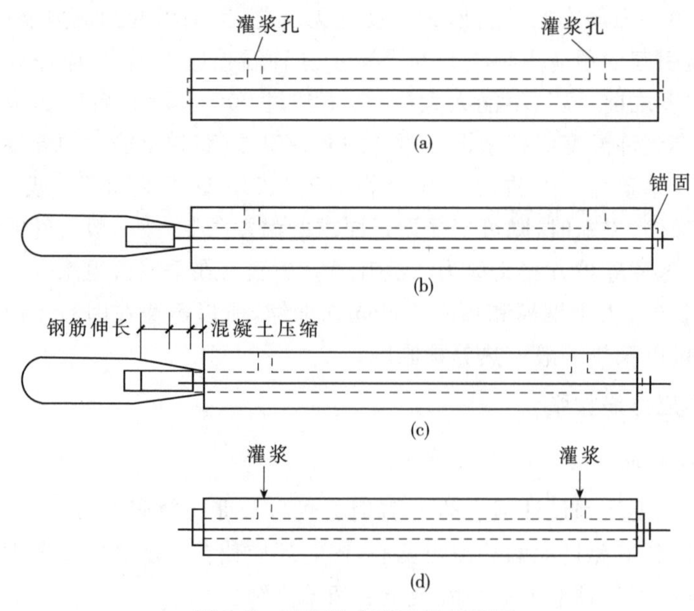

图 5-6 后张法主要工序示意图

一、锚具及张拉设备

1. 锚具

(1)锚具的要求

锚具是预应力筋张拉和永久固定在预应力混凝土构件上的传递预应力的工具。按锚固性能不同,可分为Ⅰ类锚具和Ⅱ类锚具。Ⅰ类锚具适用于承受动载、静载的预应力混凝土结构;Ⅱ类锚具仅适用于有黏结预应力混凝土结构,且锚具只能处于预应力筋应力变化不大的部位。

锚具的静载锚固性能，应由预应力锚具组装件静载试验测定的锚具效率系数和达到实测极限拉力时的总应变 ε_{apu} 确定，其值应符合表 5-1 规定。

表 5-1　锚具效率系数与总应变

锚具类型	锚具效率系数 η_a	实测极限拉力时的总应变 ε_{apu}/(%)
Ⅰ	≥0.95	≥2.0
Ⅱ	≥0.90	≥1.7

锚具效率系数 η_a 按下式计算：

$$\eta_a=\frac{F_{apu}}{\eta_p \cdot F_{apu}^c} \tag{5-2}$$

式中：F_{apu}——预应力筋锚具组装件的实测极限拉力(kN)；

F_{apu}^c——预应力筋锚具组装件中各根预应力钢材计算极限拉力之和(kN)；

η_p——预应力筋的效率系数。

对于重要预应力混凝土结构工程使用的锚具，预应力筋的效率系数 η_p 应按国家现行标准《预应力筋用锚具、夹具和连接器应用技术规程》(JGJ 85—2002)的规定进行计算。

对于一般预应力混凝土结构工程使用的锚具，当预应力筋为钢丝、钢绞线或热处理钢筋时，预应力筋的效率系数 η_p 取 0.97。

除满足上述要求，锚具还应满足下列规定：

①当预应力筋锚具组装件达到实测极限拉力时，除锚具设计允许的现象外，全部零件均不得出现肉眼可见的裂缝或破坏。

②除能满足分级张拉及补张拉工艺外，宜具有能放松预应力筋的性能。

③锚具或其附件上宜设置灌浆孔道，灌浆孔道应有使浆液通畅的截面积。

(2)锚具的种类

后张法所用锚具根据其锚固原理和构造形式不同，分为螺杆锚具、夹片锚具、锥销式锚具和镦头锚具四种体系；在预应力筋张拉过程中，锚具所在位置与作用不同，又可分为张拉端锚具和固定端锚具；预应力筋的种类有热处理钢筋束、消除应力钢筋束或钢绞线束、钢丝束。因此按锚具锚固钢筋或钢丝的数量，可分为单根粗钢筋锚具、钢丝束锚具和钢筋束、钢绞线束锚具。

1)单根粗钢筋锚具

①螺栓端杆锚具

螺栓端杆锚具由螺栓端杆、垫板和螺母组成，适用于锚固直径不大于 36mm 的热处理钢筋，如图 5-7(a)所示。

螺栓端杆可用同类热处理钢筋或热处理 45 号钢制作。制作时，先粗加工至

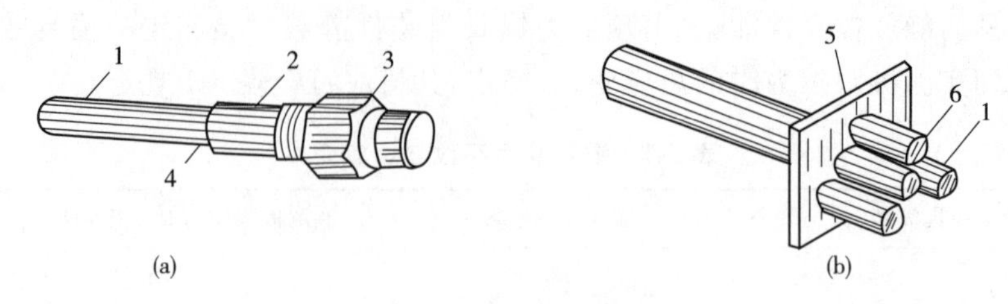

图 5-7　单根筋锚具

(a)螺栓端杆锚具;(b)帮条锚具

1-钢筋;2-螺栓端杆;3-螺母;4-焊接接头;5-衬板;6-帮条

接近设计尺寸,再进行热处理,然后精加工至设计尺寸。热处理后不能有裂纹和伤痕。螺母可用3号钢制作。

螺栓端杆锚具与预应力筋对焊,用张拉设备张拉螺栓端杆,然后用螺母锚固。

②帮条锚具

帮条锚具由一块方形衬板与三根帮条组成,如图5-7(b)所示。衬板采用普通低碳钢板,帮条采用与预应力筋同类型的钢筋。帮条安装时,三根帮条与衬板相接触的截面应在一个垂直平面上,以免受力时产生扭曲。

帮条锚具一般用在单根粗钢筋作预应力筋的固定端。

2)钢筋束、钢绞线束锚具

钢筋束和钢绞线束目前使用的锚具有JM型、KT-Z型、XM型、QM型和镦头锚具等。

①JM型锚具

JM型锚具由锚环与夹片组成,如图5-8所示,夹片呈扇形,靠两侧的半圆槽锚固预应力钢筋。为增加夹片与预应力筋之间的摩擦力,在半圆槽内刻有截面为梯形的齿痕,夹片背面的坡度与锚环一致。锚环分甲型和乙型两种,甲型锚环为一个具有锥形内孔的圆柱体,外形比较简单,使用时直接放置在构件端部的垫板上。乙型锚环在圆柱体外部增添正方形肋板,使用时锚环预埋在构件端部不另设垫板。锚环和夹片均用45号钢制造,甲型锚环和夹片必须经过热处理,乙型锚环可不必进行热处理。

JM型锚具可用于锚固3～6根直径为12mm的光圆或螺纹钢筋束,也可以用于锚固5～6根直径为12mm的钢绞线束。它可以作为张拉端或固定端锚具,也可作重复使用的工具锚。

②KT-Z型锚具

KT-Z型锚具为可锻铸铁锥形锚具,由锚环和锚塞组成。如图5-9所示,分为A型和B型两种,当预应力筋的最大张拉力超过450kN时采用A型,不超过450kN时,采用B型。KT-Z型锚具适用锚固3～6根直径为12mm的钢筋束或钢

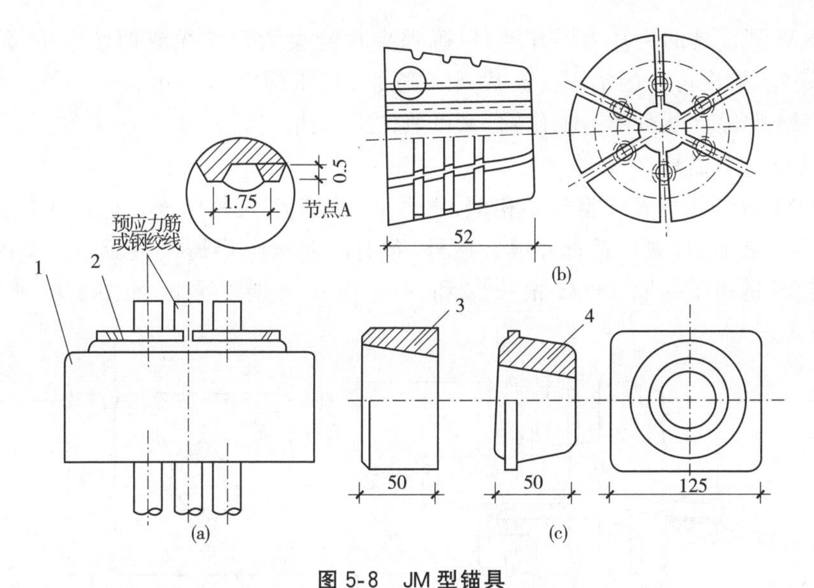

图 5-8　JM 型锚具

(a)JM 型锚具；(b)JM 型锚具的夹片；(c)JM 型锚具的锚环

1-锚环；2-夹片；3-圆锚环；4-方锚环

绞线束。该锚具为半埋式,使用时先将锚环小头嵌入承压钢板中,并用断续焊缝焊牢,然后共同预埋在构件端部。预应力筋的锚固需借千斤顶将锚塞顶入锚环,其顶压力为预应力筋张拉力的 50%～60%。使用 KT-Z 型锚具时,预应力筋在锚环小口处形成弯折,因而产生摩擦损失。预应力筋的损失值为:钢筋束约 $4\%\sigma_{con}$;钢绞线约 $2\%\sigma_{con}$。

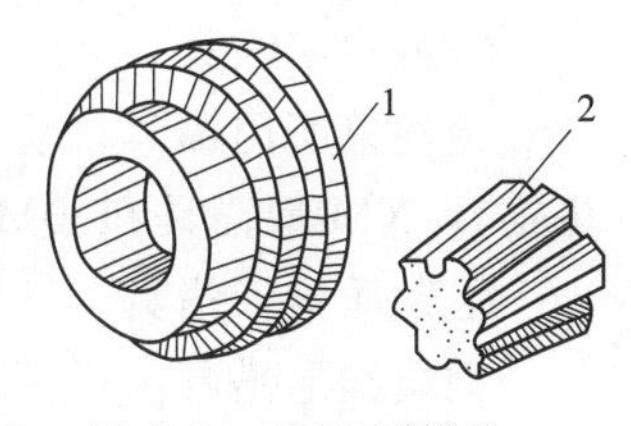

图 5-9　KT-Z 型锚具

1-锚环;2-锚塞

③XM 型锚具

XM 型锚具属新型大吨位群锚体系锚具。它由锚环和夹片组成。三个夹片为一组夹持一根预应力筋形成一个锚固单元。由一个锚固单元组成的锚具称单孔锚具,由两个或两个以上的锚固单元组成的锚具称为多孔锚具,如图 5-10 所示。

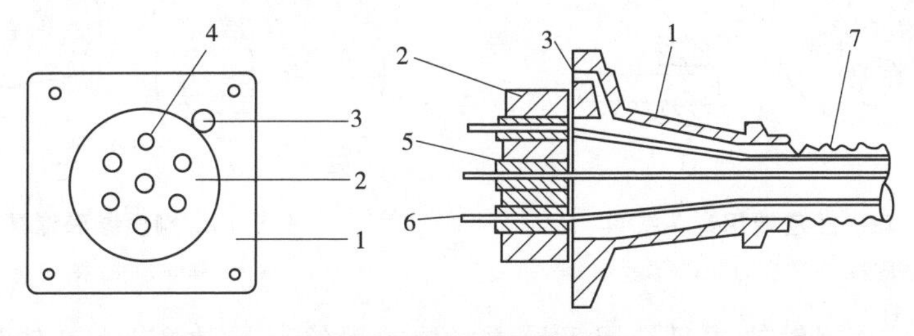

图 5-10　XM 型锚具

1-喇叭管;2-锚环;3-灌浆孔;4-圆锥孔;5-夹片;6-钢绞线;7-波纹管

XM 型锚具的夹片为斜开缝，以确保夹片能夹紧钢绞线或钢丝束中每一根外围钢丝，形成可靠的锚固。夹片开缝宽度一般平均为 1.5mm。

XM 型锚具既可作为工作锚，又可兼作工具锚。

④QM 型锚具

QM 型锚具与 XM 型锚具相似，它也是由锚板和夹片组成。但锚孔是直的，锚板顶面是平的，夹片垂直开缝。此外，备有配套喇叭形铸铁垫板与弹簧圈等。这种锚具适用于锚固 4～31 根 $\varphi^{j}12$ 和 3～9 根 $\varphi^{j}15$ 钢绞线束，如图 5-11 所示。

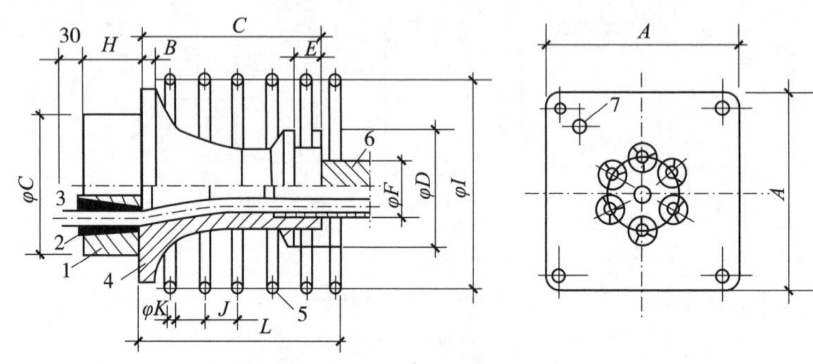

图 5-11　QM 型锚具及配件

1-锚板；2-夹片；3-钢绞线；4-喇叭形铸铁垫板；5-弹簧圈；6-预留孔道用的波纹管；7-灌浆孔

⑤镦头锚具

镦头锚用于固定端，如图 5-12 所示，它由锚固板和带镦头的预应力筋组成。

3)钢丝束锚具

钢丝束所用锚具目前国内常用的有钢质锥形锚具、锥形螺杆锚具、钢丝束镦头锚具、XM 型锚具和 QM 型锚具。

①钢质锥形锚具

钢质锥形锚具由锚环和锚塞组成，如图 5-13 所示。

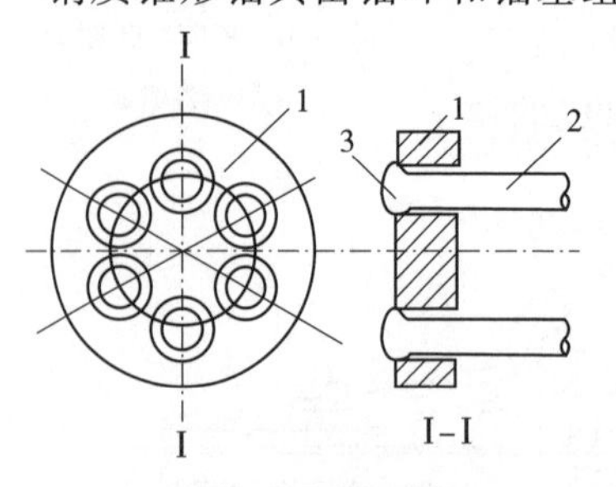

图 5-12　固定端用镦头锚具

1-锚固板；2-预应力筋；3-镦头

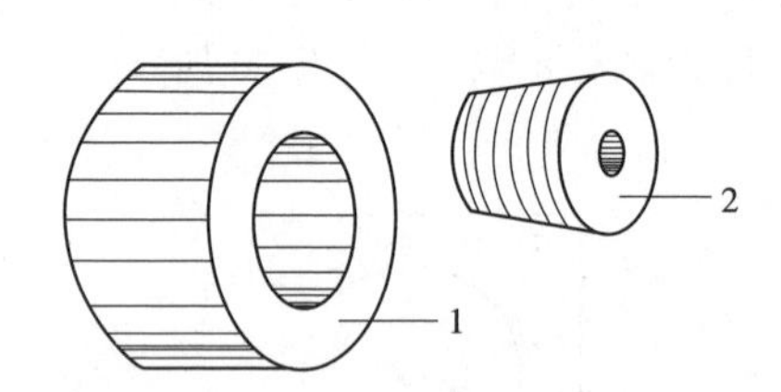

图 5-13　钢质锥形锚具

1-锚环；2-锚塞

用于锚固以锥锚式双作用千斤顶张拉的钢丝束。钢丝分布在锚环锥孔内侧，由锚塞塞紧锚固。锚环内孔的锥度应与锚塞的锥度一致，锚塞上刻有细齿槽，夹紧钢丝防止滑移。

锥形锚具的缺点是当钢丝直径误差较大时，易产生单根滑丝现象，且很难补救。如用加大顶锚力的办法来防止滑丝，又易使钢丝被咬伤。此外，钢丝锚固时呈辐射状态，弯折处受力较大。目前在国外已很少采用。

②锥形螺杆锚具

锥形螺杆锚具适用于锚固14～28根φ^s5组成的钢丝束。由锥形螺杆、套筒、螺母、垫板组成，如图5-14所示。

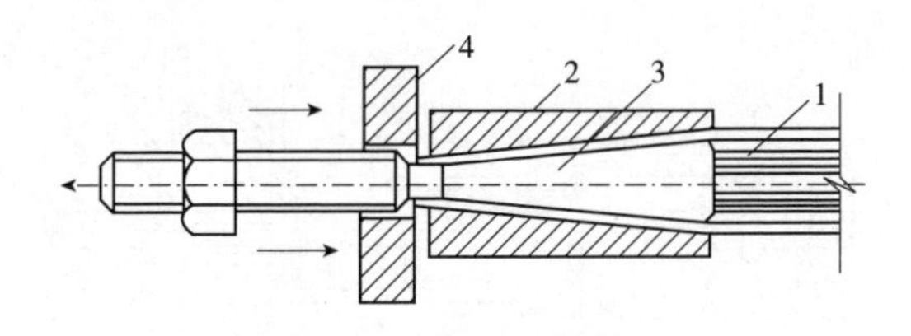

图5-14 锥形螺杆锚具

1-钢丝；2-套筒；3-锥形螺杆；4-垫板

③钢丝束镦头锚具

钢丝束镦头锚具用于锚固12～54根φ^s5碳素钢丝束，分DM5A型和DM5B型两种。A型用于张拉端，由锚环和螺母组成，B型用于固定端，仅有一块锚板，如图5-15所示。

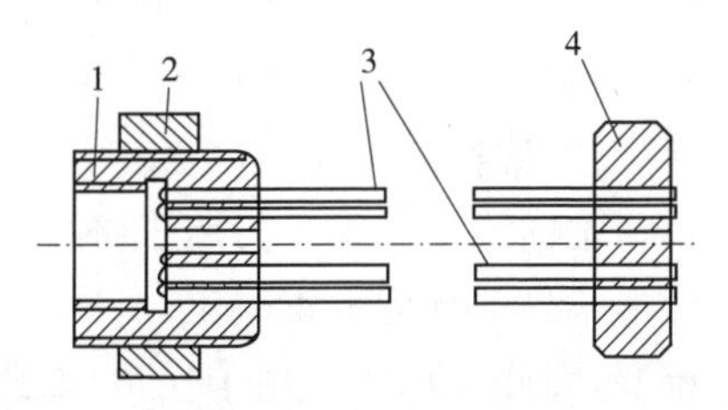

图5-15 钢丝束镦头锚具

1-A型锚环；2-螺母；3-钢丝束；4-锚板

锚环的内外壁均有丝扣，内丝扣用于连接张拉螺杆，外丝扣用拧紧螺母锚固钢丝束。锚环和锚板四周钻孔，以固定镦头的钢丝。孔数和间距由钢丝根数确定。钢丝可用液压冷镦器进行镦头。钢丝束一端可在制束时将头镦好，另一端则待穿束后镦头，但构件孔道端部要设置扩孔。

张拉时，张拉螺丝杆一端与锚环内丝扣连接，另一端与拉杆式千斤顶的拉头连接，当张拉到控制应力时，锚环被拉出，则拧紧锚环外丝扣上的螺母加以锚固。

2. 张拉设备

后张法主要张拉设备有千斤顶和高压油泵。

(1)拉杆式千斤顶(YL型)

拉杆式千斤顶主要用于张拉带有螺丝端杆锚具的粗钢筋，锥形螺杆锚具钢丝束及镦头锚具钢丝束。

拉杆式千斤顶构造如图5-16所示，由主缸1、主缸活塞2、副缸4、副缸活塞

5,连接器 7、顶杆 8 和拉杆 9 等组成。张拉预应力筋时,首先使连接器 7 与预应力筋 11 的螺丝端杆 14 连接,并使顶杆 8 支承在构件端部的预埋钢板 13 上。当高压油泵将油液从主缸油嘴 3 进入主缸时,推动主缸活塞向左移动,带动拉杆 9 和连接在拉杆末端的螺丝端杆,预应力筋即被拉伸,当达到张拉力后,拧紧预应力筋端部的螺母 10,使预应力筋锚固在构件端部。锚固完毕后,改用副油嘴 6 进油,推动副缸活塞和拉杆向右移动,回到开始张拉时的位置,与此同时,主缸 1 的高压油也回到油泵中。

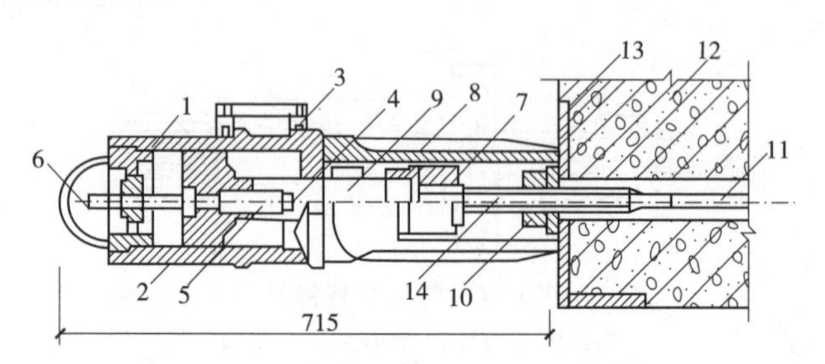

图 5-16　拉伸机构造示意图

1-主缸;2-主缸活塞 3-主缸油嘴;4-副缸;5-副缸活塞;6-副缸油嘴;7-连接器;8-顶杆;9-拉杆;10-螺母;11-预应力筋;12-混凝土构件;13-预埋钢板;14-螺栓端杆

(2)锥锚式千斤顶(YZ 型)

锥锚式千斤顶主要用于张拉 KT-Z 型锚具锚固的钢筋束或钢绞线束和使用锥形锚具的预应力钢丝束。其张拉油缸用以张拉预应力筋,顶压油缸用以顶压锥塞,因此又称双作用千斤顶,如图 5-17 所示。

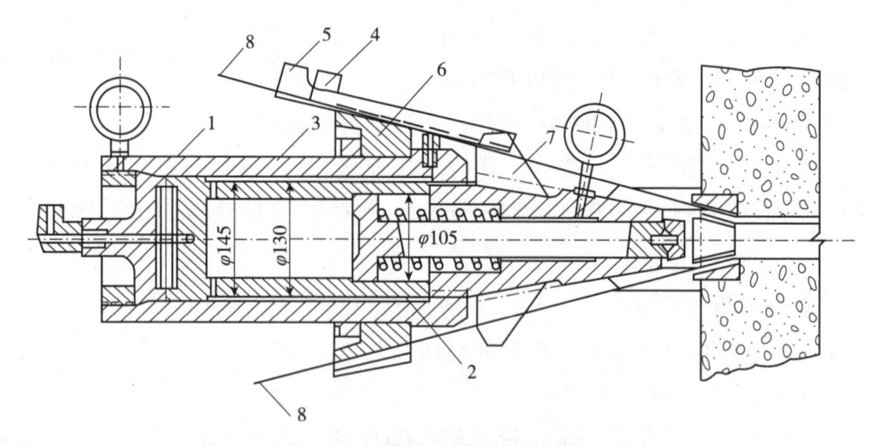

图 5-17　锥锚式千斤顶构造图

1-主缸;2-副缸;3-退楔缸;4-楔块(张拉时位置);5-楔块(退出时位置);6-锥形卡环;7-退楔翼片;8-预应力筋

张拉预应力筋时，主缸进油，主缸被压移，使固定在其上的钢筋被张拉。钢筋张拉后，改由副缸进油，随即由副缸活塞将锚塞顶入锚圈中。主、副缸的回油则是借助设置在主缸和副缸中弹簧作用来进行的。

(3)穿心式千斤顶(YC 型)

穿心式千斤顶适用性很强，它适用于张拉采用 JM12 型、QM 型、XM 型的预应力钢丝束、钢筋束和钢绞线束。配置撑脚和拉杆等附件后，又可作为拉杆式千斤顶使用。在千斤顶前端装上分束顶压器，并在千斤顶与撑套之间用钢管接长后可作为 YZ 型千斤顶使用，张拉钢质锥形锚具，穿心式千斤顶的特点是千斤顶中心有穿通的孔道，以便预应力筋或拉杆穿过后用工具锚临时固定在千斤顶的顶部进行张拉。根据张拉力和构造不同，有 YC60、YC20D、YCD120、YCD200 和无顶压机构的 YCQ 型千斤顶。现以 YC60 型千斤顶为例，说明其工作原理(图 5-18)。

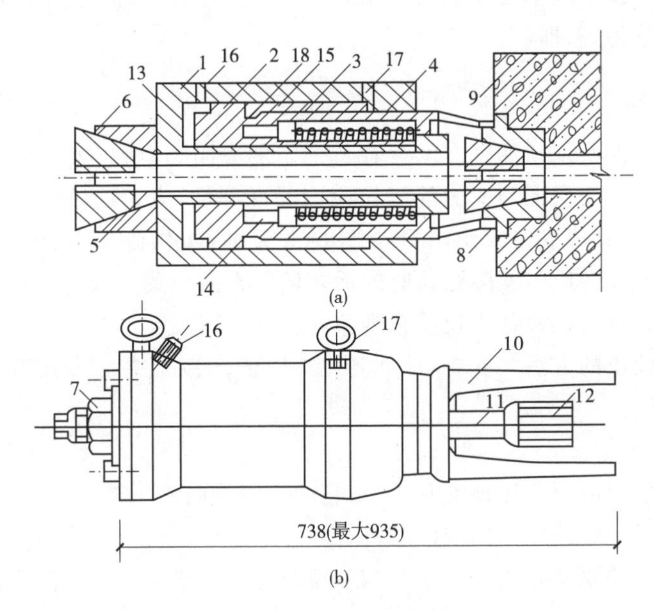

图 5-18 YC-60 型千斤顶

(a)构造与工作原理图；(b)加撑脚后的外貌图

1-张拉油缸；2-顶压油缸(即张拉活塞)；3-顶压活塞；4-弹簧；5-预应力筋；6-工具锚；7-螺母；8-锚环；9-构件；10-撑脚；11-张拉杆；12-连接器；13-张拉工作油室；14-顶压工作油室；15-张拉回程油室；16-张拉缸油嘴；17-顶压缸油嘴；18-油孔

张拉前，先把装好锚具的预应力筋穿入千斤顶的中心孔道，并在张拉油缸 1 的端部用工具锚 6 加以锚固。张拉时，用高压油泵将高压油液由张拉油嘴 16 进入张拉工作油室 13，由于张拉活塞 2 顶在构件 9 上，因而张拉油缸 1 逐渐向左移动，从而开始张拉预应力筋。在张拉过程中，由于张拉油缸 1 向左移动而使张拉回程油室 15 的容积逐渐减小，所以须将顶压缸油嘴 17 开启以便回油。张拉完毕立即进行顶压锚固。顶压锚固时，高压油液由顶压油嘴 17 经油孔 18 进入顶压油室 14，由于顶压油缸 2 顶在构件 9 上，且张拉工作油室 13 中的高压油液尚未回油，因此顶压活塞 3 向左移动顶压 JM12 型锚具的夹片，按规定的顶压力将夹片压入锚环 8 内，将预应力筋锚固。张拉和顶压完成后。开启油嘴 16，同时油嘴 17 继续进油，由于顶压活塞 3 仍顶住夹片，油室 14 的容积不变，进入的高压油液全部进入油室 15，因而张拉油缸 1 逐渐向左移动进行复位，然后油泵停止工作，开启油嘴门，利用弹簧 4 使顶压活塞 3 复位，并使油室 14、15 回油卸荷。

(4)千斤顶的校正

采用千斤顶张拉预应力筋，预应力的大小是通过油压表的读数表达，油压表读数表示千斤顶活塞单位面积的油压力。如张拉力为 N，活塞面积是 F，则油压表的相应读数为 P，即

$$P=\frac{N}{F} \tag{5-3}$$

由于千斤顶活塞与油缸之间存在着一定的摩阻力，所以实际张拉力往往比上式计算的小。为保证预应力筋张拉应力的准确性，应定期校验千斤顶与油压表读数的关系，制成表格或绘制 P 与 N 的关系曲线，供施工中直接查用。校验时千斤顶活塞方向应与实际张拉时的活塞运行方向一致，校验期不应超过半年。如在使用过程中张拉设备出现反常现象，应重新校验。

千斤顶校正的方法主要有：标准测力计校正、压力机校正及用两台千斤顶互相校正等方法。

(5)高压油泵

高压油泵与液压千斤顶配套使用，它的作用是向液压千斤顶各个油缸供油，使其活塞按照一定速度伸出或回缩。

高压油泵按驱动方式分为手动和电动两种。一般采用电动高压油泵。油泵型号有：$ZB_{0.8}/500$、$ZB_{0.6}/630$、$ZB_{4}/500$、$ZB_{10}/500$（分数线上数字表示每分钟的流量，分数线下数字表示工作油压 kg/cm^2）等数种。选用时，应使油泵的额定压力不小于千斤顶的额定压力。

二、预应力筋制作

1. 单根预应力筋制作

单根预应力钢筋一般用热处理钢筋，其制作包括配料、对焊、冷拉等工序。为保证质量，宜采用控制应力的方法进行冷拉；钢筋配料时应根据钢筋的品种测

定冷拉率，如果在一批钢筋中冷拉率变化较大时，应尽可能把冷拉率相近的钢筋对焊在一起进行冷拉，以保证钢筋冷拉力的均匀性。

钢筋对焊接长在钢筋冷拉前进行。钢筋的下料长度由计算确定。

当构件两端均采用螺丝端杆锚具时(图 5-19)，预应力筋下料长度为：

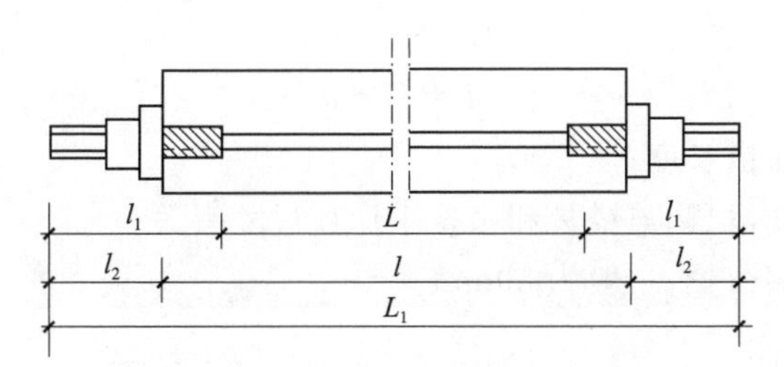

图 5-19　预应力筋下料长度计算图

$$L=\frac{l+2l_2-2l_1}{1+\gamma-\delta}+n\Delta \tag{5-4}$$

当一端采用螺丝端杆锚具，另一端采用帮条锚具或镦头锚具时，预应力筋下料长度为：

$$L=\frac{l+l_2+l_3-l_1}{1+\gamma-\delta}+n\Delta \tag{5-5}$$

式中：l——构件的孔道长度；

l_1——螺丝端杆长度，一般为 320mm；

l_2——螺丝端杆伸出构件外的长度，一般为 120～150mm 或按下式计算：

张拉端：$l_2=2H+h+5\text{mm}$；

锚固端：$l_2=H+h+10\text{mm}$；

l_3——帮条或镦头锚具所需钢筋长度；

γ——预应力筋的冷拉率(由试验定)；

δ——预应力筋的冷拉回弹率一般为 0.4%～0.6%；

n——对焊接头数量；

Δ——每个对焊接头的压缩量，取一个钢筋直径；

H——螺母高度；

h——垫板厚度。

2. 钢筋束及钢绞线束制作

钢筋束由直径为 10mm 的热处理钢筋编束而成，钢绞线束由直径为 12mm 或 15mm 的钢绞线束编束而成。预应力筋的制作一般包括开盘冷拉、下料和编束等工序。每束 3～6 根，一般不需对焊接长，下料是在钢筋冷拉后进行。钢绞线下料前应在切割口两侧各 50mm 处用钢丝绑扎，切割后对切割口应立即焊牢，以免松散。

为了保证构件孔道穿入筋和张拉时不发生扭结，应对预应力筋进行编束。编束时一般把预应力筋理顺后，用18～22号钢丝，每隔1m左右绑扎一道，形成束状。预应力钢筋束或钢绞线束的下料长度L可按下式计算：

一端张拉时：

$$L=l+a+b \tag{5-6}$$

两端张拉时：

$$L=l+2a \tag{5-7}$$

式中：l——构件孔道长度；

a——张拉端留量，与锚具和张拉千斤顶尺寸有关；

b——固定端留量，一般为80mm。

3. 钢丝束制作

钢丝束制作随锚具的不同而异，一般需经调直、下料、编束和安装锚具等工序。

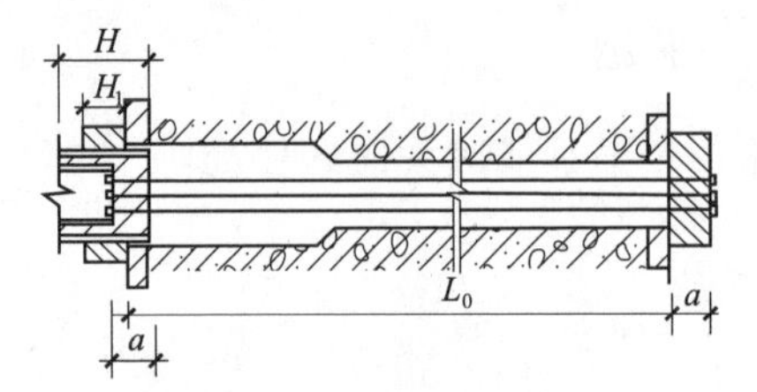

图5-20 用镦头锚具时钢丝下料长度计算简图

当采用XM型锚具、QM型锚具、钢质锥形锚具时，预应力钢丝束的制作和下料长度计算基本与预应力钢筋束、钢绞线束相同。

当采用镦头锚具时，一端张拉，应考虑钢丝束张拉锚固后螺母位于锚环中部，钢丝下料长度L，可按图5-20所示，用下式计算：

$$L=L_0+2a+2b-0.5(H-H_1)-\Delta L-C \tag{5-8}$$

式中：L_0——孔道长度；

a——锚板厚度；

b——钢丝镦头留量，取钢丝直径2倍；

H——锚杯高度；

H_1——螺母高度；

ΔL——张拉时钢丝伸长值；

C——混凝土弹性压缩值（若很小时可略不计）。

为了保证张拉时各钢丝应力均匀，用锥形螺杆锚具和镦头锚具的钢丝束，要求钢丝每根长度要相等。下料长度相对误差要控制在L/5000以内且不大于5mm。因此下料时应在应力状态下切断下料，下料的控制应力为300MPa。

为了保证钢丝不发生扭结，必须进行编束。编束前应对钢丝直径进行测量，直径相对误差不得超过0.1mm，以保证成束钢丝与锚具可靠连接。采用锥形螺杆锚具时，编束工作在平整的场地上把钢丝理顺放平，用22号钢丝将钢丝每隔1m编成帘子状，然后每隔1m放置1个螺旋衬圈，再将编好的钢丝帘绕衬圈围成圆束，用铅丝绑扎牢固，如图 5-21 所示。

当采用镦头锚具时，根据钢丝分圈布置的特点，编束时首先将内圈和外圈钢丝分别用铅丝顺序编扎，然后将内圈钢丝放在外圈钢丝内扎牢。编束好后，先在一端安装锚杯并完成镦头工作，另一端钢丝的镦头，待钢丝束穿过孔道安装上锚板后再进行。

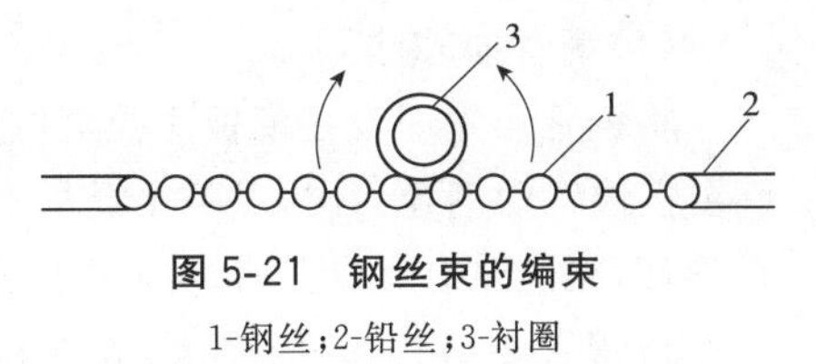

图 5-21 钢丝束的编束

1-钢丝；2-铅丝；3-衬圈

三、后张法施工

后张法施工工艺最关键的是孔道留设、预应力筋张拉和孔道灌浆三部分。施工流程示意图如图 5-22 所示。

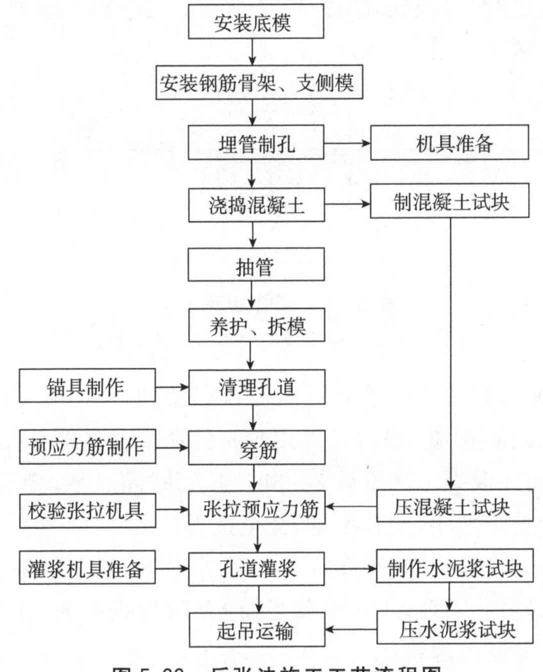

图 5-22 后张法施工工艺流程图

1. 孔道留设

后张法构件中孔道留设一般采用钢管抽芯法、胶管抽芯法、预埋管法。预应力筋的孔道形状有直线、曲线和折线三种。钢管抽芯法只用于直线孔道，胶管抽芯法和预埋管法则适用于直线、曲线和折线孔道。

孔道的留设是后张法构件制作的关键工序之一。所留孔道的尺寸与位置应正确，孔道要平顺，端部的预埋钢板应垂直于孔中心线。孔道直径一般应比预应力筋的接头外径或需穿入孔道锚具外径大 10～15mm，以利于穿入预应力筋。

(1)钢管抽芯法

将钢管预先埋设在模板内孔道位置,在混凝土浇筑和养护过程中,每隔一定时间要慢慢转动钢管一次,以防止混凝土与钢管黏结。在混凝土初凝后、终凝前抽出钢管,即在构件中形成孔道。为保证预留孔道质量,施工中应注意以下几点:

1)钢管要平直,表面光滑,安放位置准确。钢管不直,在转动及拔管时易将混凝土管壁挤裂。钢管预埋前应除锈、刷油,以便抽管。钢管的位置固定一般用钢筋井字架,井字架间距一般为 1～2m 左右。在灌筑混凝土时,应防止振动器直接接触钢管,以免产生位移。

2)钢管每根长度最好不超过 15m,以便旋转和抽管。钢管两端应各伸出构件 500mm 左右。若需较长构件可用两根钢管连接,两根钢管接头处可用 0.5mm厚铁皮做成的套管连接,如图 5-23 所示。套管内表面要与钢管外表面紧密结合,以防漏浆堵塞孔道。

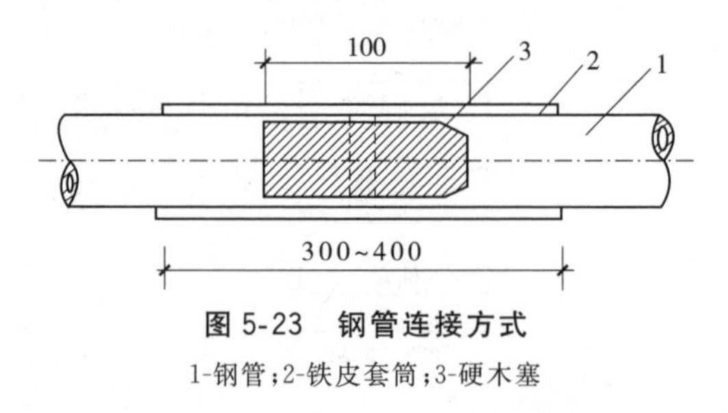

图 5-23　钢管连接方式

1-钢管;2-铁皮套筒;3-硬木塞

3)恰当地掌握抽管时间。抽管时间与水泥品种、气温和养护条件有关。抽管宜在混凝土终凝前、初凝后进行,以用手指按压混凝土表面不显指纹时为宜。常温下抽管时间约在混凝土浇筑后 3～6h。抽管时间过早,会造成坍孔事故;太晚,混凝土与钢管黏结牢固,抽管困难,甚至抽不出来。

4)抽管顺序和方法。抽管顺序宜先上后下进行。抽管时速度要均匀。边抽边转,并与孔道保持在一直线上。抽管后,应及时检查孔道,并做好孔道清理工作,以免增加以后穿筋的困难。

5)灌浆孔和排气孔的留设。由于孔道灌浆需要,每个构件与孔道垂直的方向应留设若干个灌浆孔和排气孔,孔距一般不大于 12m,孔径为 20mm,可用木塞或白铁皮管成孔。

(2)胶管抽芯法

留设孔道用的胶管一般有五层或七层夹布管和供预应力混凝土专用的钢丝网橡皮管两种。前者必须在管内充气或充水后才能使用。后者质硬,且有一定弹性,预留孔道时与钢管一样使用。下面介绍常用的夹布胶管留设孔道的方法。

胶管采用钢筋井字架固定,间距不宜大于 0.5m,并与钢筋骨架绑扎牢。然后充水(或充气)加压到 0.5～0.8N/mm²,此时胶管直径可增大约 3mm。待混凝土初凝后,放出压缩空气或压力水,胶管直径变小并与混凝土脱离,以便于抽出,形成孔道。为了保证留设孔道质量,使用时应注意以下几个问题:

1)胶管必须有良好的密封装置,勿漏水、漏气。密封的方法是将胶管一端外表面削去 1～3 层胶皮及帆布,然后将外表面带有粗丝扣的钢管(钢管一端用铁板密封焊牢)插入胶管端头孔内,再用 20 号铅丝与胶管外表面密缠牢固,铅丝头用锡焊牢。胶管另一端接上阀门,其方法与密封端基本相同。

2)胶管接头处理,图 5-24 所示为胶管接头方法。图中 1mm 厚钢管用无缝钢管加工而成。其内径等于或略小于胶管外径,以便于打入硬木塞后起到密封作用。铁皮套管与胶管外径相等或稍大(在 0.5mm 左右),以防止在振捣混凝土时胶管受振外移。

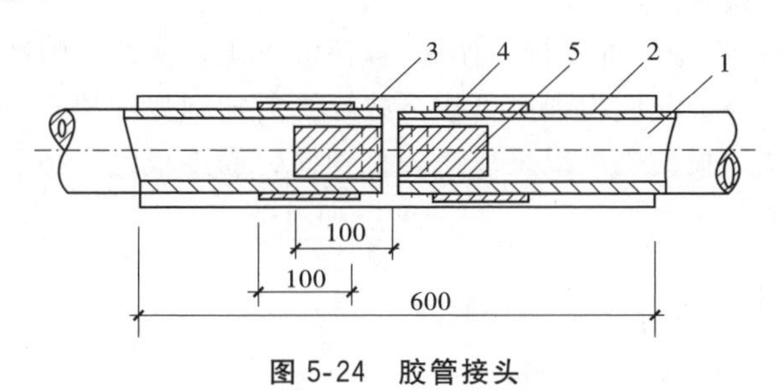

图 5-24　胶管接头

1-胶管;2-白铁皮套筒;3-钉子;4-厚 1mm 的钢管;5-硬木塞

3)抽管时间和顺序。抽管时间比钢管略迟。一般可参照气温和浇筑后的小时数的乘积达 200℃·h 左右。抽管顺序一般为先上后下,先曲后直。

(3)预埋管法

预埋管法是利用与孔道直径相同的金属波纹管埋在构件中,无需抽出,一般采用黑铁皮管、薄钢管或镀锌双波纹金属软管制作。预埋管法因省去抽管工序,且孔道留设的位置,形状也易保证,故目前应用较为普遍。金属波纹管重量轻、刚度好、弯折方便且与混凝土黏结好。金属波纹管每根长 4～6m,也可根据需要,现场制作,其长度不限。波纹管在 1kN 径向力作用下不变形,使用前应作灌水试验,检查有无渗漏现象。

波纹管的固定,采用钢筋井字架,间距不宜大于 0.8m,曲线孔道时应加密,并用镀锌钢丝绑扎牢。波纹管的连接,可采用大一号同型波纹管,接头管长度应大于 200mm,用密封胶带或塑料热塑管封口。

2. 预应力筋张拉

(1)张拉控制应力

张拉控制应力越高,建立的预应力值就越大,构件抗裂性越好。但是张拉控制应力过高，构件使用过程经常处于高应力状态，构件出现裂缝的荷载与破坏荷载很接近，往往构件破坏前没有明显预兆，而且当控制应力过高，构件混凝土预压应力过大而导致混凝土的徐变应力损失增加。因此控制应力应符合设计规定。在施工中预应力筋需要超张拉时，可比设计要求提高 5%，但其最大张拉控制应力不得超过表 5-2 的规定。

为了减少预应力筋的松弛损失，预应力筋的张拉程序可为

$$0 \longrightarrow 1.05\sigma_{con} \xrightarrow{\text{持荷 2min}} \sigma_{con}\text{；或 } 0 \longrightarrow 1.03\sigma_{con}$$

(2)张拉顺序

张拉顺序应使构件不扭转与侧弯，不产生过大偏心力，预应力筋一般应对称张拉。对配有多根预应力筋构件，不可能同时张拉时，应分批、分阶段对称张拉，张拉顺序应符合设计要求。

分批张拉时，由于后批张拉的作用力，使混凝土再次产生弹性压缩导致先批预应力筋应力下降。此应力损失可按下式计算后加到先批预应力筋的张拉应力中去。分批张拉的损失也可以采取对先批预应力筋逐根复位补足的办法处理。

$$\Delta\sigma = \frac{E_s(\sigma_{con} - \sigma_1)A_p}{E_c A_c} \tag{5-9}$$

式中：$\Delta\sigma$——先批张拉钢筋应增加的应力；

E_s——预应力筋弹性模量；

σ_{con}——控制应力；

σ_1——后批张拉预应力筋的第一批预应力损失(包括锚具变形后和摩擦损失)；

E_c——混凝土弹性模量；

A_p——后批张拉的预应力筋面积；

A_c——构件混凝土净截面积(包括构造钢筋折算面积)。

(3)叠层构件的张拉

对叠浇生产的预应力混凝土构件，上层构件产生的水平摩阻力会阻止下层构件预应力筋张拉时混凝土弹性压缩的自由变形，当上层构件吊起后，由于摩阻力影响消失，将增加混凝土弹性压缩变形，因而引起预应力损失。该损失值与构件形式、隔离层和张拉方式有关。为了减少和弥补该项预应力损失，可自上而下逐层加大张拉力，底层张拉力不宜比顶层张拉力大 5%(钢丝、钢绞线、热处理钢筋)且不得超过表 5-2 规定。

为了使逐层加大的张拉力符合实际情况，最好在正式张拉前对某叠层第一、二层构件的张拉压缩量进行实测，然后按式(5-10)计算各层应增加的张拉力。

$$\Delta N = (n-1)\frac{\Delta_1 - \Delta_2}{L}E_s A_p \tag{5-10}$$

式中：ΔN——层间摩阻力；

n——构件所在层数(自上而下计)；

Δ_1——第一层构件张拉压缩值；

Δ_2——第二层构件张拉压缩值；

L——构件长度；

E_s——预应力筋弹性模量；

A_p——预应力筋截面面积。

此外，为了减少叠层摩阻应力损失，应进一步改善隔离层的性能，并应限制重叠层数，一般以3～4层为宜。

表5-2　最大张拉控制应力值

钢　种	张拉方法	
	先张法	后张法
消除应力钢丝、钢绞线	$0.8f_{ptk}$	$0.8f_{ptk}$
热处理钢筋	$0.75f_{ptk}$	$0.70f_{ptk}$

注：f_{ptk}为预应力筋极限抗拉强度标准值。

(4)张拉端的设置

为了减少预应力筋与预留孔壁摩擦引起的预应力损失，对于抽芯成形孔道，曲线预应力筋和长度大于24m的直线预应力筋，应在两端张拉；对长度不大于24m的直线预应力筋，可在一端张拉；预埋波纹管孔道，对于曲线预应力筋和长度大于30m的直线预应力筋，宜在两端张拉；对于长度小于30m的直线预应力筋可在一端张拉。当同一截面中有多根一端张拉的预应力筋时，张拉端宜分别设在构件的两端，以免构件受力不均匀。

(5)预应力值的校核和伸长值的测定

为了了解预应力值建立的可靠性，需对预应力筋的应力及损失进行检验和测定，以便使张拉时补足和调整预应力值。检验应力损失最方便的办法是，在预应力筋张拉24h后孔道灌浆前重拉一次，测读前后两次应力值之差，即为钢筋预应力损失(并非应力损失全部，但已完成很大部分)。预应力筋张拉锚固后，实际预应力值与工程设计规定检验值的相对允许偏差为±5%。

在测定预应力筋伸长值时，须先建立$10\%\sigma_{con}$的初应力，预应力筋的伸长值，也应从建立初应力后开始测量，但须加上初应力的推算伸长值，推算伸长值可根据预应力弹性变形呈直线变化的规律求得。例如某筋应力自$0.2\sigma_{con}$增至$0.3\sigma_{con}$时，其变形为4mm，即应力每增加$0.1\sigma con$变形增加4mm，故该筋初应力$10\%\sigma_{con}$时的伸长值为4mm。对后张法还应扣除混凝土构件在张拉过程中的弹性压缩值。预应力筋在张拉时,通过伸长值的校核,可以综合反映出张拉应力是否满足,孔道摩阻损失是否偏大,以及预应力筋是否有异常现象等。如实际伸长值与计算伸长值的偏差超过±6%时,应暂停张拉,分析原因后采取措施。

3. **孔道灌浆**

预应力筋张拉完毕后,应进行孔道灌浆。灌浆的目的是为了防止钢筋锈蚀,增加结构的整体性和耐久性,提高结构抗裂性和承载力。

灌浆用的水泥浆应有足够强度和黏结力,且应有较好的流动性,较小的干缩性和泌水性,水灰比控制在0.4~0.45,搅拌后3h泌水率宜控制在2%,最大不得超过3%,对孔隙较大的孔道,可采用砂浆灌浆。

为了增加孔道灌浆的密实性,在水泥浆或砂浆内可掺入对预应力筋无腐蚀作用的外加剂,如掺入占水泥重量0.25%的木质素磺酸钙或掺入占水泥重量0.05%的铝粉。

灌浆用的水泥浆或砂浆应过筛,并在灌浆过程中不断搅拌,以免沉淀析水。灌浆前,用压力水冲洗和湿润孔道。用电动或手动灰浆泵进行灌浆。灌浆工作应连续进行,不得中断,并应防止空气压入孔道而影响灌浆质量。灌浆压力以0.5~0.6MPa为宜。灌浆顺序应先下后上,以避免上层孔道漏浆时把下层孔道堵塞。

当灰浆强度达到15N/mm^{2}时,方能移动构件,灰浆强度达到100%设计强度时,才允许吊装。

第四节　无黏结预应力混凝土施工

无黏结预应力是指在预应力构件中的预应力筋与混凝土没有黏结力,预应力筋张拉力完全靠构件两端的锚具传递给构件。具体做法是预应力筋表面刷涂料并包塑料布(管)后,将其铺设在支好的构件模板内,并浇筑混凝土,待混凝土达到规定强度后进行张拉锚固。它属于后张法施工。

无黏结预应力具有不需要预留孔道、穿筋、灌浆等复杂工序,施工程序简单,加快了施工速度。同时摩擦力小,且易弯成多跨曲线型,特别适用于大跨度的单、双向连续多跨曲线配筋梁板结构和屋盖。

一、无黏结预应力筋制作

(一)无黏结预应力筋的组成

无黏结预应力筋由无黏结筋、涂料层和外包层三部分组成,如图5-25所示。

用于制作无黏结预应力筋的钢绞线或碳素钢丝,其性能应符合现行国家标准

《预应力混凝土用钢绞线》GB/T 5224 和《预应力混凝土用钢丝》GB/T 5223 的规定。常用的钢绞线和碳素钢丝无黏结筋宜采用柔性较好的预应力筋制作，选用 7ϕ4 或 7ϕ5 钢绞线。无黏结预应力筋用的钢绞线和钢丝不应有死弯，当有死弯时必须切断。无黏结预应力筋中的每根钢丝应是通长的，严禁有接头。

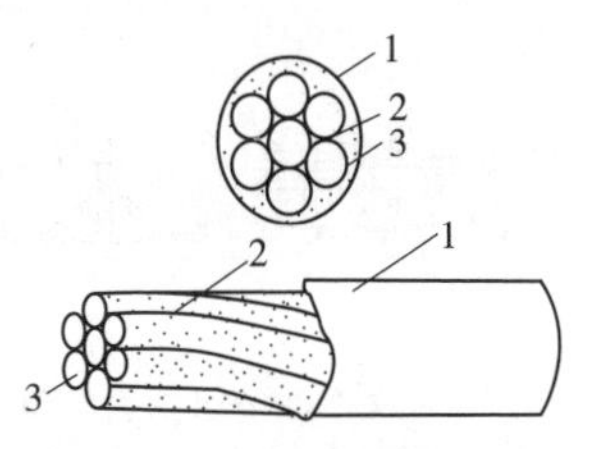

图 5-25　无黏结预应力筋

1-塑料外包层；2-防腐润滑脂；3-钢绞线（或碳素钢丝束）

无黏结筋的涂料层可采用防腐油脂或防腐沥青制作。涂料层的作用是使无黏结筋与混凝土隔离，减少张拉时的摩擦损失，防止无黏结筋腐蚀等。因此，要求涂料性能符合下列要求：①在（－20～＋70）℃温度范围内，不流淌、不裂缝、不变脆并有一定韧性；②使用期内化学稳定性高；③润滑性能好，摩擦阻力小；④不透水、不吸湿；⑤防腐性能好。

无黏结筋的外包层可用高压聚乙烯塑料带或塑料管制作。外包层的作用是使无黏结筋在运输、储存、铺设和浇筑混凝土等过程中不会发生不可修复的破坏，因此要求外包层应符合下列要求：①在（－20～＋70）℃温度范围内，低温不脆化，高温化学稳定性好；②必须具有足够的韧性，抗破损性强；③对周围材料无侵蚀作用；④防水性强。

（二）无黏结预应力筋的锚具

无黏结预应力构件中，预应力筋的张拉力主要是靠锚具传递给混凝土的。因此，无黏结预应力筋的锚具不仅受力比有黏结预应力筋的锚具大，而且承受的是重复荷载。无黏结筋的锚具性能应符合Ⅰ类锚具的规定。

预应力筋为高强钢丝时，主要是采用镦头锚具。预应力筋为钢绞线时，可采用 XM 型锚具和 QM 型锚具，XM 型和 QM 型锚具可夹持多根 ϕ15 或 ϕ12 钢绞线，或 7mm×5mm、7mm×4mm 平行钢丝束，以适应不同的结构要求。

（三）成型工艺

1. 涂包成型工艺

涂包成型工艺可以采用手工操作完成内涂刷防腐沥青或防腐油脂，外包塑料布。也可以在缠纸机上连续作业，完成编束、涂油、镦头、缠塑料布和切断等工序。缠纸机的工作示意图如图 5-26 所示。

无黏结预应力筋制作时，钢丝放在放线盘上，穿过梳子板汇成钢丝束，通过油枪均匀涂油后穿入锚环用冷镦机冷镦锚头，带有锚环的成束钢丝用牵引机向前牵引，同时开动装有塑料条的缠纸转盘，钢丝束一边前进一边进行缠绕塑料布条工作。当钢丝束达到需要长度后，进行切割，成为一完整的无黏结预应力筋。

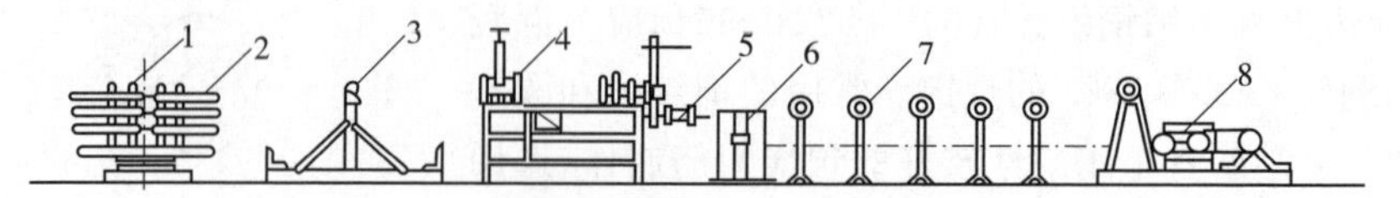

图 5-26　无黏结预应力筋缠纸工艺流程图

1-放线盘；2-盘圆钢丝；3-梳子板；4-油枪；5-塑料布卷；6-切断机；7-滚道台；8-牵引装置

2. 挤压涂塑工艺

挤压涂塑工艺主要是钢丝通过涂油装置涂油，涂油钢丝束通过塑料挤压机涂刷聚乙烯或聚丙烯塑料薄膜，再经冷却筒模成型塑料套管。此法涂包质量好，生产效率高，适用于大规模生产的单根钢绞线和 7 根钢丝束。挤压涂塑流水工艺如图 5-27 所示。

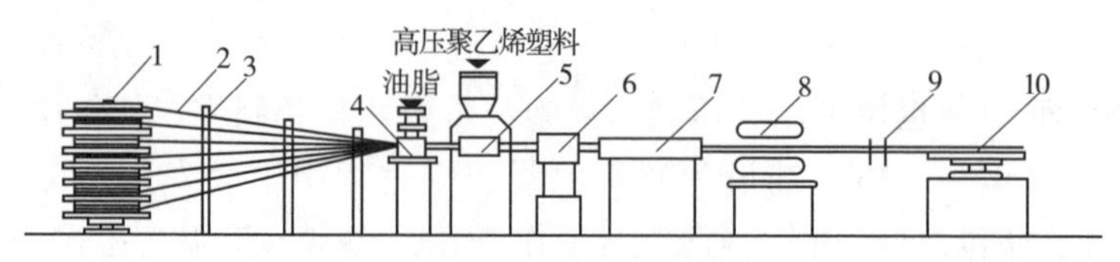

图 5-27　挤压涂塑工艺流水线图

1-放线盘；2-钢丝；3-梳子板；4-给油装置；5-塑料挤压机机头；
6-风冷装置；7-水冷装置；8-牵引机；9-定位支架；10-收线盘

二、无黏结预应力施工工艺

(一)预应力筋铺设

(1)无黏结预应力筋送到现场后，应及时检查其规格尺寸和数量，逐根检查其端部配件无误后，方可分类堆放。对局部破损的外包层，可用水密性胶带进行缠绕修补，胶带搭接宽度不应小于胶带宽度的 1/2，缠绕长度应超过破损长度，严重破损的应予以报废。

(2)张拉端端部模板预留孔应按施工图中规定的无黏结预应力筋的位置编号和钻孔。

(3)张拉端的承压板应用钉子或螺栓固定在端部模板上，且应保持张拉作用线与承压板面相垂直。

(4)无黏结预应力筋应按设计图纸的规定进行铺放，铺放时应符合下列要求。

①无黏结预应力筋允许采用与普通钢筋相同的绑扎方法，铺放前应通过计算确定无黏结预应力筋的位置，其垂直高度宜采用支撑钢筋控制，亦可与其他钢筋绑扎，支撑钢筋应符合以下要求：对于 2～4 根无黏结预应力筋组成的集束预应力筋，支撑钢筋的直径不宜小于 10mm，间距不宜大于 1.0m；对于 5 根或更多

无黏结预应力筋组成的集束预应力筋，其直径不宜小于 12mm，间距不宜大于 1.2m；用于支撑平板中单根无黏结预应力筋的支撑钢筋，间距不宜大于 2.0m；支撑钢筋应采用Ⅰ级钢筋。无黏结预应力筋位置的垂直偏差，在板内为±5mm，在梁内为±10mm。

②无黏结预应力筋的位置宜保持顺直。

③铺放双向配置的无黏结预应力筋时，应对每个纵横筋交叉点相应的两个标高进行比较，对各交叉点标高较低的无黏结预应力筋应先进行铺放，标高较高的次之，宜避免两个方向的无黏结预应力筋相互穿插铺放。

④敷设的各种管线不应将无黏结预应力筋的垂直位置抬高或压低。

⑤当集束配置多根无黏结预应力筋时，应保持平行走向，防止相互扭绞。

⑥无黏结预应力筋采取竖向、环向或螺旋形铺放时，应有定位支架或其他构造措施控制位置。

⑦在板内无黏结预应力筋可分两侧绕过开洞处铺放。无黏结预应力筋距洞口不宜小于 150mm，水平偏移的曲率半径不宜小于 6.5m，洞口边应配置构造钢筋加强。

(5)张拉端和固定端的安装，应符合下列规定：

①镦头锚具系统张拉端的安装：先将塑料保护套插入承压板孔内，通过计算确定锚杯的预埋位置，并用定位螺杆将其固定在端部模板上。定位螺杆拧入锚杯内必须顶紧各钢丝镦头，并应根据定位螺杆露在模板外的尺寸确定锚杯预埋位置，如图 5-28 所示。

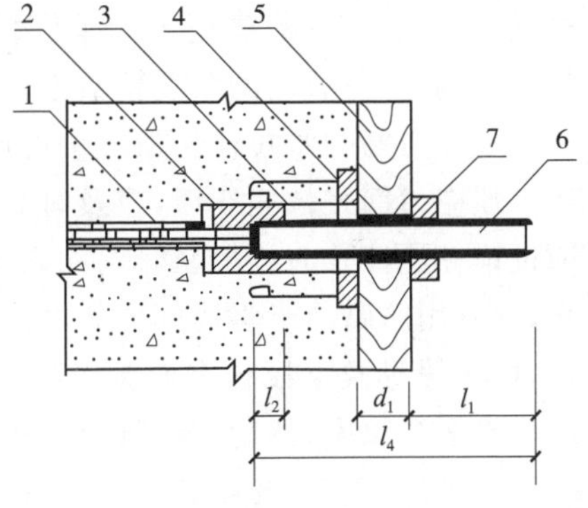

图 5-28　镦头锚具系统张拉端安装示意图

1-无黏结预应力钢丝束；2-镦头锚杯；3-塑料保护套；4-承压板；5-模板；6-定位螺杆；7-螺母

②镦头锚具系统固定端的安装：按设计要求的位置将固定端锚板绑扎牢固，钢丝镦头必须与锚板贴紧，严禁锚板相互重叠放置。

③夹片锚具系统张拉端的安装：无黏结预应力筋的外露长度应根据张拉机具所需的长度确定。无黏结预应力曲线筋或折线筋末端的切线应与承压板相垂直，曲线段的起始点至张拉锚固点应有不小于 300mm 的直线段。在安装带有穴模或其他预先埋入混凝土中的张拉端锚具时，各部件之间不应有缝隙。

④夹片锚具系统固定端的安装：将组装好的固定端按设计要求的位置绑扎牢固。

⑤张拉端和固定端均必须按设计要求配置螺旋筋，螺旋筋应紧靠承压板或锚杯，并固定可靠。

(二)预应力筋的张拉

预应力筋张拉时，混凝土强度应符合设计要求，当设计无要求时，混凝土的强度应达到设计强度的75%方可开始张拉。

张拉程序一般采用0～1.04σcon减少无黏结预应力筋的松弛损失。张拉顺序应根据预应力筋的铺设顺序进行，先铺设的先张拉，后铺设的后张拉。

当预应力筋的长度小于25m时，宜采用一端张拉；若长度大于25m时，宜采用两端张拉；长度超过50m时，宜采取分段张拉。

预应力平板结构中，预应力筋往往很长，如何减少其摩阻损失值是一个重要的问题。

影响摩阻损失值的主要因素是润滑介质、外包层和预应力筋截面形式。其中润滑介质和外包层的摩阻损失值，对一定的预应力束而言是个定值，相对稳定。而截面形式则影响较大，不同截面形式其离散性不同，但如能保证截面形状在全长内一致，则其摩阻损失值就能在很小范围内波动。否则，因局部阻塞就可能导致其损失值无法测定。摩阻损失值，可用标准测力计或传感器等测力装置进行测定。施工时，为降低摩阻损失值，宜采用多次重复张拉工艺。成束无黏结筋正式张拉前，一般先用千斤顶往复抽动1～2次。张拉过程中，严防钢丝被拉断，要控制同一截面的断裂根数不得大于2%。

预应力筋的张拉伸长值应按设计要求进行控制。

预应力筋张拉完毕后，应及时对锚固区进行保护。对镦头锚具，应先用油枪通过锚杯注油孔向连接套管内注入足量防腐油脂，以油脂从另一注油孔溢出为止，然后用防腐油脂将锚杯内充填密实，并用塑料或金属帽盖严，如图5-29(a)所示，再在锚具及承压板表面涂以防水涂料；对夹片锚具，可先切除外露无黏结顶应力筋多余长度，然后在锚具及承压板表面涂以防水涂料，如图5-29(b)所示。

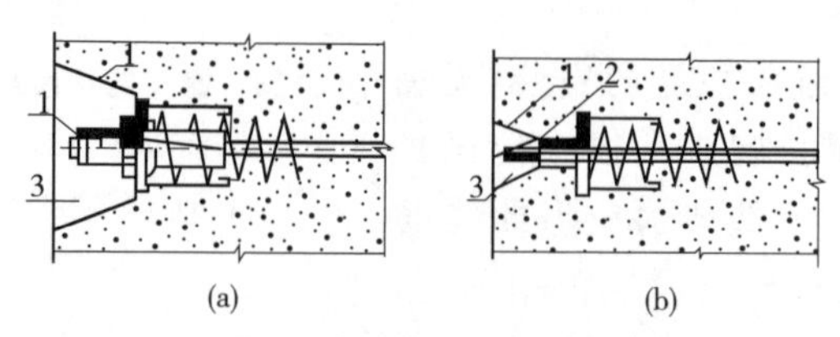

图5-29 锚固区保护措施

(a)镦头锚具的保护；(b)夹片锚具的保护

1-涂黏合剂；2-涂防水涂料；3-后浇混凝土；4-塑料或金属帽

进行处理后的无黏结预应力筋锚固区，应用后浇膨胀混凝土或低收缩防水砂浆或环氧砂浆密封。在浇筑砂浆前,宜在槽口内壁涂以环氧树脂类黏合剂。锚固区也可用后浇的外包钢筋混凝土圈梁进行封闭,外包圈梁不宜突出在外墙面以外。

对不能使用混凝土或砂浆包裹层的部位,应对无黏结预应力筋的锚具全部涂以与无黏结预应力筋涂料层相同的防腐油脂,并用具有可靠防腐和防火性能的保护套将锚具全部密闭。

(三)无黏结预应力混凝土浇筑

无黏结预应力混凝土结构的混凝土强度等级,对于板不应低于C30,对于梁及其他构件不宜低于C40。浇筑混凝土时,除按有关规范的规定执行外,还应遵守下列规定。

(1)无黏结预应力筋铺放安装完毕后,应进行隐蔽工程验收,当确认合格后方能浇筑混凝土。

(2)混凝土浇筑时,严禁踏压撞碰无黏结预应力筋支撑架以及端部预埋部件。

(3)张拉端、固定端混凝土必须振捣密实。

第六章　结构安装工程

在现场或工厂预制的结构构件或构件组合，用起重机械在施工现场把它们吊起并安装在设计位置上，这样形成的结构叫装配式结构。结构安装工程就是有效地完成装配式结构构件的安装任务。

结构安装工程是装配结构工程施工的主导工种工程，其施工特点如下：

①受预制构件的类型和质量影响大。预制构件的外形尺寸、埋件位置是否正确、强度是否达到要求以及预制构件类型的多少，都直接影响安装进度和工程质量。

②正确选用起重机具是完成安装任务的主导因素。构件的吊装方法，取决于所采用的起重机械。

③构件所处的应力状态变化多。构件在运输和吊装时，因吊点或支承点使用不同，其应力状态也会不一致，甚至完全相反，必要时应对构件进行吊装验算，并采取相应措施。

④高空作业多，容易发生事故，必须加强安全教育，并采取可靠措施。

第一节　索具设备

一、钢丝绳

1. 构造与种类

(1)钢丝绳的构造

在结构吊装中常用的钢丝绳是由 6 股钢丝和 1 股绳芯(一般为麻芯)捻成的。每股又由多根直径为 0.4 ～ 4.0mm，强度为 1400MPa、1550MPa、1700MPa、1850MPa，2000MPa 的高强钢丝捻成(见图 6-1)。

图 6-1　普通钢丝绳截面

(2)钢丝绳的种类

钢丝绳的种类很多，按其捻制方法分为右交互捻、左交互捻、右同向捻、左同向捻四种，如图 6-2 所示。

1)顺捻绳：每股钢丝的搓捻方向与钢丝股的搓捻

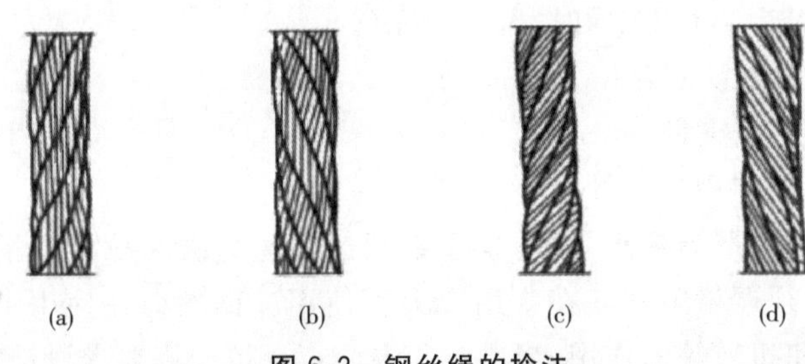

图 6-2　钢丝绳的捻法

(a)右交互捻(股向右捻,丝向左抢);(b)左交互捻(股向左捻,丝向右捻);
(c)右同向捻(股和丝均向右捻);(d)左同向捻(股和丝均向左捻)

方向相同。柔性好、表面平整、不易磨损,但易松散和扭结卷曲,吊重物时,易使重物旋转,一般用于拖拉或牵引装置。

2)反捻绳:每股钢丝的搓捻方向与钢丝股的搓捻方向相反。钢丝绳较硬,不易松散,吊重物不扭结旋转,多用于吊装工作。

3)钢丝绳按抗拉强度分为 1400、1550、1700、1850、2000N/mm^2 五种。

2. 钢丝绳的许用拉力

(1)钢丝绳破断拉力估算

钢丝绳的破断拉力与钢丝质量的好坏和捻绕结构有关,其近似计算公式为

$$S_b = Fn\phi\sigma_b = \frac{\pi d^2}{4} n\phi\sigma_b \tag{6-1}$$

式中:S_b——钢丝绳的破断拉力(N);

F——钢丝绳每根钢丝的截面积(mm^2);

d——钢丝绳中每根钢丝的直径(mm);

n——钢丝绳中钢丝的总根数;

σ_b——钢丝绳中每根钢丝的抗拉强度(MPa);

ϕ——钢丝绳中钢丝捻绕不均匀而引起的受载不均匀系数,其值见表 6-1。

表 6-1　钢丝绳中钢丝绳捻绕不均匀而引起受载不均匀系数 ϕ 值

钢丝绳规格	6×19+1	6×37+1	6×61+1
ϕ 值	0.85	0.82	0.80

如现场缺少资料时,也可用如下公式估算钢丝绳的破断拉力 S_b:

当强度极限为 1400MPa 时,$S_b=430d^2$;

当强度极限为 1550MPa 时,$S_b=470d^2$;

当强度极限为 1700MPa 时,$S_b=520d^2$;

当强度极限为 1850MPa 时,$S_b=570d^2$;

当强度极限为2000MPa时，$S_b=610d^2$。

式中：S_b——破断拉力(N)；

d——钢丝绳直径(mm)。

(2)钢丝绳的许用拉力计算

钢丝绳使用中严禁超载，须注意在不超过钢丝绳破断拉力的情况下使用也不一定安全，必须严格限制其在许用应力下使用。钢丝绳在使用中可能受到拉伸、弯曲、挤压和扭转等的作用，当滑轮和卷筒直径按允许要求设计时，钢丝绳可仅考虑拉伸作用，此时钢丝绳的许用拉力计算公式为：

$$P=\frac{S_b}{K} \tag{6-2}$$

式中：P——钢丝绳的许用拉力(N)；

S_b——钢丝绳的破断拉力(N)；

K——钢丝绳的安全系数(表6-2)。

由上式可知：知道钢丝绳的许用拉力和安全系数，就可以知道钢丝绳的破断拉力。

从表6-2可知各种不同用途钢丝绳的安全系数值，如电动卷扬机钢丝绳的安全系数应大于5。

表6-2　钢丝绳安全系数 K 值

使用情况	安全系数 K 值	使用情况	安全系数 K 值
作缆风绳用	3.5	用于吊索，无弯曲	6～7
用于手动起重设备	4.5	用于绑扎吊索	8～10
用于机动起重设备	5～6	用于载人升降机	14

3. 钢丝绳使用注意事项

(1)钢丝绳解开使用时，应按正确方法进行，以免钢丝绳产生扭结。钢丝绳切断前应在切口两侧用细钢丝捆扎，以防切断后绳头松散。

(2)钢丝绳穿过滑轮时，滑轮槽的直径应比绳的直径大1～2.5mm。滑轮槽过大钢丝绳容易压扁，过小则容易磨损。滑轮的直径不得小于钢丝绳直径的10～12倍，以减小绳的弯曲应力。禁止使用轮缘破损的滑轮。

(3)应定期对钢丝绳加润滑油(一般以工作时间4个月左右加一次)。

(4)存放在仓库里的钢丝绳应成卷排列，避免重叠堆置。库中应保持干燥，以防钢丝绳锈蚀。

(5)在使用中，如绳股间有大量的油挤出，表明钢丝绳的荷载已相当大，这时必须勤加检查，以防发生事故。

4. **钢丝绳末端连接方法**

钢丝绳在使用时需要与其他承载零件连接，常用连接方法有以下几种。

(1)编绕法，如图 6-3(a)所示，将钢丝绳的一端绕过心形套环后与工作分支用细钢丝扎紧，捆扎长度 $L=(20\sim25)d$（d 为钢丝绳直径），同时不应小于 300mm。

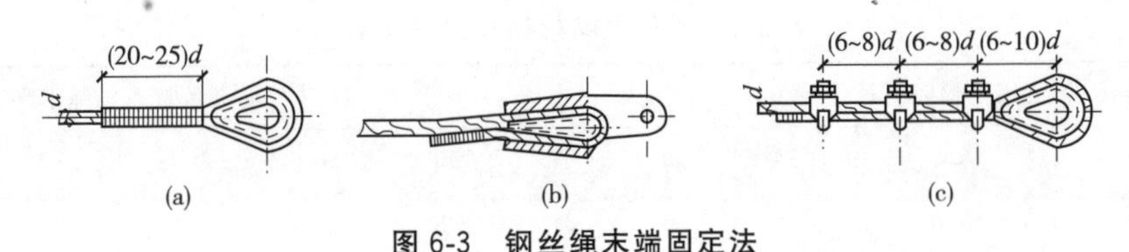

图 6-3　钢丝绳末端固定法

(a)编绕法；(b)楔形套筒固定法；(c)绳卡固定法

(2)楔形套筒固定法，如图 6-3(b)所示，将钢丝绳的一端绕过一个带槽的楔子，然后将其一起装入一个与楔子形状相配合的钢制套筒内，这样钢丝绳在拉力作用下便越拉越紧，从而使绳端固定。此法装拆简便，但不适用于受冲击载荷的情况。

(3)绳卡固定法，如图 6-3(c)所示，将钢丝绳的一端绕过心形套环后用绳卡固紧。常用的钢丝绳卡有骑马式、握拳式和压板式，如图 6-4 所示，其中应用最广泛的是骑马式。

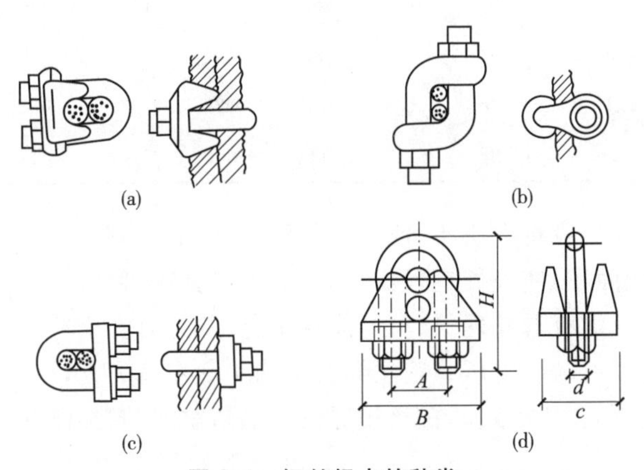

图 6-4　钢丝绳卡的种类

(a)骑马式；(b)握拳式；(c)压板式；(d)骑马式绳卡规格尺寸

用绳卡连接钢丝绳既牢固又拆卸方便，但由于绳卡螺栓使钢丝绳运动受到阻碍，如不能穿过滑轮、卷筒等，其使用范围受到限制，绳卡联结常用于缆风绳、吊索等固定端的连接上，也常用于钢丝绳捆绑物体时的最后卡紧。

绳卡具体使用时要注意以下几点。

1)绳卡的规格大小应与钢丝绳直径相符,严禁代用(大代小或小代大)或在绳卡中加垫料来夹紧钢丝绳,具体可按表6-3选择相应规格的绳卡,使用时绳卡之间排列间距为钢丝绳直径的8倍左右,且最末一个绳卡离绳头的距离,一般为150～200mm,最少不得小于150mm,绳卡使用的数量应根据钢丝绳直径而定,最少使用数量不得少于2个,具体可见表6-3。

表6-3　骑马式钢丝绳卡型号规格

型号	常用钢丝绳直径	A	B	c	d	H	绳卡数量	绳卡间距
Y_1—6	6.5	14	28	21	M6	35	2	70
Y_2—8	8.8	18	36	27	M8	44	2	80
Y_3—10	11	22	43	33	M10	55	3	100
Y_4—12	13	28	53	40	M12	69	3	100
Y_5—15	15,17.5	33	61	48.5	M14	83	3	100～120
Y_6—20	20	39	71	55.5	M16	96	4	120
Y_7—22	21.5,23.5	44	80	63	M18	108	4～5	140～150
Y_8—23	26	49	87	70.5	M20	122	5	170
Y_9—28	28.5,31	55	97	78.5	M22	137	5～6	180～200
Y_{10}—32	32.5,34.5	60	105	85.5	M24	149	6～7	210～230
Y_{11}—40	37,39.5	67	112	94	M24	164	8	250～270
Y_{12}—45	43.5,47.5	78	128	107	M27	188	9～10	293～310
Y_{13}—50	52	88	143	119	M30	210	11	330

2)使用绳卡时,应将U形环部分卡在绳头(即活头)一边,这是因为U形环对钢丝绳的接触面小,使该处钢丝绳强度降低较多,同时由于U形环处被压扁程度较大,若钢丝绳有滑移现象,只可能在主绳一边,对安全有利。

3)绳卡螺栓应拧紧,以压扁钢丝绳直径的1/3左右为宜,绳卡使用后要检查螺栓丝扣有无损坏。暂不用时在丝扣部位涂上防锈油,归类保存在干燥处。

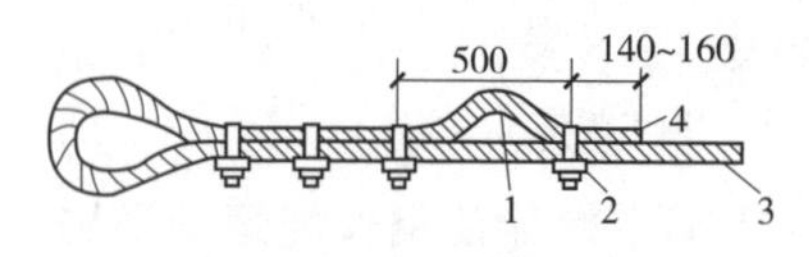

图6-5　保险绳卡示意图

1-安全弯;2-保险绳卡;3-主绳;4-绳头

4)由于钢丝绳受力产生拉伸变形后,其直径会略为减少。因此,对绳卡须进行二次拧紧,对中、大型设备吊装,还可在绳尾部加一个观察用保险绳卡,如图6-5所示。

5)对大型重要设备的吊装或绳卡螺栓直径d≥20mm时,当钢丝绳受力后,应对尾卡螺栓再次拧紧。

二、吊具

起重作业中需用各种形式的吊具，如卸扣、吊钩与吊环、平衡梁等。

1. 卸扣

卸扣又称卸甲或吊环，由弯环和横销两部分组成。弯环有直环形和马蹄形两种；横销有螺纹式和销孔式等。鼻子扣的承载能力一般为 10～15kN，甚至几千牛顿。

使用卸扣时，其连接的绳索或吊环应一根套在弯环上，一根套在横销上，不允许分别套在卸扣的两处直段上，使卸扣受横向力，如图 6-6 所示。

2. 吊钩和吊环

吊钩有单钩和双钩两种，如图 6-7 所示。

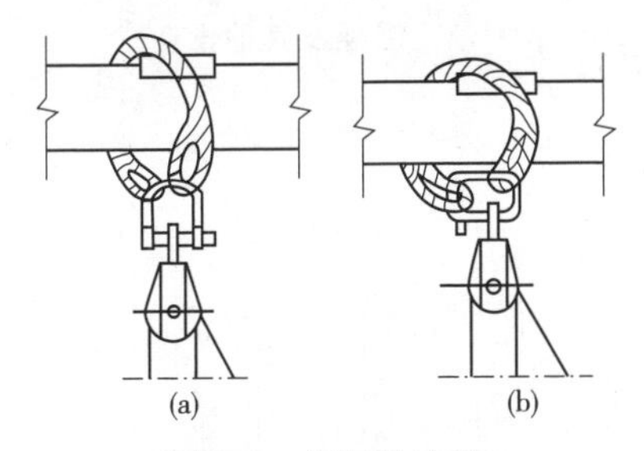

图 6-6　卸扣的安装

(a)正确；(b)错误

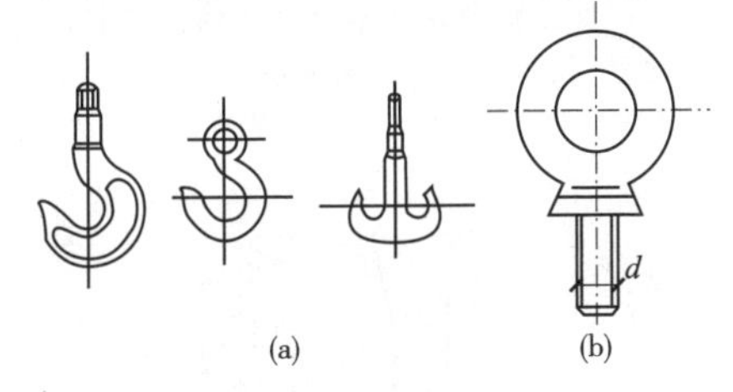

图 6-7　吊钩与吊环

(a)吊钩；(b)吊环

吊钩材料为 20 号优质碳素结构钢或 16Mn 钢，中小起重量的吊钩一般锻造制成，大起重量的吊钩采用钢板铆合。

吊环一般是电动机、减速机等设备在安装或检修时用作起吊的一种固定吊具。

3. 平衡梁

平衡梁又称横吊梁或铁扁担，其形式很多，一般可分为支撑式和扁担式两类，如图 6-8 所示。一般吊索的水平夹角以 45°～60°为宜。

扁担式平衡梁吊索较短，且不产生水平分力，主要传递荷载，由梁承受弯矩，多用于吊大型桁架、屋架等，如图 6-9 所示。

4. 吊耳

吊耳分焊接吊耳和卡箍式吊耳，如图 6-10、图 6-11 所示。焊接吊耳分板式吊耳和管轴式吊耳。

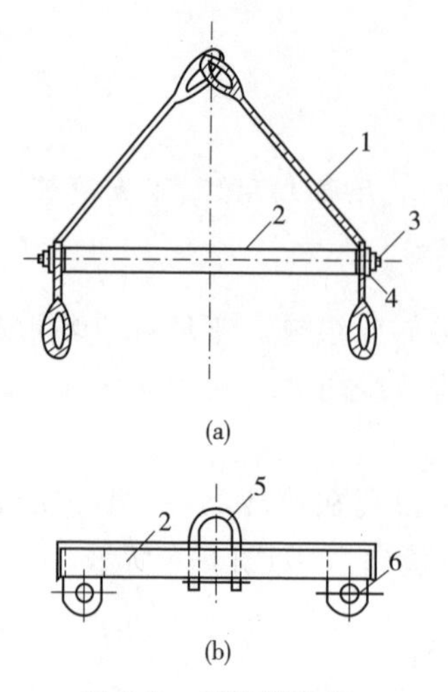

图 6-8 平衡梁种类

(a)支撑平衡梁使用示意图;(b)扁担式平衡梁示意图

1-吊索;2-横吊梁;3-螺帽;4-压板;

5-吊环;6-吊攀(吊耳)

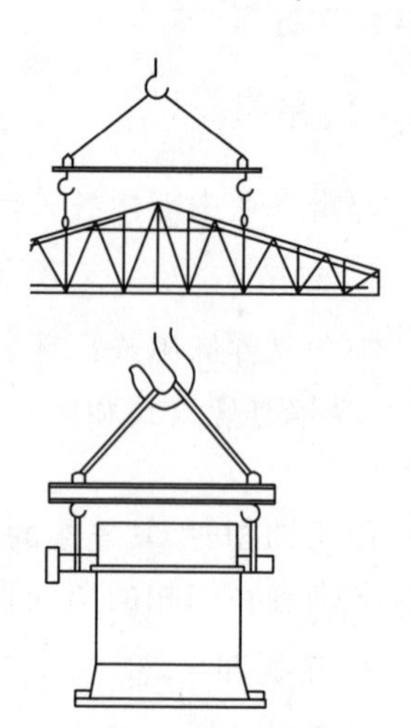

图 6-9 用平衡梁吊装屋架及其他设备

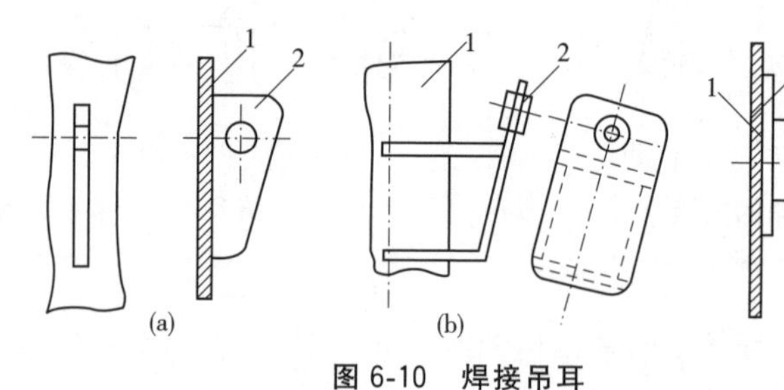

图 6-10 焊接吊耳

(a)立板式;(b)斜板式;(c)管轴式

1-设备;2-吊耳;3-加强板圈

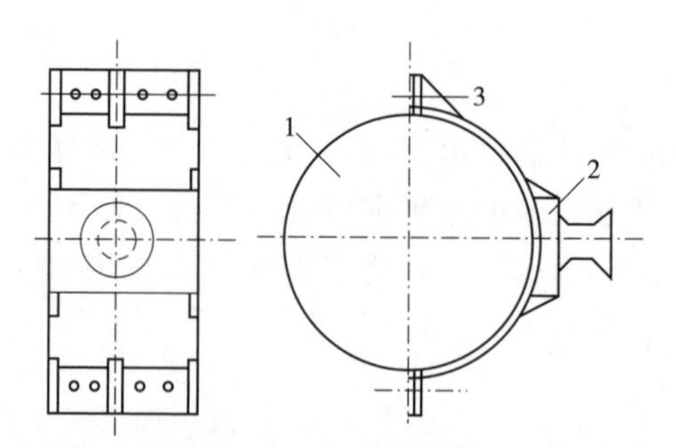

图 6-11 卡箍式吊耳

1-设备;2-卡箍吊耳;3-连接螺栓

三、滑轮组

滑车与滑车组是起重运输及吊装工作中常用的一种小型起重工具，它体积较小、结构简单，使用方便，并且能够用它来多次改变牵引绳索的方向和起吊较大的重量，所以当施工现场狭窄或缺少其他起重机械时，常用滑车或滑车组配合卷扬机、桅杆进行设备牵引和起重吊装工作。

1. 滑车的构造和分类

滑车组是由吊钩(链环)、滑轮、轴、轴套和夹板等组成，滑轮在轴上可自由转动，在滑轮的外缘上制有环形半圆形槽，作为钢丝绳的导向槽。钢丝绳安装在半圆形槽中，滑轮槽尺寸应能保证钢丝绳顺利绕过，并且使钢丝绳与绳槽的接触面积尽可能大，因钢丝绳绕过滑轮时要产生变形，故滑轮槽底半径应稍大于钢丝绳的直径。由于球墨铸铁强度较高且具有一定韧性，使用时不宜破裂，所以滑车可用球墨铸铁制造。

滑车按作用来分，可分为定滑车、动滑车、滑车组、导向滑车及平衡滑车；按滑车的轮数可分为单轮滑车(单轮滑车的夹板有开口和闭口两种)、双轮滑车、三轮滑车和多轮滑车(几轮滑车通常也称为几门滑车)；按滑车与吊物的连接方式，又可将滑车分为吊钩式、链环式和吊梁式等几种。

2. 滑车与滑车组

(1)定滑车。定滑车是安装在固定位置的滑车，如图 6-12 所示，它能改变拉力方向，但不能减少拉力。

起重作业中，定滑车用以支持绳索运动，作为导向滑车和平衡滑车使用，当绳索受力移动时，滑轮随之转动，绳索移动速度 V_1 和移动距离 H，分别和重物的移动速度 V 和移动距离 h 相等。

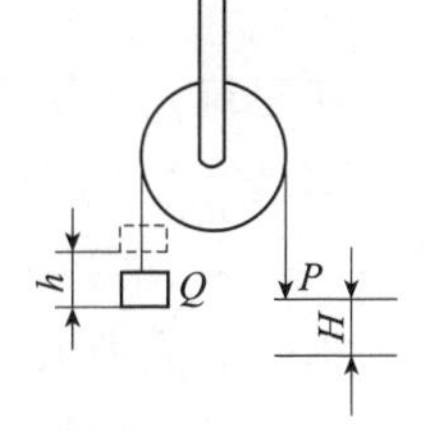

图 6-12　定滑车

(2)动滑车。动滑车安装在运动轴上能和被牵引物体一起移动，如图 6-13(a)所示。它能减少拉力，但不改变拉力方向，动滑车有省力动滑车和省时动滑车(又称增速动滑车)之分。

1)省力动滑车如图 6-13(b)所示，其省力原理是：载荷同时被两根绳索所分担，每根绳索只承担载荷的一半。

2)省时动滑车如图 6-13(c)所示，拉力 P 作用在动滑车上，这样动滑车被提升 1m 时，重物就上升 2m，重物上升的速度是滑车上升速度的两倍，当然同时拉力也增加了一倍，在起重作业中，此种滑车用的不多。

(3)导向滑车。导向滑车的作用类似于定滑车，既不省力，也不能改变速度，

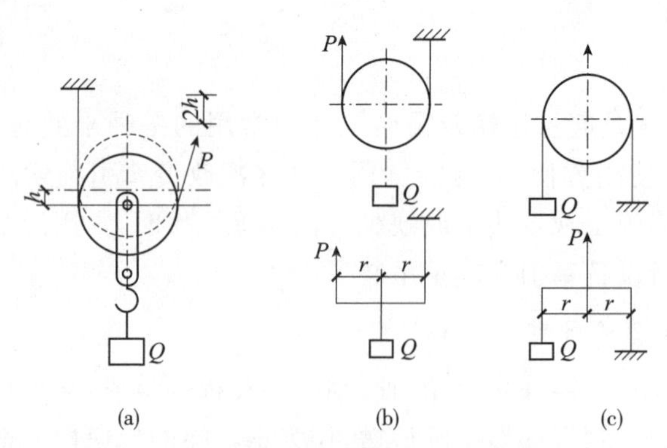

图 6-13　动滑车、省力动滑车和省时动滑车

(a)动滑车;(b)省力动滑车示意图及其受力简图;(c)省时动滑车示意图及其受力简图

Q-载荷力;r-支距;P-绳索拉力;h-移动距离

仅用它来改变牵引设备的运动方向,在安装工地或牵引设备时用的较多。导向滑车所受力的大小除了与牵引绳拉力大小有关外,还与牵引夹角有关。

(4)滑车组。滑车组是由一定数量的定滑车和动滑车以绳索穿绕连接而成,作为整体使用的起重机具。滑车组兼有定滑车和动滑车的优点,既可省力,又可改变力的方向,且可以组成多门滑车组,以达到用较小的力起吊较重物体的目的,如实际工作中,仅用 0.5～15t 的卷扬机牵引滑车组的出端头,就能吊起 3～500t 重的设备。

四、卷扬机

在建筑施工中常用的卷扬机分为快速卷扬机和慢速卷扬机两种。快速卷扬机(UK 型)主要用于垂直、水平运输和打桩作业。慢速卷扬机(JJM 型)主要用于结构吊装、钢筋冷拉等作业。常用的电动卷扬机的牵引力一般为 10～100kN。卷扬机起重能力大、速度快且操作方便,因此在建筑工程施工中应用广泛。

卷扬机在使用时必须做可靠的锚固,以防止在工作时产生滑移或倾覆。根据牵引力的大小,卷扬机的固定方法有螺栓固定法、横木固定法、立桩固定法和压重固定法四种,如图 6-14 所示。

1. 卷扬机的布置(即安装位置)注意事项

(1)卷扬机的安装位置周围必须排水畅通并应搭设工作棚,安装位置一般应选择在地势稍高、地基坚实之处。

(2)卷扬机的安装位置应能使操作人员看清指挥人员和起吊或拖动的物件。卷扬机至构件安装位置的水平距离应大于构件的安装高度,即当构件被吊到安装位置时,操作者视线仰角应小于 45°。

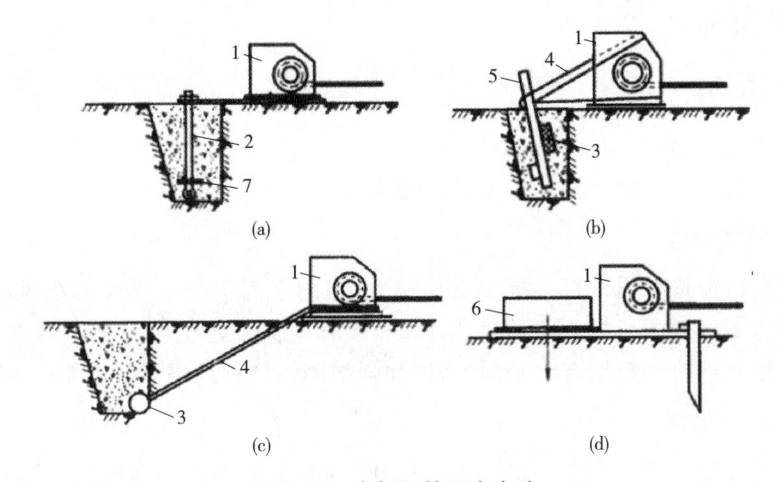

图 6-14　卷扬机的固定方法

(a)螺栓固定法；(b)横木固定法；(c)立桩固定法；(d)压重固定法

1-卷扬机；2-地脚螺栓；3-横木；4-拉索；5-木桩；6-压重；7-压板

(3)在卷扬机正前方应设置导向滑车，导向滑车至卷筒轴线的距离：带槽卷筒的应不小于卷筒宽度的15倍，即倾斜角 α 不大于 2°(见图 6-14)；无槽卷筒的应大于卷筒宽度的20倍，以免钢丝绳与导向滑车槽缘产生过分的磨损。

(4)钢丝绳绕入卷筒的方向应与卷筒轴线垂直，其垂直度允许偏差为6°。这样能使钢丝绳圈排列整齐，不致斜绕和互相错叠挤压。

2. 卷扬机的使用注意事项

(1)卷扬机必须有良好的接地或接零装置，接地电阻不得大于10Ω。在一个供电网上，接地或接零不得混用。

(2)卷扬机使用前要先空运转，做空载正、反转试验5次，检查运转是否平稳，有无不正常响声；传动制动机构是否灵活可靠；各紧固件及连接部位有无松动现象；润滑是否良好，有无漏油现象。

(3)钢丝绳的选用应符合原厂说明书规定。卷筒上的钢丝绳全部放出时，应至少留有3圈；钢丝绳的末端应固定牢靠；卷筒边缘外周至最外层钢丝绳的距离应不小于钢丝绳直径的1.5倍。

(4)钢丝绳应与卷筒及吊笼连接牢固，不得与机架或地面摩擦，通过道路时，应设过路保护装置。

(5)卷筒上的钢丝绳应排列整齐，当重叠或斜绕时，应停机重新排列，严禁在转动中用手拉或脚踩钢丝绳。

(6)作业中，任何人不得跨越正在作业的卷扬钢丝绳。物件提升后，操作人员不得离开卷扬机，物件或吊笼下面严禁人员停留或通过。休息时应将物件或吊笼降至地面。

五、地锚

地锚又称锚碇，用来固定缆风绳、卷扬机、导向滑车、拔杆的平衡绳索等。常用的地锚有桩式地锚和水平地锚两种。

1. 桩式地锚

桩式地锚是将圆木打入土中承担拉力，多用于固定受力不大的缆风绳。圆木直径为18～30cm，桩入土深度为1.2～1.5m，根据受力大小，可打成单排、双排或三排。桩前一般埋有水平圆木，以加强锚固。这种地锚承载力10～50kN。

2. 水平地锚

水平地锚是用一根或几根圆木绑扎在一起，水平埋入土内而成。钢丝绳系在横木的一点或两点，成30°～50°斜度引出地面，然后用土石回填夯实。水平地锚一般埋入地下1.5～3.5m，为防止地锚被拔出，当拉力大于75kN时，应在地锚上加压板；拉力大于150kN时，还要在锚碇前加立柱及垫板(板栅)，以加强土坑侧壁的耐压力。水平锚碇构造如图6-15所示。

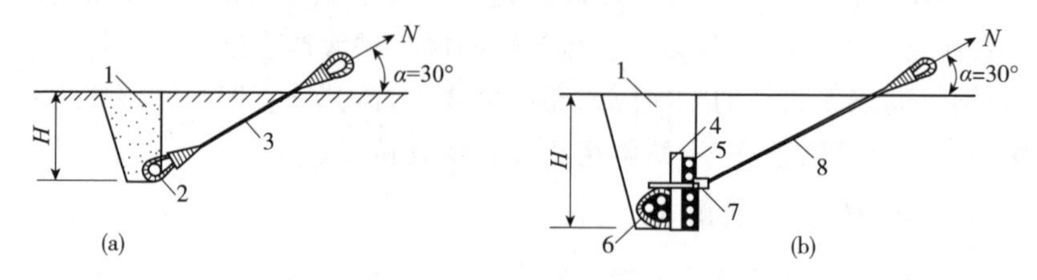

图6-15 水平锚碇构造示意

(a)拉力30kN以下；(b)拉力100～400kN

1-回填土逐层夯实；2-地龙木1根；3-钢丝绳或钢筋；4-柱木；5-挡木；6-地龙木3根；7-压板；8-钢丝绳圈或钢筋环

第二节 起重机械

结构安装用的起重机械，主要有桅杆式起重机、自行起重机及塔式起重机。

一、桅杆式起重机

桅杆式起重机又称为拔杆或把杆，是最简单的起重设备。一般用木材或钢材制作。这类起重机具有制作简单、装拆方便，起重量大，受施工场地限制小的特点。特别是吊装大型构件而又缺少大型起重机械时，这类起重设备更显它的优越性。但这类起重机需设较多的缆风绳，移动困难。另外，其起重半径小，灵活性差。因此，桅杆式起重机一般多用于构件较重、吊装工程比较集中、施工场地狭窄，而又缺乏其他合适的大型起重机械时。

桅杆式起重机可分为：独脚把杆、人字把杆、悬臂把杆和牵缆式桅杆起重机，如图 6-16 所示。

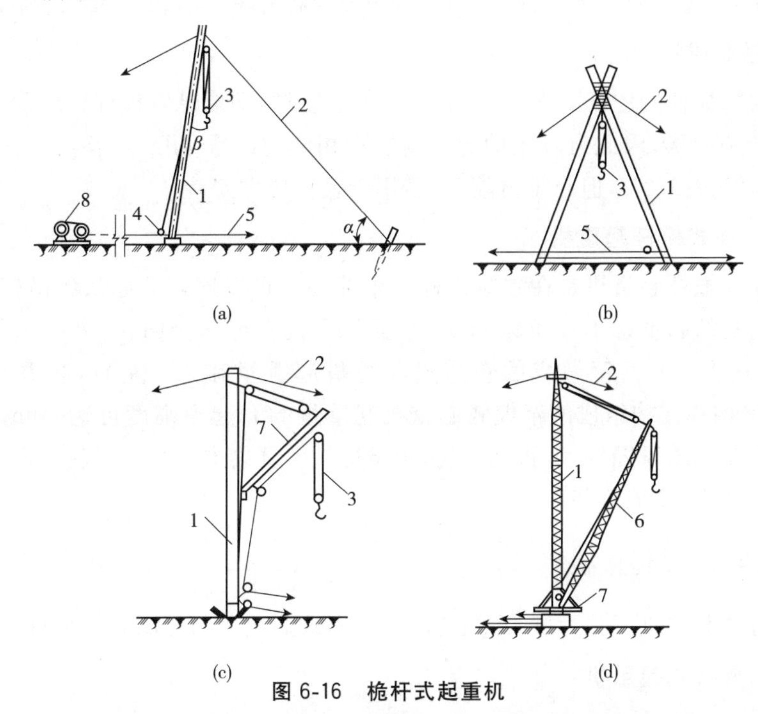

图 6-16　桅杆式起重机

(a)独脚拔杆；(b)人字拔杆；(c)悬臂拔杆；(d)牵缆式桅杆起重机

1-把杆；2-缆风绳；3-起重滑轮组；4-导向装置；5-拉索；6-起重臂；7-回转盘；8-卷扬机

1. 独脚拔杆

独脚拔杆由拔杆、起重滑轮组、卷扬机、缆风绳和地锚等组成。

根据独脚拔杆的制作材料不同可分为木独脚拔杆、钢管独脚拔杆和金属格构式拔杆等。

木独脚拔杆由圆木制成、圆木梢径为 200～300mm，起重高度在 15m 以内，起重量 10t 以下；钢管独脚拔杆起重量 30t 以下，起重高度在 20m 以内；金属格构式独脚拔杆起重高度可达 70m，起重量可达 100t。各种拔杆的起重能力应按实际情况验算。

独脚拔杆在使用时应保持一定的倾角(不宜大于 10°)。以便在吊装时，构件不致撞碰拔杆。拔杆的稳定主要依靠缆风绳，缆风绳一般为 6～12 根，依起重量，起重高度和绳索强度而定，但不能少于 4 根。缆风绳与地面夹角 α，一般为 30°～45°，角度过大则对拔杆会产生过大压力。

2. 人字拔杆

人字拔杆由两根圆木或钢管，或格构式构件，用钢丝绳绑扎或铁件铰接成人字形，拔杆的顶部夹角以30°为宜。拔杆的前倾角，每高1m不得超过10cm。

两杆下端要用钢丝绳或钢杆拉住。缆风绳的数量，根据起重量和起吊高度决定。

3. 悬臂拔杆

在独脚拔杆的中部2/3高处，装上一根起重杆，即成悬臂拔杆。悬臂起重杆可以顺转和起伏，因此有较大的起重高度和相应的起重半径，悬臂起重杆，能左右摆动(120°～270°)，但起重量较小，多用于轻型构件安装。

4. 牵缆式桅杆起重机

牵缆式桅杆起重机是在独脚拔杆的根部装一可以回转和起伏的吊杆而成。这种起重机的起重臂不仅可以起伏，而且整个机身可作全回转，因此工作范围大，机动灵活。由钢管做成的牵缆式起重机起重量在10t左右，起重高度达25m；由格构式结构组成的牵缆式起重机起重量60t，起重高度可达80m。但这种起重机使用缆风绳较多，移动不便，用于构件多且集中的结构安装工程或固定的起重作业(如高炉安装)。

二、自行式起重机

自行式起重机可分为履带式起重机、汽车式起重机与轮胎式起重机。

(一)履带式起重机

1. 履带式起重机的构造和特点

履带式起重机也是自行式、全回转起重机械的一种。因它装有履带行走机构，所以它具有接触地面面积较大、重心较低、操作灵活、使用方便的特点。在一般平整坚实的场地上它可以载重行驶和吊装作业，是目前钢结构件和混凝土结构件吊装施工中最常用的起重机械。

履带式起重机由行走装置、回转机构、机身及起重臂等部分组成，如图6-17所示。行走装置为链式履带，以减少对地面的压力。回转机构为装在底盘上的转盘。机身可回转360°，机身内部有动力装置、卷扬机和操作系统。

2. 常用型号及性能

常用的履带式起重机主要有：国产W_1-50型、W_1-100型、W_1-200型和一些进口机械。

W_1-50型起重机的最大起重量为10t，适用于吊装跨度在18m以下，高度在10m以内的小型单层厂房结构和装卸工作。

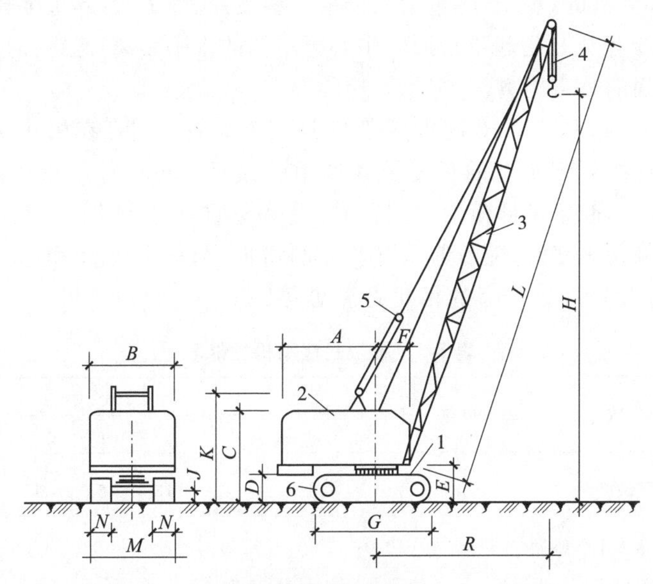

图 6-17　履带式起重机

1-底盘；2-机棚；3-起重臂；4-起重滑轮组；5-变幅滑轮组；6-履带

A、*B*…-外形尺寸符号；*L*-起重臂长度；*H*-起升高度；*R*-工作幅度

W_1－100 型起重机最大的起重量为 15t，适用于吊装跨度 18～24m 的厂房。W_1－200 型起重机的最大起重量为 50t，适用于大型厂房吊装。

履带式起重机的外形尺寸见表 6-4。

表 6-4　履带式起重机外形尺寸(mm)

符　号	名　　称	型　　号		
		W_1－50	W_1－100	W_1－200
A	机棚尾部到回转中心距离	2900	3300	4500
B	机棚宽度	2700	3120	3200
C	机棚顶部距地面高度	3220	3675	4125
D	回转平台底面距地面高度	1000	1045	1190
E	起重臂枢轴中心距地面高度	1555	1700	2100
F	起重臂枢轴中心至回转中心的距离	1000	1300	1600
G	履带长度	3420	4005	4950
M	履带架宽度	2850	3200	4050
N	履带板宽度	550	675	800
J	行走底架距地面高度	300	275	390
K	双足支架顶部距地面高度	3480	4170	4300

履带式起重机的技术性能包括三个主要参数：起重量 Q、起重半径 R、起重高度 H。起重半径只是指起重机回转中心至吊钩的水平距离，起重高度 H 是指起重吊钩至地面的垂直距离。

起重量 Q、起重半径 R、起重高度 H 这三个参数之间存在相互制约的关系，其数值变化取决于起重臂的长度及其仰角的大小。每一种起重机都有几种臂长，臂长不变时，起重机仰角增大，起重量 Q 和起重高度 H 增大，起重半径 R 减小。起重机仰角不变时，随着起重臂长度的增加，起重半径 R 和起重高度 H 增加，而起重量 Q 减小。三者的相互关系见表 6-5。

表 6-5　履带式起重机性能表

参数		单位	型号							
			W_1-50			W_1-100		W_1-200		
起重臂长度		m	10	18	18 带鸟嘴	13	23	15	30	40
起重半径	最大工作幅度	m	10.0	17.0	10.0	12.5	17.0	15.5	22.5	30.0
	最小工作幅度	m	3.7	4.5	6.0	4.23	6.5	4.5	8.0	10.0
起重量	最小工作幅度时	t	10.0	7.5	2.0	15.0	8.0	50.0	20.0	8.0
	最大工作幅度时	t	2.6	1.0	1.0	3.5	1.7	8.2	4.3	1.5
起升高度	最小工作幅度时	m	9.2	17.2	17.2	11.0	19.0	12.0	26.8	36.0
	最大工作幅度时	m	3.7	7.6	14.0	5.8	16.0	3.0	19.0	25.0

注：表中数据所对应的起重臂倾角为：$\alpha_{\min}=30°$，$\alpha_{\max}=77°$。

3. 履带式起重机的稳定性验算

履带式起重机超载吊装或者接长吊杆时，需要进行稳定性验算，以保证起重机在吊装中不会发生倾倒事故。

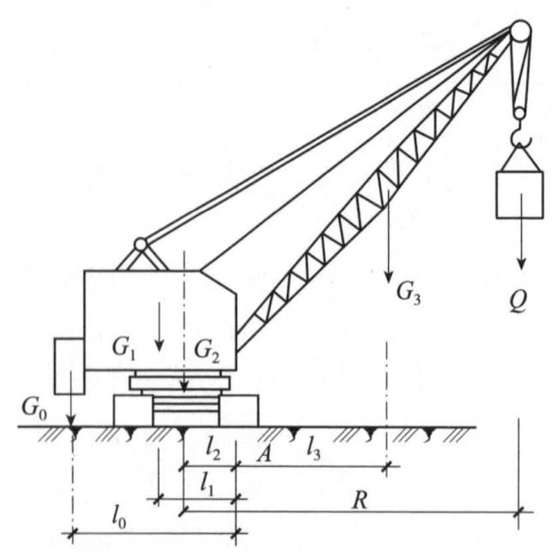

图 6-18　履带式起重机受力简图

履带式起重机稳定性应以起重机处于最不利工作状态即车身与行驶方向垂直的位置进行验算，如图 6-18 所示的情况进行验算。此时，应以履带中心 A 为倾覆中心验算起重机的稳定性。当不考虑附加荷载（风荷、刹车惯性力和回转离心力等）时应满足下式要求：

当考虑吊装荷载及附加荷载时，稳定安全系数为

$$K_1=\frac{M_{稳}}{M_{倾}}\geqslant 1.15$$

当考虑吊装荷载，不考虑附加荷载时，稳定安全系数为

$$K_2=\frac{稳定力矩(M_{稳})}{倾覆力矩(M_{倾})}=\frac{G_1L_1+G_2L_2+G_0L_0-G_3L_3}{(Q+q)(R-L_2)}\geqslant 1.4$$

式中：G_0——原机身平衡重；

G_1——起重机机身可转动部分的重量；

G_2——起重机身不转动部分的重量；

G_3——起重杆重量，约为起重机重量4%～7%；

l_0、l_1、l_2、l_3——以上各部分的重心至倾覆中心A点的相应距离；

R——起重半径；

Q——起重量。

验算时，如不满足就采取增加配重等措施。

(二)汽车式起重机

汽车式起重机是自行式全回转起重机，起重机构安装在汽车的通用或专用底盘上，如图6-19所示。

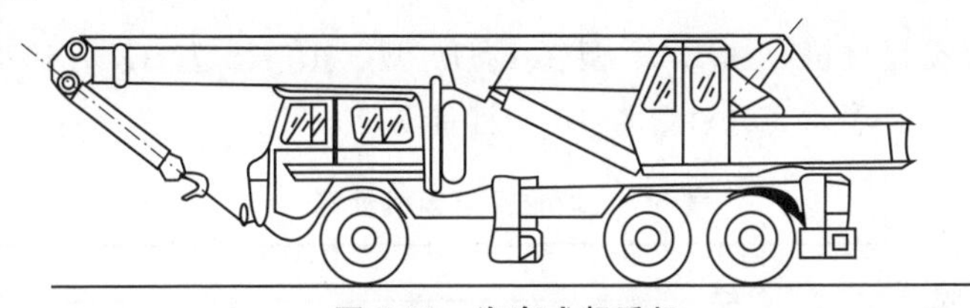

图6-19　汽车式起重机

汽车式起重机是把机身和起重机构安装在通用或专用汽车底盘上的全回转起重机。起重臂有桁架式和伸缩式两种，其驾驶室与起重机操纵室分开设置。常用的汽车式起重机有QY-8型、QY-1型和QY-32型三种，可用于一般厂房的结构吊装。汽车式起重机的优点是行驶速度快、转移迅速、对路面破坏小，其缺点是起重时必须使用支腿，因而不能负荷行驶。汽车式起重机适用于流动性大或经常改变作业地点的吊装，部分国产汽车式起重机的技术规格如表6-6所示。

表6-6　汽车式起重机技术规格

参　数		单位	型　号									
			QY-8型				QY-16型			QY-32型		
起重臂长度		m	6.95	8.50	10.15	11.7	8.8	14.4	20.0	9.5	16.5	30
最大起重半径		m	3.2	3.4	4.2	4.9	3.8	5.0	7.4	3.5	4.0	7.2
最小起重半径		m	5.5	7.5	9.0	10.5	7.4	12	14	9.0	14.0	26.0
起重量	最小起重半径时	t	8.0	6.7	4.2	3.2	16.0	8.0	4.0	32.0	22.0	8.0
	最大起重半径时	t	2.6	1.5	1.0	0.8	4.0	1.0	0.5	7.0	2.6	0.6
起重高度	最小起重半径时	m	7.5	9.2	10.6	12.0	8.4	14.1	19	9.4	16.45	29.43
	最大起重半径时	m	4.6	4.2	4.8	5.2	4.0	7.4	14.2	3.8	9.25	15.3

(三)轮胎式起重机

轮胎式起重机是把起重机构安装在加重轮胎和轮轴组成的特制底盘上的全回转起重机,如图 6-20 所示。

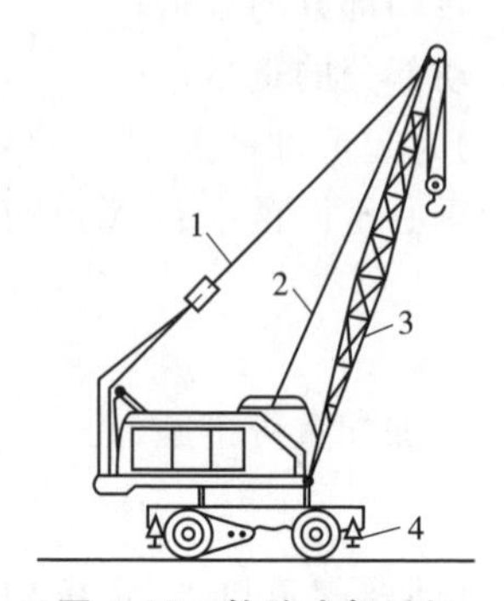

图 6-20　轮胎式起重机

1-起重杆;2-起重索;3-变幅索;4-支腿

国产轮胎式起重机有:QL_2-8 型、QL_3-16 型、QL_3-25 型、QL_3-40 型、QL_1-16 型等。QL_3-16 型、QL_3-25 型、QL_1-16 型性能见表 6-7。

表 6-7　轮胎式起重机性能

参数			单位	型号									
				QL_3-16			QL_3-25					QL_1-16	
起重臂长度			m	10	15	20	12	17	22	27	32	10	15
起重半径	最大起重量时		m	4	4.7	8	4.5	6	7	8.5	10	4	4.7
	最小起重量时		m	11.0	15.5	20.0	11.5	14.5	19	21	21	11	15.5
起重量	最小起重半径时	用支腿	t	16	11	8	25	14.5	10.6	7.2	5	16	11
		不用支腿	t	7.5	6	—	6	3.5	3.4	—	—	7.5	6
	最大起重半径时	用支腿	t	2.8	1.5	0.8	4.6	2.8	1.4	0.8	0.6	2.8	1.5
		不用支腿	t	—	—	—	—	0.5	—	—	—	—	—
起重高度	最小起重半径时		m	8.3	13.2	17.95					8.3	8.3	13.2
	最大起重半径时		m	5.3	4.6	6.85						5.0	4.6

三、塔式起重机

塔式起重机的起重臂安装在塔身顶部且可做 360°的回转,它具有较高的起重高度、工作幅度和起重能力,生产效率高,且机械运转安全可靠,使用和装拆方便等优点,因此,广泛用于多层和高层的工业与民用建筑的结构安装。塔式起重机按起重能力可分为轻型塔式起重机,起重量为 0.5～3t,一般用于 6 层以下的民用建筑施工;中型塔式起重机,起重量为 3～15t,适用于一般工业建筑与民用建筑施工;重型塔式起重机,起重量为20～40t,一般用于重工业厂房的施工和高炉等设备的吊装。

塔式起重机具有提升、回转和水平运输的功能,且生产效率高,在吊运长、大、重的物料时有明显的优势,故在有可能条件下宜优先采用。

塔式起重机的布置应保证其起重高度与起重量满足工程的需求,同时起重臂的工作范围应尽可能地覆盖整个建筑,以使材料运输切实到位。此外,主材料的堆放、搅拌站的出料口等均应尽可能地布置在起重机工作半径之内。

塔式起重机一般分为轨道(行走)式、爬升式、附着式、固定式等几种。

塔式起重机型号分类及表示方法如表6-8所示。

表6-8 塔式起重机型号分类及表示方法

分类	组别	类型	特性	代号	代号含义	主要参数	
						名称	单位表示法
建筑起重机	塔式起重机 Q、T (起、塔)	轨道式	—	QT	上回转式塔式起重机	固定起重力矩	kN·m×10⁻¹
			Z(自)	QTZ	上回转自升式塔式起重机		
			A(下)	QTA	下回转式塔式起重机		
			K(快)	ATK	快速安装式塔式起重机		
		固定式 G(固)	—	QTG	固定式塔式起重机		
		爬升式 P(爬)	—	QTP	内爬升式塔式起重机		
		轮胎式 L(轮)	—	QTL	轮胎式塔式起重机		
		汽车式 Q(汽)	—	QTQ	汽车式塔式起重机		
		履带式 U(履)	—	QTU	履带式塔式起重机		

(一)轨道式起重机

轨道式塔式起重机型号是可在轨道上行走的起重机械,其工作范围大,适用于工业与民用建筑的结构吊装或材料仓库装卸工作。

轨道式塔式起重机按其旋转机构的位置分上旋转塔式起重机(见图6-21)和下旋转塔式起重机两类。

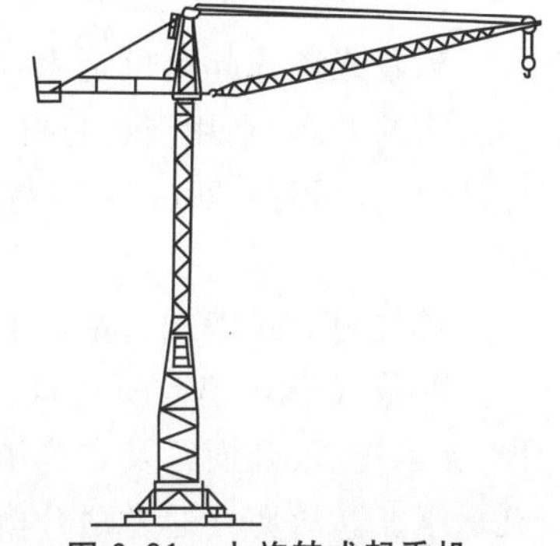

图6-21 上旋转式起重机

(二)爬升式塔式起重机

爬升式塔式起重机主要安装在建筑物内部框架或电梯间结构上,每隔1～2层楼爬升一次。其特点是机身体积小,安装简单,适用于现场狭窄的高层建筑结构安装。

爬升式塔式起重机由底座、塔身、塔顶、行走式起重臂、平衡臂等部分组成，如图 6-22 所示。起重机的爬升过程如图 6-23 所示，即固定下支座—提升套架—下支座脱空—提升塔身—固定下支座。

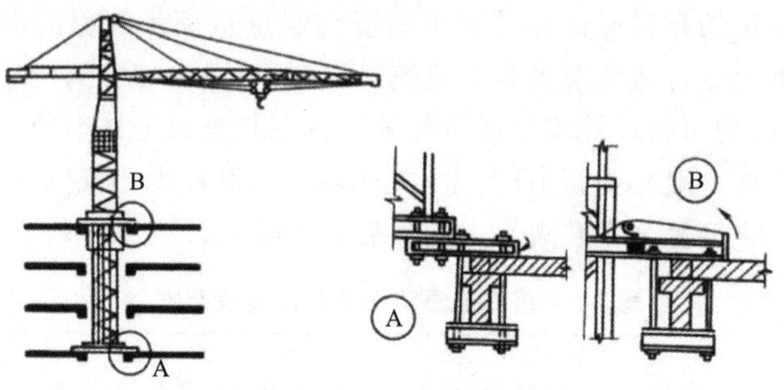

图 6-22　爬升式塔式起重机

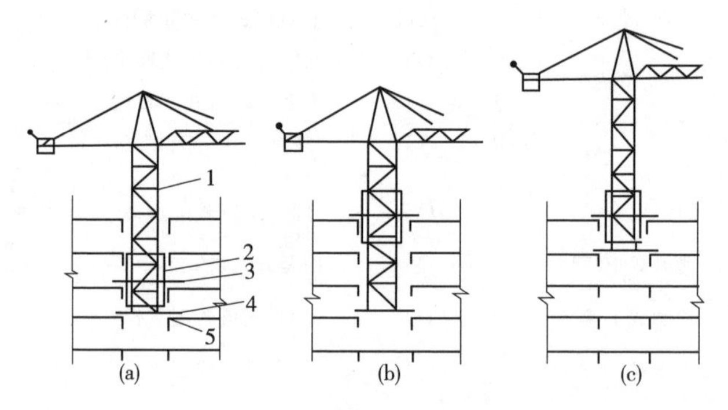

图 6-23　爬升过程示意图

(a)工作位置；(b)爬升套架；(c)提升塔身

1-塔身；2-套架；3-套架梁；4-塔身底座梁；5-建筑物楼盖梁

(三)附着式塔式起重机

附着式塔式起重机是固定在建筑物近旁钢筋混凝土基础上的起重机，它随建筑物的升高，利用液压自升系统逐步将塔顶顶升，塔身接高。为了减少塔身的计算长度应每隔 20m 左右将塔身与建筑物用锚固装置联结起来，如图 6-24 所示。

常见附着式塔式起重机的主要性能见表 6-9。

附着式塔式起重机的液压顶升系统主要包括：顶升套架、长行程液压千斤顶、支承座、顶升横梁及定位销等。液压千斤顶的缸体装在塔吊上部结构的底端支承座上。活塞杆通过顶升横梁支承在塔身顶部。其爬升过程如图 6-25 所示。

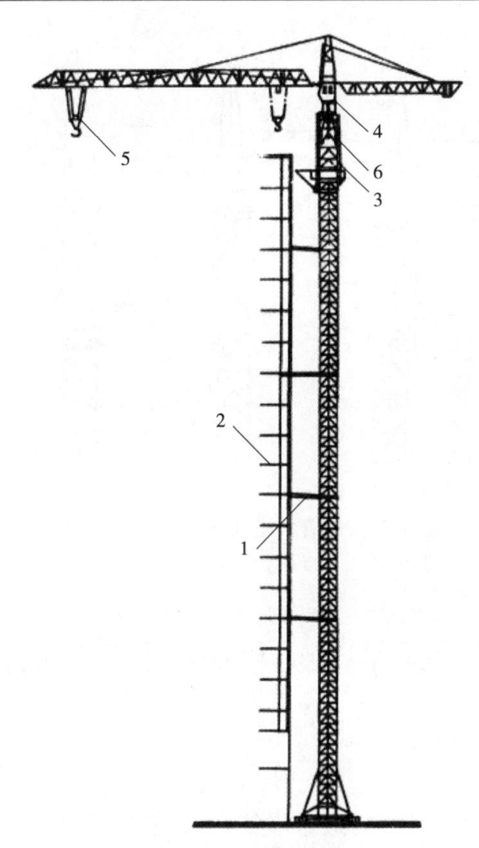

图 6-24　附着式塔式起重机

1-撑杆；2-建筑物；3-标准节；4-操纵室；5-起重小车；6-顶升套架

表 6-9　常见附着式塔式起重机的主要性能

型　　号		QTZ20	QTZ25	QTZ40	QTZ80	QT_4-10
起重力矩/(kN·m)		200	200	400	800	1600
工作幅度(m)	最大	30/33	30/33	48	53	35.0
	最小	—	—	2.5	—	3.0
起重量(t)	最大工作幅度时	—	—	0.7	1.3	3.0
	最大起重量	2.0	2.0	4.0	8.0	10.0
起升高度(m)	独立工作	26.5	26.5	27	45	
	附着式	50	50	120	160	160.0
起升速度(m/min)		—	—	70/46/7	—	80/160
回转速度(r/min)		—	—	0→0.46	—	0.47
变幅速度(m/min)		—	—	33/22	—	18.0

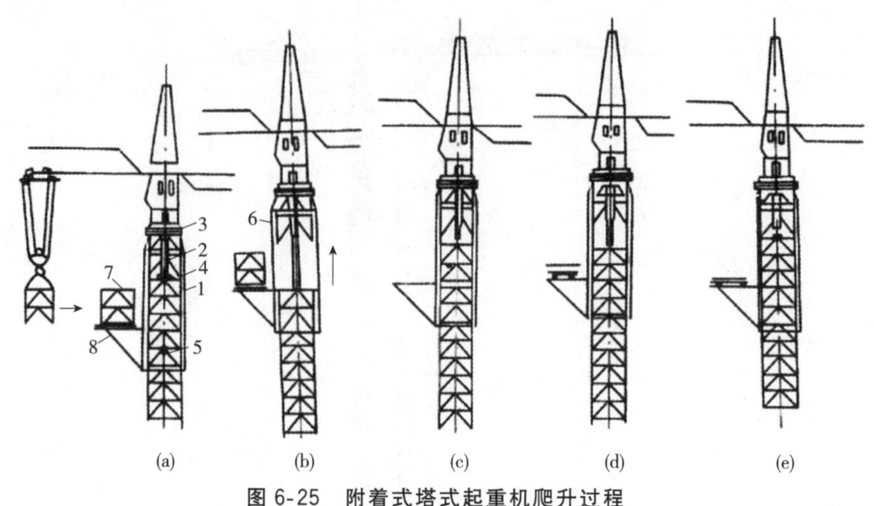

图 6-25　附着式塔式起重机爬升过程

1-顶升套架;2-液压千斤顶;3-承座;4-顶升横梁;5-定位销;6-过渡节;7-标准节;8-摆渡小车

第三节　钢筋混凝土单层工业厂房结构吊装

一、准备工作

准备工作主要有场地清理,道路修筑,基础准备,构件运输、排放,构件拼装加固、检查清理、弹线编号,以及机械、机具的准备工作等。

(1)构件的检查与清理

①检查构件截面尺寸。

②检查构件外观质量(变形、缺陷、损伤等)。

③检查构件的型号与数量。

④检查构件的混凝土强度。

⑤检查预埋件、预留孔的位置及质量等,并作相应清理工作。

(2)构件的弹线与编号

①柱子在柱身三面弹出中心线(可弹两小面、一个大面),对工字形柱除在矩形截面部分弹出中心线外,为便于观察及避免视差,还需要在翼缘部分弹一条与中心线平行的线。

②屋架上弦顶面上应弹出几何中心线,并将中心线延至屋架两端下部,再从跨度中央向两端分别弹出天窗架、屋面板的安装定位线。

③在吊车梁的两端及顶面弹出安装中心线。

④按图纸将构件进行编号。

(3)混凝土杯形基础的准备工作

先检查杯口的尺寸,再在基础顶面弹出十字交叉的安装中心线,用红油漆画上三角形标志。为保证柱子安装之后牛腿面的标高符合设计要求,调整方法是先测出杯底实际标高(小柱测中间一点,大柱测四个角点)并求出牛腿面标高与杯底实际标高的差值A,再量出柱子牛腿面至柱脚的实际长度B,两者相减便可得出杯底标高调整值C(C=A-B),然后根据得出的杯底标高调整值用水泥砂浆或细石混凝土抹平至所需标高。杯底标高调整后要加以保护。

(4)构件运输

一些质量不大而数量较多的定型构件,如屋面板、连系梁、轻型吊车梁等,宜在预制厂预制,用汽车将构件运至施工现场。起吊运输时,必须保证构件的强度符合要求,吊点位置符合设计规定;构件支垫的位置要正确,数量要适当,每一构件的支垫数量一般不超过2个支承处,且上下层支垫应在同一垂线上。运输过程中,要确保构件不倾倒、不损坏、不变形。构件的运输顺序、堆放位置应按施工组织设计的要求和规定进行,以免增加构件的二次搬运。

二、构件吊装工艺

装配式单层工业厂房的结构安装构件有柱子、吊车梁、基础梁、连系梁、屋架、天窗架、屋面板及支撑等。构件的吊装工艺包括绑扎、吊升、对位、临时固定、校正、最后固定等工序。

(一)柱子的吊装

(1)绑扎

柱的绑扎方法、绑扎位置和绑扎点数,应根据柱的形状、长度、截面、配筋、起吊方法和起重机性能等因素确定由于柱起吊时吊离地面的瞬间由自重产生的弯矩最大,其最合理的绑扎点位置,应按柱子产生的正负弯矩绝对值相等的原则来确定。一般中小型柱(自重13t以下)大多数绑扎一点;重型柱或配筋少而细长的柱(如抗风柱),为防止起吊过程中柱发生断裂,常需绑扎两点甚至三点;有牛腿的柱,其绑扎点应选在牛腿以下200mm处;工字形断面和双肢柱,其绑扎点应选在矩形断面处,否则应在绑扎位置用方木加固翼缘,防止翼缘在起吊时损坏。

柱的绑扎方法、绑扎位置和绑扎点数,应根据柱的形状、长度、截面、配筋、起吊方法和起重机性能等确定。常用的绑扎方法有:

一点绑扎斜吊法,如图6-26(a)所示。这种方法不需要翻动柱子,但柱子平放起吊时抗弯强度要符合要求。柱吊起后呈倾斜状态,由于吊索歪在柱的一边,起重钩低于柱顶,因此起重臂可以短些。

一点绑扎直吊法,如图6-26(b)所示。当柱子的宽度方向抗弯不足时,可在吊装前，先将柱子翻身后再起吊。起吊后，铁扁担跨在柱顶上，柱身呈直立状态，便于插入杯口。但需要较大的起吊高度。

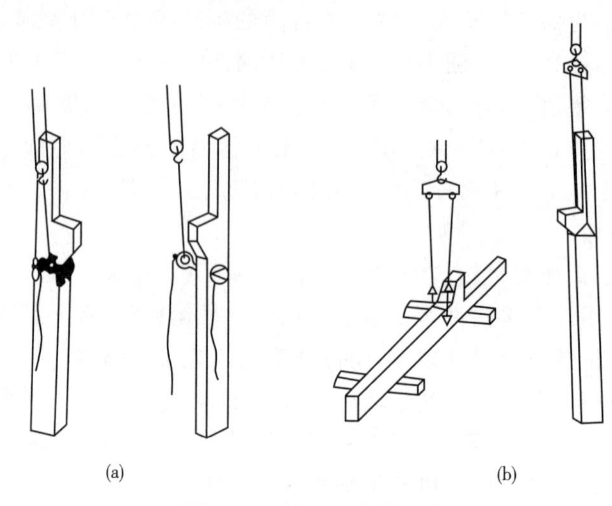

图 6-26 柱子一点绑扎法

(a)一点绑扎斜吊法；(b)一点绑扎直吊法

两点绑扎法，如图 6-27 所示。当柱身较长，一点绑扎时柱的抗弯能力不足时可采用两点绑扎起吊。

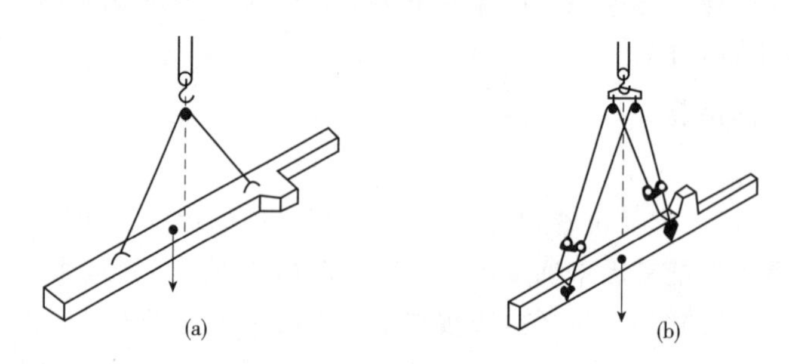

图 6-27 柱子两点绑扎法

(a)两点绑扎斜吊法；(b)两点绑扎直吊法

(2)吊升

按吊升过程柱子运动的特点，吊升方法可分为旋转法和滑行法两种。吊升方法应根据柱的质量、长度、现场排放条件、起重机性能等确定。柱在吊升过程中，起重机的工作特点是定点(指定停机点)、定幅(指定起重臂的工作半径)，即起重机不移动，起重臂始终保持同一工作半径，即保持起重臂的仰角不改变。

①旋转法

采用旋转法吊装柱子时，柱的平面布置宜使柱脚靠近基础，柱的绑扎点、柱脚中心与基础中心三点宜位于起重机的同一起重半径的圆弧上，如图 6-28 所示。

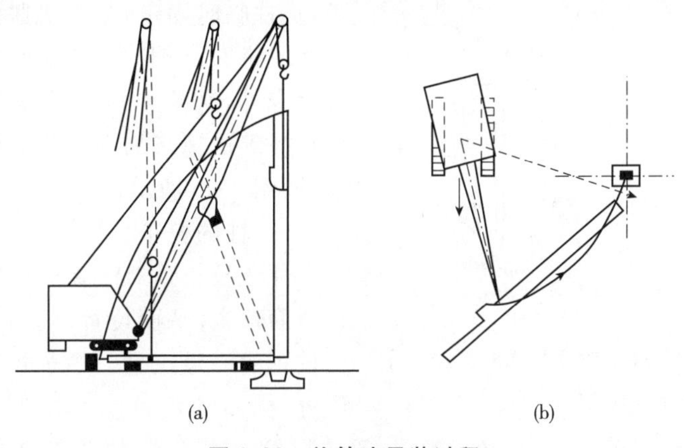

图 6-28　旋转法吊装过程

(a)旋转过程；(b)平面布置

②滑行法

柱吊升时，起重机只升钩，起重臂不转动，使柱顶随起重钩的上升而上升，柱脚随柱顶的上升而滑行，直至柱子直立后，吊离地面，并旋转至基础杯口上方，插入杯口，如图 6-29 所示。

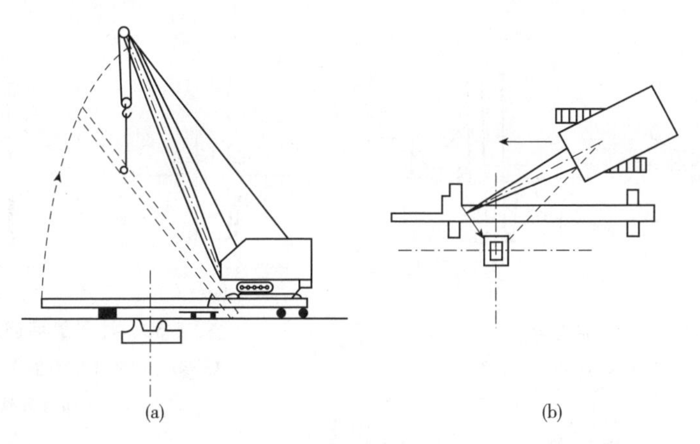

图 6-29　滑行法吊装过程

(a)旋转过程；(b)平面布置

(3)对位和临时固定

柱脚插入杯口后要使柱身大致垂直，当柱脚距杯底 30～50mm 时停止下降，开始对位。用 8 只楔块从柱的四边放入杯口(每边各 2 块)，并用撬棍拨动柱脚，使柱的吊装准线对准杯口上的吊装准线；对位后，将 8 只楔块略打紧，放松吊钩，

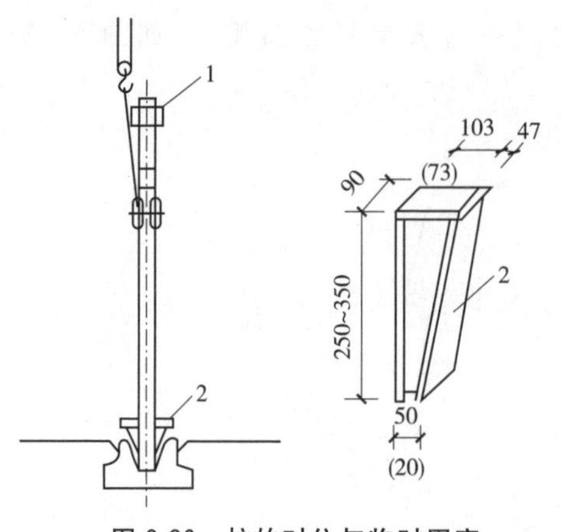

图 6-30 柱的对位与临时固定

1-安装缆风绳或挂操作台的夹箍；2-钢楔

让柱靠自重沉至杯底；并检查吊装准线的对准情况，若符合要求，立即将楔块打紧，将柱临时固定，起重机脱钩。吊装重型柱或细长柱时，除靠柱脚处的楔块临时固定外，必要时可采取增设缆风绳或加斜撑等措施来加强柱临时固定的稳定性，如图 6-30 所示。

(4)柱的校正

柱子校正是对已临时固定的柱子进行全面检查(平面位置、标高、垂直度等)及校正的一道工序。柱子校正包括平面位置、标高和垂直度的校正。对重型柱或偏斜值较大则用千斤顶、缆风绳、钢管支撑等方法校正，如图 6-31 所示。

(5)柱子最后固定

其方法是在柱脚与杯口之间浇筑细石混凝土，其强度等级应比原构件的混凝土强度等级提高一级。细石混凝土浇筑分两次进行，如图 6-32 所示，第一次浇至楔块底面，待混凝土强度达到 25%时拔去楔块，再浇第二次混凝土，直到灌满杯口为止。

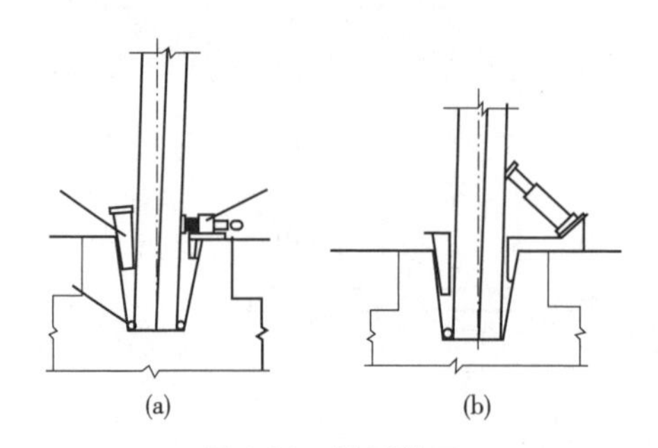

图 6-31 柱子校正

(a)螺旋千斤顶平顶法；(b)千斤顶斜顶法

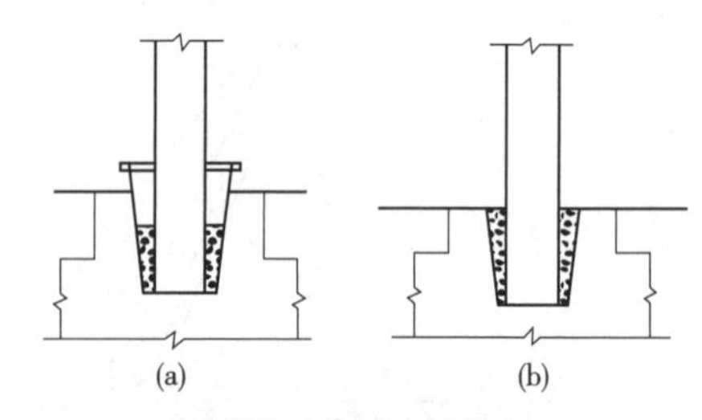

图 6-32 柱子最后固定

(a)第一次浇注细石混凝土；

(b)第二次浇注细石混凝土

(二)吊车梁的吊装

1. 吊车梁的绑扎、吊升、对位与临时固定

吊车梁吊升时，应对称绑扎，对称起吊。两根吊索取等长，吊钩才能对准梁的重心，从而使吊车梁在起吊后保持水平。吊车梁两端需安排两人用溜绳控制，以防与柱子相碰。高宽比小于 4 的吊车梁本身的稳定性较好，在就位时用垫铁垫平即可，一般不需要采取临时固定措施；当梁的高宽比大于 4 时，为防止吊车

梁倾倒,可用铁丝将其临时绑在柱子上。吊车梁的吊装如图 6-33 所示。

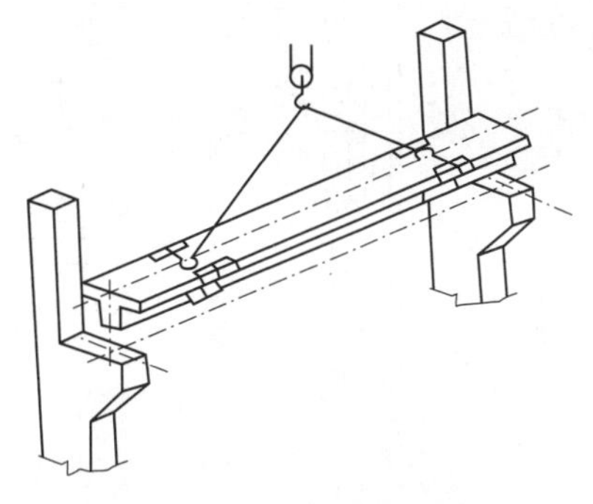

图 6-33 吊车梁的吊装

2. 吊车梁的校正和最后固定

吊车梁的校正一般在厂房全部结构安装完毕,并经校正和最后固定后进行。校正的主要内容为标高、垂直度和平面位置。梁的标高已在基础杯口底调整时基本完成,如仍存在误差,可在铺轨时,在吊车梁顶面抹一层砂浆找平。吊车梁垂直度校正常用靠尺或线锤检查。吊车梁垂直度允许偏差为 5mm,若偏差超过规定值,则可在梁底支垫铁片进行校正,每处垫铁不得超过 3 块。吊车梁平面位置校正包括纵向轴线和跨距两项内容,常用的方法有通线法和仪器放线法。

通线法(见图 6-34)是根据柱的定位轴线,在厂房两端地面定出吊车梁定位轴线的位置,打下木桩,用经纬仪先将厂房两端的 4 根吊车梁位置校准,并用钢尺校核轨距,然后在 4 根已校正的吊车梁端上设支架,高约 200mm,并根据吊车梁的定位轴线拉钢丝通线,以此来检查并拨正各吊车梁中心线的方法。

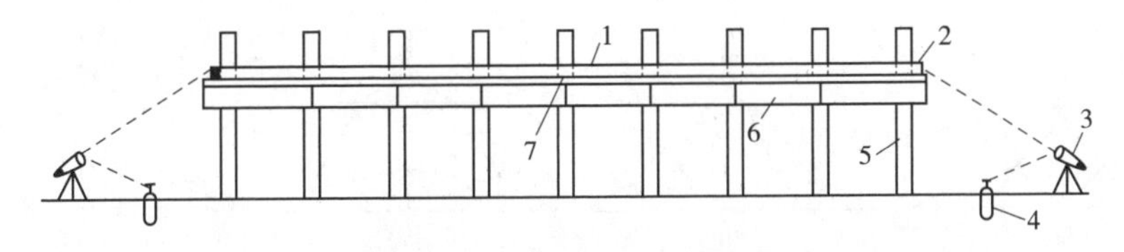

图 6-34 通线法校正吊车梁

1-通线;2-支架;3-经纬仪;4-木桩;5-柱;6-吊车梁;7-圆钢

仪器放线法(见图 6-35)在柱列边设置经纬仪,逐根将杯口上柱的吊车梁准线投射到吊车梁顶面处的柱身上,并做出标志,若吊装准线到柱定位轴线间的距离为 a,则吊装准线标志到吊车梁定位轴线的距离就为 λ—a,λ 为柱定位轴线到吊车梁定位轴线的距离,一般为 750mm。可据此来逐根拨正吊车梁的中心线,并检查两列吊车梁间的轨距是否符合要求。

吊车梁校正后立即电焊焊牢,进行最后固定,在吊车梁与柱的空隙处填筑细石混凝土。

(三)屋架的吊装

钢筋混凝土预应力屋架一般在施工现场平卧叠浇生产,吊装前应将屋架扶直、就位。屋架安装的主要工序有绑扎、扶直与就位、吊升、对位、校正、最后固定等。

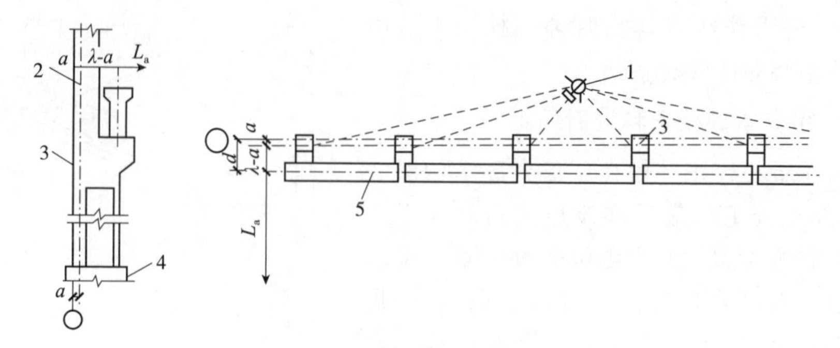

图 6-35　仪器放线法校正吊车梁

1-经纬仪；2-标志；3-柱；4-柱基础；5-吊车梁

1. 绑扎

屋架的绑扎点应选在屋架上弦节点处，左右对称于屋架的重心。一般屋架跨度小于 18m 时两点绑扎；大于 18m 时四点绑扎；大于 30m 时，应考虑使用铁扁担，以减少绑扎高度；对刚性较差的组合屋架，因下弦不能承受压力，也采用铁扁担四点绑扎。屋架绑扎时吊索与水平面夹角不宜小于 45°，否则应采用铁扁担，以减少屋架的起重高度或减少屋架所承受的压力。屋架的绑扎方法如图 6-36 所示。

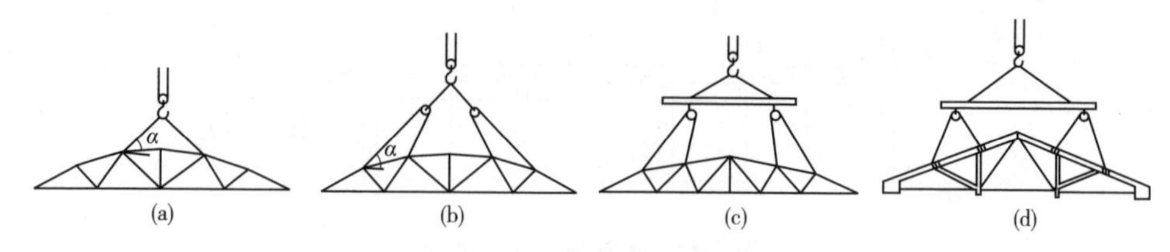

图 6-36　屋架绑扎方法

(a)跨度小于或等于 18m 时；(b)跨度大于 18m 时；(c)跨度大于 30m 时；(d)三角形组合屋架

2. 屋架的扶直与就位

按照起重机与屋架预制时相对位置不同，屋架扶直有正向扶直和反向扶直两种。

(1)正向扶直。起重机位于屋架下弦杆一边，吊钩对准上弦中点，收紧吊钩后略起臂使屋架脱模，然后升钩并起臂使屋架绕下弦旋转呈直立状态，如图 6-37(a)所示。

(2)反向扶直。起重机位于屋架上弦一边，吊钩对准上弦中点，收紧吊钩，接着升钩并降臂，使屋架绕下弦旋转呈直立状态，如图 6-37(b)所示。正向扶直与反向扶直不同之处在于前者升臂，后者降臂。升臂比降臂易于操作且比较安全，故应尽可能采用正向扶直。

钢筋混凝土屋架的侧向刚度差，扶直时由于自重作用使屋架产生平面弯曲，

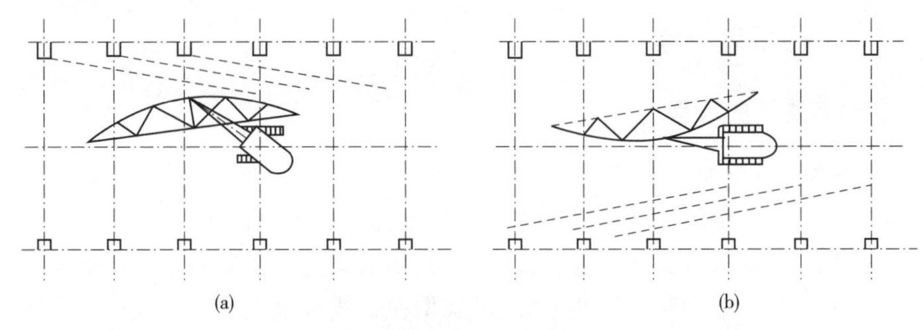

图 6-37　屋架的扶直与就位

(a)正向扶直；(b)反向扶直

部分杆件将改变应力情况，特别是下弦杆极易扭曲造成屋架损伤。因此吊前应进行吊装应力验算，如果截面强度不够，采取必要的加固措施。

屋架扶直后应按规定位置就位。屋架的就位位置与起重机性能和安装方法有关。当屋架就位位置与屋架的预制位置在起重机开行路线同一侧时，称同侧就位。当屋架就位位置与屋架预制位置分别在起重机开行路线各一侧时，叫异侧就位。

3. 屋架的吊升、对位与临时固定

屋架的吊升是将屋架吊离地面约 300mm，然后将屋架转至安装位置下方，再将屋架吊升至柱顶上方约 300mm 后，缓缓放至柱顶进行对位。屋架对位应以建筑物的定位轴线为准。屋架对位后立即进行临时固定。

4. 屋架的校正及最后固定

屋架垂直度的检查与校正方法是在屋架上弦安装三个卡尺，一个安装在屋架上弦中点附近，另两个安装在屋架两端。屋架垂直度的校正可通过转动工具式支撑的螺栓加以纠正，并垫入斜垫铁。屋架校正后应立即电焊固定。

(四)天窗架和屋面板的吊装

天窗架可与屋架组装后一起绑扎吊装，或单独进行吊装。天窗架单独吊装应在天窗架两侧的屋面板吊装后进行，其吊装方法和屋架的基本相同，其校正可用工具式支撑进行。

屋面板设有预埋吊环，用带钩的吊索钩住吊环即可起吊，为充分利用起重机的起重能力，提高功效，可一次同时吊几块屋面板，吊装时几块屋面板间用索具相互悬挂。

屋面板的吊装顺序应由两边檐口左右对称地逐块铺向屋脊，以免屋架受荷不均，屋面板就位后，应立即电焊固定。每块屋面板至少有 3 点与屋架(或天窗架)焊牢，且必须保证焊缝质量。

三、结构吊装方案

(一)起重机的选择

1. 起重机类型选择原则

(1)对于中小型厂房结构采用自行式起重机安装比较合理。

(2)当厂房结构高度和长度较大时,可选用塔式起重机安装屋盖结构。

(3)在缺乏自行式起重机的地方,可采用桅杆式起重机安装。

(4)大跨度的重型工业厂房,应结合设备安装来选择起重机类型。

(5)当一台起重机无法吊装时,可选用两台起重机抬吊。

2. 起重机型号和起重臂长度的选择

所选的起重机三个主要参数必须满足结构吊装的要求。

(1)起重量

起重机的起重量必须满足下式要求:

$$Q \geqslant Q_1 + Q_2 \tag{6-3}$$

式中:Q——起重机的起重量(t);

Q_1——构件的质量(t);

Q_2——索具的质量(t)。

(2)起重高度

起重机的起重高度必须满足构件安装高度的要求(见图 6-38),即

$$H \geqslant h_1 + h_2 + h_3 + h_4 \tag{6-4}$$

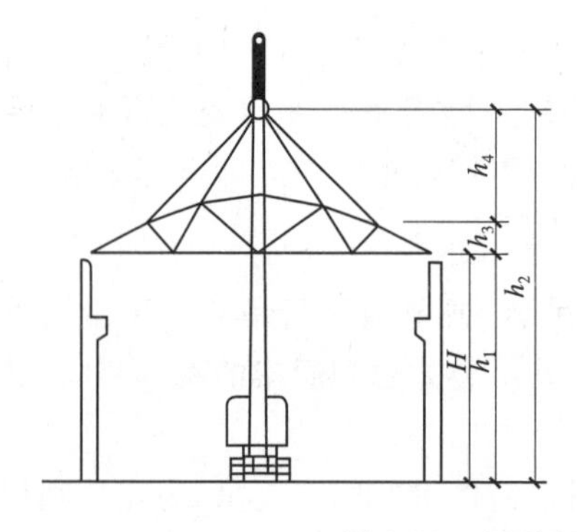

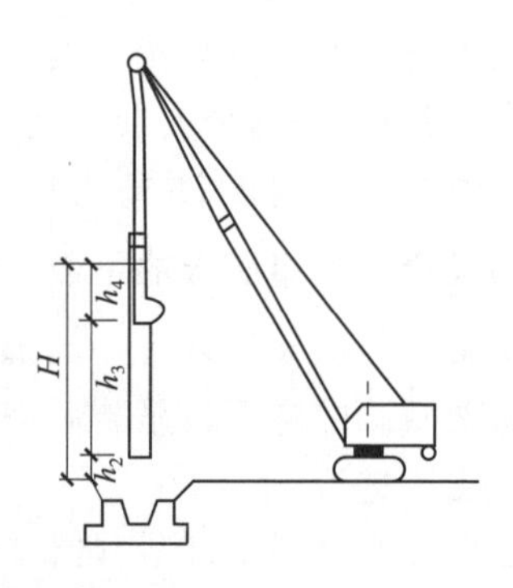

图 6-38　起重高度计算简图

式中:H——起重机的起重高度,停机面至吊钩中心的垂直距离(m);

h_1——安装支座顶面高度,从停机面算起(m);

h_2——安装间隙,不小于 0.3m;

h_3——绑扎点至构件吊起后底面的距离(m);

h_4——索具高度，绑扎点至吊钩中心的垂直距离(m)。

(3)起重半径

当起重机可以不受限制地开到所吊构件附近去吊装构件时，可不验算起重半径。当起重机受限制不能靠近安装位置去吊装构件时，则应验算。当起重机的起重半径为一定值时，起重量和起重半径是否满足吊装构件的要求，一般根据所需的起重量、起重高度值、选择起重机型号，再按下式进行计算，如图 6-39 所示。

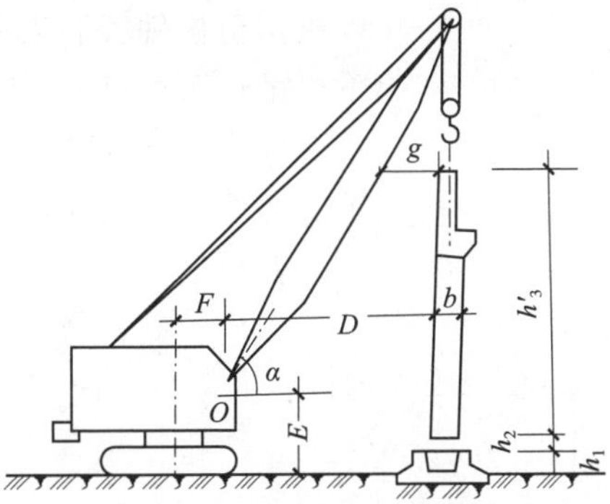

图 6-39　起重半径计算简图

$$R_{min}=F+D+0.5b \qquad (6\text{-}5)$$

式中：F——起重机枢轴中心距回转中心距离(m)；

b——构件宽度(m)；

D——起重机枢轴中心距所吊构件边缘距离(m)；

可按下式计算：

$$D=g+(h_1+h_2+h_3'-E)\text{ctg}\alpha \qquad (6\text{-}6)$$

式中：g——构件上口边缘与起重臂的水平间隙，不小于 0.5m；

E——吊杆枢轴心距地面高度(m)；

α——起重臂的倾角；

h_1、h_2——含义同前；

h_3'——所吊构件的高度(m)。

同一种型号的起重机有几种不同长度的起重臂，应选择能同时满足三个吊装工作参数的起重臂。当各种构件吊装工作参数相差较大时，可以选择几种起重臂。

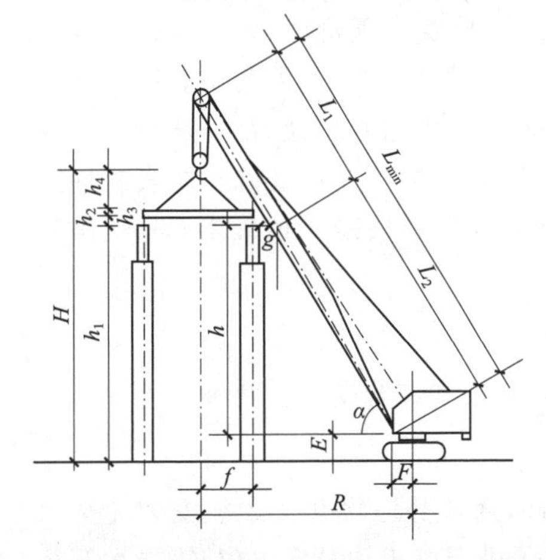

图 6-40　用数解法求最小起重臂长

(4)最小起重臂长度的确定

当起重机的起重臂需跨过屋架去安装屋面板时，为了不碰动屋架，需求出起重臂的最小臂杆长度。它们可用数解法和图解法求得。

1)数解法。最小起重臂长度 L_{min} 可按下式计算，如图 6-40 所示。

$$L_{min}\geqslant L_1+L_2=\frac{h}{\sin\alpha}+\frac{f+g}{\cos\alpha} \qquad (6\text{-}7)$$

$$\alpha=\arctan\sqrt[3]{\frac{h}{a+g}} \qquad (6\text{-}8)$$

式中：h——起重臂下铰至吊装构件支座顶面的高度(m)；

h_1——从停机面至构件安装表面间的垂直距离(m)；

a——起重机吊钩跨过已安装结构的水平距离(m)；

g——起重臂轴线与已安装好构件间的水平距离，至少取 1m；

α——起重臂的仰角。将式(6-8)求得的 α 值代入式(6-7)可得出所需的最小起重臂长度。

2)图解法

用图解法求起重机最小臂长及相应的起重半径，较为直观，如图 6-41 所示，但为保证精确度，要选择适当的作图比例，图解法步骤如下。

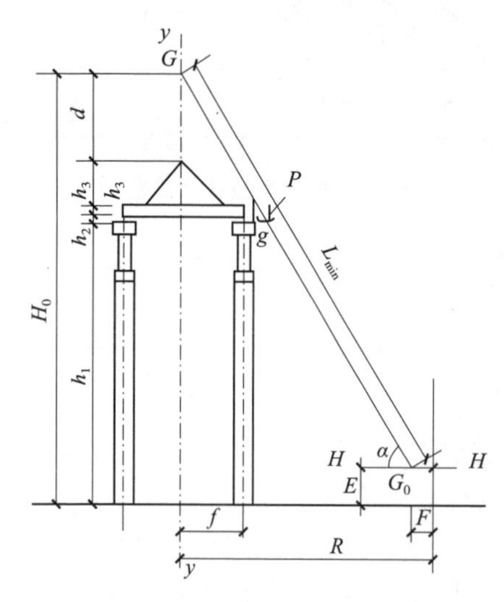

图 6-41 用图解法求最小起重臂长

①按选定比例绘制厂房一个节间的剖面图，在过吊装屋面板时起重机吊钩伸入跨内所需水平距离位置处，作铅垂线 YY。

②作与停机面距离等于 E 的水平线 HH，HH 线是起重臂下端转轴的运动轨迹。

③自屋架顶面向起重机方向水平量一距离等于 g，标记为 P 点。

④过 P 点可作若干条直线，分别与水平线 HH 及铅垂线 YY 相交，则线与 YY 线所截得的若干线段都满足起重臂长度的要求。设其中最短的一条交 YY 线于 a 点，交 HH 线于 b 点，则线段 ab 的长度即是最小起重臂长度 L_{min}。

根据数解法和图解法所求得的最小起重臂长度为理论值 L_{min}，查起重机性能表或性能曲线，从规定的几种臂长中选择一种臂长 $L \geqslant L_{min}$ 即为吊装屋面板时所选用的起重臂长度。根据实际采用的 L 及相应的 α 值，以及 $R=F+L\cos\alpha$，计算起重半径，按计算出的尺值及已选定的起重臂长度 L 查起重机性能表或性能曲线，复核起重量 Q 及起重高度 H，如满足要求，即可根据 R 值确定起重机吊装屋面板时的停机位置。

(二)结构安装方法

单层厂房的结构安装方法主要有分件安装法和综合安装法两种

1. 分件安装法

起重机每开行一次，仅安装一、二种构件，通常分三次开行才能安装完全部构件。即第一次开行安装全部柱子，并对柱子进行校正和最后定位；第二次开行安装全部吊车梁、连系梁及柱间支撑；第三次开行依次按节间安装屋架、天窗架、屋面板及屋面支撑等构件，如图 6-42 所示。

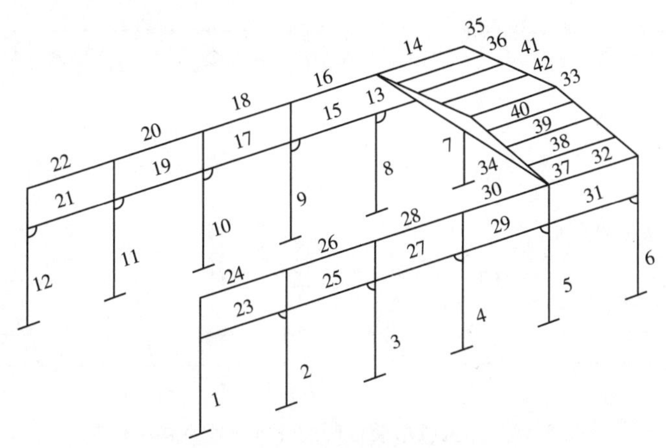

图 6-42　分件安装时的构件吊装顺序

1～12-柱子；13～32-单数是吊车梁，双数是联系梁；33、34-屋架；35～42-屋面板

分件安装法的优点是每次吊装同类构件，不需经常更换索具，操作程序基本相同，所以安装速度快，并且有充分时间校正。构件可分批进场，供应单一，平面布置比较容易，现场不致拥挤。缺点是不能为后续工程及早提供工作面，起重机开行路线长，装配式钢筋混凝土单层工业厂房多采用分件安装法。

2. 综合安装法

综合安装法是指起重机在车间内的一次开行中，分节间安装所有各种类型的构件。具体做法是先安装 4～6 根柱子，立即加以校正和最后固定，接着安装吊车梁、连系梁、屋架、屋面板等构件。安装完一个节间所有构件后，转入安装下一个节间。

综合安装法的优点是开行路线短，起重机停机点少，可为后期工程及早提供工作面，使各工种能交叉平行流水作业。其缺点是一种机械同时吊装多类型构件，现场拥挤，校正困难。

(三)起重机开行路线及停机位置

起重机开行路线和起重机的停机位置与起重机性能、构件的尺寸及质量、构件的平面布置、构件的供应方式、安装方法等许多因素有关。

起重机开行路线的选择，应以开行路线的总长度较短和线路能够重复使用为目标，使安装方案趋于经济合理。安装柱时，根据厂房跨度大小、柱的尺寸、柱的质量及起重机性能，可沿跨中开行或跨边开行。当柱布置在跨外时，起重机一般沿跨外开行。

跨中开行时，根据起重半径满足不同条件，可在一个停机点上同时吊装左右侧 2 根柱子或 4 根柱子；跨外或跨边开行时，在一个停机点上可吊装 1 根柱子，或满足几何条件时可同时吊装同侧的 2 根柱子，如图 6-43 所示。

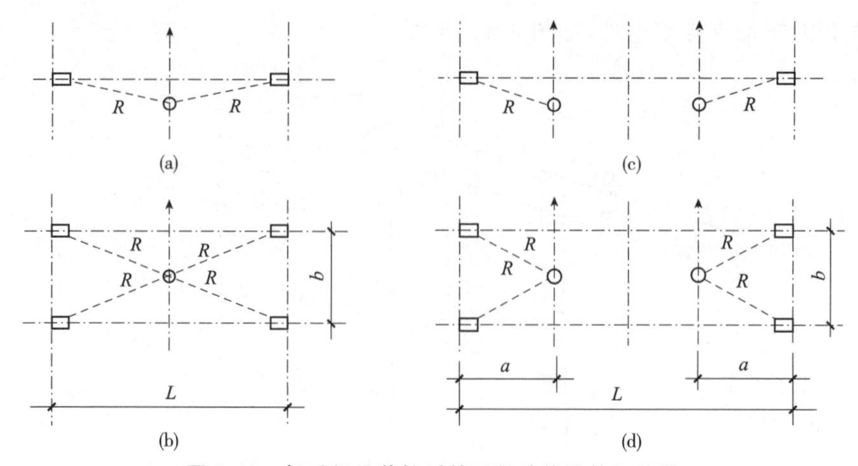

图 6-43　起重机吊装柱时的开行路线及停机位置

(a)、(b)跨中开行；(c)、(d)跨边开行

当起重半径 $R \geqslant L/2$（L 为厂房跨度）时，起重机在跨中开行，每个停机点吊两根柱子，如图 6-43(a)所示。

当起重半径 $R \geqslant \sqrt{(L/2)^2+(b/2)^2}$（$b$ 为柱距）时，起重机跨中开行，每个停机点安装四根柱子，如图 6-43(b)所示。

当 $R < \frac{L}{2}$ 时，起重机沿跨边开行，每个停机点，安装一根柱子，如图 6-43(c)所示。

当 $R \geqslant \sqrt{a^2+(b/2)^2}$ 时，（a 为开行路线到跨边距离），起重机在跨内靠边开行，每个停机点可吊两根柱子，如图 6-43(d)所示。

柱子布置在跨外时，起重机在跨外开行，每个停机点可吊 1～2 根柱子。

安装屋架、屋面板等屋面构件时，起重机大多沿跨中开行。

图 6-44 所示为一个单跨车间采用分件吊装时，起重机的开行路线及停机位置图。起重机自轴线进场：沿跨外开行吊装列柱（柱跨外布置）—沿轴线跨内开行吊装列柱（柱跨内布置）—转到轴线扶直屋架及将屋架就位—转到轴线吊装—列连系梁、吊车梁等—转到轴线吊装吊车梁等构件—转到跨中吊装屋盖系统。

当单层工业厂房面积大或具有多跨结构时，为加速工程进度，可将建筑物划分为若干段，选用多台起重机同时进行施工。每台起重机可以独立作业，负责完成一个区段的全部吊装工作，也可选用不同性能的起重机协同作业，有的专门吊装柱子，有的专门吊装屋盖结构，组织大流水施工。

当厂房具有多跨并列和纵横跨时，可先吊装各纵向跨，以保证吊装各纵向跨时，起重机械、运输车辆畅通。如各纵向跨有高、低跨，则应先吊高跨，然后逐步向两侧吊装。

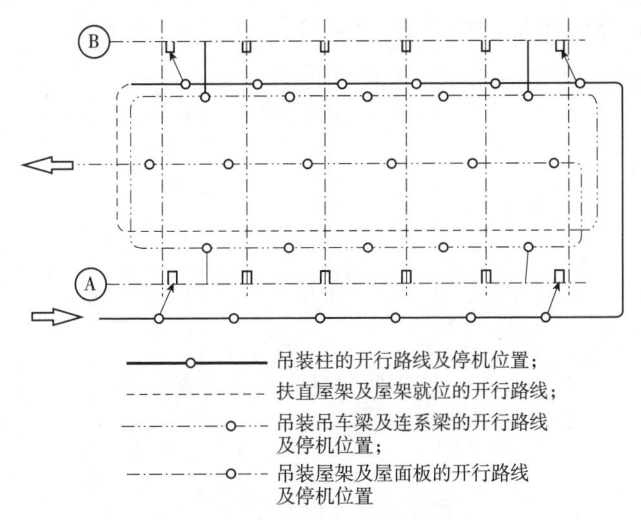

图 6-44　起重机的开行路线及停机位置

四、构件的平面布置

厂房跨内及跨外都可作为构件布置的场地，通常是相当紧凑的。构件平面布置得是否合理，直接影响到整个结构安装工程的顺利进行。因此，在构件平面布置时必须根据现场条件、工程特点、工期要求、作业方式等进行统筹安排。构件的平面布置可分为预制阶段和吊装阶段，两者之间紧密关联，必须同时考虑。

(一)构件的平面布置原则

(1)每跨的构件宜布置在本跨内，如场地狭窄，布置有困难时，也可布置在跨外便于安装的地方。

(2)构件的布置应便于支模和浇筑混凝土。对预应力构件应留有抽管、穿筋的操作场地。

(3)构件的布置要满足安装工艺的要求，尽可能在起重机的工作半径内，减少起重机“跑吊”的距离及起伏起重杆的次数。

(4)构件的布置应保证起重机、运输车辆的道路畅通。起重机回转时，机身不得与构件相碰。

(5)构件的布置要注意安装时的朝向，以免在空中调向，影响进度和安全。

(6)构件应布置在坚实地基上。在新填土上布置时，土要夯实，并采取一定措施防止下沉影响构件质量。

(二)预制阶段的构件平面布置

1. 柱子的布置

柱子的布置方式与场地大小、安装方法有关，一般有斜向布置和纵向布置两种。

(1)柱的斜向布置:采用旋转法吊装时,可按三点共弧斜向布置,其预制位置可采用作图法(图 6-45),其作图步骤如下:

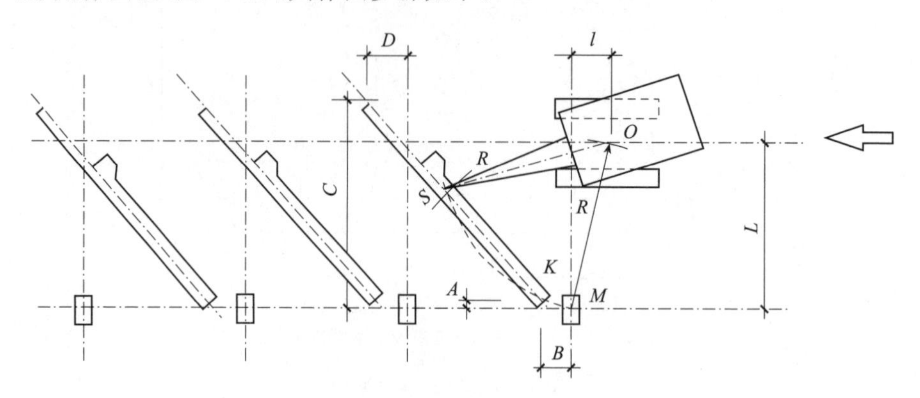

图 6-45　柱子的斜向布置

①确定起重机开行路线到柱基中线的距离 a。起重机开行路线到柱基中线的距离 a 与基坑大小、起重机的性能、构件的尺寸和质量有关。a 的最大值不要超过起重机吊装该柱时的最大起重半径;a 的最小值也不要取的过小,以免起重机太靠近基坑边而致失稳。此外,还应注意检查当起重机回转时,其尾部不致与周围构件或建筑物相碰。综合考虑这些条件后,就可定出 a 值($R_{min}<a\leqslant R$),并在图上画出起重机的开行路线。

②确定起重机的停机位置。确定起重机的停机位置的方法是以所吊装柱的柱基中心 M 为圆心,以所选吊装该柱的起重半径 R 为半径,画弧交起重机开行路线于 O 点,则 O 点即为起重机的停机点位置。标定 O 点与横轴线的距离为 l。

③确定柱在地面上的预制位置。按旋转法吊装柱的平面布置要求,使柱吊点、柱脚和柱基三者都在以停机 O 点为圆心,以起重机起重半径 R 为半径的圆弧上,且柱脚靠近基础。据此,以停机 O 点为圆心,以吊装该柱的起重半径 R 为半径画弧,在靠近基础杯的弧上选一点 K,作为预制时柱脚的位置。又以 K 为圆心,以绑扎点至柱脚的距离为半径画弧,两弧相交于 S。再以 KS 为中心线画出柱的外形尺寸,此即为柱的预制位置图。标出柱顶、柱脚与柱列纵横轴线的距离(A、B、C、D),以其外形尺寸作为预制柱的支模的依据。

柱的布置应注意牛腿的朝向,避免安装时在空中调头,当柱布置在跨内时,牛腿应面向起重机;布置在跨外时,牛腿应背向起重机。

若场地限制或柱过长,难于做到三点共弧时,可按两点共弧布置。一种是将杯口、柱脚中心点共弧,吊点放在起重半径 R 之外,如图 6-46(a)所示,安装时,先用较大的工作幅度 R' 吊起柱子,并抬升起重臂,当工作幅度变为 R 后,停止升臂,随后用旋转法吊装。另一种是将吊点与柱基中心共弧,柱脚可斜向任意方向，如图6-46(b)所示，吊装时，可用旋转法也可用滑行法。

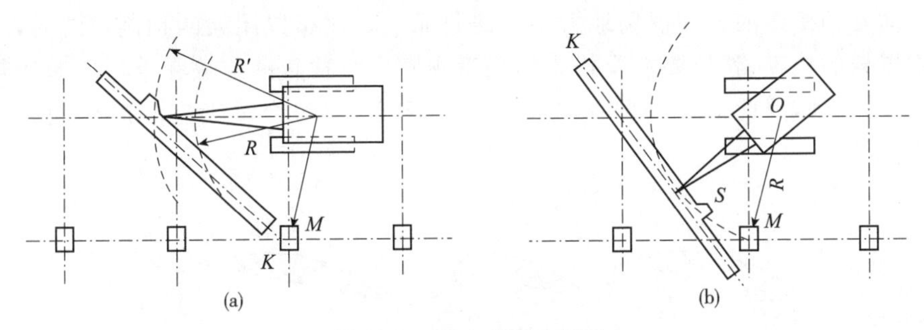

图6-46　两点共弧布置法

(a)柱脚与柱基两点共弧；(b)吊点与桩基两点共弧

(2)柱的纵向布置：对一些较轻的柱起重机能力有富余，考虑到节约场地，方便构件制作，可顺柱列纵向布置，如图6-47所示。

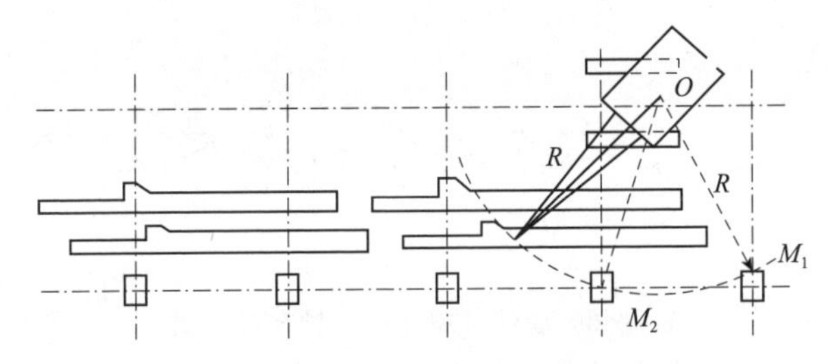

图6-47　柱子的纵向布置

柱纵向布置时，起重机的停机点应安排在两柱基的中点，使 $OM_1 = OM_2$，这样每停机点可吊两根柱子。

柱可两根叠浇生产，层间应涂刷隔离剂，上层柱在吊点处需预埋吊环；下层柱则在底模预留砂孔，便于起吊时穿钢丝绳。

2. 屋架的布置

钢筋混凝土或预应力钢筋混凝土屋架多采用在跨内平卧叠层预制，每叠3～4榀，布置方式有斜向布置、正反斜面向布置和正反纵向布置(见图6-48)。多采用斜向布置，因其便于扶直和就位，只有在场地受到限制时，才考虑其他两种形式。

若为预应力钢筋混凝土屋架，在屋架一端或两端需留出抽芯及穿筋所必需的长度。其预留长度：若屋架采用钢管抽芯法预留孔道，当一端抽芯时需留出的长度为屋架全长另加抽芯时所需工作场地3m；当两端抽芯时需留出的长度为二分之一屋架长度另加抽芯时所需工作场地3m；若屋架采用胶管抽芯法预留孔道，则屋架两端的预留长度可以适当减少。

每两垛屋架之间的间隙，可取1m左右，以便支模板及浇筑混凝土之用。屋架之间互相搭接的长度视场地大小及需要而定。在布置屋架的预制位置时，要考虑屋架的扶直、就位要求及扶直的先后顺序。先扶直的应放在上层。屋架较长，不易转动，因此对屋架的两端朝向也要注意，要符合屋架安装时对朝向的要求。

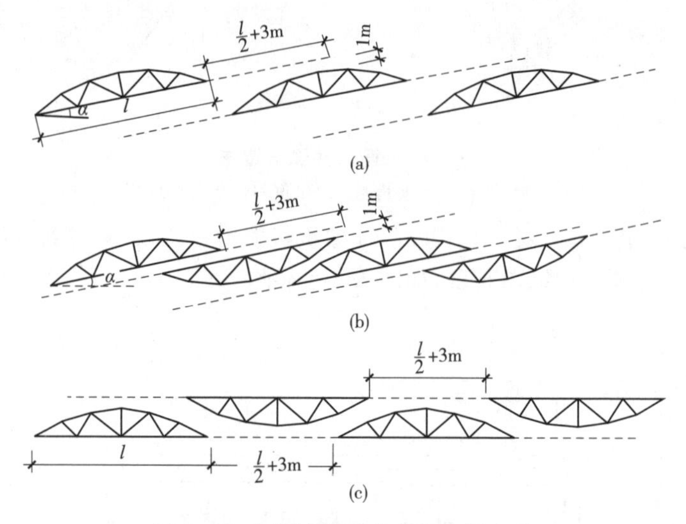

图6-48　屋架预制时的几种布置方式

(a)正面斜向布置；(b)正反斜向布置；(c)正反纵向布置

3. 吊车梁的布置

当吊车梁安排在现场预制时，可靠近柱基顺纵向轴线或略作倾斜布置。也可插在柱子的空档中预制，如具有运输条件，也可在场外集中预制。

(三)安装阶段构件的就位布置及运输堆放

安装阶段的就位布置，是指柱子安装完毕后，其他构件的就位位置，包括屋架的扶直就位，吊车梁、屋面板的运输就位等。

1. 屋架的扶直就位

屋架的就位方式有两种：一种是靠柱边斜向就位；另一种是靠柱边成组纵向就位。

(1)屋架的斜向就位，可按下述作图法确定

1)确定起重机安装屋架时的开行路线及停机位置。安装屋架时，起重机一般沿跨中开行，先在跨中画出平行于厂房纵轴线的开行路线。再以欲安装的某轴线(如②轴线)的屋架中心点 M_2 为圆心，以选择好的工作幅度 R 为半径画弧，交于开行路线于 O_2 点，O_2 点即为安装②轴线屋架时的停机点(图6-49)。

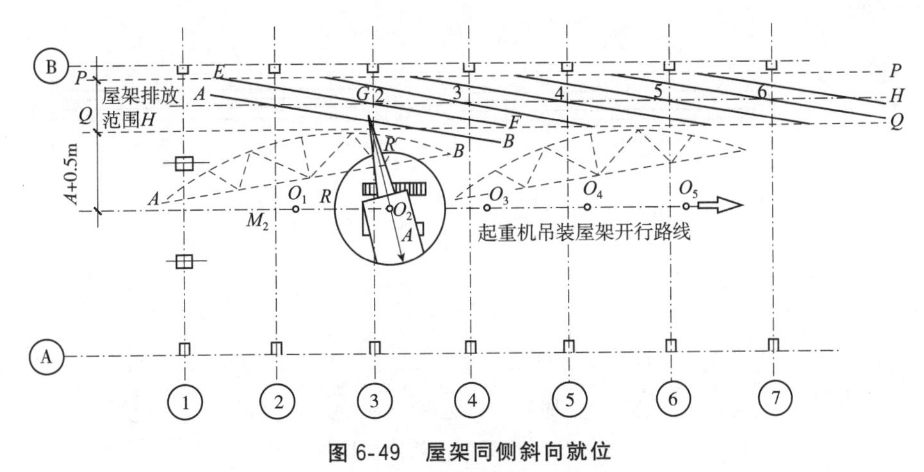

图 6-49 屋架同侧斜向就位

（虚线表示屋架预制时位置）

2)确定屋架就位的范围。屋架一般靠柱边就位，但屋架离开柱边的净距不小于 200mm，并可利用柱作为屋架的临时支撑，这样可定出屋架就位的外边线 $P—P$。另外，起重机在吊装屋架及屋面板时需要回转，若起重机尾部至回转中心的距离为 A，则在距起重机开行路线 $A+0.5$m 的范围内也不宜布置屋架及其他构件；以此画出虚线 $Q—Q$，在 $P—P$ 及 $Q—Q$ 两虚线的范围内可布置屋架就位。但屋架就位宽度不一定需要这样大，应根据实际需要定出屋架就位的宽度 $P—Q$。

3)确定屋架就位的位置。屋架就位范围确定后。画出 $P—P$、$Q—Q$ 两线的中心线 $H—H$，屋架就位后，屋架的中心点均在线上，以②轴线屋架为例，就位位置可按下述方式确定：以停机点 O_2 为圆心，吊装屋架时起重半径 R 为半径，画弧交 $H—H$ 线于 G 点，G 点即为②轴线屋架就位后屋架的中点。再以 G 点为圆心，屋架跨度的 1/2 为半径，画弧交于 $P—P$、$Q—Q$ 两线于 E、F 两点，连接 EF，即为②轴线屋架就位的位置，其他屋架的就位位置均应平行此屋架，端头相距 6m。但①轴线屋架由于抗风柱阻挡，要退到②轴屋架的附近排放。

(2)屋架的成组纵向就位

纵向就位就位方便，支点用的道木比斜向就位的要少，但吊装时部分屋架要负荷行驶一段距离，故吊装费时，且要求道路平整。

屋架的成组纵向就位，一般以 4～5 榀为一组，靠柱边顺轴线纵向就位。屋架与柱之间、屋架与屋架之间的净距不小于 200mm，相互之间用铁丝及支撑拉紧撑牢。每组屋架之间应留 3m 左右的间距作为横向通道，应避免在已吊装好的屋架下面去绑扎吊装屋架，屋架起吊应注意不要与已吊装的屋架相碰。因此，布置屋架时，每组屋架的就位中心线，可大致安排在该组屋架倒数第二榀吊装轴线之后约 2m 处，如图 6-50 所示。

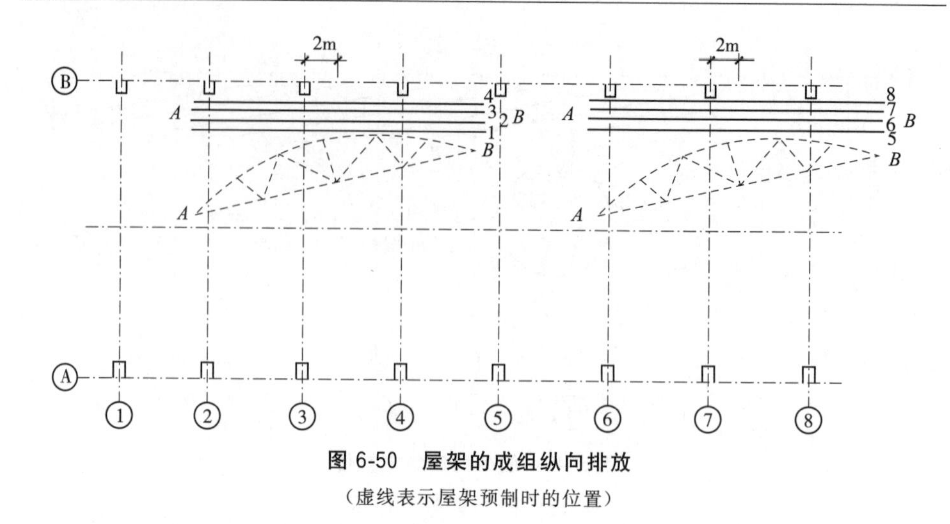

图 6-50 屋架的成组纵向排放

（虚线表示屋架预制时的位置）

2. 吊车梁、屋面板的运输就位

吊车梁、连系梁、屋面板的运输、就位堆放单层厂房除柱子、屋架外，其他构件如吊车梁、连系梁、屋面板均在预制厂或附近工地的露天预制场制作，然后运至工地就位吊装。

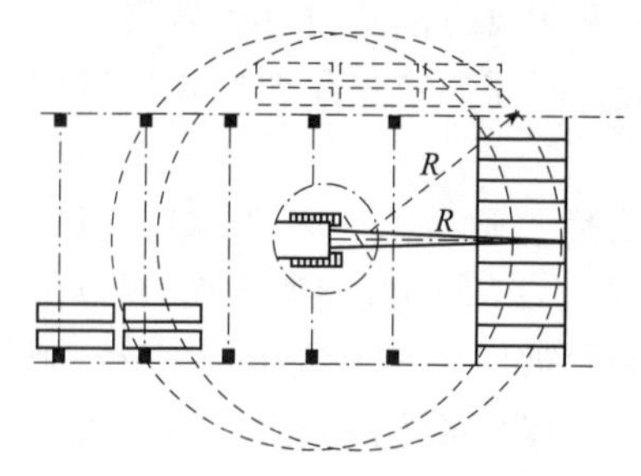

图 6-51 屋面板吊装就位布置

构件运至工地后，应按施工组织设计所规定的位置，按编号及构件吊装顺序进行集中堆放。吊车梁、连系梁的就位位置，一般在其吊装位置的柱列附近，跨内跨外均可。也可以从运输车上直接吊装，不需在现场排放。屋面板的就位位置，跨内跨外均可（图 6-51）。

根据起重机吊屋面板时所需的起重半径，当屋面板在跨内排放时，大约应后退 3～4 节间开始排放；若在跨外排放，应向后退 1～2 个节间开始排放。

以上所介绍的构件预制位置和排放位置是通过作图定出来的。但构件的平面布置因受很多因素影响，制定时要密切联系现场实际，确定出切实可行的构件平面布置图。排放构件时，可按比例将各类构件的外形，用硬纸片剪成小模型，在同样比例的平面图上进行布置和调整。经研究可行后，给出构件平面布置图。

第四节　钢结构单层工业厂房制作安装

一、钢结构的特点

钢结构是由钢构件制成的工程结构，所用钢材主要为型钢和钢板，和其他结构相比，它具有以下特点：

(1)塑性好。结构在一般条件下不会因超载而突然断裂，只增大变形，故易于被发现。此外，尚能将局部高峰应力重分配，使应力变化趋于平缓。

(2)韧性好。适宜在动力荷载下工作，因此在地震区采用钢结构较为有利。

(3)重量轻。钢材容重大，强度高，做成的结构却比较轻。

(4)材质均匀。力学计算假定比较符合钢结构实际受力情况。在计算中采用的经验公式不多，从而计算上的不定性较小，计算结果比较可靠。

(5)制作简便，施工周期短。钢结构件一般是在金属结构厂制作，施工机械化、准确度和精密度皆较高，加工简易而迅速。钢构件较轻，连接简单，安装方便，施工周期短。小量钢结构和轻型钢结构尚可在现场制作，简易吊装。钢结构由于连接的特性，易于加固、改建和拆迁。

(6)密闭性好。钢结构的钢材和连接(如焊接)的水密性和气密性较好，适宜于要求密闭的板壳结构，如高压容器、油库、气柜、管道等。

(7)耐腐蚀性差，对涂装要求高。钢材容易锈蚀，对钢结构必须注意防护，特别是薄壁构件要注意，钢结构涂装工艺要求高，在涂油漆以前应彻底除锈，油漆质量和涂层厚度均应符合要求。

钢结构工程是建筑工程施工中主要工种之一。钢结构工程施工包括钢构件的场内制作、钢结构的吊装、安装、钢结构的涂装等主要施工过程。钢结构施工条件恶劣复杂，施工质量要求高，因此施工前应针对钢结构工程的施工特点，制定合理的施工方案。

二、钢结构构件制作

钢结构加工制作的主要工艺流程有：加工制作图的绘制→制作样杆、样板→号料→放线→切割→坡口加工→开制孔→组装(包括矫正)→焊接→摩擦面的处理→涂装与编号。

1. 放样

放样是钢结构制作工艺中的第一道工序，其工作的准确与否将直接影响到整个产品的质量，至关重要。为了提高放样和号料的精度和效率，有条件时，应采用计算机辅助设计。

放样工作包括如下内容：核对图纸的安装尺寸和孔距；以1∶1的大样放出节点；核对各部分的尺寸；制作样板和样杆作为下料、弯制、铣、刨、制孔等加工的依据。

放样时按1∶1在样板台上弹出大样．当大样尺寸过大时，可分段弹出；对一些三角形的构件，如果只对其节点有要求，则可以缩小比例弹出，但必须注意其精度，放样弹出的十字基准线，二线必须垂直，然后据此十字线逐一划出其他各个点及线,并在节点旁注上尺寸,以备复查及检验。

样板(或样杆)上应注明工号、图号、零件号、数量及加工边、坡口部位、弯折线和弯折方向、孔径和滚圆半径等。

样板一般分为四种类型,号孔样板、卡型样板、成型样板及号料样板。号孔样板专用于号孔;卡型样板分为内卡型样板和外卡型样板两种,是用于煨曲或检查构件弯曲形状的样板;成型样板用于煨曲或检查弯曲件平面形状;号料样板是供号料或号料同时号孔的样板。

放样时,铣、刨的工件要所有加工边均考虑加工余量,焊接构件要按工艺要求放出焊接收缩量。

2. 号料

号料(也称划线),即利用样板、样杆或根据图纸,在板料及型钢上画出孔的位置和零件形状的加工界线。号料的一般工作内容包括:检查核对材料;在材料上划出切割、铣、刨、弯曲、钻孔等加工位置,打冲孔,标注出零件的编号等。

号料一般先根据料单检查清点样板和样杆、点清号料数量、准备号料的工具、检查号料的钢材规格和质量,然后依据先大后小的原则依次号料,并注明接头处的字母、焊缝代号。号料完毕,应在样板、样杆上注明并记下实际数量。

常采用以下几种号料方法:

①集中号料法

②套料法

③统计计算法

④余料统一号料法

钢材如有较大弯曲等问题时应先矫正,根据配料表和样板进行套裁,尽可能节约材料。当工艺有规定时,应按规定的方向进行取料,号料应有利于切割和保证零件质量。

3. 切割

切割的目的就是将放样和号料的零件形状从原材料上进行下料分离。钢材的切割可以通过切削、冲剪、摩擦机械力和热切割来实现。常用的切割方法有:机械剪切、气割和等离子切割三种方法。

(1)气割

气割法是利用氧气与可燃气体混合产生的预热火焰加热金属表面达到燃烧温度并使金属发生剧烈的氧化,放出大量的热促使下层金属也自行燃烧,同时通以高压氧气射流,将氧化物吹除而引起一条狭小而整齐的割缝。随着割缝的移动,使切割过程连续切割出所需的形状。除手工切割外常用的机械有火车式半自动气割机、特型气割机等。这种切割方法设备灵活、费用低廉、精度高，是目前使用最广泛的切割方法，能够切割各种厚度的钢材，特别是带曲线的零件或厚钢板。气割前，应将钢材切割区域表面的铁锈、污物等清除干净，气割后，应清除熔渣和飞溅物。

手工气割操作要点：

1）点火

点燃火焰时，应先稍许开启氧气调节阀，再开乙炔调节阀，两种气体在割炬内混合后，从割嘴喷出，此时将割嘴靠近火源即可点燃。点燃时，拿火源的手不要对准割嘴，也不要将割嘴指向他人或可燃物，以防发生事故。刚开始点火时，可能出现连续的放炮声，原因是乙炔不纯，应放出不纯的乙炔，重新点火。如果氧气开的太大，会导致点不着火的现象，这时可将氧气阀关小即可。火焰点燃后，调节火焰性质和预热火焰能率，与气割的要求相一致。

2）气割

开始气割时，首先用预热火焰在工件边缘预热，待呈亮红色时（既达到燃烧温度），慢慢开启切割氧气调节阀。若看到铁水被氧气流吹掉时，再加大切割氧气流，待听到工件下面发出“噗、噗”的声音时，则说明已被割透。这时应按工件的厚度，灵活掌握气割速度，沿着割线向前切割。

3）气割过程

气割时火焰焰心离开割件表面的距离为3～5mm，割嘴与割件的距离，在整个气割过程中保持均匀。手工气割时，可将割嘴沿气割方向后倾20°～30°，以提高气割速度。气割质量与气割速度有很大关系。气割速度是否正常，可以从熔渣的流动方向来判断，熔渣的流动方向基本上与割件表面垂直。当切割速度过快时，熔渣将成一定角度流出，既产生较大后拖量。当气割较长的直线或曲线割缝时，一般切割300～500mm后需移动操作位置。此时应先关闭切割氧调节阀，将割炬火焰离开割件后再移动身体位置。继续气割时，割嘴一定要对准割缝的切割处，并预热到燃点，再缓慢开启切割氧。切割薄板时，可先开启切割氧，然后将割炬的火焰对准切割处继续气割。

4）停割

气割要结束时，割嘴应向气割方向后倾一定角度，使钢板下部提前割开，并注意余料的下落位置，这样，可使收尾的割缝平整。气割结束后，应迅速关闭切割氧调节阀，并将割炬抬高，再关闭乙炔调节阀，最后关闭预热氧调节阀。

5）回火处理

在气割时，若发现鸣爆及回火时，应迅速关闭乙炔调节阀和切割氧调节阀，以防氧气倒流入乙炔管内并使回火熄灭。

(2)机械剪切

机械切割法可利用上、下两剪刀的相对运动来切断钢材,或利用锯片的切削运动把钢材分离,或利用锯片与工件间的摩擦发热使金属熔化而被切断。常用的切割机械有剪板机、联合冲剪机、弓锯床、砂轮切割机等。其中剪切法速度快、效率高,但切口略粗糙;锯割可以切割角钢、圆钢和各类型钢,切割速度和精度都较好。机械剪切的零件,其钢板厚度不宜大于12mm,剪切面应平整。常用切割机械有以下几种:

1)带锯机床。带锯机床适用于切断型钢及型钢构件,其效率高,切割精度高。

2)砂轮锯。砂轮锯适用于切割薄壁型钢及小型钢管,其切口光滑、生刺较薄、易清除,噪声大、粉尘多。

3)无齿锯。无齿锯是依靠高速摩擦而使工件熔化,形成切口,适用于精度要求较低的构件。其切割速度快,噪声大。

4)剪板机、型钢冲剪机。此法适用于薄钢板、压型钢板等,其具有切割速度快、切口整齐、效率高等特点,剪刀必须锋利,剪切时调整刀片间隙。

(3)等离子切割

等离子切割法是利用高温高速的等离子焰流将切口处金属及其氧化物熔化并吹掉来完成切割,所以能切割任何金属,特别是熔点较高的不锈钢及有色金属铝、铜等。

4. 边缘加工

在钢结构加工中一般需要边缘加工,除图纸要求外,在梁翼缘板、支座支承面、焊接坡口及尺寸要求严格的加劲板、隔板、腹板和有孔眼的节点板等部位应进行边缘加工。常用的边缘加工方法主要有:铲边、刨边、铣边、碳弧气刨、气割和坡口机加工等。

5. 弯制

在钢结构制作中,弯制成型的加工主要是卷板(滚圆)、弯曲(煨弯)、折边和模具压制等几种加工方法。弯制成型的加工工序是由热加工或冷加工来完成的。

把钢材加热到一定温度后进行的加工方法,通称热加工。热加工常用的有两种加热方法,一种是利用乙炔火焰进行局部加热;这种方法简便,但是加热面积较小。另一种是放在工业炉内加热,其加热面积很大。温度能够改变钢材的机械性能,能使钢材变硬,也能使钢材变软。钢材在常温中有较高的抗拉强度,但加热到500℃以上时,随着温度的增加,钢材的抗拉强度急剧下降,其塑性、延展性大大增加,钢材的机械性能逐渐降低。

钢材在常温下进行加工制作，通称冷加工。冷加工绝大多数是利用机械设备和专用工具进行的。应注意低温时不宜进行冷加工。低温中的钢材，其韧性和延伸性均相应减小，极限强度和脆性相应增加，若此时进行冷加工受力，易使钢材产生裂纹。

与热加工相比，冷加工具有如下优点：①使用的设备简单，操作方便；②节约材料和燃料；③钢材的机械性能改变较小，材料的减薄量甚少。

滚圆是在外力的作用下，使钢板的外层纤维伸长，内层纤维缩短而产生弯曲变形（中层纤维不变）。当圆筒半径较大时，可在常温状态下卷圆，如半径较小和钢板较厚时，应将钢板加热后卷圆。在常温状态下进行滚圆钢板的方法有：机械滚圆、胎模压制和手工制作三种加工方法。机械滚圆是在卷板机（又叫滚板机、轧圆机）上进行的。

在卷板机上进行板材的弯曲是通过上滚轴向下移动时所产生的压力来达到的。卷板机按轴辊数目和位置可分为三辊卷板机和四辊卷板机两类，三辊卷板机又分为对称式与不对称式两种。它们滚圆工作原理如图 6-52 所示。

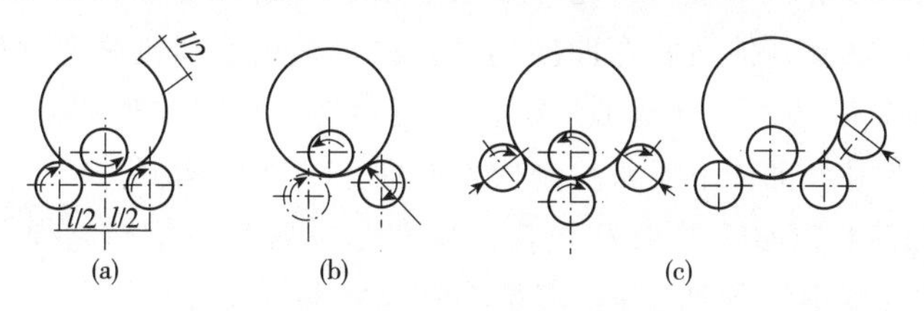

图 6-52　滚圆机原理

(a)对称式三辊卷板机；(b)不对称式三辊卷板机；(c)四辊卷板机

用三辊弯（卷）板机弯板，其板的两端需要进行预弯，预弯长度为 $0.5L+(30\sim50)$mm（L 为下辊中心距）。预弯可采用压力机模压预弯或用托板在滚圆机内预弯（图 6-53）。

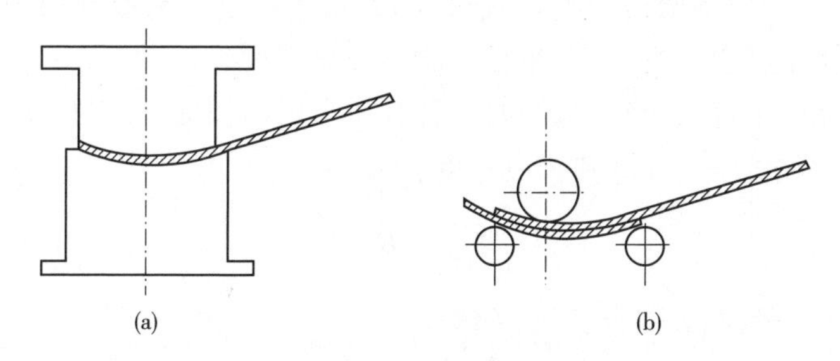

图 6-53　钢板预弯示意

(a)用压力机模压预弯；(b)用托板在滚圆机内预弯

圆柱面的卷弯，卷制时根据板料温度的不同分为冷卷、热卷与温卷。

冷卷一般采用快速进给法和多次进给法滚弯，调节上辊（在二辊卷板机上）

或侧辊(在四辊卷板机上)的位置,使板料发生初步的弯曲,然后来回滚动而弯曲。冷卷时必须控制变形量。

当碳素钢板的厚度 t 大于或等于内径 D 的 1/40 时,一般认为应该进行热卷。热卷前,通常必须将钢板在室内加热炉内均匀加热,加热温度范围视钢材成分而定。

温卷作为一种新工艺,吸取了冷、热卷板中的优点,避免了冷、热卷板时存在的困难。温卷是将钢板加热至 500～600℃,使板料比冷卷时有更好的塑性,同时减少了卷板超载的可能,又可减少卷板时氧化皮的危害,操作也比热卷方便。

由于温卷的加热温度通常在金属的再结晶温度以下,因此,温卷工艺方法实质上仍属于冷加工范围。

在钢结构的制造过程中,弯曲成形的应用相当广泛,其加工方法分为压弯、滚弯和拉弯等几种。

压弯是用压力机压弯钢板,此种方法适用于一般直角弯曲(V 形件)、双直角弯曲(U 形件),以及其他适宜弯曲的构件。滚弯是用滚圆机滚弯钢板,此种方法适用于滚制圆筒形构件及其他弧形构件。拉弯是用转臂拉弯机和转盘拉弯机拉弯钢板,它主要用于将长条板材拉制成不同曲率的弧形构件。

弯曲按加热程度分为冷弯和热弯。冷弯是在常温下进行弯制加工,此法适用于一般薄板、型钢等的加工;热弯是将钢材加热至 950～1100℃,在模具上进行弯制加工,它适用于厚板及较复杂形状构件、型钢等的加工。

弯曲加工设备有型钢滚圆机、液压弯管机及压力机床等。弯曲过程是材料经过弹性变形后再达到塑性变形的过程。在塑性变形时,材料外层受拉,内层受压。拉伸和压缩在材料内部存在一定的弹性变形,当外力失去后有一定程度的回弹。因此,弯曲件的圆角半径不宜过大,圆角半径过大易引起回弹,影响构件精度。但圆角半径也不宜过小,半径过小会产生裂纹。

压弯时截面中性层内移,弯曲时应计算压弯料的长度,可根据材料中性层内移值(表 6-10)按式 6-9 计算圆弧段长度。

$$L=\frac{\alpha \cdot \pi}{180}(R+b) \tag{6-9}$$

式中:L——压弯料圆弧部分长度(mm);

α——圆弧部分圆心角(°);

R——弯曲料的圆角半径(mm);

b——压弯后中性层至内边缘的距离(mm)。$b=n' \cdot t$(n'查表 6-10);t 为压弯料的厚度(mm)。

表 6-10　压弯中性层内移值

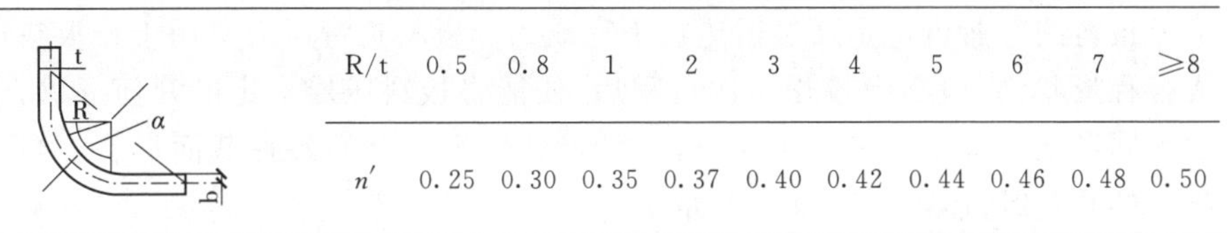

R/t	0.5	0.8	1	2	3	4	5	6	7	≥8
n'	0.25	0.30	0.35	0.37	0.40	0.42	0.44	0.46	0.48	0.50

角钢冷滚煨弯时其中性层的位置不在形心位置，而在靠近背面的位置，因此，在煨弯时应计算角钢长度(图 6-54)，其圆弧部分的长度 L 可按式 6-10 计算。

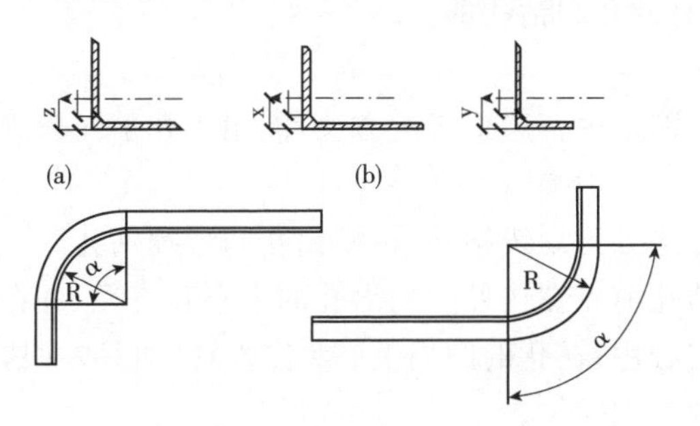

图 6-54　角钢煨弯长度计算

(a)内煨；(b)外煨

$$L=(R\pm A)\frac{\alpha\cdot\pi}{180} \tag{6-10}$$

式中：α——圆弧部分圆心角(°)；

R—弯曲料的圆角半径(mm)；

t——角钢的厚度(mm)。

A——压弯后中性层至背面边缘的距离(mm)。$A=\frac{n\cdot t}{\pi}$(n 查表 6-11)，当角钢外煨时 A 取正号；内煨时 A 取负号。

表 6-11　角钢煨弯长度计算 n 取值

角钢形式	等边角钢	不等边角钢					
		L90×56×6		L75×50×5		L63×40×6	
		煨 90 边	煨 56 边	煨 75 边	煨 50 边	煨 63 边	煨 40 边
n	6	10.0	4.0	7.0	4.0	6.5	3.5

注：其他不等边角钢可参考上述数据取值。

6. 折边

在钢结构制造中，将构件的边缘压弯成倾角或一定形状的操作称为折边。折边广泛用于薄板构件，它有较长的弯曲线和很小的弯曲半径。薄板经折边后可以大大提高结构的强度和刚度。

板料的弯曲折边是通过折边机来完成的。板料折弯压力机用于将板料弯曲成各种形状，一般在上模作一次行程后，便能将板料压成一定的几何形状，当采用不同形状模具或通过几次冲压，还可得到较为复杂的各种截面形状。当配备相应的装备时，还可用于剪切和冲孔。

7. 制孔

在钢结构制孔中包括铆钉孔、普通螺栓连接孔、高强度螺栓孔、地脚螺栓孔等，制孔方法通常有冲孔和钻孔两种。

(1)钻孔

钻孔是钢结构制造中普遍采用的方法，能用于几乎任何规格的钢板、型钢的孔加工。

钻孔的加工方法分为划线钻孔、钻模钻孔和数控钻孔。

划线钻孔在钻孔前先在构件上划出孔的中心和直径，并在孔中心打样冲眼，作为钻孔时钻头定心用；在孔的圆周上(90°位置)打四只冲眼，作钻孔后检查用。划线工具一般用划针和钢尺。

当钻孔批量大、孔距精度要求较高时，应采用钻模钻孔。钻模有通用型、组合式和专用钻模，图 6-55 是一种节点板的钻模示意图。

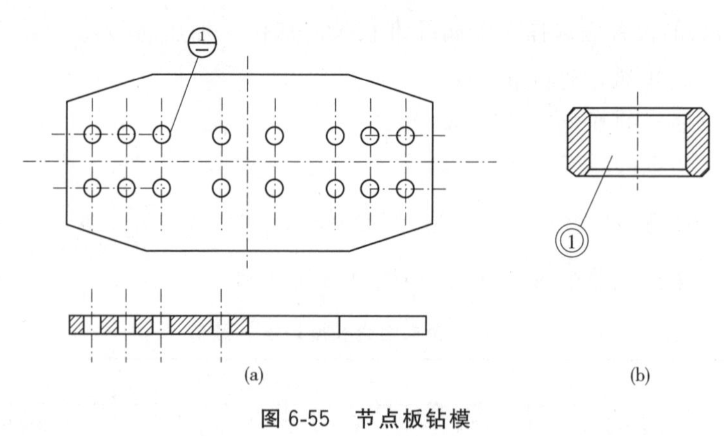

图 6-55 节点板钻模

(a)钻模；(b)钻套

数控钻孔是近年来发展的新技术，它无需在工件上划线，打样冲眼。加工过程自动化，高速数控定位、钻头行程数字控制。钻孔效率高、精度高，它是今后钢结构加工的发展方向。

(2)冲孔

冲孔是在冲孔机(冲床)上进行，一般适用于非圆孔。也可用于较薄的钢板和型钢上冲孔，单孔径一般不小于钢材的厚度，此外，还可用于不重要的节点板、垫板和角钢拉撑等小件加工。冲孔生产效率较高，但由于孔的周围产生冷作硬化，孔壁质量较差，有孔口下塌、孔的下方增大的倾向，所以，一般用于对质量要求不高的孔以及预制孔（非成品孔），在钢结构主构件中较少直接采用。

8. 矫正

由于材料内部的残余应力及存放、运输、吊运不当等原因，会引起钢结构原材料变形；在加工成型过程中，由于操作和工艺原因会引起成型件变形；构件连接过程中会存在焊接变形等。为了保证钢结构的制作及安装质量，必须对不符合技术标准的材料、构件进行矫正。

矫正的主要形式有矫直、矫平及矫形矫直。矫正是利用钢材的塑性、热胀冷缩的特性，以外力或内应力作用迫使钢材反变形，消除钢材的弯曲、翘曲、凹凸不平等缺陷。

矫正按加工工序分有原材料矫正、成型矫正、焊后矫正等。矫正可采用机械矫正、火焰矫正、手工矫正等。根据矫正时的温度分有冷矫正、热矫正。

（1）火焰矫正

钢材的火焰矫正是利用火焰对钢材进行局部加热，被加热处理的金属由于膨胀受阻而产生压缩塑性变形，使较长的金属纤维冷却后缩短而完成的。

影响火焰矫正效果的因素有三个：火焰加热位置、加热的形式和加热的热量。火焰加热的位置应选择在金属纤维较长的部位。加热的形式有点状加热、线状加热和三角形加热三种。用不同的火焰热量加热，可获得不同的矫正变形的能力。低碳钢和普通低合金结构钢构件用火焰矫正时，常采用600～800℃的加热温度。

（2）机械矫正

钢材的机械矫正是在专用矫正机上进行的。

机械矫正的实质是使弯曲的钢材在外力作用下产生过量的塑性变形，以达到平直的目的。它的优点是作用力大、劳动强度小、效率高。

钢材的机械矫正有拉伸机矫正、压力机矫正、多辊矫正机矫正等。拉伸机矫正（图6-56）适用于薄板扭曲、型钢扭曲、钢管、带钢和线材等的矫正。压力机矫正适用于板材、钢管和型钢的局部矫正；多辊矫正机可用于型材、板材等的矫正，如图6-57所示。

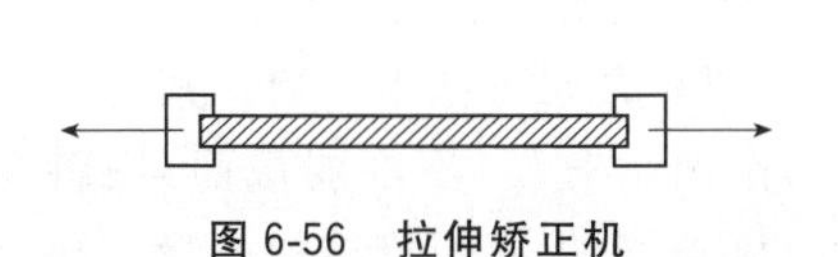

图6-56　拉伸矫正机

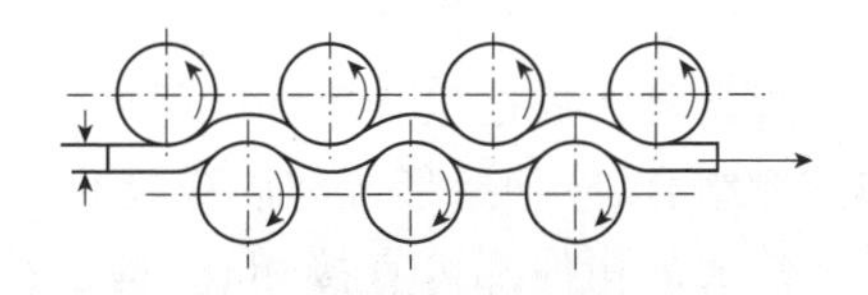

图6-57　多辊矫正机矫正板材

(3)手工矫正

手工矫正是采用锤击或小型工具进行矫正的方法，其操作简单灵活，但矫正力较小仅适用于矫正尺寸较小的钢材，有时在缺乏或不便使用矫正设备时也采用。

9. 组装

(1)板材、型材的拼接应在组装前进行；构件的组装在部件组装、焊接、矫正后进行。

(2)组装顺序应根据结构形式、焊接方法和焊接顺序等因素确定。连接表面及焊缝每边 30～50mm 范围内的铁锈、毛刺和油污必须清除干净。当有隐蔽缝时，必须先预施焊，经检验合格方可覆盖。

(3)布置拼装胎具时，其定位必须考虑预放出焊接收缩量及加工的余量。

(4)为减少变形，尽量采取小件组焊，经矫正后再大件组装。胎具及装出的首件必须经过严格检验，方可大批进行装配工作。

(5)将实样放在装配台上，按照施工图及工艺要求预留焊接收缩量。装配平台应具有一定的刚度，不得发生变形，影响装配精度。

(6)装配好的构件应立即用油漆在明显部位编号，写明图号、构件号和件数，以便查找。

三、钢结构构件连接

钢结构连接的方式、质量直接影响钢结构的工作性能，所以要求连接必须安全可靠、传力明确、构造简单、制造方便并且节约钢材。

钢结构连接的方法有焊缝连接、铆钉连接和螺栓连接三种，如图 6-58 所示。

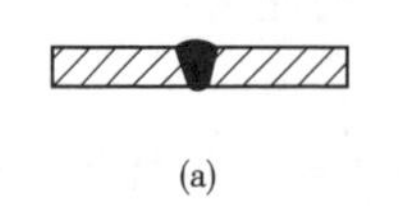
(a)

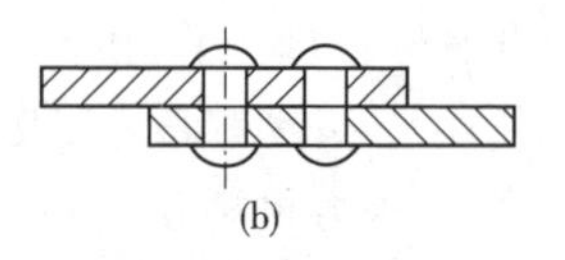
(b)

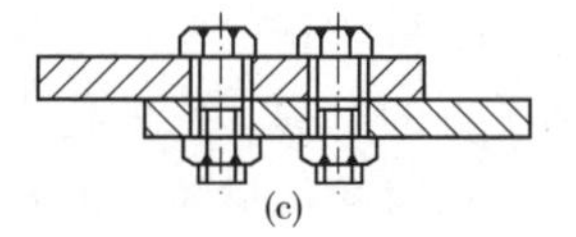
(c)

图 6-58　钢结构的连接方法

(a)焊缝连接；(b)铆钉连接；(c)螺栓连接

(一)钢结构的焊接

焊接是在被连接金属件之间的缝隙区域，通过高温使被连接金属与填充金属熔融结合，冷却后形成牢固连接的工艺过程，填充金属带称为焊缝。其优点是任何形式的构件都可直接相连，构造简单，制作加工方便；不削弱截面，用料经济；连接的密闭性好，结构刚度大；可实现自动化操作，提高焊接结构质量。缺点是在热影响区内，金相组织发生改变，局部材质变脆；焊接残余应力和残余变形使受压构件承载力降低；焊接结构对裂纹很敏感，局部裂纹一旦发生，就容易扩展到整体，低温冷脆问题较为突出。

1. 焊接方法的选择

常用的焊接方法有：电弧焊（包括手工电弧焊）、埋弧焊（自动或半自动焊）以及气体保护焊等。各类焊接特点及适用范围见表 6-12。

表 6-12　钢结构焊接方法选择

焊接的类型		特点	适用范围
电弧焊	手工焊 交流焊机	利用焊条与焊件之间产生的电弧热焊接，设备简单，操作灵活，可进行各种位置的焊接，是建筑工地应用最广泛的焊接方法	焊接普通钢结构
	手工焊 直流焊机	焊接技术与交流焊机相同，成本比交流焊机高，但焊接时电弧稳定	焊接要求较高的钢结构
	埋弧自动焊	利用埋在焊剂层下的电弧热焊接，效率高，质量好，操作技术要求低，劳动条件好，是大型构件制作中应用最广的高效焊接方法	焊接长度较大的对接、贴角焊缝，一般是有规律的直焊缝
	半自动焊	与埋弧自动焊基本相同，操作灵活，但使用不够方便	焊接较短的或弯曲的对接、贴角焊缝
	CO_2气体保护焊	用CO_2或惰性气体保护的实芯焊丝或药芯焊接，设备简单，操作简便，焊接效率高，质量好	用于构件长焊缝的自动焊
电渣焊		利用电流通过液态熔渣所产生的电阻热焊接，能焊大厚度焊缝	用于箱形梁及柱隔板与面板全焊透连接

2. 接头形式

电弧焊分为手工电弧焊与自动或半自动电弧焊（图 6-59）。根据焊件的厚度、使用条件、结构形状的不同又分为对接接头、角接接头、T 形接头和搭接接头等形式。在各种形式的接头中，为了提高焊接质量，较厚的构件往往要开坡口。开坡口的目的是保证电弧能深入焊缝的根部，使根部能焊透，以便清除熔渣，获得较好的焊缝形态。常用的焊接接头形式见表 6-13 所示。

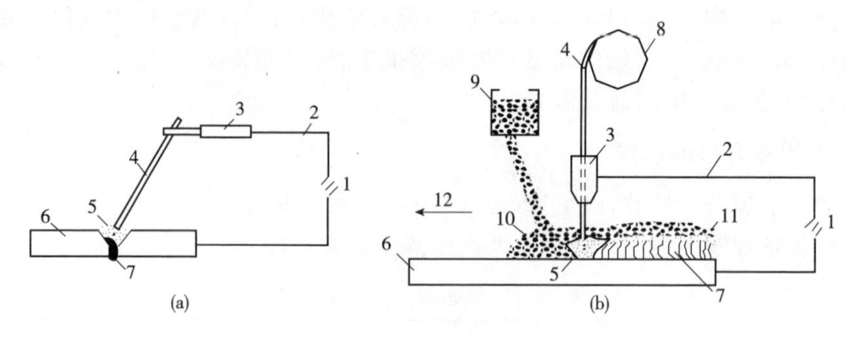

图 6-59　电弧焊

(a)手工电弧焊;(b)自动电弧焊

1-电源;2-导线;3-夹具;4-焊条;5-电弧;6-焊件;7-焊缝;

8-转盘;9-漏斗;10-熔剂;11-熔化的熔剂;12-移动方向

表 6-13　焊接接头形式

序号	名称	图示	接头形式	特点
1	对焊接头		不开坡口 V,X,U 形坡口	应力集中较小,有较高的承载力
2	角焊接头		不开坡口	适用厚度在 8mm 以下
			V,K 形坡口	适用厚度在 8mm 以下
			卷边	适用厚度在 2mm 以下
3	T 形接头		不开坡口	适用厚度在 30mm 以下的不受力构件
			V,K 形坡口	适用厚度在 30mm 以上的只承受较小剪应力构件
4	搭接接头		不开坡口	适用厚度在 12mm 以下的钢板
			塞焊	适用双层钢板的焊接

按施焊的空间位置分,焊缝形式可分为平焊缝、横焊缝、立焊缝及仰焊缝四种。平焊的熔滴靠自重过渡,操作简单,质量稳定;横焊时,由于重力熔化金属容易下淌,而使焊缝上侧产生咬边,下侧产生焊瘤或未焊透等缺陷;立焊焊缝成形更加困难,易产生咬边、焊瘤、夹渣、表面不平等缺陷;仰焊施工最为困难,施焊时易出现未焊透、凹陷等质量问题。

3. 焊接施工

首先进行焊前准备工作,焊前准备包括坡口制备、预焊部位清理、焊条烘干、预热、预变形及高强度钢切割表面探伤等。

焊条、焊剂使用前必须烘干。一般酸性焊条的烘焙温度为75～150℃，时间为1～2h；碱性低氢型焊条的烘焙温度为350～400℃，时间为1～2h。烘干的焊条应放在100～150℃保温筒(箱)内，低氢型焊条在常温下超过4h应重新烘焙，重复烘焙的次数不宜超过两次。焊条烘焙时，应注意随箱逐步升温。

焊接施工包括以下几个步骤：

(1)引弧与熄弧引弧有碰击法和划擦法两种。碰击法是将焊条垂直于工件进行碰击，然后迅速保持一定距离；划擦法是将焊条端头轻轻划过工件，然后保持一定距离。施工中，严禁在焊缝区以外的母材上打火引弧。在坡口内引弧的局部面积应熔焊一次，不得留下弧坑。

(2)运条方法电弧点燃之后，就进入正常的焊接过程。焊接过程中焊条同时有三个方向的运动：①沿其中心线向下送进；②沿焊缝方向移动；③横向摆动。由于焊条被电弧熔化逐渐变短，为保持一定的弧长，就必须使焊条沿其中心线向下送进，否则会发生断弧。焊条沿焊缝方向移动速度的快慢要根据焊条直径、焊接电流、工件厚度和接缝装配情况及所在位置而定。移动速度太快，焊缝熔深太小，易造成未透焊：移动速度太慢，焊缝过高，工件过热，会引起变形增加或烧穿。为了获得一定宽度的焊缝，焊条必须横向摆动。在做横向摆动时，焊缝的宽度一般是焊条直径的1.5倍左右。以上三个方向的动作密切配合，根据不同的接缝位置、接头形式、焊条直径和性能、焊接电流、工件厚度等情况，采用合适的运条方式，就可以在各种焊接位置得到优质的焊缝。

焊接结束后的焊缝及两侧，应彻底清除飞溅物、焊渣和焊瘤等。无特殊要求时，应根据焊接接头的残余应力、组织状态、熔敷金属含氢量和力学性能决定是否需要焊后热处理。

4. 焊接注意事项

(1)焊接后边缘30～50mm范围内的铁锈、毛刺污垢等必须清除干净，以减少产生焊接气孔等缺陷的因素。

(2)引弧板应与母材材质相同，焊接坡口形式相同，长度应符合标准的规定。

(3)使用手工电弧应满足以下规定：使用状态良好、功能齐全的电焊机，选用的焊条需用烘干箱进行烘干。

(4)焊接H型钢的结构件时，当翼缘板和腹板要拼接时，按长度方向拼接。腹板拼接的拼接缝拼成“T”字形；翼缘板拼接缝和腹板拼缝的间距应大于200mm，拼接焊接应在H型钢组装前进行，需要弯曲的槽钢和钢管用滚板机滚制，滚制的槽钢和钢管弧度应符合图纸要求，如果弧度有偏差，应进行矫正。

5. 焊接质量检查

由于焊缝连接受材料、操作影响很大,施工后应进行认真的质量检查。钢结构焊缝质量检查分为三级,检查项目包括外观检查、超声波探伤以及X射线探伤等。

所有焊缝均应进行外观检查,检查其几何尺寸和外观缺陷。焊缝感观应达到:外形均匀、成型较好,焊道与焊道、焊道与基本金属间过渡较平滑,焊渣和飞溅物基本清除干净。焊缝表面不得有裂纹,焊瘤等缺陷。一级、二级焊缝不得有表面气孔、夹渣,弧坑裂纹、电弧擦伤等缺陷,且一级焊缝不得有咬边、未焊满、根部收缩等缺陷。

设计要求全焊透的一、二级焊缝应采用超声波探伤进行内部缺陷的检验,超声波擦伤不能对缺陷作出判断时,应采用射线探伤。

(二)铆接

铆接是利用铆钉将两个以上的零构件(一般是金属板或型钢)连接为一个整体的连接方法称为铆接。随着科学技术的发展和安装制作水平的不断提高,焊接及螺栓连接的应用范围在不断地扩大。因此,铆接在钢结构制品中逐步地被焊接所代替。

铆接有强固铆接、密固铆接和紧固铆接三种。

铆接的基本形式有搭接、对接和角接三种。搭接是将板件边缘对搭在一起,用铆钉加以固定连接的结构形式,见图6-60;对接是将两条要连接的板条置于同一平面,利用盖板把板件铆接在一起,见图6-61;角接是两块板件互相垂直或按一定角度用铆钉固定连接,见图6-62。

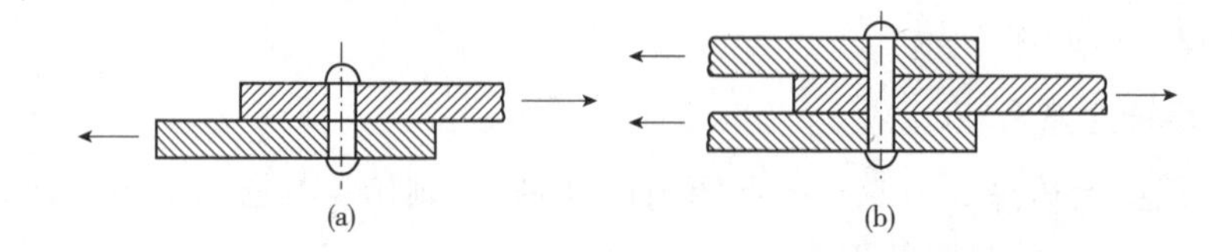

图6-60 搭接形式

(a)单剪切铆接法;(b)双剪切铆接法

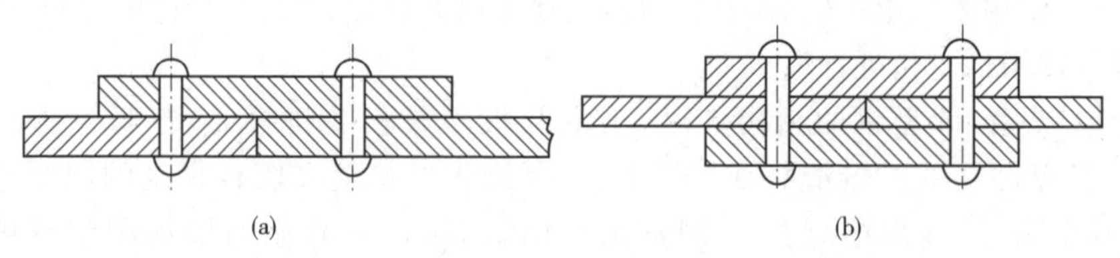

图6-61 对接形式

(a)单盖板式;(b)双盖板式

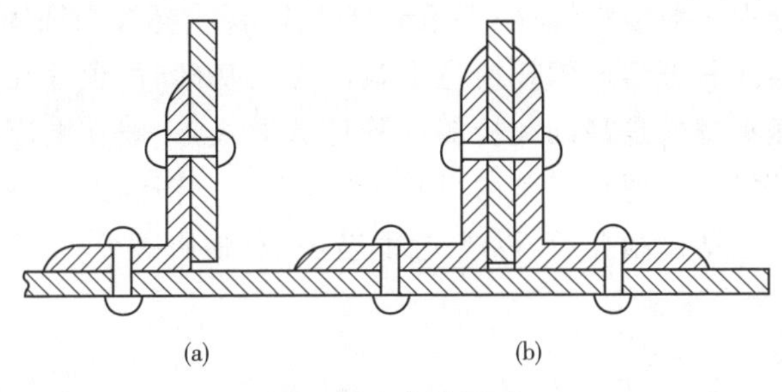

图 6-62　角接形式

(a)一侧角钢连接;(b)两侧角钢连接

(三)螺栓连接

螺栓作为钢结构连接紧固件,通常用于构件间的连接、固定、定位等。钢结构中的连接螺栓一般分普通螺栓和高强度螺栓两种。普通螺栓或高强度螺栓而不施加紧固力,该连接即为普通螺栓连接;高强度螺栓并对螺栓施加紧固力,该连接称高强度螺栓连接。

1. 普通螺栓连接

(1)普通螺栓的类型

A 级螺栓通称精制螺栓,B 级螺栓为半精制螺栓。A,B 级适用于拆装式结构或连接部位需传递较大剪力的重要结构的安装中。C 级螺栓通称为粗制螺栓。钢结构用连接螺栓,除特殊注明外,一般即为普通粗制 C 级螺栓(图 6-63a、b),图中螺纹规格 d,通常有 8mm、10mm、12mm,直至 95mm,也表示为 M8、M10、M12 等。

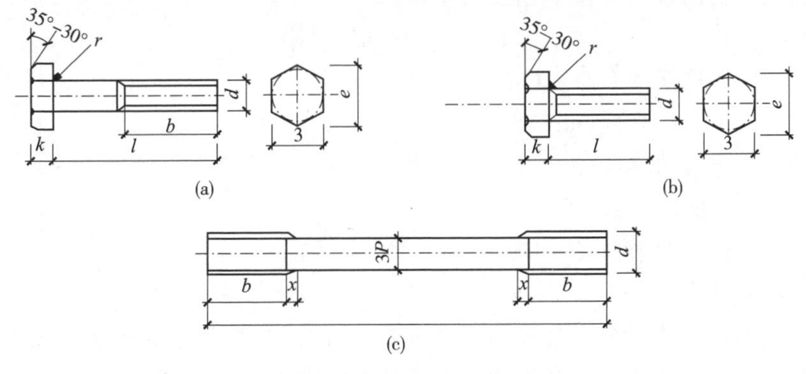

图 6-63　普通螺栓

(a)六角头螺栓;(b)六角头—全螺纹;(c)等长双头螺柱

双头螺栓一般又称双头螺柱,图 6-63c 为等长双头螺柱 C 级的外形图。双头螺柱多用于连接厚板和不便使用六角螺栓连接的地方,如混凝土屋架、屋面梁悬挂单轨梁吊挂件等。

地脚螺栓分为一般地脚螺栓、直角地脚螺栓、锤头螺栓和锚固地脚螺栓。

一般地脚螺栓和直角地脚螺栓是浇筑混凝土基础时，预埋在基础之中用以固定钢柱的。锤头螺栓是基础螺栓的一种特殊形式，一般在混凝土基础浇筑时将特制模箱（锚固板）预埋在基础内，用以固定钢柱。锚固地脚螺栓是在已成形的混凝土基础上经钻机制孔后，再浇筑固定的一种地脚螺栓。

(2)普通螺栓连接施工

1)连接要求

普通螺栓在连接时应符合下列要求：

①永久螺栓的螺栓头和螺母的下面应放置平垫圈。垫置在螺母下面的垫圈不应多于2个，垫置在螺栓头部下面的垫圈不应多于1个。

②螺栓头和螺母应与结构构件的表面及垫圈密贴。

③对于槽钢和工字钢翼缘之类倾斜面的螺栓连接，则应放置斜垫片垫平，以使螺母和螺栓的头部支承面垂直于螺杆，避免螺栓紧固时螺杆受到弯曲力。

④永久螺栓和锚固螺栓的螺母应根据施工图纸中的设计规定，采用有防松装置的螺母或弹簧垫圈。

⑤对于动荷载或重要部位的螺栓连接，应在螺母的下面按设计要求放置弹簧垫圈。

⑥各种螺栓连接，从螺母一侧伸出螺栓的长度应保持在不小于两个完整螺纹的长度。

2)长度选择

连接螺栓的长度可按下述公式计算：

$$L=\delta+H+nh+C \tag{6-11}$$

式中：δ——连接板约束厚度(mm)；

H——螺母的高度(mm)；

h——垫圈的厚度(mm)；

n——垫圈的个数(个)；

C——螺杆的余长，5～10mm。

3)紧固轴力

普通螺栓连接对螺栓紧固轴力没有要求，因此螺栓的紧固施工以操作者的手感及连接接头的外形控制为准。为了使连接接头中螺栓受力均匀，螺栓的紧固次序应从中间开始，对称向两边进行；对大型接头应采用复拧，即两次紧固方法，保证接头内各个螺栓能均匀受力。

普通螺栓连接螺栓紧固检验比较简单，一般采用锤击法。用质量为3kg的小锤，一手扶螺栓（或螺母）头，另一手用锤敲，要求螺栓头（螺母）不偏移、不颤动、不松动，锤声比较干脆，否则说明螺栓紧固质量不好，需要重新紧固施工。

2. 高强度螺栓连接

高强度螺栓连接已经发展成为与焊接并举的钢结构主要连接形式之一，它具有受力性能好、耐疲劳、抗震性能好、连接刚度高，施工简便等优点，被广泛地应用在建筑钢结构和桥梁钢结构的工地连接中。

(1)高强度螺栓的分类

高强度螺栓连接按其受力状况，可分为摩擦型连接、摩擦-承压型连接、承压型连接和张拉型连接等几种类型，其中摩擦型连接是目前广泛采用的基本连接形式。

摩擦型连接接头处用高强度螺栓紧固，使连接板层夹紧，利用由此产生于连接板层之间接触面间的摩擦力来传递外荷载。高强度螺栓在连接接头中不受剪，只受拉并由此给连接件之间施加了接触压力，这种连接应力传递圆滑，接头刚性好，通常所指的高强度螺栓连接，就是这种摩擦型连接，其极限破坏状态即为连接接头滑。

承压型高强度螺栓连接接头，当外力超过摩擦阻力后，接头发生明显的滑移高强度螺栓杆与连接板孔壁接触并受力，这时外力靠连接接触面间的摩擦力、螺栓杆剪切及连接板孔壁承压三方共同传递，其极限破坏状态为螺栓剪断或连接板承压破坏，该种连接承载力高，可以利用螺栓和连接板的极限破坏强度，经济性能好，但连接变形大，可应用在非重要的构件连接中。

1)高强度六角头螺栓

钢结构用高强度大六角头螺栓，分为8.8和10.9两种等级，一个连接副为一个螺栓、一个螺母和两个垫圈。高强度螺栓连接副应同批制造，保证扭矩系数稳定，同批连接副扭矩系数平均值为0.110～0.150，其扭矩系数标准偏差应不大于0.010。

扭矩系数按下列公式计算：

$$K=\frac{M}{Pd} \tag{6-12}$$

式中：K——扭矩系数；

d——高强度螺栓公称直径(mm)；

M——施加扭矩(kN・m)；

P——高强度螺栓预拉力(kN)。

在确定螺栓的预拉力 P 时应根据设计预拉力值，一般考虑螺栓的施工预拉力损失10%，即螺栓施工预拉力 P 按1.1倍的设计预拉力取值，表6-14为大六角头高强度螺栓施工预拉力 P 值。

表 6-14 高强度螺栓施工预拉力(kN)

性能等级	螺栓公称直径(mm)						
	M12	M16	M20	M22	M24	M27	M30
8.8 级	45	75	120	150	170	225	275
10.9 级	60	110	170	210	250	320	390

2)扭剪型高强度螺栓

钢结构用扭剪型高强度螺栓一个螺栓连接副为一个螺栓、一个螺母和一个垫圈,它适用于摩擦型连接的钢结构。连接副紧固轴力见表 6-15。

表 6-15 扭剪型高强度螺栓连接副紧固轴力(kN)

螺 纹 规 格		M16	M20	M22	M24
每批紧固轴力的平均值	公称	109	170	211	245
	最小	99	154	191	222
	最大	120	186	231	270
紧固轴力标准偏差 σ		≤1.01	≤1.57	≤1.95	≤2.27
紧固轴力标准偏差 σ		≤1.01	1.57	≤1.95	≤2.27

(2)高强度螺栓连接施工

1)施工机具

①手动扭矩扳手

各种高强度螺栓在施工中以手动紧固时,都要使用有示明扭矩值的扳手施拧,使达到高强度螺栓连接副规定的扭矩和剪力值。一般常用的手动扭矩扳手有指针式、音响式和扭剪型三种(图 6-64)。

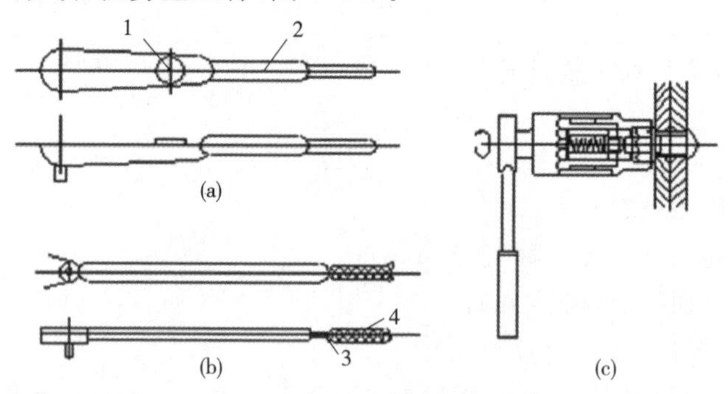

图 6-64 手动扳手

(a)指针式;(b)音响式;(c)扭剪型

1-扳手;2-千分表;3-主刻度;4-副刻度

a. 指针式扭矩扳手

在头部设一个指示盘配合套筒头紧固六角螺栓，当给扭矩扳手预加扭矩施拧时，指示盘即示出扭矩值。

b. 音响式扭矩扳手

这是一种附加棘轮机构预调式的手动扭矩扳手，配合套筒可紧固各种直径的螺栓。音响扭矩扳手在手柄的根部带有力矩调整的主、副两个刻度，施拧前，可按需要调整预定的扭矩值。当施拧到预调的扭矩值时，便有明显的音响和手上的触感。这种扳手操作简单、效率高，适用于大规模的组装作业和检测螺栓紧固的扭矩值。

c. 扭剪型手动扳手

这是一种紧固扭剪型高强度螺栓使用的手动力矩扳手。配合扳手紧固螺栓的套筒，设有内套筒弹簧、内套筒和外套筒。这种扳手靠螺栓尾部的卡头得到紧固反力，使紧固的螺栓不会同时转动。内套筒可根据所紧固的扭剪型高强度螺栓直径而更换相适应的规格。紧固完毕后，扭剪型高强度螺栓卡头在颈部被剪断，所施加的扭矩可以视为合格。

②电动扳手

钢结构用高强度大六角头螺栓紧固时用的电动扳手有：NR-9000A，NR-12和双重绝缘定扭矩、定转角电动扳手等，是拆卸和安装六角高强度螺栓机械化工具，可以自动控制扭矩和转角，适用于钢结构桥梁、厂房建设、化工、发电设备安装大六角头高强度螺栓施工的初拧、终拧和扭剪型高强度螺栓的初拧，以及对螺栓紧固件的扭矩或轴力有严格要求的场合。

扭剪型电动扳手是用于扭剪型高强度螺栓终拧紧固的电动扳手，常用的扭剪型电动扳手有6922型和6924型两种。6922型电动扳手只适用于紧固M16，M20，M22三种规格的扭剪型高强度螺栓，所以很少选用。6924型扭剪型电动扳手则可以紧固M16，M20，M22和M24四种规格扭剪型高强度螺栓。

2)施工工艺

①大六角头高强度螺栓

a. 扭矩法施工

对大六角头高强度螺栓连接副来说，当扭矩系数K确定之后，由于螺栓的预拉力P是由设计规定的，则螺栓应施加的扭矩值M就可以容易地计算确定，根据计算确定的施工扭矩值，使用扭矩扳手（手动、电动、风动）按施工扭矩值进行终拧。

在采用扭矩法终拧前，应首先进行初拧，对螺栓多的大接头，还需进行复拧。初拧的目的就是使连接接触面密贴，一般常用规格螺栓（M20、M22、M24）的初拧扭矩在 200～300N·m，螺栓轴力达到 10～50kN 即可。

初拧、复拧及终拧一般都应从中间向两边或四周对称进行，初拧和终拧的螺栓都应做不同的标记，避免漏拧、超拧等隐患，同时也便于检查人员检查紧固质量。

b. 转角法施工

因扭矩系数的离散性，特别是螺栓制造质量或施工管理不善等，采用扭矩值控制螺栓轴力的方法就会出现较大的误差，欠拧或超拧问题突出。采用转角法施工可避免较大的误差。转角法就是利用螺母旋转角度以控制螺杆弹性伸长量来控制螺栓轴向力的方法。试验结果表明，螺栓在初拧以后，螺母的旋转角度与螺栓轴向力成对应关系，当螺栓受拉处于弹性范围内，两者呈线性关系，因此根据这一线性关系，在确定了螺栓的施工预拉力（一般为 1.1 倍设计预拉力）后，就很容易得到螺母的旋转角度，施工操作人员按照此旋转角度紧固施工，就可以满足设计上对螺栓预拉力的要求。

转角法施工分初拧和终拧两步进行（必要时需增加复拧），初拧的要求比扭矩法施工要严，因为起初连接板间隙的影响，螺母的转角大都消耗于板缝，转角与螺栓轴力关系不稳定。初拧的目的是为消除板缝影响，使终拧具有一致的基础。转角法施工在我国已有 30 多年的历史，但对初拧扭矩尚没有一定的标准，各个工程根据具体情况确定，一般地讲，对于常用螺栓（M20、M22、M24），初拧扭矩定在 200～300N·m 比较合适，初拧应该使连接板缝密贴为准。终拧是在初拧的基础上，再将螺母拧转一定的角度，使螺栓轴向力达到施工预拉力。图 6-65 为转角法施工示意。

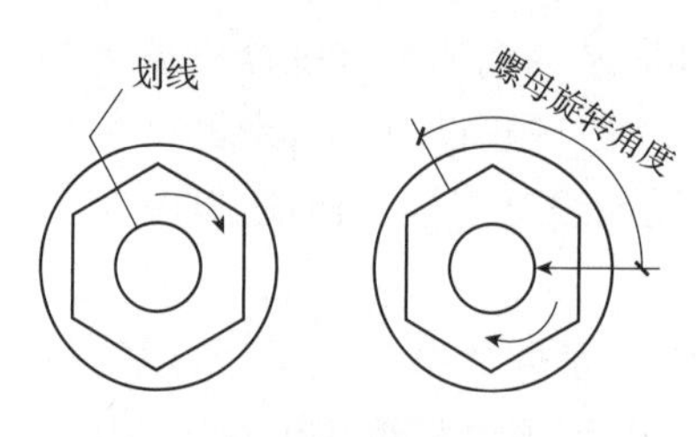

图 6-65　转角施工方法

转角法施工步骤为：从栓群中心顺序向外拧紧螺栓（初拧），然后用小锤逐个检查，防止螺栓漏拧，对螺栓逐个进行划线，再用专用扳手使螺母再旋转一个额定角度（图 6-15），螺栓群终拧紧固的顺序与初拧相同。终拧后逐个检查螺母旋转角度是否符合要求。最后对终拧完成的螺栓做好标记，以备检查。

②扭剪型高强度螺栓

扭剪型高强度螺栓连接副紧固施工比大六角头高强度螺栓连接副紧固施工要简便得多，正常的情况采用专用的电动扳手进行终拧，梅花头拧掉标志着螺栓终拧的结束。

为了减少接头中螺栓群间相互影响及消除连接板面间的缝隙，紧固也要分初拧和终拧两个步骤进行，对于超大型的接头还要进行复拧。

扭剪型高强度螺栓连接副的初拧扭矩可适当加大，一般初拧螺栓轴力可以控制在螺栓终拧轴力值的 50%～80%，对常用规格的高强度螺栓（M20、M22、M24）初拧扭矩可以控制在 400～600N・m，若用转角法初拧，初拧转角控制在 45°～75°，一般以 60°为宜。

图 6-66 为扭剪型高强度螺栓紧固过程。先将扳手内套筒套入梅花头上，再轻压扳手，再将外套筒套在螺母上；按下扳手开关，外套筒旋转，使螺母拧紧、切口拧断；关闭扳手开关，将外套筒从螺母上卸下，将内套筒中的梅花头顶出。

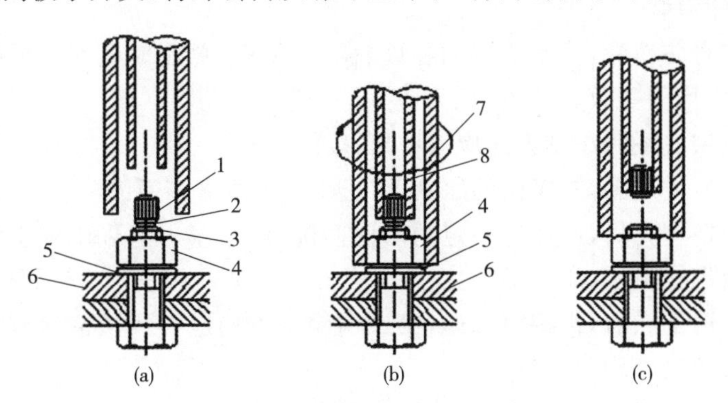

图 6-66　扭剪型高强度螺栓紧固过程

(a)紧固前；(b)紧固中；(c)紧固后

1-梅花头；2-断裂切口；3-螺栓；4-螺母；5-垫圈；6-被紧固的构件；7-扳手外套筒；8-扳手内套筒

四、钢结构构件的涂装

(一)钢结构防腐涂料涂装

1. 材料要求

建筑钢结构工程防腐材料的选用应符合设计要求。防腐蚀材料有底漆、面漆和稀料等。建筑钢结构工程防腐底漆有红丹油性防锈漆、钼铬红环氧酯防锈漆等；建筑钢结构防腐面漆有各色醇酸磁漆和各色醇酸调和漆等。各种防腐材料应符合国家有关技术指标的规定，还应有产品出厂合格证。

2. 施工工艺

工艺流程为：基面清理→底漆涂装→面漆涂装→检查验收。

(1)基面清理

1)建筑钢结构工程的油漆涂装应在钢结构安装验收合格后进行。油漆涂刷前，应将需涂装部位的铁锈、焊缝药皮、焊接飞溅物、油污、尘土等杂物清理干净。

2)基面清理除锈质量的好坏，直接关系到涂层质量的好坏。涂装工艺的基面除锈质量要求见表 6-16 的规定。

表 6-16　涂装工艺基面除锈质量要求

涂料品种	除锈等级
油性酚醛、醇酸等底漆或防锈漆	St2
无机富锌、有机硅、过氯乙烯等底漆	Sa1/2 高氯化聚乙烯、氯化橡胶、氯磺化聚乙烯、环氧树脂、聚氨酯等底漆或防锈漆 Sa2

(2)底漆涂装

调和红丹防锈漆,控制油漆的黏度、稠度、稀度,兑制时应充分的搅拌,使油漆色泽、黏度均匀一致。

刷第一层底漆时涂刷方向应该一致,接槎整齐。

刷漆时应采用勤沾、短刷的原则,防止刷子带漆太多而流坠。

待第一遍刷完后,应保持一定的时间间隙,防止第一遍未干就上第二遍,这样会使漆液流坠发皱,质量下降。

待第一遍干燥后,再刷第二遍,第二遍涂刷方向应与第一遍涂刷方向垂直,这样会使漆膜厚度均匀一致。

底漆涂装后起码需 4～8h 后才能达到表干、表干前不应涂装面漆。

(3)面漆涂装

建筑钢结构涂装底漆与面漆一般中间间隙时间较长。钢构件涂装防锈漆后送到工地去组装,组装结束后才统一涂装面漆。这样在涂装面漆前须对钢结构表面进行清理,清除安装焊缝焊药,对烧去或碰去漆的构件,还应事先补漆。

面漆的调制应选择颜色完全一致的面漆,兑制的稀料应合适,面漆使用前应充分搅拌,保持色泽均匀。其工作黏度、稠度应保证涂装时不流坠,不显刷纹。

面漆在使用过程中应不断搅和,涂刷的方法和方向与上述工艺相同。

涂装工艺采用喷涂施工时,应调整好喷嘴口径、喷涂压力,喷枪胶管能自由拉伸到作业区域,空气压缩机气压应在 0.4～0.7N/mm^2。

喷涂时应保持好喷嘴与涂层的距离,一般喷枪与作业面距离应在 100mm 左右,喷枪与钢结构基面角度应该保持垂直,或喷嘴略为上倾为宜。

喷涂时喷嘴应该平行移动,移动时应平稳,速度一致,保持涂层均匀。但是采用喷涂时,一般涂层厚度较薄,故应多喷几遍,每层喷涂时应待上层漆膜已经干燥时进行。

(4)涂层检查与验收

表面涂装施工时和施工后,应对涂装过的工件进行保护,防止飞扬尘土和其他杂物。

涂装后的处理检查，应该是涂层颜色一致，色泽鲜明、光亮，不起皱皮，不起疙瘩。

涂装漆膜厚度的测定，用触点式漆膜测厚仪测定漆膜厚度，漆膜测厚仪一般测定 3 点厚度，取其平均值。

(二)钢结构防火涂料涂装

1. 材料要求

防火涂料需使用经主管部门鉴定，并经当地消防部门批准的产品。技术性能应满足有关标准的规定；

(1)耐火试验由消防局每 1000t 现场抽样一次，送国家耐火构件质量监督中心检验，其耐火极限应符合设计要求。

(2)黏结强度及抗压强度每 500t 抽样一次，送国家化工建材检测中心检验，其黏结强度及抗压强度应大于技术指标的规定。

(3)现场堆放地点应干燥、通风、防潮，发现结块变质时不得使用。

2. 施工工艺

工艺流程为：防火涂料配料、搅拌→喷涂→检查验收。

(1)防火涂料配料、搅拌：粉状涂料应随用随配。

搅拌时先将涂料倒入混合机加水拌合 2min 后，再加胶黏剂及钢防胶充分搅拌，使稠度达到可喷程度。

(2)喷涂

1)一般设计要求厚度为经耐火试验达到耐火极限厚度的 1.2 倍，以耐火极限为梁 2h，柱 3h，其设计厚度为梁 30mm，柱 35mm。第一层厚 1cm 左右，晾干七～八成再喷第二层，第二层厚 1～1.2cm 左右为宜，晾干七～八成后再喷第三层，第三层达到所需厚度为止。

2)喷涂时喷枪要垂直于被喷钢构件，距离 6～10cm 为宜，喷涂气压应保持 0.4～0.6MPa，喷完后进行自检，厚度不够的部分再补喷一次。

3)正式喷涂前，应试喷一建筑层(段)，经消防部门、质监站核验合格后，再大面积作业。

4)施工环境温度低于＋5℃时不得施工，应采取外围封闭，加温措施，施工前后 48h 保持＋5℃以上为宜。

(3)检查验收

喷完一个建筑层经自检合格后，将施工记录送交总包，由总包、分包、甲方(监理)三方联合核查。用带刻度的钢针抽查厚度，如发现厚度不够，补喷或铲掉重喷。用锤子敲击检查空鼓，发现空鼓应重喷。合格后，办理隐蔽工程验收手续。

五、钢结构单层工业厂房安装

(一)施工准备

1. 材料要求

(1)钢构件在进场时应有产品证明书,其焊接连接、紧固件连接、钢构件制作等分项工程验收应合格。

(2)钢结构的主体结构、地下钢结构及维护系统构件,吊车梁和钢平台、钢梯、防护栏杆等在吊装前,应对其制作、装配、运输,根据设计要求进行检查,主要检查材料质量、钢结构构件的尺寸精度及构件制作质量,并予记录。验收合格后方准安装。

2. 基础的准备

钢柱基础的顶面通常设计为一平面,通过地脚螺栓将钢柱与基础连成整体。施工时应保证基础顶面标高及地脚螺栓位置准确。其允许偏差为:基础顶面高差为±2mm,倾斜度1/1000;地脚螺栓位置允许偏差,在支座范围内为5mm。施工时可用角钢做成固定架,将地脚螺栓安置在与基础模板分开的固定架上。

3. 构件的检查与弹线

在吊装钢构件之前,应检查构件的外形和几何尺寸,如有偏差应在吊装前设法消除。在钢柱的底部和上部标出两个方向的轴线,在底部适当高度标出标高准线,以便校正钢柱的平面位置、垂直度、屋架和吊车梁的标高等。对不易辨别上下、左右的构件,应在构件上加以标明,以免吊装时搞错。

4. 构件的运输、堆放

钢构件应根据施工组织设计要求的施工顺序,分单元成套供应。运输时,应根据构件的长度、重量选择车辆;钢构件在运输车辆上的支点、两端伸出的长度及绑扎方法均应保证构件不产生变形,不损伤涂层。

钢构件堆放的场地应平整坚实,无积水。堆放时应按构件的种类、型号、安装顺序分区存放。钢结构底层应设有垫枕,并且应有足够的支承面,以防支点下沉。相同型号的钢构件叠放时,各层钢构件的支点应在同一垂直线上,并应防止钢构件被压坏和变形。

(二)构件的吊装工艺

1. 钢柱安装

(1)放线。钢柱安装前应设置标高观测点和中心线标志,同一工程的观测点和标志设置位置应一致。

(2)确定吊装机械。根据现场实际条件选择好吊装机械后,方可进行吊装。吊装时,要将安装的钢柱按位置、方向放到吊装(起重半径)位置。

目前,安装所用的吊装机械,大部分用履带式起重机、轮胎式起重机及轨道式起重机吊装柱子。如果场地狭窄,不能采用上述机械吊装,可采用抱杆或架设走线滑车进行吊装。

(3)柱子吊装。钢柱起吊前,应从柱底板向上500～1000mm处,画一水平线,以便安装固定前后作复查平面标高基准用。

为了防止钢柱根部在起吊过程中变形,钢柱吊装施工中一般采用双机抬吊,主机吊在钢柱上部,辅机吊在钢柱根部,待柱子根部离地一定距离(约2m左右)后,辅机停止起钩,主机继续起钩和回转,直至把柱子吊直后,将辅机松钩。为了保证吊装时索具安全,吊装钢柱时,应设置吊耳,吊耳应基本通过钢柱重心的铅垂线。

钢柱安装属于竖向垂直吊装,为使吊起的钢柱保持下垂,便于就位,须根据钢柱的种类和高度确定绑扎点。具有牛腿的钢柱,绑扎点应靠牛腿下部,无牛腿的钢柱按其高度比例,绑扎点设在钢柱全长2/3的上方位置处,防止钢柱边缘的锐利棱角,在吊装时损伤吊绳,应用适宜规格的钢管割开一条缝,套在棱角吊绳处,或用方形木条垫护。注意绑扎牢固,并易拆除。

钢柱柱脚套入地脚螺栓,防止其损伤螺纹,应用铁皮卷成筒套到螺栓上,钢柱就位后,取去套筒。

为避免吊起的钢柱自由摆动,应在柱底上部用麻绳绑好,作为牵制溜绳的调整方向。吊装前的准备工作就绪后,首先进行试吊,吊起一端高度为100～200mm时应停吊,检查索具牢固和吊车稳定板位于安装基础时,可指挥吊车缓慢下降,当柱底距离基础位置40～100mm时,调整柱底与基础两基准线达到准确位置,指挥吊车下降就位,并拧紧全部基础螺栓螺母,临时将柱子加固,达到安全方可摘除吊钩。

如果进行多排钢柱安装,可继续按此做法吊装其余所有的柱子。

(4)钢柱校正。钢柱的校正工作一般包括平面位置、标高及垂直度三项内容。钢柱校正工作主要是校正垂直度和复查标高。

①钢柱校正工作需用测量工具,观测钢柱垂直度的工具是经纬仪或线坠。

②钢柱吊装柱脚穿入基础螺栓就位后,柱子校正工作主要是对标高进行调整和垂直度进行校正,钢柱垂直度的校正,可采用起吊初校加千斤顶复校的办法,其操作要点如下:

对钢柱垂直度的校正,可在吊装柱到位后,利用起重机起重臂回转进行初校,一般钢柱垂直度控制在20mm之内,拧紧柱底地脚螺栓,起重机方可松钩。

千斤顶校正时，在校正过程中须不断观察柱底和砂浆标高控制块之间是否有间隙，以防校正过程中顶升过度造成水平标高产生误差。一待垂直度校正完毕，再度紧固地脚螺栓，并塞紧柱子底部四周的承重校正块(每摞不得多于3块)，并用电焊点焊固定，见图6-67。

为了防止钢柱在垂直度校正过程中产生轴线位移，应在位移校正后在柱子底脚四周用4～6块10mm厚钢板作定位靠模，并用电焊与基础面埋件焊接固定，防止移动。

(5)钢柱固定(适用于杯口基础钢柱)。

①临时固定。柱子插入杯口就位，初步校正后，即用钢(或硬木)楔临时固定。方法是当柱插入杯口使柱身中心线对准杯口(或杯底)中心线后刹车，用撬杠拨正，在柱与杯口壁之间的四周空隙，每边塞入两个钢(或硬木)楔，再将柱子落到杯底并复查对线，接着将每两侧的楔子同时打紧见图6-68，起重机即可松绳脱钩进行下一根柱吊装。

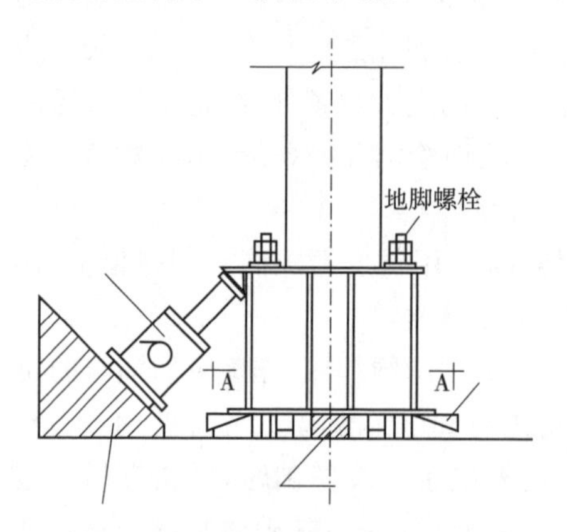

图6-67 用千斤顶校正垂直度

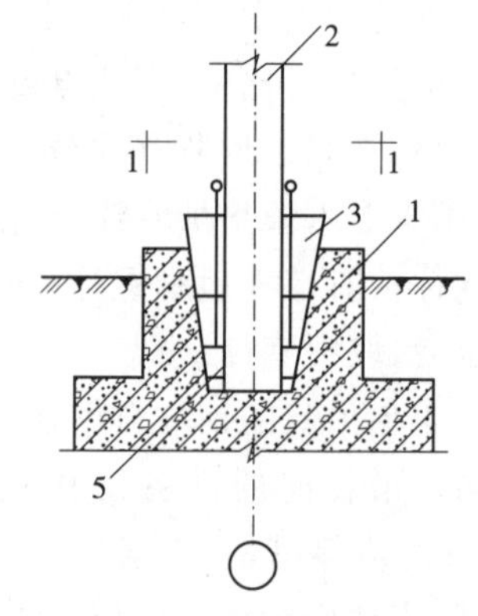

图6-68 柱临时固定方法

1-杯形基础；2-柱；3-钢或木楔；
4-嵌小钢塞或卵石

重型或高10m以上细长柱及杯口较浅的柱，或遇刮风天气，有时还在柱面两侧加缆风绳或支撑来临时固定。

②最后固定。在柱子最后校正后，应立即进行。无垫板安装柱的固定方法是在柱与杯口的间隙内浇灌比柱混凝土强度等级高一级的细碎石混凝土。浇筑前，清理并湿润杯口，浇灌分两次进行，第一次灌至楔子底面，待混凝土强度等级达到25%后，将楔子拔出，再二次灌筑到与杯口平。采用缆风绳校正的柱子，待二次浇筑的混凝土强度达到70%，方可拆除缆风绳。

③钢柱固定注意事项。

a. 柱应随校正随即灌浆，若当日校正的柱子未灌浆，次日应复核后再灌浆，以防因刮风受震动楔子松动变形和千斤顶回油等因素产生新的偏差。

b. 灌浆(灌缝)时应将杯口间隙内的木屑等建筑垃圾清除干净,并用水充分湿润,使之能良好结合。

c. 捣固混凝土时,应严防碰动楔子而造成柱子倾斜。

d. 对柱脚底面不平(凹凸或倾斜)与杯底间有较大间隙时,应先灌筑一层同强度等级稀砂浆,使其充满后,再灌细石混凝土。

e. 第二次灌浆前须复查柱子垂直度是否超出允许误差,如果超出,应采取措施重新校正并纠正。

2. 钢吊车梁的安装

(1)吊车梁绑扎

钢吊车梁一般绑扎两点。梁上设有预埋吊环的吊车梁,可用带钢钩的吊索直接钩住吊环起吊;自重较大的梁,应用卡环与吊环吊索相互连接在一起;梁上未设吊环的可在梁端靠近支点,用轻便吊索配合卡环绕吊车梁(或梁)下部左右对称绑扎,或用工具式吊耳吊装,如图 6-69 所示。并注意以下几点:

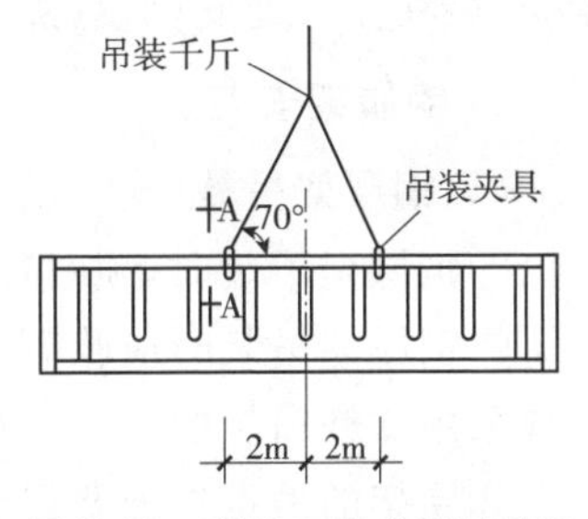

图 6-69　利用工具式吊耳吊装

①绑扎时吊索应等长,左右绑扎点对称。

②梁棱角边缘应衬以麻袋片、汽车废轮胎块、短方木护角。

③在梁一端须拴好溜绳(拉绳),以防就位时左右摆动,碰撞柱子。

(2)钢吊车梁吊装

①起吊就位和临时固定。吊车梁吊装须在柱子最后固定,柱间支撑安装后进行。

在屋盖吊装前安装吊车梁,可使用各种起重机进行,如屋盖已吊装完成,则应用短臂履带式起重机或独脚桅杆吊装,起重臂杆高度应比屋架下弦低 0.5m 以上,如无起重机,亦可在屋架端头、柱顶拴倒链安装。

吊车梁应布置接近安装位置,使梁重心对准安装中心,安装可由一端向另一端,或从中间向两端顺序进行,当梁吊至设计位置离支座面 20cm 时,用人力扶正,使梁中心线与支承面中心线(或已安相邻梁中心线)对准,并使两端搁置长度相等,然后缓慢落下,如有偏差,稍吊起用撬杠引导正位,如支座不平,用斜铁片垫平。

当梁高度与宽度之比大于 4 时,或遇五级以上大风时,脱钩前,应用 8 号铁丝将梁捆于柱上临时固定,以防倾倒。

②梁的定位校正

a. 高低方向校正主要是对梁的端部标高进行校正。可用起重机吊空、特殊工具抬空、油压千斤顶顶空，然后在梁底填设垫块。

b. 水平方向移动校正常用橇棒、钢楔、花篮螺栓、链条葫芦和油压千斤顶进行。一般重型行车梁用油压千斤顶和链条葫芦解决水平方向移动较为方便。

c. 校正应在梁全部安完、屋面构件校正并最后固定后进行。重量较大的吊车梁，亦可边安装边校正。校正内容包括中心线(位移)、轴线间距(即跨距)、标高垂直度等。纵向位移，在就位时已校正，故校正主要为横向位移。

e. 吊车梁标高的校正，可将水平仪放置在厂房中部某一吊车梁上，或地面上在柱上测出一定高度的水准点，再用钢尺或样杆量出水准点至梁面辅轨需要的高度，每根梁观测两端及跨中3点，根据测定标高进行校正。校正时用撬杠撬起或在柱头屋架上弦端头节点上挂倒链将吊车梁需垫垫板的一端吊起。

③最后固定。吊车梁校正完毕应立即将吊车梁与柱牛腿上的埋设件焊接固定，在梁柱接头处支侧模，浇注细石混凝土并养护。

3. 钢屋架安装

(1)钢屋架吊装

①钢屋架吊装时，须对柱子横向进行复测和复校。

②钢屋架吊装时应验算屋架平面外刚度，如刚度不足时，采取增加吊点的位置或采用加铁扁担的施工方法。

③屋架的吊点选择要保证屋架的平面刚度，还需注意以下两点：

屋架的重心位于内吊点的连线之下，否则应采取防止屋架倾倒的措施。

对外吊点的选择应使屋架下弦处于受拉状态。

④屋架起吊时离地50cm时检查无误后再继续起吊。

⑤安装第一棍屋架时，在松开吊钩前，做初步校正，对准屋架基座中心线与定位轴线就位，并调整屋架垂直度并检查屋架侧向弯曲。

⑥第二榀屋架同样吊装就位后，不要松钩，用绳索临时与第一榀屋架固定。然后安装支撑系统及部分檩条，最后校正固定的整体。

⑦从第三榀开始，在屋架脊点及上弦中点装上檩条即可将屋架固定，同时将屋架校正好。

⑧屋架分片运至现场组装时，拼装平台应平整，组拼时保证屋架总长及起拱尺寸要求。焊接时一面检查合格后再翻身焊另一面。做好拼焊施工记录，全部验收后方准吊装。屋架及天窗架也可以在地面上组装好，进行综合吊装，但要临时加固以保证有足够的刚度。

(2)钢屋架校正

钢屋架校正可采用经纬仪校正屋架上弦垂直度的方法。当在屋架上弦两端和中央夹3把标尺，待3把标尺的定长刻度在同一直线上，则屋架垂直度校正完毕。

钢屋架校正完毕,拧紧屋架临时固定支撑两端螺杆和屋架两端搁置处的螺栓,随即安装屋架永久支撑系统。

(三)连接与固定

钢结构连接方法通常有三种:焊接、铆接和螺栓连接等。钢构件的连接接头应经检查合格后方可紧固或焊接。焊接和高强度螺栓并用的连接,当设计无特殊要求时,应按先栓后焊的顺序施工。

第七章　屋面及防水工程

建筑防水技术在房屋建筑中发挥功能保障作用。防水工程质量的优劣，不仅关系到建筑物的使用寿命，而且直接影响到人民生产、生活环境和卫生条件。因此，建筑防水工程质量除了考虑设计的合理性、防水材料的正确选择外，还更要注意其施工工艺及施工质量。

建筑工程防水按其部位可分为屋面防水、地下防水、卫生间防水等。

第一节　屋面防水工程

屋面工程根据建筑物的性质、重要程度、使用功能要求，将建筑屋面防水等级分为四个等级，防水层合理使用年限分别规定为25年、15年、10年和5年，并根据不同的防水等级规定进行设防（见表7-1），防水屋面的常用种类有卷材防水屋面、涂膜防水屋面和刚性防水屋面等。

表7-1　屋面防水等级和设防要求

项　目	屋面防水等级			
	Ⅰ	Ⅱ	Ⅲ	Ⅳ
建筑物类型	特别重要或对防水有特殊要求的建筑	重要的建筑和高层建筑	一般的建筑	非永久性的建筑
防水层合理使用年限	25年	15年	10年	5年
防水层选用材料	宜选用合成高分子防水卷材、高聚物改性沥青防水卷材、金属板材、合成高分子防水涂料、细石混凝土等材料	宜选用高聚物改性沥青防水卷材、合成高分子防水卷材、金属板材、合成高分子防水涂料、细石混凝土、平瓦、油毡瓦等材料	宜选用三毡四油沥青防水卷材、高聚物改性沥青防水卷材、合成高分子防水卷材、金属板材、高聚物改性沥青防水涂料、合成高分子防水涂料、细石混凝土、平瓦、油毡瓦等材料	可选用二毡三油沥青防水卷材、高聚物改性沥青防水涂料等材料
设防要求	三道或三道以上防水设防	二道防水设防	一道防水设防	一道防水设防

屋面工程施工前，施工单位应进行图纸会审，并应编制屋面工程施工方案或技术措施。施工时，应建立各道工序的自检、交接检和专职人员检查的三检制度，并有完整的检查记录。每道工序完成，应经监理单位（或建设单位）检查验收，合格后方可进行下道工序的施工。屋面工程的防水层应由经资质审查合格的防水专业队伍进行施工。作业人员应持有当地建设行政主管部门颁发的上岗证。屋面工程所采用的防水、保温隔热材料应有产品合格证书和性能检测报告，材料的品种、规格、性能等应符合现行国家产品标准和设计要求。屋面工程完工后，除按规范规定对保护层等进行外观检验外，还应进行淋水或蓄水检验。屋面的保温层和防水层严禁在雨天、雪天和五级风及其以上环境下施工。

一、卷材防水屋面

（一）卷材防水屋面构造

卷材屋面的防水层是用胶结剂或热熔法逐层粘贴卷材而成的。其一般构造层次见图 7-1 所示，施工时以设计为施工依据。

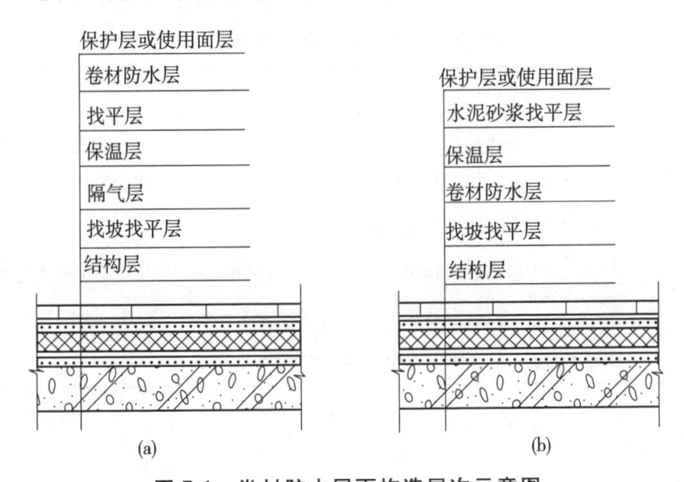

图 7-1　卷材防水屋面构造层次示意图

(a)正置式屋面；(b)倒置式屋面

（二）卷材防水层施工

1. 基层要求

基层质量好坏将直接影响防水层的质量，基层质量是防水层质量的基础。基层的质量包括结构层和找平层的刚度、平整度、强度、表面完整程度及基层含水率等。

基层应具有足够的强度。基层若采用水泥砂浆找平时，强度要大于 5MPa。二次压光，充分养护。要求表面平整，用 2m 长度的直尺检查，最大空隙不应超过 5mm,无松动、开裂、起砂、空鼓、脱皮等缺陷。如强度过低,防水层失去基层的依托,且易产生起皮、起砂的缺陷,使防水层难以黏结牢固,也会产生空鼓现象。基层表面平整度差,卷材不能平服地铺贴于基层,也会产生空鼓问题。

基层应干燥,如在潮湿的基层上施工防水层,防水层与基层黏结困难,易产生空鼓现象,立面防水层还会下坠。因此基层干燥是保证防水层质量的重要环节,基层干燥与否的简易检查方法是将 $1m^2$ 卷材平坦地干铺在基层上,静置 3～4h 后掀开检查,找平层覆盖部位与卷材上未见水印即为达到要求,可铺贴卷材。

为防止由于温差及钢筋混凝土构件收缩而使防水屋面开裂,找平层应留分格缝,缝宽一般为 20mm。缝应留在预制板支承边的拼缝处,其纵向最大间距当找平层采用水泥砂浆或细石混凝土时,不宜大于 6m;当采用沥青砂浆时,则不宜大于 4m。分格缝应附加 200～300mm 宽的油毡,用沥青胶结材料单边点贴覆盖。

采用水泥砂浆或沥青砂浆找平层做基层时,其厚度和技术要求应符合表 7-2 的规定。

表 7-2　找平层厚度和技术要求

类　别	基层种类	厚度(mm)	技术要求
水泥砂浆找平层	整体混凝土	15～20	1∶2.5～1∶3(水泥∶砂)体积比,水泥强度等级不低于32.5
	整体或板状材料保温层	20～25	
	装配式混凝土板、松散材料保温层	20～30	
细石混凝土找平层	松散材料保温层	30～35	混凝土强度等级不低于 C20
沥青砂浆找平层	整体混凝土	15～20	质量比 1∶8(沥青∶砂)
	装配式混凝土板、整体或板状材料保温层	20～25	

2. 材料选择

材料是保证工程质量的基础。屋面工程所采用的防水和保温隔热材料应有产品合格证书和性能检测报告,所用材料的品种、规格、性能等应符合现行国家产品标准和设计要求。材料进场后,应检查材料的品种、规格是否正确,材料的包装和商标是否完整,产品质量保证书是否齐全,并按规范规定的项目和性能指标要求抽样复验,并提出试验报告;不合格的材料不得在屋面工程中使用。

(1)基层处理剂

基层处理剂是为了增强防水材料与基层之间的黏结力,在防水层施工前,预先涂刷在基层上的涂料,其选择应与所用卷材的材性相容。常用的基层处理剂有用于沥青卷材防水屋面的冷底子油,用于高聚物改性沥青防水卷材屋面的氯丁胶沥青乳胶、橡胶改性沥青溶液、沥青溶液(即冷底子油)和用于合成高分子防水卷材屋面的聚氨酯煤焦油系的二甲苯溶液、氯丁胶乳溶液、氯丁胶沥青乳胶等。

(2)胶黏剂

卷材防水层的黏结材料,必须选用与卷材相应的胶黏剂。沥青卷材可选用沥青胶作为胶黏剂,沥青胶的标号应根据屋面坡度、当地历年室外极端最高气温按表 7-3 选用,其性能应符合表 7-4 规定。

表 7-3 沥青胶标号选用表

屋面坡度	历年室外极端最高温度	沥青胶结材料标号
1%~3%	小于 38℃	S-60
	38~41℃	S-65
	41~45℃	S-70
3%~15%	小于 38℃	S-65
	38~41℃	S-70
	41~45℃	S-75
15%~25%	小于 38℃	S-75
	38~41℃	S-80
	41~45℃	S-85

注:(1)油毡层上有板块保护层或整体保护层时,沥青胶标号可按上表降低 5 号。

(2)屋面受其他热影响(如高温车间等),或屋面坡度超过 25%时,应考虑将其标号适当提高。

表 7-4 沥青胶的质量要求

指标名称＼标号	S-60	S-65	S-70	S-75	S-80	S-85
耐热度	用 2mm 厚的沥青胶粘合两张沥青纸,于不低于下列温度(℃)中,在 1∶1 坡度上停放 5h 的沥青胶不应流淌,油纸不应滑动					
	60	65	70	75	80	85
柔韧性	涂在沥青油纸上的 2mm 厚的沥青胶层,在 18±2℃时,围绕下列直径(mm)的圆棒,用 2s 的时间以均衡速度弯成半周,沥青胶不应有裂纹					
	10	15	15	20	25	30
粘结力	用于将两张粘贴在一起的油纸慢慢地一次撕开,从油纸和沥青胶的粘贴面的任何一面的撕开部分,应不大于粘贴面积的 1/2					

高聚物改性沥青卷材可选用橡胶或再生橡胶改性沥青的汽油溶液或水乳液作胶黏剂,其黏结剪切强度应大于 0.05MPa,黏结剥离强度应大于 8N/10mm。

合成高分子防水卷材可选用以氯丁橡胶和丁基酚醛树脂为主要成分的胶黏剂或以氯丁橡胶乳液制成的胶黏剂，其黏结剥离强度不应小于15N/10mm，其用量为0.4～0.5kg/m²。胶黏剂均由卷材生产厂家配套供应。常用合成高分子卷材配套胶黏剂参见表7-5。

表7-5　部分合成高分子卷材的胶黏剂

卷材名称	基层与卷材胶粘剂	卷材与卷材胶粘剂	表面保护层涂料
三元乙丙一丁基橡胶卷材	CX-404胶	丁基粘结剂A、B组分（1∶1）	水乳型醋酸乙烯一丙烯酸酯共聚，油溶型乙丙橡胶和甲苯溶液
氯化聚乙烯卷材	BX-12胶粘剂	BX-12乙组份胶粘剂	水乳型醋酸乙烯一丙烯酸酯共聚，油溶型乙丙橡胶和甲苯溶液
LYX-603氯化聚乙烯卷材	LYX-603-3（3号胶）甲、乙组份	LYX-603-2（2号胶）	LYX-603-1（1号胶）
聚氯乙烯卷材	FL-5型（5～15℃时使用）FL-15型（15～40℃时使用）		

(3)卷材

主要防水卷材的分类如表7-6所示。

表7-6　主要防水卷材的分类

类别		防水卷材名称
沥青基防水卷材		纸胎、玻璃胎、玻璃布、黄麻、铝箔沥青卷材
高聚物改性沥青防水卷材		SBS、APP、ABS-APP、丁苯橡胶改性沥青卷材；胶粉改性沥青卷材、再生胶卷材、PVC改性煤沥青卷材等
合成高分子防水卷材	硫化型橡胶或橡胶共混卷材	三元乙丙橡胶防水卷材、氯磺化聚乙烯卷材、丁基橡胶卷材、氯丁橡胶卷材、氯化聚乙烯一橡胶共混卷材等
	非硫化型橡胶或橡胶共混卷材	丁基橡胶卷材、氯丁橡胶卷材、氯化聚乙烯一橡胶共混卷材等
	合成树脂系防水卷材	氯化聚乙烯卷材、PVC卷材等
	特种卷材	热熔卷材、冷自黏卷材、带孔卷材、热反射卷材、沥青瓦等

沥青防水卷材的外观质量要求如表7-7所示。

表 7-7　沥青防水卷材的外观质量要求

项　目	质量要求
孔洞、硌伤	不允许
漏胎、涂盖不匀	不允许
折纹、皱折	距卷芯 100mm 以外，长度不大于 100mm
裂纹	距卷芯 100mm 以外，长度不大于 10mm
裂口、缺边	边缘裂口小于 20mm，缺边长度小于 50mm，深度小于 1mm
每卷卷材的接头	不超过 1 处，较短的一段不应小于 2500mm，接头处应加长 150mm

高聚物改性沥青防水卷材的外观质量要求如表 7-8 所示。

表 7-8　高聚物改性沥青防水卷材的外观质量要求

项　目	质量要求
孔洞、缺边、裂口	不允许
边缘不整齐	不超过 10mm
胎体露白、未浸透	不允许
撒布材料粒度	均匀
每卷卷材的接头	不超过 1 处，较短的一段不应小于 1000mm，接头处应加长 150mm

合成高分子防水卷材外观质量的要求如表 7-9 所示。

表 7-9　合成高分子防水卷材的外观质量要求

项　目	质量要求
折痕	每卷不超过 2 处，总长度不超过 20mm
杂质	大于 0.5mm 颗粒不允许，每 $1m^2$ 不超过 $9mm^2$
凹痕	每卷不超过 6 处，深度不超过本身厚度的 30%，树脂深度不超过 15%
胶块	每卷不超过 6 处，每处面积不大于 $4mm^2$
每卷卷材的接头	橡胶类每 20m 不超过 1 处，较短的一段不应小于 3000mm，接头处应加长 150mm，树脂类 20m 程度内不允许有接头

3. 卷材施工

(1)沥青卷材防水施工

卷材防水层施工的一般工艺流程如图 7-2 所示。

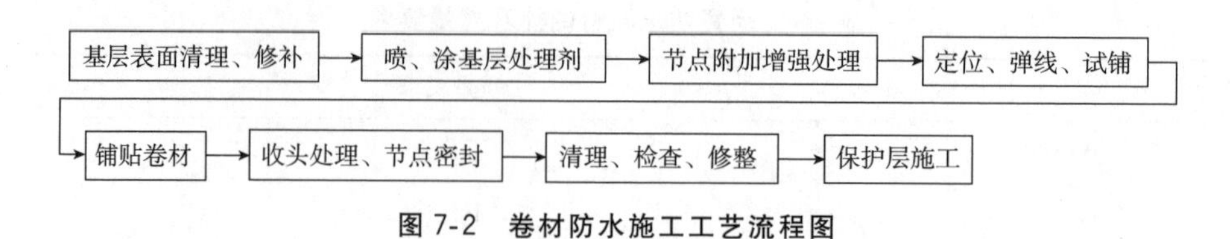

图 7-2　卷材防水施工工艺流程图

1)铺设方向

卷材铺贴方向一般视屋面坡度而定，当坡度在3%以内时，卷材宜平行于屋脊方向铺贴；坡度在3%～15%时，卷材可根据当地情况决定平行或垂直于屋脊方向铺贴，以免卷材溜滑。屋面坡度大于15%或屋面受震动时，卷材应垂直于屋脊铺贴。卷材铺贴搭接方向见表7-10。

表 7-10　卷材铺贴搭接方向

屋面坡度	铺贴方向和要求
＞3%	卷材宜平行屋脊方向，即顺平面长向为宜
3%～15%	卷材可平行或垂直屋脊方向铺贴
＞15%或受震动	沥青卷材应垂直屋脊铺，改性沥青卷材宜垂直屋脊铺；高分子卷材可平行或垂直屋脊铺
＞25%	应垂直屋脊铺，并应采取固定措施，固定点还应密封

2)施工顺序

屋面防水层施工时，应先做好节点、附加层和屋面排水比较集中部位(如屋面与水落口连接处、檐口、天沟、屋面转角处、板端缝等)的处理，然后由屋面最低标高处向上施工。铺贴天沟、檐沟卷材时，宜顺天沟、檐口方向，尽量减少搭接。铺贴多跨和有高低跨的屋面时，应按先高后低、先远后近的顺序进行。大面积屋面施工时，应根据屋面特征及面积大小等因素合理划分流水施工段。施工段的界线宜设在屋脊、天沟、变形缝等处。

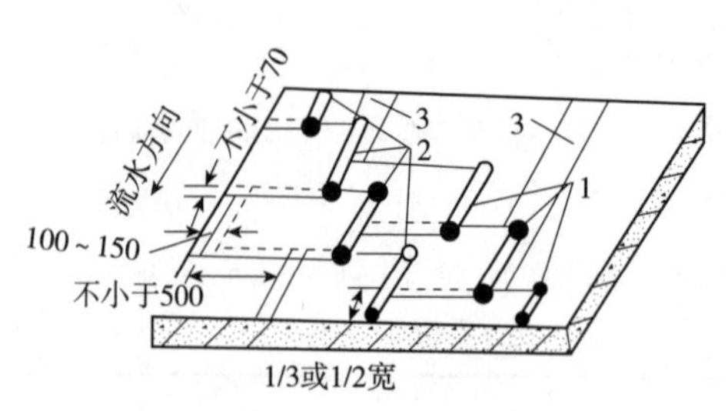

图 7-3　卷材平行屋脊铺贴搭接要求

1-第一层卷材；2-第二层卷材铺贴要求；3-干铺卷材条宽300

3)搭接方法及宽度要求

平行于屋脊的搭接缝，应顺流水方向搭接，见图7-3所示；垂直屋脊的搭接缝应顺主导风向搭接，见图7-4所示。

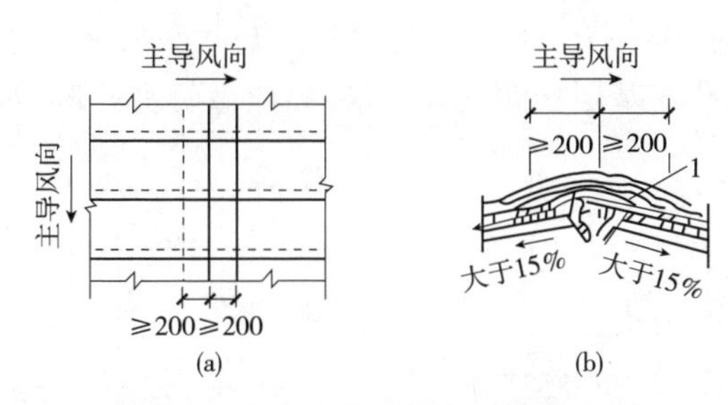

图 7-4　卷材垂直于屋脊处铺贴要求

(a)平面;(b)剖面

卷材平行于屋脊方向铺贴时,长边搭接不小于 70mm;短边搭接,平屋面不应小于 100mm,坡屋面不小于 150mm,相邻两幅卷材短边接缝应错开不小于 500mm;上下两层卷材应错开 1/3 或 1/2 幅度。卷材搭接宽度见表 7-11。

表 7-11　卷材搭接宽度

卷材种类 \ 铺贴方法		短边搭接		长边搭接	
		满粘法	空铺、点粘、条粘法	满粘法	空铺、点粘、条粘法
沥青防水卷材		100	150	70	100
高聚物改性沥青防水卷材		80	100	80	100
合成高分子卷	胶黏剂	80	100	80	100
	胶粘带	50	60	50	60
	单焊缝	60(有效焊接宽度不小于 25)			
	双焊缝	80(有效焊接宽度 10×2 空腔宽)			

4)铺贴方法

沥青卷材的铺贴方法有浇油法、刷油法、刮油法、撒油法等四种。通常采用浇油法或刷油法,在干燥的基层上满涂沥青胶,应随浇涂随铺油毡。铺贴时,油毡要展平压实,使之与下层紧密黏结,卷材的接缝,应用沥青胶赶平封严。对容易渗漏水的薄弱部位(如天沟、檐口、泛水、水落口处等),均应加铺 1～2 层卷材附加层。

5)排气屋面的施工

当屋面保温层、找平层因施工时含水率过大或遇雨水浸泡不能及时干燥,而又要立即铺设柔性防水层时,必须将屋面做成排汽屋面,以避免因防水层下部水分汽化造成防水层起鼓破坏,避免因保温层含水率过高造成保温性能降低。如果采用低吸水率(小于 6%)的保温材料时,就可以不必作排汽屋面。

排汽屋面可通过在保温层中设置排汽通道实现,其施工要点如下:

①排汽道应纵横贯通,不得堵塞,并应与大气连通的排气孔相连。排汽道间距宜为 6m 纵横设置,屋面面积每 36m^{2}宜设置 1 个排气孔。在保温层中预留槽做排汽道时,其宽度一般为 20～40mm;在保温层中埋置打孔细管(塑料管或镀

锌钢管)做排汽道时,管径为 25mm。排汽道应与找平层分格缝相重合。

②为避免排气孔与基层接触处发生渗漏,应做防水处理,如图 7-5 所示。

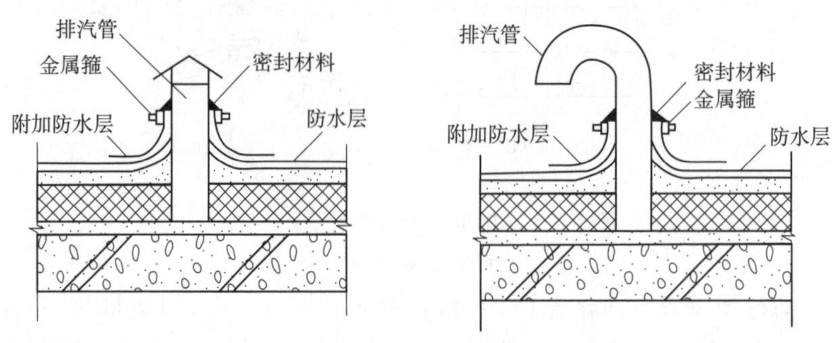

图 7-5 排气孔做法

③排汽屋面防水层施工前,应检查排汽道是否被堵塞,并加以清扫。然后宜在排汽道上粘贴一层隔离纸或塑料薄膜,宽约 200mm,在排汽道上对中贴好,完成后才可铺贴防水卷材(或涂刷防水涂料)。防水层施工时不得刺破隔离纸,以免胶黏剂(或涂料)流入排汽道,造成堵塞或排汽不畅。

排汽屋面还可以利用空铺、条粘、点粘第一层卷材,或第一层为打孔卷材铺贴防水层的方法使其下面形成连通排汽通道,再在一定范围内设置排气汽孔。这种方法比较适合非保温屋面的找平层不能干燥的情形。此时,在檐口、屋脊和屋面转角处及突出屋面的连接处,卷材应满涂胶黏结,其宽度不得小于 800mm。当采用热玛琋脂时,应涂刷冷底子油。

(2)高聚物改性沥青卷材防水施工

高聚物改性沥青防水卷材,是指对石油沥青进行改性,改善防水卷材使用性能,延长防水层寿命而生产的一类沥青防水卷材。对沥青的改性,主要是通过添加高分子聚合物实现,其分类品种包括:塑性体沥青防水卷材、弹性体沥青防水卷材、自黏结油毡、聚乙烯膜沥青防水卷材等。使用较为普遍的是 SBS 改性沥青卷材、APP 改性沥青卷材、PVC 改性沥青卷材和再生胶改性沥青卷材等。其施工工艺流程与普通沥青卷材防水层相同。

依据高聚物改性沥青防水卷材的特性,其施工方法有冷黏法、热熔法和自粘法之分。在立面或大坡面铺贴高聚物改性沥青防水卷材时,应采用满粘法,并宜减少短边搭接。

1)冷黏法施工。冷黏法施工是利用毛刷将胶黏剂涂刷在基层或卷材上,然后直接铺贴卷材,使卷材与基层、卷材与卷材黏结的方法。施工时,胶黏剂涂刷应均匀、不露底、不堆积。空铺法、条黏法、点黏法应按规定的位置与面积涂刷胶黏剂。铺贴卷材时应平整顺直,搭接尺寸准确,接缝应满涂胶黏剂,辊压黏结牢固,不得扭曲。破折溢出的胶黏剂应随即刮平封口。也可采用热熔法搭接。接缝口应用密封材料封严,宽度不应小于10mm。

2)热熔法施工。热熔法施工是指利用火焰加热器融化热熔型防水卷材底层的热熔胶进行粘贴的方法。施工时,在卷材表面热熔(以卷材表面熔融至光亮黑色为度)后应立即滚铺卷材,使之平展,并辊压黏结牢固。搭接缝处必须以溢出热熔的改性沥青胶为度,并应随即刮封接口。加热卷材时应均匀,不得过分加热或烧穿卷材。

3)自黏法施工。自黏法施工是指采用带有自黏胶的防水卷材,不用热施工,也不涂胶结材料,而进行黏结的方法。铺贴前,基层表面应均匀涂刷基层处理剂,待干燥后及时铺贴卷材。铺贴时,应先将自黏胶底面隔离纸完全撕净,排除卷材下面的空气,并辊压黏结牢固,不得空鼓。搭接部位必须采用热风焊枪加热后随即粘贴牢固,溢出的自黏胶随即刮平封口。接缝口用不小于10mm宽的密封材料封严。对厚度小于3mm的高聚物改性沥青防水卷材,严禁采用热熔法施工。

(3)合成高分子卷材防水施工

合成高分子卷材的主要品种有:三元乙丙橡胶防水卷材,氯化聚乙烯—橡胶共混防水卷材,氯化聚乙烯防水卷材和聚氯乙烯防水卷材等。其施工工艺流程与前相同。

施工方法一般有冷黏法、自粘法和热风焊接法三种。

冷黏法、自粘法施工要求与高聚物改性沥青防水卷材基本相同,但冷黏法施工时搭接部位应采用与卷材配套的接缝专用胶黏剂,在搭接缝面上涂刷均匀,并控制涂刷与黏合的间隔时间,排除空气,辊压黏结牢固。

热风焊接法是利用热空气焊枪进行防水卷材搭接黏合的方法。焊接前卷材铺放应平整顺直,搭接尺寸正确;施工时焊接缝的结合面应清扫干净,应无水滴,油污及附着物。先焊长边搭接缝,后焊短边搭接缝,焊接处不得有漏焊、缺焊、焊焦或焊接不牢的现象,也不得损害非焊接部位的卷材。

4. 保护层施工

卷材防水层上做保护层,能够保护卷材防水层免受大气臭氧、紫外线及其他腐蚀介质侵蚀,免受外力刺伤损害,降低防水层表面温度。实践证明,合理选择屋面卷材防水层保护形式,与无保护层防水层的使用寿命相比。一般可延长一倍至数倍。因此,在屋面卷材防水层上做保护层是合理的、经济的、必要的。

绿豆保护层的做法:

绿豆砂粒径3~5mm,呈圆形的均匀颗粒,色浅,耐风化,经过筛洗。绿豆砂在铺撒前应在锅内或钢板上加热至100℃。在油毡面上涂2~3mm厚的热沥青胶,立即趁热将预热过的绿豆砂均匀地撒在沥青胶上,边撒边推铺绿豆砂,使一半左右粒径嵌入沥青胶中，扫除多余绿豆砂，不应露底油毡、沥青胶。

5. 卷材防水屋面细部构造

(1)檐口

将铺贴到檐口端头的卷材裁齐后压入凹槽内，然后将凹槽用密封材料嵌填密实。如用压条(20mm 宽薄钢板等)或用带垫片钉子固定时，钉子应敲入凹槽内，钉帽及卷材端头用密封材料封严。

(2)天沟、檐沟及水落口

天沟、檐沟卷材铺设前，应先对水落口进行密封处理。在水落口杯埋设时，水落口杯与竖管承插口的连接处应用密封材料嵌填密实，防止该部位在暴雨时产生倒水现象。水落口周围直径 500mm 范围内用防水涂料或密封材料涂封作为附加增强层，厚度不少于 2mm，涂刷时应根据防水材料的种类采用不同的涂刷遍数来满足涂层的厚度要求。水落口杯与基层接触处应留宽 10mm，深 10mm 的凹槽，嵌填密封材料。

由于天沟、檐沟部位水流量较大，防水层经常受雨水冲刷或浸泡。因此在天沟或檐沟转角处应先用密封材料涂封，每边宽度不少于 30mm，干燥后再增铺一层卷材或涂刷涂料作为附加增强层，天沟或檐沟铺贴卷材应从沟底开始，顺天沟从水落口向分水岭方向铺贴，边铺边用刮板从沟底中心向两侧刮压，赶出气泡使卷材铺贴平整，粘贴密实。如沟底过宽时，会有纵向搭接缝，搭接缝处必须用密封材料封口。铺至水落口的各层卷材和附加增强层，均应粘贴在杯口上，用雨水罩的底盘将其压紧，底盘与卷材间应满涂胶结材料予以黏结，底盘周围用密封材料填封。水落口处卷材裁剪方法见图 7-6。

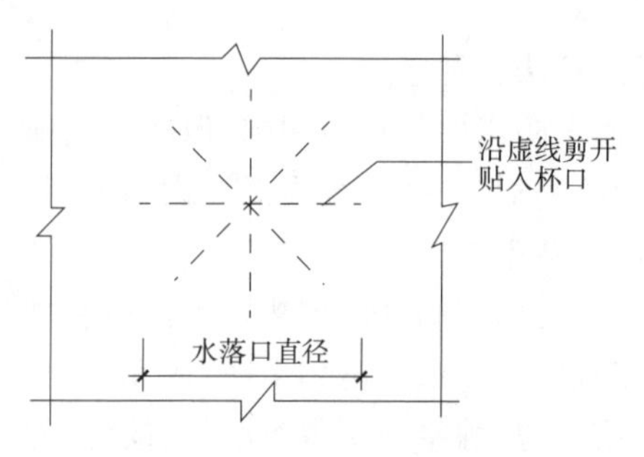

图 7-6　水落口处卷材裁剪方法

(3)泛水与卷材收头

泛水是指屋面的转角与立墙部位。这些部位结构变形大，容易受太阳曝晒，因此为了增强接头部位防水层的耐久性，一般要在这些部位加铺一层卷材或涂刷涂料作为附加增强层。

泛水部位卷材铺贴前，应先进行试铺，将立面卷材长度留足，先铺贴平面卷材至转角处，然后从下向上铺贴立面卷材。如先铺立面卷材，由于卷材自重作用，立面卷材张拉过紧，使用过程易产生翘边、空鼓、脱落等现象。

卷材铺贴完成后，将端头裁齐。若采用预留凹槽收头，将端头全部压入凹槽内，用压条钉压平服，再用密封材料封严，最后用水泥砂浆抹封凹槽。如无法预留凹槽，应先用带垫片钉子或金属压条将卷材端头固定在墙面上，用密封材料封严，再将金属或合成高分子卷材条用压条钉压作盖板，盖板与立墙间用密封材料封固或采用聚合物水泥砂浆将整个端头部位埋压。

(4)变形缝

屋面变形缝处附加墙与屋面交接处的泛水部位，应做好附加增强层；接缝两侧的卷材防水层铺贴至缝边；然后在缝中填嵌直径略大于缝宽的衬垫材料，如聚苯乙烯泡沫塑料棒、聚乙烯泡沫板等。为了使其不掉落，在附加墙砌筑前，缝口用可伸缩卷材或金属板覆盖。附加墙砌好后，将衬垫材料填入缝内。嵌填完衬垫材料后，再在变形缝上铺贴盖缝卷材，并延伸至附加墙立面，卷材在立面上应采用满粘法，铺贴宽度不小于 100mm。为提高卷材适应变形的能力，卷材与附加墙顶面上宜粘贴。

高低跨变形缝处，低跨的卷材防水层应铺至附加墙顶面缝边。然后将金属或合成高分子卷材盖板上、下两端用带垫片的钉子分别固定在高跨外墙面和低跨的附加墙立面上，盖板两端及钉帽用密封材料封严。

(5)排气孔与伸出屋面管道

排气孔与屋面交角处卷材的铺贴方法和立墙与屋面转角处相似，所不同的是流水方向不应有逆槎，排气孔阴角处卷材应作附加增强层，上部剪口交叉贴实或者涂刷涂料增强。

伸出屋面管道卷材铺贴与排气孔相似，但应加铺两层附加层。防水层铺贴后，上端用细铁丝扎紧，最后用密封材料密封，或焊上薄钢板泛水增强。附加层卷材裁剪方法参见水落口做法。

(6)阴阳角

阴阳角处的基层涂胶后要用密封材料涂封，宽度为距转角每边 100mm，再铺一层卷材附加层，附加层卷材剪成图 7-7 所示形状。铺贴后剪缝处用密封材料封固。

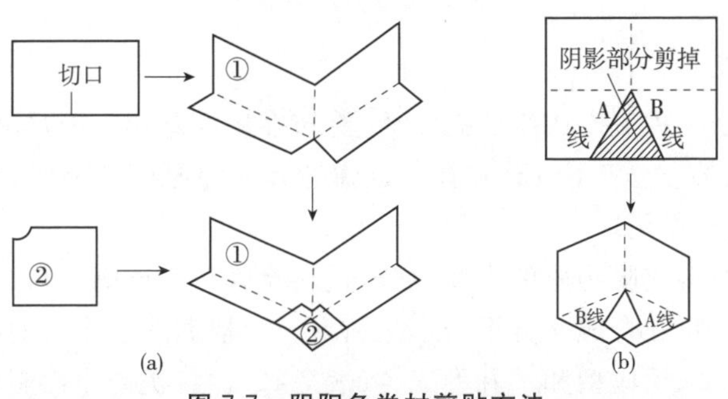

图 7-7　阴阳角卷材剪贴方法

(a)阳角做法；(b)阴角做法

(7)高低跨屋面

高跨屋面向低跨屋面自由排水的低跨屋面，在受雨水冲刷的部位应采用满粘法铺贴，并加铺一层整幅的卷材，再浇抹宽 300～500mm、厚 30mm 的水泥砂浆或铺相同尺寸的块材加强保护。如为有组织排水，水落管下加设钢筋混凝土簸箕，应坐浆安放平稳。

(8)板缝缓冲层

在无保温层的装配式屋面上铺贴卷材时，为避免因基层变形而拉裂卷材防水层，应沿屋架、梁或内承重墙的屋面板端缝上，先干铺一层宽为 300mm 的卷材条作缓冲层。为准确固定干铺卷材条的位置，可将干铺卷材条的一边点粘于基层上，但在檐口处 500mm 内要用胶结材料粘贴牢固。

二、涂膜防水屋面

涂膜防水屋面是在钢筋混凝土装配式结构的屋盖体系中，板缝采用油膏嵌缝，板面压光具有一定的防水能力，通过涂布一定厚度高聚物改性沥青、合成高分子材料，经常温交联固化形成具有一定弹性的胶状涂膜，达到防水的目的。

涂膜防水屋面构造见图 7-8 所示。

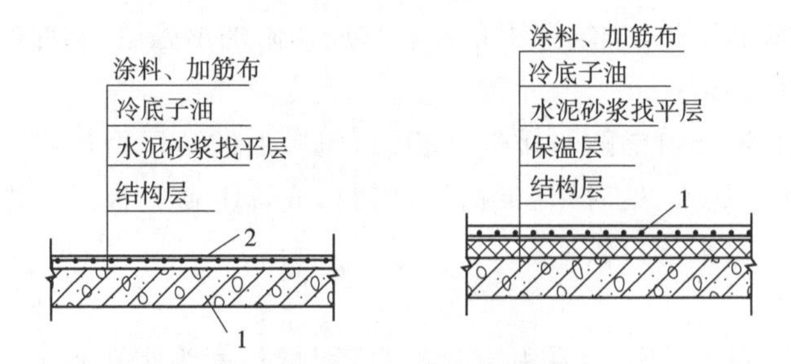

图 7-8　涂膜防水屋面构造图

(a)无保温层涂料屋面；(b)有保温层涂料屋面

1-细石混凝土；2-油膏嵌缝

(一)材料要求

防水涂料是一种流态或半流态物质，涂布在屋面基层表面，经溶剂或水分挥发，或各组分间的化学反应，形成有一定弹性和一定厚度的薄膜，使基层表面与水隔绝，起到防水作用。

根据防水涂料成膜物质的主要成分，适用涂膜防水层的涂料可分为：高聚物改性沥青防水涂料和合成高分子防水涂料两类。根据防水涂料的形成液态的方式，可分为溶剂型、反应型和水乳型三类(表 7-12)。各类防水涂料的质量要求分别见表 7-13、表 7-14、表 7-15、表 7-16。

表 7-12　主要防水涂料的分类

类　别		材料名称
高聚物改性沥青防水涂料	溶剂型	再生橡胶沥青涂料、氯丁橡胶沥青涂料等
	乳液型	丁苯胶乳沥青涂料、氯丁胶乳沥青涂料、PVC煤焦油涂料等
合成高分子防水涂料	乳液型	硅橡胶涂料、丙烯酸酯涂料、AAS隔热涂料等
	反应型	聚氨酯防水涂料、环氧树脂防水涂料等

表 7-13　沥青基防水涂料质量要求

项　目		质量要求
固体含量(%)		≥50
耐热度(80℃,5h)		无流淌、起泡和滑动
柔性(10±1℃)		4mm厚,绕 ϕ20mm圆棒,无裂纹、断裂
不透水性	压力(MPa)	≥0.1
	保持时间(min)	≥30不渗透
延伸(20±2℃拉伸)(mm)		≥4.0

表 7-14　高聚物改性防水涂料质量要求

项　目		质量要求
固体含量(%)		≥43
耐热度(80℃,5h)		无流淌、起泡和滑动
柔性(−10℃)		3mm厚,绕 ϕ20mm圆棒,无裂纹、断裂
不透水性	压力(MPa)	≥0.1
	保持时间(min)	≥30不渗透
延伸(20±2℃拉伸)(mm)		≥4.5

表 7-15　合成高分子防水涂料性能要求

项　目		质量要求		
		反应固化型	挥发固化型	聚合物水泥涂料
固体含量(%)		≥94	≥65	≥65
拉伸强度(MPa)		≥1.65	≥1.5	≥1.2
断裂延伸率(%)		≥300	≥300	≥200
柔性(℃)		−30弯折无裂纹	−20弯折无裂纹	−10,绕 ϕ10mm圆棒,无裂纹
不透水性	压力(MPa)	≥0.3	≥0.3	≥0.3
	保持时间(min)	≥30	≥30	≥30

表 7-16 胎体增强材料质量要求

项目		质量要求		
		聚酯无纺布	化纤无纺布	玻纤网布
外观		均匀,无团状,平整无折皱		
拉力(宽 50mm)(N)	纵向	≥150	≥45	≥90
	横向	≥100	≥35	≥50
延伸率(%)	纵向	≥10	≥20	≥3
	横向	≥20	≥25	≥3

(二)基层要求

涂膜防水层要求基层的刚度大,空心板安装牢固,找平层有一定强度,表面平整、密实,不应有起砂、起壳、龟裂、爆皮等现象。表面平整度应用 2m 直尺检查,基层与直尺的最大间隙不应超过 5mm,间隙仅允许平缓变化。基层与凸出屋面结构连接处及基层转角处应做成圆弧形或钝角。按设计要求做好排水坡度,不得有积水现象。施工前应将分格缝清理干净,不得有异物和浮灰。对屋面的板缝处理应遵守有关规定。等基层干燥后方可进行涂膜施工。

(三)涂膜防水层施工

1. 施工工艺

基层表面清理、修整→喷涂基层处理剂→特殊部位附加增强处理→清理与检查修整→保护层施工。

涂膜防水层的施工也应按照"先高后低,先远后近"的原则进行。先涂布离上料点远的部位,后涂布近处。同一屋面上,先涂布排水较集中的水落口、天沟、檐口等节点部位,再进行大面积涂布。

涂膜防水层施工前,应先对水落口、天沟、檐口、伸出屋面管道根部等节点部位进行增强处理。

涂膜防水层实干前,不在其上进行其他施工作业。涂膜防水层上不得直接堆放物品。

2. 涂料冷涂刷施工

(1)涂料涂布前的准备

1)基层干燥程度要求

基层的干燥程度根据涂料的特性决定,对溶剂型涂料,可用 $1m^2$ 塑料膜在太阳下铺放于找平层上,3～4 小时后,掀起塑料膜无水印,即可进行防水涂料施工。

2)配料和搅拌

采用双组份涂料时,每个组份涂料在配料前必须先搅拌均匀。配料时要求计量正确(过称),主剂和固化剂的混合偏差不得大于±5%。单组份材料开桶后即可施工,但使用前还应进行搅拌。

3)涂层厚度控制

涂层厚度是影响涂膜防水质量的一个关键问题,施工前必须根据设计要求的每平方米涂料用量、涂膜厚度及涂料材性,事先试验确定每道涂料涂刷的厚度以及每个涂层需要涂刷的遍数。

(2)涂料的涂布

涂料涂布应分条或按顺序进行。分条进行时,每条的宽度应与胎体增强材料的宽度相一致,以免操作人员踩踏刚涂好的涂层。每次涂布前应仔细检查前遍涂层有否缺陷,如气泡、露底、漏刷、胎体增强材料皱折、翘边、杂物混入等现象,如发现上述问题,应先进行修补,再涂布后遍涂层。立面部位涂层应在平面涂布前进行,而且应采用多次薄层涂布,尤其是流平性好的涂料,否则会产生流坠现象,使上部涂层变薄,下部涂层增厚,影响防水性能。

涂刷法是指采用滚刷或棕刷将涂料涂刷在基层上的施工方法;喷涂法是指采用带有一定压力的喷涂设备使从喷嘴中喷出的涂料产生一定的雾化作用,涂布在基层表面的施工方法。这两种方法一般用于固含量较低的水乳型或溶剂型涂料,涂布时应控制好每遍涂层的厚度,即要控制好每遍涂层的用量和厚薄均匀程度。涂刷应采用蘸刷法,不得采用将涂料倒在屋面上,再用滚刷或棕刷涂刷的方法,以免涂料产生堆积现象。喷涂时应根据喷涂压力的大小,选用合适的喷嘴,使喷出的涂料成雾状均匀喷出,喷涂时应控制好喷嘴移动速度,保持匀速前进,使喷涂的涂层厚薄均匀。

刮涂法是指采用刮板将涂料涂布在基层上的施工方法,一般用于高固含量的双组分涂料的施工,由于刮涂法施工的涂层较厚,可以先将涂料倒在屋面上,然后用刮板将涂料刮开,刮涂时应注意控制涂层厚薄的均匀程度,最好采用带齿的刮板进行刮涂,以齿的高度来控制涂层的厚度。

3. 胎体增强材料的铺设

胎体增强材料的铺设方向与屋面坡度有关。屋面坡度小于15%时可平行屋脊铺设,屋面坡度大于15%时,为防止胎体增强材料下滑,应垂直屋脊铺设。铺设时由屋面最低标高处开始向上操作,使胎体增强材料搭接顺流水方向,避免呛水。

胎体增强材料搭接时,其长边搭接宽度不得小于50mm,短边搭接宽度不得小于70mm。采用两层胎体增强材料时,由于胎体增强材料的纵向和横向延伸率不同，因此上下层胎体应同方向铺设，使两层胎体材料有一致的延伸性。上下层的搭接缝还应错开，其间距不得小于1/3幅宽，以避免产生重缝。

胎体增强材料的铺设可采用湿铺法或干铺法施工，当涂料的渗透性较差或胎体增强材料比较密实时，宜采用湿铺法施工，以便涂料可以很好地浸润胎体增强材料。

铺贴好的胎体增强材料不得有皱折、翘边、空鼓等缺陷，也不得有露白现象。铺贴时切忌拉伸过紧、刮平时也不能用力过大，铺设后应严格检查表面是否有缺陷或搭接不足问题，否则应进行修补后才能进行下一道工序的施工。

4. 细部节点的附加增强处理

屋面细部节点，如天沟、檐沟、檐口、泛水、出屋面管道根部、阴阳角和防水层收头等部位均应加铺有胎体增强材料的附加层。一般先涂刷1～2遍涂料，铺贴裁剪好的胎体增强材料，使其贴实、平整，干燥后再涂刷一遍涂料。

三、刚性防水屋面

刚性防水屋面是用细石混凝土、块体材料或补偿收缩混凝土等材料作屋面防水层，依靠混凝土密实并采取一定的构造措施，以达到防水的目的。

刚性屋面防水常用做法有细石混凝土防水和水泥砂浆防水两种。细石混凝土防水一般做法是在屋面板上（现浇板）作一层隔离层（低强度等级砂浆、卷材、塑料薄膜等材料）浇一层40mm厚C20细石混凝土，混凝土中配置ϕ4@200mm的双向钢筋，纵横6m设分仓缝，油膏填缝。水泥砂浆防水一般做法是在现浇板上浇筑20～30mm厚1∶2水泥砂浆，掺入2%的防水剂，然后抹面收浆压光而形成。细石混凝土防水屋面构造如图7-9所示。

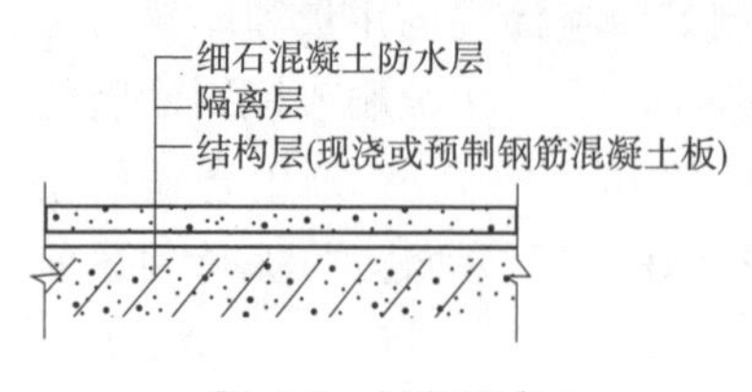

图7-9 细石混凝土刚性防水屋面构造

刚性防水屋面主要适用于防水等级为Ⅲ级的屋面防水，也可用作Ⅰ、Ⅱ级屋面多道防水设防中的一道防水层，不适用于设有松散材料保温层的屋面以及受较大震动或冲击和坡度大于15%的建筑屋面。

(一)材料要求

细石混凝土不得使用火山灰质水泥；砂采用粒径0.3～0.5mm的中粗砂，粗骨料含泥量不应大于1%；细骨料含泥量不应大于2%；水采用自来水或可饮用的天然水；混凝土强度不应低于C20，每立方米混凝土水泥用量不少于330kg，水灰比不应大于0.55；含砂率宜为35%～40%；灰砂比宜为1∶2～1∶2.5。

(二)基层要求

刚性防水屋面的结构层宜为整体现浇的钢筋混凝土。当屋面结构层采用装配式钢筋混凝土板时,应用强度等级不小于 C20 的细石混凝土灌缝,灌缝的细石混凝土宜掺膨胀剂。当屋面板板缝宽度大于 40mm 或上窄下宽时,板缝内必须设置构造钢筋,板端缝应进行密封处理。

(三)隔离层施工

在结构层与防水层之间宜增加一层低强度等级砂浆、卷材、塑料薄膜等材料,起隔离作用,使结构层和防水层变形互不受约束,以减少混凝土产生拉应力而导致混凝土防水层开裂。

1. 黏土砂浆(或石灰砂浆)隔离层施工

预制板缝填嵌细石混凝土后板面应清扫干净,洒水湿润,但不得积水,将按石灰膏∶砂∶黏土=1∶2.4∶3.6(或石灰膏∶砂=1∶4)配制的材料拌和均匀,砂浆以干稠为宜,铺抹的厚度约 10～20mm,要求表面平整、压实、抹光,待砂浆基本干燥后,方可进行下道工序施工。

2. 卷材隔离层施工

用 1∶3 水泥砂浆将结构层找平,并压实抹光养护,再在干燥的找平层上铺一层 3～8mm 干细砂滑动层,在其上铺一层卷材,搭接缝用热沥青胶胶结。也可以在找平层上直接铺一层塑料薄膜。

做好隔离层继续施工时,要注意对隔离层加强保护。混凝土运输不能直接在隔离层表面进行,应采取垫板等措施;绑扎钢筋时不得扎破表面,浇捣混凝土时更不能振疏隔离层。

(四)分隔缝的设置

分格缝又称分仓缝,应按设计要求设置,如设计无明确规定,留设原则为:分格缝应设在屋面板的支承端、屋面转折处、防水层与突出层面结构的交接处,其纵横间距不宜大于 6m。一般为一间一分格,分格面积不超过 $20m^2$;分格缝上口宽为 30mm,下口宽为 20mm,应嵌填密封材料。分格条安装位置应准确,起条时不得损坏分格缝处的混凝土;当采用切割法施工时,分格缝的切割深度宜为防水层厚度的 3/4。

(五)防水层施工

1. 普通细石混凝土防水层施工

混凝土浇筑应按先远后近、先高后低的原则进行。一个分格缝内的混凝土必须一次浇筑完毕,不得留施工缝。细石混凝土防水层厚度不小于 40mm,配置双向钢筋网片，间距为100～200mm，但在分格缝处应断开。钢筋网片应放置在混凝土的中上部，其保护层厚度不小于10mm。混凝土的质量要严格保证，加入外加剂时，应准确计量，投料顺序得当，搅拌均匀。混凝土搅拌应采用机械搅拌，搅拌时间不少于2min；混凝土运输过程中应防止漏浆和离析。混凝土浇筑时，先用平板振动器振实，再用滚筒滚压至表面平整、泛浆，然后用铁抹子压实抹平，并确保防水层的设计厚度和排水坡度。抹光时严禁在表面洒水、加水泥浆或撒干水泥，待混凝土初凝收水后，应进行二次表面压光，或在终凝前三次压光成活，以提高其抗渗性。混凝土浇筑12～24h后进行养护，养护时间不应少于14d，养护初期屋面不得上人，施工时的气温宜在5～35℃范围内，以保证防水层的施工质量。

2. 补偿收缩混凝土防水层施工

补偿收缩混凝土防水层是在细石混凝土中掺入膨胀剂拌制而成，硬化后的混凝土产生微膨胀，以补偿普通混凝土的收缩，它在配筋情况下，由于钢筋限制其膨胀，从而使混凝土产生自应力，起到致密混凝土，提高混凝土抗裂性和抗渗性的作用。其施工要求与普通细石混凝土防水层大致相同。当用膨胀剂拌制补偿收缩混凝土时，应按配合比准确称量，搅拌投料时膨胀剂应与水泥同时加入。混凝土连续搅拌时间不应少于3min。

四、其他屋面

（一）架空隔热屋面

架空隔热屋面是在屋面增设架空层，利用空气流通进行隔热。隔热屋面的防水层做法同前述，施工架空层前，应将屋面清扫干净，根据架空板尺寸弹出砖垛支座中心线，架空屋面的坡度不宜大于5%，为防止架空层砖垛下的防水层造成损伤，应加强其底面的卷材或涂膜防水层，在砖垛下铺贴附加层。架空隔热层的砖垛宜用M5水泥砂浆砌筑，铺设架空板时，应将灰浆刮平，随时扫净屋面防水层上的落灰和杂物，保证架空隔热层气流畅通，架空板应铺设平整、稳固，缝隙宜用水泥砂浆或水泥混合砂浆嵌填，并按设计要求留变形缝。

架空隔热屋面所用材料及制品的质量必须符合设计要求。非上人屋面架空砖垛所用的黏土砖强度等级不小于MU10；架空盖板如采用混凝土预制板时，其强度等级不应小于C20，且板内宜放双向钢筋网片，严禁有断裂和露筋缺陷。

（二）瓦屋面

瓦屋面防水是我国传统的屋面防水技术。它的种类较多，有平瓦屋面、青瓦屋面、筒瓦屋面、石板瓦屋面、石棉水泥瓦屋面、玻璃钢波形瓦屋面、油毡瓦屋面、薄钢板屋面、金属压型夹心板屋面等。下面介绍的是目前使用较多并有代表性的几种瓦屋面。

1. 平瓦屋面

平瓦屋面采用黏土、水泥等材料制成的平瓦铺设在钢筋混凝土或木基层上进行防水。它适用于防水等级为Ⅱ级、Ⅲ级以及坡度不小于20%的屋面。

平瓦屋面与立墙及突出屋面结构等交接处，均应做泛水处理。天沟、檐沟的防水层，应采用合成高分子防水卷材、高聚物改性沥青防水卷材、沥青防水卷材、金属板材或塑料板材等材料铺设。

2. 石棉水泥、玻璃钢波形瓦屋面

石棉水泥波瓦、玻璃钢波形瓦屋面适用于防水等级为Ⅳ级的屋面防水。铺设波瓦时，注意瓦楞与屋脊垂直，铺盖方向要与当地常年主导风雨方向相反，以避免搭口缝飘雨漏水。钉挂波瓦时，相邻两波瓦搭接处的每张盖瓦上，都应设一个螺栓或螺钉，并应设在靠近波瓦搭接部分的盖瓦波峰上。波瓦应采用带橡胶衬垫等防水垫圈的镀锌弯钩螺栓固定在金属檩条或混凝土檩条上，或用镀锌螺钉固定在木檩条上。固定波瓦的螺栓或螺钉不应拧得太紧，以垫圈稍能转动为宜。

3. 油毡瓦屋面

油毡瓦是一种新型屋面防水材料，它是以玻璃纤维毡为胎基，经浸涂石油沥青后，一面覆盖彩砂矿物粒料，另一面撒以隔离材料，并经切割所制成的瓦片屋面防水材料。它适用于防水等级为Ⅱ、Ⅲ级以及坡度不小于20%的屋面。

油毡瓦施工时，其基层应牢固平整。如为混凝土基层，油毡瓦应用专用水泥钢钉与冷沥青玛𤦆脂黏结固定在混凝土基层上；如为木基层，铺瓦前应在木基层上铺设一层沥青防水卷材垫毡，用油毡钉铺钉，钉帽应盖在垫毡下面。在油毡瓦屋面与立墙及突出屋面结构等交接处，均应做泛水处理。

(三)蓄水屋面

蓄水屋面适用于南方气候炎热地区，分为蓄水的隔热屋面和屋顶的蓄水池等。蓄水池内的防水材料应选用耐腐蚀、耐霉烂、耐穿刺、防水性能优异、无浸出有害物质的环保型防水材料。

蓄水屋面应利用分仓缝划分为若干个蓄水区，每一区的边长不大于10m，在变形缝的两侧，应设分仓墙隔成两个不连通的蓄水区，长度超过40m的蓄水屋面，应做横向伸缩缝一道。蓄水屋面应设置人行通道。

蓄水屋面、蓄水池的混凝土侧壁宜与屋面结构一次浇筑，留置水平施工缝时，应设置止水措施。每个蓄水区的防水混凝土应一次浇筑完毕，不得留施工缝。

待蓄水屋面结构及蓄水池等构筑物全面完成后，对屋面、蓄水池进行蓄水试验，修补混凝土的局部缺陷，再进行找平层施工，同时完成所有节点的附加防水层。验收合格后，再展开大面积防水层和防水保护层施工，经蓄水试验合格后，施工饰面层。

(四)彩色夹心钢板屋面

彩色夹心钢板屋面是金属板材屋面中使用较多的一种，它是由两层彩色涂层钢板、中间加硬质自熄性聚氨酯泡沫组成的，通过辊轧、发泡、黏结一次成型。它适用于防水等级为Ⅱ、Ⅲ级的屋面单层防水，尤其是工业与民用建筑轻型屋盖的保温防水屋面。

铺设压型钢板屋面时，相邻两块板应顺风搭接，可避免刮风时冷空气灌入室内。上下两排的搭接长度应根据板型和屋面坡长确定。所有搭接缝内应用密封材料嵌填封严，防止渗漏。

彩钢夹心钢板屋面的防水应采取“以导为主、以堵为辅、堵导结合”的方针。在设计、施工、使用过程中都应该引起足够的重视，作为一项系统工程来抓。在设计阶段应综合考虑降雨量、坡度、坡长、构件变形的多种因素，科学选用压型钢板规格，选择合理的天沟截面和足够的落水点，同时应该出具详细的细部防水构造措施，从理论环节排除漏水的可能性。在施工阶段，应对施工人员进行详细的设计交底，并在施工中进行监督、检查，发现问题及时整改，验收应有天沟闭水和屋面淋水试验记录，严把施工质量关。在使用阶段，应合理使用，定期检修，及早发现漏水隐患并进行有效整改。

(五)种植屋面

种植屋面是在屋面防水层上覆土或盖有锯木屑、膨胀蛭石等多孔松散材料，进行种植草皮、花卉、蔬菜、水果或设架种植攀缘植物等作物。这种屋面可以有效地保护防水层和屋盖结构层，对建筑物也有很好的保温隔热效果，并对城市环境能起到绿化和美化的作用，有益环境保护和人们的健康。

种植屋面在施工挡墙时，留设的泄水孔位置应准确，且不得堵塞，以免给防水层带来不利，覆盖层施工时，应避免损坏防水层，覆盖材料的厚度和质量应符合设计要求，以防止屋面结构过量超载。

(六)倒置式屋面

倒置式屋面是把原屋面“防水层在上，保温层在下”的构造设置倒置过来，将憎水性或吸水率较低的保温材料放在防水层上，使防水层不易损伤，提高耐久性，并可防止屋面结构内部结露。倒置式屋面的保温层的基层应平整，干燥和干净。

倒置式屋面的保温材料铺设，对松散型应分层铺设，并适当压实，每层虚铺厚度不宜大于150mm，板块保温材料应铺设平稳，拼缝严密，分层铺设的板块上、下层接缝应错开，板间缝隙用同类材料嵌填密实。

保温材料有松散型、板状型和整体现浇(喷)保温层,其保温层的含水率必须符合设计要求。松散保温材料的质量要求参见表7-17,板状保温材料的质量要求参见表7-18。

表7-17　松散保温材料质量要求

项　目	膨胀蛭石	膨胀珍珠岩
粒径	3～15mm	≥0.15mm,<0.15mm的含量不大于8%
堆积密度	≤300kg/m³	≤120kg/m³
导热系数	≤0.14W/(m·K)	≤0.07W/(m·K)

表7-18　板状保温材料质量要求

项　目	聚苯乙烯泡沫板	泡沫玻璃	微孔混凝土类	硬质聚氨酯泡沫塑料	膨胀蛭石(珍珠岩制品)
表观密度(kg/m³)	15～30	≥150	500～700	≥30	300～800
导热系数[W/(m·K)]	≤0.041	≤0.062	≤0.22	≤0.027	≤0.26
抗压强度(MPa)		≥0.4	≥0.4		≥0.3
在10%形变下的压缩应力(MPa)	≥0.06			≥0.15	
70℃,48h后尺寸变化率%	≤5.0	≤0.5		≤5	
吸水率(%)	≤6	≤0.5		≤3	
外观质量	板的外形基本平整,无严重凹凸不平,厚度允许偏差为5%且不大于4mm				

五、屋面渗漏原因及防治方法

造成屋面渗漏的原因是多方面的,包括设计、施工、材料质量、维修管理等。要提高屋面防水工程的质量,应以材料为基础,以设计为前提,以施工为关键,并加强维护,对屋面工程进行综合治理。

(一)屋面渗漏的原因

1. 山墙、女儿墙漏水

山墙、女儿墙和突出屋面的烟囱等墙体与防水层相交部渗漏雨水,其原因是节点做法过于简单,垂直面卷材与屋面卷材没有很好地分层搭接,或卷材收口处开裂,在冬季不断冻结,夏天炎热熔化,使开口增大,并延伸至屋面基层,造成漏水。此外,由于卷材转角处未做成圆弧形、钝角或角太小,女儿墙压顶砂浆等级低,滴水线未做或没有做好等原因,也会造成渗漏。

2. 天沟漏水

其原因是天沟长度大，纵向坡度小，雨水口少，雨水斗四周卷材粘贴不严，排水不畅，造成漏水。

3. 屋面变形缝(伸缩缝、沉降缝)处漏水

其原因是处理不当，如薄钢板凸棱安反，薄钢板安装不牢，泛水坡度不当等造成漏水。

4. 挑檐、檐口处漏水

其原因是檐口砂浆未压住卷材，封口处卷材张口，檐口砂浆开裂，下口滴水线未做好而造成漏水。

5. 雨水口处漏水

其原因是雨水口处水斗安装过高，泛水坡度不够，使雨水沿雨水斗外侧流入室内，造成渗漏。

6. 厕所、厨房的通气管根部处漏水

其原因是防水层未盖严，或包管高度不够，在油毡上口未缠麻丝或钢丝，油毡没有做压毡保护层，使雨水沿出气管进入室内造成渗漏。

7. 大面积漏水

其原因是屋面防水层找坡不够，表面凹凸不平，造成屋面积水而渗漏。

(二)屋面渗漏的预防及治理办法

(1)遇上女儿墙压顶开裂时，可铲除开裂压顶的砂浆，重抹 1∶2～1∶2.5 水泥砂浆，并做好滴水线，有条件者可换成预制钢筋混凝土压顶板。突出的烟囱、山墙、管根等与屋面交接处、转角处做成钝角，垂直面与屋面的卷材应分层搭接，对已漏水的部位，可将渗漏处的卷材割开，并分层将旧卷材烤干剥离，清除原有沥青胶，可按图 7-10 和图 7-11 进行处理。

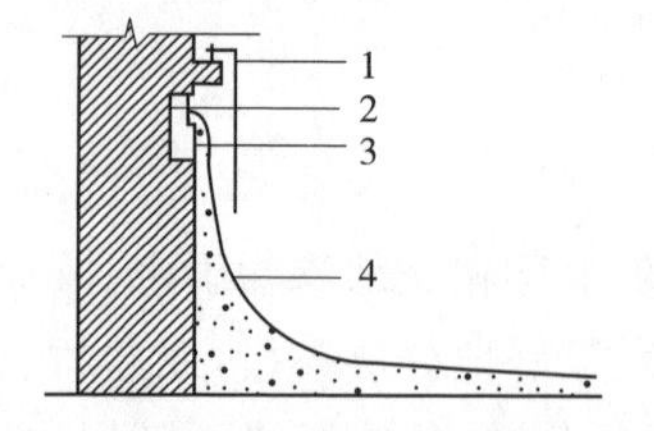

图 7-10　女儿墙镀锌薄钢板泛水

1-镀锌薄钢板泛水；2-水泥砂浆堵缝；3-预埋木砖；4-防水卷材

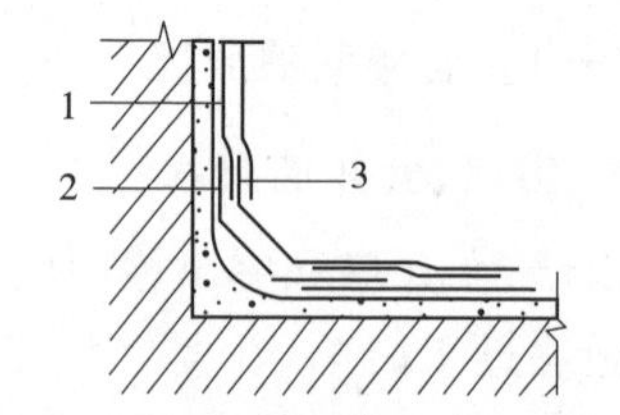

图 7-11　转角渗漏处卷材处理

1-原有卷材；2-干铺一层新卷材；3-新附加卷材

(2)出屋面管道。管根处做成钝角,并建议设计单位加做防水罩,使油毡在防水罩下收头,如图7-12所示。

(3)檐口漏雨。将檐口处旧卷材掀起,用24号镀锌薄钢板将其钉于檐口,将新卷材贴于薄钢板上。

(4)雨水口漏雨渗水。将雨水斗四周卷材铲除,检查短管是否紧贴基层板面或铁水盘上。

如短管浮搁在找平层,则将找平层凿掉,清除后安装好短管,再重做防水层,然后进行雨水斗附近卷材的收口和包贴,如图7-13所示。

如用铸铁弯头代替雨水斗,则需将弯头凿开取出,清理干净后安装弯头,再铺油毡(卷材)一层,其伸入弯头内应大于50mm,最后做防水层至弯头内并与弯头端部搭接顺畅、抹压密实。

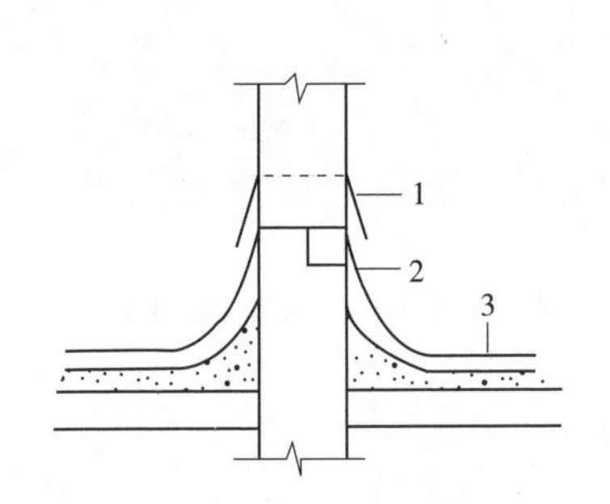

图7-12 出屋面管加铁皮防雨罩

1-24号镀锌薄钢板防雨罩;
2-铅丝或麻绳;3-油毡

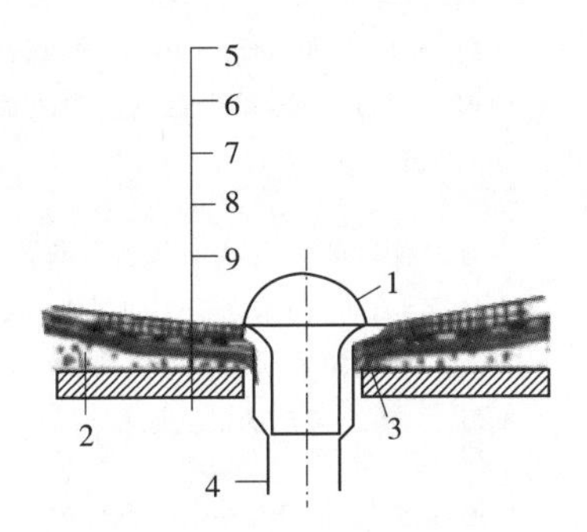

图7-13 雨水口漏水处理

1-雨水罩;2-轻质混凝土;3-雨水斗紧贴基层;4-短管;5-沥青胶或油脂灌缝;6-二毡三油防水层;7-附加一层卷材;8-附加一层再生胶油毡;9-水泥砂浆找平层

第二节 地下工程防水

地下防水工程是防止地下水对地下构筑物或建筑物基础的长期浸透,保证地下构筑物或地下室使用功能正常发挥的一项重要工程。由于地下工程常年受到地表水、潜水、上层滞水、毛细管水等的作用,所以,对地下工程防水的处理比屋面防水工程要求更高,防水技术难度更大。而如何正确选择合理有效的防水方案就成为地下防水工程中的首要问题。

地下工程的防水等级分4级,各级标准及其适用范围应符合表7-19的规定。

表 7-19　地下工程的防水等级标准及适用范围

防水等级	标　　准	适用范围
一级	不允许渗水，结构表面无湿渍	人员长期停留的场所；因有少量湿渍会使物品变质、失效的贮物场所及严重影响设备正常运转和危及工程安全运营的部位；极重要的战备工程
二级	不允许漏水，结构表面可有少量湿渍 工业与民用建筑：总湿渍面积不应大于总防水面积（包括顶板、墙面、地面）的 1/1000；任意 $100m^2$ 防水面积上的湿渍不超过 1 处，单个湿渍的最大面积不大于 $0.1m^2$。 其他地下工程：总湿渍面积不应大于总防水面积的 6/1000；任意 $100m^2$ 防水面积上的湿渍不超过 4 处，单个湿渍的最大面积不大于 $0.2m^2$	人员经常活动的场所；在有少量湿渍的情况下不会使物品变质、失效的贮物场所及基本不影响设备正常运转和工程安全运营的部位；重要的战备工程
三级	有少量漏水点，不得有线流和漏泥砂 任意 $100m^2$ 防水面积上的漏水点数不超过 7 处，单个漏水点的最大漏水量不大于 2.5L/d，单个湿渍的最大面积不大于 $0.3m^2$。	人员临时活动的场所；一般战备工程
四级	有漏水点，不得有线流和漏泥砂 整个工程平均漏水量不大于 $2L/m^2 \cdot d$；任意 $100m^2$ 防水面积的平均漏水量不大于 $4L/m^2 \cdot d$	对渗漏水无严格要求的工程

一、防水混凝土

防水混凝土结构是依靠混凝土材料本身的密实性而具有防水能力的整体式混凝土或钢筋混凝土结构。它既是承重结构、围护结构，又满足抗渗、耐腐和耐侵蚀结构要求。

浇筑防水混凝土结构常采用普通防水混凝土和外加剂防水混凝土。普通防水混凝土是在普通混凝土骨料级配的基础上，调整配合比，控制水灰比、水泥用量、灰砂比和坍落度来提高混凝土的密实性，从而抑制混凝土中的孔隙，达到防水的目的。外加剂防水混凝土是加入适量外加剂（减水剂、防水剂），改善混凝土内部组织结构，增加混凝土的密实性，提高混凝土的抗渗能力。各种防水混凝土的技术要求和适用范围如表 7-20 所示。

表 7-20　各种防水混凝土的技术要求和适用范围

种　类		最大抗渗压力/MPa	技术要求	适用范围
普通防水混凝土		>3.0	水灰比 0.5～0.6；坍落度 30～50mm(掺外加剂或采用泵送时不受此限)；水泥用量≥320kg/m³；灰砂比 1：2～1：2.5；含砂率≥35%；粗骨料粒径≤40mm；细骨料为中砂或细砂	一般工业、民用及公共建筑的地下防水工程
	引气剂防水混凝土	>2.2	含气量为 3%～6%；水泥用量 250～300kg/m³；水灰比 0.5～0.6；含砂率 28%～35%；砂石级配、坍落度与普通混凝土相同	适用于北方高寒地区对抗冻要求较高的地下防水工程及一般的地下防水工程，不适用于抗压强度>20MPa 或耐磨性要求较高的地下防水工程
外加剂防水混凝土	减水剂防水混凝土	>2.2	选用加气型减水剂，根据施工需要分别选用缓凝型、促凝型、普通型的减水剂	钢筋密集或薄壁型防水构筑物，对混凝土凝结时间和流动性有特殊要求的地下防水工程(如泵送混凝土)
	三乙醇胺防水混凝土	>3.8	可单独掺用，也可与氯化钠复合掺用，也能与氯化钠、亚硝酸钠三种材料复合使用	工期紧迫、要求早强及抗渗性较高的地下防水工程
	氯化铁防水混凝土	>3.8	氯化铁掺量一般为水泥用量的 3%	水中结构、无筋少筋、厚大防水混凝土工程及一般地下防水工程，砂浆修补抹面工程，薄壁结构不宜使用
明矾石膨胀剂防水混凝土		>3.8	必须掺入国产 32.5MPa 以上的普通矿渣、火山灰和粉煤灰水泥共同使用，不得单独代替水泥，一般外掺量占水泥用量的 20%	地下工程及其后浇缝

(一)普通防水混凝土施工工艺

1. 模板安装

防水混凝土所用模板，除满足一般要求外，应特别注意模板拼缝严密，支撑牢固。在浇筑防水混凝土前，应将模板内部清理干净。如若两侧模板需用对拉螺栓固定时，应在螺栓或套管中间加焊止水环，螺栓加堵头(如图 7-14 所示)。

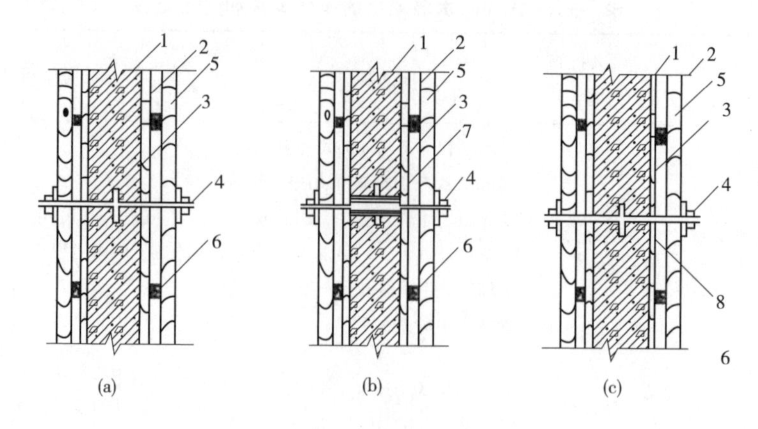

图 7-14 螺栓穿墙止水措施

(a)螺栓加焊止水环；(b)套管加焊止水环；(c)螺栓加堵头

1-防水建筑；2-模板；3-止水环；4-螺栓；5-水平加劲肋；6-垂直加劲肋；

7-预埋套管(拆模后将螺栓拔出，套管内用膨胀水泥砂浆封堵)；

8-堵头(拆模后将螺栓沿平凹坑底割去，再用膨胀水泥砂浆封堵)

2. 钢筋施工

做好钢筋绑扎前的除污、除锈工作。绑扎钢筋时，应按设计规定留足保护层，且迎水面钢筋保护层厚度不应小于 50mm，应以相同配合比的细石混凝土或水泥砂浆制成垫块，将钢筋垫起，以保证保护层厚度。严禁以垫铁或钢筋头垫钢筋，或将钢筋用铁钉及铁丝直接固定在模板上。

钢筋应绑扎牢固，避免因碰撞、振动使绑扣松散、钢筋移位，造成露筋。钢筋及绑丝均不得接触模板。采用铁马凳架设钢筋时，在不便取掉铁马凳的情况下，应在铁马凳上加焊止水环。在钢筋密集的情况下，更应注意绑扎或焊接质量，并用自密实高性能混凝土浇筑。

3. 混凝土搅拌

防水混凝土的配合比应通过试验选定。选定配合比时，应按设计要求的抗渗标号提高 0.2MPa。防水混凝土的抗渗等级不得小于 P6，所用水泥的强度等级不低于 32.5 级，石子的粒径宜为 5～40mm，宜采用中砂，防水混凝土可根据抗裂要求掺入钢纤维或合成纤维，其掺合料、外加剂的掺量应经试验确定，其水灰比不大于 0.50。地下防水工程所使用的防水材料应有产品合格证书和性能检测报告，材料的品种、规格、性能等应符合现行国家产品标准和设计要求，不合格的材料不得在工程中使用。配制防水混凝土要用机械搅拌，先将砂、石、水泥一次倒入搅拌筒内搅拌 0.5～1.0min，再加水搅拌 1.5～2.5min。如掺外加剂应最后加入。外加剂必须先用水稀释均匀，掺外加剂防水混凝土的搅拌时间应根据外加剂的技术要求确定。对厚度＞250的结构，混凝土坍落度宜为10～30mm，厚度＜250mm或钢筋稠密的结构，混凝土坍落度宜为30～50mm。

4. **混凝土运输**

运输过程中应采取措施防止混凝土拌和物产生离析，以及坍落度和含气量的损失，同时要防止漏浆。

防水混凝土拌和物在常温下应于0.5h以内运至现场；运送距离较远或气温较高时，可掺入缓凝型减水剂，缓凝时间宜为6～8h。

防水混凝土拌和物在运输后如出现离析，则必须进行二次搅拌。在坍落度损失后不能满足施工要求时，应加入原水灰比的水泥浆或二次掺加减水剂进行搅拌，严禁直接加水搅拌。

5. **混凝土的浇筑和振捣**

在结构中若有密集管群，以及预埋件或钢筋稠密之处，不易使混凝土浇捣密实时，应选用免振捣的自密实高性能混凝土进行浇筑。

在浇筑大体积结构中，遇有预埋大管径套管或面积较大的金属板时，其下部的倒三角形区域不易浇捣密实而形成空隙，造成漏水，为此，可在管底或金属板上预先留置浇筑振捣孔，以利浇捣和排气，浇筑后再将孔补焊严密。

混凝土浇筑应分层，每层厚度不宜超过30～40cm，相邻两层浇筑时间间隔不应超过2h，夏季可适当缩短。混凝土在浇筑地点须检查坍落度，每工作班至少检查两次。普通防水混凝土坍落度不宜大于50mm。

防水混凝土必须采用高频机械振捣，振捣时间宜为10～30s，以混凝土泛浆和不冒气泡为准。要依次振捣密实，应避免漏振、欠振和超振。掺加引气剂或引气型减水剂时，应采用高频插入式振捣器振捣密实。

6. **混凝土的养护**

防水混凝土终凝后（一般浇后4～6h），即应开始覆盖浇水养护，养护时间应在14d以上，冬期施工混凝土入模温度不应低于5℃，宜采用综合蓄热法、暖棚法等养护方法，并应保持混凝土表面湿润，防止混凝土早期脱水，如采用掺化学外加剂方法施工时，能降低水溶液的冰点，使混凝土在低温下硬化，但要适当延长混凝土搅拌时间，振捣要密实，还要采取保温保湿措施。不宜采用蒸汽养护和电热养护，地下构筑物应及时回填分层夯实，以避免由于干缩和温差产生裂缝。

7. **模板拆除**

防水混凝土结构须在混凝土强度达到设计强度40%以上时方可在其上面继续施工，达到设计强度70%以上时方可拆模。拆模时，混凝土表面温度与环境温度之差，不得超过15℃，以防混凝土表面出现裂缝。

8. 防水混凝土结构的保护

地下工程的结构部分拆模后，经检查合格后，应及时回填。回填前应将基坑清理干净，无杂物且无积水，回填土应分层夯实。地下工程周围800mm以内宜用灰土、黏土或粉质黏土回填；回填土中不得含有石块、碎砖、灰渣、有机杂物以及冻土。回填施工应均匀对称进行，回填后建筑四周地面应做不小于800mm宽的散水，其坡度宜为5%，以防地面水侵入地下。

完工后的自防水结构，严禁再在其上打洞。若结构表面有蜂窝麻面，应及时修补。修补时应先用水冲洗干净，涂刷一道水灰比为0.4的水泥浆，再用水灰比为0.5的1：2.5水泥砂浆填实抹平。

(二)外加剂防水混凝土

外加剂防水混凝土是在混凝土中掺入一定的有机或无机的外加剂，改善混凝土的性能和结构组成，提高混凝土的密实性和抗渗性，从而达到防水目的。由于外加剂种类较多，各自的性能、效果及适用条件不尽相同，故应根据地下建筑防水结构的要求和施工条件，选择合理、有效的防水外加剂。常用的外加剂防水混凝土有：三乙醇胺防水混凝土，加气剂防水混凝土，减水剂防水混凝土，氯化铁防水混凝土。

1. 加气剂防水混凝土

加气剂防水混凝土是在普通混凝土中掺入微量的加气剂配制而成的。目前常用的加气剂有松香酸钠、松香热聚物、烷基磺酸钠和烷基苯磺酸钠等。在混凝土中加入加气剂后，会产生大量微小而均匀的气泡，使其黏滞性增大，不易松散离析，显著地改善了混凝土的和易性，同时具有抑制沉降离析和泌水的作用，减少混凝土的结构缺陷。大量气泡存在使毛细管性质改变，提高了混凝土的抗渗性。我国对加气混凝土含气量要求控制在3%～5%内；松香酸钠掺量为水泥质量的0.03%；松香热聚物掺量为水泥质量的0.005%～0.015%；水灰比宜控制在0.5～0.6之间；水泥用量为250～300kg，砂率为28%～35%。砂石级配、坍落度与普通混凝土的要求相同。

2. 减水剂防水混凝土

减水剂防水混凝土是在混凝土中掺入适量的减水剂配制而成的。减水剂的种类很多，目前常用的有木质素磺酸钙、NNO(亚甲基二萘磺酸钠)等。减水剂具有强烈的分散作用，能使水泥成为细小的单个粒子，均匀分散于水中。同时，还能使水泥微粒表面形成一层稳定的水膜，借助于水的润滑作用，水泥颗粒之间只要有少量的水即可将其拌和均匀而使混凝土的和易性显著增加。因此，混凝土掺入减水剂后，在满足施工和易性的条件下，可大大降低拌和用水量，使混凝土硬化后的毛细孔减少，从而提高了混凝土的抗渗性。采用木质素磺酸钙，其掺量为水泥质量的0.15%～0.3%；采用NNO，其掺量为水泥质量的0.5%～1.0%。减水剂防水混凝土在保持混凝土和易性不变的情况下，可使混凝土用水量减少10%～20%，混凝土强度等级提高10%～30%，抗渗性可提高1倍以上。减水剂防水混凝土适用于一般防水工程及对施工工艺有特殊要求的防水工程。

3. 三乙醇胺防水混凝土

三乙醇胺防水混凝土是在混凝土中随拌合水掺入一定量的三乙醇胺防水剂配制而成的。

三乙醇胺加入混凝土后，能增强水泥颗粒的吸附分散与化学分散作用，加速水泥的水化，水化生成物增多，水泥石结晶变细，结构密实，因此提高了混凝土的抗渗性。在冬季施工时，除了掺入占水泥质量0.05%的三乙醇胺以外，再加入占水泥质量0.5%的氯化钠及1%的亚硝酸钠，其防水效果会更好。三乙醇胺防水混凝土的抗渗性好、质量稳定、施工简便，特别适合工期紧，要求早强及抗渗的地下防水工程。

(三)补偿收缩混凝土

补偿收缩混凝土是在普通混凝土中掺入适量膨胀剂或用膨胀水泥配制而成的一种微膨胀混凝土，最高抗渗强度不小于3.6MPa。

补偿收缩混凝土以本身适度膨胀抵消收缩裂缝，同时改善孔隙结构，降低孔隙率，减小开裂，使混凝土有较高的抗渗性能。它适用于地下连续墙、后浇带、膨胀带等防裂防渗工程，尤其适用于大体积混凝土防裂防渗工程。

常用的膨胀剂有U型混凝土膨胀剂(UEA)、明矾石膨胀剂、明矾石膨胀水泥、石膏矾土膨胀水泥等。防水混凝土还可根据工程抗裂需要掺入钢纤维或合成纤维，可有效提高混凝土的抗裂性，但相应成本较高，它适用于对抗拉、抗剪、抗折强度和抗冲击、抗裂、抗疲劳、抗爆破性能等要求较高的地下防水工程，其特点是高强、高抗裂、高韧度，提高耐磨，耐渗性。

二、结构表面防水层

(一)水泥砂浆防水层

水泥砂浆抹面防水层可分为多层刚性防水层(或称普通水泥砂浆防水层)和刚性掺外加剂的水泥砂浆防水层(如氯化铁防水剂、铝粉膨胀剂、减水剂等)两种，水泥砂浆防水层的构造做法如图7-15所示。

防水层做法分为外抹面防水(迎水面)和内抹面防水(背水面)，防水层的施工程序，一般是先抹顶板，再抹墙面，最后抹地面。

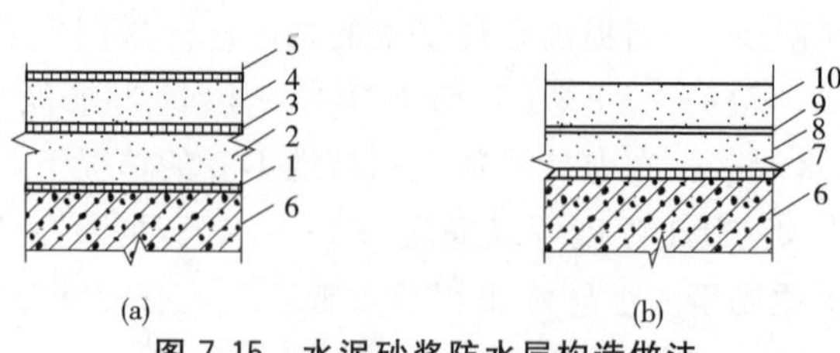

图 7-15　水泥砂浆防水层构造做法

(a)多层刚性防水层；(b)刚性外加剂防水层

1、3-素灰层 2mm；2，4-砂架层 45mm；5-水泥浆 1mm；6-结构基层；7、9-水泥浆一道；

8-外加剂防水砂浆垫层；10-防水砂浆面层

1. 基层处理

基层处理十分重要，是保证防水层与基层表面结合牢固，不空鼓和密实不透水的关键。基层处理包括清理、浇水、刷洗、补平等工序，使基层表面保持潮湿、清洁、平整、坚实、粗糙。

2. 施工方法

(1)混凝土顶板与墙面防水层操作

第一层，在浇水湿润的基层上先抹 1mm 厚素灰(用铁板用力刮抹 5～6 遍)，再抹 1mm 找平。

第二层，在素灰层初凝后终凝前进行，使砂浆压入素灰层 0.5mm 并扫出横纹。

第三层，在第二层凝固后进行，做法同第一层。

第四层，同第二层做法，抹后在表面用铁板抹压 5～6 遍，最后压光。

第五层，在第四层抹压二遍后刷水泥浆一遍，随第四层压光。

(2)砖墙面和拱顶防水层的操作。第一层是刷水泥浆一道，厚 1mm，用毛刷往返涂刷均匀，涂刷后，可抹第二、三、四层等，其操作方法与混凝土基层防水层的相同。

(3)地面防水层的操作。地面防水层操作与墙面、顶板操作不同的地方是：素灰层(一、三层)不采用刮抹的方法，而是把拌和好的素灰倒在地面上，用棕刷往返用力涂刷均匀，第二层和第四层是在素灰层初凝前后把拌和好的水泥砂浆层按厚度要求均匀铺在素灰层上，按墙面、顶板操作要求抹压，各层厚度也均与墙面、顶板防水层的相同。地面防水层在施工时要防止践踏，应由里向外顺序进行，如图 7-16 所示。

(4)特殊部位的施工。结构阴阳角处的防水层均需抹成圆角，阴角直径为 5cm，阳角直径为 lcm。防水层的施工缝需留斜坡阶梯形槎子，槎子的搭接要依照层次操作顺序层层搭接。槎子的位置一般留在地面上，亦可留在墙面上，所留的槎子均需离阴阳角 20cm 以上，防水层接槎处理如图 7-17 所示。

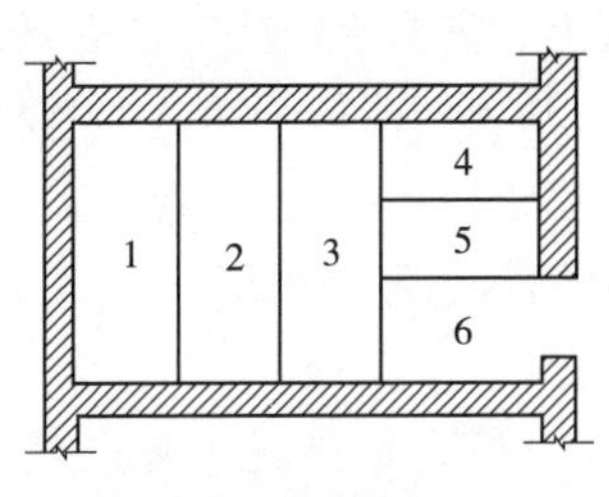

图 7-16 地面施工顺序

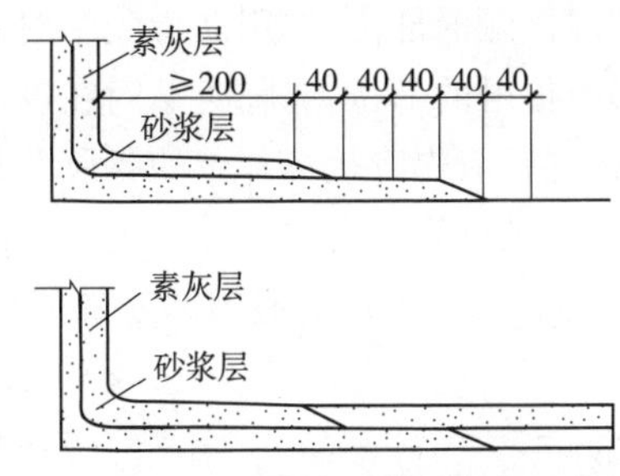

图 7-17 防水层接槎处理

(二)卷材防水层

卷材防水层是用沥青胶结材料粘贴卷材而成的一种防水层，属于柔性防水层。其特点是具有良好的韧性和延伸性，能适应一定的结构振动和微小变形，对酸、碱、盐溶液具有良好的耐腐蚀性，是地下防水工程常用的施工方法，采用改性沥青防水卷材和高分子防水卷材，抗拉强度高，延伸率大，耐久性好，施工方便。但由于沥青卷材吸水率大，耐久性差，机械强度低，直接影响防水层质量，而且材料成本高，施工工序多，操作条件差，工期较长，发生渗漏后修补困难。

卷材防水层应采用高聚物改性沥青防水卷材和合成高分子防水卷材。所选用的基层处理剂、胶黏剂、密封材料等配套材料，均应与铺贴卷材材性相容。卷材防水层应在地下工程主体迎水面铺贴。

卷材防水层是依靠结构的刚度由多层卷材铺贴而成的，要求结构层坚固、形式简单，粘贴卷材的基层面要平整干燥。

1. 地下结构卷材防水层的铺贴方式

地下防水工程一般把卷材防水层设在建筑结构的外侧，称为外防水；受压力水的作用紧压在结构上，防水效果好。

外防水有两种施工方法，即外防外贴法和外防内贴法。

(1)外防外贴法施工

外贴法(图 7-18)是将立面卷材防水层直接铺设在需防水结构的外墙外表面。适用于防水结构层高大于 3m 的地下结构防水工程。

铺贴卷材时应先铺贴平面，后铺贴立面，平、立面交接处应交叉搭接。临时性保护墙宜用石灰砂浆砌筑，以便拆除，内表面应用石灰砂浆做找平层，并刷石灰浆。各层卷材铺好后，其顶端应予以临时固定，表面上应做好保护层，然后方可进行需防水结构的施工。自平面折向立面的卷材与永久

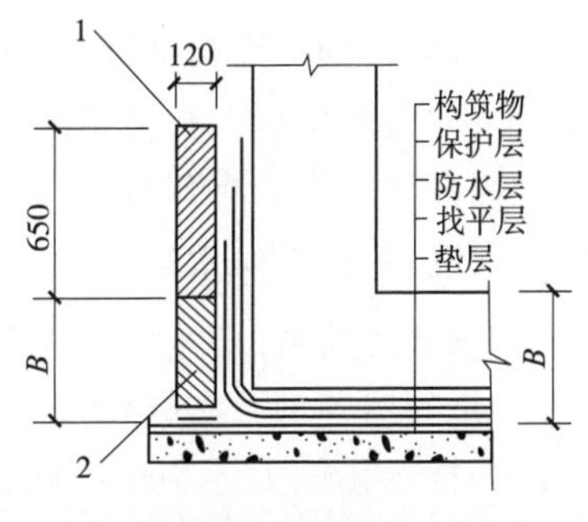

图 7-18 外贴法

1-临时保护墙；2-永久保护墙

性保护墙接触的部位,应用沥青胶结材料紧密贴严。与临时性保护墙或需防水结构的模板接触的部位,应临时贴附在该墙上或模板上。需防水结构完成后,铺贴立面卷材之前,应先将接槎部位的各层卷材揭开,并将其表面清理干净。如卷材有局部损伤,应进行修补后方可继续施工。此处卷材应用错槎接缝,上层卷材盖过下层卷材不应小于 150mm。卷材防水层完成经检查合格后,做好保护层。

(2)外防内贴法施工

外防内贴法(图 7-19)是浇筑混凝土垫层后,在垫层上将永久保护墙全部砌好,将卷材防水层铺贴在永久保护墙和垫层上。适用于防水结构层高小于 3m 的地下结构防水工程。

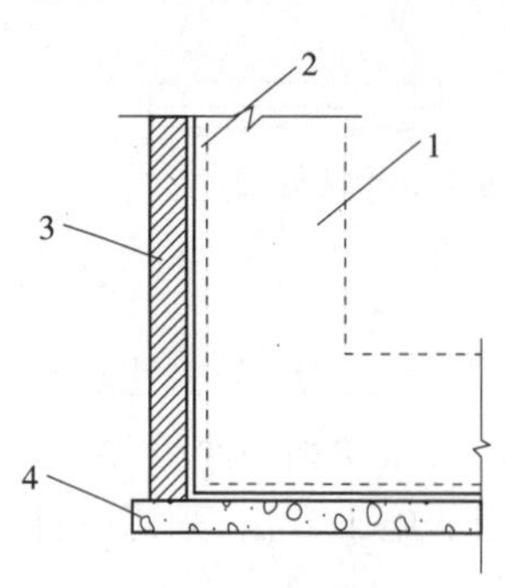

图 7-19　内贴法

1-待施工的构筑物;2-防水层;3-保护层;4-垫层

内贴法在需防水结构施工前,应将永久性保护墙砌筑在与需防水结构同一的垫层上。保护墙内表面应抹 1∶3 水泥砂浆找平层;待其基本干燥并满涂冷底子油后,再将全部立面卷材防水层粘贴在该墙上。永久性保护墙可代替模板,但应采取加固措施。卷材宜先铺贴立面,后铺贴平面。铺贴立面时,应先铺转角,后铺大面。卷材防水层铺贴完成后,应做好保护层,然后方可进行防水结构施工。

2. 提高卷材防水层质量的技术措施

(1)要求卷材有一定的延伸率来适应这种变形。采用点黏、条黏、空铺的措施可以充分发挥卷材的延伸性能,有效地减少卷材被拉裂的可能性。其具体做法是,点黏法时,每平方米卷材下黏五点(100mm×100mm),粘贴面积不大于总面积的 6%;条黏法时,每幅卷材两边各与基层粘贴 150mm 宽;空铺法时,卷材防水层周边与基层粘贴 800mm 宽。

(2)增铺卷材附加层。对变形较大、易遭破坏或易老化部位,如变形缝、转角、三面角,以及穿墙管道周围、地下出入口通道等处,均应铺设卷材附加层。附加层可采用同种卷材加铺 1～2 层,亦可用其他材料做增强处理。

(3)密封处理。在分格缝、穿墙管道周围、卷材搭接缝,以及收头部位应做密封处理,施工中要重视对卷材防水层的保护。

(三)冷胶料防水层

防水冷胶料(即水乳型橡胶沥青冷胶料)是以沥青、橡胶和水为主要材料,掺入适量的增塑剂及防老化剂,采用乳化工艺制成的。其黏结、柔韧、耐寒、耐热、防水、抗老化能力等均优于纯沥青和沥青胶,并且有质量轻、无毒、无味、不易燃烧、冷施工等特点,而且操作简便,不污染环境,经济效益好,与一般卷材防水层相比可节约造价 30%左右,还可在比较潮湿的基层上施工。

冷胶料适用于屋面、墙体、地面、地下室等部位及设备管道防水防潮、嵌缝补漏、防渗防腐工程。JG-2 冷胶料由水乳型 A 液和 B 液组成：A 液为再生胶乳液，容积密度约 1.1g/cm^3，外观呈漆黑色，细腻均匀，稠度大，黏性强；B 液为乳化沥青，呈浅黑黄色，水分较多，黏性较差，容积密度约 1.04g/cm^3。当两种溶液按不同配合比（质量比）混合时，其混合料的性能也就各不相同：

若混合料中沥青成分居多，则其黏结性、涂刷性和浸透性良好，此时施工配合比可按 A 液：B 液＝1：2；若混合料中的橡胶成分增多，则具有较高的抗裂性和抗老化能力，此时施工配合比可按 A 液：B 液＝1：1。因此，可根据防水层的要求不同，采用不同的施工配合比。

冷胶料可单独作为防水涂料，也可衬贴玻璃丝布，当地下水压不大时做防水层或地下水压较大时做加强层时，可采用二布三油一砂做法；当在地下水位以下做防水层或防潮层时，可采用一布二油一砂做法。铺贴顺序为先铺附加层及立面，再铺平面；先铺贴细部，再铺贴大面。施工冷胶料应随配随用，当天用完；两层涂料的施工间隔时间不少于 12h，最好为 24h，以利结膜和各项性能加强。雨天、雾天、大风天及低温条件下不得施工，冷胶料施工的适宜温度以 10～30℃为宜。

三、细部构造防水施工

（一）变形缝

地下结构物的变形缝是防水工程的薄弱环节，防水处理比较复杂。如处理不当会引起渗漏现象，从而直接影响地下工程的正常使用和寿命。为此，在选用材料、作法及结构形式上，应考虑变形缝处的沉降、伸缩的可变性，并且还应保证其在形态中的密闭性，即不产生渗漏水现象。用于伸缩的变形缝宜不设或少设，可根据不同的工程结构、类别及工程地质情况采用诱导缝、加强带、后浇带等替代措施。用于沉降的变形缝宽度宜为 20～30mm，用于伸缩的变形缝宽度宜小于此值，变形缝处混凝土结构的厚度不应小于 300mm。

对止水材料的基本要求是：适应变形能力强；防水性能好；耐久性高；与混凝土黏结牢固等。防水混凝土结构的变形缝、后浇带等细部构造应采用止水带、遇水膨胀橡胶腻子止水条等高分子防水材料和接缝密封材料。

常见的变形缝止水带材料有：橡胶止水带、塑料止水带、氯丁橡胶止水带和金属止水带（如镀锌钢板等）。其中，橡胶止水带与塑料止水带的柔性、适应变形能力与防水性能都比较好，是目前变形缝常用的止水材料；氯丁橡胶止水带是一种新型止水材料，具有施工简便、防水效果好、造价低且易修补的特点；金属止水带一般仅用于高温环境条件下无法采用橡胶止水带或塑料止水带的场合。金属止水带的适应变形能力差，制作困难。对环境温度高于 50℃处的变形缝，可采用 2mm 厚的紫铜片或 3mm 厚不锈钢金属止水带，在不受水压的地下室防水工程中，结构变形缝可采用加防腐掺和料的沥青浸过的松散纤维材料，软质板材等填塞严密，并用封缝材料严密封缝，墙的变形缝的填嵌应按施工进度逐段进行，每 300～500mm 高填缝一次，缝宽不小于 30mm，不受水压的卷材防水层，在变形缝处应加铺两层抗拉强度高的卷材。在受水压的地下防水工程中，温度经常低于 50℃，在不受强氧化作用时，变形缝宜采用橡胶或塑料止水带，当有油类侵蚀时，应选用相应的耐油橡胶或塑料止水带，止水带应整条，如必须接长，应采用焊接或胶接，止水带的接缝宜为一处，应设在边墙较高位置上，不得设在结构转角处，止水带埋设位置应准确，其中间空心圆环与变形缝的中心线应重合。止水带应妥善固定，顶、底板内止水带应成盆状安设，宜采用专用钢筋套或扁钢固定，止水带不得穿孔或用铁钉固定，损坏处应修补，止水带应固定牢固、平直，不能有扭曲现象。变形缝接缝处两侧应平整、清洁、无渗水，并涂刷与嵌缝材料相容的基层处理剂，嵌缝应先设置与嵌缝材料隔离的背衬材料，并嵌填密实，与两侧黏结牢固，在缝上粘贴卷材或涂刷涂料前，应在缝上设置隔离层后才能进行施工。止水带的构造形式通常有埋入式、可卸式、粘贴式等，目前采用较多的是埋入式。根据防水设计的要求，有时在同一变形缝处，可采用数层、数种止水带的构造形式。图 7-20 是埋入式橡胶（或塑料）止水带的构造图，图 7-21、图 7-22 分别是可卸式止水带和粘贴式止水带的构造图。

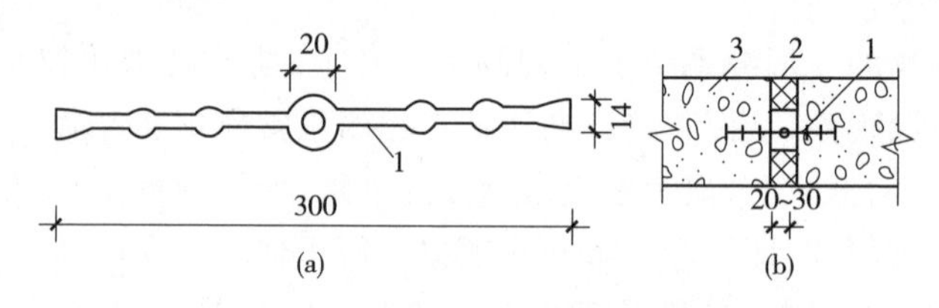

图 7-20　埋入式橡胶（或塑料）止水带的构造

（a）橡胶止水带；（b）变形缝构造

1-止水带；2-沥青麻丝；3-构筑物

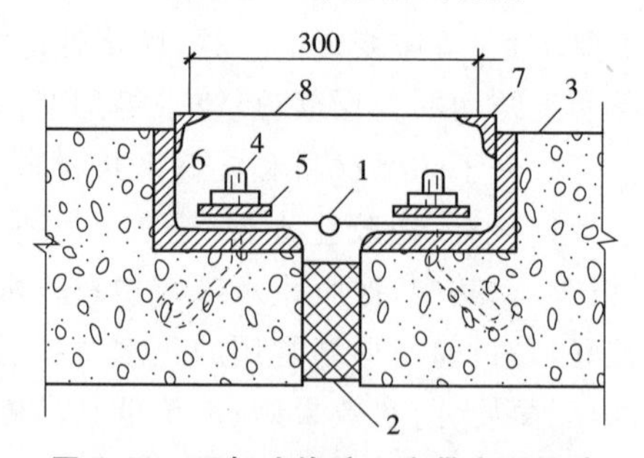

图 7-21　可卸式橡胶止水带变形构造

1-橡胶止水带；2-沥青麻丝；3-构筑物；4-螺栓；5-钢压条；6-角钢；7-支撑角钢；8-钢盖板

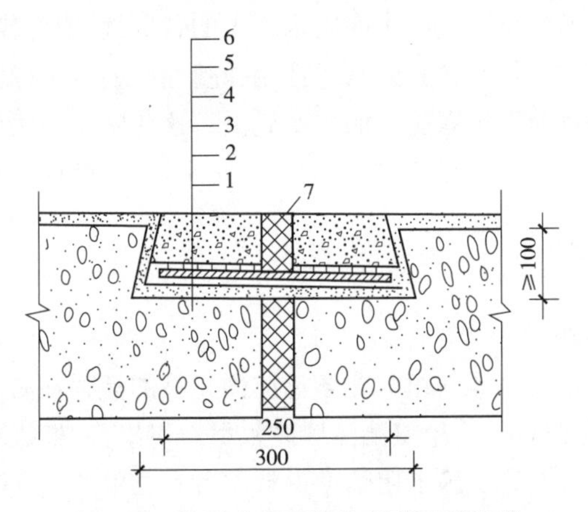

图 7-22　粘贴式氯丁橡胶板变形缝构造

1-构筑物;2-刚性防水层;3-胶黏剂;4-氯丁胶板;5-素灰层;6-细石混凝土覆盖层;7-沥青麻丝

(二)后浇带

后浇带(也称后浇缝)是对不允许留设变形缝的防水混凝土结构工程(如大型设备基础等)采用的一种刚性接缝。

防水混凝土基础后浇缝留设的位置及宽度应符合设计要求。其断面形式可留成平直缝或阶梯缝,但结构钢筋不能断开;如必须断开,则主筋搭接长度应大于 45 倍主筋直径,并应按设计要求加设附加钢筋。留缝时应采取支模或固定钢板网等措施,保证留缝位置准确、断口垂直、边缘混凝土密实。后浇带需超前止水时,后浇带部位混凝土应局部加厚,并增设外贴式或埋入式止水带。留缝后要注意保护,防止边缘毁坏或缝内进入垃圾杂物。

后浇带的混凝土施工,应在其两侧混凝土浇筑完毕并养护六个星期,待混凝土收缩变形基本稳定后再进行。但高层建筑的后浇带应在结构顶板浇筑混凝土 14d 后,再施工后浇带。浇筑前应将接缝处混凝土表面凿毛并清洗干净,保持湿润;浇筑的混凝土应优先选用补偿收缩的混凝土,其强度等级不得低于两侧混凝土的强度等级;施工期的温度应低于两侧混凝土施工时的温度,而且宜选择在气温较低的季节施工;浇筑后的混凝土养护时间不应少于 28d。

第三节　卫生间防水

卫生间用水频繁,防水处理不当就会发生渗漏,主要表现在楼板管道滴漏水、地面积水、墙壁潮湿渗水,甚至下层顶板和墙壁也出现滴水等现象,卫生间是建筑物中最容易漏水的部位之一,也是建筑物中不可忽视的防水工程部位。卫生间长期处于潮湿受水,穿墙管道多,施工面积小,设备多,阴阳转角复杂等不利条件,传统的卷材防水做法已经不适应卫生间防水施工的特殊性，取而代之的是涂膜防水，尤其是采用高弹性的聚氨酯涂膜防水或选用弹塑性好的氯丁橡胶沥青防水涂料等新材料和新工艺是目前卫生间防水的主要做法。这些防水做法可以使卫生间的地面和墙面形成一个没有接缝、封闭严密的整体防水层，从而提高其防水工程质量。

一、防水层施工

（一）聚氨酯防水施工

聚氨酯涂膜防水材料是双组分化学反应固化型的高弹性防水涂料，多以甲、乙双组分形式使用，主要材料有聚氨酯涂膜防水材料甲组分、聚氨酯涂膜防水材料乙组分和无机铝盐防水剂等。施工用辅助材料应备有二甲苯、乙酸乙酯、磷酸等。

1. 基层处理

卫生间的防水基层必须用 1∶3 的水泥砂浆找平，要求抹平压光无空鼓，表面要坚实，不应有起砂、掉灰现象。在抹找平层时，在管道根部的周围，应使其略高于地面，在地漏的周围，应做成略低于地面的洼坑。找平层的坡度以 1%～2%为宜，坡向地漏。凡遇到阴、阳角处，要抹成半径不小于 10mm 的小圆弧。与找平层相连接的管件、卫生洁具、排水口等，必须安装牢固，收头圆滑，按设计要求用密封膏嵌固。基层必须基本干燥，一般在基层表面均匀泛白无明显水印时，才能进行涂膜防水层施工。施工前要把基层表面的尘土杂物彻底清扫干净。

2. 施工工艺

施工工艺常采用三涂或四涂做法，其工艺流程为：清理基层→涂刷基层处理剂→节点附加增强处理→第一遍涂膜→第二遍涂膜→第三遍涂膜→蓄水一次试验→保护层或饰面层施工→蓄水二次试验→验收。

（1）清理基层

需作防水处理的基层表面，必须彻底清扫干净。

（2）涂布底胶

将聚氨酯甲、乙两组分和二甲苯按 1∶1.5∶2 的比例（重量比，以产品说明为准）配合搅拌均匀，再用小滚刷或油漆刷均匀涂布在基层表面上。涂刷量约 0.15～0.2kg/m^2，涂刷后应干燥固化 4h 以上，才能进行下道工序施工。

（3）配制聚氨酯涂膜防水涂料

将聚氨酯甲、乙组分和二甲苯按 1∶1.5∶0.3 的比例配合，用电动搅拌器强力搅拌均匀备用。应随配随用，一般在 2h 内用完。

（4）涂膜防水层施工

用小滚刷或油漆刷将已配好的防水涂料均匀涂布在底胶已干固的基层表面

上。涂完第一度涂膜后，一般需固化5h以上，在基本不粘手时，再按上述方法涂布第二、三、四度涂膜，并使后一度与前一度的涂布方向相垂直。对管子根部、地漏周围以及墙转角部位，必须认真涂刷，涂刷厚度不小于2mm。在涂刷最后一度涂膜固化前及时稀撒少许干净的粒径为2～3mm的小豆石，使其与涂膜防水层黏结牢固，作为与水泥砂浆保护层黏结的过渡层。

(5)作保护层

当聚氨酯涂膜防水层完全固化和通过蓄水试验合格后，即可铺设一层厚度为15～25mm的水泥砂浆保护层，然后按设计要求铺设饰面层。

(二)氯丁橡胶沥青防水涂料施工

氯丁胶乳沥青防水涂料是以氯丁橡胶和沥青为基料，经加工合成的一种水乳型防水涂料。它兼有橡胶和沥青的双重优点，具有防水、抗渗、耐老化、不易燃、无毒、抗基层变形能力强等优点，冷作业施工，操作方便。

1. 基层处理

与聚氨酯涂膜防水施工要求相同。

2. 施工工艺

常用一布四涂或二布六涂做法，现以二布六涂做法为例，其工艺流程为：清理基层→满刮一遍氯丁橡胶沥青水泥腻子→涂刷第一遍涂料→节点附加增强处理→铺贴玻璃纤维布，同时涂刷第二遍涂料→刷第三遍涂料→铺贴玻纤网格布，同时刷第四遍涂料→涂刷第五遍涂料→涂刷第六遍涂料并及时撒砂粒→蓄水一次试验→按设计要求做保护层和面层→蓄水二次试验→验收。

在清理干净的基层上满刮一遍氯丁橡胶沥青水泥腻子，管根和转角处要厚刮并抹平整，腻子的配制方法是将氯丁橡胶沥青防水涂料倒入水泥中，边倒边搅拌至稠浆状即可刮涂于基层，腻子厚度为2～3mm，待腻子干燥后，满刷一遍防水涂料，但涂刷不能过厚，不得漏刷，表面均匀不流淌，不堆积，立面刷至设计标高。在细部构造部位，如阴阳角、管道根部、地漏、大便器蹲坑等分别附加一布二涂附加层。附加层干燥后，大面铺贴玻纤网格布同时涂刷第二遍防水涂料，使防水涂料浸透布纹渗入下层，玻纤网格布搭接宽度不小于100mm，立面贴到设计高度，顺水接槎，收口处贴牢。

上述涂料实干(约24h)后，满刷第三遍涂料，表干(约4h)后铺贴第二层玻纤网格布同时满刷第四遍防水涂料。第二层玻纤网格布与第一层玻纤网格布接槎要错开，涂刷防水涂料时，应均匀，将布展平无折皱。上述涂层实干后，满刷第五遍、第六遍防水涂料，整个防水层实干后，可进行第一次闭水试验，蓄水时间不少于24h，无渗漏才合格，然后做保护层和饰面层。工程交付使用前应进行第二次闭水试验。

3. 质量要求

水泥砂浆找平层做完后，应对其平整度、强度、坡度和干燥度进行预检验收。防水涂料应有产品质量证明书以及现场取样的复检报告。施工完成的氯丁胶乳沥青涂膜防水层，不得有起鼓、裂纹、孔洞缺陷。末端收头部位应粘贴牢固，封闭严密，成为一个整体的防水层。做完防水层的卫生间，经24h以上的蓄水检验，无渗漏水现象方为合格。

要提供检查验收记录，连同材料质量证明文件等技术资料一并归档备查。

二、卫生间涂膜防水施工注意事项

施工用材料有毒性，存放材料的仓库和施工现场必须通风良好，无通风条件的地方必须安装机械通风设备。

施工材料多属易燃物质，存放、配料以及施工现场必须严禁烟火，现场要配备足够的消防器材。

在施工过程中，严禁上人踩踏未完全干燥的涂膜防水层。操作人员应穿平底胶布鞋，以免损坏涂膜防水层。

凡需做附加补强层的部位应先施工，然后再进行大面防水层施工。

已完工的涂膜防水层，必须经蓄水试验无渗漏现象后，方可进行刚性保护层的施工。进行刚性保护层施工时，切勿损坏防水层，以免留下渗漏隐患。

三、卫生间防水施工质量要求

(一)聚氨酯防水施工质量要求

(1)涂膜防水材料及无纺布技术性能，必须符合设计要求和有关标准的规定，产品应附有出厂合格证、防水材料质量认证，现场采样试验，未经认证的或复试不合格的防水材料不得使用。

(2)聚氨酯涂膜防水层及其细部等做法，必须符合设计要求和施工规范的规定，不得有渗漏水现象。

(3)聚氨酯的甲、乙料必须密封存放，甲料开盖后，吸收空气中的水分会起反应而固化，如在施工中，混有水分，则聚氨酯固化后内部会有水泡，影响防水能力。

(4)聚氨酯涂膜防水层的基层应牢固、表面洁净、平整，阴阳角处呈圆弧形或钝角。

(5)聚氨酯基层处理剂、聚氨酯涂膜附加层，其涂刷方法、搭接、收头应符合规定，并应黏结牢固、紧密，接缝封严，无损伤、空鼓等缺陷。

(6)涂膜厚度应均匀一致，总厚度不应小于1.5mm。涂膜防水层必须均匀固化，不应有明显的凹坑、气泡和渗漏水的现象。

(二)氯丁橡胶沥青防水涂料施工质量要求

水泥砂浆找平层做完后,应对其平整度、强度、坡度和干燥度进行预检验收。防水涂料应有产品质量证明书以及现场采样的复检报告。施工完成的氯丁橡胶沥青涂膜防水层,不得有起鼓、裂纹、孔洞缺陷。末端收头部位应粘贴牢固,封闭严密,成为一个整体的防水层。做完防水层的卫生间,经 24h 以上的蓄水检验,无渗漏水现象方为合格。要提供检查验收记录,连同材料质量证明文件等技术资料一并归档备查。

第八章　外墙保温工程

外墙保温系统按保温层的位置分为外墙内保温系统和外墙外保温系统两大类，其基本构造做法见图 8-1。

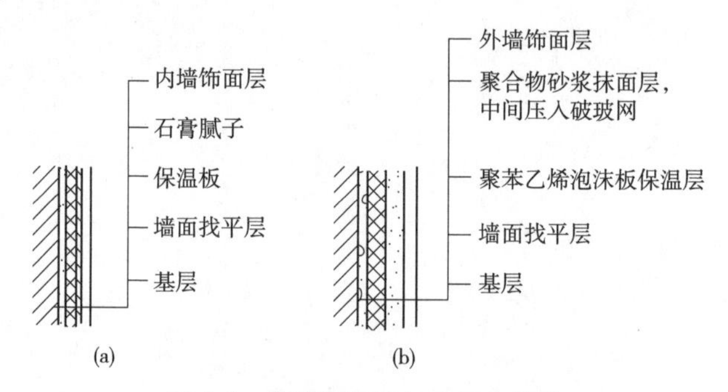

图 8-1　外墙保温系统的基本构造

(a)复合聚苯保温板外墙内保温；(b)聚苯乙烯泡沫板(简称 EPS)外墙外保温

1. 外墙内保温系统的构造及特点

外墙内保温系统主要由基层、保温层和饰面层构成，其构造见图 8-1(a)。

外墙内保温施工是在外墙结构的内部加做保温层，内保温施工速度快，操作方便灵活，可以保证施工进度。内保温已有较长的使用时间，施工技术成熟，检验标准较为完善。在 2001 年前外墙保温中约有 90％以上的工程应用了内保温技术。

目前，使用较多的内保温材料和技术有：增强石膏复合聚苯保温板、聚合物砂浆、复合聚苯保温板、增强水泥复合聚苯保温板、内墙贴聚苯板、粉刷石膏抹面及聚苯颗粒保温料浆加抗裂砂浆压入网格布抹面等施工方法。

但内保温要占用室内使用面积，热桥问题不易解决，容易引起开裂，还会影响施工速度，影响居民的二次装修，且内墙悬挂和固定物件也容易破坏内保温结构。内保温在技术上的不合理性决定了其必然要被外保温所替代。

2. 外墙外保温系统的构造及特点

(1)外墙外保温系统的构造

外墙外保温主要由基层、保温层、抹面层、饰面层构成，其构造见图 8-1(b)。

基层:是指外保温系统所依附的外墙。

保温层:由保温材料组成,在外保温系统中起保温作用的构造层。

抹面层:抹在保温层上,中间夹有增强网,保护保温层,并起防裂、防水和抗冲击作用的构造层。抹面层可分为薄抹面层和厚抹面层。用于EPS板和胶粉EPS颗粒保温浆料时为薄抹面层,用于EPS钢丝网架板时为厚抹面层。对于具有薄抹面层的系统,保护层厚度应不小于3mm并且不宜大于6mm。对于具有厚抹面层的系统,厚抹面层厚度应为25～30mm。

饰面层:外保温系统的外装饰层。

(2)外保温系统的特点

外保温是目前大力推广的一种建筑保温节能技术,外保温与内保温相比较,具有技术合理,有明显的优越性。使用同样规格同样尺寸和性能的保温材料,外保温比内保温的保温效果好。外保温技术不仅适用于新建的结构工程,也适用于旧楼改造。外墙外保温适用范围广,技术含量较高;外墙外保温是当前大力推广的节能保温应用技术。外墙外保温有如下的特点:

1)节能:由于采用导热系数较低的聚苯板,整体将建筑物外面包起来,消除了热桥,减少了外界自然环境对建筑的冷热冲击,可达到较好的保温节能效果。

2)牢固:由于外保温材料与墙体采用了可靠的连接技术,使外保温材料与墙面具有可靠的附载效果,耐候性、耐久性更好更强。

3)防水:外墙保温系统具有高弹性和整体性,解决了墙面开裂,表面渗水的通病,特别对陈旧墙面局部裂纹有整体覆盖作用。

4)体轻:采用该材料可将建筑房屋外墙厚度减小,不但减小了砲筑工程量、缩短工期,而且减轻了建筑物自重。

5)阻燃:外墙保温材料所用的聚苯板为阻燃型,具有隔热、无毒、自熄、防火功能。

6)易施工:施工简单,具有一般抹灰水平的技术工人,经短期培训,即可进行现场操作施工。对建筑物基层混凝土、红砖、砌块、石材、石膏板等有广泛的适用性。

目前比较成熟的外墙外保温技术主要有:聚苯板(EPS板)薄抹灰面外保温系统、胶粉聚苯(EPS)颗粒保温浆料外保温系统、现浇混凝土复合无网EPS板外保温系统、现浇混凝土EPS钢丝网架板外保温系统、机械固定EPS钢丝网架板外保温系统等。

第一节　外墙内保温系统施工

一、增强石膏复合聚苯保温板外墙内保温

(一)施工准备

1. 材料的准备及要求

(1)增强石膏聚苯复合板:规格尺寸:长 2400～2700mm,宽 595mm,厚 50、60mm。技术性能:面密度＜25kg/m^2,含水率＜5％;当量热阻＞0.8m^2·K/W;抗弯荷载＞1.5G(G 为板材的质量);抗压强度(面层)＞7.0MPa;收缩率＜0.080％;软化系数＞0.50。

(2)胶黏剂:胶黏剂可以采用 SG791 建筑胶粘液与建筑石膏粉调制成胶黏剂,配合比是建筑石膏粉∶SG791＝1∶0.6～0.7(重量比),适用于石膏条板之间的黏结,石膏条板与砖墙、混凝土墙的黏结。石膏条板黏结的压剪强度不低于 2.5MPa。有防水要求的部位宜采用 EC-6 砂浆型胶黏剂,粘贴时用 EC-6 型胶黏剂和 32.5 水泥配制成粘贴胶浆。配制时先按 EC-6 型胶∶水＝1∶1(重量比)混合成胶液,将 32.5 水泥与砂按水泥∶细砂＝1∶2 的比例配制并拌合成干砂浆,再加入胶液拌制成适当稠度的 EC-6 型聚合物水泥砂浆胶黏剂,其黏结强度≥1.1MPa。

(3)建筑石膏粉及石膏腻子:建筑石膏粉应符合三级以上标准。石膏腻子的抗压强度＞2.5MPa,抗折强度＞1.0MPa,黏结强度＞0.2MPa,终凝时间 3h。

(4)玻纤网格布条:甩于板缝处理(布宽 50mm)和墙面转角附加层(布宽 200mm)。要求采用中碱玻纤涂塑网格布,布的质量＞80g/m^2;.断裂强度:25mm×100mm 布条经向断裂强度＞300N,纬向断裂强度＞150N。

2. 施工主要机具

主要机具有木工手锅、钢丝刷、2m 靠尺、开刀、2m 托线板、钢尺、橡皮锤、钻、扁铲、笤帚等。

(二)施工条件

(1)结构已验收,屋面防水层已施工完毕。墙面弹出＋50cm 标高线。

(2)内隔墙、外墙门窗框、窗台板安装完毕。门、窗抹灰完毕。

(3)水暖及装饰工程分别需用的管卡、炉钩、窗帘杆耳子等埋件留出位置或埋设完毕;电气工程的暗管线、接线盒等必须埋设完毕,并应完成暗管线的穿带线工作。

(4)操作地点环境温度不低于 5℃。

(5)外墙内保温施工宜在外檐抹灰完成以后进行。

(6)正式安装以前,先试安装样板墙一道,经鉴定合格后再正式安装。

(三)施工工艺

1. 增强石膏复合聚苯保温板外墙内保温施工工艺流程为:

结构墙面清理→分档、弹线→配板、修补→标出管卡、炉钩等埋件位置→墙面贴饼→稳接线盒,安管卡、埋件等→安装防水保温踢脚板→安装复合板→板缝及阴、阳角处理→板面装修。

2. 施工要点

(1)墙面清理:凡凸出墙面20mm的砂浆块、混凝土块必须剔除,并扫净墙面。

(2)排板、弹线:以门窗洞口边为基准,向两边按板宽600mm排板;按保温层的厚度在墙、顶上弹出保温墙面的边线;按防水保温踢脚层的厚度在地面上弹出防水保温踢脚面的边线,并在墙面上弹出踢脚的上口线。

(3)配板、修补:按分档配板。复合保温板的长度略小于顶板到踢脚上口的净高尺寸。计算并量测门窗洞口上部及窗口下部的保温板尺寸,并按此尺寸配板。当保温板与墙的长度不相适应时,应将部分保温板预先拼接加宽(或锯窄)成合适的宽度,并放置在阴角处。有缺陷的板应修补。

(4)墙面贴饼:在贴饼位置,用钢丝刷刷出直径不少于100mm的洁净面并浇水润湿,刷一道107胶水泥素浆。检查墙面的平整、垂直,找规矩贴饼,并在需设置埋件处亦做出200mm×200mm的灰饼。冲筋材料为1∶3水泥砂浆,灰饼大小为ϕ100mm,厚度以保证空气层厚度(20mm左右)为准。

(5)稳接线盒、安管卡、埋件:安装电气接线盒时,接线盒高出冲筋面不得大于复合板的厚度,且要稳定牢固。

(6)在踢脚板内侧上下口处,各按200～300mm间距布设EC-6砂浆胶黏剂黏结点,同时在踢脚板底面及相邻的已粘贴上墙的踢脚板侧面满刮胶黏剂。按线粘贴踢脚板,粘贴时用橡皮锤敲振使踢脚板贴实,挤实拼头缝,并将挤出的胶黏剂随时清理干净。粘贴时要保证踢脚板上口平,板面垂直,保证踢脚板与结构墙间的空气层为10mm左右。

(7)安装复合板:将接线盒、管卡、埋件的位置准确地翻样到板面,并开出洞口。

复合板安装顺序宜从左至右依次安装。板侧面、顶面、底面清刷浮灰,在侧墙面、顶面、踢脚板中口,复合板顶面、底面及侧面(所有相拼合面),灰饼面上先刷一道SG791胶液,再满刮SG791胶黏剂,按弹线位置立即安装就位。每块保温板除粘贴在灰饼上外,板中间需有>10%板面面积的SG791胶黏剂呈梅花状布点直接与墙体粘牢。

安装时用手推挤，并用橡皮锤敲振，使所有相拼合面挤紧冒浆，并使复合板贴紧灰饼。复合板的上端，如未挤严留有缝隙时，宜用木楔适当楔紧，并用SG791胶黏剂将上口填塞密实(胶黏剂干后撤去木楔，用SG791胶黏剂填塞密实)。

安装过程中，随时用开刀将挤出的胶黏剂刮平。

按以上操作办法依次安装复合板。安装过程中随时用2m靠尺及塞尺测量墙面的平整度，用2m托线板检查板的垂直度。高出的部分用橡皮锤敲平。

复合板在门窗洞口处的缝隙用SG791胶黏剂嵌填密实。

复合板中露出的接线盒、管卡、埋件与复合板开口处的缝隙，用SG791胶黏剂嵌塞密实。

面板安装的允许偏差及检验方法见表8-1。

表8-1　外墙内保温面板安装的允许偏差及检验方法

序号	项目	允许偏差(mm)			检验方法
		纸面石膏板	人造模板	水泥纤维板	
1	表面平整度	3	4	4	用2m靠尺和塞尺检查
2	立面垂直度	3	3	3	用2m垂直检测尺检查
3	阴阳角方正	3	3	3	用直角检测尺检查
4	接线直线度	—	3	3	拉5m线，不足5m拉通线，用钢直尺检查
5	压条直线度	—	3	3	
6	接缝高低差	1	1	1	用钢直尺和塞尺检查

(8)板缝及阴阳角处理：复合板安装后10d，检查所有缝隙是否黏结良好，有无裂缝，如出现裂缝，应查明原因后进行修补。已黏结良好的所有板缝、阴角缝，先清理浮灰，刮一层WKF接缝腻子，粘贴50m宽玻纤网格带一层，压实、粘牢，表面再用WKF接缝腻子刮平。所有阳角粘贴200mm宽(每边各100mm)玻纤布，其方法同板缝。

(9)胶黏剂配制：胶黏剂要随配随用，配制的胶黏剂应在30min内用完。

(10)板面装修：板面打磨平整后，满刮石膏腻子一道，干后均需打磨平整，最后按设计规定做内饰面层。

3. 应注意的质量问题

(1)增强石膏聚苯复合保温板必须是烘干已基本完成收缩变形的产品。未经烘干的湿板不得使用，以防止板裂缝和变形。

(2)注意增强石膏聚苯复合板的运输和保管。运输中应轻拿轻放，侧抬侧立，并互相绑牢，不得平抬平放。堆放处应平整，下垫100mm×100mm木方，板应侧立，垫方距板端50cm。要防止板受潮。

板如有明显变形、无法修补的过大孔洞、断裂或严重的裂缝、破损，不得使用。

(3)板缝开裂是目前的质量通病。防止板缝开裂的办法，一是板缝的黏结和板缝处理要严格按操作工艺认真操作，二是使用的胶黏剂必须对路。目前使用的胶黏剂，除SG791胶黏剂外，还有Ⅰ型石膏胶黏剂等。胶黏剂的质量必须合格。三是宜采用WKF接缝腻子处理板缝。

二、胶粉聚苯颗粒保温浆料外墙内保温

胶粉聚苯颗粒保温浆料外墙内保温的构造，见图8-2。

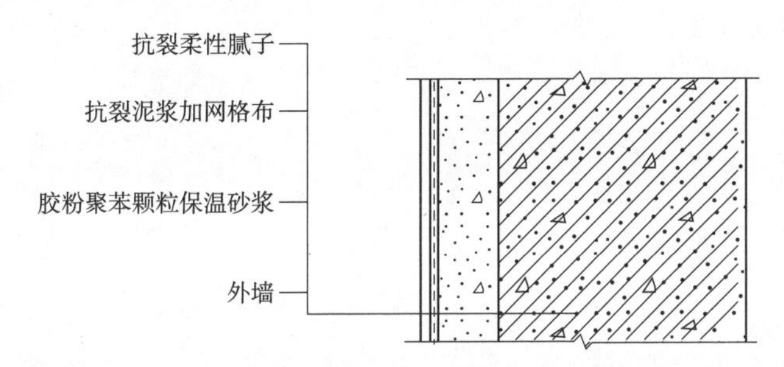

图8-2　胶粉聚苯颗粒保温浆料外墙内保温构造图

(一)材料要求

(1)水泥强度等级42.5普通硅酸盐水泥，应符合GB 175—2007/XG1—2009《通用硅酸盐水泥》国家标准第1号修改单的要求。

(2)中砂：应符合JGJ 52—2006《普通混凝土用砂、石质量及检验方法标准》的要求，筛除大于2.5mm颗粒，含泥量小于3%。

(3)界面处理剂应符合DBJ/T 01—40—98《建筑用界面处理剂应用技术规程》规定的性能要求。

(4)胶粉料。其主要技术性能指标见表8-2。

表8-2　胶粉料主要技术性能指标

项　　目	单　　位	指　　标
初凝时间	h	≥4
终凝时间	h	≤16
安定性	—	合格
拉伸粘结强度(常温28d)	MPa	≥0.6
浸水拉伸粘结强度(常温25d，浸水7d)	MPa	≤0.4

(5)聚苯颗粒。其主要技术性能指标见表 8-3。

表 8-3 聚苯颗粒性能指标

项　　目	单　　位	指　　标
堆积密度	kg/m^3	8.0～21.0
粒度(5mm 筛孔筛余)	%	≤5

(6)玻璃纤维网格布。其主要技术性能指标见表 8-4。

表 8-4 玻璃纤维网格布性能指标

项　　目		单　　位	指　　标
外观		—	合格
长度、宽度		m	50～100;0.9～1.2
网孔中心距	普通型	mm	4×4
	加强型		6×6
单位,面积质量	普通型	g/m^2	≥160
	加强型		≥500
断裂强力(经、纬向)	普通型	N/50mm	≥1250
	加强型	N/50mm	≥3000
耐碱强力保留率 28d(经、纬向)		%	≥90
断裂拉伸率(经、纬向)		%	≤5
涂塑量	普通型	g/m^2	≥20
	加强型		
玻璃成分		%	符合 JG 719 的规定

(7)抗裂柔性腻子。其主要技术性能指标见表 8-5。

表 8-5 抗裂柔性耐水腻子性能指标

项　　目		单　　位	指　　标
柔性耐水腻子	容器中状态	—	无结块、均匀
	施工性	—	刮涂无障碍
	干燥时间(表干)	h	≤5
	打磨性	—	手工可打磨
	耐水性 96h	—	无异常

（续）

项　　目			单　　位	指　　标
柔性耐水腻子	耐碱性 48h		—	无异常
	粘结强度	标准状态	MPa	≥0.60
		浸水后	MPa	≥0.40
	柔韧性		—	直径 50mm,无裂纹
	低温储存稳定性		—	−5℃冷冻 4h 无变化,刮涂无困难
	稠度		mm	110～130

(二)材料配制

1. 界面处理砂浆的配制

强度等级 42.5 的水泥∶中砂∶界面剂按 1∶1∶1 重量比,搅拌成均匀膏状。

2. 胶粉聚苯颗粒保温浆料的配制

先将 35～40kg 水倒入砂浆搅拌机内,然后倒入一袋 25kg 的保温胶粉料搅拌 3～5min 后,再倒入一袋 200L 的聚苯颗粒轻骨料继续搅拌 3min,可按具体情况适当调整加水量,搅拌均匀后倒出。该材料应随搅随用,在 4h 内用完。配置完的胶粉聚苯颗粒保温浆料性能指标见表 8-6。

表 8-6　胶粉聚苯颗粒保温浆料性能指标

项　　目	单　　位	指　　标
湿表观密度	kg/m^3	≤420
干表观密度	kg/m^3	180～250
导热系数	W/m·K	≤0.060
蓄热系数	$W/(m^2 \cdot K)$	≥0.95
抗压强度	KPa	≥200
压剪粘结强度	KPa	≥50
线性收缩率	%	≤0.3
软化系数	—	≥0.5
难燃性	—	BI 级

3. 抗裂砂浆的配制

强度等级 42.5 水泥∶中砂∶抗裂剂按 1∶3∶1 重量比用砂浆搅拌机或提搅拌器搅拌均匀。砂浆不得任意加水,应在 2h 内用完。抗裂砂浆由聚合物乳液掺加多种外加剂制成，具有良好的拉伸黏结强度和浸水拉伸黏结强度等特点，其技术性能指标见表8-7。

表8-7　抗裂剂及抗裂砂浆技术性能指标

项目			单位	指标
抗裂剂	不挥发物含量		%	≥20
	贮存稳定性(20℃±5℃)		—	6个月，试样无结块凝聚及发霉现象，且拉伸粘结强度满足抗裂砂浆指标要求
抗裂砂浆	砂浆稠度		mm	80～130
	可使用时间	可操作时间	h	≥1.5
		在可操作时间内拉伸粘结强度	MPa	≥0.7
	拉伸粘结强度(常温28d)		MPa	≥0.7
	浸水拉伸粘结强度(常温28d,浸水7d)		MPa	≥0.5
	抗弯曲性		—	5%弯曲变形无裂缝
	压折比		—	≤3.0

注：水泥应采用强度等级42.5的普通硅酸盐水泥，并应符合GB 175—2007/XG1—2009的要求；砂应符合JGJ 52—2006的规定，筛除大于2.5mm颗粒，含泥量少于3%。

(三)施工工艺

1. 工艺流程

胶粉聚苯颗粒保温材料外墙内保温按下列程序施工：

基层墙体处理→墙体基层涂刷界面砂浆→吊垂直、套方、弹抹灰厚度控制线→打点、冲筋→抹第一遍抹保温浆料→24h后，抹第二遍保温浆料→晾置干燥，保温层验收→抹抗裂砂浆，铺压玻纤网布→抗裂防护层验收→刮柔性耐水腻子→保温施工整体验收。

2. 施工要点

(1)基层墙面处理：用钢丝刷清除基层墙面浮灰、油渍等，再用软刷扫干净。

(2)涂刷界面砂浆：用滚刷或扫帚蘸取界面砂浆均匀涂刷于墙面上，不得漏刷，拉毛不宜太厚。

(3)吊垂直、套方、弹厚度控制线：在侧墙、顶板处根据保温厚度要求弹出抹灰控制线。

(4)打点、冲筋：用胶粉聚苯颗粒保温浆料做灰饼。

(5)抹第一遍胶粉聚苯颗粒保温浆料：第一遍抹灰厚度宜为总厚度的一半

（最大厚度不宜大于20mm），材料抹上墙与墙粘住后，不宜反复赶压。

（6）抹第二遍胶粉聚苯颗粒保温浆料：第二遍抹灰厚度要达到冲筋灰饼的厚度（如超过20mm则应再增加一遍抹灰），每抹完一个墙面，用大杠刮平找直后用铁抹子压实赶平。

（7）保温层验收：抹完保温层用检测工具进行检验，应达到垂直、平整、阴阳角方正、顺直，对于不符合要求的墙面，应进行修补。

（8）抹抗裂砂浆同时压入网格布：在保温层固化干燥后，用铁抹子在保温层上抹抗裂砂浆，厚度要求3～4mm，不得漏抹，在刚抹好的砂浆上用铁抹子压入裁好的网格布，要求网格布竖向铺贴并全部压入抗裂砂浆内。网格布不得有干贴现象，粘贴饱满度应达到100％，接茬处搭接应不小于50mm，两层搭接网布之间要布满抗裂砂浆，严禁干茬搭接。在门窗口角处洞口边角应45°斜向加贴一道网格布，网格布尺寸宜为400mm×150mm。

（9）抗裂层验收：抹完抗裂砂浆，检查平整、垂直和阴阳角方正，对于不符合要求的墙面，应进行修补。门窗、洞口处网格布应满包内口，厨房、卫生间抹完抗裂砂浆后，应用木抹子搓平。

（10）刮抗裂柔性腻子：在抹完抗裂砂浆24h后即可刮抗裂柔性腻子（设计不贴瓷砖的厨房、卫生间等有防水要求的部位应刮柔性耐水腻子），刮二至三遍。

3. 质量要求

（1）墙体内保温抹灰允许偏差和检验方法见表8-8。

表8-8　墙体内保温抹灰允许偏差和检验方法

项　目	允许偏差（mm）		检验方法
	保温层	抗裂层	
立面垂直	4	3	用2m托线板检查
表面平整	4	3	用2m靠尺及塞尺检查
阴阳角垂直	4	3	用2m托线板检查
阴阳角方正	4	3	用200mm方尺及塞尺检查

（2）主控项目

1）所用材料品种、质量、性能应符合设计要求和规范规定性能指标。

2）保温层厚及构造做法应符合建筑节能设计要求。

3）保温层与墙体以及各构造层之间必须粘接牢固，无脱层、空鼓及裂缝，面层无粉化、起皮、爆灰。

(3)一般项目

1)表面平整、洁净,接茬平整、线角顺直、清晰,毛面纹路均匀一致。

2)边角符合施工规定,表面光滑、平顺、门窗框与墙体间缝隙填塞密实,表面平整。

3)孔洞、槽、盒位置和尺寸正确、表面整齐、洁净,管道后面平整。

第二节　外墙外保温系统施工

一、EPS板薄抹灰外墙外保温系统

EPS板薄抹灰外墙外保温系统(简称EPS板薄抹灰系统)由EPS板保温层、薄抹面层和饰面涂层构成,EPS板用胶黏剂固定在基层上,薄抹面层中满铺玻纤网,当建筑物高度在20m以上时,在受负风压作用较大的部位宜使用锚栓辅助固定。其构造见图8-3。

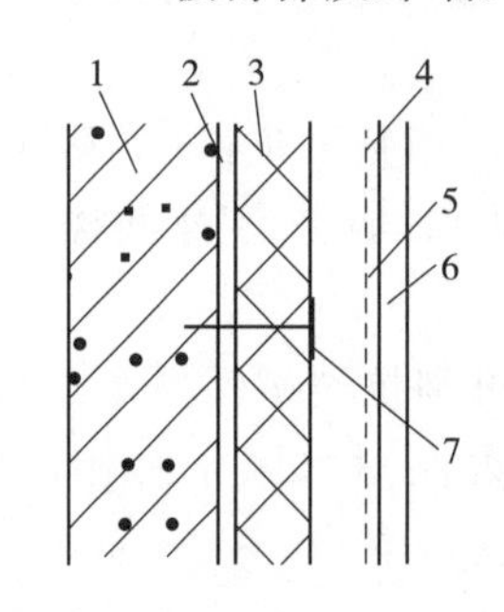

图8-3　EPS板薄抹灰系统

1-基层;2-胶黏剂;3-EPS板;4-玻纤网;5-薄抹面层;6-饰面涂层;7-锚栓

(一)基层处理及施工条件

(1)墙面应用20厚1∶3水泥砂浆进行抹灰找平,墙面平整度用2m靠尺检测,其平整度≤3mm,阴、阳角方正。局部不平整部位用1∶2水泥砂浆找平。

(2)基层表面应光洁、坚固、干燥、无污染或其他有害的材料,必须彻底清除基层表面的粉尘。

(3)墙外的雨水管或其他预埋件、进口管线或其他预留洞口,应按设计图纸或施工验收规范要求提前施工完毕。

(4)施工温度不应低于5℃,而且施工完成后,24小时内气温高于5℃。夏季高温时,不宜在强光下施工。5级风以上或雨天禁止作业。

(5)施工时应避免直接日晒和雨淋,必要时应在脚手架上搭设防晒布遮挡墙面以避免阳光的直射和雨水的冲刷。

(二)施工要点

EPS板薄抹灰外墙外保温系统施工工艺流程为:

基层检查或处理→工具准备→阴阳角、门窗洞挂线→基层墙体湿润→配制粘贴砂浆,挑选EPS板→粘贴EPS板→EPS板塞缝,打磨、找平墙面→配制聚合物砂浆→EPS板面抹聚合物砂浆,门窗洞口处理,粘贴玻纤网,面层抹聚合物砂浆→找平修补,嵌密封膏→外饰面。

1. 配制黏结砂浆

配制聚合物黏结砂浆必须有专人负责，以确保搅拌质量。搅拌必须均匀，避免出现离析，呈粥状。水为混凝土用水。拌制采用先加水后加粉的机械搅拌方法，严格按照黏结剂的需水要求进行搅拌，达到搅拌均匀，无粉块等，拌好的黏结剂必须静置 5 分钟左右再进行搅拌后方可使用。聚合物砂浆应随用随配，配好的聚合物砂浆在 1 小时之内用完。拌制后的黏结剂在使用过程中不可再加水拌制使用。拌好的料应注意防晒避风，以免水份蒸发过快而出现表面结皮现象。如搅拌桶内的材料放置时间过长，出现表面结皮及部分硬化时，则桶内材料应当作废料处理。

2. 粘贴聚苯乙烯板(EPS 板)

(1)聚苯板粘贴前若墙体干燥应预先喷水湿润。凡在粘贴的聚苯板侧边外露处(如伸缩缝等缝线两侧，门窗等处)，都应做网格布翻包处理。聚苯板的粘贴应自下而上，并沿水平横向粘贴以保证连续结合，而且两排聚苯板竖向错缝应为 1/2 板长。

(2)外保温用聚苯板标准尺寸为 600mm×900mm、600mm×1200mm 两种，非标准尺寸或局部不规则处可现场裁切，但必须注意切口与板面垂直。

(3)阴阳角处必须相互错茬搭接粘贴，聚苯板转角板示意图如图 8-4 所示。

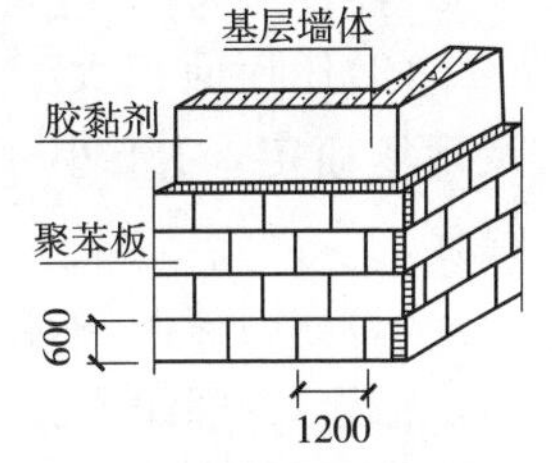

图 8-4　聚苯板转角板示意图

(4)门窗洞口四角不可出现直缝，必须用整块聚苯板裁切出刀把状，且小边宽度>200mm，洞口 EPS 板及锚固示意图如图 8-5 所示。

(5)粘贴方法采用点黏法，且必须保证黏接面积不小于 30%，保温板点黏框如图 8-6 所示。

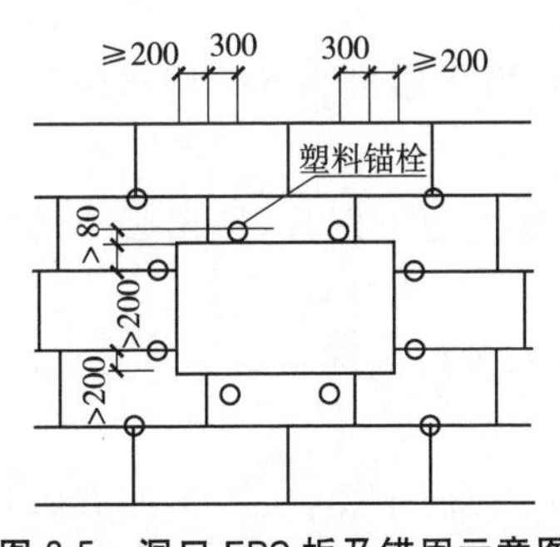

图 8-5　洞口 EPS 板及锚固示意图

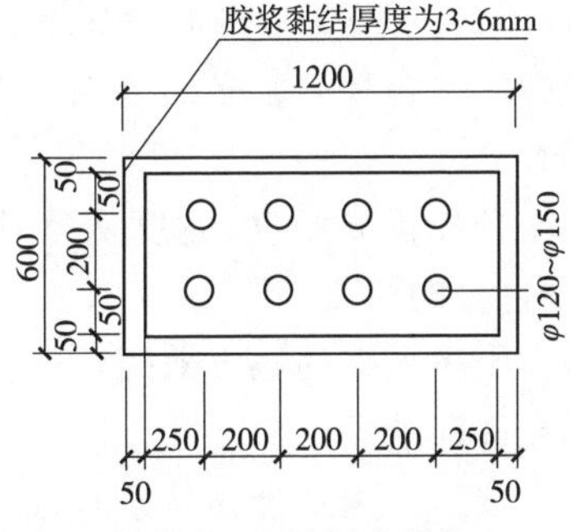

图 8-6　保温板点黏框

(6)聚苯板抹完专用黏合剂后必须迅速粘贴到墙面上，避免黏合剂结皮而失去黏性。

(7)粘贴聚苯板时应轻柔、均匀挤压聚苯板，并用2m靠尺和拖线板检查板面平整度和垂直度。粘贴时，注意清除板边溢出的黏合剂，使板与板间不留缝。

(8)粘贴好的聚苯板面平整度要控制在2～3mm以内，超出标准时，应在聚苯板粘贴12h后用砂纸或专用打磨机进行修整打磨。

3. 安装机械锚固件

(1)待聚苯板粘贴牢固，正常情况下应在8小时后24小时内安装固定锚栓，按设计要求的位置用冲击钻钻空孔，锚固深度为基层内约50mm(注意：钻孔时冲击钻钻头应与墙面保持垂直，以避免由于钻头的偏斜而扩大孔径，进而影响锚栓的锚固效果)。

(2)使用固定锚栓个数：聚苯板(1200×600mm)四角各一个，板中增加一个，具体详见附图。

(3)任何面积大于0.1m^2的单块板必须用固定锚栓进行固定，数量视形状及现场而定，对于小于0.1m^2的单块板应根据现场情况决定是否使用固定锚栓。

(4)在门窗洞口、阳角、孔洞边缘处所粘贴的聚苯板应沿水平、垂直方向增加固定锚栓，其间距不大于300mm，距基层边缘60mm。

(5)用锤子将固定锚栓及膨胀钉敲入，锚栓和膨胀钉的顶部应与聚苯板表面齐平或略敲入一些，以保证膨胀钉尾部进一步膨胀而与基层充分锚固。

4. 粘贴玻璃纤维网格布，涂抹聚合物砂浆

(1)粘贴玻璃纤维网格布必须在聚苯板粘贴24小时以后尽快进行施工(以防聚苯板板面粉化)，并保证先安排朝阳面抹布工序。

(2)EPS板板边除有翻包网格布的可以在EPS板侧面涂抹聚合物砂浆，其他情况均不得在EPS板侧面涂抹聚合物砂浆。

(3)配制聚合物砂浆必须专人负责，以确保搅拌质量。具体操作与配制黏结砂浆相同。

(4)按预先需要长度、宽度从整卷玻纤网布上剪下网片，留出必要的搭接长度或重叠部分的长度。

(5)在干净平整的地方剪断，下料必须准确，剪好的网布必须卷起来，不允许折叠，不允许踩踏。

(6)涂抹第一遍聚合物砂浆时，应保持EPS板面干燥，去除板面有害物质或杂质。

(7)在聚苯板表面刮上一层聚合物砂浆，所刮面积应略大于网布的长或宽，厚度应一致约为2mm，除有包边要求者外，聚合物砂浆不允许涂在聚苯板侧边。

(8)均匀涂抹聚合物砂浆后,迅速贴上事先剪切好的网格布(约 1.5 米长),再用抹刀用力挤压并抹平。网布的弯曲面朝向墙,从中央向四周施抹涂平,使网布嵌入聚合物砂浆中,网布不应皱折、空鼓、翘边。表面干后,再在其上施抹一层聚合物砂浆,厚度 1.0mm,网布不应外露。

(9)网格布的铺设应自上而下。网格布左、右搭接宽度不小于 100mm,上、下搭接宽度不小于 80mm。大墙面铺设的网格布应折入门窗框外侧粘牢。

(10)门窗口四角处,在标准网施抹完后,再在门窗口四角加盖一块 200mm×300mm 标准网,与窗角平分线成 90 度角放置,贴在最外侧,用以加强;在阴角处加盖一块 200mm 长,宽度适合窗侧宽度标准的网片,贴在最外侧。

(11)贴网格布之前一定要用水平尺来检验聚苯板表面的平整程度。

(12)对于窗口、门口和其他洞口四周的聚苯板端头以及外墙最下层聚苯板的下部边缘应用网格布和抹面砂浆将其包住并抹平。

(13)在墙拐角处、阴阳角处,所用的网格布应从每边双向包转且相互搭接宽度不小于 200mm。

(14)施工完后应防止雨水冲刷或撞击,容易碰撞的阳角,门窗应采取保护措施,上料口部位采取防污染措施,发生表面损坏或污染必须立即处理。

(15)施工后保护层 4 小时内不能被雨淋。保护层终凝后及时喷水养护,昼夜平均气温高于 15℃时不得少于 48 小时,低于 15℃时不得少于 72 小时。

5. 主体结构变形缝、保温层的伸缩缝和饰面层的分格缝的施工要求

主体结构变形缝、保温层的伸缩缝和饰面层的分格缝的施工应符合下列要求。

(1)主体结构缝,应按标准图或设计图纸进行施工,其金属调节片,应在保温层粘贴前按设计要求安装就位,并与基层墙体牢固固定,做好防锈处理。缝外侧需采用橡胶密封条或采用密封膏的应留出嵌缝背衬及密封膏的深度,无密封条或密封膏的应与保温板面平齐。

(2)保温层的伸缩缝,应按标准图或设计图纸进行施工,缝内应填塞比缝宽大 1.3 倍的嵌缝衬条(如软聚乙烯泡沫塑料条),分两次勾填密封膏,密封膏应凹进保温层外表面 5mm;在饰面层施工完毕后,再勾填密封膏时,应事前用胶带保护墙面,确保墙面免受污染。

(3)饰面层分格缝,按设计要求进行分格,槽深小于等于 8mm,槽宽 10～12mm,抹聚合物抗裂砂浆时,应先处理槽缝部位,在槽口加贴一层标准玻纤网,并伸出槽口两边 10mm;分格缝亦可采用塑料分隔条进行施工。

6. EPS 板安装的允许偏差及检验方法见表 8-9

表 8-9　外保温隔热板安装的允许偏差及检验方法

序号	项目	允许偏差(mm)	检验方法
1	表面平整度	4	用 2m 靠尺和塞尺检查
2	立面垂直度	4	用 2m 垂直检测尺检查
3	阴、阳角垂直	4	用 2m 托线板检查
4	阴、阳角方正	4	用直角检测尺检查
5	接槎高低差	1	用直尺和塞尺检查

二、胶粉 EPS 颗粒保温浆料外保温系统

(一)胶粉 EPS 颗粒保温浆料外保温系统的构造

胶粉 EPS 颗粒保温浆料外墙外保温系统(以下简称保温浆料系统)应由界面层、胶粉 EPS 颗粒保温浆料保温层、抗裂砂浆薄抹面层和饰面层组成(图 8-5)。

胶粉 EPS 颗粒保温浆料经现场拌合后喷涂或抹在基层上形成保温层。薄抹面层中应满铺玻纤网;胶粉 EPS 颗粒保温浆料保温层设计厚度不宜超过 100mm,必要时应设置抗裂分隔缝。

胶粉 EPS 颗粒保温浆料外墙外保温系统的性能应符合表 8-10 的要求。

表 8-10　胶粉 EPS 颗粒保温浆料外墙外保温系统的性能指标

试验项目		性能指标	
耐候性		经 80 次高温(70℃)、淋水(15℃)循环和 20 次加热(50℃)、冷冻(−20℃)循环后不得出现开裂、空鼓或脱落。抗裂防护层与保温层的拉伸粘结强度不应小于 0.1MPa	
吸水量(g/m^2),浸不 1h		≤1000	
抗冲击强度	C 型	普通型(单网)	3J 冲击合格
		加强型(双网)	10J 冲击合格
	T 型	3J 冲击合格	
抗风压值		不小于工程项目的风荷载设计值	
水蒸气湿流密度[$g/(m^2 \cdot h)$]		≥0.85	
耐冻融		严寒及寒冷地区 30 次循环、夏热冬冷地区 10 次循环表面无裂纹、空鼓、起泡、剥离现象	

（续）

试验项目	性能指标
不透水性	试样防护层内侧无水渗透
耐磨损，500L 砂	无开裂、龟裂、或表面保护层剥落、损伤
系统抗拉强度(MPa)	≥0.1 并且破坏部位不得位于各层界面
抗震性能	设防烈度等级下面砖饰面及外保温系统无脱落
耐火反应性	不应被点燃，试验结束后试件厚度变化不超过 10%

（二）施工准备

外墙墙体工程平整度应符合质量验收规范要求，外墙面的阳台、栏杆和雨落管托架及户外窗的辅框等安装完成，施工用吊篮或专用脚手架搭设牢固。根据总工程量、施工部位和工期要求制订施工方案，施工人员熟悉图纸，制作样板。组织施工队进行技术培训，做好技术交底和安全教育。材料配制指定专人负责，配合比、搅拌机具应符合要求，施工现场温度应不小于 5℃，风力小于 4 级。下雨施工，应采取必要的防护措施。

（三）施工工艺

胶粉 EPS 颗粒保温浆料外保温施工工艺流程为：

基层处理→喷刷基层界面砂浆→吊垂直、弹控制线→做灰饼、冲筋→抹胶粉聚苯颗粒保温浆料→抹第一遍抗裂砂浆→铺钉热镀锌四角网，用尼龙胀栓锚固→抹第二遍抗裂砂浆→粘贴面砖→面砖勾缝。

(1)墙体基层表面处理。首先做到干净，不存有油渍、浮灰等，若墙面出现松动或风化应凿剔干净。砖墙、加气混凝土墙的界面处理应提前淋水湿润，脚手架眼、废弃孔洞内的杂物和灰尘应清理干净，并洒水湿润，用干硬细石混凝土堵塞密实。为了使基层界面黏合力基本一致，用喷枪或滚刷向基层界面喷刷砂浆，均匀无遗漏。

(2)吊垂直线、弹控制线，贴饼保温浆料施工前应在墙面做好施工厚度标志，应按如下步骤进行：

1)每层首先用 2m 杠尺检查墙面平整度，用 2m 托线板检查墙面垂直度。

2)在距每层顶部约 100mm 处，同时距大墙阴、阳角约 100mm 处，根据大墙角已挂好的垂直控制线厚度，用界面砂浆粘贴 50mm×50mm 聚苯板块作为标准贴饼。

3)待标准贴饼固定后，在两水平贴饼间拉水平控制线。

4)用线垂钓垂直现在距楼层底部约 100mm 处，大墙阴、阳角 100mm 处粘贴标准贴饼之后按间隔 1.5m 左右沿垂直方向粘贴标准贴饼。

5)每层贴饼施工作业完成后水平方向用2～5m小线拉线检查贴饼的一致性,垂直方向用2m托线板检查垂直度,并测量贴饼厚度,做好记录。

(3)保温层施工

1)保温浆料应分层作业施工完成,每次抹灰厚度宜控制在20mm左右,分层抹灰至设计保温层厚度,每层施工时间间隔24h。

2)保温浆料底层抹灰顺序应按照从上至下、从左至右进行抹灰,在压实的基础上可尽量加大施工抹灰厚度,抹至距保温标准贴饼差1mm左右为宜。

3)保温浆料中层抹灰厚度要抹至与标准贴饼平齐。中层抹灰后,应用大杠在墙面上来回搓抹,去高补低,最后用铁抹子抹压一遍。使保温浆料层表面平整,厚度与标准贴饼一致。

4)保温浆料面层抹灰应在中层抹灰4～6h之后进行。施工前应用杠尺检查墙面平整度,偏差应控制在±2mm。保温面层抹灰时应以修补为主,对于凹陷处用稀浆料抹平,对于凸起处可用抹子立起来将其刮平,最后用抹子分遍赶压平整。

5)保温浆料施工时要注意清理落地浆料,落地浆料在4h内重新搅拌即可使用。

6)阴阳角找方应按下列步骤进行:

①用木方尺检查基层墙角的直角度,用线垂吊垂直检查墙角的垂直度;

②保温浆料的中层抹灰后应用木方尺压住墙角保温浆料层上下搓动,使墙角保温浆料基本达到垂直,然后用阴、阳角抹子压光;

③保温浆料面层大角抹灰时要用方尺、抹子反复测量抹压修补操作,确保垂直度±2mm,直角度±2mm。

7)门窗侧口的墙体与门窗边框连接处应预留出相应的保温层厚度,并对已做好的门窗边框表面成品保护。

8)门窗辅框安装验收合格后方可进行门窗口部位的保温抹灰施工,门窗口施工时应先抹门窗侧口、窗上口部分的保温层,再抹大墙面的保温层。窗台口部分应先抹大墙面的保温层,再抹窗台口部分的保温层。

9)做门、窗口滴水槽应在保温浆料施工完成后,在保温层上用壁纸刀沿线划开设定宽度的凹槽(槽深15mm左右),先用抗裂砂浆填满凹槽,然后将滴水槽嵌入预先划好的凹槽中,并保证与抗裂砂浆黏结牢固,收去滴水槽两侧檐口浮浆,滴水槽应镶嵌牢固、水平。

10)保温浆料施工完成后应按检验批的要求做全面的质量检验,在自检合格的基础上,整理好施工质量记录和隐蔽工程检查验收记录。

(4)抹抗裂砂浆,铺贴网格布。胶粉聚苯颗粒保温浆料施工完毕干燥后,进行检查验收,合格后进行聚合物砂浆抹灰。抗裂砂浆一般分两遍完成,第一遍厚度为3～4mm,随即竖向铺贴网格布,用抹子将网格布压入砂浆中。网格布铺贴要平整无皱褶,饱满度应达到100%,随即抹第二遍找平抗裂砂浆。建筑物首层应铺贴双层玻纤网格布,第一层应铺贴加强网格布,铺法同前述方法,但注意铺贴网格布时宜对接。随即可进行第二层普通网格布铺贴施工,两层网格布之间抗裂砂浆应饱满,严禁干贴。

(5)建筑物首层外保温墙阳角应在双层玻纤网格布之间加专用金属护角,护角高度一般为2m。在第一遍加强网格布施工后加入,其余各层阴角、阳角、门窗口角应用双层玻纤网格布包裹增强,包角网格布单边长度不应小于15cm。

(6)抹完抗裂砂浆后,应检查平整、垂直及阴阳角方正,对于不符合要求的应进行修补。

(7)涂刷高分子乳液防水弹性底层涂料。涂刷应均匀,不得漏涂。

(8)刮柔性耐水腻子应在抗裂防护层干燥后施工,应刮2～3遍腻子并做到平整光洁。

三、EPS板现浇混凝土外墙外保温系统

EPS板现浇混凝土外墙外保温系统(简称无网现浇系统)以现浇混凝土外墙作为基层,以阻燃型聚苯乙烯泡沫塑料板(EPS板)为保温层。EPS板内表面(与现浇混凝土接触的表面)沿水平方向开有矩形齿槽,内、外表面均满涂界面砂浆。在施工时将正PS板置于外模阪内侧,并安装锚栓作为辅助固定件。浇筑混凝土后,墙体与EPS板以及锚栓结合为一体,拆模后外保温与墙体同时完成。EPS板表面抹抗裂砂浆薄抹面层,外表以涂料为饰面层,其构造见图8-7。

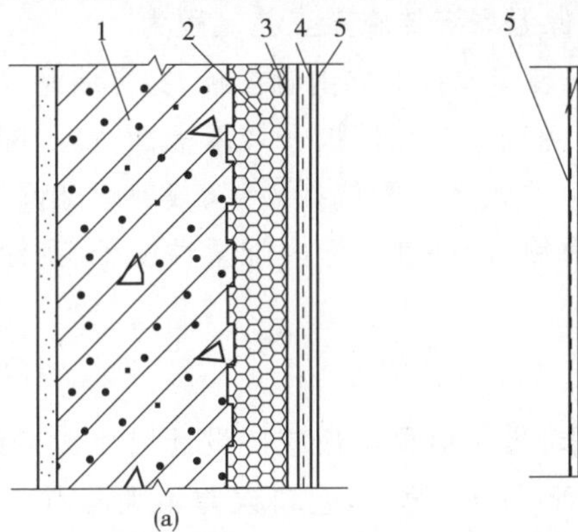

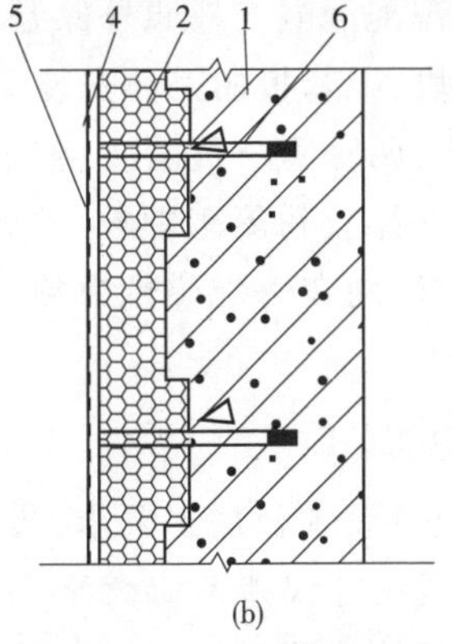

图8-7 EPS板现浇混凝土外墙外保温系统的基本构造

(a)带胶粉聚苯颗粒保温浆料找平;(b)不带胶粉聚苯颗粒保温浆料找平

1-基层墙体;2-带槽聚苯保温板;3-胶粉聚苯颗粒找平层;

4-抗裂砂浆复合耐碱网布;5-弹性底涂、柔性腻子及涂料面层;6-锚栓

(一)材料要求

1. 无网系统保温板的规格尺寸如表 8-11 所示

表 8-11 无网系统保温板的规格尺寸

项次	长/mm	宽/mm	厚/mm
1	2825～2850(按层高 2800mm)	1220	根据保温要求
2	2925～2950(按层高 2900mm)	1220	根据保温要求
3	3025～3050(按层高 3000mm)	1220	根据保温要求
其他	其他规格可根据实际层高协商确定		

说明:1. 在板的一面有直口凹槽,间距 100mm,深 10mm,要求尺寸准确、均匀;

2. 两长边设高、低槽,长 25mm,深 1/2 板厚,要求尺寸准确;

3. 上表规格尺寸也适用有网体系保温板。

2. 无网系统保温板的规格尺寸允许偏差如表 8-12 所示

表 8-12 无网系统保温板的规格尺寸允许偏差

厚度/mm	偏差/mm	长度、宽度/mm	偏差/mm
＜50	±2	＜1000	±5
50～75	±3	1000～2000	±8
＞75～100	±4	＞2000～4000	±10

(二)施工要点

EPS 板现浇混凝土外墙外保温系统的施工工艺流程为:

绑扎垫块、聚苯板加工→安装聚苯板→立内侧模板、穿穿墙螺栓→立外侧模板、紧固螺栓、调垂直→混凝土浇筑→拆除模扳→聚苯板面清理、配胶粉聚苯颗粒保温浆料→抹胶粉聚苯颗粒、并找平→配抗裂砂浆、裁剪耐碱网格布、抹抗裂砂浆、压入耐碱网布→配弹性底涂、涂弹性底涂→配柔性腻子、刮涂柔性腻子→外墙饰面施工。

1. 聚苯板加工

(1)带企口聚苯板加工要求:带企口聚苯板应按设计尺寸加工聚苯板,板的长、宽、对角线尺寸误差不应大于 2mm,厚度、企口误差不大于 lmm。板的双面采用聚苯板涂刷界面砂浆进行处理,注意不要漏刷,对破坏部位应及时修补;聚苯板在运输及现场堆放过程中应平放,不宜立摆。

(2)带有凸凹形齿槽聚苯板加工要求:带有凸凹形齿槽聚苯板按设计要求尺寸进行加工,其尺寸误差应符合要求;一般板宽 1.22m,板高按楼层,厚度按设计要求，背面凸凹槽宽度为 100mm，深度为 10mm，周边高低槽槽宽 25mm，深度为 1/2 板厚，外喷界面剂。

2. 保温板安装

绑扎墙体钢筋时，靠保温板一侧的横向分布筋宜弯成 L 形，以免直筋戳破保温板。绑扎水泥垫块(不得使用塑料卡)，每平方米保温板内不少于 3 块，用以保证保护层厚度并确保保护层厚度均匀一致。然后在墙体钢筋外侧安装保温板；先安装阴阳角保温构件，再安装角板之间保温板；安装前先在保温板高、低槽口处均匀涂刷聚苯胶，将保温板竖缝之间的相互黏结在一起；在安装好的保温板面上弹线，标出锚栓的位置，用电烙铁或其他工具在锚栓定位处穿孔，然后在孔内塞入胀管，其尾部与墙体钢筋绑扎做临时固定；用 100mm 宽、10mm 厚的聚苯板片满涂聚苯胶填补门窗洞口两边齿槽形缝隙的凹槽处，以免浇筑混凝土时在该处跑浆。

冬季施工时，保温板上可不开洞口，待全部保温板安装完毕后再锯出洞口。

3. 模板安装

应采用钢质大模板，按保温板厚度确定模板的尺寸、数量。按弹出外墙线位置安装模板，在底层混凝土强度不低于 7.5MPa 时，开始安装上一层模板，并利用下一层外墙螺栓孔挂三角平台架；在安装外墙外侧模板前，须在现浇混凝土墙体的根部或保温板外侧采取可靠的定位措施，以防模板挤靠保温板。模板放在三角平台架上，将模板校位，穿螺栓紧固校正，连接必须严密、牢固，以防出现错台和漏浆现象。

4. 混凝土浇筑

(1)在外墙外侧安装聚苯板时，将企口缝对齐，墙宽不合模数的用小块保温板补齐，门窗洞口处保温板可不开洞，待墙体拆模后再开洞。门窗洞口及外墙阳角处聚苯板外侧的缝隙，用楔形聚苯板条塞堵，深度 10～30mm。

(2)在浇筑混凝土时，注意振动棒在插、拔过程中，不要损坏保温层。

(3)在整理下层甩出的钢筋时，要特别注意下层保温板边槽口，以免受损。

(4)墙体混凝土浇筑完毕后，如槽口处有砂浆存在应立即清理。

(5)穿墙螺栓孔，应以干硬性砂浆捻实填补(厚度小于墙厚)随即用保温浆料填补至保温层表面。

(6)在常温条件下墙体混凝土浇筑完成，间隔 12h 后且混凝土强度不小于 1MPa 即可拆除墙体内、外侧面的大模板。

5. 模板拆除

在常温条件下，墙体混凝土强度不低于 1.0MPa，冬期施工墙体混凝土强度不低于 7.5MPa，当达到混凝土设计强度标准值的 30%时，才可以拆除模板，拆模时应以同条件养护试块抗压强度为准；先拆外墙外侧模板，再拆外墙内侧模板，并及时修整墙面混凝土边角和板面余浆；穿墙套管拆除后，混凝土墙部分孔洞应用干硬性砂浆捻塞，保温板部位孔洞应用保温材料堵塞，其深度进入混凝土墙体应不小于50mm；拆模后保温板上部的横向钢丝，必须对准凹槽，钢丝距槽底应不小于8mm。

6. 混凝土养护

常温施工时，模板拆除后12h内喷水或用养护剂养护，不少于1周，次数以保持混凝土具有湿润状态为准。冬期施工时应定点、定时测定混凝土养护温度，并做好记录。

7. 找平

需要找平时，用胶粉聚苯颗粒保温浆料找平，并用胶粉聚苯颗粒对浇筑的缺陷进行处理。

8. 外墙外保温板板面抹灰

凡保温板有余浆与板面结合不好，如有酥松空鼓现象者均应清除干净，还要做到板面无灰尘、油渍和污垢。绑扎阴阳角、窗口四角加强网，拼缝网之间的钢丝应用火烧丝绑扎，附加窗口角网，尺寸为200mm×400mm，与窗角呈45°；板面及钢丝上的界面剂如有缺损，应修补至均匀一致；抹灰层之间及抹灰层与保温板之间必须黏结牢固，凹槽内砂浆饱满，并全面包裹住横向钢丝；抹灰应分底层和面层分层抹灰，待底层抹灰初凝后方可进行面层抹灰，每层抹灰厚度不大于10mm，如超过10mm应分层抹。总厚度不宜大于30mm(从保温板凸槽表面起算)，每层抹完后均需养护，可洒水或喷养护剂；分格条宽度、深度要均匀一致，平整光滑、横平竖直、棱角整齐，滴水线、槽流水坡向要正确、顺直，槽宽和深度不小于10mm；抹灰完成后，在常温下24h后表面平整无裂纹，即可在面层上粘贴面砖，外墙粘贴面砖宜采用胶黏剂，并应按《建筑工程饰面砖粘结强度检验标准》(JGJ 110—2008)进行检验。若采用涂料装饰，则在面层上抹2～3mm聚合物水泥砂浆罩面层，然后在表面做弹性涂料，但应考虑与聚合物砂浆罩面层的相容性，如刮腻子要考虑腻子、涂料和聚合物砂浆三者的相容性。

四、EPS钢丝网架板现浇混凝土外保温系统

EPS钢丝网架板现浇混凝土外保温以EPS单面钢丝网架板为保温材料，在现场浇灌混凝土时将EPS单面钢丝网架板置于外模板内侧，保温材料与混凝土基层一次浇注成型，钢丝网架板表面抹水泥抗裂砂浆并可粘贴面砖材料的外墙外保温系统，见图8-8。

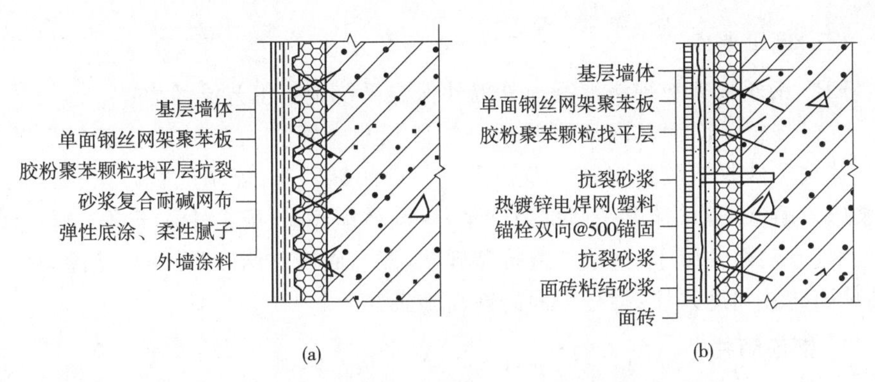

图 8-8　EPS 钢丝网架板现浇混凝土外保温系统基本构造

(a)涂料饰面；(b)面砖饰面

(一)材料要求

(1)保温板钢丝网质量要求如表 8-13 所示。

表 8-13　保温板钢丝网架质量要求

项次	项目	质量要求
1	外观	保温板正面有梯形凹凸槽，槽中距 100mm，板面及钢丝均匀喷涂界面剂
2	焊点强度	抗拉力≥330N，无过烧现象
3	焊点质量	网片漏焊脱焊点不超过焊点数的 8‰，且不应集中在一处，连续脱焊不应多于 2 点，板端 200mm
4	钢丝挑头	网边挑头≤6mm，插丝挑头≤5mm，穿透聚苯板挑头≥30mm
5	聚苯板对接	≤3000mm 中聚苯板对接不得多于两处，且对接处需用聚氨酯胶黏牢
6	质量	≤4kg/m²

说明：1. 横向钢丝应对准凹槽中心；

2. 界面剂与钢丝和聚苯板的黏结牢固，涂层均匀一致，不得露底，厚度不小于 1mm；

3. 在 60kg/m² 压力下聚苯板变形＜10％。

(2)保温板规格尺寸允许偏差如表 8-14 所示。

表 8-14　保温板规格尺寸允许偏差

项　次	项　目	允许偏差(mm)
1	长	±10
2	宽	±5
3	厚(含钢网)	±3
4	两对角线差	≤10

说明：1. 聚苯板凹槽线应采用模具成型，尺寸准确，间距均匀；

2. 两长边设高低槽，长 25mm，深 1/2 板厚，要求尺寸准确；

3. 斜插钢丝(胶丝)宜为每平方米 100 根，不得大于 200 根。

(二)施工要点

EPS钢丝网架板现浇混凝土外墙外保温系统施工工艺流程为:

支模浇筑单面钢丝网架聚苯板→拆除模板→配制抗裂砂浆或胶粉聚苯颗粒→抹抗裂砂浆或胶粉聚苯颗粒找平→裁剪耐碱网布、配制抗裂砂浆→抹抗裂砂浆压入耐碱网布(抹第一遍抗裂砂浆)→刷弹性底涂、配柔性腻子(固定热镀锌钢丝网)→刮柔性腻子(抹第二遍抗裂砂浆、配制面砖黏结砂浆)→外墙涂料施工(粘贴面砖并勾缝)(注:括号为面砖饰面施工)。

1. 钢筋绑扎

钢筋须有出厂证明及复试报告;采用预制点焊网片做墙体主筋时,须严格按《钢筋焊接网混凝土结构技术规程》(JGJ/T114—2014)执行。靠近保温板的墙体横向分布筋应弯成L形,因直筋易于戳破保温板;绑扎钢筋时严禁碰撞预埋件,若碰动时应按设计位置重新固定牢固。

2. 外墙外保温板安装

内外墙钢筋绑扎经验收合格后,方可进行保温板安装;按照设计所要求的墙体厚度在地板面上弹墙厚线,以确定外墙厚度尺寸。同时,在外墙钢筋外侧绑卡砂浆垫块(不得采用塑料垫卡),每块板内不少于6块;之后安装保温板,板之间高低槽应用专用胶黏结,保温板就位后,将L形中6mm筋穿过保温板,深入墙内长度不得小于100mm(钢筋应做防锈处理),并用火烧丝将其与墙体钢筋绑扎牢固;保温板外侧低碳钢丝网片均按楼层层高断开,互不连接。

3. 模板安装

宜采用大模板。按保温板厚度确定模板配置尺寸、数量。

(1)按弹出墙线位置安装模板。在底层混凝土强度不低于7.5MPa时,开始安装。安装上一层模板时,利用下一层外墙螺栓孔挂三角平台架(安全防护架)。

(2)安装外墙外侧模板。安装前须在现浇混凝土墙体的根部或保温板外侧采取可靠的定位措施,以防模板挤靠保温板。模板放在三角平台架上,将模板就位,穿螺栓紧固校正,连接必须严密、牢固,以防止出现错台和漏浆现象。

4. 混凝土浇筑

混凝土坍落度应不小于180mm。

(1)墙体混凝土浇筑前保温板上面必须采取遮挡措施,应安装槽口保护套,宽度为保温板厚度加模板厚度。新旧混凝土接槎处应均匀浇筑30～50mm同等强度等级的减石子混凝土。混凝土应分层浇筑,厚度控制在500mm,一次浇筑高度不宜超过1.0m,混凝土下料点应分散布置,连续进行,间隔时间不超过 2h。

(2)振捣棒振动间距一般应小于 500mm，每一振动点的延续时间以表面泛浆和不再下沉为度。

(3)洞口处浇筑混凝土时，应沿洞口两边同时下料，使两侧浇筑高度大体一致，振捣棒应距洞边 300mm 以上，以保证洞口下部混凝土密实。

(4)施工缝留置在门洞口过梁跨度 1/3 范围内，也可留在纵横墙的交接处。

(5)墙体混凝土浇筑完毕后，需整理上口甩出钢筋，并以木抹子抹平混凝土表面。

5. 模板拆除

在常温条件下，墙体混凝土强度不低于 1.0MPa，冬期施工墙体混凝土强度不低于 7.5MPa，当达到混凝土设计强度标准值的 30%时，才可以拆除模板，拆模时应以同条件养护试块抗压强度为准；先拆外墙外侧模板，再拆外墙内侧模板，并及时修整墙面混凝土边角和板面余浆；穿墙套管拆除后，混凝土墙部分孔洞应用干硬性砂浆捻塞，保温板部位孔洞应用保温材料堵塞，其深度进入混凝土墙体应不小于 50mm；拆模后保温板上部的横向钢丝，必须对准凹槽，钢丝距槽底应不小于 8mm。

6. 混凝土养护

常温施工时，模板拆除后 12h 内喷水或用养护剂养护，不少于 1 周，次数以保持混凝土具有湿润状态为准。冬期施工时应定点、定时测定混凝土养护温度，并做好记录。

7. 外墙外保温板板面抹灰

(1)抹灰前准备工作

1)若保温板表面有余浆、疏松、空鼓等均应清除干净，确保保温板表面干净、无灰尘、油渍和污垢。

2)绑扎阴阳角、窗口四角角网，角网尺寸应为 400mm×1200mm、200mm×1200mm 钢丝网架板拼缝处应用火烧丝绑扎，间距应不大于 150mm，窗口四角八字网尺寸应为 400mm×200mm 呈 45°。

3)保温板两层之间应断开不得相连。

(2)抹灰：钢丝网架可用胶粉聚苯颗粒保温浆料进行找平，并用胶粉聚苯颗粒对浇筑中出现的缺陷进行处理。

1)板面上界面剂如有缺损，应在表面上补界面处理剂，要求均匀一致，不得露底(包括钢丝网架)。

2)抹灰层之间及抹灰层与保温板之间必须黏结牢固，无脱层、空鼓现象。表面应光滑洁净,接槎平整,线角须垂直、清晰。

3)抹灰分为底层和面层,底层抹灰凝结后可进行面层抹灰,每层抹完后均须洒水养护或喷养护剂。

4)分格条宽度、深度要均匀一致,平整光滑,横平竖直,棱角整齐,滴水线槽流水坡度要准确,槽宽和深度不小于10mm。

5)抹灰完成后,在常温下24h后表面平整无裂纹即可在面层抹4~5mm聚合物水泥砂浆玻纤网格布防护层,然后在表面做面砖装饰层。如做涂料宜采用弹性腻子和有机弹性涂料。

6)施工时应避免大风天气,当气温低于5℃时,应停止施工。

8. 成品保护措施

(1)抹完水泥砂浆面层后的保温墙体,不得随意开凿孔洞,如确需开洞,应在水泥砂浆达到设计强度后方可进行,并应及时修补完工后的洞口。

(2)拆除架子时应防止撞击已装修好的墙面,门窗洞口、边、角、垛处应采取保护措施,其他作业不得污染墙面,严禁踩踏窗台。

第九章　冬期与雨期施工

我国地域广阔，东西南北各地的气温相差很大，很多地区受内陆和海上高低压及季风交替影响，气候变化较大。在东北、华北、西北、青藏高原地区的许多省份处于亚温带地区，每年冬期持续时间长达3～6个月之久，在工程建设中，为加快工程进度，都不可避免地要进行冬期施工。东南、华南沿海一带，受海洋暖湿气流影响，雨水频繁，并伴有台风、暴雨和潮汛。冬期的低温和雨期的降水，给施工带来很大的困难，常规的施工方法已不能适应。在冬期和雨期施工时，除了在施工中要严格执行国家的有关标准、规范、规定外，冬雨期的施工质量决不可忽视，必须从当地的具体条件出发，编制冬（雨）期施工专项施工方案，选择合理的施工方法，制定具体的措施，确保工程质量，降低工程费用。

第一节　冬期与雨期施工的特点

一、冬期施工的特点、要求和准备工作

冬期施工所采取的技术措施，是以气温作为依据。各分项工程冬期施工的起讫日期确定，在有关施工规范中均作了明确的规定。

（一）冬期施工的特点

（1）冬期施工期是质量事故多发期。在冬期施工中，长时间的持续负低温、大的温差、强风、降雪和反复的冰冻，经常造成建筑施工的质量事故。据资料分析，有三分之二的工程质量事故发生在冬期，尤其是混凝土工程。

（2）冬期施工质量事故发现滞后性。冬期发生质量事故往往不易觉察，到春天解冻时，一系列质量问题才暴露出来。这种事故的滞后性给处理解决质量事故带来很大的困难。

（3）冬期施工的计划性和准备工作时间性很强。冬期施工时，常由于时间紧促，仓促施工，因而发生质量事故。

（二）冬期施工的原则

为确保冬期施工的质量，在选择分项工程具体的施工方法和拟订施工措施时，必须遵循下列原则：确保工程质量；经济合理，使增加的措施费用最少；所需的热源及技

术措施、材料有可靠的来源，并使消耗的能源最少；工期能满足规定要求。

（三）冬期施工的准备工作

（1）收集有关气象资料作为选择冬期施工技术措施的依据；同时与当地气象台保持联系，及时接收天气预报，防止寒流突然袭击。

（2）进入冬期施工前一定要编制好冬期施工方案，内容包括：施工程序，施工方法，现场布置，设备、材料、能源、工具的供应计划，安全防火措施，测温制度和质量检查制度等。方案确定后，要组织有关人员学习，并向队组进行交底。

（3）凡进入冬期施工的工程项目，必须会同设计单位复核施工图纸，核对其是否适应冬期施工要求，如有问题应及时提出并修改设计。

（4）根据冬期施工工程量，提前准备好施工的设备、机具、材料及劳动防护用品。

（5）冬期施工前对配置外加剂的人员、测温保温人员、锅炉工等，应专门组织技术培训，经考试合格后方可上岗。

（6）做好冬期施工混凝土、砂浆及掺外加剂的试配试验工作，提出施工配合比。

（7）做好安全与防火工作：①冬期施工时，要采取防滑措施；②大雪后必须将架子上的积雪清扫干净，并检查马道平台，如有松动下沉现象，务必及时处理；③施工时如接触蒸汽、热水，要防止烫伤；使用氯化钙、漂白粉时，要防止腐蚀皮肤；④亚硝酸钠有剧毒，要严加保管，防止发生误食中毒；⑤现场火源要加强管理，防止煤气中毒；⑥电源开关、控制箱等设施要加锁，并设专人负责管理，防止漏电触电。

二、雨期施工的特点、要求和准备工作

雨期施工以防雨、防台风、防汛为对象，做好各项准备工作。

（一）雨期施工特点

（1）雨期施工的开始具有突然性。由于暴雨山洪等恶劣气象往往不期而至，这就需要雨期施工的准备和防范措施及早进行。

（2）雨期施工带有突击性。因为雨水对建筑结构和地基基础的冲刷或浸泡具有严重的破坏性，必须迅速及时地防护，才能避免给工程造成损失。

（3）雨期往往持续时间很长，阻碍了工程（主要包括土方工程、屋面工程等）顺利进行，拖延工期。对这一点应事先有充分估计并做好合理安排。

（二）雨期施工的要求

（1）编制施工组织计划时，要根据雨期施工的特点，将不宜在雨期施工的分项工程提前或拖后安排。对必须在雨期施工的工程应制定有效的措施，进行突击施工。

(2)合理进行施工安排。做到晴天抓紧完成室外工作,雨天安排室内工作,尽量缩短雨天室外作业时间和工作面。

(3)密切注意气象预报,做好抗台防汛等准备工作,必要时应及时做好加固工作。

(4)做好建筑材料防雨防潮工作。

(三)雨期施工准备

(1)现场排水。施工现场的道路、设施必须做到排水畅通,尽量做到雨停水干。要防止地面水排入地下室、基础、地沟内。要做好对危石的处理,防止滑坡和塌方。

(2)应做好原材料、成品、半成品的防雨工作。水泥应按"先收先用""后收后用"的原则,避免久存受潮而影响水泥的性能。木门窗等易受潮变形的半成品应在室内堆放,其他材料也应注意防雨及材料堆放场地四周排水。

(3)在雨期前应做好施工现场房屋、设备的排水防雨措施。

(4)备足排水需用的水泵及有关器材,准备适量的塑料布、油毡等防雨材料。

第二节　土方工程的冬期施工

在结冻时土的机械强度大大提高,使土方工程冬期施工造价增高,工效降低,寒冷地区土方工程施工一般宜在入冬前完成。若必须在冬期施工时,其施工方法应根据本地区气候、土质和冻结情况并结合施工条件进行技术经济比较后确定。施工前应周密计划,做好准备,做到连续施工。

一、土的冻结与防冻

温度低于0℃,含有水分而冻结的各类土称为冻土。人们把冬季土层冻结的厚度称为冻结深度。土在冻结后,体积比冻前增大的现象称为冻胀。

地基土的保温防冻是在冬季来临时土层未冻结之前,采取一定的措施使基础土层免遭冻结或减少冻结的一种方法。在土方冬期开挖中,土的保温防冻法是最经济的方法之一,常用方法有松土防冻法、覆盖雪防冻和隔热材料防冻等。

1. 松土防冻法

松土防冻法是在土壤冻结之前,将预先确定的冬季土方作业地段上的表土翻松耙平,利用松土中的许多充满空气的孔隙来降低土壤的导热性,达到防冻的目的。翻耕的深度一般为25～30cm。

2. 覆雪防冻法

在积雪量大的地方,可以利用雪的覆盖做保温层来防止土的冻结。覆雪防冻的方法可视土方作业的特点而定。对于面积的土方工程，可在地面上设篱笆或筑雪堤。对于面积较小的基槽（坑），可在土冻结前，初次降雪后在地面上挖积雪沟，在挖好的沟内，用雪填满，以防止未挖土层的冻结。

3. 保温材料覆盖法

面积较小的基槽（坑）的防冻，可直接用保温材料覆盖，表面加盖一层塑料布。常用保温材料有炉渣、锯末、膨胀珍珠岩、草袋、树叶等。在已开挖的基槽（坑）中，靠近基槽（坑）壁处覆盖的保温材料需加厚，以使土壤不致受冻或冻结轻微（图 9-1）。

对未开挖的基坑，保温材料铺设宽度为两倍的土层冻结深度与基槽（坑）底宽度之和，如图 9-2 所示。

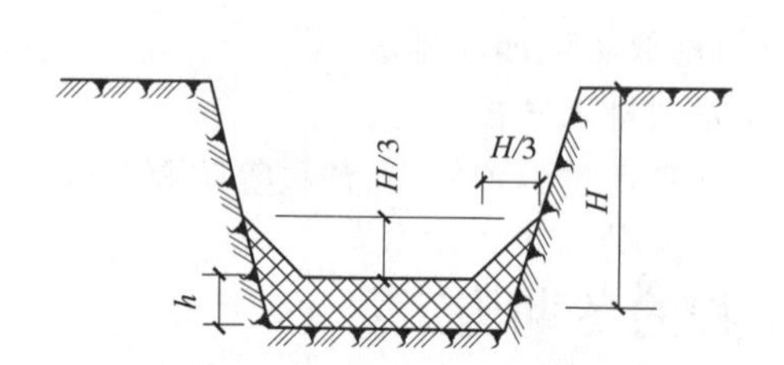

图 9-1 已挖基坑保温法

A-覆盖材料厚度；H-最大冻结深度

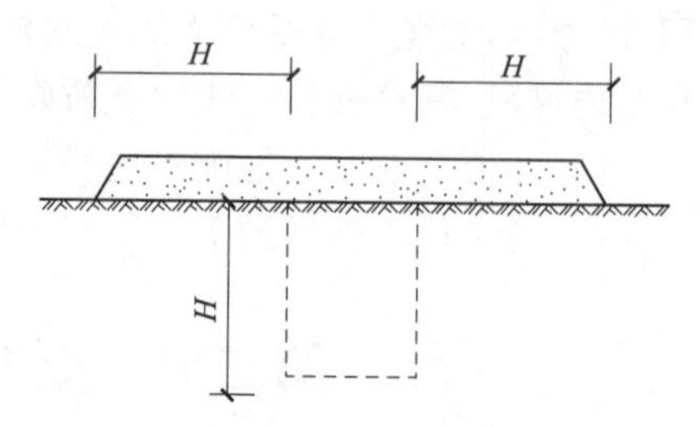

图 9-2 未挖基坑

H-最大冻结深度

用保温材料覆盖土壤保温防冻时，所需的保温层厚度，按下式估算：

$$h=\frac{H}{\beta} \tag{9-1}$$

式中：h——土壤的保温防冻所需的保温层厚度（mm）；

H——不保温时的土壤冻结深度（mm）；

β——各种材料对土壤冻结影响系数，可按表 9-1 取值。

表 9-1 各种材料对土壤冻结影响系数 β

土壤种类＼保温材料	树叶	刨花	锯末	干炉渣	茅草	膨胀珍珠岩	炉渣	芦苇	草帘	泥碳土	松散土	密实土
砂土	3.3	3.2	2.8	2.0	2.5	3.8	1.6	2.1	2.5	2.8	1.4	1.12
粉土	3.1	3.1	2.7	1.9	2.4	3.6	1.6	2.04	2.4	2.9	1.3	1.08
砂质黏土	2.7	2.6	2.3	1.6	2.0	3.5	1.3	1.7	2.0	2.31	1.2	1.06
黏土	2.1	2.1	1.9	1.3	1.6	3.5	1.1	1.4	1.6	1.9	1.2	1.00

注：(1)表中数值适用于地下水位低于 1m 以下。

(2)当地下水位较高饱和土时，其值可取 1。

4. **暖棚保温法**

挖好较小的基槽(坑)的保温与防冻可采用暖棚保温法。在已挖好的基槽(坑)上,宜搭好骨架铺上基层,覆盖保温材料。也可搭塑料大棚,在棚内采取供暖措施。

二、冻土的融化与开挖

冻土的融化方法应视其工程量的大小、冻结深度和现场施工条件等因素确定,可选择烟火烘烤、蒸汽融化、电热等方法,并应确定施工顺序。

冻土的挖掘根据冻土层厚度可采用人工、机械和爆破方法。

(一)冻土融化

为了有利于冻土挖掘,可利用热源将冻土融化。融化冻土的方法有烟火烘烤法、循环针法和电热法三种,后两种方法因耗用大量能源,施工费用高,使用较少,只用在面积不大的工程施工中。

融化冻土的施工方法应根据工程量大小、冻结深度和现场条件综合选用。融化时应按开挖顺序分段进行,每段大小应适应当天挖土的工程量,冻土融化后,挖土工作应昼夜连续进行,以免因间歇而使地基土重新冻结。

开挖基槽(坑)或管沟时,必须防止基础下的基土遭受冻结。如基槽(坑)开挖完毕至地基与基础施工或埋设管道之间有间歇时间,应在基坑底标高以上预留适当厚度的松土或用其他保温材料覆盖,厚度可通过计算求得。冬期开挖土方时,如可能引起邻近建筑物的地基或其他地下设施产生冻结破坏时,应采取防冻措施。

1. **烟火烘烤法**

烟火烘烤法适用于面积较小、冻土不深且燃料便宜的地区,常用锯末、谷壳和刨花等做燃料。在冻土上铺上杂草、木柴等引火材料,燃烧后撒上锯末,上面压几厘米的土,让它不起火苗燃烧。这样,有250mm厚的锯末,其热量经一夜可融化冻土300mm左右,开挖时分层、分段进行。烘烤时应做到有火就有人,以防引起火灾。

2. **蒸汽融化法**

热源充足,工程量较小时,可采用蒸汽融化法(也称蒸汽循环针法),把带有喷气孔的钢管插入预先钻好的冻土孔中,通蒸汽融化。冻土孔径应大于喷气管直径1cm,其间距不宜大于1m,深度应超过基底30cm。当喷气管直径D为2.0～2.5cm时,应在钢管上钻成梅花状喷气孔,下端封死,融化后应及时开挖并防止基底受冻,见图9-3。

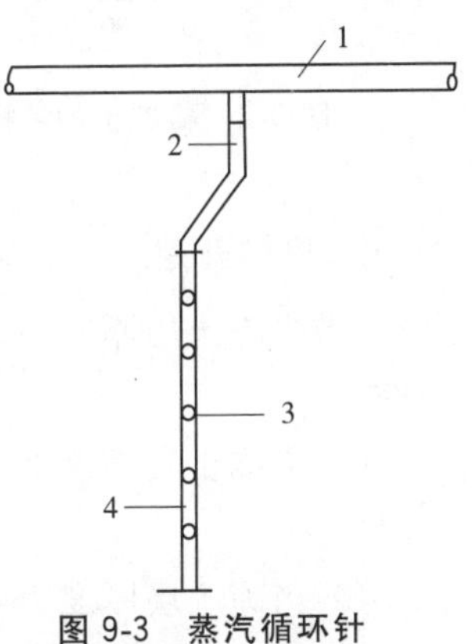

图9-3　蒸汽循环针

1-主管;2-连接胶管;3-蒸汽孔;4-支管

3. 电热法

当电源比较充足的地区，工程量又不大，可用电热法融化冻土。此法以接通闭合电路的材料加热为基础，使冻土层受热逐渐融化。电热法耗电量相当大，成本较高。

融化冻土时应按开挖顺序分段进行，每段大小应适应当天挖土的工程量，冻土融化后，挖土工作应昼夜连续进行，以免因间歇而使地基土重新冻结。

(二)土的开挖

开挖基槽(坑)或管沟时，必须防止基础下的基土遭受冻结。如基槽(坑)开挖完毕至地基与基础施工或埋设管道之间有间歇时间，应在基坑底标高以上预留适当厚度的松土或用其他保温材料覆盖，厚度可通过计算求得。冬期开挖土方时，如可能引起邻近建筑物的地基或其他地下设施产生冻结破坏，则应采取防冻措施。

冻土的挖掘可根据冻土层厚度采用人工、机械和爆破方法。

1. 人工法开挖

人工开挖冻土适用开挖面积较小和场地狭窄，不具备用其他方法进行土方破碎、开挖的情况。开挖时一般用大铁锤和铁楔子劈冻土(图 9-4)。施工中一人掌楔，2～3人轮流打大锤，一个组常用几个铁楔，当一个楔打入土中而冻土尚未脱离时，再把第二个铁楔在旁边的裂缝上加进去，直至冻土剥离为止。为防止震手或误伤，铁楔宜用粗铁丝作把手。

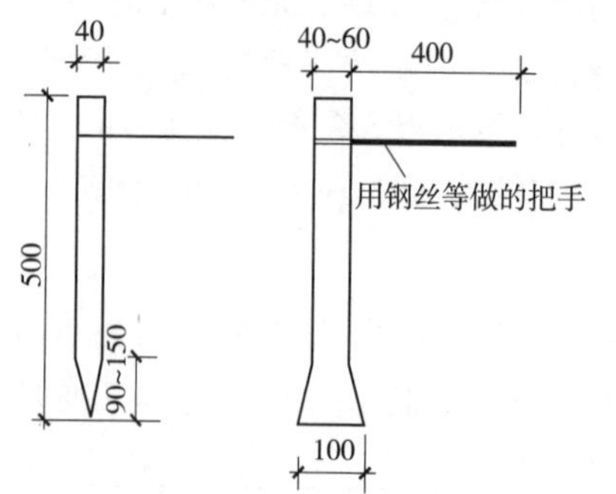

图 9-4　松冻土的铁楔子

施工时掌铁楔的人与掌锤的不能脸对着脸，必须互成 90°。同时要随时注意去掉楔头打出的飞刺，以免飞出伤人。

2. 机械开挖

(1)当冻土层厚度为 0.25m 以内时，可用推土机或中等动力的普通挖掘机开挖。

(2)当冻土层厚度为 0.3m 以内时，可用拖拉机牵引的专用松土机破碎冻土层。

(3)当冻土层厚度为 0.4m 以内时，可用大功率的挖土机(斗容量＞$1m^3$)开挖土体。

(4)当冻土层厚度为 0.4～1m 时，可用松碎冻土的打桩机进行破碎。

最简单的施工方法是用风镐将冻土破碎，然后用人工和机械挖掘运输。

3. 爆破开挖

爆破法适用于冻土层较厚，面积较大的土方工程，这种方法将炸药放入直立爆破孔中或水平爆破孔中进行爆破，冻土破碎后用挖土机挖出，或借爆破的力量将冻土向四周崩出，做成需要的沟槽。

冻土爆破必须在专业技术人员指导下进行，严格遵守雷管、炸药的管理规定和爆破操作规程。距爆破点 50m 以内应无建筑物，200m 以内应无高压线。当爆破现场附近有居民或精密仪表等设备怕振动时，应提前做好疏散及保护工作。冬季施工严禁使用任何甘油类炸药，因其在低温凝固时稍受震动即会爆炸，十分危险。

三、冬期回填土施工

由于土冻结后即成为坚硬的土块，在回填过程中不易压实，土解冻后就会造成大量的下沉。冻胀土壤的沉降量更大，为了确保冬季冻土回填的施工质量，必须按施工及验收规范中对用冻土回填的规定组织施工。

冬期回填土应尽量选用未受冻的、不冻胀的土壤进行回填施工。填土前，应清除基础上的冰雪和保温材料；填方边坡表层 lm 以内，不得用冻土填筑；填方上层应用未冻的、不冻胀的或透水性好的土料填筑。冬期填方每层铺土厚度应比常温施工时减少 20％～25％，预留沉降量应比常温施工时适当增加。对大面积回填土和有路面的路基及其人行道范围的平场填方，用含有冻土块的土料作回填土时，冻土块粒径不得大于 150mm，其含量不大于 30％；铺填时冻土块应均匀分布、逐层压实。

冬期施工室外平均气温在－5℃以上时，填方高度不受限制；平均气温在－5℃以下时填方高度由设计单位计算确定。用石块和不含冰块的砂土(不包括粉砂)、碎石类土填筑时，填方高度不受限制。

室外的基槽(坑)或管沟可用含有冻土块的土回填，但冻土块体积不得超过填土总体积的 15％，而且冻土块的粒径应小于 150mm；室内地面垫层下回填的土方填料中不得含有冻土块；管沟底至管顶 0.5m 范围内不得用含有冻土块的土回填；回填工作应连续进行，防止基土或已填土层受冻。当采用人工夯实时，每层铺土厚度不得超过 200mm，夯实厚度宜为 100～150mm。

第三节　砌筑工程冬期施工

当室外日平均气温连续 5d 稳定低于 5℃时，砌体工程应采取冬期施工措施。气温根据当地气象资料统计确定。冬期施工期限以外，当日最低气温低于0℃时，也应按冬期施工的有关规定进行。砌筑工程的冬期施工最突出的一个问题就是砂浆遭受冻结，砂浆遭受冻结会产生如下现象：①砂浆的硬化暂时停止，并且不产生强度，失去了胶结作用。②砂浆塑性降低，使水平或垂直灰缝的紧密度减弱。③解冻的砂浆，在上层砌体的重压下，可能引起不均匀沉降。

因此，在冬期砌筑时，为了保证墙体的质量，必须采取有效措施，控制雨、雪、霜对墙体材料（如砖、砂、石灰等）侵袭，各种材料要集中堆放，并采取保温措施。冬期砌筑主要的就是要解决砂浆免受冻结或者是使砂浆在负温下亦能增长强度的问题，满足冬期砌筑施工要求。

砌筑工程的冬期施工方法有外加剂法、冻结法和暖棚法等。

一、外加剂法

冬期砌筑可使用氯盐或亚硝酸钠等盐类拌制砂浆。掺入盐类外加剂拌制的水泥砂浆、水泥混合砂浆等称为掺盐砂浆。采用这种砂浆砌筑的方法称为掺盐砂浆法。氯盐应以氯化钠为主。当气温低于－15℃时，也可与氯化钙复合使用。

（一）外加剂法的原理

外加剂法就是在砌筑砂浆内掺入一定数量的抗冻剂，来降低水的冰点，以保证砂浆中有液态水存在，使水泥水化反应能在一定负温下进行，砂浆强度在负温下能够继续缓慢增长。同时，由于降低了砂浆中水的冰点，砌体的表面不会立即结冰而形成冰膜，故砂浆和砌体能较好的黏结。

掺盐砂浆中的抗冻剂，目前主要是以氯化钠和氯化钙为主。其他还有亚硝酸钠、碳酸钾和硝酸钙等。

（二）外加剂法的适用范围

外加剂法具有施工方便，费用低，在砌体工程冬期施工中普遍使用掺盐砂浆法施工。但是，由于氯盐砂浆吸湿性大，使结构保温性能和绝缘性能下降，并有析盐现象等。对下列有特殊要求的工程不允许采用掺盐砂浆法施工。

(1)对装饰工程有特殊要求的建筑物；

(2)使用湿度大于80％的建筑物；

(3)配筋、钢埋件无可靠的防腐处理措施的砌体；

(4)接近高压电线的建筑物（如变电所、发电站等）；

(5)经常处于地下水位变化范围内，以及在地下未设防水层的结构。

对于这一类不能使用掺有氯盐砂浆的砌体，可选择亚硝酸钠、碳酸钾等盐类作为砌体冬期施工的抗冻剂。

(三)对砌筑材料的要求

砌体工程冬期施工所用材料应符合下列规定：

(1)石灰膏、电石膏等应防止受冻，如遭冻结，应经融化后使用；

(2)拌制砂浆用砂，不得含有冰块和大于 10mm 的冻结块；

(3)砌体用砖或其他块材不得遭水浸冻；

(4)砌筑用砖、砌块和石材在砌筑前，应清除表面冰雪、冻霜等；

(5)拌制砂浆宜采用两步投料法，水的温度不得超过 80℃，砂的温度不得超过 40℃；

(6)砂浆宜优先采用普通硅酸盐水泥拌制，冬期砌筑不得使用无水泥拌制的砂浆。

(四)砂浆的配制及砌筑工艺

1. 砂浆的配制

掺盐砂浆配制时，应按不同负温界限控制掺盐量。当砂浆中氯盐掺量过少，砂浆内会出现大量冻结晶体，水化反应极其缓慢，会降低早期强度。如果氯盐掺量大于 10%，砂浆的后期强度会显著降低，同时导致砌体析盐量过大，增大吸湿性，降低保温性能。当气温过低时，可掺用双盐(氯化钠和氯化钙同时掺入)来提高砂浆的抗冻性。不同气温时掺盐砂浆规定的掺盐量见表 9-2。

表 9-2　氯盐外加剂掺量(占用水重量%)

氯盐及砌体材料种类			日最低气温(℃)			
			≥－10	－11～－15	－16～－20	－21～－25
氯化钠(单盐)		砖、砌块	3	5	7	—
		砌石	4	7	10	—
复盐	氯化钠	砖、砌石	—	—	5	7
	氯化钙		—	—	2	3

注：掺盐量以无水盐计。

冬期施工砂浆试块的留置，除应按常温规定要求外，尚应增留 1 组与砌体同条件养护的试块，测试检验 28d 强度。

砌筑时掺盐砂浆温度使用不应低于 5℃。当设计无要求，且最低气温等于或低于－15℃时，砌体砂浆强度等级应按常温施工提高 1 级；同时应以热水搅拌砂浆；当水温超 60℃时，应先将水和砂拌合，然后再投放水泥。

氯盐砂浆中复掺引气型外加剂时，应在氯盐砂浆搅拌的后期掺入。搅拌的时间应比常温季节增加一倍。拌和后砂浆就注意保温。

外加剂溶液应设专人配制，并应先配制成规定浓度溶液置于专用容器中，然后再按规定加入搅拌机中拌制成所需砂浆。

2. 砌筑施工工艺

掺盐砂浆法砌筑砖砌体，应采用三一砌砖法进行砌筑，要求砌体灰浆饱满，灰缝厚度均匀，水平缝和垂直缝的厚度和宽度应控制在8～10mm内。冬期砌筑的砌体，砂浆强度增长缓慢，砌体强度较低。如果一个班次砌体砌筑高度较高，砂浆尚无强度，稍大风荷载作用在新砌筑的墙体上，就易使所砌筑的墙体倾斜失稳或倒塌。冬期墙体采用氯盐砂浆施工时，每日砌筑高度不宜超过1.2m，墙体留置的洞口，距交接墙处不应小于500mm。普通砖、多孔砖和空心砖、混凝土小型空心砌块、加气混凝土砌块和石材在气温高于0℃条件下砌筑时，应浇水湿润。在气温低于0℃条件下，可不浇水，但必须适当增大砂浆的稠度。抗震设计烈度为九度的建筑物，普通砖和空心砖无法浇水湿润时，无特殊措施，不得砌筑。

采用掺盐砂浆法砌筑砌体时，在砌体转角处和内外墙交接处应同时砌筑，对不能同时砌筑而又必须留置的临时间断处，应砌成斜槎，砌体表面不应铺设砂浆层，宜采用保温材料加以覆盖。继续施工前，应先用扫帚扫净砖表面，然后再施工。

采用氯盐砂浆时，砌体中配置的钢筋及钢预埋件，应预先做好防腐处理。目前较简单的处理方法有：涂刷樟丹2～3遍；浸涂热沥青；涂刷水泥浆；涂刷各种专用的防腐涂料。处理后的钢筋及预埋件应成批堆放。搬运堆放时，轻拿轻放，不得任意摔扔，防止防腐涂料损伤掉皮。

二、冻结法

（一）冻结法的原理

冻结法是采用不掺任何防冻剂的普通砂浆进行砌筑的一种施工方法。冻结法施工的砌体，允许砂浆遭受冻结，用冻结后产生的冻结强度来保证砌体稳定，融化时砂浆强度为零或接近于零，转入常温后砂浆解冻使水泥继续水化，使砂浆强度再逐渐增长。

（二）冻结法施工的适用范围

冻结法施工的砂浆，经冻结、融化和硬化三个阶段后，其强度，砂浆与砖石砌体间的黏结力都会有不同程度的降低。砌体在融化阶段，砂浆强度接近于零，会增加砌体的变形和沉降，严重影响砌体的稳定性，所以，对下列结构不宜选用冻结法施工：空斗墙、毛石墙、承受侧压力的砌体、在解冻期间可能受到振动或动力荷载的砌体、在解冻期间不允许发生沉降的砌体（如筒拱支座）。

(三)对砂浆的要求

冻结法施工砂浆的使用温度不应低于10℃;当设计无要求,且日最低气温高于－25℃时,砌筑承重砌体的砂浆强度等级应按常温施工时的提高一级;当日最低气温等于或低于－25℃时,则应提高二级;砂浆强度等级不得低于M2.5,重要结构不得低于M5。

(四)砌筑施工工艺

采用冻结法施工时,应按照三一砌筑方法砌筑,对于房屋转角和内墙交接处的灰缝应特别仔细砌合。砌筑时一般应采用一顺一丁的方法组砌。采用冻结法施工的砌体,在解冻期内应制定观测加固措施,并应保证对强度、稳定和均匀沉降要求。在验算解冻期的砌体强度和稳定时,可按砂浆强度为零进行计算。

采用冻结法施工,当设计无规定时,宜采取下列构造措施:①墙的拐角、交接和交叉处应配置拉结筋,并按墙厚计算,每120mm配1φ6mm拉结筋,其伸入相邻墙内的长度不得小于1m;②在拉结筋末端应设置弯钩;③每一层楼的砌体砌筑完毕后,应及时吊装(或捣制)梁、板,并应采取适当的锚固措施;④采用冻结法砌筑的墙,与已经沉降的墙体交接处,应留沉降缝。

为保证砌体在解冻期间的稳定性和均匀沉降,施工操作时应遵守下列规定:施工应按水平分段进行,工作段宜划在变形缝处,每日的砌筑高度及临时间断处的高度差,均不得大于1.2m;对未安装楼板或屋面板的墙体,特别是山墙,应及时采取加固措施,以保证墙体稳定;跨度大于0.7m的过梁,应采用预制构件;跨度较大的梁、悬挑结构,在砌体解冻前应在下面设临时支撑,当砌体强度达到设计值的80%时,方可拆除临时支撑;在门窗框上部应留出不小于5mm的缝隙,在料石砌体中不应小于3mm,留置在砌体中的洞口和沟槽等,宜在解冻前填砌完毕;砌筑完的砌体在解冻前,应清除房屋中剩余的建筑材料等临时荷载。

三、暖棚法

暖棚法是利用简易结构和廉价的保温材料,将需要砌筑的工作面临时封闭起来,使砌体在正温条件下砌筑和养护。

采用暖棚法施工,块材在砌筑时的温度不应低于＋5℃,距离所砌的结构底面0.5m处的棚内温度也不应低于＋5℃。

在暖棚内的砌体养护时间,应根据暖棚内温度,按表9-3确定。

表9-3　暖棚法砌体的养护时间(d)

暖棚的温度(℃)	5	10	15	20
养护时间(d)	≥6	≥5	≥4	≥3

由于搭暖棚需要大量的材料、人工，加温时要消耗能源，所以暖棚法成本高、效率低，一般不宜多用。主要适用于地下室墙、挡土墙、局部性事故修复工程的砌筑工程。

第四节　混凝土结构工程冬期施工

一、混凝土冬期施工的特点

根据当地多年气温资料，室外日平均气温连续5天稳定低于5℃时，混凝土结构工程应按冬期施工要求组织施工。冬期施工时，气温低，水泥水化作用减弱，新浇混凝土强度增长明显地延缓，当温度降至0℃以下时，水泥水化作用基本停止，混凝土强度亦停止增长。特别是温度降至混凝土冰点温度以下时，混凝土中的游离水开始结冻，结冰后的水体积膨胀约9%。在混凝土内部产生冰胀应力，使强度尚低的混凝土结构内部产生微裂隙，同时降低了水泥与砂石和钢筋的黏结力，导致结构强度降低。受冻的混凝土在解冻后，其强度虽能继续增长，但已不能达到原设计的强度等级，试验证明，混凝土的早期冻害是由于内部的水结冰所致。混凝土在浇筑后立即受冻，抗压强度约损失50%，抗拉强度约损失40%。受冻前混凝土养护时间越长，所达到的强度越高，水化物生成越多，能结冰的游离水就越少，强度损失就越低。试验还证明，混凝土遭受冻结带来的危害与遭冻的时间早晚、水胶比、水泥强度等级、养护温度等有关。

冬期浇筑的混凝土在受冻以前必须达到的最低强度称为混凝土受冻临界强度。我国现行规范规定：在受冻前，混凝土受冻临界强度应达到：硅酸盐水泥或普通硅酸盐水泥配制的混凝土不得低于其设计强度标准值的30%；矿渣硅酸盐水泥配制的混凝土不得低于其设计强度标准值的40%。

二、混凝土冬期施工的工艺要求

一般情况下，混凝土的冬期施工要在正温下浇筑，正温下养护，使混凝土强度在冰冻前达到受冻临界强度，在冬期施工时，原材料和施工过程均需有必要的措施，以使保证混凝土的施工质量。

(一)对材料的要求及加热

(1)冬期施工中配制混凝土用的水泥，应优先选用活性高、水化热大的硅酸盐水泥和普通硅酸盐水泥。水泥最小用量不宜少于300kg/m^3，水灰比不应大于0.6。使用矿渣硅酸盐水泥时，宜采用蒸汽养护，使用其他品种水泥时，应注意其中掺和材料对混凝土抗冻、抗渗等性能的影响。冷混凝土法施工宜优先选用含引气成分的外加剂，含气量宜控制在2%～4%内。掺用防冻剂的混凝土，严禁使用高铝水泥。

(2)混凝土所用骨料必须清洁，不得含有冰雪等冰结物及易冻裂的矿物质。冬期骨料贮备场堆应选择地势较高不积水的地方。

(3)冬期施工对混凝土原材料的加热，应优先考虑加热水，因为水的热容量大，加热方便。

水的常用加热方法有三种：用锅烧水、用蒸汽加热水和用电极加热水。当水、骨料达到规定温度仍不能满足热工计算要求时，可提高水温到100℃，但水泥不得与80℃以上的水直接接触，水泥不得直接加热，使用前宜运入暖棚存放。

冬期施工拌制混凝土的砂、石温度要符合热工计算需要温度。骨料加热的方法有：将骨料放在底下加温的铁板上面直接加热和通过蒸汽管、电热线加热等。不得用火焰直接加热骨料，并应控制加热温度。加热的方法可因地制宜，但以蒸汽加热法为好，其优点是加热温度均匀，热效率高；其缺点是骨料中的含水量增加。

(4)钢筋焊接和冷拉可在负温下进行，但温度不宜低于－20℃。当采用控制应力方法时，冷拉控制应力较常温下提高30N/mm^2；采用冷拉率控制方法时，冷拉率与常温时的相同。钢筋的焊接宜在室内进行，如必须在室外焊接，应有防雪和防风措施。刚焊接的接头严禁立即碰到冰雪，避免造成冷脆现象。

(5)冬期浇筑的混凝土，宜使用无氯盐类防冻剂，对于抗冻性要求高的混凝土，宜使用引气剂或引气减水剂。

(二)混凝土的搅拌、运输和浇筑

1. 混凝土的搅拌

混凝土不宜露天搅拌，应尽量搭设暖棚，优先选用大容量的搅拌机，以减少混凝土的热损失。混凝土搅拌时间应根据各种材料的温度情况，考虑相互间的热平衡过程，可通过试拌确定延长的时间，一般为常温搅拌时间的1.25～1.5倍。搅拌时为防止水泥出现"假凝"现象，应在水、砂、石搅拌一定时间后再加入水泥。搅拌混凝土时，骨料中不得带有冰、雪及冻团。

当采用自落式搅拌机时，搅拌时间延长30～60s。

拌制掺用防冻剂的混凝土，当防冻剂为粉剂时，可按要求掺量直接撒在水泥上面和水泥同时投入；当防冻剂为液体时，应先配制成规定浓度溶液，然后再根据使用要求，用规定浓度溶液再配制成施工溶液。各溶液应分别置于明显标志的容器内，不得混淆，每班使用的外加剂溶液应一次配成。

配制与加入防冻剂，应设专人负责并做好记录，应严格按剂量要求掺入。

2. 混凝土的运输

混凝土的运输过程是热损失的关键阶段,应采取必要的措施减少混凝土的热损失,同时应保证混凝土的和易性。常用的主要措施为减少运输时间和距离;使用大容积的运输工具并采取必要的保温措施。保证混凝土入模温度不低于5℃。

3. 混凝土的浇筑

混凝土在浇筑前,应清除模板和钢筋上的冰雪和污垢,尽量加快混凝土的浇筑速度,防止热量散失过多。当采用加热养护时,混凝土养护前的温度不得低于2℃。

冬期不得在强冻胀性地基土上浇筑混凝土,当在弱冻胀性地基土上浇筑混凝土时,地基土应进行保温,以免遭冻。对加热养护的现浇混凝土结构,混凝土的浇筑程序和施工缝的位置,应能防止在加热养护时产生较大的温度应力。当分层浇筑厚大的整体结构时,已浇筑层的混凝土温度,在被上一层混凝土覆盖前,不得低于按热工计算的温度,且不得低于2℃。

冬期施工混凝土振捣应用机械振捣,振捣时间应比常温时有所增加。

(三)混凝土冬期施工方法的选择

混凝土工程冬期施工方法是保证混凝土在硬化过程中防止早期受冻所采取的各种措施并根据自然气温条件、结构类型、工期要求来确定混凝土工程冬期施工方法。混凝土冬期施工方法主要有两大类:第一类为蓄热法、暖棚法、蒸汽加热法和电热法,这类冬期施工方法实质是人为地创造一个正温环境,以保证新浇筑的混凝土强度能够正常地不间断地增长,甚至可以加速增长;第二类为负温养护法,这类冬期施工方法,实质是在拌制混凝土时,加入适量的外加剂,可以适当降低水的冰点,使混凝土中的水在负温下保持液相,从而保证了水化作用的正常进行,使得混凝土强度得以在负温环境中持续地增长,这种方法一般不再对混凝土加热。

在选择混凝土冬期施工方法时,应保证混凝土尽快达到冬期施工临界强度,避免遭受冻害;一个理想的施工方案,首先应当在杜绝混凝土早期受冻的前提下,在最短的施工期限内,用最低的冬期施工费用,获得优良的施工质量。

1. 蓄热法

蓄热法是混凝土浇筑后,利用原材料加热及水泥水化热的热量,通过适当保温延缓混凝土冷却,使混凝土冷却到0℃以前达到预期要求强度的施工方法。蓄热法施工方法简单,费用较低,较易保证质量。当室外最低温度不低于-15℃时,地面以下的工程或结构表面系数(即结构冷却的表面积与结构体积之比)不小于5的地上结构,应优先采用蓄热法养护。

蓄热法施工热工计算方法：为了确保原材料的加热温度，正确选择保温材料，使混凝土在冷却到0℃以下时，其强度达到或超过受冻临界强度，施工时必须进行热工计算。蓄热法热工计算是按热平衡原理进行，即1m^3混凝土从浇筑结束的温度降至0℃时，所放出的热量，应等于混凝土拌合物所含热量及水泥的水化热之和。

2. 混凝土负温养护法

混凝土负温养护法是在混凝土中加入适量的抗冻剂、早强剂、减水剂及加气剂，使混凝土在负温下能继续水化，增长强度。

混凝土负温养护法适用于不易加热保温，且对强度增长要求不高的一般混凝土结构工程；负温养护法施工的混凝土，应以浇筑后5d内的预计日最低气温来选用防冻剂，起始养护温度不应低于5℃。混凝土浇筑后，裸露表面应采取保湿措施；同时，应根据需要采取必要的保温覆盖措施。混凝土负温养护法施工应加强测温，在达到受冻临界强度之前应每隔2h测量一次；在混凝土达到受冻临界强度后，可停止测温。当室外最低气温不低于－15℃时，采用负温养护法施工的混凝土受冻临界强度不应小于4.0MPa；当室外最低气温不低于－30℃时，采用负温养护法施工的混凝土受冻临界强度不应小于5.0MPa。

(1)混凝土冬期施工中常用外加剂的种类

1)减水剂：能改善混凝土的和易性及拌合用水量，降低水胶比，提高混凝土的强度和耐久性。常用的减水剂有木质素系减水剂、萘磺酸盐系减水剂、水溶性树脂减水剂。

2)早强剂：早强剂是加速混凝土早期强度发展的外加剂，可以在常温、低温或负温(不低于－5℃)条件下加速混凝土硬化过程。常用的早强剂主要有氯化钠、氯化钙、硫酸钠、亚硝酸钠、三乙醇胺、碳酸钾等。

大部分早强剂同时具有降低水的冰点，使混凝土在负温情况下继续水化，增加强度，起到防冻的作用。

3)引气剂：引气剂是指在混凝土搅拌过程中，引入无数微小气泡，改善混凝土拌合物的和易性和减少用水量，并显著提高混凝土的抗冻性和耐久性。常用的引气剂有松香热聚物、松香皂、烷基苯磺酸盐等。

4)阻锈剂：氯盐类外加剂对混凝土中的金属预埋件有锈蚀作用。阻锈剂能在金属表面形成一层氧化膜，阻止金属的锈蚀。常用的阻锈剂有亚硝酸钠、重铬酸钾等。

(2)混凝土中外加剂的应用

混凝土冬期施工中外加剂的配用，应满足抗冻、早强的需要；对结构钢筋无锈蚀作用；对混凝土后期强度和其他物理力学性能无不良影响；同时应适应结构工作环境的需要。单一的外加剂常不能完全满足混凝土冬期施工的要求，一般宜采用复合配方。常用的复合配方有下面几种类型：

1)氯盐类外加剂：主要有氯化钠、氯化钙，其价廉、易购买，但对钢筋有锈蚀作用，一般钢筋混凝土中掺量按无水状态计算不得超过水泥重量的1%；无筋混凝土中，采用热材料拌制的混凝土，氯盐掺量不得大于水泥重量的3%；采用冷材料拌制时，氯盐掺量不得大于拌合水重量的15%。掺用氯盐的混凝土必须振捣密实，且不宜采用蒸汽养护。在下列工作环境中的钢筋混凝土结构中不得掺用氯盐：

①在高湿度空气环境中使用的结构；

②处于水位升降部位的结构；

③露天结构或经常受水淋的结构；

④有镀锌钢材或与铝铁相接触部位的结构，以及有外露钢筋、预埋件而无防护措施的结构；

⑤与含有酸、碱和硫酸盐等侵蚀性介质相接触的结构；

⑥使用过程中经常处于环境温度为60℃以上的结构；

⑦使用冷拉钢筋或冷拔低碳钢丝的结构；

⑧薄壁结构、中级或重级工作制吊车梁、屋架、落锤或锻锤基础等结构；

⑨电解车间和直接靠近直流电源的结构；

⑩直接靠近高压(发电站、变电所)的结构；

⑪预应力混凝土结构。

2)硫酸钠-氯化钠复合外加剂：当气温在－3～－5℃时，氯化钠和亚硝酸钠掺量分别为1%；当气温在－5～－8℃时，其掺量分别为2%。这种配方的复合外加剂不能用于高温湿热环境及预应力结构中。

3)亚硝酸钠—硫酸钠复合外加剂：当气温分别为－3℃、－5℃、－8℃、－10℃时，亚酸钠的掺量分别为水泥重量的2%、4%、6%、8%。亚硝酸钠—硫酸钠复合外加剂在负温下有较好的促凝作用，能使混凝土强度较快增长，且对混凝土有塑化作用，对钢筋无锈蚀作用。

使用硫酸钠复合外加剂时，宜先将其溶解在30～50℃的温水中，配成浓度不大于20%的溶液。施工时混凝土的出机温度不宜低于10℃，浇筑成型后的温度不宜低于5℃，在有条件时，应尽量提高混凝土的温度，浇筑成型后应立即覆盖保温，尽量延长混凝土的正温养护时间。

4)三乙醇胺复合外加剂：当气温低于－15℃时，还可掺入适量的氯化钙。三乙醇胺在早期正温条件下起早强作用，当混凝土内部温度下降到0℃以下时，氯盐又在其中起抗冻作用使混凝土继续硬化。混凝土浇筑入仓温度应保持在15℃以上，浇筑成型后应马上覆盖保温，使混凝土在0℃以上温度达72h以上。

混凝土冬期掺外加剂法施工时,混凝土的搅拌、浇筑及外加剂的配制必须设专人负责,其掺量和使用方法严格按产品说明执行。搅拌时间应与常温条件下适当延长,按外加剂的种类及要求严格控制混凝土的出机温度,混凝土的搅拌、运输、浇筑、振捣、覆盖保温应连续作业,减少施工过程中的热量损失。

3. 综合蓄热法

综合蓄热法是在蓄热法基础上,掺用化学外加剂,通过适当保温,延缓混凝土冷却速度,使混凝土温度降到 0℃或设计规定温度前达到预期要求强度的施工方法。当采用蓄热法不能满足要求时,可选用综合蓄热法。

综合蓄热法施工中的外加剂应选用具有减水、引气作用的早强剂或早强型复合防冻剂。混凝土浇筑后应在裸露混凝土表面采用塑料布等防水材料覆盖并进行保温。对边、棱角部位的保温厚度应增大到面部位的 2～3 倍。混凝土在养护期间应防风、防失水。采用组合钢模板时,宜采用整装、整拆方案。当混凝土强度达到 $1N/mm^2$ 后,可使侧模板轻轻脱离混凝土后,再合上继续养护到拆模。

4. 蒸汽加热法

蒸汽加热法是用低压饱和蒸汽养护新浇筑的混凝土,在混凝土周围造成湿热环境来加速混凝土硬化的方法。

蒸汽加热养护法应采用低压饱和蒸汽对新浇筑的混凝土构件进行加热养护,蒸汽养护混凝土的温度:采用普通硅酸盐水泥时最高养护温度不超过 80℃;采用矿渣硅酸盐水泥时可提高;采用内部通气法时,最高加热温度不应超过 60℃。蒸汽养护应包括升温—恒温—降温三个阶段,各阶段加热延续时间可根据养护终了要求的强度确定,整体结构采用蒸汽养护时,水泥用量不宜超过 $350kg/m^3$,水灰比宜为 0.4～0.6,坍落度不宜大于 5cm。采用蒸汽养护的混凝土,可掺入早强剂或无引气型减水剂,但不宜掺用引气剂或引气减水剂,亦不应使用矾土水泥。该法多用于预制构件厂的养护。

三、混凝土的拆模和成熟度

(一)混凝土的拆模

混凝土养护到规定时间,应根据同条件养护的试块试压。证明混凝土达到规定拆模强度后方可拆模。对加热法施工的构件模板和保温层,应在混凝土冷却到 5℃后方可拆模。当混凝土和外界温差大于 20℃时,拆模后的混凝土应注意覆盖,使其缓慢冷却。在拆除模板过程中发现混凝土有冻害现象,应暂停拆模,经处理后方可拆模。

(二)混凝土的成熟度

混凝土冬期施工时,由于同条件养护的试块置于与结构相同条件下进行养护，结构构件的表面散热情况，和小试块的散热情况有较大的差异，内部温度状况明显不同，所以同条件养护的试块强度不能够切实反映结构的实际强度，利用结构的实际测温数据为依据的“成熟度”法估算混凝土强度，由于方法简便，实用性强，易于被接受并逐渐推广应用。

(1)成熟度的概念

成熟度即混凝土在养护期间养护温度和养护时间的乘积。也就是说混凝土强度的增长和“成熟度”之间有一定的规律。混凝土强度增长快慢和养护温度，养护时间有关，当混凝土在一定温度条件下进行养护时，混凝土的强度增长只取决养护时间长短，即龄期。但是当混凝土在养护温度变化的条件下进行养护时，强度的增长并不完全取决于龄期，而且受温度变化的影响而有波动。由于混凝土在冬期养护期间，养护温度是一个不断降温变化的过程，所以其强度增长不是简单的和龄期有关，而是和养护期间所达到的成熟度有关。

(2)成熟度法的适用范围

适用于不掺外加剂在50℃以下正温养护和掺外加剂在30℃以下养护的混凝土，或掺有防冻剂在负温养护法施工的混凝土，来预估混凝土强度标准值60%以内的强度值。

(3)用“成熟度”法计算混凝土强度需具备的条件

用成熟度法预估混凝土强度，需用实际工程使用的混凝土原材料和配合比，制作不少于5组混凝土立方体标准试件在标准条件下养护，得出1d、2d、3d、7d、28d的强度值；并需取得现场养护混凝土的温度实测资料(温度、时间)。

(4)采用蓄热法或综合蓄热法养护时，混凝土强度的计算公式：

用标准养护试件各龄期强度数据，经回归分析拟合成成熟度—强度曲线方程：

$$f=a\cdot e^{-\frac{b}{M}} \tag{9-2}$$

式中：f——混凝土抗压强度(N/mm^2)

a、b——参数；

e——自然对数底；可取$e=2.72$；

M——混凝土养护的成熟度(℃·h)，可按下式计算：

$$M=\sum(T+15)t \tag{9-3}$$

式中：T——在时间段内混凝土平均温度(℃)；

t——温度为了的持续时间(h)。

M值由现场养护构件的实测温度、时间资料求得。参数a、b是由混凝土标准养护试件的各龄期强度数据，经回归分析拟合成的曲线方程。因此要求数据记录应按测温记录规则进行记录，且要准确、连续，不得中断。

M,a,b 算出后，直接代入式(9-2)，即可算出混凝土经 t 时段后的强度值，将该强度乘以综合蓄热法调整系数 0.8，即得混凝土经 t 时段后达到的强度。

四、混凝土质量控制及检查

1. 混凝土的温度测量

冬期施工测温的项目与次数为：室外气温及环境温度每昼夜不少于 4 次；搅拌机棚温度，水、水泥、砂、石及外加剂溶液温度，混凝土出罐、浇筑、入模温度每一工作班不少于 4 次；在冬期施工期间，还需测量每天的室外最高、最低气温。

混凝土养护期间的温度应进行定点定时测量：蓄热法或综合蓄热法养护从混凝土入模开始至混凝土达到受冻临界强度，或混凝土温度降到 0℃或设计温度以前，应至少每隔 6h 测量一次。掺防冻剂的混凝土强度在未达到受冻临界强度前应每隔 2h 测量一次，达到受冻临界强度以后每隔 6h 测量一次。采用加热法养护混凝土时，升温和降温阶段应每隔 1h 测量一次，恒温阶段每隔 2h 测量一次。

2. 混凝土的质量检查

冬期施工时，混凝土的质量检查除应按现行国家标准《混凝土结构工程施工质量验收规范(2010 版)》(GB 50204—2002)规定留置试块外，尚应检查混凝土表面是否受冻、粘连、收缩裂缝，边角是否脱落，施工缝处有无受冻痕迹；检查同条件养护试块的养护条件是否与施工现场结构养护条件相一致；采用成熟度法检验混凝土强度时，应检查测温记录与计算公式要求是否相符，有无差错；采用电加热法养护时，应检查供电变压器二次电压和二次电流强度，每一工作班不应少于两次。

混凝土试件的试块留置应较常规施工增加不少于两组与结构同条件养护的试件，分别用于检验受冻前的混凝土强度和转入常温养护 28d 的混凝土强度。与结构构件同条件养护的受冻混凝土试件，解冻后方可试压。

所有各项测量及检验结果，均应填写“混凝土工程施工记录”和“混凝土冬期施工日报”。